高等数学辨析与精练

滕吉红　鲁志波　黄晓英　主编

电子工业出版社
Publishing House of Electronics Industry
北京·BEIJING

内 容 简 介

本书为《高等数学》的同步辅导教材。全书按照一元函数微分学、微分方程、空间解析几何与向量代数、多元函数微分学和无穷级数的顺序编排,每节包括四个部分:重要知识点、例题辨析、真题演练和真题演练解析。本书的重点内容为"重要知识点"和"例题辨析"。在"重要知识点"中系统梳理和凝练了高等数学重要知识点和难点,以及常见解题方法的总结与注意要点。在"例题辨析"中结合编者多年的教学实践,对学生学习过程中常见的错误进行剖析和总结,并通过相似的题目举一反三,加深学生对内容的理解。

本书可作为高等数学及数学分析的教学参考书,供理工类和经管类等专业的大学一年级学生同步学习,也可供参加研究生入学考试和大学生数学竞赛的学生参考。

图书在版编目(CIP)数据

高等数学辨析与精练 / 滕吉红等主编. —北京:电子工业出版社,2021.8

ISBN 978-7-121-41562-3

Ⅰ. ①高… Ⅱ. ①滕… Ⅲ. ①高等数学－高等学校－教学参考资料 Ⅳ. ①O13

中国版本图书馆 CIP 数据核字(2021)第 137296 号

责任编辑:张正梅   文字编辑:赵 娜
印   刷:北京天宇星印刷厂
装   订:北京天宇星印刷厂
出版发行:电子工业出版社
       北京市海淀区万寿路 173 信箱   邮编:100036
开   本:787×1092 1/16   印张:20   字数:520 千字
版   次:2021 年 8 月第 1 版
印   次:2021 年 8 月第 1 次印刷
定   价:102.00 元

凡所购买电子工业出版社图书有缺损问题,请向购买书店调换。若书店售缺,请与本社发行部联系,联系及邮购电话:(010)88254888,88258888。

质量投诉请发邮件至 zlts@phei.com.cn,盗版侵权举报请发邮件至 dbqq@phei.com.cn。

本书咨询联系方式:zhangzm@phei.com.cn。

前　　言

　　高等数学是大学理工科各专业学生必修的一门重要数学基础课程，它不仅是数学其他分支的基础，还是后续专业知识的基石，蕴含着丰富的数学思想和方法。高等数学对于夯实学生数学基础，培养学生应用所学知识分析和解决实际问题，形成科学的思维观和方法论，都是至关重要的。

　　本书结合作者多年的教学实践和全国硕士研究生入学统一考试的数学考试大纲中有关高等数学部分的内容编写而成，既适合大学一年级学生深入理解基本概念，又适合大学高年级学生作为考研辅导参考书。

　　全书共 12 章，每节包括四个部分的内容：一是"重要知识点"，系统梳理和凝练本节重要的知识点和难点；二是"例题辨析"，结合编者多年的教学实践，对学生学习过程中常见的错误进行总结，剖析在概念理解、方法掌握、定理应用等方面容易出现的错误及错误产生的深层次原因，结合所学知识点给出正确的解法，并通过相似的题目举一反三，加深学生对内容的理解，引导学生对知识点进行巩固和提高；三是"真题演练"，针对重要知识点，结合研究生入学考试和大学生数学竞赛的真题进行训练，提高学生的综合应用能力；四是"真题演练解析"，给出了真题详细的解答过程。

　　本书的出版得到了信息工程大学基础部的大力支持和资助，在此深表感谢！

　　由于编者水平有限，书中难免有疏漏之处，恳请读者批评指正。

作者

2021 年 3 月

目　　录

第1章 函数与极限

1.1 映射与函数

1. 重要知识点

（1）函数的定义：设数集 $D \subset R$，则称映射 $f: D \to R$ 为定义在 D 上的函数，通常简记为 $y = f(x)$，$x \in D$，其中 x 称为自变量，y 称为因变量.

注：当且仅当两个函数的定义域和对应法则都相同时，两个函数相等.

（2）复合函数：设函数 $y = f(u)$ 的定义域为 D_f，函数 $u = g(x)$ 在 D 上有定义且 $g(D) \subset D_f$，则由关系式 $y = f[g(x)]$，$x \in D$ 所确定的函数称为由函数 $u = g(x)$ 和函数 $y = f(u)$ 构成的复合函数，记作 $f \circ g$，即 $f \circ g(x) = f[g(x)]$，其定义域为 D，变量 u 称为中间变量.

（3）反函数：设函数 $f: D \to f(D)$ 是单射，则它存在逆映射 $f^{-1}: f(D) \to D$，称此逆映射为函数 f 的反函数.

注 1：函数 $y = f(x)$ 与其反函数 $y = f^{-1}(x)$ 的图形关于直线 $y = x$ 对称，但与反函数 $x = f^{-1}(y)$ 在同一坐标系下的图形是一样的.

注 2：单调函数一定有反函数.

（4）初等函数：即由常数及基本初等函数经过有限次的四则运算、有限次的函数复合步骤并可用一个式子表示的函数.

注 1：基本初等函数包括幂函数、指数函数、对数函数、三角函数及反三角函数.

注 2：一般来说，分段函数不是初等函数，如符号函数、狄利克雷函数等，但也有分段函数是初等函数，如 $y = \begin{cases} x, & x \geqslant 0 \\ -x, & x < 0 \end{cases}$ 可以表示成 $y = \sqrt{x^2}$.

（5）有界性：函数 $f(x)$ 在 X 有定义，若 $\exists M > 0$，$\forall x \in X$，有 $|f(x)| \leqslant M$，则称函数 $f(x)$ 在 X 上是有界函数，而 M 称为函数的一个界.

注：若任何正数 M 都不是函数 $f(x)$ 的界，则该函数为无界函数. 函数 $f(x)$ 无界的严格数学定义：若 $\forall M > 0$，$\exists x_0 \in X$，使得 $|f(x_0)| > M$，则称函数 $f(x)$ 在 X 上无界.

2. 例题辨析

知识点 1：函数的定义域

例 1 设 $f(x-1)$ 的定义域为 $[0, a]$（$a > 0$），则 $f(x)$ 的定义域为（ ）.

A. $[1, a+1]$ B. $[-1, a-1]$ C. $[1-a, 1+a]$ D. $[a-1, a+1]$

错解：由 $0 \leqslant x-1 \leqslant a$，得到 $1 \leqslant x \leqslant a+1$，所以选 A.

【错解分析及知识链接】 函数 $f(x-1)$ 的定义域是指 x 的变化范围，于是由题设可知

$0 \leqslant x \leqslant a$，令 $t = x - 1$，则 $-1 \leqslant t \leqslant a - 1$，故对函数 $f(t)$ 而言，t 的范围为 $[-1, a-1]$，由函数表示的"变量无关性"，知 $f(x)$ 的定义域为 $[-1, a-1]$，所以答案选 B.

【举一反三】设函数 $f(x)$ 的定义域是 $(0,1]$，函数 $\varphi(x) = 1 - \ln x$，求复合函数 $f[\varphi(x)]$ 的定义域.

解：$f(x)$ 的定义域是 $(0,1]$，即 $0 < x \leqslant 1$，对复合函数 $f[\varphi(x)]$ 而言，应有 $0 < \varphi(x) \leqslant 1$，即 $0 < 1 - \ln x \leqslant 1$，解得 $1 \leqslant x < e$，故 $f[\varphi(x)]$ 的定义域为 $[1, e)$.

知识点 2：函数的复合

例 2 设 $f(x) = \begin{cases} 2 - \sin x, & x \leqslant 0 \\ 2 + \ln(1+x), & x > 0 \end{cases}$，$g(x) = \begin{cases} x^2, & x < 0 \\ -x, & x \geqslant 0 \end{cases}$，求 $f[g(x)]$.

错解：直接将 $g(x)$ 的表达式分别代入 $f(x)$ 中得 $f[g(x)] = \begin{cases} 2 - \sin x^2, & x \leqslant 0 \\ 2 + \ln(1-x), & x > 0 \end{cases}$.

【错解分析及知识链接】解法中由于未考虑复合结构，从而导致出现错误. 为求分段函数的复合函数 $f[g(x)]$，可以先在函数 $f(x)$ 的表达式中以 $g(x)$ 代替在 x，再根据 $g(x)$ 的表达式进行分段.

正解：$f[g(x)] = \begin{cases} 2 - \sin(g(x)), & g(x) \leqslant 0 \\ 2 + \ln(1 + g(x)), & g(x) > 0 \end{cases}$

$= \begin{cases} 2 - \sin(-x), & x \geqslant 0 \\ 2 + \ln(1 + x^2), & x < 0 \end{cases} = \begin{cases} 2 + \sin x, & x \geqslant 0 \\ 2 + \ln(1 + x^2), & x < 0 \end{cases}$.

【举一反三】设 $f(x) = \begin{cases} e^x, & x > 1 \\ 2x, & x \leqslant 1 \end{cases}$，$\varphi(x) = \begin{cases} \sin x, & x > 0 \\ x^2, & x \leqslant 0 \end{cases}$，求 $f[\varphi(x)]$.

解：$f[\varphi(x)] = \begin{cases} e^{\varphi(x)}, & \varphi(x) > 1 \\ 2\varphi(x), & \varphi(x) \leqslant 1 \end{cases}$，当 $x < -1$ 时，$\varphi(x) > 1$；当 $x \geqslant -1$ 时，$\varphi(x) \leqslant 1$；

所以 $f[\varphi(x)] = \begin{cases} e^{x^2}, & x < -1 \\ 2x^2, & -1 \leqslant x \leqslant 0 \\ 2\sin x, & x > 1 \end{cases}$.

知识点 3：函数的特性

例 3 狄利克雷函数 $D(x) = \begin{cases} 1, & x \in \mathbf{Q} \\ 0, & x \in \mathbf{Q}^C \end{cases}$ 是（ ）.

    A．以实数为周期的周期函数   B．以有理数为周期的周期函数

    C．以无理数为周期的周期函数   D．不是周期函数

【解法分析及知识链接】本题考查了周期函数的定义，利用定义判断函数是否为周期函数. 因为有理数加上有理数仍为有理数，有理数加无理数为无理数，无理数加无理数的结果可能是有理数也可能是无理数. 设 r 为有理数，则 $D(x+r) = D(x)$，故有理数均为 $D(x)$ 的周期，而无理数不是 $D(x)$ 的周期，所以选 B.

注：不是所有的周期函数都有最小正周期，如本题中的函数，由于不存在最小的正有理数，所以狄利克雷函数是周期函数，但没有最小正周期.

例 4 证明：定义在区间 $(-l, l)$ 上的任何函数 $f(x)$ 必可表示为一个偶函数与一个奇函数

的和.

【解法分析及知识链接】本题考查函数奇偶性的定义，以及利用已知函数构造新函数.

证明：设 $g(x) = \dfrac{f(x) + f(-x)}{2}$，$h(x) = \dfrac{f(x) - f(-x)}{2}$，

因为 $g(-x) = \dfrac{f(-x) + f[-(-x)]}{2} = \dfrac{f(x) + f(-x)}{2} = g(x)$，所以 $g(x)$ 为偶函数；

因为 $h(-x) = \dfrac{f(-x) - f[-(-x)]}{2} = \dfrac{f(-x) - f(x)}{2} = -h(x)$，所以 $h(x)$ 为偶函数；

而 $g(x) + h(x) = f(x)$，所以函数 $f(x)$ 可表示为偶函数与奇函数的和.

例 5　设函数 $f(x)$ 在数集 X 上有定义，试证：函数 $f(x)$ 在数集 X 上有界的充分必要条件是它在 X 上既有上界又有下界.

错解：充分性：设 $f(x)$ 在数集 X 上有界，即 $\exists M > 0$，$\forall x \in X$，有 $|f(x)| \leqslant M$，则 $-M \leqslant f(x) \leqslant M$，即函数 $f(x)$ 有下界 $-M$，有上界 M.

必要性：若 $f(x)$ 在数集 X 上既有上界又有下界，不妨设上界为正数 M，下界为 $-M$，即对 $\forall x \in X$，有 $f(x) \leqslant M$，$f(x) \geqslant -M$，故对 $\forall x \in X$，有 $|f(x)| \leqslant M$，所以 $f(x)$ 在数集 X 上有界.

【错解分析及知识链接】本题考查了函数的有界性，有上界、有下界的定义，以及命题中充分必要条件的证明方式. 错解中将必要性和充分性混淆了，证明 A 成立的充分必要条件是 B，即要证明"A $\Leftrightarrow$ B"，就要从两个方面来说明，一方面证明"A $\Rightarrow$ B"说明条件 B 是 A 成立的必要条件，即必要性的证明；另一方面证明"B $\Rightarrow$ A"说明 B 是 A 成立的充分条件，即充分性的证明. 另外，在充分性证明过程中，认为函数在集合 X 上的上界和下界互为相反数是不合理的.

正解：先证"必要性"，设 $f(x)$ 在数集 X 上有界，即 $\exists M > 0$，$\forall x \in X$，有 $|f(x)| \leqslant M$，则 $-M \leqslant f(x) \leqslant M$，即函数 $f(x)$ 有下界 $-M$，有上界 M.

再证"充分性"，设 $f(x)$ 在数集 X 上有上界和下界，不妨记为 K_1、K_2，即对 $\forall x \in X$，有 $K_1 \leqslant f(x) \leqslant K_2$，则取 $M = \max\{|K_1|, |K_2|\} > 0$，对 $\forall x \in X$，有 $-M \leqslant K_1 \leqslant f(x) \leqslant K_2 \leqslant M$，即对 $\forall x \in X$，有 $|f(x)| \leqslant M$.

综上，函数 $f(x)$ 在数集 X 上有界的充分必要条件是它在 X 上既有上界又有下界.

3．真题演练

（1）（2001 年）设 $f(x) = \begin{cases} 1, & |x| \leqslant 1 \\ 0, & |x| > 1 \end{cases}$，则 $f\{f[f(x)]\} = $（　　　）.

　　A．0　　　　　　B．1　　　　　　C．$\begin{cases} 1, & |x| \leqslant 1 \\ 0, & |x| > 1 \end{cases}$　　　D．$\begin{cases} 0, & |x| \leqslant 1 \\ 1, & |x| > 1 \end{cases}$

（2）已知 $f(\sqrt{x-1}) = x + 2$，求函数 $f \circ f$ 的值域.

（3）函数 $f(x) = x + 1$ 与 $g(x) = \dfrac{x^2 - 1}{x - 1}$ 是否相同？为什么？

（4）指出下列初等函数由哪些基本初等函数复合而成：

　　① $y = e^{\left(\sin\frac{1}{x}\right)^2}$；　　② $y = \arccos(\sqrt{\ln(x^2 - 1)})$.

4. 真题演练解析

（1）【解析】因为 $|f(x)| \leqslant 1$，所以 $f[f(x)] = 1$，即 $f\{f[f(x)]\} = 1$，故选 B.

（2）【解析】记号 $f(\sqrt{x-1})$ 表示由 $u = \sqrt{x-1}$ 和 $f(u)$ 构成的复合函数. 先求 f 的表达式：

因为 $u = \sqrt{x-1}$，所以 $x = (u+1)^2$，$f(u) = (u+1)^2 + 2$. 在 $u = \sqrt{x-1}$ 中，$x \geqslant 0 \Rightarrow u \geqslant -1$，从而 f 的定义域为 $D_f = [-1, +\infty)$，值域 $R_f = [2, +\infty)$.

再求 $f \circ f$ 的表达式：由 $f(u) = (u+1)^2 + 2$，可得 $f[f(u)] = [f(u)+1]^2 + 2 = [(u+1)^2 + 3]^2 + 2$，当 $u \in D_f$ 时，$f(u) \in R_f \subset D_f \Rightarrow f \circ f$ 的定义域 $D_{f \circ f} = D_f = [-1, +\infty)$；当 $u = -1$ 时，$f[f(-1)] = 11$ 是 $f \circ f$ 的最小值，即 $f[f(u)] \geqslant 11$. 又 $f[f(u)]$ 在 $D_{f \circ f}$ 上无界，于是函数 $f \circ f$ 的值域是区间 $[11, +\infty)$.

（3）【解析】考查构成函数的两个要素定义域和对应法则，两个函数只有在对应关系和定义域都相同时，才表示相同的函数. 两个函数不相同. 因为定义域不相同，前者的定义域是 $(-\infty, +\infty)$，而后者的定义域为 $x \neq 1$. 但若补充定义 $g(1) = 2$，即 $g(x) = \begin{cases} \dfrac{x^2-1}{x-1}, & x \neq 1 \\ 2, & x = 1 \end{cases}$，则 $f(x)$ 与 $g(x)$ 相同.

（4）【解析】本题考查了如何将复合函数分解成简单函数，通常应该由外向内，逐层分解.

① 由 $y = e^u$，$u = v^2$，$v = \sin t$，$t = \dfrac{1}{x}$ 复合而成；

② 由 $y = \arccos u$，$u = \sqrt{v}$，$v = \ln t$，$t = x^2 - 1$ 复合而成.

1.2 数列的极限

1. 重要知识点

（1）"$\varepsilon - N$"定义：$\lim\limits_{n \to \infty} x_n = a \Leftrightarrow \forall \varepsilon > 0$，$\exists N > 0$，当 $n > N$ 时，有 $|x_n - a| < \varepsilon$.

注1：正数 ε 的任意性是指通过不等式 $|x_n - a| < \varepsilon$ 来描述 x_n 和 a 的接近程度，只有正数 ε 要多小就有多小（任意小），才能够表明二者可以无限接近.

注2：正数 ε 的给定性是指在通过 ε 寻找正整数 N 的过程中，ε 是不变的常数，因为只有 ε 暂时不变，才能通过分析 $|x_n - a| < \varepsilon$，找到正整数 N，使得当 $n > N$ 时，恒有不等式 $|x_n - a| < \varepsilon$ 成立.

注3：几何解释：$\lim\limits_{n \to \infty} x_n = a \Leftrightarrow \forall \varepsilon > 0$，邻域 $U(a, \varepsilon)$ 有数列 $\{x_n\}$ 中的无限多项（N 项以后的所有项），而邻域外只有数列的有限多项（至多有 N 项）.

（2）收敛数列的性质：极限的唯一性；收敛数列的有界性；收敛数列的保号性.

注1：唯一性可以保证在以后求数列极限的过程中，无论用什么方法，最终求出的极限值都是相同的.

注2：收敛的数列一定是有界数列，反之不成立. 无界的数列一定是发散的. 这也说明，数列有界仅是数列收敛的必要条件.

注 3：数列在收敛且极限不为 0 的情况下，总存在正整数 N，使得从 N 项以后的所有项都和极限值的符号保持一致，但该命题的逆命题不成立.

（3）子数列：从数列 $\{x_n\}$ 中任意抽取无限多项并保持这些项在原数列中的先后顺序所得到的一个新数列 $\{x_{n_k}\}$.

注：收敛数列的任何子列都收敛，并且收敛于同一极限值. 经常利用该性质的逆否命题来证明数列发散，即若数列存在两个收敛于不同极限值的子列或存在一个发散的子列，则数列一定发散.

2．例题辨析

知识点 1：数列极限的定义

例 1　下列关于数列 $\{x_n\}$ 的极限是 a 的定义，哪些是对的，哪些是错的？

（1）$\forall \varepsilon > 0$，$\exists N > 0$，当 $n > N$ 时，有 $x_n - a < \varepsilon$ 成立；

（2）$\forall \varepsilon > 0$，$\exists N > 0$，当 $n > N$ 时，有无穷多项 x_n，使 $|x_n - a| < \varepsilon$ 成立；

（3）$\forall \varepsilon > 0$，$\exists N > 0$，当 $n > N$ 时，有 $|x_n - a| < c\varepsilon$ 成立，其中 c 为正常数；

（4）对于任意给定的正整数 m，$\exists N > 0$，当 $n > N$ 时，有 $|x_n - a| < \dfrac{1}{m}$ 成立.

错解：（2）、（3）正确，（1）、（4）错误.

【错解分析及知识链接】考查数列极限的定义. 错解中关于（2）和（4）判断错误.

正解：（1）错误，其将定义中的绝对值不等式 $|x_n - a| < \varepsilon$ 换成了 $x_n - a < \varepsilon$. 反例：数列 $\{-n\}$，即所有负整数所构成的数列；（2）中将 $n > N$ 后的所有项满足不等式换成了无穷多项满足不等式，而忽视了不满足不等式的至多有有限项. 反例：数列 $\{(-1)^{n-1}\}$ 中的所有偶数项（必是无穷多项）都满足 $|(-1)^{n-1} - (-1)| < \varepsilon$，但该数列并没有极限；（3）正确，$\varepsilon$ 是任意小的正数，$c\varepsilon$（$c > 0$）同样也是任意小的正数；（4）正确，其将定义中任意小的正整数 ε 换成了 $\dfrac{1}{m}$，而 m 是正整数，是任意大的正数，其倒数 $\dfrac{1}{m}$ 就是任意小的正数.

【举一反三】下面关于极限的论述是否正确？

（1）当 n 充分大以后，数列 $\{x_n\}$ 越来越接近于 a，则 $n \to \infty$ 时，数列以 a 为极限；

（2）若对于任意给定的正整数 k，总存在正整数 N，当 $n > N$ 时，所有的 x_n 均满足 $|x_n - a| < 10^{-k}$，则有 $\lim\limits_{n\to\infty} x_n = a$.

【解法分析及知识链接】本题考查的是对数列极限定义的深入理解.

（1）不正确. 当 n 充分大以后，数列 $\{x_n\}$ 越来越接近于 a，仅表示 x_n 与 a 之间的距离逐渐减少，即 $|x_n - a|$ 越来越小，而并非意味着 $|x_n - a|$ 趋近于 0，例如，数列 $\left\{1 + \dfrac{1}{n}\right\}$，随着 n 的增大，x_n 与 0 的距离也逐渐缩小，但当 $n \to \infty$ 时，x_n 并不趋近于 0.

（2）正确. 因为 $\forall \varepsilon > 0$，总可以取适当的正整数 k，使得 $10^{-k} < \varepsilon$，对于上述的 k，存在正整数 N，当 $n > N$ 时，就有 $|x_n - a| < 10^{-k} < \varepsilon$，所以由极限的定义知，$\lim\limits_{n\to\infty} x_n = a$.

知识点 2：利用数列极限的定义证明极限

例 2 利用极限精确定义证明 $\lim\limits_{n \to \infty} \dfrac{2n-1}{n^2+n-4} = 0$.

错解： 当 $n > 4$ 时，$\left| \dfrac{2n-1}{n^2+n-4} - 0 \right| < \dfrac{2n-1}{n^2+n-4} < \dfrac{2n}{n^2} = \dfrac{2}{n}$，所以 $\forall \varepsilon > 0$，限制 $n > 4$，要使

$\left| \dfrac{2n-1}{n^2+n-4} - 0 \right| < \varepsilon$，只需要 $\dfrac{2}{n} < \varepsilon$，即 $n > \dfrac{2}{\varepsilon}$，于是就可以取 $N = \left[\dfrac{2}{\varepsilon} \right]$，则当 $n > N$ 时有

$\left| \dfrac{2n-1}{n^2+n-4} - 0 \right| < \varepsilon$，由极限定义可知 $\lim\limits_{n \to \infty} \dfrac{2n-1}{n^2+n-4} = 0$.

【错解分析及知识链接】 本题依然可以直接通过不等式找出 N，但 $\left| \dfrac{2n-1}{n^2+n-4} - 0 \right| <$

$\dfrac{2n-1}{\left| n^2+n-4 \right|} < \dfrac{2n}{\left| n^2+n-4 \right|} < \varepsilon$，显然，直接解不等式（含有绝对值）找 N 是很麻烦的，我们注意

到，如果分母中的 $n-4 > 0$，即 $n > 4$，就可以将绝对值符号去掉，并且不等式可以继续放大，

即 $\left| \dfrac{2n-1}{n^2+n-4} - 0 \right| < \dfrac{2n-1}{n^2+n-4} < \dfrac{2n}{n^2} = \dfrac{2}{n} < \varepsilon$，此时解出但不能直接取 $N = \left[\dfrac{2}{\varepsilon} \right]$，由于前边不等式

放大是在 $n > 4$ 的条件下进行的，因此最终的 N 应该取 4 和 $\left[\dfrac{2}{\varepsilon} \right]$ 中较大的那个，即

$N = \max \left\{ 4, \left[\dfrac{2}{\varepsilon} \right] \right\}$.

注： 本题中的限制条件 $n > 4$，对数列的极限并没有影响，因为数列的极限是项数在 n 无限增大的过程中数列的变化趋势，而 N 的选取宜大不宜小.

【举一反三】 利用极限精确定义证明 $\lim\limits_{n \to \infty} \dfrac{3n+1}{2n+1} = \dfrac{3}{2}$.

【解法分析及知识链接】 本题考查的是数列极限的定义. 就是要证明 $\forall \varepsilon > 0$，存在正整数 N，当 $n > N$ 时，不等式 $|x_n - a| < \varepsilon$ 总是成立的. 一般所采取的方法为倒推分析，即 $\forall \varepsilon > 0$，通过解不等式 $|x_n - a| < \varepsilon$，将 N 找出即可.

法 1： 直接通过不等式找出 N，即 $\forall \varepsilon > 0$，要使 $\left| \dfrac{3n+1}{2n+1} - \dfrac{3}{2} \right| < \varepsilon$，即 $\dfrac{1}{2(2n+1)} < \varepsilon$，故

$2(2n+1) > \varepsilon$，即 $n > \dfrac{1}{2} \left(\dfrac{1}{2\varepsilon} - 1 \right)$，于是就可以取 $N = \left[\dfrac{1}{2} \left(\dfrac{1}{2\varepsilon} - 1 \right) \right] = \left[\dfrac{1}{4\varepsilon} - \dfrac{1}{2} \right]$，则当 $n > N$ 时，

就有 $\left| \dfrac{3n+1}{2n+1} - \dfrac{3}{2} \right| < \varepsilon$，由极限定义可知 $\lim\limits_{n \to \infty} \dfrac{3n+1}{2n+1} = \dfrac{3}{2}$.

法 2： 直接通过不等式找出 N 虽然并不困难，但是 N 的形式比较复杂. 也可以通过适当放大的方法找 N，即 $\forall \varepsilon > 0$，要使 $\left| \dfrac{3n+1}{2n+1} - \dfrac{3}{2} \right| < \varepsilon$，即 $\dfrac{1}{2(2n+1)} < \varepsilon$，只需要 $\dfrac{1}{2(2n+1)} < \dfrac{1}{4n} < \dfrac{1}{n} < \varepsilon$，

即 $n > \dfrac{1}{\varepsilon}$，于是取 $N = \left[\dfrac{1}{\varepsilon} \right]$ 即可.

知识点 3：抽象数列极限的证明

例 3　若 $\lim\limits_{n\to\infty} x_n = a$，证明 $\lim\limits_{n\to\infty}|x_n| = |a|$．并举例说明若 $\{|x_n|\}$ 有极限，但 $\{x_n\}$ 未必有极限．

错解：对 $\forall \varepsilon > 0$，因为 $\lim\limits_{n\to\infty} x_n = a$，按极限定义有 $|x_n - a| < \varepsilon$ 成立，而 $\big||x_n| - |a|\big| \leq |x_n - a| < \varepsilon$，再由极限的定义可知，$\lim\limits_{n\to\infty}|x_n| = |a|$．

反例：数列 $\{(-1)^{n-1}\}$，显然 $\lim\limits_{n\to\infty}|(-1)^{n-1}| = 1$，但是 $\lim\limits_{n\to\infty}(-1)^{n-1}$ 不存在．

【错解分析及知识链接】本题是要通过一个已知数列的极限来证明另外一个数列的极限．这种题目的关键在于通过建立不等式之间的联系，分析出所要找的 N，而 N 通常与已知极限中存在的 N_0 有关．错解中的错误在于忽视了极限定义中对于任意给定的 $\varepsilon > 0$，不等式 $|x_n - a| < \varepsilon$ 并不是对所有的项都成立．

正解：$\forall \varepsilon > 0$ 由 $\lim\limits_{n\to\infty} x_n = a$，按定义，$\exists N_0 > 0$，当 $n > N_0$ 时，就有 $|x_n - a| < \varepsilon$ 成立，于是取 $N = N_0$，当 $n > N$ 时，就有 $\big||x_n| - |a|\big| \leq |x_n - a| < \varepsilon$，于是由定义可知，$\lim\limits_{n\to\infty}|x_n| = |a|$．

【举一反三】设数列 $\{x_n\}$ 有界，又 $\lim\limits_{n\to\infty} y_n = 0$，证明 $\lim\limits_{n\to\infty} x_n y_n = 0$．

【解法分析及知识链接】本题是要证明一个有界数列和一个以零为极限的数列逐项相乘之后的新数列依然是以零为极限的，目前也只能用定义证明．分析倒推，要证明 $\lim\limits_{n\to\infty} x_n y_n = 0$，就是说明对 $\forall \varepsilon > 0$，能够找到 N，当 $n > N$ 时，有 $|x_n y_n - 0| < \varepsilon$，而 $|x_n y_n - 0| = |x_n y_n| = |x_n||y_n|$ 成立，由 $\lim\limits_{n\to\infty} y_n = 0$，知 $\exists N_0 > 0$；当 $n > N_0$ 时，有不等式 $|y_n - 0| < \varepsilon$ 成立，又由数列 $\{x_n\}$ 有界，知 $\exists M > 0$，使得 $|x_n| \leq M$，$\forall n \in N_+$，此时只需要取 $N = N_0$；当 $n > N$ 时，就有 $|x_n y_n - 0| \leq M\varepsilon$，从而 $\lim\limits_{n\to\infty} x_n y_n = 0$．

证明：因为数列 $\{x_n\}$ 有界，所以 $\exists M > 0$，使得 $|x_n| \leq M$，$\forall n \in N_+$，$\forall \varepsilon > 0$，由 $\lim\limits_{n\to\infty} y_n = 0$，知 $\exists N_0 > 0$，当 $n > N_0$ 时，有不等式 $|y_n - 0| < \dfrac{\varepsilon}{M}$ 成立，于是取 $N = N_0$，当 $n > N$ 时，有

$$|x_n y_n - 0| = |x_n y_n| = |x_n||y_n| = |x_n||y_n - 0| < M\frac{\varepsilon}{M} < \varepsilon.$$

注：不等式 $|y_n - 0| < \dfrac{\varepsilon}{M}$ 中的 $\dfrac{\varepsilon}{M}$ 依然是任意小的正数，这是为了使最终不等式成为 $|x_n y_n - 0| \leq \varepsilon$ 所采用的一个技巧．

知识点 4：数列极限的性质

例 4　证明：$\lim\limits_{n\to\infty} x_n = a \Leftrightarrow \forall \varepsilon > 0$，数列 $\{x_n\}$ 中只有有限项 x_n 在 a 的 ε 邻域 $(a - \varepsilon, a + \varepsilon)$ 之外．

错解：必要性：设 $\lim\limits_{n\to\infty} x_n = a$，则 $\exists N > 0$，$\forall \varepsilon > 0$，当 $n > N$ 时，恒有 $|x_n - a| < \varepsilon$，即 $a - \varepsilon < x_n < a + \varepsilon$，从而数列 $\{x_n\}$ 中至多前 N 项，即 $x_1, x_2, \cdots, x_N$，在 a 的 ε 邻域之外．

充分性：设 $\forall \varepsilon > 0$，数列 $\{x_n\}$ 中只有有限项在 a 的 ε 邻域 $(a - \varepsilon, a + \varepsilon)$ 之外，所以有无限项落在 $(a - \varepsilon, a + \varepsilon)$ 之内，故 $\exists N > 0$，当 $n > N$ 时，就有 $|x_n - a| < \varepsilon$，由定义，知 $\lim\limits_{n\to\infty} x_n = a$．

【错解分析及知识链接】本题考查数列极限的定义及性质．错解中的错误有两处：一是极

限定义中 N 通常和给定的正数 ε 有关，而在必要性的证明中，N 对所有的正数 ε 都成立，当 $n > N$ 时，恒有 $|x_n - a| < \varepsilon$，这与极限的定义不符；二是在充分性的证明中由"无限项落在 $(a - \varepsilon, a + \varepsilon)$ 之内"并无法推出 $\exists N > 0$，当 $n > N$ 时，有 $|x_n - a| < \varepsilon$ 成立.

证明：

必要性：设 $\lim\limits_{n \to \infty} x_n = a$，则 $\forall \varepsilon > 0$，$\exists N > 0$，当 $n > N$ 时，恒有 $|x_n - a| < \varepsilon$，即 $a - \varepsilon < x_n < a + \varepsilon$，从而数列 $\{x_n\}$ 中至多前 N 项，即 $x_1, x_2, \cdots, x_N$，在 a 的 ε 邻域之外.

充分性：对 $\forall \varepsilon > 0$，数列 $\{x_n\}$ 中只有 k 项，即 $x_{n_1}, x_{n_2}, \cdots, x_{n_k}$，在 a 的 ε 邻域 $(a - \varepsilon, a + \varepsilon)$ 之外，另 $N = \max\{x_{n_1}, x_{n_2}, \cdots, x_{n_k}\}$，则当 $n > N$ 时，就有 $|x_n - a| < \varepsilon$，由定义，知 $\lim\limits_{n \to \infty} x_n = a$.

【举一反三】 对于数列 $\{x_n\}$，若 $x_{2k-1} \to a(k \to \infty)$，$x_{2k} \to a(k \to \infty)$，证明：$x_n \to a(n \to \infty)$.

错解： 由 $x_{2k-1} \to a(k \to \infty)$ 知，对 $\forall \varepsilon > 0$，$\exists K > 0$，使得 $k > K$ 时，有 $|x_{2k-1} - a| < \varepsilon$，由 $x_{2k} \to a(k \to \infty)$ 知，对 $\forall \varepsilon > 0$，$\exists K > 0$，使得 $k > K$ 时，有 $|x_{2k} - a| < \varepsilon$，于是取 $N = K$，当 $n > N$ 时，有 $|x_{2k-1} - a| < \varepsilon$ 和 $|x_{2k} - a| < \varepsilon$ 同时成立，因此 $|x_n - a| < \varepsilon$，从而由极限的定义知 $x_n \to a(n \to \infty)$.

【错解分析及知识链接】 本题的实质是如果数列的奇子列和偶子列都收敛于同一极限值，那么数列本身也收敛且收敛于相同的极限. 要通过 $|x_n - a| < \varepsilon$，寻找 N，使得 N 项以后的所有奇数项、偶数项都满足不等式. 错解中的错误有两处，利用已知的极限时，一是两次 $\forall \varepsilon > 0$ 所取的正数不一定相同，二是因为考查的数列不同，所以两次找到的正整数 K 也不一定相同.

证明： 对 $\forall \varepsilon > 0$，由 $x_{2k-1} \to a(k \to \infty)$，$\exists K_1 > 0$，使得 $k > K_1$ 时，有 $|x_{2k-1} - a| < \varepsilon$，由 $x_{2k} \to a(k \to \infty)$，就是 $\exists K_2 > 0$，使得 $k > K_2$ 时，有 $|x_{2k} - a| < \varepsilon$，于是取 $N = \max\{2K_1 - 1, 2K_2\}$，当 $n > N$ 时，有 $|x_n - a| < \varepsilon$，从而由定义知 $x_n \to a(n \to \infty)$.

注： 本题容易选取 $N = \max\{K_1, K_2\}$，要特别注意子数列和原数列之间项数的区别. 另外根据收敛数列与子数列之间的关系，容易得到数列收敛的充分必要条件是它的奇子列和偶子列都收敛且收敛于同一极限值.

3. 真题演练

（1）（2004 年）设 $\lim\limits_{n \to \infty} a_n = a$，且 $a \neq 0$，则当 n 充分大时有（　　）.

　A. $|a_n| > \dfrac{|a|}{2}$　　B. $|a_n| < \dfrac{|a|}{2}$　　C. $a_n > a - \dfrac{1}{n}$　　D. $a_n < a + \dfrac{1}{n}$

（2）（2006 年）$\lim\limits_{n \to \infty} \left(\dfrac{n+1}{n}\right)^{(-1)^n} = $ _____.

（3）利用定义证明：① $\lim\limits_{n \to \infty} \dfrac{\sqrt{n^2 + a^2}}{n} = 1$；② $\lim\limits_{n \to \infty} 0.\underbrace{999\cdots9}_{n个} = 1$.

（4）设 $\lim\limits_{n \to \infty} x_n = a$，根据定义证明 $\lim\limits_{n \to \infty} n \sin \dfrac{x_n}{n^2} = 0$.

（5）设 $\lim\limits_{n \to \infty} u_n = a$，且 $a \neq 0$，根据定义证明 $\lim\limits_{n \to \infty} \dfrac{u_{n+1}}{u_n} = 1$.

4．真题演练解析

（1）【解析】本题利用例 2 的结论再结合数列极限保号性的证明过程进行分析．因 $\lim\limits_{n\to\infty} a_n = a$，则 $\lim\limits_{n\to\infty} |a_n| = |a| > 0$，从而对 a，$\exists N > 0$，当 $n > N$ 时，恒有 $\big||a_n| - |a|\big| < \varepsilon$ 成立，即 $|a| - \varepsilon < |a_n| < |a| + \varepsilon$，不妨取特殊的 $\varepsilon = \dfrac{|a|}{2}$，就可以得到 $|a_n| > \dfrac{|a|}{2}$．故选 A．

（2）【解析】此数列的指数位置出现了 $(-1)^n$，即其奇数项和偶数项表达式不同，记 $x_n = \left(\dfrac{n+1}{n}\right)^{(-1)^n}$，则偶数项 $x_{2k} = \dfrac{2k+1}{2k}$，奇数项 $x_{2k-1} = \dfrac{2k-1}{2k}$，且当 $k \to \infty$ 时，$x_{2k} = \dfrac{2k+1}{2k} \to 1$，$x_{2k-1} = \dfrac{2k-1}{2k} \to 1$，从而 $\lim\limits_{n\to\infty} \left(\dfrac{n+1}{n}\right)^{(-1)^n} = 1$．

（3）【解析】①因为 $\left|\dfrac{\sqrt{n^2 + a^2}}{n} - 1\right| = \dfrac{\sqrt{n^2 + a^2} - n}{n} = \dfrac{a^2}{n(\sqrt{n^2 + a^2} + n)} \leqslant \dfrac{a^2}{n^2}$，所以，$\forall \varepsilon > 0$，要使 $\left|\dfrac{\sqrt{n^2 + a^2}}{n} - 1\right| < \varepsilon$，只需要 $\dfrac{a^2}{n^2} < \varepsilon$，即 $n > \dfrac{a}{\sqrt{\varepsilon}}$，于是取 $N = \left[\dfrac{a}{\sqrt{\varepsilon}}\right]$ 即可．

②因为 $\left|\underbrace{0.999\cdots9}_{n\uparrow} - 1\right| = \dfrac{1}{10^n} < \dfrac{1}{n}$，所以，$\forall \varepsilon > 0$，要使 $\left|\underbrace{0.999\cdots9}_{n\uparrow} - 1\right| < \varepsilon$，只需要 $\dfrac{1}{n} < \varepsilon$，即 $n > \dfrac{1}{\varepsilon}$，于是取 $N = \left[\dfrac{1}{\varepsilon}\right]$ 即可．

（4）【解析】由 $\lim\limits_{n\to\infty} x_n = a$ 可知 $\exists M > 0$，使得 $|x_n| \leqslant M$，因为 $\left|n\sin\dfrac{x_n}{n^2} - 0\right| = n\sin\dfrac{|x_n|}{n^2} < n\dfrac{|x_n|}{n^2} = \dfrac{|x_n|}{n} \leqslant \dfrac{M}{n}$，所以，$\forall \varepsilon > 0$，要使 $\left|n\sin\dfrac{x_n}{n^2} - 0\right| < \varepsilon$，只需要 $\dfrac{M}{n} < \varepsilon$，即 $n > \dfrac{M}{\varepsilon}$，于是取 $N = \left[\dfrac{M}{\varepsilon}\right]$ 即可．

（5）【解析】由 $\lim\limits_{n\to\infty} x_n = a$ 可知 $\forall \varepsilon > 0$，$\exists N_1 > 0$，当 $n > N_1$ 时有 $|u_n - a| < \varepsilon$ 成立，又 $a \neq 0$，可知 $\exists N_2 > 0$，当 $n > N_2$ 时，有 $|u_n| > \dfrac{|a|}{2}$，因为 $\left|\dfrac{u_{n+1}}{u_n} - 1\right| = \dfrac{|u_{n+1} - u_n|}{|u_n|} \leqslant \dfrac{|u_{n+1} - a| + |u_n - a|}{|u_n|}$，所以对上述 $\varepsilon > 0$，取 $N = \max[N_1, N_2]$，当 $n > N$ 时，$|u_n - a| < \varepsilon$ 和 $|u_n| > \dfrac{|a|}{2}$ 同时成立，从而有 $\left|\dfrac{u_{n+1}}{u_n} - 1\right| = \dfrac{|u_{n+1} - u_n|}{|u_n|} \leqslant \dfrac{|u_{n+1} - a| + |u_n - a|}{|u_n|} < \dfrac{2}{|a|}(|u_{n+1} - a| + |u_n - a|) < \dfrac{4\varepsilon}{|a|}$，所以，由定义，知 $\lim\limits_{n\to\infty} \dfrac{u_{n+1}}{u_n} = 1$．

1.3　函数的极限

1．重要知识点

（1）函数极限的"$\varepsilon-\delta$"定义：$\lim\limits_{x\to x_0}f(x)=A\Leftrightarrow\forall\varepsilon>0$，$\exists\delta>0$，当$0<|x-x_0|<\delta$时，有$|f(x)-A|<\varepsilon$．

注1：通常，当ε变化时，δ也变化；ε越小，δ也越小，但δ不是由ε唯一确定的．因此在找δ的时候，可以对$|f(x)-A|$进行适当的放大．

注2：不等式$0<|x-x_0|<\delta$表明$x\to x_0$，但$x\neq x_0$，也就是$f(x)$在x_0处可以没有定义，而如果$f(x)$在x_0处有定义，$f(x_0)$也不一定要等于A．

注3：几何解释，$\forall\varepsilon>0$，总存在x_0的某个去心邻域，使函数$f(x)$的图形都落在直线$y=A-\varepsilon$和直线$y=A+\varepsilon$之间．

（2）单侧极限的定义．

左极限$f(x_0^-)=\lim\limits_{x\to x_0^-}f(x)=A\Leftrightarrow\forall\varepsilon>0$，$\exists\delta>0$，当$x_0-\delta<x<x_0$时，有$|f(x)-A|<\varepsilon$成立．

右极限$f(x_0^+)=\lim\limits_{x\to x_0^+}f(x)=A\Leftrightarrow\forall\varepsilon>0$，$\exists\delta>0$，当$x_0<x<x_0+\delta$时，有$|f(x)-A|<\varepsilon$成立．

重要结论：$\lim\limits_{x\to x_0}f(x)=A\Leftrightarrow f(x_0^-)=f(x_0^+)=A$．

注1：区间端点处的极限要用单侧极限考查，左端点用右极限，右端点用左极限．

注2：分段函数在分界点左右两侧表达式不一致的情况下也要用左右极限来考查．

（3）函数极限的"$\varepsilon-X$"定义：$\lim\limits_{x\to\infty}f(x)=A\Leftrightarrow\forall\varepsilon>0$，$\exists X>0$，当$|x|>X$时，有$|f(x)-A|<\varepsilon$．

注1：重要结论：$\lim\limits_{x\to\infty}f(x)=A\Leftrightarrow\lim\limits_{x\to+\infty}f(x)=\lim\limits_{x\to-\infty}f(x)=A$．

注2：几何解释，若$\lim\limits_{x\to\infty}f(x)=A$，则直线$y=A$是$y=f(x)$的水平渐近线．

（4）函数极限的性质：极限的唯一性；局部有界性；局部保号性．

（5）函数极限与数列极限之间的关系：

① 由函数$y=f(x)$的定义域中满足一定条件的点x_n所构成的数列$\{x_n\}$，其相应的函数值所构成的数列称为函数值数列$\{f(x_n)\}$；

② $\lim\limits_{x\to x_0}f(x)=A\Leftrightarrow$对任意一个数列$\{x_n\}\to x_0(n\to\infty)$，且$x_n\neq x_0$，有$\lim\limits_{n\to\infty}f(x_n)=A$．

注：该性质表明，若函数极限为A，则它的任何函数值数列都收敛，并且收敛于同一极限值A．经常利用该性质的逆否命题来证明函数极限不存在，即若能找到一个数列，其相应的函数值数列发散，则函数极限不存在，或者找到两个不同的数列，他们相应的函数值数列都收敛，但不收敛于同一极限值，则函数极限也不存在．

2．例题辨析

知识点 1：利用定义证明函数的极限

例 1 用定义证明 $\lim\limits_{x \to 1} \dfrac{x^2-1}{x^2+x-2} = \dfrac{2}{3}$．

错解：对 $\forall \varepsilon > 0$，由于 $x \ne 1$，欲使 $\left| \dfrac{x^2-1}{x^2+x-2} - \dfrac{2}{3} \right| = \left| \dfrac{x+1}{2x+1} - \dfrac{2}{3} \right| = \dfrac{1}{3} \cdot \dfrac{|x-1|}{|2x+1|} < \varepsilon$，只要 $|x-1| < 3\varepsilon|2x+1|$，取 $\delta = 3\varepsilon|2x+1|$，则当 $|x-1| < \delta$，有 $\left| \dfrac{x^2-1}{x^2+x-2} - \dfrac{2}{3} \right| < \varepsilon$，结论成立.

【错解分析及知识链接】本题是自变量趋于有限值时对函数极限的证明，应该用函数极限的"$\varepsilon-\delta$"定义，重点是通过解不等式 $|f(x)-A| < \varepsilon$，找到正数 δ，通常 δ 只能和给定的 ε 有关，错解中求出的 δ 不仅和 ε 有关，而且和变量 x 有关，因此是错误的. 直接解不等式的方式往往很难找到想要的 δ，因此在寻找的过程中可以用数列证明极限类似的技巧，如"放大""加限制条件"等.

正解：对任意给定的 $\varepsilon > 0$，由于 $x \ne 1$，$\left| \dfrac{x^2-1}{x^2+x-2} - \dfrac{2}{3} \right| = \left| \dfrac{x+1}{2x+1} - \dfrac{2}{3} \right| = \dfrac{1}{3} \cdot \dfrac{|x-1|}{|2x+1|}$，此时直接放大要看分母的范围，而 $\dfrac{|x-1|}{|2x+1|}$ 在 $x = -\dfrac{1}{2}$ 的去心邻域内无界，所以可以先限制一个 δ_0，使 $|x-1| < \delta_0$ 的同时 $2x+1 \ne 0$，不妨设 $|x-1| < 1$，即 $0 < x < 2$，此时 $|2x+1| > 1$，于是 $\dfrac{1}{3} \cdot \dfrac{|x-1|}{|2x+1|} < \dfrac{|x-1|}{3}$，所以 $\forall \varepsilon > 0$，要使 $\left| \dfrac{x^2-1}{x^2+x-2} - \dfrac{2}{3} \right| < \varepsilon$，只要 $\dfrac{|x-1|}{3} < \varepsilon$，即 $|x-1| < 3\varepsilon$，于是取 $\delta = \min\{1, 3\varepsilon\}$，则当 $0 < |x-1| < \delta$ 时，就有 $\left| \dfrac{x^2-1}{x^2+x-2} - \dfrac{2}{3} \right| < \varepsilon$，按照定义可知，$\lim\limits_{x \to 1} \dfrac{x^2-1}{x^2+x-2} = \dfrac{2}{3}$．

【举一反三】用定义证明：当 $a > 0$ 时，（1）$\lim\limits_{x \to 0} a^x = 1$；（2）$\lim\limits_{x \to -\infty} a^x = 0$．

【解法分析及知识链接】本题要证明的是指数函数在自变量趋于 0 时的极限，另一个是关于自变量趋于无穷大时的极限. 一个是要找正数 δ，一个是要找正数 X．

证明：（1）$\forall \varepsilon > 0$（不妨设 $\varepsilon < 1$），要使 $|a^x - 1| < \varepsilon$，即 $1-\varepsilon < a^x < 1+\varepsilon$（限制 $\varepsilon < 1$，保证 $1-\varepsilon > 0$），只要 $\log_a(1-\varepsilon) < x < \log_a(1+\varepsilon)$ 即可，而 $\log_a(1-\varepsilon) > -\log_a(1+\varepsilon)$ 恒成立，于是 $-\log_a(1+\varepsilon) < x < \log_a(1+\varepsilon)$，即 $|x-0| < \log_a(1+\varepsilon)$，从而只需要取 $\delta = \log_a(1+\varepsilon)$，则当 $0 < |x-0| < \delta$ 时，有 $|a^x - 1| < \varepsilon$，由定义可知 $\lim\limits_{x \to 0} a^x = 1$．

（2）$\forall \varepsilon > 0$（不妨设 $\varepsilon < 1$），要使 $|a^x - 0| < \varepsilon$，即 $a^x < \varepsilon$，所以只需要 $x < \log_a \varepsilon$（限制 $\varepsilon < 1$，保证 $\log_a \varepsilon < 0$），于是取 $X = -\log_a \varepsilon > 0$，则当 $x < -X$ 时，有 $|a^x - 0| < \varepsilon$，所以 $\lim\limits_{x \to -\infty} a^x = 0$．

知识点 2：单侧极限

例 2　求 $f(x) = \dfrac{x}{x}$，$\varphi(x) = \dfrac{|x|}{x}$ 在 $x \to 0$ 时的左右极限，并说明它们在 $x \to 0$ 时的极限是否存在.

【解法分析及知识链接】根据左右极限定义进行讨论即可. 具体如下：

对函数 $f(x) = \dfrac{x}{x}$：$f(0^-) = \lim\limits_{x \to 0^-} \dfrac{x}{x} = \lim\limits_{x \to 0^-} 1 = 1$，$f(0^+) = \lim\limits_{x \to 0^+} \dfrac{x}{x} = \lim\limits_{x \to 0^+} 1 = 1$.

对函数 $\varphi(x) = \dfrac{|x|}{x}$：$\varphi(0^-) = \lim\limits_{x \to 0^-} \dfrac{-x}{x} = \lim\limits_{x \to 0^-} (-1) = -1$，$\varphi(0^+) = \lim\limits_{x \to 0^+} \dfrac{x}{x} = \lim\limits_{x \to 0^+} 1 = 1$.

因为 $f(0^-) = f(0^+) = 1$，所以 $f(x) = \dfrac{x}{x}$ 在 $x \to 0$ 时的极限存在且极限是 1；而 $\varphi(0^-) \neq \varphi(0^+)$，所以 $\varphi(x) = \dfrac{|x|}{x}$ 在 $x \to 0$ 时的极限不存在.

【举一反三】讨论 $f(x) = \arctan \dfrac{1}{x}$ 在 $x \to 0$ 时的极限是否存在.

【解法分析及知识链接】当 $x \to 0$ 时，$\dfrac{1}{x} \to \infty$；当 $x \to 0^+$ 时，$\dfrac{1}{x} \to +\infty$；当 $x \to 0^-$ 时，$\dfrac{1}{x} \to -\infty$. 因此 $f(x) = \arctan \dfrac{1}{x}$ 在 $x \to 0$ 时的极限需要用左右极限来讨论，具体如下：

因为 $f(0^-) = \lim\limits_{x \to 0^-} \arctan \dfrac{1}{x} = -\dfrac{\pi}{2}$，而 $f(0^+) = \lim\limits_{x \to 0^+} \arctan \dfrac{1}{x} = \dfrac{\pi}{2}$，所以 $f(x) = \arctan \dfrac{1}{x}$ 在 $x \to 0$ 时的极限不存在.

知识点 3：函数极限与数列极限的关系

例 3　证明极限 $\lim\limits_{x \to 0} \sin \dfrac{1}{x}$ 不存在.

【解法分析及知识链接】要证明极限 $\lim\limits_{x \to 0} \sin \dfrac{1}{x}$ 不存在，可以利用函数极限与数列极限之间的关系，构造一个定义域中收敛于 0 的数列，而相应的函数值数列是发散的，或者构造两个不同的数列都收敛于 0，而它们相应的函数值数列都是收敛的，但却不收敛于同一极限值. 由于 $\sin \dfrac{1}{x}$ 是复合函数，而且外层函数是正弦函数，利用正弦函数的周期性，构造两个收敛于 0 的数列，但它们的函数值数列是两个不同的常数列.

证明：取 $\{x_n^{(1)}\} = \left\{\dfrac{1}{2n\pi}\right\} \to 0(n \to \infty)$，$\{x_n^{(2)}\} = \left\{\dfrac{1}{2n\pi + \dfrac{\pi}{2}}\right\} \to 0(n \to \infty)$，则 $f(x_n^{(1)}) = \sin \dfrac{1}{x_n^{(1)}} = \sin 2n\pi = 0$，$f(x_n^{(2)}) = \sin \dfrac{1}{x_n^{(2)}} = \sin(2n\pi + \dfrac{\pi}{2}) = 1$，所以 $\lim\limits_{n \to \infty} f(x_n^{(1)}) = 0 \neq 1 = \lim\limits_{n \to \infty} f(x_n^{(2)})$，原极限不存在.

【举一反三】证明狄利克雷函数 $D(x) = \begin{cases} 1, & x \in \mathbf{Q} \\ 0, & x \in \mathbf{Q}^C \end{cases}$ 在 $\mathbf{R}$ 上每一点处都不存在极限.

【**解法分析及知识链接**】要证明 $\lim\limits_{x \to x_0} D(x)$ 不存在，由于 x_0 是定义域中的任意一个点，该点无论是有理点还是无理点，都可以找到由收敛于 x_0 的有理点或无理点构成的数列，这样的两个数列相应的函数值数列是收敛于不同极限值的. 具体证明如下：

$\forall x_0 \in R$，存在有理数列 $\{r_n\}$：$r_n \to x_0 (n \to \infty)$ 且 $r_n \neq x_0$，又存在无理数列 $\{s_n\}$：$s_n \to x_0 (n \to \infty)$ 且 $s_n \neq x_0$. 显然 $\lim\limits_{x \to x_0} D(r_n) = 1$，$\lim\limits_{x \to x_0} D(s_n) = 0$，所以 $\lim\limits_{x \to x_0} D(x)$ 不存在，由 x_0 的任意性知，狄利克雷函数在 **R** 上处处没有极限.

3．习题演练

（1）若 $\lim\limits_{x \to x_0} f(x) = A$，则（　　　）.

    A．$f(x_0)$ 存在，$f(x_0) = A$ B．$f(x_0)$ 存在，但不一定有 $f(x_0) = A$

    C．$f(x)$ 在 x_0 点可以无定义   D．$f(x_0)$ 不存在

（2）① $\lim\limits_{x \to x_0} |f(x)| = 0 \Leftrightarrow \lim\limits_{x \to x_0} f(x) = 0$ 是否正确？②若 $\lim\limits_{x \to x_0} |f(x)| = A(A \neq 0)$，结论还成立吗？

（3）用定义证明下列极限：

① $\lim\limits_{x \to 3^+} \dfrac{\sqrt{x} - \sqrt{3}}{\sqrt{x-3}}$；   ② $\lim\limits_{x \to +\infty} \arctan x = \dfrac{\pi}{2}$.

4．习题演练解析

（1）【**解析**】函数在一点处是否有极限与函数在该点有无定义没有关系，即使有定义，与该点的函数值也没有关系，所以选 C.

（2）【**解析**】①正确. 必要性：$\forall \varepsilon > 0$，由 $\lim\limits_{x \to x_0} |f(x)| = 0$，所以 $\exists \delta_0 > 0$，当 $0 < |x - x_0| < \delta_0$ 时有 $\big||f(x)| - 0\big| < \varepsilon$ 成立，又 $|f(x) - 0| = |f(x)| = \big||f(x)| - 0\big|$，于是取 $\delta = \delta_0$，当 $0 < |x - x_0| < \delta_0$ 时，有 $|f(x) - 0| < \varepsilon$，故 $\lim\limits_{x \to x_0} f(x) = 0$. 充分性同理可证.

②若 $\lim\limits_{x \to x_0} |f(x)| = A(A \neq 0)$，结论不一定成立. 例如，$f(x) = \begin{cases} 1, & x \geq 0 \\ -1, & x < 0 \end{cases}$，有 $\lim\limits_{x \to 0} |f(x)| = 1$，但是 $\lim\limits_{x \to 0} f(x) = 0$ 不存在.

（3）【**解析**】注意两个题目都是单侧极限.

① $x > 3$ 时，由于 $\left| \dfrac{\sqrt{x} - \sqrt{3}}{\sqrt{x-3}} - 0 \right| = \dfrac{\sqrt{x-3}}{\sqrt{x} + \sqrt{3}} < \dfrac{\sqrt{x-3}}{\sqrt{3}}$，所以 $\forall \varepsilon > 0$，要使 $\left| \dfrac{\sqrt{x} - \sqrt{3}}{\sqrt{x-3}} - 0 \right| < \varepsilon$，只要 $\dfrac{\sqrt{x-3}}{\sqrt{3}} < \varepsilon$，即 $x - 3 > 3\varepsilon^2$，取 $\delta = 3\varepsilon^2$，则当 $0 < x - 3 < \delta$ 时，有 $\left| \dfrac{\sqrt{x} - \sqrt{3}}{\sqrt{x-3}} - 0 \right| < \varepsilon$.

② $\forall \varepsilon > 0$（不妨设设 $\varepsilon < \dfrac{\pi}{2}$），要使 $\left| \arctan x - \dfrac{\pi}{2} \right| < \varepsilon$，即 $\dfrac{\pi}{2} - \arctan x < \varepsilon$，只要 $\arctan x > \dfrac{\pi}{2} - \varepsilon$，即 $x > \tan\left(\dfrac{\pi}{2} - \varepsilon \right)$，于是取 $X = \tan\left(\dfrac{\pi}{2} - \varepsilon \right)$，则当 $x > X$ 时，有 $\left| \arctan x - \dfrac{\pi}{2} \right| < \varepsilon$，按照定义可知 $\lim\limits_{x \to +\infty} \arctan x = \dfrac{\pi}{2}$.

1.4　无穷小与无穷大

1．重要知识点

（1）无穷小：若 $\lim\limits_{x \to \infty} f(x) = 0$，则称函数 $f(x)$ 为 $x \to \infty$ 时的无穷小.

注：无穷小是变量，不是很小的数；0 是唯一可以作为无穷小的常数；无穷小必须指明自变量的变化过程；此定义也适用于数列.

（2）无穷小的性质：$\lim\limits_{x \to \infty} f(x) = A \Leftrightarrow f(x) = A + \alpha$，其中 $\lim\limits_{x \to \infty} \alpha = 0$.

注：作用一是将研究函数极限的问题转化为研究无穷小；作用二是可以将极限号去掉.

（3）无穷大的定义：若 $\lim\limits_{x \to \infty} f(x) = \infty$，则称函数 $f(x)$ 为 $x \to \infty$ 时的无穷大.

注 1：无穷大是变量，不是很大的数；无穷大必须指明自变量的变化过程；无穷大是极限不存在的一种情况；数列也有类似的无穷大定义.

注 2：精确 "$M-\delta$"（自变量趋于有限数）或 "$M-X$"（自变量趋于无穷大）定义，即
$$\lim\limits_{x \to x_0} f(x) = \infty \Leftrightarrow \forall M > 0, \exists \delta > 0, \text{当} 0 < |x - x_0| < \delta \text{时，总有} |f(x)| > M.$$

注 3：无穷大一定无界，但无界未必是无穷大.

（4）无穷小与无穷大的关系.

注：将研究无穷大的问题转化为无穷小；只有不为 0 的无穷小，其倒数才为无穷大.

2．例题辨析

知识点 1：关于无穷小概念的理解及利用无穷小求极限

例 1　下面关于数列 $\{x_n\}$ 是无穷小的叙述有无错误？如有错，应该怎样改正.

（1）$\forall \varepsilon > 0$，$\exists N$，当 $n > N$ 时，总有 $x_n < \varepsilon$.

（2）$\forall \varepsilon > 0$，存在无限个 x_n，使得 $|x_n| < \varepsilon$.

【解法分析及知识链接】 本题考查了无穷小数列的严格定义.

（1）错误. 虽然当 $n > N$ 时，总有 $x_n < \varepsilon$ 成立，但是不能保证 $\{x_n\}$ 以零为极限. 例如，$x_n = -n$，满足 $\forall \varepsilon > 0$，取 $N = 1$，当 $n > N$ 时，总有 $-n < \varepsilon$，但是 $\lim\limits_{n \to \infty} (-n) \neq 0$.

正确表述为：$\forall \varepsilon > 0$，$\exists N$，当 $n > N$ 时，总有 $|x_n| < \varepsilon$.

（2）错误. 例如，取 $x_n = \begin{cases} \dfrac{1}{2^n}, & n \text{为偶数} \\ 1, & n \text{为奇数} \end{cases}$，在 $(0, \varepsilon)$ 内总有该数列的无限多个点，但显然 $\lim\limits_{n \to \infty} x_n \neq 0$. 正确的表述应该是：$\forall \varepsilon > 0$，只存在有限个 x_n，使得 $|x_n| \geq \varepsilon$.

例 2　求极限 $\lim\limits_{x \to \infty} \dfrac{2x+1}{x}$.

【解法分析及知识链接】 利用函数极限与无穷小的关系，将函数表示成常数与无穷小的和即可. 具体解答如下：因为 $\dfrac{2x+1}{x} = 2 + \dfrac{1}{x}$，且 $\dfrac{1}{x}$ 是 $x \to \infty$ 时的无穷小，所以 $\lim\limits_{x \to \infty} \dfrac{2x+1}{x} = 2$.

知识点 2：如何证明函数极限为无穷大

例 3　利用定义证明：函数 $y = \dfrac{1+2x}{x}$ 为 $x \to 0$ 时的无穷大. 问 x 应满足什么条件，才能使 $|y| > 10^4$？

错解：因为 $\left| \dfrac{1+2x}{x} \right| = \left| 2 + \dfrac{1}{x} \right| \geqslant \left| \dfrac{1}{x} \right|$，要使 $\left| \dfrac{1+2x}{x} \right| > M$，只要 $\left| \dfrac{1}{x} \right| > M$，只需要 $|x| < \dfrac{1}{M}$，于是取 $\delta = \dfrac{1}{M}$，则当 $0 < |x-0| < \delta$ 时有 $\left| \dfrac{1+2x}{x} \right| > M$，故 $\lim\limits_{x \to 0} \dfrac{1+2x}{x} = \infty$.

【错解分析及知识链接】本题考查无穷大的"$M - \delta$"定义，就是对任意给定的 $M > 0$，寻找 $\delta > 0$，使得当 $0 < |x-0| < \delta$ 时，有 $\left| \dfrac{1+2x}{x} \right| > M$ 恒成立，通常采取倒推分析法，并对不等式进行适当的放缩，错解中的错误在于，不等式 $\left| \dfrac{1+2x}{x} \right| = \left| 2 + \dfrac{1}{x} \right| \geqslant \left| \dfrac{1}{x} \right|$ 不是对所有的 x 都成立.

正解：因为 $\left| \dfrac{1+2x}{x} \right| = \left| 2 + \dfrac{1}{x} \right| \geqslant \left| \dfrac{1}{x} \right| - 2$，所以 $\forall M > 0$，要使 $\left| \dfrac{1+2x}{x} \right| > M$，只要 $\left| \dfrac{1}{x} \right| - 2 > M$，即 $\left| \dfrac{1}{x} \right| > 2 + M$，只需要 $|x| < \dfrac{1}{2+M}$，于是取 $\delta = \dfrac{1}{2+M}$，则当 $0 < |x-0| < \delta$ 时有 $\left| \dfrac{1+2x}{x} \right| > M$，故 $\lim\limits_{x \to 0} \dfrac{1+2x}{x} = \infty$.

特别地，要使 $|y| > 10^4$，只需要 $|x| < \dfrac{1}{2+10^4} < \dfrac{1}{10^4} = 0.0004$ 即可.

知识点 3：无穷大与无界的关系

例 4　设 $f(x) = x \sin x$，讨论 $f(x)$ 是否为 $x \to \infty$ 时的无穷大，以及 $f(x)$ 是否为 $(0, +\infty)$ 上的无界函数.

错解：因为 $x \to \infty$，即 x 为无穷大，所以 $f(x) = x \sin x$ 是 $x \to \infty$ 时的无穷大，且 $f(x)$ 是 $(0, +\infty)$ 上的无界函数.

【错解分析及知识链接】错解中错误地运用无穷大的运算法则. 要讨论 $f(x) = x \sin x$ 在 $(0, +\infty)$ 是否无界，关键是确定其在 $x \to \infty$ 时是否无界，也就是只要证明对 $\forall M > 0$，总能找到一个足够大的数 x_0，使得 $|f(x_0)| = |x_0 \sin x_0| > M$ 即可. 而要讨论 $f(x) = x \sin x$ 在 $x \to \infty$ 时是否为无穷大，需要利用函数极限与数列极限的关系，找一个数列 $\{x_n\} \to \infty$，极限 $\lim\limits_{n \to \infty} f(x_n)$ 存在即可. 而证明中都要利用正弦函数的周期性，来找出合适的 x_0 或数列 $\{x_n\}$.

正解：$\forall M > 0$，取 $x_0 = 2([M]+1)\pi + \dfrac{\pi}{2}$，此时

$$|f(x_0)| = \left| \left(2\big([M]+1\big)\pi + \frac{\pi}{2} \right) \sin\left(2([M]+1)\pi + \frac{\pi}{2}\right) \right| = 2([M]+1)\pi + \frac{\pi}{2} > M$$

所以 $f(x) = x \sin x$ 在 $x \to \infty$ 时无界.

取 $\{x_n\} = \{2n\pi\}$，因为 $\lim\limits_{n \to \infty} f(x_n) = \lim\limits_{n \to \infty} f(2n\pi) = \lim\limits_{n \to \infty} 2n\pi \sin(2n\pi) = 0 \neq \infty$，所以 $f(x) = x \sin x$ 在 $x \to \infty$ 时不是无穷大.

【举一反三】设函数 $f(x) = \begin{cases} 0, & 0 < x \leqslant 1 \\ \dfrac{1}{x-1}, & 1 < x \leqslant 4 \end{cases}$ ，证明：函数 $f(x)$ 在 $x_0 = 1$ 的任何邻域内都是无界的，但函数不是 $x \to 1$ 时的无穷大.

【解法分析及知识链接】由于函数是分段函数，在分界点左右两侧的表达式不一致，自然要用左右极限来判断，显然，左极限为 $f(1^-) = \lim\limits_{x \to 1^-} f(x) = \lim\limits_{x \to 1^-} 0 = 0$ ，也就说明函数 $f(x)$ 不是 $x \to 1$ 时的无穷大，而右极限 $f(1^+) = \lim\limits_{x \to 1^+} f(x) = \lim\limits_{x \to 1^+} \dfrac{1}{x-1} = +\infty$ ，就说明函数 $f(x)$ 在 $x_0 = 1$ 的任何邻域内都是无界的.

证明：$\forall M > 0$ ，因为 $f(1^+) = \lim\limits_{x \to 1^+} f(x) = \lim\limits_{x \to 1^+} \dfrac{1}{x-1} = +\infty$ ，所以 $\exists \delta_0 > 0$ ，当 $1 < x < 1 + \delta_0$ 时，都有 $|f(x)| > M$ ，因此函数 $f(x)$ 在 $x_0 = 1$ 的任何邻域内都是无界的；又因为 $f(1^-) = \lim\limits_{x \to 1^-} f(x) = \lim\limits_{x \to 1^-} 0 = 0$ ，$\exists \delta_1 > 0$ ，当 $1 - \delta_1 < x < 1$ 时，都有 $|f(x)| < \dfrac{1}{M}$ ，因此函数 $f(x)$ 不是 $x \to 1$ 时的无穷大.

3．习题演练

（1）两个无穷小的商是否一定是无穷小？举例说明.

（2）证明：函数 $y = \dfrac{1}{x} \sin \dfrac{1}{x}$ 在 $(0,1]$ 内无界，但这个函数不是 $x \to 0^+$ 时的无穷大.

4．习题演练解析

（1）【解析】两个无穷小的商未必是无穷小. 例如，当 $x \to 0$ 时，x^2、$3x^2$、x^3 都是无穷小，但 $\lim\limits_{x \to 0} \dfrac{x^2}{3x^2} = \dfrac{1}{3}$ ，$\lim\limits_{x \to 0} \dfrac{x^2}{x^3} = \infty$ ，$\dfrac{x^2}{3x^2}$、$\dfrac{x^2}{x^3}$ 都不是 $x \to 0$ 时的无穷小.

（2）【解析】$\forall M > 0$ ，取 $x_k = \dfrac{1}{2k\pi + \dfrac{\pi}{2}}$ ，$k \in N_+$ ，此时 $|y(x_k)| = \left| \left(2k + \dfrac{\pi}{2}\right) \sin\left(2k + \dfrac{\pi}{2}\right) \right| = 2k + \dfrac{\pi}{2}$

要使 $2k + \dfrac{\pi}{2} > M$ ，只需要 $k > \dfrac{1}{2\pi}\left(M - \dfrac{\pi}{2}\right)$ ，所以 $y = \dfrac{1}{x} \sin \dfrac{1}{x}$ 在 $(0,1]$ 内无界. 取 $\{x_n\} = \left\{\dfrac{1}{n\pi}\right\}$ ，当 $n \to \infty$ 时，$\{x_n\} \to 0^+$ ，而 $|y(x_n)| = |n\pi \sin(n\pi)| = 0$ ，所以函数 $y = \dfrac{1}{x} \sin \dfrac{1}{x}$ 不是 $x \to 0^+$ 时的无穷大.

1.5　极限运算法则

1．重要知识点

（1）无穷小的运算性质：两个无穷小的和、差、积仍为无穷小；无穷小与有界量的乘积仍为无穷小.

（2）极限的四则运算法则：在同一极限过程下，极限都存在的两个函数，它们的和、差、积、商（分母极限不为 0）的极限等于其极限的和、差、积、商.

注 1：四则运算法则都是在每个因子极限存在的前提下使用的. 例如，求 $\lim\limits_{x \to \infty} x \sin \dfrac{1}{x}$ 不能写成 $\lim\limits_{x \to \infty} x \lim\limits_{x \to \infty} \sin \dfrac{1}{x}$ 的形式.

注 2：四则运算法则仅适用于有限个函数（数列）相加减或相乘除的情况. 例如，

$1 = \lim\limits_{n \to \infty}\left(\dfrac{1}{n} + \dfrac{1}{n} + \cdots + \dfrac{1}{n}\right) \neq \lim\limits_{n \to \infty}\dfrac{1}{n} + \lim\limits_{n \to \infty}\dfrac{1}{n} + \cdots + \lim\limits_{n \to \infty}\dfrac{1}{n} = 0$；再如 $\lim\limits_{n \to \infty} 2 = 2$，但 $\lim\limits_{n \to \infty} 2^n$ 不存在，故

不能写成 $\lim\limits_{n \to \infty} 2^n = (\lim\limits_{n \to \infty} 2)^n$.

（3）复合函数的极限运算法则：设函数 $y = f[g(x)]$ 在 $\mathring{U}(x_0)$ 有定义，若 $\lim\limits_{x \to x_0} g(x) = u_0$，

$\lim\limits_{u \to u_0} f(u) = A$，且存在 $\mathring{U}(x_0)$，使得 $g(x) \neq u_0$，则 $\lim\limits_{x \to x_0} f[g(x)] = \lim\limits_{u \to u_0} f(u) = A$.

注：该法则是变量代换求极限的理论基础，相当于做了变量代换 $u = g(x)$，即

$\lim\limits_{x \to x_0} f[g(x)] \underset{x \to x_0\text{时},u \to u_0}{\xlongequal{\quad \diamond u = g(x) \quad}} \lim\limits_{u \to u_0} f(u) = A$.

2. 例题辨析

知识点 1：运算法则的深入理解

例 1　如果数列 $\{x_n\}$ 收敛，数列 $\{y_n\}$ 发散，那么数列 $\{x_n y_n\}$ 是否一定发散？如果数列 $\{x_n\}$ 和 $\{y_n\}$ 都发散，那么数列 $\{x_n y_n\}$ 的敛散性又怎样？

【解法分析及知识链接】 运算法则只告诉了两个数列极限都存在的情况下，这两个数列的乘积的极限一定存在，但在一个存在一个不存在或两个都不存在的情况下，极限的运算法则是失效的. 应该分情况讨论，具体如下：

情形 1：数列 $\{x_n\}$ 收敛，数列 $\{y_n\}$ 发散. 若 $\lim\limits_{n \to \infty} x_n \neq 0$，则数列 $\{x_n y_n\}$ 必发散，这是因为若数列 $\{x_n y_n\}$ 收敛，则由等式 $y_n = \dfrac{x_n y_n}{x_n}$ 及商的极限运算法则可知，数列 $\{y_n\}$ 收敛，这与条件数列 $\{y_n\}$ 发散矛盾. 若 $\lim\limits_{n \to \infty} x_n = 0$，则数列 $\{x_n y_n\}$ 可能收敛，也可能发散. 例如，（1）$x_n = \dfrac{1}{n}$，$y_n = n(n \in N_+)$，于是数列 $\{x_n y_n\}$ 收敛；（2）$x_n = \dfrac{1}{n}$，$y_n = (-1)^n n(n \in N_+)$，$x_n y_n = (-1)^n(n \in N_+)$，则数列 $\{x_n y_n\}$ 发散.

情形 2：数列 $\{x_n\}$ 和 $\{y_n\}$ 都发散，若数列 $\{x_n\}$ 和 $\{y_n\}$ 中至少有一个是无穷大，则数列 $\{x_n y_n\}$ 必发散. 这是因为若数列 $\{x_n y_n\}$ 收敛，而数列 $\{x_n\}$ 是无穷大，则从等式 $y_n = \dfrac{x_n y_n}{x_n}$ 可推得

$\lim\limits_{n \to \infty} y_n = \lim\limits_{n \to \infty} \dfrac{x_n y_n}{x_n} = \lim\limits_{n \to \infty} x_n y_n \cdot \lim\limits_{n \to \infty} \dfrac{1}{x_n} = 0$，即数列 $\{y_n\}$ 收敛，这与假设矛盾. 若数列 $\{x_n\}$ 和 $\{y_n\}$

都不是无穷大，则数列 $\{x_n y_n\}$ 可能收敛，也可能发散. 例如，（3）$x_n = y_n = (-1)^n(n \in N_+)$，$x_n y_n = 1(n \in N_+)$，于是数列 $\{x_n y_n\}$ 收敛；（4）$x_n = (-1)^n$，$y_n = 1 - (-1)^n(n \in N_+)$，$x_n y_n = (-1)^n - 1(n \in N_+)$，数列 $\{x_n y_n\}$ 发散.

【举一反三】设 $\{a_n\}$，$\{b_n\}$，$\{c_n\}$ 均为非负数列，且 $\lim\limits_{n\to\infty}a_n=0$，$\lim\limits_{n\to\infty}b_n=1$，$\lim\limits_{n\to\infty}c_n=\infty$，则必有（　　　）.

A. $a_n<b_n$ 对任意 n 成立　　　　　　B. $b_n<c_n$ 对任意 n 成立

C. 极限 $\lim\limits_{n\to\infty}a_nc_n$ 不存在　　　　D. 极限 $\lim\limits_{n\to\infty}b_nc_n$ 不存在

【解法分析及知识链接】由例 1 的分析可知本题正确答案为 D. 具体分析如下：对于 A，取 $a_n=\dfrac{1}{n}$，$b_n=\dfrac{n}{n+1}$，显然 $a_1>b_1$，对于 B、C，取 $a_n=\dfrac{1}{n}$，$c_n=n$，显然 $b_1=c_1$，且 $\lim\limits_{n\to\infty}a_nc_n=1$.

知识点 2：利用运算法则求极限

例 2　求极限（1）$\lim\limits_{x\to 0}x^2\sin\dfrac{1}{x}$；（2）$\lim\limits_{x\to\infty}\dfrac{\arctan x}{x}$.

错解：（1）$\lim\limits_{x\to 0}x^2\sin\dfrac{1}{x}=\lim\limits_{x\to 0}x^2\cdot\lim\limits_{x\to 0}\sin\dfrac{1}{x}=0\cdot\lim\limits_{x\to 0}\sin\dfrac{1}{x}=0$；

（2）$\lim\limits_{x\to\infty}\dfrac{\arctan x}{x}=\lim\limits_{x\to\infty}\dfrac{1}{x}\cdot\lim\limits_{x\to\infty}\arctan x=0\cdot\lim\limits_{x\to\infty}\arctan x=0$.

【错解分析及知识链接】错解错用了乘积的极限运算法则，四则运算法则要求各部分因子极限都存在，而极限 $\lim\limits_{x\to 0}\sin\dfrac{1}{x}$，$\lim\limits_{x\to\infty}\arctan x$ 是不存在的. 本题实际考查的是无穷小的运算性质——无穷小与有界量的乘积是无穷小.

正解：（1）因为 $\lim\limits_{x\to 0}x^2=0$，而 $\left|\sin\dfrac{1}{x}\right|\leqslant 1$，所以 $\lim\limits_{x\to 0}x^2\sin\dfrac{1}{x}=0$；

（2）因为 $\lim\limits_{x\to\infty}\dfrac{1}{x}=0$，而 $|\arctan x|\leqslant\dfrac{\pi}{2}$，所以 $\lim\limits_{x\to\infty}\dfrac{\arctan x}{x}=\lim\limits_{x\to\infty}\dfrac{1}{x}\cdot\arctan x=0$.

例 3　求极限 $\lim\limits_{x\to 1}\left(\dfrac{1}{1-x}-\dfrac{3}{1-x^3}\right)$.

错解：$\lim\limits_{x\to 1}\left(\dfrac{1}{1-x}-\dfrac{3}{1-x^3}\right)=\lim\limits_{x\to 1}\dfrac{1}{1-x}-\lim\limits_{x\to 1}\dfrac{3}{1-x^3}=\infty-\infty=0$.

【错解分析及知识链接】错解错用了差的极限运算法则，误认为 $\infty-\infty=0$，四则运算法则要求各部分因子极限都存在，而极限 $\lim\limits_{x\to 1}\dfrac{1}{1-x}$ 与 $\lim\limits_{x\to 1}\dfrac{3}{1-x^3}$ 都是无穷大型的不存在，因此不能用差的运算法则.

正解：$\lim\limits_{x\to 1}\left(\dfrac{1}{1-x}-\dfrac{3}{1-x^3}\right)=\lim\limits_{x\to 1}\dfrac{1+x+x^2-3}{1-x^3}=\lim\limits_{x\to 1}\dfrac{(x+2)(x-1)}{(1-x)(1+x+x^2)}=-\lim\limits_{x\to 1}\dfrac{x+2}{1+x+x^2}=-1$

【举一反三】求极限 $\lim\limits_{x\to\infty}\dfrac{x+x^2}{x^4-3x^2+1}$.

错解：$\lim\limits_{x\to\infty}\dfrac{x+x^2}{x^4-3x^2+1}=\dfrac{\infty}{\infty}=1$.

【错解分析及知识链接】错解错用了商的极限运算法则，误认为 $\dfrac{\infty}{\infty}=1$，四则运算法则要求各部分因子极限都存在，无穷大是极限不存在的一种形式，两个无穷大的商不一定是 1.

正解：$\lim\limits_{x\to\infty}\dfrac{x^2+x}{x^4-3x^2+1}=\lim\limits_{x\to\infty}\dfrac{\dfrac{1}{x^2}+\dfrac{1}{x^3}}{1-\dfrac{3}{x^2}+\dfrac{1}{x^4}}=\dfrac{\lim\limits_{x\to\infty}\left(\dfrac{1}{x^2}+\dfrac{1}{x^3}\right)}{\lim\limits_{x\to\infty}\left(1-\dfrac{3}{x^2}+\dfrac{1}{x^4}\right)}=\dfrac{\lim\limits_{x\to\infty}\dfrac{1}{x^2}+\lim\limits_{x\to\infty}\dfrac{1}{x^3}}{\lim\limits_{x\to\infty}1-\lim\limits_{x\to\infty}\dfrac{3}{x^2}+\lim\limits_{x\to\infty}\dfrac{1}{x^4}}=0.$

知识点 3：复合函数的极限

例 4　求极限 $\lim\limits_{x\to0}\left(\dfrac{2+\mathrm{e}^{\frac{1}{x}}}{1+\mathrm{e}^{\frac{4}{x}}}+\dfrac{\sin x}{|x|}\right)$.

错解：由极限的运算法则可知 $\lim\limits_{x\to0}\left(\dfrac{2+\mathrm{e}^{\frac{1}{x}}}{1+\mathrm{e}^{\frac{4}{x}}}+\dfrac{\sin x}{|x|}\right)=\lim\limits_{x\to0}\dfrac{2+\mathrm{e}^{\frac{1}{x}}}{1+\mathrm{e}^{\frac{4}{x}}}+\lim\limits_{x\to0}\dfrac{\sin x}{|x|}.$

当 $x\to0^+$ 时，$\dfrac{1}{x}\to+\infty$，$\mathrm{e}^{\frac{1}{x}}\to+\infty$，$\mathrm{e}^{-\frac{1}{x}}\to0$，$\dfrac{2+\mathrm{e}^{\frac{1}{x}}}{1+\mathrm{e}^{\frac{4}{x}}}=\dfrac{2\mathrm{e}^{-\frac{4}{x}}+\mathrm{e}^{-\frac{3}{x}}}{\mathrm{e}^{-\frac{4}{x}}+1}\to0$，$\dfrac{\sin x}{|x|}\to1.$

当 $x\to0^-$ 时，$\dfrac{2+\mathrm{e}^{\frac{1}{x}}}{1+\mathrm{e}^{\frac{4}{x}}}\to2$，$\dfrac{\sin x}{|x|}\to-1$，两个函数的左右极限都存在但不相等，所以两个

极限 $\lim\limits_{x\to0}\dfrac{2+\mathrm{e}^{\frac{1}{x}}}{1+\mathrm{e}^{\frac{4}{x}}}$，$\lim\limits_{x\to0}\dfrac{\sin x}{|x|}$ 都不存在，故原极限不存在.

【错解分析及知识链接】本题中含有绝对值，考虑用单侧极限来讨论，但错解中错用了极限的运算法则，当两个极限都不存在时，和或差的极限可能存在.

正解：由上面的分析过程可知 $\lim\limits_{x\to0^+}\left(\dfrac{2+\mathrm{e}^{\frac{1}{x}}}{1+\mathrm{e}^{\frac{4}{x}}}+\dfrac{\sin x}{|x|}\right)=0+1=1$，$\lim\limits_{x\to0^-}\left(\dfrac{2+\mathrm{e}^{\frac{1}{x}}}{1+\mathrm{e}^{\frac{4}{x}}}+\dfrac{\sin x}{|x|}\right)=2-$

$1=1$，左右极限相等，从而 $\lim\limits_{x\to0}\left(\dfrac{2+\mathrm{e}^{\frac{1}{x}}}{1+\mathrm{e}^{\frac{4}{x}}}+\dfrac{\sin x}{|x|}\right)=1.$

【举一反三】设函数 $f(x)=\dfrac{1+\mathrm{e}^{-\frac{1}{x}}}{1-\mathrm{e}^{-\frac{1}{x}}}$，试求：

（1）$\lim\limits_{x\to0^+}f(x)$；（2）$\lim\limits_{x\to0^-}f(x)$；（3）$\lim\limits_{x\to0}f(x)$；（4）$\lim\limits_{x\to0}f(|x|).$

【解法分析及知识链接】题中所给函数可以看成由 $y=\dfrac{1+u}{1-u}$，$u=\mathrm{e}^t$，$t=-\dfrac{1}{x}$ 复合而成，因此需要按照复合函数的极限法则来判断. 具体如下：

（1）当 $x\to0^+$ 时，$t\to-\infty$，进而 $u\to0$，从而 $\lim\limits_{u\to0}\dfrac{1+u}{1-u}=1$，所以 $\lim\limits_{x\to0^+}f(x)=1.$

（2）当 $x\to0^-$ 时，$t\to+\infty$，进而 $u\to+\infty$，从而 $\lim\limits_{u\to+\infty}\dfrac{1+u}{1-u}=-1$，所以 $\lim\limits_{x\to0^-}f(x)=-1.$

（3）因为 $\lim\limits_{x\to0^+}f(x)=1\neq-1=\lim\limits_{x\to0^-}f(x)=1$，所以 $\lim\limits_{x\to0}f(x)$ 不存在.

（4）当 $x \to 0$ 时，$|x| \to 0^+$，$-\dfrac{1}{|x|} \to -\infty$，进而 $\mathrm{e}^{-\frac{1}{|x|}} \to 0$，从而 $f(|x|) = \dfrac{1 + \mathrm{e}^{-\frac{1}{|x|}}}{1 - \mathrm{e}^{-\frac{1}{|x|}}} \to 1$，所以 $\lim\limits_{x \to 0} f(|x|) = 1$.

知识点 4：已知函数的极限确定函数中参数的值

例 5　试确定常数 a，b 的值，使得 $\lim\limits_{x \to -\infty} (\sqrt{x^2 + x + 1} + ax + b) = 1$.

错解： 由 $\lim\limits_{x \to -\infty} \dfrac{(\sqrt{x^2 + x + 1} + ax + b)}{x} = \lim\limits_{x \to -\infty} \left(\sqrt{1 + \dfrac{1}{x} + \dfrac{1}{x^2}} + a + \dfrac{b}{x} \right) = a + 1 = 0$ 得 $a = -1$.

【错解分析及知识链接】 因为前两项极限不存在，故不能直接应用极限的加法法则，错解中的错误在于没有注意到 $x \to -\infty$.

正解： 如果每项都乘以 $\dfrac{1}{x}$，则每项极限都存在，于是就有

$$\lim\limits_{x \to -\infty} \dfrac{(\sqrt{x^2 + x + 1} + ax + b)}{x} = \lim\limits_{x \to -\infty} \dfrac{1}{x} \cdot (\sqrt{x^2 + x + 1} + ax + b) = 0 \times 1 = 0.$$

而 $\lim\limits_{x \to -\infty} \dfrac{(\sqrt{x^2 + x + 1} + ax + b)}{x} = \lim\limits_{x \to -\infty} \left(-\sqrt{1 - \dfrac{1}{x} + \dfrac{1}{x^2}} + a + \dfrac{b}{x} \right) = a - 1$，所以 $a = 1$，又因为 $1 = \lim\limits_{x \to -\infty} (\sqrt{x^2 + x + 1} + x + b) = \lim\limits_{x \to -\infty} (\sqrt{x^2 + x + 1} + x) + b$，所以 $b = 1 - \lim\limits_{x \to -\infty} (\sqrt{x^2 + x + 1} + x) = 1 -$

$\lim\limits_{x \to -\infty} \dfrac{x + 1}{\sqrt{x^2 + x + 1} - x} = 1 - \lim\limits_{x \to -\infty} \dfrac{-1 - \dfrac{1}{x}}{\sqrt{1 - \dfrac{1}{x} + \dfrac{1}{x^2}} + 1} = \dfrac{3}{2}$.

【举一反三】 已知 $\lim\limits_{x \to 2} \dfrac{x^2 + ax + b}{x^2 - x - 2} = 2$，求常数 a 和 b 的值.

【解法分析及知识链接】 本题中的分母趋于 0，因此不能用商的极限运算法则，而极限值是 2，因此分子的极限一定也是 0，否则极限为无穷大. 具体做法如下：

因 为 $\lim\limits_{x \to 2} \dfrac{x^2 + ax + b}{x^2 - x - 2} = 2$，且 $\lim\limits_{x \to 2} (x^2 - x - 2) = 0$，从 而 $\lim\limits_{x \to 2} (x^2 + ax + b) = 0$，所 以 $2^2 + 2a + b = 0$，即 $b = -2(2 + a)$，代入原极限得

$$\lim\limits_{x \to 2} \dfrac{x^2 + ax - 2(2 + a)}{x^2 - x - 2} = \lim\limits_{x \to 2} \dfrac{(x - 2)[x + (a + 2)]}{(x - 2)(x + 1)} = \lim\limits_{x \to 2} \dfrac{x + (a + 2)}{x + 1} = \dfrac{a + 4}{3} = 2,$$

所以 $a = 2$，$b = -8$.

3. 真题演练

（1）（2017 年）设数列 $\{x_n\}$ 收敛，则（　　）.

A. 当 $\lim\limits_{n \to \infty} \sin x_n = 0$ 时，$\lim\limits_{n \to \infty} x_n = 0$　　　　B. 当 $\lim\limits_{n \to \infty} x_n (x_n + \sqrt{|x_n|}) = 0$ 时，$\lim\limits_{n \to \infty} x_n = 0$

C. 当 $\lim\limits_{n \to \infty} (x_n + x_n^2) = 0$ 时，$\lim\limits_{n \to \infty} x_n = 0$　　　　D. 当 $\lim\limits_{n \to \infty} (x_n + \sin x_n) = 0$ 时，$\lim\limits_{n \to \infty} x_n = 0$

（2）（2001 年）$\lim\limits_{x\to 1}\dfrac{\sqrt{3-x}-\sqrt{1+x}}{x^2+x-2}=$ _____ .

（3）（2007 年）$\lim\limits_{x\to +\infty}\dfrac{x^3+x^2+1}{2^x+x^3}(\sin x+\cos x)=$ _____ .

（4）因为 $\lim\limits_{x\to 0}x\sin\dfrac{1}{x}=0$，则 $\lim\limits_{x\to 0}\dfrac{1}{x\sin\dfrac{1}{x}}=\infty$，这种说法对吗？

（5）求 $g(x)=\dfrac{1-a^{\frac{1}{x}}}{1+\mathrm{e}^{\frac{1}{x}}}(a>1)$ 在 $x\to 0$ 时的左右极限，并说明 $x\to 0$ 时的极限是否存在.

4．真题演练解析

（1）【解析】本题用排除法可以确定 D 正确. 具体如下：取 $\{x_n\}=\left\{2\pi+\dfrac{1}{n}\right\}$，则可以排除选项 A，取 $\{x_n\}=\{-1\}$，可以排除 B、C.

（2）【解析】$\lim\limits_{x\to 1}\dfrac{\sqrt{3-x}-\sqrt{1+x}}{x^2+x-2}=-\lim\limits_{x\to 1}\dfrac{2}{(x+2)(\sqrt{3-x}+\sqrt{1+x})}=-\dfrac{1}{3\sqrt{2}}$.

（3）【解析】当 $x\to +\infty$ 时，$2^x\to +\infty$，所以 $\lim\limits_{x\to +\infty}\dfrac{x^3+x^2+1}{2^x+x^3}=\lim\limits_{x\to +\infty}\dfrac{\dfrac{x^3}{2^x}+\dfrac{x^2}{2^x}+\dfrac{1}{2^x}}{1+\dfrac{x^3}{2^x}}=0$，而

$|\sin x+\cos x|\leqslant\sqrt{2}$，从而 $\lim\limits_{x\to +\infty}\dfrac{x^3+x^2+1}{2^x+x^3}(\sin x+\cos x)=0$.

（4）【解析】不对，因为在 $x=0$ 点任何邻域内都有 $x\sin\dfrac{1}{x}$ 的零点（令 $x_n=\dfrac{1}{2n\pi}$）.

（5）【解析】$g(0^+)=\lim\limits_{x\to 0^+}g(x)=\lim\limits_{x\to 0^+}\dfrac{1-a^{\frac{1}{x}}}{1+\mathrm{e}^{\frac{1}{x}}}=\lim\limits_{x\to 0^+}\dfrac{a^{-\frac{1}{x}}-1}{a^{-\frac{1}{x}}+\left(\dfrac{\mathrm{e}}{a}\right)^{\frac{1}{x}}}=\begin{cases}0,&1<a<\mathrm{e}\\-1,&a=\mathrm{e}\\-\infty,&a>\mathrm{e}\end{cases}$，

$g(0^-)=\lim\limits_{x\to 0^-}g(x)=\lim\limits_{x\to 0^-}\dfrac{1-a^{\frac{1}{x}}}{1+\mathrm{e}^{\frac{1}{x}}}=1$，所以 $\lim\limits_{x\to 0}g(x)$ 不存在.

1.6　极限存在准则和两个重要极限

1．重要知识点

（1）极限存在准则.

夹逼准则：如果数列 x_n、y_n 及 z_n 满足下列条件：

① $y_n\leqslant x_n\leqslant z_n\ (n=1,2,3,\cdots)$；　　② $\lim\limits_{n\to\infty}y_n=a,\ \lim\limits_{n\to\infty}z_n=a$.

那么数列 x_n 的极限存在，且 $\lim\limits_{n\to\infty} x_n = a$.

注：利用夹逼准则求极限，关键是构造出 y_n 与 z_n，y_n 与 z_n 的极限相同且容易求.

单调有界准则：单调有界数列必有极限.

（2）两个重要极限.

第一个重要极限：$\lim\limits_{x\to 0} \dfrac{\sin x}{x} = 1$.

第二个重要极限：$\lim\limits_{n\to\infty}\left(1+\dfrac{1}{n}\right)^n = \mathrm{e}$　或　$\lim\limits_{x\to\infty}\left(1+\dfrac{1}{x}\right)^x = \mathrm{e}$.

2．例题辨析

知识点 1：利用重要极限求极限

例 1　求 $\lim\limits_{x\to\pi} \dfrac{\tan x}{\sin x}$.

错解： $\lim\limits_{x\to\pi} \dfrac{\tan x}{\sin x} = \lim\limits_{x\to\pi} \dfrac{\tan x}{x}\cdot\dfrac{x}{\sin x} = \lim\limits_{x\to\pi} \dfrac{\tan x}{x}\cdot\lim\limits_{x\to\pi} \dfrac{x}{\sin x} = 1$.

【错解分析及知识链接】这种运算是错误的. 当 $x\to 0$ 时，$\dfrac{\tan x}{x}\to 1$，$\dfrac{x}{\sin x}\to 1$，本题 $x\to\pi$，所以不能应用上述方法计算.

正解： 令 $x-\pi = t$ ，则 $x = \pi + t$ ；当 $x\to\pi$ 时，$t\to 0$ ，于是 $\lim\limits_{x\to\pi}\dfrac{\tan x}{\sin x} = \lim\limits_{t\to 0}\dfrac{\tan(\pi+t)}{\sin(\pi+t)} =$

$\lim\limits_{t\to 0}\dfrac{\tan t}{-\sin t} = \lim\limits_{t\to 0}\dfrac{\tan t}{t}\cdot\dfrac{t}{-\sin t} = -1$.

例 2　求 $\lim\limits_{x\to 0}(1-x)^{\frac{1}{x}}$.

错解： 根据第二个重要极限可得，$\lim\limits_{x\to 0}(1-x)^{\frac{1}{x}} = \mathrm{e}$.

【错解分析及知识链接】这种运算是错误的，错误在于原式中括号内是"$+$"，但此题括号内是"$-$"，符号不一致不能直接用.

正解： $\lim\limits_{x\to 0}(1-x)^{\frac{1}{x}} = \lim\limits_{x\to 0}(1+(-x))^{\frac{1}{-x}(-1)} = \left[\lim\limits_{x\to 0}\left(1+(-x)\right)^{\frac{1}{-x}}\right]^{-1} = \mathrm{e}^{-1}$.

知识点 2：利用夹逼准则求极限

例 3　利用极限存在准则求 $\lim\limits_{n\to\infty}\sqrt{1+\dfrac{1}{n}}$.

错解： 当 $n>1$ 时，$1 < \sqrt{1+\dfrac{1}{n}} < \sqrt{1+\dfrac{2}{n}}$ 成立，且 $\lim\limits_{n\to\infty} 1 = \lim\limits_{n\to\infty}\sqrt{1+\dfrac{2}{n}} = 1$ ，由夹逼准则，得

$\lim\limits_{n\to\infty}\sqrt{1+\dfrac{1}{n}} = 1$.

【错解分析及知识链接】利用夹逼准则求极限，关键是经过适当放缩找到合适的参考数列，且该参考数列的极限容易求，本题要求极限的数列和找到的右侧参考数列的形式是一样的，所

以直接得出右侧参考数列 $\lim\limits_{n\to\infty}\sqrt{1+\dfrac{2}{n}}=1$ 对于本题来说是不合适的.

正解：当 $n>1$ 时，有 $1<\sqrt{1+\dfrac{1}{n}}<1+\dfrac{1}{n}$ 成立，$\lim\limits_{n\to\infty}1=\lim\limits_{n\to\infty}\left(1+\dfrac{1}{n}\right)=1$，由夹逼准则，得

$\lim\limits_{n\to\infty}\sqrt{1+\dfrac{1}{n}}=1$.

例 4 求 $\lim\limits_{n\to\infty}n\left(\dfrac{1}{n^2+\pi}+\dfrac{1}{n^2+2\pi}+\cdots+\dfrac{1}{n^2+n\pi}\right)$.

错解：$\lim\limits_{n\to\infty}n\left(\dfrac{1}{n^2+\pi}+\dfrac{1}{n^2+2\pi}+\cdots+\dfrac{1}{n^2+n\pi}\right)=\lim\limits_{n\to\infty}\dfrac{n}{n^2+\pi}+\lim\limits_{n\to\infty}\dfrac{n}{n^2+2\pi}+\cdots+\lim\limits_{n\to\infty}\dfrac{n}{n^2+n\pi}=0$.

【错解分析及知识链接】本题错误地利用了极限的四则运算法则求极限，事实上，极限四则运算法则只适合有限项相加. 而题目中求极限的表达式是无穷多项的和，针对这种求和特征可以考虑用夹逼准则来求极限.

正解：因为 $\dfrac{n^2}{n^2+n\pi}\leqslant n\left(\dfrac{1}{n^2+\pi}+\dfrac{1}{n^2+2\pi}+\cdots+\dfrac{1}{n^2+n\pi}\right)\leqslant\dfrac{n^2}{n^2+\pi}$，且 $\lim\limits_{n\to\infty}\dfrac{n^2}{n^2+n\pi}=\lim\limits_{n\to\infty}$

$\dfrac{n^2}{n^2+\pi}=1$，所以 $\lim\limits_{n\to\infty}n\left(\dfrac{1}{n^2+\pi}+\dfrac{1}{n^2+2\pi}+\cdots+\dfrac{1}{n^2+n\pi}\right)=0$.

【举一反三】利用极限存在准则求 $\lim\limits_{x\to0}x\left[\dfrac{10}{x}\right]$.

错解：由取整函数的性质得 $x-1<[x]\leqslant x$，故 $\dfrac{1}{x}-1<\left[\dfrac{1}{x}\right]\leqslant\dfrac{1}{x}$，即 $1-x<x\left[\dfrac{1}{x}\right]\leqslant1$，当 $x\to0$

时，两边参考函数的极限均为 1，则由夹逼准则可得 $\lim\limits_{x\to0}x\left[\dfrac{10}{x}\right]=1$.

【错解分析及知识链接】这种运算是错误的. 当 $x\to0$ 时，不能保证 x 始终为正，若 x 为负，此时两边同时乘以 x，不等式的方向要改变.

正解：由取整函数的性质得 $x-1<[x]\leqslant x$，故 $\dfrac{1}{x}-1<\left[\dfrac{1}{x}\right]\leqslant\dfrac{1}{x}$. 当 $x>0$ 时，有 $1-x<$

$x\left[\dfrac{1}{x}\right]\leqslant1$；当 $x<0$ 时，有 $1-x>x\left[\dfrac{1}{x}\right]\geqslant1$，在这两种情况下两边参考函数的极限均为 1，从而

$\lim\limits_{x\to0}x\left[\dfrac{10}{x}\right]=1$.

知识点 3：利用单调有界准则求极限

例 5 设 $x_1=1$，$x_{n+1}=1+2x_n(n=1,2,\cdots)$，求 $\lim\limits_{n\to\infty}x_n$.

错解：令 $\lim\limits_{n\to\infty}x_n=a$，将递推关系 $x_{n+1}=1+2x_n$ 两边取极限，得 $a=1+2a$，$a=-1$.

【错解分析及知识链接】利用单调有界准则求极限，必须先判定极限存在，才能在等式两边求极限. 本题应首先讨论极限是否存在. 因为 $x_n>1$，由极限的保号性，知 $a>0$. 错解中错误的原因在于没有完全理解 $\lim\limits_{n\to\infty}x_n=a$ 的含义. $\lim\limits_{n\to\infty}x_n=a$ 表示：①$\{x_n\}$ 收敛；②x_n 的极限为 a.

正解：因为 $x_n=1+2x_{n-1}=1+2+2^2x_{n-2}=\cdots=1+2+2^2+\cdots+2^{n-1}$，所以数列 $\{x_n\}$ 单调增加

且无上界，$\{x_n\}$ 为发散数列，因此极限不存在．

【举一反三】设 $x_1 = 10$，$x_{n+1} = \sqrt{6 + x_n}$ $(n = 1, 2, \cdots)$，求 $\lim\limits_{n \to \infty} x_n$．

解：先证明数列 $\{x_n\}$ 有下界，即证明 $x > 3$．当 $n = 1$ 时，$x_1 = 10 > 3$，由 $x_2 = \sqrt{6 + x_1}$，可知 $x_2 = \sqrt{6 + x_1} = \sqrt{6 + 10} = 4 > 3$．假设当 $n = k$ 时，$x_k > 3$．则当 $n = k + 1$ 时，有 $x_{k+1} = \sqrt{6 + x_k} > \sqrt{6 + 3} = 3$．由数学归纳法对任意的 $n \in \mathbf{N}^+$，$x_n > 3$．

再证明数列单调：$x_{n+1} - x_n = \sqrt{6 + x_n} - x_n = \dfrac{\sqrt{6 + x_n} + x_n}{6 + x_n - x_n^2} = -\dfrac{\sqrt{6 + x_n} + x_n}{(x_n - 3)(x_n + 2)} < 0$．故 $x_{n+1} < x_n$，即数列 $\{x_n\}$ 的单调递减．

由单调有界准则，可知数列 $\{x_n\}$ 极限存在，设此极限为 a，对等式 $x_{n+1} = \sqrt{6 + x_n}$ 两端关于 $n \to \infty$ 取极限，得 $a = \sqrt{6 + a}$，解此方程得 $a = 3$，从而 $\lim\limits_{n \to \infty} x_n = 3$．

注：单调有界数列必有极限，利用这个准则证明数列极限存在，主要针对递推数列，必须从单调、有界两个方面加以验证．同时利用单调有界准则求极限，必须先判定极限存在，才能在等式两边求极限．

3．真题演练

（1）（2019 年）$\lim\limits_{n \to \infty} \left[\dfrac{1}{1 \times 2} + \dfrac{1}{2 \times 3} + \cdots + \dfrac{1}{n(n+1)} \right] = \underline{\qquad}$．

（2）（2018 年）若 $\lim\limits_{x \to 0} \left(\dfrac{1 - \tan x}{1 + \tan x} \right)^{\frac{1}{\sin kx}} = \mathrm{e}$，则 $k = \underline{\qquad}$．

（3）（2018 年）设数列 $\{x_n\}$ 满足 $x_1 > 0$，$x_n \mathrm{e}^{x_{n+1}} = \mathrm{e}^{x_n} - 1$ $(n = 1, 2, 3, \cdots)$．证明 $\{x_n\}$ 收敛，并求 $\lim\limits_{n \to \infty} x_n$．

4．真题演练解析

（1）**【解析】**原式 $== \lim\limits_{n \to \infty} \left(1 - \dfrac{1}{2} + \dfrac{1}{2} - \dfrac{1}{3} + \cdots + \dfrac{1}{n} - \dfrac{1}{n+1} \right)^n = \lim\limits_{n \to \infty} \left(1 - \dfrac{1}{n+1} \right)^n = \mathrm{e}^{-1}$．

（2）**【解析】**考查复合函数极限的运算法则．

$\mathrm{e} = \lim\limits_{x \to 0} \left(\dfrac{1 - \tan x}{1 + \tan x} \right)^{\frac{1}{\sin kx}} = \mathrm{e}^{\lim\limits_{x \to 0} \frac{\frac{1 - \tan x}{1 + \tan x} - 1}{\sin kx}} = \mathrm{e}^{\lim\limits_{x \to 0} \frac{1}{\sin kx} \cdot \frac{-2\tan x}{1 + \tan x}} = \mathrm{e}^{-\frac{2}{k}}$，$-\dfrac{2}{k} = 1$，即 $k = -2$．

（3）**【解析】**首先证明数列 $\{x_n\}$ 有下界，即证明 $x_n > 0$：当 $n = 1$ 时，$x_1 > 0$．根据题设 $x_2 = \ln \dfrac{\mathrm{e}^{x_1} - 1}{x_1}$，由 $\mathrm{e}^{x_1} - 1 > x_1$ 可知 $x_2 > \ln 1 = 0$；假设当 $n = k$ 时，$x_k > 0$；则当 $n = k + 1$ 时，$x_{k+1} = \ln \dfrac{\mathrm{e}^{x_k} - 1}{x_k}$，其中 $\mathrm{e}^{x_k} - 1 > x_k$，可知 $x_{k+1} > \ln 1 = 0$．

根据数学归纳法，对任意的 $n \in \mathbf{N}^+$，$x_n > 0$．

再证数列单调：$x_{n+1} - x_n = \ln \dfrac{\mathrm{e}^{x_n} - 1}{x_n} - x_n = \ln \dfrac{\mathrm{e}^{x_n} - 1}{x_n} - \ln \mathrm{e}^{x_n} = \ln \dfrac{\mathrm{e}^{x_n} - 1}{x_n \mathrm{e}^{x_n}}$．

（离散函数连续化）设 $f(x) = e^x - 1 - xe^x (x > 0)$，则当 $x > 0$ 时，$f'(x) = -xe^x < 0$，$f(x)$ 单调递减，$f(x) < f(0) = 0$，即 $e^x - 1 < xe^x$. 从而 $x_{n+1} - x_n = \ln \dfrac{e^{x_n} - 1}{x_n e^{x_n}} < \ln 1 = 0$，故 $x_{n+1} < x_n$，即数列 $\{x_n\}$ 的单调递减. 综上，数列 $\{x_n\}$ 单调递减且有下界. 由单调有界收敛原理可知 $\{x_n\}$ 收敛. 设 $\lim\limits_{n \to \infty} x_n = a$，在等式 $x_n e^{x_{n+1}} = e^{x_n} - 1$ 两边同时令 $n \to \infty$，得 $ae^a = e^a - 1$，解方程得唯一解 $a = 0$，故 $\lim\limits_{n \to \infty} x_n = 0$.

1.7　无穷小的比较

1．重要知识点

（1）无穷小阶的比较：设 $x \to x_0$（或 $x \to \infty$）时，$\alpha(x)$ 与 $\beta(x)$ 为无穷小量（$\beta(x) \neq 0$）.

① 若 $\lim\limits_{x \to x_0} \dfrac{\alpha(x)}{\beta(x)} = 0$，称 $x \to x_0$ 时，$\alpha(x)$ 是 $\beta(x)$ 的高阶无穷小，记作 $\alpha(x) = o[\beta(x)]$.

② 若 $\lim\limits_{x \to x_0} \dfrac{\alpha(x)}{\beta(x)} = l(l \neq 0)$，称 $x \to x_0$ 时，$\alpha(x)$ 是 $\beta(x)$ 的同阶无穷小，记作 $\alpha(x) = O[\beta(x)]$.

注：当 $l = 1$ 时，则称 $x \to x_0$ 时，$\alpha(x)$ 是 $\beta(x)$ 的等阶无穷小，记作 $\alpha(x) \sim \beta(x)$.

③ 若 $\lim\limits_{x \to x_0} \dfrac{\alpha(x)}{[\beta(x)]^k} = l(l \neq 0)$，$k > 0$，则称 $x \to x_0$ 时，$\alpha(x)$ 是 $\beta(x)$ 的 k 阶无穷小.

（2）无穷小的运算：当 $x \to 0$ 时，

① $o(x^n) \pm o(x^n) = o(x^n)$；　　　　② 当 $m > n$ 时，$o(x^m) \pm o(x^n) = o(x^n)$；

③ $o(x^m) \cdot o(x^n) = o(x^{n+m})$；　　　　④ 若 $g(x)$ 有界，则 $g(x) \cdot o(x^n) = o(x^n)$.

（3）无穷小代换定理：

① β 与 α 是等价无穷小的充分必要条件为 $\beta = \alpha + o(\alpha)$；

② 设 $\alpha \sim \alpha'$，$\beta \sim \beta'$，且 $\lim \dfrac{\beta'}{\alpha'}$ 存在，则 $\lim \dfrac{\beta}{\alpha} = \lim \dfrac{\beta'}{\alpha'}$.

（4）常用的等价无穷小：当 $x \to 0$ 时，$x \sim \sin x \sim \tan x \sim \arcsin x \sim \arctan x \sim \ln(1 + x) \sim e^x - 1$.

$$a^x - 1 \sim x \ln a，\qquad (1 + x)^a - 1 \sim ax，\qquad 1 - \cos x \sim \frac{1}{2} x^2，$$

$$x - \sin x \sim \frac{1}{6} x^3，\qquad \tan x - x \sim \frac{1}{3} x^3，\qquad \tan x - \sin x \sim \frac{1}{2} x^3，$$

$$\arcsin x - x \sim \frac{1}{6} x^3，\qquad x - \arctan x \sim \frac{1}{3} x^3.$$

2．例题辨析

知识点 1：无穷小阶的判别

例 1　$x \to 0$ 时，$2x - x^3$ 与 $x^2 - x^3$ 相比，哪一个是高阶无穷小？

错解：由于 $2x - x^3$ 与 $x^2 - x^3$ 的最高次阶都是 3，因此它们是同阶无穷小.

【错解分析及知识链接】首先，无穷小阶的比较应按照定义来做，如果利用无穷小的运算来做，应该服从"低阶 ± 高阶~低阶"原则.

正解：

解法 1： $\lim\limits_{x\to 0}\dfrac{2x-x^3}{x^2-x^3}=\lim\limits_{x\to 0}\dfrac{2-x^2}{x-x^2}=\infty$，故 x^2-x^3 是比 $2x-x^3$ 更高阶的无穷小.

解法 2： 当 $x\to 0$ 时，$2x-x^3\sim 2x$，$x^2-x^3\sim x^2$，因此 x^2-x^3 是比 $2x-x^3$ 更高阶的无穷小.

【举一反三】 设 $f(x)=2^x+3^x-2$，则当 $x\to 0$ 时，$f(x)$ 是 x 的几阶无穷小.

解： $\lim\limits_{x\to 0}\dfrac{f(x)}{x}=\lim\limits_{x\to 0}\dfrac{2^x+3^x-2}{x}=\lim\limits_{x\to 0}\dfrac{2^x-1}{x}+\lim\limits_{x\to 0}\dfrac{3^x-1}{x}=\ln 2+\ln 3$，$f(x)$ 与 x 是同阶无穷小.

【举一反三】 设 $f(x)=\tan x-\sin x$，当 $x\to 0$ 时，$f(x)$ 是关于 x 的几阶无穷小？

解： 因为 $\lim\limits_{x\to 0}\dfrac{(\tan x-\sin x)}{x^3}=\lim\limits_{x\to 0}\left(\dfrac{\sin x}{\cos x}-\sin x\right)\cdot\dfrac{1}{x^3}=\lim\limits_{x\to 0}\dfrac{\sin x-\sin x\cos x}{x^3\cos x}=\lim\limits_{x\to 0}\dfrac{\sin x(1-\cos x)}{x^3\cos x}=$

$\dfrac{1}{2}$，因此 $f(x)$ 是关于 x 的 3 阶无穷小.

知识点 2：等价无穷小替换法则

例 2 求极限 $\lim\limits_{x\to 0}(1+e^x\sin^2 x)^{\frac{1}{\sqrt{1+x^2}-1}}$.

错解： $\lim\limits_{x\to 0}(1+e^x\sin^2 x)^{\frac{1}{\sqrt{1+x^2}-1}}=\lim\limits_{x\to 0}(1+x^2)^{\frac{1}{\sqrt{1+x^2}-1}}=\lim\limits_{x\to 0}(1+x^2)^{\frac{2}{x^2}}=e^2$.

【错解分析及知识链接】 利用等价无穷小代换定理求极限时，只有相乘除形式的函数才可以进行相应的代换，相加减形式的函数不能进行无穷小代换.

正解： $\lim\limits_{x\to 0}(1+e^x\sin^2 x)^{\frac{1}{\sqrt{1+x^2}-1}}=\lim\limits_{x\to 0}e^{\frac{1}{\sqrt{1+x^2}-1}\cdot\ln(1+e^x\sin^2 x)}=e^{\lim\limits_{x\to 0}\frac{2e^x\sin^2 x}{x^2}}=e^2$.

例 3 求极限 $\lim\limits_{x\to 0}\left(1-x\right)^{\frac{1}{\sin x}}$.

错解： $\lim\limits_{x\to 0}\left(1-x\right)^{\frac{1}{\sin x}}=\lim\limits_{x\to 0}\left(1-x\right)^{\frac{1}{x}}=e$.

【错解分析及知识链接】 这种运算是错误的，一是符号不一致不能直接用第二个重要极限，二是幂指函数中底数函数与指数函数为一体，不可随意等价无穷小其中的一部分. 对于幂指函数 u^v 求极限，需要先利用指数和对数的关系将其转化为 $e^{v\ln u}$ 的形式，再利用复合函数求极限的运算法则对其进行转化：$\lim e^{v\ln u}=e^{\lim v\ln u}$，从而将其转化为一般函数求极限问题.

正解： $\lim\limits_{x\to 0}(1-x)^{\frac{1}{\sin x}}=e^{\lim\limits_{x\to 0}\frac{\ln(1-x)}{\sin x}}=e^{\lim\limits_{x\to 0}\frac{-x}{x}}=e^{-1}$.

例 4 求 $\lim\limits_{x\to 0}\dfrac{\sqrt{1+x}-\sqrt[3]{1+x}}{x}$.

错解： 当 $x\to 0$ 时，$\sqrt{1+x}-1\sim\dfrac{x}{2}$，$\sqrt[3]{1+x}-1\sim\dfrac{x}{3}$，故有 $\sqrt{1+x}\sim 1+\dfrac{x}{2}$，$\sqrt[3]{1+x}\sim 1+\dfrac{x}{3}$ 代入

得 $\lim\limits_{x\to 0}\dfrac{\sqrt{1+x}-\sqrt[3]{1+x}}{x}=\lim\limits_{x\to 0}\dfrac{1+\dfrac{x}{2}-\left(1+\dfrac{x}{3}\right)}{x}=\dfrac{1}{6}$.

【错解分析及知识链接】 $\sqrt{1+x}$ 和 $\sqrt[3]{1+x}$ 不是无穷小量 $(x\to 0)$，$\sqrt{1+x}\sim 1+\dfrac{x}{2}$，$\sqrt[3]{1+x}\sim$

$1+\dfrac{x}{3}$，不能等价代换.

正解：利用极限的运算法则和等价无穷小代换可得

$$\lim_{x\to0}\frac{\sqrt{1+x}-\sqrt[3]{1+x}}{x}=\lim_{x\to0}\frac{\sqrt{1+x}-1}{x}-\lim_{x\to0}\frac{\sqrt[3]{1+x}-1}{x}=\lim_{x\to0}\frac{\dfrac{x}{2}}{x}-\lim_{x\to0}\frac{\dfrac{x}{3}}{x}=\frac{1}{6}.$$

例 5　求 $\lim\limits_{x\to0}\dfrac{\sin\left(x^2\sin\dfrac{1}{x}\right)}{x}$.

错解：$\lim\limits_{x\to0}\dfrac{\sin\left(x^2\sin\dfrac{1}{x}\right)}{x}=\lim\limits_{x\to0}\dfrac{x^2\sin\dfrac{1}{x}}{x}=\lim\limits_{x\to0}x\sin\dfrac{1}{x}=0.$

【错解分析及知识链接】若在 a 点的某去心邻域内，$(x\to a)$、$\alpha_1(x)$ 或 $\beta_1(x)$ 总存在 0 点，则不能进行等价无穷小代换. 原因是由等价无穷小代换定理的推导过程可知，代换时 $x^2\sin\dfrac{1}{x}$ 必出现在分母上，而在 0 点的任何邻域内 $x^2\sin\dfrac{1}{x}$ 总有 0 点，使得分式无意义. 所以 $\lim\limits_{x\to0}\dfrac{\sin\left(x^2\sin\dfrac{1}{x}\right)}{x}$ 不能换成 $\lim\limits_{x\to0}\dfrac{x^2\sin\dfrac{1}{x}}{x}$ 的形式.

正解：当 $x\ne0$ 时（利用不等式 $|\sin x|\leqslant|x|$）得 $\left|\sin\left(x^2\sin\dfrac{1}{x}\right)\right|\leqslant\left|x^2\sin\dfrac{1}{x}\right|\leqslant x^2$，从而有

$$0\leqslant\left|\frac{\sin\left(x^2\sin\dfrac{1}{x}\right)}{x}\right|\leqslant|x|，由夹逼准则得\lim_{x\to0}\frac{\sin\left(x^2\sin\dfrac{1}{x}\right)}{x}=0.$$

【举一反三】求极限 $\lim\limits_{x\to0}\dfrac{\tan x-\sin x}{\sin^3 x}$.

解：$\lim\limits_{x\to0}\dfrac{\tan x-\sin x}{\sin^3 x}=\lim\limits_{x\to0}\dfrac{\tan x(1-\cos x)}{x^3}=\lim\limits_{x\to0}\dfrac{1-\cos x}{x^2}=\lim\limits_{x\to0}\dfrac{x^2}{2x^2}=\dfrac{1}{2}.$

很多学生会错把过程写成 $\lim\limits_{x\to\pi}\dfrac{\tan x-\sin x}{\sin^3 x}=\lim\limits_{x\to\pi}\dfrac{x-x}{x^3}=0.$

注：利用等价无穷小代换求极限时，一般只适用于求极限函数中的乘除因式，若函数中出现加减，则需要设法把它们转化为乘除形式.

【举一反三】求极限 $\lim\limits_{x\to\infty}\left(x\tan\dfrac{1}{x}\right)^{x^2}$.

解：本题属于"1^∞"型未定式，利用指数对数关系式及等价无穷小 $\ln(1+x)\sim x$，$\tan x-x\sim\dfrac{1}{3}x^3$ $(x\to0)$ 可得

$$\lim_{x\to\infty}\left(x\tan\frac{1}{x}\right)^{x^2}=\lim_{t\to0}\left[1+\left(\frac{1}{t}\tan t-1\right)\right]^{\frac{1}{t^2}}=e^{\lim\limits_{t\to0}\frac{\ln\left[1+\left(\frac{1}{t}\tan t-1\right)\right]}{t^2}}=e^{\lim\limits_{t\to0}\frac{\tan t-t}{t^3}}=e^{\lim\limits_{t\to0}\frac{\frac{1}{3}t^3}{t^3}}=e^{\frac{1}{3}}.$$

3. 真题演练

（1）（2007年）当 $x \to 0^+$ 时，与 $\sqrt{x}$ 等价的无穷小量是（　　）.

    A. $1 - e^{\sqrt{x}}$ B. $\ln \dfrac{1+x}{1-\sqrt{x}}$ C. $\sqrt{1+\sqrt{x}} - 1$ D. $1 - \cos\sqrt{x}$

（2）（2019年）当 $x \to 0$ 时，若 $x - \tan x$ 与 x^k 是同阶无穷小，则 $k =$（　　）.

    A. 1   B. 2   C. 3   D. 4

（3）（2001年）设当 $x \to 0$ 时，$(1-\cos x)\ln(1+x^2)$ 是比 $x\sin x^n$ 高阶的无穷小，而 $x\sin x^n$ 是比 $(e^{x^2}-1)$ 高阶的无穷小，则正整数 n 等于（　　）.

    A. 1   B. 2   C. 3   D. 4

（4）（2013年）当 $x \to 0$ 时，用 $o(x)$ 表示比 x 高阶的无穷小，则下列式子中错误的是（　　）.

    A. $x \cdot o(x^2) = o(x^3)$ B. $o(x) \cdot o(x^2) = o(x^3)$

    C. $o(x^2) + o(x^2) = o(x^2)$ D. $o(x) + o(x^2) = o(x^2)$

4. 真题演练解析

（1）【解析】$1 - e^{\sqrt{x}} \sim -\sqrt{x}$；$\ln\dfrac{1+x}{1-\sqrt{x}} = \ln\dfrac{1-\sqrt{x}+\sqrt{x}+x}{1-\sqrt{x}} \sim \dfrac{\sqrt{x}+x}{1-\sqrt{x}} \sim \sqrt{x}$；

$\sqrt{1+\sqrt{x}} - 1 \sim \dfrac{1}{2}\sqrt{x}$；$1 - \cos\sqrt{x} \sim \dfrac{1}{2}x$. 故选 B.

（2）【解析】$x - \tan x = x - \left(x + \dfrac{1}{3}x^3 + o(x^3)\right) \sim -\dfrac{1}{3}x^3$，故 $k = 3$. 故选 C.

（3）【解析】由题意知：

$$\lim_{x\to 0}\frac{(1-\cos x)\ln(1+x^2)}{x\sin x^n} = 0 \Rightarrow \lim_{x\to 0}\frac{\frac{1}{2}x^2 \cdot x^2}{x \cdot x^n} \lim_{x\to 0}\frac{\frac{1}{2}x^4}{x^{1+n}} = 0 \Rightarrow 1+n < 4 \Rightarrow n < 3, \ \lim_{x\to 0}\frac{x\sin x^n}{e^{x^2}-1} = 0 \Rightarrow$$

$$\lim_{x\to 0}\frac{x \cdot x^n}{x^2} = \lim_{x\to 0}\frac{x^{1+n}}{x^2} = 0 \Rightarrow 1+n > 2 \Rightarrow n > 1. \ 故选 B.$$

（4）【解析】A. $\dfrac{xo(x^2)}{x^3} = \dfrac{o(x^2)}{x^2} \to 0$；B. $\dfrac{o(x)o(x^2)}{x^3} = \dfrac{o(x)}{x} \cdot \dfrac{o(x^2)}{x^2} \to 0$；C. $\dfrac{o(x^2)+o(x^2)}{x^2} =$

$\dfrac{o(x^2)}{x^2} \cdot \dfrac{o(x^2)}{x^2} \to 0$；D. $\dfrac{o(x)+o(x^2)}{x^2} = \dfrac{o(x)}{x^2} + \dfrac{o(x^2)}{x^2}$ 推不出 0，如 $x^2 = o(x)$ 则 $\dfrac{o(x)+o(x^2)}{x^2} \to 1$. 故选 D.

1.8 函数的连续性与间断点

1. 重要知识点

（1）$f(x)$ 在 $x = a$ 点连续：$\displaystyle\lim_{\Delta x\to 0}\Delta y = \lim_{\Delta x\to 0}[f(a+\Delta x) - f(a)] = 0$.

等价定义 1：$\displaystyle\lim_{x\to a}f(x) = f(a)$.

等价定义 2：$\forall \varepsilon > 0$；$\exists \delta > 0$，当 $|x-a| < \delta$ 时，有 $|f(x) - f(a)| < \varepsilon$.

（2）单侧连续：右连续 $\lim\limits_{x \to a^+} f(x) = f(a)$；左连续 $\lim\limits_{x \to a^-} f(x) = f(a)$.

定理：$f(x)$ 在 $x = a$ 点连续 $\Leftrightarrow$ $f(x)$ 在 $x = a$ 点既左连续又右连续.

（3）函数的间断点：设函数 $f(x)$ 在点 x_0 的某去心邻域内有定义. 如果函数 $f(x)$ 有下列三种情形之一：①在 $x = x_0$ 没有定义；②虽在 $x = x_0$ 有定义，但 $\lim\limits_{x \to x_0} f(x)$ 不存在；③虽在 $x = x_0$ 有定义，且 $\lim\limits_{x \to x_0} f(x)$ 存在，但 $\lim\limits_{x \to x_0} f(x) \neq f(x_0)$，则函数 $f(x)$ 在点 x_0 为不连续，而点 x_0 称为函数 $f(x)$ 的不连续点或间断点.

（4）函数的间断点的分类.

① 第一类间断点：左极限 $f(x_0^-)$ 及右极限 $f(x_0^+)$ 都存在.

② 第二类间断点：$f(x_0^-)$、$f(x_0^+)$ 至少有一个不存在.

在第一类间断点中，左、右极限相等的点称为可去间断点，不相等的称为跳跃间断点. 无穷间断点和振荡间断点显然是第二类间断点.

2．例题辨析

知识点 1：函数的连续性

例 1　讨论函数 $f(x) = \begin{cases} x, & -1 \leqslant x \leqslant 1 \\ 1, & x < -1 \text{或} x > 1 \end{cases}$ 的连续性.

错解： 当 $x = 1$，$\lim\limits_{x \to 1^-} f(x) = \lim\limits_{x \to 1^-} x = 1 = \lim\limits_{x \to 1^+} f(x) = f(1)$，故 $f(x)$ 在 $x = 1$ 处连续；当 $x = -1$，$\lim\limits_{x \to -1^-} f(x) = 1 \neq \lim\limits_{x \to -1^+} f(x) = -1$. 所以 $x = -1$ 是跳跃间断点.

【错解分析及知识链接】 讨论函数的连续性时，应注意区分讨论是在一点连续，还是在区间上连续. 如本题不能只讨论分段点处的连续性. 当 x_0 不是分段点时，可由 x_0 所对应的表达式在 x_0 的连续性讨论 $f(x)$ 在 x_0 是否连续. 当 x_0 是分段点时，通常利用左、右极限讨论在分段点处的连续性.

正解： $\forall x \neq -1$，$f(x)$ 在 x 处均连续；当 $x = -1$，$\lim\limits_{x \to -1^-} f(x) = 1 \neq \lim\limits_{x \to -1^+} f(x) = -1$. 所以 $x = -1$ 是跳跃间断点.

【举一反三】 确定常数 a，使得 $f(x) = \begin{cases} \mathrm{e}^x, & x < 0 \\ a + x, & x \geqslant 0 \end{cases}$ 在 $(-\infty, +\infty)$ 内连续.

解： 要使 $f(x)$ 在 $(-\infty, +\infty)$ 内连续，必有 $f(x)$ 在 $x = 0$ 点连续，故有 $1 = \lim\limits_{x \to 0^-} \mathrm{e}^x = \lim\limits_{x \to 0^+}(a + x) = a$. 另外，当 $x < 0$ 时，$f(x) = \mathrm{e}^x$ 在 x 处连续；当 $x > 0$ 时，$f(x) = 1 + x$ 在 x 处也连续. 所以，当 $a = 1$ 时，$f(x)$ 在 $(-\infty, +\infty)$ 内连续.

注： 本题所求是"使 $f(x)$ 在 $(-\infty, +\infty)$ 内连续"，不能仅讨论 $x = 0$ 点的连续性.

知识点 2：函数的间断点

例 2　讨论函数 $f(x) = \dfrac{x}{\tan x}$ 间断点的类型，若是可去间断点，如何补充函数 $f(x)$ 在该点的值，使得 $f(x)$ 在该点连续.

错解：当 $x=k\pi$，$x=k\pi+\dfrac{\pi}{2}$ 时（k 是整数），$f(x)$ 无定义，因此这些点是其间断点. 因为

$\lim\limits_{x\to k\pi}\dfrac{x}{\tan x}=\infty$，所以 $x=k\pi$ 是其第二类间断点，而且是无穷间断点. $\lim\limits_{x\to k\pi+\frac{\pi}{2}}\dfrac{x}{\tan x}=0$，所以

$x=k\pi+\dfrac{\pi}{2}$ 是其可去间断点. 令 $f\left(k\pi+\dfrac{\pi}{2}\right)=0$，则 $f(x)$ 在 $x=k\pi+\dfrac{\pi}{2}$ 处连续.

【错解分析及知识链接】本题考查间断点的分类. 当 $x\to k\pi$ 时，如果 $k=0$，即 $x\to 0$ 时，函数的极限与 $k\neq 0$ 时不同，需要分别讨论.

正解：当 $x=k\pi$，$x=k\pi+\dfrac{\pi}{2}$ 时（k 是整数），$f(x)$ 无定义，因此这些点是其间断点. 因为

$\lim\limits_{x\to 0}\dfrac{x}{\tan x}=1$，所以 $x=0$ 是其可去间断点. $\lim\limits_{x\to k\pi}\dfrac{x}{\tan x}=\infty(k\neq 0)$，所以 $x=k\pi$ 是其第二类间断点，

而且是无穷间断点. $\lim\limits_{x\to k\pi+\frac{\pi}{2}}\dfrac{x}{\tan x}=0$，所以 $x=k\pi+\dfrac{\pi}{2}$ 是其可去间断点.

令 $f(0)=1$，$f\left(k\pi+\dfrac{\pi}{2}\right)=0$，则 $f(x)$ 在 $x=0$，$x=k\pi+\dfrac{\pi}{2}$ 处连续.

知识点 3：极限函数的连续性

例 3 设 $f(x)=\lim\limits_{n\to\infty}\dfrac{1+x}{1+x^{2n}}$，讨论 $f(x)$ 的连续性，如有间断点指明间断点的类型.

【错解分析及知识链接】注意，这里 $f(x)$ 是以一个关于 n 的极限形式给出的函数，因此首先要得到函数 $f(x)$ 的准确表达式，极限的结果与 x 的大小有关，因此需要分情况讨论：

解：$|x|>1$ 时，$(x^2)^n\to\infty$，$f(x)=\lim\limits_{n\to\infty}\dfrac{1+x}{1+x^{2n}}=0$；$|x|<1$ 时，$(x^2)^n\to 0$，

$f(x)=\lim\limits_{n\to\infty}\dfrac{1+x}{1+x^{2n}}=1+x$；$|x|=1$ 时，$f(-1)=\lim\limits_{n\to\infty}\dfrac{1-1}{1+1}=0$，$f(-1)=\lim\limits_{n\to\infty}\dfrac{1+1}{1+1}=1$，于是

$f(x)=\begin{cases}0, & |x|>1\\ 0, & x=-1\\ 1, & x=1\\ 1+x, & |x|<1\end{cases}$，则 $f(-1+0)=0=f(-1-0)=f(-1)$，即 $f(x)$ 在 $x=-1$ 点连续；

$f(1+0)=0$，$f(1-0)=2$，所以 $f(x)$ 在 $x=1$ 点右连续，但不左连续；$x=-1$ 为第一类跳跃间断点，故 $f(x)$ 的连续区间为 $(-\infty,1)$，$[1,+\infty)$.

3. 真题演练

（1）（2017 年）若函数 $f(x)=\begin{cases}\dfrac{1-\cos\sqrt{x}}{ax}, & x>0\\ b, & x\leqslant 0\end{cases}$ 在 $x=0$ 连续，则（　　）.

A. $ab=\dfrac{1}{2}$ 　　　　　　　　　B. $ab=-\dfrac{1}{2}$

C. $ab=0$ 　　　　　　　　　　　D. $ab=2$

（2）（2005 年）设函数 $f(x)=\dfrac{1}{e^{\frac{x}{x-1}}-1}$ ，则（　　）.

  A．$x=0$，$x=1$ 都是 $f(x)$ 的第一类间断点

  B．$x=0$，$x=1$ 都是 $f(x)$ 的第二类间断点

  C．$x=0$ 是 $f(x)$ 的第一类间断点，$x=1$ 是 $f(x)$ 的第二类间断点

  D．$x=0$ 是 $f(x)$ 的第二类间断点，$x=1$ 是 $f(x)$ 的第一类间断点

（3）（2015 年）函数 $f(x)=\lim\limits_{t\to 0}\left(1+\dfrac{\sin t}{x}\right)^{\frac{x^2}{t}}$ 在 $(-\infty,+\infty)$ 内（　　）.

  A．连续   B．有可去间断点 C．有跳跃间断点 D．有无穷间断点

（4）（2007 年）函数 $f(x)=\dfrac{\left(e^{\frac{1}{x}}+e\right)\tan x}{x\left(e^{\frac{1}{x}}-e\right)}$ 在 $[-\pi,\pi]$ 上的第一类间断点是 $x=$（　　）.

  A．0   B．1   C．$-\dfrac{\pi}{2}$ D．$\dfrac{\pi}{2}$

（5）（2009 年）函数 $f(x)=\dfrac{x-x^3}{\sin \pi x}$ 的可去间断点的个数为（　　）.

  A．1   B．2   C．3   D．4

（6）（2010 年）函数 $f(x)=\dfrac{x^2-x}{x^2-1}\sqrt{1+\dfrac{1}{x^2}}$ 的无穷间断点的个数为（　　）.

  A．0   B．1   C．2   D．3

（7）（2008 年）设函数 $f(x)=\begin{cases}x^2+1, & |x|\leqslant c \\ \dfrac{2}{|x|}, & |x|>c\end{cases}$ 连续，则 $c=$ _____.

（8）（2001 年）求极限 $\lim\limits_{t\to x}\left(\dfrac{\sin t}{\sin x}\right)^{\frac{x}{\sin t-\sin x}}$ ，记此极限为 $f(x)$ ，求函数 $f(x)$ 的间断点并指出其类型.

4．真题演练解析

（1）【解析】本题选 A．由连续的定义可得 $\lim\limits_{x\to 0^-}f(x)=\lim\limits_{x\to 0^+}f(x)=f(0)$ ，而 $\lim\limits_{x\to 0^+}f(x)=$

$\lim\limits_{x\to 0^+}\dfrac{1-\cos\sqrt{x}}{ax}=\lim\limits_{x\to 0^+}\dfrac{\frac{1}{2}(\sqrt{x})^2}{ax}=\dfrac{1}{2a}$ ，$\lim\limits_{x\to 0^-}f(x)=b$ ，因此可得 $b=\dfrac{1}{2a}$.

（2）【解析】由于函数 $f(x)$ 在 $x=0$，$x=1$ 点处无定义，因此 $x=0$，$x=1$ 是其间断点．且 $\lim\limits_{x\to 0}f(x)=\infty$ ，所以 $x=0$ 为第二类间断点；$\lim\limits_{x\to 1^+}f(x)=0$ ，$\lim\limits_{x\to 1^-}f(x)=-1$ ，所以 $x=1$ 为第一类间断点，故应选 D．

  注：应特别注意 $\lim\limits_{x\to 1^+}\dfrac{x}{x-1}=+\infty$ ，$\lim\limits_{x\to 1^-}\dfrac{x}{x-1}=-\infty$ ．从而 $\lim\limits_{x\to 1^+}e^{\frac{x}{x-1}}=+\infty$ ，$\lim\limits_{x\to 1^-}e^{\frac{x}{x-1}}=0$.

（3）【解析】此题容易忽略的地方在于函数的定义域不包含 $x=0$，原函数是"1^∞"型极限，于是 $f(x)=\lim\limits_{t\to0}\left(1+\dfrac{\sin t}{x}\right)^{\frac{x^2}{t}}=\mathrm{e}^{\lim\limits_{t\to0}\frac{x^2}{t}\ln\left(1+\frac{\sin t}{x}\right)}=\mathrm{e}^{\lim\limits_{t\to0}\frac{x^2}{t}\cdot\frac{\sin t}{x}}=\mathrm{e}^x$，$x\neq0$，且极限 $\lim\limits_{x\to0}f(x)=\lim\limits_{x\to0}\mathrm{e}^x=1$ 存在，因此 $f(x)$ 在 $x=0$ 处不连续，且 $x=0$ 为可去间断点．选 B．

（4）【解析】A：$x\to0$ 时 $\dfrac{1}{x}\to\infty$，指数函数在求指数趋向于无穷时的极限时要注意区分左右极限．$x\to0^+$ 时，$\dfrac{1}{x}\to+\infty$，$\mathrm{e}^{\frac{1}{x}}\to+\infty$，此时 $\lim\limits_{x\to0^+}f(x)=\lim\limits_{x\to0^+}\dfrac{\tan x}{x}\cdot\dfrac{\mathrm{e}^{\frac{1}{x}}+\mathrm{e}}{\mathrm{e}^{\frac{1}{x}}-\mathrm{e}}=1$，$x\to0^-$ 时，$\dfrac{1}{x}\to-\infty$，$\mathrm{e}^{\frac{1}{x}}\to0$，此时 $\lim\limits_{x\to0^-}f(x)=\lim\limits_{x\to0^-}\dfrac{\tan x}{x}\cdot\dfrac{0+\mathrm{e}}{0-\mathrm{e}}=-1$，因此 $x=0$ 是第一类间断点，且为跳跃间断点．

B：$x\to1$ 时，$\dfrac{1}{\mathrm{e}^{\frac{1}{x}}-\mathrm{e}}\to\infty$，而 $\dfrac{\tan x}{x}\cdot\left(\mathrm{e}^{\frac{1}{x}}+\mathrm{e}\right)$ 有界，因此 $x=1$ 是第二类间断点，且为无穷间断点．

C、D：$x\to-\dfrac{\pi}{2}$，$\tan x\to-\infty$；$x\to\dfrac{\pi}{2}$ 时，$\tan x\to-\infty$，$\dfrac{1}{x}\cdot\dfrac{\mathrm{e}^{\frac{1}{x}}+\mathrm{e}}{\mathrm{e}^{\frac{1}{x}}-\mathrm{e}}$ 有界，因此均为无穷间断点．故选 A．

（5）【解析】易知函数 $f(x)$ 在 $x=0,\pm1,\pm2,\cdots$ 处无定义，因此有无穷多个间断点；又 $x-x^3=0\Rightarrow x=0,\pm1$，需要再分析函数在这三点的极限．$\lim\limits_{x\to0}f(x)=\lim\limits_{x\to0}\dfrac{x(1-x^2)}{\pi x}=\dfrac{1}{\pi}$，因此 $x=0$ 为可去间断点；$\lim\limits_{x\to1}f(x)=\lim\limits_{x\to1}\dfrac{x-x^3}{\sin\pi x}=\lim\limits_{x\to1}\dfrac{1-3x^2}{\pi\cos\pi x}=\dfrac{-2}{\pi}$，故 $x=1$ 为可去间断点；$\lim\limits_{x\to-1}f(x)=\lim\limits_{x\to-1}\dfrac{x-x^3}{\sin\pi x}=\lim\limits_{x\to-1}\dfrac{1-3x^2}{\pi\cos\pi x}=\dfrac{2}{\pi}$，因此 $x=-1$ 为可去间断点．选 C．

（6）【解析】易知函数 $f(x)$ 在 $x=0,\pm1$ 处无定义，分别分析函数在这四点处的极限：
$$\lim\limits_{x\to0^+}f(x)=\lim\limits_{x\to0^+}\dfrac{x(x-1)}{(x-1)(x+1)}\sqrt{\dfrac{x^2+1}{x^2}}=\lim\limits_{x\to0^+}\dfrac{\sqrt{x^2+1}}{x+1}=1,$$
$$\lim\limits_{x\to0^-}f(x)=-\lim\limits_{x\to0^-}\dfrac{\sqrt{x^2+1}}{x+1}=-1,$$
$$\lim\limits_{x\to1}f(x)=\lim\limits_{x\to1}\dfrac{x}{x+1}\sqrt{1+\dfrac{1}{x^2}}=\dfrac{\sqrt{2}}{2},$$
$$\lim\limits_{x\to-1}f(x)=\lim\limits_{x\to-1}\dfrac{x}{x+1}\sqrt{1+\dfrac{1}{x^2}}=\infty.$$
因此无穷间断点为 $x=-1$．选 B．

（7）【解析】主要判断函数在 $|x|=c$ 点的连续性．$\lim\limits_{|x|\to c^-}f(x)=\lim\limits_{|x|\to c^-}(x^2+1)=c^2+1$，若 $\lim\limits_{|x|\to c^+}f(x)=\lim\limits_{|x|\to c^+}\dfrac{2}{|x|}$ 存在，则有 $c\neq0$，从而 $\lim\limits_{|x|\to c^+}f(x)=\dfrac{2}{c}$，$f(x)$ 在 $|x|=c$ 连续即 $\lim\limits_{|x|\to c^-}f(x)=$

$c^2 + 1 = \dfrac{2}{c} = \lim\limits_{|x| \to c^+} f(x)$，解得 $c = 1$.

（8）【解析】$f(x) = \lim\limits_{t \to x} \left(\dfrac{\sin t}{\sin x}\right)^{\frac{x}{\sin t - \sin x}} = \lim\limits_{t \to x} \left(1 + \dfrac{\sin t}{\sin x} - 1\right)^{\frac{\sin x}{\sin t - \sin x} \cdot \frac{\sin t - \sin x}{\sin x} \cdot \frac{x}{\sin t - \sin x}} = e^{\frac{x}{\sin x}}$.

由此表达式知 $x=0$ 及 $x=k$（$k=\pm1,\pm2,\cdots$）都是 $f(x)$ 的间断点. 由于 $\lim\limits_{x \to 0} f(x) = \lim\limits_{x \to 0} e^{\frac{x}{\sin x}} = e$，所以 $x=0$ 是 $f(x)$ 的可去（或第一类）间断点；而 $x=k$（$k=\pm1,\pm2,\cdots$）均为第二类（或无穷）间断点.

1.9　连续函数的运算及初等函数的连续性

1. 重要知识点

（1）复合函数的连续性：设函数 $y = f[g(x)]$ 由函数 $u = g(x)$ 与函数 $y = f(u)$ 复合而成，$\overset{0}{U}(x_0) \subset D_{f \circ g}$，若 $\lim\limits_{x \to x_0} g(x) = u_0$，而函数 $y = f(u)$ 在 $u = u_0$ 连续，则 $\lim\limits_{x \to x_0} f[g(x)] = \lim\limits_{x \to x_0} f(u) = f(u_0)$.

（2）基本初等函数在定义域上连续.

（3）初等函数在定义区间上连续.

① 对于初等函数，要强调的是在定义区间上连续，而不是在定义域上连续. 如初等函数 $f(x) = \sqrt{\cos x - 1}$，其定义域 $D = \{x \mid x = 2k\pi, k \in Z\}$ 中每个点都是孤立点，由于函数在定义域中每个孤立点的小邻域内无定义，因而不能讨论 $f(x)$ 的连续性，故不能说 $f(x)$ 在定义域上连续.

② 初等函数的连续性在本节有两个应用：一是求函数的连续区间，二是求函数极限.

2. 例题辨析

知识点 1：讨论函数的连续性

例 1　讨论 $f(x) = \begin{cases} x+1, & x > 0 \\ x, & x \leqslant 0 \end{cases}$ 的连续性.

错解： 由于 $y = x + 1$ 和 $y = x$ 都是初等函数，所以 $y = x + 1$ 在 $(0, +\infty)$ 内连续，$y = x$ 在 $(-\infty, 0]$ 上连续，而 $(-\infty, 0] \bigcup (0, +\infty) = (-\infty, +\infty)$，因此得到 $f(x)$ 在 **R** 上连续，即 $f(x)$ 是 **R** 上的连续函数.

【错解分析及知识链接】 分段函数在分段点处连续要求在该点处既要左连续又要右连续.

正解： 在 $x = 0$ 处是左连续而非右连续，即 $f(0^+) = \lim\limits_{x \to 0^+}(x+1) = 1 \neq f(0)$，因此，函数 $f(x)$ 在 $x = 0$ 处是间断的. 故连续区间是 $(0, +\infty)$ 和 $(-\infty, 0)$.

【举一反三】 求 $f(x) = \begin{cases} x^2, & -1 < x \leqslant 0 \\ \dfrac{1}{x-1}, & 0 < x \leqslant 2, x \neq 1 \end{cases}$ 的连续区间.

解： 因为 $f(x)$ 在 $(-1,0)$、$(0,1)$ 和 $(1,2]$ 上均为初等函数，所以 $(-1,0)$、$(0,1)$ 和 $(1,2]$ 是其连续区间. 在分段点 $x = 0$ 仅左连续，实际是跳跃间断点（一定还要讨论分段点处连续性，这是讨论分段函数连续性的关键）.

知识点 2：利用连续性求极限

例 2 求极限 $\lim\limits_{x \to a} \dfrac{\sin x - \sin a}{x - a}$.

错解：$\lim\limits_{x \to a} \dfrac{\sin x - \sin a}{x - a} = \lim\limits_{x \to a} \dfrac{x - a}{x - a} = 1$.

【解法分析及知识链接】 这道题的错误率高在于不知加减如何运用等价无穷小，事实上加减中的某一项不建议用等价无穷小，这时想要解题首先想办法将分子中的加减变为乘积，三角函数刚好可以利用和差化积公式.

正解：$\lim\limits_{x \to a} \dfrac{\sin x - \sin a}{x - a} = \lim\limits_{x \to a} \dfrac{2 \sin \dfrac{x-a}{2} \cos \dfrac{x+a}{2}}{x - a} = \lim\limits_{x \to a} \cos \dfrac{x+a}{2} = \cos a$.

【举一反三】 求下列极限：（1）$\lim\limits_{x \to e} \dfrac{\ln x - 1}{x - e}$；（2）$\lim\limits_{x \to 0} \dfrac{e^{3x} - e^{2x} - e^{x} + 1}{\sqrt[3]{(1-x)(1+x)} - 1}$.

解：（1）$\lim\limits_{x \to e} \dfrac{\ln x - 1}{x - e} = \lim\limits_{t \to 0} \dfrac{\ln(t + e) - 1}{t} = \lim\limits_{t \to 0} \dfrac{\ln(\dfrac{t}{e} + 1)}{t} = \dfrac{1}{e}$.

（2）$\lim\limits_{x \to 0} \dfrac{e^{3x} - e^{2x} - e^{x} + 1}{\sqrt[3]{(1-x)(1+x)} - 1} = \lim\limits_{x \to 0} \dfrac{(e^{2x} - 1)(e^{x} - 1)}{\sqrt[3]{1 - x^2} - 1} = \lim\limits_{x \to 0} \dfrac{2x \cdot x}{-\dfrac{1}{3} x^2} = -6$.

3. 真题演练

（1）（2004 年）设 $f(x)$ 在 $(-\infty, +\infty)$ 内有定义，且 $\lim\limits_{x \to \infty} f(x) = a$ ，$g(x) = \begin{cases} f\left(\dfrac{1}{x}\right), & x \neq 0, \\ 0, & x = 0 \end{cases}$ ，

则（　　）.

    A．$x = 0$ 必是 $g(x)$ 的第一类间断点　　B．$x = 0$ 必是 $g(x)$ 的第二类间断点

    C．$x = 0$ 必是 $g(x)$ 的连续点　　D．$g(x)$ 在点 $x = 0$ 处的连续性与 a 的取值有关

（2）（1995 年）设 $f(x)$ 和 $\varphi(x)$ 在 $(-\infty, +\infty)$ 内有定义，$f(x)$ 为连续函数，且 $f(x) \neq 0$ ，$\varphi(x)$ 有间断点，则（　　）.

    A．$\varphi[f(x)]$ 必有间断点　　 B．$[\varphi(x)]^2$ 必有间断点

    C．$f[\varphi(x)]$ 必有间断点　　 D．$\dfrac{\varphi(x)}{f(x)}$ 必有间断点

4. 真题演练解析

（1）**【解析】** 考查极限 $\lim\limits_{x \to 0} g(x)$ 是否存在，如存在，是否等于 $g(0)$ 即可，通过换元 $u = \dfrac{1}{x}$ ，

可将极限 $\lim\limits_{x \to 0} g(x)$ 转化为 $\lim\limits_{x \to \infty} f(x)$. 因为 $\lim\limits_{x \to 0} g(x) = \lim\limits_{x \to 0} f\left(\dfrac{1}{x}\right) = \lim\limits_{u \to \infty} f(u) = a$（令 $u = \dfrac{1}{x}$），又 $g(0) = 0$，所以，当 $a = 0$ 时，$\lim\limits_{x \to 0} g(x) = g(0)$，即 $g(x)$ 在点 $x = 0$ 处连续，当 $a \neq 0$ 时，$\lim\limits_{x \to 0} g(x) \neq g(0)$，

即 $x=0$ 是 $g(x)$ 的第一类间断点，因此，$g(x)$ 在点 $x=0$ 处的连续性与 a 的取值有关，故选 D.

（2）【解析】利用连续函数的性质，即有限多个在同一点处连续的函数之乘积，仍然在该点处连续. 设函数 $\dfrac{\varphi(x)}{f(x)}$ 无间断点，因为 $f(x)$ 是连续函数，则 $\varphi(x)=\dfrac{\varphi(x)}{f(x)}\cdot f(x)$ 必为无间断点，这与 $\varphi(x)$ 有间断点矛盾，故选 D.

1.10　闭区间上连续函数的性质

1．重要知识点

（1）有界性与最大值和最小值.

最大值和最小值定理：在闭区间上连续的函数在该区间上一定能取得它的最大值和最小值.

注：如果函数在开区间内连续或函数在闭区间上有间断点，函数在该区间上就不一定有最大值或最小值.

有界性定理：在闭区间上连续的函数一定在该区间上有界.

（2）零点定理与介值定理.

零点定理：设函数 $f(x)$ 在闭区间 $[a,b]$ 上连续，且 $f(a)$ 与 $f(b)$ 异号，那么在开区间 (a,b) 内至少有一点 ξ，使 $f(\xi)=0$.

介值定理：设函数 $f(x)$ 在闭区间 $[a,b]$ 上连续，且在这区间的端点取不同的函数值 $f(a)=A$ 及 $f(b)=B$，那么，对于 A 与 B 之间的任意一个数 C，在开区间 (a,b) 内至少有一点 ξ，使得 $f(\xi)=C$.

推论：在闭区间上连续的函数必取得介于最大值 M 与最小值 m 之间的任何值.

2．例题辨析

知识点 1：有界性

例 1　证明：若 $f(x)$ 在 $(-\infty,+\infty)$ 上连续，且 $\lim\limits_{x\to\infty}f(x)$ 存在，则 $f(x)$ 在 $(-\infty,+\infty)$ 上有界.

错解：因为 $f(x)$ 在 $(-\infty,+\infty)$ 上连续，由有界性定理知 $f(x)$ 在 $(-\infty,+\infty)$ 上有界.

【错解分析及知识链接】考查函数的有界性——闭区间上连续函数一定有界，但题目条件是函数在无穷开区间上连续，条件不满足，所以结论不一定成立.

证明：$\lim\limits_{x\to\infty}f(x)$ 存在，所以由极限的局部有界性可知，$\exists X>0$，使 $f(x)$ 在 $(-\infty,X)\bigcup(X,+\infty)$ 有界 $M_1>0$；又因为 $f(x)$ 在 $(-\infty,+\infty)$ 上连续，则 $f(x)$ 在 $[-X,X]$ 上连续，必有界，不妨设 $M_2>0$ 为其界.

知识点 2：零点定理

例 2　设函数 $f(x)$ 在闭区间 $[0,1]$ 上连续，并且对 $[0,1]$ 上任意一点 x，都有 $0\leqslant f(x)\leqslant 1$. 试证明 $[0,1]$ 中必存在一点 c，使得 $f(c)=c$.

证明：令 $F(x)=f(x)-c$，则 $F(x)$ 在闭区间 $[0,1]$ 上连续，且在区间端点处满足 $F(0)\cdot F(1)=(f(0)-0)(f(1)-1)\leqslant 0$. 若 $F(0)\cdot F(1)=0$，则 c 取 0 或 1 均可；若 $F(0)\cdot F(1)<0$，则由零点定理，必存在 $c\in(0,1)$，使得 $F(0)=0$，即 $f(c)=c$.

注：需要对等号的情况单独讨论，因为等号成立时零点定理不满足.

【举一反三】设函数 $f(x)$ 在闭区间 $[0,2a]$ 上连续，且 $f(0)=f(2a)$，证明至少存在一点 $\xi\in[0,a]$，使得 $f(\xi)=f(\xi+a)$.

证明：令 $F(x)=f(x)-f(x+a)$，则 $F(x)$ 在闭区间 $[0,a]$ 上连续，由题知 $F(0)=f(0)-f(a)$，$F(a)=f(a)-f(2a)=f(a)-f(0)$，于是 $F(0)\cdot F(a)=-\left(f(0)-f(a)\right)^2\leqslant 0$，则由零点定理知必存在一点 $\xi\in[0,a]$ 使得 $f(\xi)=f(\xi+a)$.

知识点 3：介值定理

例 3　设 $f(x)$ 在 $[a,b]$ 内连续，$a<x_1<\cdots<x_n<b$，证明至少存在一点 $\xi\in[x_1,x_n]$，使 $f(\xi)=\dfrac{f(x_1)+f(x_2)+\cdots+f(x_n)}{n}$.

错解：记 $f(u)=\max\limits_{x\in[a,b]}f(x)$，$f(v)=\min\limits_{x\in[a,b]}f(x)$，不妨设 $v<u$，则 $f(v)\leqslant\dfrac{f(x_1)+f(x_2)+\cdots+f(x_n)}{n}\leqslant f(u)$. $f(x)$ 在 $[v,u]$ 上满足介值定理的条件，故 $\exists\xi\in(v,u)\subset[x_1,x_n]$，使得 $f(\xi)=\dfrac{f(x_1)+f(x_2)+\cdots+f(x_n)}{n}$.

【错解分析及知识链接】本题综合考查闭区间上连续函数的最大值和最小值定理及介值定理. 首先，需要对等号成立的情况进行讨论，因为等号成立时，不符合介值定理的条件. 其次，若取 $f(u)=\max\limits_{x\in[a,b]}f(x)$，$f(v)=\min\limits_{x\in[a,b]}f(x)$，不妨设 $v<u$，在 $[v,u]$ 上应用介值定理，不能保证 $\exists\xi\in[x_1,x_n]$.

正解：记 $f(x_i)=\min\{f(x_1),\cdots,f(x_n)\}$，$f(x_j)=\max\{f(x_1),\cdots,f(x_n)\}$，则

$$f(x_i)\leqslant\frac{f(x_1)+f(x_2)+\cdots+f(x_n)}{n}\leqslant f(x_j).$$

若等号之一成立，则 $f(x_1)=f(x_2)=\cdots=f(x_n)$，这时取 $\xi=x_1,\cdots,x_n$ 中的任何一个即可；若等号不成立，不妨设 $x_i<x_j$，$f(x)$ 在 $[x_i,x_j]$ 上满足介值定理的条件，故存在 $\xi\in(x_i,x_j)\subset[x_1,x_n]$，使得 $f(\xi)=\dfrac{f(x_1)+f(x_2)+\cdots+f(x_n)}{n}$.

【举一反三】设 $f(x)$ 在 $[a,b]$ 上连续，$a<c<d<b$，试证明：对任意正数 p 和 q；至少有一点 $\xi\in(a,b)$，使 $pf(c)+qf(d)=(p+q)f(\xi)$.

证明：$f(x)$ 在 $[a,b]$ 上连续，必有最大值 M 和最小值 m，因为 $a<c<d<b$，则 $m\leqslant f(c)\leqslant M$，$m\leqslant f(d)\leqslant M$，从而有

$$m=\frac{pm+qm}{p+q}\leqslant\frac{pf(c)+qf(d)}{p+q}\leqslant\frac{pM+qM}{p+q}=M.$$

由介值定理知，至少有一点 $\xi\in(a,b)$，使 $\dfrac{pf(c)+qf(d)}{p+q}=f(\xi)$，即 $pf(c)+qf(d)=(p+q)f(\xi)$.

3. 真题演练

（1）（2004 年）设 $f'(x)$ 在 $[a,b]$ 上连续，且 $f'(a)>0$，$f'(b)<0$，下列结论中错误的是（　　）.

　　A. 至少存在一点 $x_0\in(a,b)$，使得 $f(x_0)>f(a)$

　　B. 至少存在一点 $x_0\in(a,b)$，使得 $f(x_0)>f(b)$

C. 至少存在一点 $x_0 \in (a,b)$，使得 $f'(x_0) = 0$

D. 至少存在一点 $x_0 \in (a,b)$，使得 $f(x_0) = 0$

（2）（2004 年）函数 $f(x) = \dfrac{|x|\sin(x-2)}{x(x-1)(x-2)^2}$ 在下列哪个区间内有界（　　）.

A. $(-1, 0)$　　　　B. $(0, 1)$　　　　C. $(1, 2)$　　　　D. $(2, 3)$

4．真题演练解析

（1）【解析】本题综合考查了介值定理与极限的保号性. 已知 $f'(x)$ 在 $[a, b]$ 上连续，且 $f'(a) > 0$，$f'(b) < 0$，则由介值定理知，至少存在一点 $x_0 \in (a,b)$，使得 $f'(x_0) = 0$. 另外，$f'(a) = \lim\limits_{x \to a^+} \dfrac{f(x) - f(a)}{x - a} > 0$，由极限的保号性知，至少存在一点 $x_0 \in (a,b)$，使得 $\dfrac{f(x_0) - f(a)}{x_0 - a} > 0$，即 $f(x_0) > f(a)$. 同理，至少存在一点 $x_0 \in (a,b)$，使得 $f(x_0) > f(b)$. 所以，A、B、C 都正确，故选 D.

（2）【解析】如 $f(x)$ 在 (a,b) 内连续，且极限 $\lim\limits_{x \to a^+} f(x)$ 与 $\lim\limits_{x \to b^-} f(x)$ 存在，则函数 $f(x)$ 在 (a,b) 内有界. 当 $x \neq 0, 1, 2$ 时，$f(x)$ 连续，而 $\lim\limits_{x \to -1^+} f(x) = -\dfrac{\sin 3}{18}$，$\lim\limits_{x \to 0^-} f(x) = -\dfrac{\sin 2}{4}$，$\lim\limits_{x \to 0^+} f(x) = \dfrac{\sin 2}{4}$，$\lim\limits_{x \to 1} f(x) = \infty$，$\lim\limits_{x \to 2} f(x) = \infty$，所以函数 $f(x)$ 在 $(-1,0)$ 内有界，故选 A.

第 2 章　导数与微分

2.1　导数概念

1. 重要知识点

（1）函数 $y = f(x)$ 在 x_0 点的导数 $f'(x_0)$ 定义的常见表示形式为：

$$f'(x_0) = \lim_{\Delta x \to 0} \frac{f(x_0 + \Delta x) - f(x_0)}{\Delta x},$$

$$f'(x_0) = \lim_{x \to x_0} \frac{f(x) - f(x_0)}{x - x_0},$$

$$f'(x_0) = \lim_{h \to 0} \frac{f(x_0 + h) - f(x_0)}{h}.$$

注 1：上面几种情形主要取决于自变量增量的不同表示，事实上，只要保证自变量的增量趋于 0 即可，所以导数的定义可以拓展成如下更一般的增量比的极限形式 $f'(x_0) = \lim_{* \to 0} \frac{f(x_0 + *) - f(x_0)}{*}$，＊表示非零的无穷小量.

注 2：导数定义的适用情形，一是用定义推导基本初等函数的求导公式（这是求导普遍使用的基本方法）；二是分段函数在分段处的导数必须用导数的定义式求解；三是在抽象函数可导性不确定的情况下，求其导数往往要用导数的定义式.

（2）导数的意义.

① 几何意义：$f'(x_0)$ 表示 $y = f(x)$ 所对应的平面曲线在 $(x_0, f(x_0))$ 点的切线斜率.

② 物理意义：$s'(t_0)$ 表示位移函数为 $s(t)$ 的变速直线运动在时刻 t_0 的瞬时速度.

（3）函数 $y = f(x)$ 的导函数：求函数在 x_0 点的导数 $f'(x_0)$ 可以用导数的定义式求，也可以先求出导函数 $f'(x)$，再把 x_0 代入，即 $f'(x_0) = f'(x)|_{x=x_0}$，但要注意 $f'(x_0) \neq [f(x_0)]'$，后者指的是常数的导数，其值恒为 0.

（4）函数 $y = f(x)$ 在 x_0 点的单侧导数.

右导数：$f_+'(x_0) = \lim_{\Delta x \to 0^+} \frac{f(x_0 + \Delta x) - f(x_0)}{\Delta x}$；

左导数：$f_-'(x_0) = \lim_{\Delta x \to 0^-} \frac{f(x_0 + \Delta x) - f(x_0)}{\Delta x}$.

注：当分段函数在分段点的左右两侧的解析表达式不同时，讨论分段点的可导性要利用左、右导数的定义式.

（5）函数可导与连续的关系：函数 $y = f(x)$ 在 x_0 点可导，则它在该点必连续.

注：如果函数 $y = f(x)$ 在 x_0 点不连续，则函数在该点一定不可导.

2．例题辨析

知识点 1：函数在一点的导数的定义

例 1　极限 $\lim\limits_{\Delta x \to 0} \dfrac{f(x_0 - \Delta x) - f(x_0)}{\Delta x} = ($　　$)$.

A．$f'(x_0)$　　　　　　　B．0　　　　　　　　C．$-f'(x_0)$　　　　　　　D．不确定

错解：$\lim\limits_{\Delta x \to 0} \dfrac{f(x_0 - \Delta x) - f(x_0)}{\Delta x} = -\lim\limits_{\Delta x \to 0} \dfrac{f(x_0 + (-\Delta x)) - f(x_0)}{-\Delta x} = -f'(x_0)$，所以选 C.

【错解分析及知识链接】上述解法利用导数的定义式：当极限 $\lim\limits_{\Delta x \to 0} \dfrac{f(x_0 + \Delta x) - f(x_0)}{\Delta x}$ 存在时，该极限为 $f(x)$ 在 x_0 点的导数. 但此时 $\lim\limits_{\Delta x \to 0} \dfrac{f(x_0 - \Delta x) - f(x_0)}{\Delta x}$ 不一定存在，所以答案选 D.

例 2　已知 $f(x)$ 在 $x = x_0$ 处连续，且 $\lim\limits_{x \to x_0} \dfrac{f(x)}{x - x_0} = A$（常数），问 $f'(x_0)$ 是否存在？

错解：$f'(x_0) = \lim\limits_{x \to x_0} \dfrac{f(x) - f(x_0)}{x - x_0} = \lim\limits_{x \to x_0} \dfrac{f(x)}{x - x_0} - \lim\limits_{x \to x_0} \dfrac{f(x_0)}{x - x_0}$，因为 $\lim\limits_{x \to x_0} \dfrac{f(x)}{x - x_0} = A$，而 $\lim\limits_{x \to x_0} \dfrac{f(x_0)}{x - x_0} = f(x_0) \lim\limits_{x \to x_0} \dfrac{1}{x - x_0} = \infty$，故 $f'(x_0)$ 不存在.

【错解分析及知识链接】利用导数的定义式讨论 $f'(x_0)$ 存在性的思路是正确的，但是讨论 $\lim\limits_{x \to x_0} \dfrac{f(x_0)}{x - x_0}$ 忽略了题目中蕴含了 $f(x_0) = 0$ 的信息，所以得到错误的结论. 本题除了考查导数的定义，还涉及连续函数定义及性质、极限的运算法则.

解法 1：$f(x)$ 在 $x = x_0$ 处连续，所以

$$f(x_0) = \lim\limits_{x \to x_0} f(x) = \lim\limits_{x \to x_0} \dfrac{f(x)}{x - x_0} \cdot (x - x_0) = \lim\limits_{x \to x_0} \dfrac{f(x)}{x - x_0} \cdot \lim\limits_{x \to x_0} (x - x_0) = A \cdot 0 = 0.$$

再由导数的定义 $f'(x_0) = \lim\limits_{x \to x_0} \dfrac{f(x) - f(x_0)}{x - x_0} = \lim\limits_{x \to x_0} \dfrac{f(x)}{x - x_0} = A$.

解法 2：根据函数及其极限之间的关系得 $\dfrac{f(x)}{x - x_0} = A + \alpha(x)$，其中 $\lim\limits_{x \to x_0} \alpha(x) = 0$.

所以 $f(x) = (A + \alpha(x))(x - x_0)$，$\lim\limits_{x \to x_0} f(x) = 0$. 又因为 $f(x)$ 在 $x = x_0$ 连续，$f(x_0) = \lim\limits_{x \to x_0} f(x) = 0$，从而 $A = \lim\limits_{x \to x_0} \dfrac{f(x)}{x - x_0} = \lim\limits_{x \to x_0} \dfrac{f(x) - f(x_0)}{x - x_0} = f'(x_0)$.

【举一反三】设 $f(x)$ 在 $x = a$ 的某个邻域内有定义，则 $f(x)$ 在 $x = a$ 处可导的一个充分条件是（　　）.

A．$\lim\limits_{h \to +\infty} h\left[f\left(a + \dfrac{1}{h} \right) - f(a) \right]$ 存在　　　　　　B．$\lim\limits_{h \to 0} \dfrac{f(a + 2h) - f(a + h)}{h}$ 存在

C. $\lim\limits_{h\to 0}\dfrac{f(a+h)-f(a-h)}{2h}$ 存在　　　　　　D. $\lim\limits_{h\to 0}\dfrac{f(a)-f(a-h)}{h}$ 存在

解： 不妨设 $\lim\limits_{h\to 0}\dfrac{f(a)-f(a-h)}{h}=A$，将其做等价变形得

$$A=\lim_{h\to 0}\frac{f(a)-f(a-h)}{h}=\lim_{h\to 0}\frac{f(a-h)-f(a)}{-h}=\lim_{\Delta x\to 0}\frac{f(a+\Delta x)-f(a)}{\Delta x}=f'(a).$$

即函数在 $x=a$ 处可导，所以 $\lim\limits_{h\to 0}\dfrac{f(a)-f(a-h)}{h}$ 存在是 $f(x)$ 在 $x=a$ 处可导的充分条件.

很多学生会误选 C，由于

$$
\begin{aligned}
\lim_{h\to 0}\frac{f(a+h)-f(a-h)}{2h}&=\lim_{h\to 0}\left[\frac{f(a+h)-f(a)}{2h}+\frac{f(a)-f(a-h)}{2h}\right]\\
&=\lim_{h\to 0}\frac{f(a+h)-f(a)}{2h}+\lim_{h\to 0}\frac{f(a)-f(a-h)}{2h}\\
&=\frac{1}{2}\lim_{h\to 0}\frac{f(a+h)-f(a)}{h}+\frac{1}{2}\lim_{h\to 0}\frac{f(a-h)-f(a)}{-h}\\
&=\frac{1}{2}f'(a)+\frac{1}{2}f'(a)\\
&=f'(a),
\end{aligned}
$$

所以似乎 $\lim\limits_{h\to 0}\dfrac{f(a+h)-f(a-h)}{2h}$ 存在，$f'(a)$ 也存在. 事实上，上面证明过程中的第二个等式未必成立. 关于极限的四则运算，若两个函数的极限都存在，则两个函数之和的极限也存在，但反之不一定成立，即两个函数之和的极限存在，并不保证这两个函数的极限都存在.

【举一反三】

（1）设 $f'(x_0)$ 存在，则 $\lim\limits_{\Delta x\to 0}\dfrac{f(x_0+\Delta x+(\Delta x)^2)-f(x_0)}{\Delta x}=$ _____.

（2）设 $f(1)=0$，$f'(1)$ 存在，则 $\lim\limits_{x\to 0}\dfrac{f(\cos x+\sin^2 x)}{(e^x-1)\tan x}=$ _____.

（3）设 $f'(x_0)=-1$，则 $\lim\limits_{x\to 0}\dfrac{x}{f(x_0-2x)-f(x_0-x)}=$ _____.

解：（1）本题考查的是导数定义式的拓展形式. 因为 $f'(x_0)$ 存在，所以

$$
\begin{aligned}
\lim_{\Delta x\to 0}\frac{f(x_0+\Delta x+(\Delta x)^2)-f(x_0)}{\Delta x}&=\lim_{\Delta x\to 0}\frac{f(x_0+\Delta x+(\Delta x)^2)-f(x_0)}{\Delta x+(\Delta x)^2}\cdot\frac{\Delta x+(\Delta x)^2}{\Delta x}\\
&=\lim_{\Delta x\to 0}\frac{f(x_0+\Delta x+(\Delta x)^2)-f(x_0)}{\Delta x+(\Delta x)^2}\cdot\lim_{\Delta x\to 0}\frac{\Delta x+(\Delta x)^2}{\Delta x}\\
&=f'(x_0).
\end{aligned}
$$

（2）本题考查的是等价无穷小代换、导数定义式的拓展形式及极限的运算法则. 因为 $f(1)=0$，$f'(1)$ 存在，所以

$$\lim_{x \to 0} \frac{f(\cos x + \sin^2 x)}{(e^x - 1)\tan x} = \lim_{x \to 0} \frac{f(\cos x + \sin^2 x)}{x^2}$$

$$= \lim_{x \to 0} \frac{f(1 + \cos x - 1 + \sin^2 x) - f(1)}{x^2}$$

$$= \lim_{x \to 0} \frac{f(1 + \cos x - 1 + \sin^2 x) - f(1)}{\cos x - 1 + \sin^2 x} \cdot \frac{\cos x - 1 + \sin^2 x}{x^2}$$

$$= \lim_{x \to 0} \frac{f(1 + \cos x - 1 + \sin^2 x) - f(1)}{\cos x - 1 + \sin^2 x} \cdot \lim_{x \to 0} \frac{\cos x - 1 + \sin^2 x}{x^2}$$

$$= f'(1) \cdot \lim_{x \to 0} \frac{\cos x - 1}{x^2} \cdot \lim_{x \to 0} \frac{\sin^2 x}{x^2} = -\frac{1}{2} f'(1).$$

（3）因为 $f'(x_0) = -1$，所以

$$\lim_{x \to 0} \frac{f(x_0 - 2x) - f(x_0 - x)}{x} = \lim_{x \to 0} \frac{f(x_0 - 2x) - f(x_0) + f(x_0) - f(x_0 - x)}{x}$$

$$= \lim_{x \to 0} \frac{f(x_0 - 2x) - f(x_0)}{x} + \lim_{x \to 0} \frac{f(x_0) - f(x_0 - x)}{x}$$

$$= -2 \lim_{x \to 0} \frac{f(x_0 - 2x) - f(x_0)}{-2x} + \lim_{x \to 0} \frac{f(x_0 - x) - f(x_0)}{-x}$$

$$= -f'(x_0) = 1,$$

所以 $\displaystyle \lim_{x \to 0} \frac{x}{f(x_0 - 2x) - f(x_0 - x)} = \frac{1}{\displaystyle \lim_{x \to 0} \frac{f(x_0 - 2x) - f(x_0 - x)}{x}} = 1.$

注：这三道题都有函数在某点处的导数存在这样的前提条件，否则结果都不确定.

知识点 2：分段函数在分段点处的导数

例 3 已知 $f(x) = \begin{cases} \sin x, & x < 0 \\ x, & x \geqslant 0 \end{cases}$，求 $f'(x)$.

错解： 当 $x < 0$ 时，$f'(x) = \cos x$；当 $x \geqslant 0$ 时，$f'(x) = 1$.

【错解分析及知识链接】 本题考查的是分段函数的求导，我们知道：对于函数在开区间内的求导，可直接利用求导公式，但在闭区间端点或分段函数在分段点处的导数要按定义先求出单侧导数，再判断这些点处导数是否存在及导数为何值.

正解： 当 $x < 0$ 时，$f'(x) = \cos x$；当 $x > 0$ 时，$f'(x) = 1$；

当 $x = 0$ 时，由于 $f_+'(0) = \lim_{x \to 0^+} \dfrac{f(x) - f(0)}{x} = \lim_{x \to 0^+} \dfrac{x - 0}{x} = 1$，$f_-'(0) = \lim_{x \to 0^-} \dfrac{f(x) - f(0)}{x} = $

$\lim_{x \to 0^-} \dfrac{\sin x - 0}{x} = 1$，即 $f_+'(0) = f_-'(0) = 1$，故 $f'(0) = 1$. 从而，$f'(x) = \begin{cases} \cos x, & x < 0 \\ 1, & x \geqslant 0 \end{cases}$.

【举一反三】 设 $f(x) = \begin{cases} x^2, & x \leqslant 1 \\ ax + b, & x > 1 \end{cases}$ 在 $x = 1$ 处可导，a、b 应取何值？

解： 分段函数在分段点可导必连续，$f(x)$ 在 $x = 1$ 连续，即 $f(1^-) = f(1^+) = f(1)$，

$f(1 - 0) = \lim_{x \to 1^-} x^2 = 1 = f(1)$，$f(1 + 0) = \lim_{x \to 1^+} (ax + b) = a + b$，所以 $a + b = 1$；

又 $f(x)$ 在 $x = 1$ 可导，则 $f_-'(1) = \lim_{x \to 1^-} \dfrac{f(x) - f(1)}{x - 1} = \lim_{x \to 0^-} \dfrac{x^2 - 1}{x - 1} = 2$；

$$f'_+(1) = \lim_{x \to 1^+} \frac{f(x) - f(1)}{x - 1} = \lim_{x \to 1^+} \frac{ax + b - 1}{x - 1}$$，把 $b - 1 = -a$ 代入，$f'_+(1) = \lim_{x \to 1^+} \frac{ax - a}{x - 1} = a$，所以 $a = 2$，$b = -1$.

知识点 3：导数的几何意义

例 4　求曲线 $y = x^{\frac{3}{2}}$ 通过 $(0, -4)$ 的切线方程.

错解： 切线斜率为 $y'(4) = \frac{3}{2} x^{\frac{1}{2}} \big|_{x=0} = 0$，所以切线方程 $y - 4 = 0$.

【错解分析及知识链接】 该题是利用导数的几何意义来求曲线的切线方程，如果所给点正好是曲线上的点，即切点，则该题的做法就是正确的，但题目所给点 $(0, -4)$ 并不在曲线 $y = x^{\frac{3}{2}}$ 上，不是切点，所以正确的做法应该先把切点设出来.

正解： 设切点为 $(a, a^{\frac{3}{2}})$，则该点切线斜率 $y'(a) = \frac{3}{2} a^{\frac{1}{2}}$，切线方程为 $y - a^{\frac{3}{2}} = \frac{3}{2} a^{\frac{1}{2}} (x - a)$，令切线经过点 $(0, -4)$，即 $-4 - a^{\frac{3}{2}} = \frac{3}{2} a^{\frac{1}{2}} (0 - a)$，计算得 $a = 4$，所以所求切线方程为 $y - 8 = 3(x - 4)$，即 $3x - y - 4 = 0$.

知识点 4：可导与连续的关系

例 5　讨论函数 $f(x) = x|x|$ 在 $x = 0$ 处的可导性.

错解 1： 因为 $\lim_{x \to 0} x|x| = 0$，故函数在 $x = 0$ 处连续，因此 $f(x)$ 在 $x = 0$ 处可导.

错解 2： 因为 $|x|$ 在 $x = 0$ 处不可导，所以 $f(x) = x|x|$ 在 $x = 0$ 处也不可导.

【错解分析及知识链接】 本题考查的是函数的可导性问题，错解 1 的错误在于没有弄清可导与连续的关系，可导必连续，但连续不一定可导；错解 2 的错误在于想当然地以为 $|x|$ 在 $x = 0$ 处不可导，则 $f(x) = x|x|$ 在 $x = 0$ 处也不可导. 事实上，$f(x) = x|x|$ 是一个分段函数，$x = 0$ 是其分段点，分段点的可导性必须借助定义来讨论.

正解： 函数 $f(x) = x|x|$ 本质上是分段函数，即 $f(x) = \begin{cases} x^2, & x > 0 \\ -x^2, & x \leq 0 \end{cases}$，

$$f'_+(0) = \lim_{x \to 0^+} \frac{x^2 - 0}{x - 0} = \lim_{x \to 0^+} x = 0 ; \quad f'_-(0) = \lim_{x \to 0^+} \frac{-x^2 - 0}{x - 0} = \lim_{x \to 0^+} -x = 0，故 f'(0) = 0.$$

3. 真题演练

（1）（2020 年）设函数 $f(x)$ 在区间 $(-1, 1)$ 内有定义，且 $\lim_{x \to 0} f(x) = 0$，则（　　　）.

　　A. 当 $\lim_{x \to 0} \frac{f(x)}{\sqrt{|x|}} = 0$ 时，$f(x)$ 在 $x = 0$ 处可导

　　B. 当 $\lim_{x \to 0} \frac{f(x)}{\sqrt{x^2}} = 0$ 时，$f(x)$ 在 $x = 0$ 处可导

　　C. 当 $f(x)$ 在 $x = 0$ 处可导时，$\lim_{x \to 0} \frac{f(x)}{\sqrt{|x|}} = 0$

　　D．当 $f(x)$ 在 $x=0$ 处可导时，$\lim\limits_{x\to 0}\dfrac{f(x)}{\sqrt{x^2}}=0$

（2）（2018 年）下列函数中，在 $x=0$ 处不可导的是（　　）．

　　A．$f(x)=|x|\sin|x|$ 　　　　　　　B．$f(x)=|x|\sin\sqrt{|x|}$

　　C．$f(x)=\cos|x|$ 　　　　　　　　D．$f(x)=\cos\sqrt{|x|}$

（3）（2016 年）已知函数 $f(x)=\begin{cases}x, & x\leqslant 0 \\[1mm] \dfrac{1}{n}, & \dfrac{1}{n+1}<x\leqslant\dfrac{1}{n},n=1,2,\cdots\end{cases}$，则（　　）．

　　A．$x=0$ 是 $f(x)$ 的第一类间断点　　　B．$x=0$ 是 $f(x)$ 的第二类间断点

　　C．$f(x)$ 在 $x=0$ 处连续但不可导　　　D．$f(x)$ 在 $x=0$ 处可导

（4）（2003 年）设 $f(x)=\begin{cases}x^{\lambda}\cos\dfrac{1}{x}, & x\neq 0 \\[2mm] 0, & x=0\end{cases}$，其导函数在 $x=0$ 处连续，则 λ 的取值范围是 _____．

（5）（2013 年）设曲线 $y=f(x)$ 和 $y=x^2-x$ 在点 $(1,0)$ 处有公共的切线，则 $\lim\limits_{n\to\infty}nf\left(\dfrac{n}{n+2}\right)=$ _____．

（6）（第五届大学生数学竞赛河南省复赛）设 $f(x)$ 在点 $x=0$ 处可导，且 $\lim\limits_{x\to 0}\dfrac{\cos x-1}{e^{f(x)}-1}=1$，则 $f'(0)=$ _____．

（7）（第八届全国大学生数学竞赛预赛）若 $f(1)=0$，$f'(1)$ 存在，求极限 $I=\lim\limits_{x\to 0}\dfrac{f(\sin^2 x+\cos x)\tan 3x}{(e^{x^2}-1)\sin x}=$ _____．

4．真题演练解析

（1）【解析】本题考查导数的概念，可以用反例法和直接法进行分析．

　　对选项 A，可以取 $f(x)=|x|$，$\lim\limits_{x\to 0}\dfrac{f(x)}{\sqrt{|x|}}=0$，但函数在 $x=0$ 点不可导；对选项 B，有反例 $f(x)=\begin{cases}x^2, & x\neq 0 \\ 1, & x=0\end{cases}$，$\lim\limits_{x\to 0}\dfrac{f(x)}{\sqrt{x^2}}=0$，但 $f'(0)=\lim\limits_{x\to 0}\dfrac{f(x)-f(0)}{x}=\lim\limits_{x\to 0}\dfrac{x^2-1}{x}$ 不存在，所以不可导；

对 C，函数在 $x=0$ 点可导，在该点处必连续，所以 $f(0)=\lim\limits_{x\to 0}f(x)=\lim\limits_{x\to 0}\dfrac{f(x)}{\sqrt{|x|}}\sqrt{|x|}=0$，

$\lim\limits_{x\to 0}\dfrac{f(x)}{\sqrt{|x|}}=\lim\limits_{x\to 0}\dfrac{f(x)-f(0)}{x}\cdot\dfrac{x}{\sqrt{|x|}}=0$；对 D，有反例 $f(x)=x$，故选 C．

　　（2）【解析】选项中涉及的四个函数都是分段函数，$x=0$ 为其分段点，考查函数在分段点处的可导性要用导数的定义．

　　对 A，$\lim\limits_{x\to 0}\dfrac{f(x)-f(0)}{x}=\lim\limits_{x\to 0}\dfrac{|x|\sin|x|}{x}=\lim\limits_{x\to 0}\dfrac{|x|}{x}\sin|x|=0$，可导；

对 B，$\lim\limits_{x\to 0}\dfrac{f(x)-f(0)}{x}=\lim\limits_{x\to 0}\dfrac{|x|\sin\sqrt{|x|}}{x}=\lim\limits_{x\to 0}\dfrac{|x|}{x}\sin\sqrt{|x|}=0$，可导；

对 C，$\lim\limits_{x\to 0}\dfrac{f(x)-f(0)}{x}=\lim\limits_{x\to 0}\dfrac{\cos|x|-1}{x}=\lim\limits_{x\to 0}\dfrac{-\dfrac{1}{2}|x|^{2}}{x}=0$，可导；

对 D，$\lim\limits_{x\to 0}\dfrac{f(x)-f(0)}{x}=\lim\limits_{x\to 0}\dfrac{\cos\sqrt{|x|}-1}{x}=\lim\limits_{x\to 0}\dfrac{-\dfrac{1}{2}|x|}{x}$ 不存在，不可导，故选 D.

（3）【解析】本题考查的是分段函数在分段点的连续性和可导性，所涉及的函数在分段点左右两侧表达式不同，因此要利用左、右连续和左、右导数的相关理论.

$$\lim\limits_{x\to 0^{+}}f(x)=\lim\limits_{n\to +\infty}f(x)=\lim\limits_{n\to +\infty}\frac{1}{n}=0=f(0)，\quad \lim\limits_{x\to 0^{-}}f(x)=\lim\limits_{x\to 0^{-}}x=0=f(0)，$$

因此 $f(x)$ 在 $x=0$ 处既左连续又右连续，即 $f(x)$ 在 $x=0$ 处连续.

$$f_{-}'(0)=\lim\limits_{x\to 0^{-}}\frac{f(x)-f(0)}{x}=\lim\limits_{x\to 0^{-}}\frac{x}{x}=1，\quad f_{+}'(0)=\lim\limits_{x\to 0^{+}}\frac{f(x)-f(0)}{x}=\lim\limits_{n\to +\infty}\frac{\dfrac{1}{n}-0}{x}，$$

而 $\dfrac{1}{n+1}<x\leqslant\dfrac{1}{n}$，因此 $n\cdot\dfrac{1}{n}\leqslant\dfrac{\dfrac{1}{n}}{x}<(n+1)\cdot\dfrac{1}{n}$，由夹逼准则可知 $\lim\limits_{n\to +\infty}\dfrac{\dfrac{1}{n}-0}{x}=1$，所以 $f(x)$ 在 $x=0$ 处的左右导数均为 1，即 $f(x)$ 在 $x=0$ 处可导，故选 D.

（4）【解析】当 $x\neq 0$ 时可直接按公式求导，当 $x=0$ 时要用定义求导. 因为 $f'(0)=\lim\limits_{x\to 0}\dfrac{f(x)-f(0)}{x}=\lim\limits_{x\to 0}\dfrac{x^{\lambda}\cos\dfrac{1}{x}}{x}=\lim\limits_{x\to 0}x^{\lambda-1}\cos\dfrac{1}{x}$，当 $\lambda>1$ 时，$f'(0)$ 存在，且为 0．所以 $f'(x)=\begin{cases}\lambda x^{\lambda-1}\cos\dfrac{1}{x}+x^{\lambda-2}\sin\dfrac{1}{x}，& x\neq 0\\ 0，& x=0\end{cases}$，因为导函数 $f'(x)$ 在 $x=0$ 处连续，即 $f'(0)=\lim\limits_{x\to 0}f'(x)=\lim\limits_{x\to 0}\left[\lambda x^{\lambda-1}\cos\dfrac{1}{x}+x^{\lambda-2}\sin\dfrac{1}{x}\right]$，显然当 $\lambda>2$ 时，有 $\lim\limits_{x\to 0}f'(x)=0=f'(0)$，即其导函数在 $x=0$ 处连续.

（5）【解析】由导数的几何意义可知，曲线 $y=f(x)$ 和 $y=x^{2}-x$ 在 $(1,0)$ 点处有公共的切线意味着 $f(1)=0$，且 $f'(1)=1$，将所求的极限与导数的定义式进行比较，转化可得

$$\lim\limits_{n\to\infty}nf\left(\frac{n}{n+2}\right)=\lim\limits_{n\to\infty}\frac{-2n}{n+2}\cdot\frac{f\left(1-\dfrac{2}{n+2}\right)}{-\dfrac{2}{n+2}}=\lim\limits_{n\to\infty}\frac{-2n}{n+2}\cdot\frac{f\left(1-\dfrac{2}{n+2}\right)-f(1)}{-\dfrac{2}{n+2}}$$

$$=\lim\limits_{n\to\infty}\frac{-2n}{n+2}\cdot\lim\limits_{n\to\infty}\frac{f\left(1-\dfrac{2}{n+2}\right)-f(1)}{-\dfrac{2}{n+2}}=-2f'(1)=-2.$$

（6）【解析】由 $\lim\limits_{x\to 0}\dfrac{\cos x-1}{\mathrm{e}^{f(x)}-1}=1$ 知 $f(0)=\lim\limits_{x\to 0}f(x)=0$ ，再由 $1=\lim\limits_{x\to 0}\dfrac{\cos x-1}{\mathrm{e}^{f(x)}-1}=\lim\limits_{x\to 0}\dfrac{-\dfrac{x^2}{2}}{f(x)}=$

$-\dfrac{1}{2}\lim\limits_{x\to 0}\dfrac{x}{\dfrac{f(x)-f(0)}{x}}$ 知 $\lim\limits_{x\to 0}\dfrac{f(x)-f(0)}{x}=0$ ．

（7）【解析】$I=\lim\limits_{x\to 0}\dfrac{f(\sin^2 x+\cos x)\tan 3x}{(\mathrm{e}^{x^2}-1)\sin x}=3\lim\limits_{x\to 0}\left(\dfrac{f(\sin^2 x+\cos x)}{x^2}\right)$

$\qquad\qquad =3\lim\limits_{x\to 0}\dfrac{f(\sin^2 x+\cos x)-f(1)}{\sin^2 x+\cos x-1}\cdot\dfrac{\sin^2 x+\cos x-1}{x^2}$

$\qquad\qquad =3f'(1)\lim\limits_{x\to 0}\dfrac{\sin^2 x+\cos x-1}{x^2}$

$\qquad\qquad =3f'(1)\lim\limits_{x\to 0}\dfrac{\sin^2 x+\cos x-1}{x^2}$

$\qquad\qquad =3f'(1)\lim\limits_{x\to 0}\left(\dfrac{\sin^2 x}{x^2}+\dfrac{\cos x-1}{x^2}\right)=3f'(1)\left(1-\dfrac{1}{2}\right)=\dfrac{3}{2}f'(1)$ ．

2.2　函数的求导法则

1．重要知识点

（1）函数的和、差、积、商的求导法则：如果 $u(x)$ 、 $v(x)$ 都在点 x 处可导，那么它们的和、差、积、商（分母为 0 的点除外）在点 x 处可导，且 $[u(x)\pm v(x)]'=u'(x)\pm v'(x)$ ； $[u(x)v(x)]'=u'(x)v(x)+u(x)v'(x)$ ； $\left[\dfrac{u(x)}{v(x)}\right]'=\dfrac{u'(x)v(x)-u(x)v'(x)}{v^2(x)}(v(x)\neq 0)$ ．

（2）反函数的求导法则：如果 $x=f(y)$ 在区间 I_y 内单调、可导且 $f'(y)\neq 0$ ，则它的反函数 $y=f^{-1}(x)$ 在区间 $I_x=\{x\,|\,x=f(y),y\in I_y\}$ 内也可导，且 $\dfrac{\mathrm{d}y}{\mathrm{d}x}=\dfrac{1}{\mathrm{d}x/\mathrm{d}y}$ ．

（3）复合函数的求导法则：如果 $u=g(x)$ 在点 x 处可导，而 $y=f(u)$ 在对应点 $u=g(x)$ 处可导，则复合函数 $y=f[g(x)]$ 在点 x 处可导，且 $\dfrac{\mathrm{d}y}{\mathrm{d}x}=f'(u)\cdot g'(x)$ ，或 $\dfrac{\mathrm{d}y}{\mathrm{d}x}=\dfrac{\mathrm{d}y}{\mathrm{d}u}\cdot\dfrac{\mathrm{d}u}{\mathrm{d}x}$ ．

注：复合函数求导关键要分清复合关系，按照由外层到内层的顺序求导，不要遗漏．

（4）基本求导公式：

① $(c)'=0$ ；

② $(x^{\mu})'=\mu x^{\mu-1}$ （ μ 为实数， $x>0$ ）；

③ $(a^x)'=a^x\ln a$ ， $(\mathrm{e}^x)'=\mathrm{e}^x$ ；

④ $(\log_a x)'=\dfrac{1}{x\ln a}$ ， $(\ln x)'=\dfrac{1}{x}$ ；

⑤ $(\sin x)'=\cos x$ ；

⑥ $(\cos x)'=-\sin x$ ；

⑦ $(\tan x)'=\sec^2 x$ ；

⑧ $(\cot x)'=-\csc^2 x$ ；

⑨ $(\sec x)'=\sec x\tan x$ ；

⑩ $(\csc x)'=-\csc x\cot x$ ；

⑪ $(\arcsin x)' = \dfrac{1}{\sqrt{1-x^2}}$；　　　　⑫ $(\arccos x)' = -\dfrac{1}{\sqrt{1-x^2}}$；

⑬ $(\arctan x)' = \dfrac{1}{1+x^2}$；　　　　⑭ $(\operatorname{arc\,cot} x)' = -\dfrac{1}{1+x^2}$．

2．例题辨析

知识点 1：基本求导公式和求导法则

例 1　设 $y = \log_{\phi(x)} f(x) + a^{a^x} + x^{a^a} + \ln a + \arctan a^x + \arccos a^x$，$\phi(x)$、$f(x)$ 均为可导函数，且 $\phi(x) > 0$，$\phi(x) \neq 1$，$f(x) > 0$，求 $\dfrac{\mathrm{d}y}{\mathrm{d}x}$．

错解： 利用求导法则和基本求导公式可得

$$\frac{\mathrm{d}y}{\mathrm{d}x} = \frac{f'(x)}{f(x)\ln\phi(x)} + a^{a^x}\ln a + a^a x^{a^a-1} + a^x \ln a + \frac{1}{a} + \frac{a^x \ln a}{\sqrt{1-a^{2x}}}.$$

【错解分析及知识链接】 本题考查的是求导法则和基本求导公式．对数函数的求导公式 $(\log_a x)' = \dfrac{1}{x\ln a}$，$(\ln x)' = \dfrac{1}{x}$ 只是针对底为常数的情形，此题涉及的对数函数的底是 x 的函数，因此不能直接利用公式；a^{a^x} 的求导错误，$(a^{a^x})' = a^{a^x}\ln a \cdot a^x \ln a$；常数 $\ln a$ 的导数为 0，不是 $\dfrac{1}{a}$；$(\arctan a^x)' = \dfrac{a^x \ln a}{1+a^{2x}}$；$(\arccos a^x)' = -\dfrac{a^x \ln a}{\sqrt{1-a^{2x}}}$．

正解： 先利用换底公式对函数进行变形 $y = \dfrac{\ln f(x)}{\ln \phi(x)}$，利用商的求导法则、复合函数求导的链式法则，以及和的求导法则、基本求导公式可得

$$\frac{\mathrm{d}y}{\mathrm{d}x} = \left(\frac{\ln f(x)}{\ln \phi(x)}\right)' + a^{a^x}\ln a \cdot a^x \ln a + a^a x^{a^a-1} + \frac{a^x \ln a}{1+a^{2x}} - \frac{a^x \ln a}{\sqrt{1-a^{2x}}}$$

$$= \frac{\dfrac{f'(x)}{f(x)}\ln\phi(x) - \dfrac{\phi'(x)}{\phi(x)}\ln f(x)}{\left(\ln\phi(x)\right)^2} + a^{a^x}\ln a \cdot a^x \ln a + a^a x^{a^a-1} + \frac{a^x \ln a}{1+a^{2x}} - \frac{a^x \ln a}{\sqrt{1-a^{2x}}}.$$

知识点 2：复合函数求导的链式法则

例 2　求函数 $y = \sqrt{x^2}$ 的导数．

错解： $y' = \dfrac{1}{2}(x^2)^{-\frac{1}{2}} \cdot 2x = x^{-1} \cdot x = 1$．

【错解分析及知识链接】 本题是把绝对值函数转化成复合函数来求导数，错误出现在式子 $\dfrac{1}{2}(x^2)^{-\frac{1}{2}} \cdot 2x = x^{-1} \cdot x$ 中，其中 x 不能取 0．实际上，绝对值函数为分段函数，在分段点处只能按定义先讨论其左右极限，再判断该点极限是否存在．

正解： 将函数 $y = \sqrt{x^2}$ 进行变形，即 $y = |x| = \begin{cases} x, & x \geqslant 0 \\ -x, & x < 0 \end{cases}$，当 $x > 0$ 时，$y' = 1$；当 $x < 0$ 时，

$y' = -1$；当 $x = 0$ 时，$y_+{}'(0) = \lim\limits_{x \to 0^+} \dfrac{x-0}{x-0} = 1$，$y_-{}'(0) = \lim\limits_{x \to 0^+} \dfrac{-x-0}{x-0} = -1$，左导数和右导数不相等，所以 $y'(0)$ 不存在.

例 3　设 $y = (\sec x)^{\arcsin x}$，求 y'.

错解 1：$y' = \arcsin x \cdot \sec x^{\arcsin x - 1} \cdot \dfrac{1}{\sqrt{1-x^2}}$；

错解 2：$y' = \sec x^{\arcsin x} \ln \sec x \cdot \sec x \tan x$.

【错解分析及知识链接】本题考查的是复合函数的求导公式和求导法则，关键是要分清复合关系，正确地利用求导公式和求导法则. 错解 1 的错误是把函数当成幂函数和反正弦函数的复合关系，错解 2 的错误是把函数当成指数函数和 $\sec x$ 的复合关系，事实上，$y = (\sec x)^{\arcsin x}$ 既不是幂函数也不是指数函数，而是幂指函数.

正解：先对幂指函数进行适当变形 $y = (\sec x)^{\arcsin x} = e^{\arcsin x \ln \sec x}$，所以

$$y' = e^{\arcsin x \ln \sec x}(\arcsin x \ln \sec x)' = (\sec x)^{\arcsin x}\left(\dfrac{\ln \sec x}{\sqrt{1-x^2}} + \arcsin x \dfrac{\sec x \tan x}{\sec x}\right)$$

$$= (\sec x)^{\arcsin x}\left(\dfrac{\ln \sec x}{\sqrt{1-x^2}} + \arcsin x \tan x\right).$$

【举一反三】求下列函数的导数：（1）$y = \sin\cos^2(x^3+x)$；（2）$y = \ln f(e^x)$，其中函数 $f(x)$ 的导数存在.

解：（1）函数的复合关系为 $y = \sin u$，$u = v^2$，$v = \cos w$，$w = x^3 + x$，所以

$$y' = \dfrac{dy}{du} \cdot \dfrac{du}{dv} \cdot \dfrac{dv}{dw} \cdot \dfrac{dw}{dx} = \cos u \cdot 2v \cdot (-\sin w) \cdot (3x^2+1)$$

$$= -2\cos\cos^2(x^3+x) \cdot \cos(x^3+x) \cdot \sin(x^3+x) \cdot (3x^2+1)$$

$$= -\cos\cos^2(x^3+x) \cdot \sin 2(x^3+x) \cdot (3x^2+1).$$

（2）函数复合关系为 $y = \ln u$，$u = f(v)$，$v = e^x$，所以

$$y' = \dfrac{dy}{du} \cdot \dfrac{du}{dv} \cdot \dfrac{dv}{dx} = \dfrac{1}{u} \cdot f'(v) \cdot e^x = \dfrac{f'(e^x)}{f(e^x)} \cdot e^x.$$

知识点 3：反函数的导数

例 4　设 $y = \arccos x$，$y \in (0, \pi)$，利用反函数的求导公式计算其导数.

错解：由 $y = \arccos x$ 知 $x = \cos y$，由反函数的求导公式可得 $y' = \dfrac{1}{x'} = \dfrac{1}{-\sin y}$.

【错解分析及知识链接】本题考查的是反函数求导公式的应用，错解中的错误在于没有区分自变量和因变量，最后的表达式中 y 是 x 的函数.

正解：因为 $y = \arccos x$，所以 $x = \cos y$，由反函数的求导公式可得 $y' = \dfrac{1}{x'} = \dfrac{1}{-\sin y}$，因为 $\sin y = \sqrt{1 - \cos^2 y} = \sqrt{1-x^2}$，所以 $y' = \dfrac{1}{-\sqrt{1-x^2}}$.

知识点 4：抽象函数的导数

例 5　如果 $f(x)$ 为偶函数，且 $f'(0)$ 存在，证明 $f'(0) = 0$.

错解：因为 $f(x)$ 为偶函数，即 $f(-x)=f(x)$，将左边看成复合函数两边求导可得，$-f'(-x)=f'(x)$，即偶函数的导数为奇函数. 特别地，当 $x=0$ 时，$-f'(0)=f'(0)$，所以 $f'(0)=0$.

【错解分析及知识链接】本题是利用复合函数的求导法则，先证明偶函数的导函数为奇函数，但忽略了条件：函数的可导性. 题目只给了条件 $f'(0)$ 存在，其他点 $f(x)$ 不一定可导，抽象函数在可导性不确定的情况下只能用定义来讨论.

正解：由导数的定义可知 $f'(0)=\lim\limits_{x\to 0}\dfrac{f(x)-f(0)}{x-0}=\lim\limits_{x\to 0}\dfrac{f(-x)-f(0)}{x-0}=-\lim\limits_{x\to 0}\dfrac{f(-x)-f(0)}{-x-0}=$

$-f'(0)$，所以 $f'(0)=0$.

例 6 设函数 $f(x)$ 的定义域 $D=R\setminus\{0\}$，对于任何非零实数 x、y 均有 $f(xy)=f(x)+f(y)$，且 $f'(1)=2$，证明 $f(x)$ 在 D 上可导.

错解：取 $x=1$，$y\in D$，则由 $f(y)=f(1)+f(y)$ 得 $f(1)=0$. 取 $y=x$ 得 $f(x^2)=2f(x)$，按照复合函数求导法则对等式两边关于 x 求导得 $2xf'(x^2)=2f'(x)$.

【错解分析及知识链接】函数的求导法则和求导公式应用的前提是导数存在，但 $f(x)$ 是抽象函数，其可导性不确定，因此不能指直接利用求导公式和求导法则，这是错解的错误所在.

正解：函数 $f(x)$ 的可导性不确定，所以只能用导数的定义进行讨论.

取 $x=1$，$y\in D$，则由 $f(y)=f(1)+f(y)$ 得 $f(1)=0$. 于是 $\forall x\in D$，

$$f'(x)=\lim_{\Delta x\to 0}\frac{f(x+\Delta x)-f(x)}{\Delta x}=\lim_{\Delta x\to 0}\frac{f\left(x\left(1+\dfrac{\Delta x}{x}\right)\right)-f(x)}{\Delta x}$$

$$=\lim_{\Delta x\to 0}\frac{f(x)+f\left(1+\dfrac{\Delta x}{x}\right)-f(x)}{\Delta x}=\lim_{\Delta x\to 0}\frac{f\left(1+\dfrac{\Delta x}{x}\right)-f(1)}{\dfrac{\Delta x}{x}}\cdot\frac{1}{x}$$

$$=f'(1)\cdot\frac{1}{x}=\frac{2}{x}.$$

【举一反三】设 $f(x)=(x-a)\varphi(x)$，其中 $\varphi(x)$ 连续，求 $f'(a)$.

解：函数的求导法则和求导公式应用的前提是导数存在，本题涉及抽象函数 $\varphi(x)$ 与另一函数的乘积，但 $\varphi(x)$ 的可导性不确定，故不能利用乘积的求导法则，只能利用导数的定义

$$f'(a)=\lim_{h\to 0}\frac{f(a+h)-f(a)}{h}=\lim_{h\to 0}\frac{h\varphi(a+h)}{h}=\lim_{h\to 0}\varphi(a+h)=\varphi(a).$$

3. 真题演练

（1）（2006 年）设函数 $g(x)$ 可微，$h(x)=e^{1+g(x)}$，$h'(1)=1$，$g'(1)=2$，则 $g(1)$ 等于（   ）.

    A．$\ln 3-1$ B．$-\ln 3-1$ C．$-\ln 2-1$ D．$\ln 2-1$

（2）（2003 年）已知曲线 $y=x^3-3a^2x+b$ 与 x 轴相切，则 b^2 可以通过 a 表示为 $b^2=$ _____.

（3）（第三届全国大学生数学竞赛复赛）设 $f(x)=x(x-1)(x-2)\cdots(x-2011)$，则 $f'(0)=$

_____.

4. 真题演练解析

（1）**【解析】**本题考查的是复合函数的求导法则及基本求导公式.

因为 $h'(x)=g'(x)e^{1+g(x)}$，由题设得 $1=2e^{1+g(1)}$，所以 $g(1)=-\ln 2-1$. 故选 C.

（2）【解析】曲线在切点的斜率为 0，即 $y' = 0$，由此可确定切点的坐标应满足的条件，再根据在切点处纵坐标为零，即可找到 b^2 与 a 的关系.

由题设，在切点处有 $y' = 3x^2 - 3a^2 = 0$，有 $x_0{}^2 = a^2$. 又在此点 y 坐标为 0，于是有 $0 = x_0{}^3 - 3a^2 x_0 + b = 0$，故 $b^2 = x_0{}^2 (3a^2 - x_0{}^2)^2 = a^2 4a^2 = 4a^6$.

（3）【解析】从形式上看，本题考查的是多个函数乘积的导数，但直接利用乘积的求导法则比较麻烦. 可采取以下解法：

解法 1： 利用导数的定义式

$$f'(0) = \lim_{x \to 0} \frac{f(x) - f(0)}{x}$$

$$= \lim_{x \to 0} \frac{x(x-1)(x-2)\cdots(x-2011)}{x} = \lim_{x \to 0} (x-1)(x-2)\cdots(x-2011) = -2011!.$$

解法 2： 记 $f(x) = xg(x)$，其中 $g(x) = (x-1)(x-2)\cdots(x-2011)$，则

$f'(x) = g(x) + x g'(x)$，所以 $f'(0) = -2011!.$

2.3　高阶导数

1. 重要知识点

（1）高阶导数定义：函数 $f(x)$ 的 $n-1$ 阶导函数的导数就是 $f(x)$ 的 n 阶导数，如 $f(x)$ 的二阶导数的定义式为 $f''(x) = \lim\limits_{\Delta x \to 0} \dfrac{f'(x + \Delta x) - f'(x)}{\Delta x}$.

（2）高阶导数的计算：

① 直接法：先求出函数的低阶导数，从中总结出规律，并用数学归纳法加以证明.

② 间接法：对所求函数做适当变形，利用一些已知的基本初等函数的 n 阶导数公式求未知函数的高阶导数.

（3）常用的高阶导数公式：

① $(a^x)^{(n)} = a^x (\ln a)^n$，$(\mathrm{e}^x)^{(n)} = \mathrm{e}^x$；　　② $\left(\dfrac{1}{1+x}\right)^{(n)} = (-1)^{n-1}(n-1)!(1+x)^{-n}$；

③ $(\sin x)^{(n)} = \sin\left(x + n \cdot \dfrac{\pi}{2}\right)$；　　　　④ $(\cos x)^{(n)} = \cos\left(x + n \cdot \dfrac{\pi}{2}\right)$；

⑤ $(x^\mu)^{(n)} = \mu(\mu-1)(\mu-2)\cdots(\mu-n+1)x^{\mu-n}$.

（4）两个函数乘积求高阶导——莱布尼茨公式：

$$(uv)^{(n)} = u^{(n)}v + nu^{(n-1)}v' + \frac{n(n-1)}{2!}u^{(n-2)}v'' + \cdots + \frac{n(n-1)\cdots(n-k+1)}{k!}u^{(n-k)}v^{(k)} + \cdots + uv^{(n)}$$

$$= \sum_{k=0}^{n} C_n^k u^{(n-k)} v^{(k)}.$$

2．例题辨析

知识点 1：反函数的高阶导数

例 1 设 $\dfrac{\mathrm{d}x}{\mathrm{d}y}=\dfrac{1}{y'}$，求 $\dfrac{\mathrm{d}^2x}{\mathrm{d}y^2}$．

错解： $\dfrac{\mathrm{d}^2x}{\mathrm{d}y^2}=\dfrac{\mathrm{d}}{\mathrm{d}y}\left(\dfrac{\mathrm{d}x}{\mathrm{d}y}\right)=\dfrac{\mathrm{d}}{\mathrm{d}y}\left(\dfrac{1}{y'}\right)=-\dfrac{1}{(y')^2}$．

【错解分析及知识链接】 本题是利用商的求导法则，错解的错误之处在于一阶导函数的结果 $\dfrac{1}{y'}$ 本身是 x 的函数 $\dfrac{1}{y'(x)}$，所以应该按照复合函数的求导法则，把 x 看成中间变量，先对 x 求导，再乘以 x 对 y 的导数．

正解： $\dfrac{\mathrm{d}^2x}{\mathrm{d}y^2}=\dfrac{\mathrm{d}}{\mathrm{d}y}\left(\dfrac{\mathrm{d}x}{\mathrm{d}y}\right)=\dfrac{\mathrm{d}}{\mathrm{d}x}\left(\dfrac{1}{y'(x)}\right)\cdot\dfrac{\mathrm{d}x}{\mathrm{d}y}=-\dfrac{y''}{(y')^2}\cdot\dfrac{1}{y'}=-\dfrac{y''}{(y')^3}$．

【举一反三】 试从 $\dfrac{\mathrm{d}x}{\mathrm{d}y}=\dfrac{1}{y'}$ 导出 $\dfrac{\mathrm{d}^3x}{\mathrm{d}y^3}=\dfrac{3(y'')^2-y'y'''}{(y')^5}$．

解： $\dfrac{\mathrm{d}^2x}{\mathrm{d}y^2}=-\dfrac{y''}{(y')^3}$（利用例 1 的结果）．

$$\dfrac{\mathrm{d}^3x}{\mathrm{d}y^3}=\dfrac{\mathrm{d}}{\mathrm{d}y}\left(\dfrac{\mathrm{d}^2x}{\mathrm{d}y^2}\right)=\dfrac{\mathrm{d}}{\mathrm{d}x}\left(-\dfrac{y''}{(y')^3}\right)\cdot\dfrac{\mathrm{d}x}{\mathrm{d}y}=-\dfrac{y'''(y')^3-y''3(y')^2y''}{(y')^6}\cdot\dfrac{1}{y'}=\dfrac{3(y'')^2-y'y'''}{(y')^5}．$$

知识点 2：复合函数的高阶导数

例 2 已知 $y=f(x^2)$，$f''(x)$ 存在，求 $\dfrac{\mathrm{d}^2y}{\mathrm{d}x^2}$．

错解： $y''=f'(x^2)\cdot 2x$，$y''=f''(x^2)\cdot 2x+2f'(x^2)$．

【错解分析及知识链接】 本题考查复合函数（而且含有抽象函数）的高阶导数，错解的错误之处在于，低阶导 $f'(x^2)$ 是一个复合函数，再求导仍要按照复合函数求导法则．

正解： 先求一阶导函数 $y'=f'(x^2)\cdot 2x$，$y''=2xf''(x^2)\cdot 2x+2f'(x^2)=4x^2f''(x^2)+2f'(x^2)$．

【举一反三】 $y=\ln f(\mathrm{e}^x)$，其中 $f''(u)$ 存在且 $f(u)\neq 0$，求 $\dfrac{\mathrm{d}^2y}{\mathrm{d}x^2}$．

解： $y'=\dfrac{f'(\mathrm{e}^x)\mathrm{e}^x}{f(\mathrm{e}^x)}$，$y''=\dfrac{[f''(\mathrm{e}^x)\mathrm{e}^{2x}+f'(\mathrm{e}^x)\mathrm{e}^x]f(\mathrm{e}^x)-[f'(\mathrm{e}^x)]^2\mathrm{e}^{2x}}{f^2(\mathrm{e}^x)}$．

知识点 3：莱布尼茨公式的应用

例 3 设 $\varphi(x)$ 在点 $x=0$ 的某邻域内有四阶连续导数，且 $y=x^5\varphi(x)$，试求出 $y^{(5)}(0)$．

错解： 由 n 阶导数的莱布尼兹公式可得

$$y^{(5)}(x)=[x^5\varphi(x)]^{(5)}$$
$$=x^5\varphi^{(5)}(x)+25x^4\varphi^{(4)}(x)+200x^3\varphi'''(x)+600x^2\varphi''(x)+600x\varphi'(x)+120\varphi(x)，$$

易知 $y^{(5)}(0)=0+0+0+0+0+120\varphi(0)=120\varphi(0)$．

【错解分析及知识链接】 本题考查的是两个函数的乘积在某点处的高阶导数，由于其中一

个函数是幂函数,很自然地想到用两个函数乘积求高阶导数的莱布尼茨公式,但由于另一个函数是抽象函数,由题目条件只知道它具有四阶连续导数,所以求函数 $y=x^5\varphi(x)$ 的四阶导函数可以用公式,而求 $y^{(5)}\big|_{x=0}$ 只能用导数的定义.

正解: 由 n 阶导数的莱布尼兹公式可知

$$y^{(4)}(x)=[x^5\varphi(x)]^{(4)}=120x\varphi(x)+240x^2\varphi'(x)+120x^3\varphi''(x)+20x^4\varphi'''(x)+x^5\varphi^{(4)}(x),$$

易知 $y^{(4)}(0)=[x^5\varphi(x)]^{(4)}\big|_{x=0}=0+0+0+0=0$,于是由导数的定义可得

$$y^{(5)}(0)=\lim_{x\to0}\frac{y^{(4)}(x)-y^{(4)}(0)}{x-0}=\lim_{x\to0}120\varphi(x)=120\varphi(0).$$

【举一反三】设 $y(x)=\dfrac{1}{x^2+4x-12}$,求 $y^{(n)}(x)$.

错解: 因为 $y=\dfrac{1}{x^2+4x-12}=\dfrac{1}{(x-2)(x+6)}=\dfrac{1}{x-2}\cdot\dfrac{1}{x+6}$,利用莱布尼茨公式和基本函数的高阶求导公式可知

$$y^{(n)}=\sum_{k=0}^{n}\left(\frac{1}{x-2}\right)^{(k)}\left(\frac{1}{x+6}\right)^{(n-k)}=\sum_{k=0}^{n}(-1)^{k-1}(k-1)!(x-2)^{-k}\cdot(-1)^{n-k-1}(n-k-1)!(x+6)^{k-n}.$$

【错解分析及知识链接】本题考查的是函数的高阶导数,错解利用两个函数的乘积的莱布尼茨公式在理论上没有问题,但是一般项很难求出. 事实上,莱布尼茨公式通常适用幂函数和其他函数相乘的类型.

正解: 因为 $y=\dfrac{1}{x^2+4x-12}=\dfrac{1}{(x-2)(x+6)}=\dfrac{1}{8}\left(\dfrac{1}{x-2}-\dfrac{1}{x+6}\right)$,利用和的高阶求导法则和基本函数高阶求导公式可得

$$\frac{\mathrm{d}^n y}{\mathrm{d}x^n}=\frac{1}{8}\left(\frac{(-1)^n n!}{(x-2)^{n+1}}-\frac{(-1)^n n!}{(x+6)^{n+1}}\right)=\frac{(-1)^n n!}{8}\left(\frac{1}{(x-2)^{n+1}}-\frac{1}{(x+6)^{n+1}}\right).$$

3. 真题演练

(1)(2006 年)设函数 $f(x)$ 在 $x=2$ 的某邻域内可导,且 $f'(x)=\mathrm{e}^{f(x)}$, $f(2)=1$,则 $f'''(2)=$ _____.

(2)(2017 年)已知函数 $f(x)=\dfrac{1}{1+x^2}$,则 $f^{(3)}(0)=$ _____.

(3)(2016 年)设函数 $f(x)=\arctan x-\dfrac{1}{1+ax^2}$,且 $f''(0)=1$,则 $a=$ _____.

(4)(天津市 2007 年大学生数学竞赛)设 $f(x)=x^2\sin 2x$,求 $f^{(n)}(0)(n\geqslant3)$.

4. 真题演练解析

(1)【解析】因为 $f'(x)=\mathrm{e}^{f(x)}$,两边对 x 求导得 $f''(x)=\mathrm{e}^{f(x)}f'(x)=\mathrm{e}^{2f(x)}$,两边再对 x 求导得 $f'''(x)=2\mathrm{e}^{2f(x)}f'(x)=2\mathrm{e}^{3f(x)}$,又 $f(2)=1$,故 $f'''(2)=2\mathrm{e}^{3f(2)}=2\mathrm{e}^3$.

(2)【解析】**解法 1:** 依次求出函数 $f(x)$ 的各阶导数: $f'(x)=\dfrac{-2x}{(1+x^2)^2}$,

$$f''(x) = \frac{-2(1+x^2)^2 + 8x^2(1+x^2)}{(1+x^2)^4} = \frac{-2(1+x^2)+8x^2}{(1+x^2)^3} = \frac{6x^2-2}{(1+x^2)^3},$$

$$f'''(x) = \frac{12x(1+x^2)^3 + 6x(6x^2-2)(1+x^2)^2}{(1+x^2)^6}, \text{ 所以 } f'''(0)=0.$$

解法 2：可导的奇函数的导数为偶函数，可导的偶函数的导数为奇函数. 因为 $f(x)=\dfrac{1}{1+x^2}$ 为偶函数，故 $f'(x)$ 为奇函数，$f^{(3)}(x)$ 为奇函数，所以 $f^{(3)}(0)=0$.

（3）【解析】根据 $f(x) = \arctan x - \dfrac{1}{1+ax^2}$，可得 $f'(x) = \dfrac{1}{1+x^2} + \dfrac{2ax}{(1+ax^2)^2}$，

然后求二阶导数：由题意得 $f''(0) = 2a = 1$，所以 $a = \dfrac{1}{2}$.

（4）【解析】由莱布尼茨公式 $(uv)^{(n)} = u^{(n)}v + C_n^1 u^{(n-1)}v' + \cdots + C_n^k u^{(n-k)}v^{(k)} + \cdots + uv^{(n)}$.

设 $u = x^2, v = \sin 2x$，注意到：$u' = 2x$，$u'' = 2$，$u^{(j)} = 0(j \geqslant 3)$；

$$v^{(n)} = (\sin 2x)^{(n)} = 2^n \sin\left(2x + \frac{n\pi}{2}\right),$$

$$(x^2 \sin 2x)^{(n)} = 2^n x^2 \sin\left(2x + \frac{n\pi}{2}\right) + n2^n x \sin\left(2x + \frac{(n-1)\pi}{2}\right) + \frac{n(n-1)}{2} 2^{n-2} \cdot 2 \cdot \sin\left(2x + \frac{(n-2)\pi}{2}\right),$$

故 $f^{(n)}(0) = n(n-1)2^{n-2}\sin\dfrac{(n-2)\pi}{2} = -n(n-1)2^{n-2}\sin\dfrac{n\pi}{2}(n \geqslant 3)$.

2.4　隐函数及由参数方程所确定函数的导数和相关变化率

1. 重要知识点

（1）隐函数的导数：把因变量 y 看作 x 的函数，按照复合函数的求导法则对方程两边的自变量直接求导，结果中可以含有因变量 y. 当对隐函数求高阶导数时，应尽量对低阶导数化简（包括代入原方程），结果中可能含因变量 y，但不能含低阶导数.

注：隐函数求导的理论基础是复合函数求导的链式法则. 求高阶导数是难点，若一阶导函数含有 y，则 y 仍然是 x 的函数，因此还是要按照复合函数的求导法则进行.

（2）对数求导法适用于以下情形：

① 函数表达式中含多个因式乘、除、乘方、开方的（用对数求导法可简化计算）；

② 幂指函数的导数：$y = u(x)^{v(x)}$.

（3）参数方程所确定的函数的导数：设 $\begin{cases} x = \varphi(t) \\ y = \psi(t) \end{cases}$ 确定了 y 是 x 的函数，则 $\dfrac{\mathrm{d}y}{\mathrm{d}x} = \dfrac{\mathrm{d}y}{\mathrm{d}t} \cdot \dfrac{\mathrm{d}t}{\mathrm{d}x} =$

$\dfrac{\mathrm{d}y}{\mathrm{d}t} \cdot \dfrac{1}{\mathrm{d}x / \mathrm{d}t} = \dfrac{\psi'(t)}{\varphi'(t)}$，$\dfrac{\mathrm{d}^2 y}{\mathrm{d}x^2} = \dfrac{\mathrm{d}}{\mathrm{d}t}\left(\dfrac{\mathrm{d}y}{\mathrm{d}x}\right) \cdot \dfrac{\mathrm{d}t}{\mathrm{d}x} = \dfrac{\psi''(t)\phi'(t) - \psi'(t)\phi''(t)}{[\phi'(t)]^3}$.

注：参数方程确定的隐函数求导的理论基础是复合函数求导的链式法则，求高阶导数时要牢记，一阶导函数依然是以 t 为中间变量、以 x 为自变量的复合函数，因此还是要按照复合函数的求导法则进行.

（4）相关变化率：如果两个变量 x 与 y 间有某种关系，它们同时又是另一个变量 t 的函数，

则两个变化率 $\dfrac{\mathrm{d}x}{\mathrm{d}t}$ 和 $\dfrac{\mathrm{d}y}{\mathrm{d}t}$ 间也有联系，这样的变化率称为相关变化率. 相关变化率问题就是已知其中一个变化率来求另一个变化率的问题.

2. 例题辨析

知识点 1：一般方程所确定的隐函数的导数

例 1　设方程 $y = 1 + x\mathrm{e}^y$ 所确定的隐函数为 $y = y(x)$，求二阶导数 $\dfrac{\mathrm{d}^2 y}{\mathrm{d}x^2}$.

错解： 方程两边关于 x 求导数得 $y' = x\mathrm{e}^y + x\mathrm{e}^y y'$，所以 $y' = \dfrac{\mathrm{e}^y}{1 - x\mathrm{e}^y} = \dfrac{\mathrm{e}^y}{1 - (y - 1)} = \dfrac{\mathrm{e}^y}{2 - y}$，则

$$y'' = \frac{\mathrm{e}^y(2 - y) - \mathrm{e}^y}{(2 - y)^2} = \frac{\mathrm{e}^y(1 - y)}{(2 - y)^2}.$$

【错解分析及知识链接】 本题考查的是一般方程确定的隐函数的导数，其理论基础是复合函数的求导. 错解的错误在于求隐函数的二阶导数时，没有把一阶导函数中的 y 视为 x 的函数.

正解： 上面求一阶导数没问题，所以 $y'' = \dfrac{\mathrm{e}^y y'(2 - y) - \mathrm{e}^y(-y')}{(2 - y)^2} = \dfrac{\mathrm{e}^y(3 - y)y'}{(2 - y)^2} = \dfrac{\mathrm{e}^{2y}(3 - y)}{(2 - y)^3}.$

【举一反三】 设 $y = \tan(x + y)$ 确定隐函数 $y = y(x)$，求 $\dfrac{\mathrm{d}^2 y}{\mathrm{d}x^2}$.

解： 方程两边求导数得 $y' = \sec^2(x + y)(1 + y')$.

$$y' = \frac{\sec^2(x + y)}{1 - \sec^2(x + y)} = \frac{1}{\cos^2(x + y) - 1} = \frac{\sin^2(x + y) + \cos^2(x + y)}{-\sin^2(x + y)} = -1 - \frac{1}{y^2}.$$

$$y'' = \frac{2}{y^3} y' = \frac{2}{y^3}\left(-1 - \frac{1}{y^2}\right) = -\frac{2(1 + y^2)}{y^5}.$$

【举一反三】 设 $y = y(x)$ 是由方程 $\sin(xy) - \ln\dfrac{x + 1}{y} = 1$ 确定的隐函数，求 $y'|_{x=0}$.

错解： 对方程 $\sin(xy) - \ln\dfrac{x + 1}{y} = 1$ 两边关于 x 求导可得 $\cos(xy)(y + xy') - \left[\dfrac{y}{x + 1} \cdot \dfrac{y - (x + 1)y'}{y^2}\right] = 0$，将 $x = 0$ 代入得 $y'|_{x=0} = y - y^2$.

【错解分析及知识链接】 本题考查的是一般方程确定的隐函数在点 x 处的导数值，结果应该是一个常数，错解中的主要问题没有将 $x = 0$ 代入原方程确定出 y 的取值；另外对方程左边和式的第二项 $\ln\dfrac{x + 1}{y}$ 求导时，涉及复合函数和商的求导法则，求导过程比较麻烦，建议利用对数函数的性质将商的求导转化为和差的求导.

正解： 对方程进行变形，可得 $\sin(xy) - \ln(x + 1) + \ln y = 1$，方程两端关于 x 分别求导得：$\cos(xy)(y + xy') - \dfrac{1}{x + 1} + \dfrac{1}{y} y' = 0$，将 $x = 0$，$y = \mathrm{e}$ 代入上式得 $y'|_{x=0} = \mathrm{e} - \mathrm{e}^2$.

知识点 2：对数求导法

例 2 求 $y = x^{\sin x}$ 的导函数.

错解 1： $y' = \sin x \cdot x^{\sin x - 1}$.

错解 2： $y' = x^{\sin x} \cos x \ln x$.

错解 3： $y' = x^{\sin x} \cos x \ln x + \sin x \cdot x^{\sin x - 1}$.

【错解分析及知识链接】 本题考查幂指函数的求导，错解 1 错在把幂指函数当成幂函数，按照幂函数的求导法则进行；错解 2 错在把幂指函数当成指数函数，按照指数函数的求导法则；错解 3 错在先把原函数看成指数函数求导，再加上把原函数看成幂函数求导，虽然结果是正确的，但此法没有理论依据，不能直接使用. 对于幂指函数求导，正确的做法有两种：一是采用对数求导法，二是转换成以 e 为底的复合函数.

正解 1： 两边取对数 $\ln y = \sin x \ln x$，两边对 x 求导得 $\dfrac{y'}{y} = \cos x \ln x + \sin x \cdot \dfrac{1}{x}$，故 $y' =$

$y\left(\cos x \ln x + \dfrac{\sin x}{x} \right) = x^{\sin x} \left(\cos x \ln x + \dfrac{\sin x}{x} \right)$.

正解 2： $y = e^{\sin x \ln x}$，所以 $y' = e^{\sin x \ln x} \left(\cos x \ln x + \dfrac{\sin x}{x} \right)$.

例 3 求由方程 $x^y + y^x = 1$ 所确定的隐函数的导数 $\dfrac{dy}{dx}$.

错解： 两边取对数得 $y \ln x + x \ln y = 0$，两边对 x 求导得，$y' \ln x + \dfrac{y}{x} + \ln y + \dfrac{xy'}{y} = 0$，所以

$$y' = -\dfrac{\ln y + \dfrac{y}{x}}{\ln x + \dfrac{x}{y}}.$$

【错解分析及知识链接】 本题是含有幂指函数的求导问题，但同时含两个幂指函数的和，所以两边取对数并不能改变底数和指数位置同时含有变量的形态（本题错在两边取对数的结果），所以只能把幂指函数转化成以 e 为底的复合函数，再两边求导.

正解： 原方程可变形为 $e^{y \ln x} + e^{x \ln y} = 1$，两边对 x 求导得，$e^{y \ln x} \left(y' \ln x + \dfrac{y}{x} \right) + e^{x \ln y} (\ln y +$

$\dfrac{xy'}{y}) = 0$，所以 $y' = -\dfrac{x^{y-1} y + y^x \ln y}{x^y \ln x + y^{x-1} x}$.

【举一反三】 求下列函数的导数.

（1）$y = \dfrac{\sqrt{x+2}(3-x)^4}{(x+1)^5}$；（2）$y = \left(\dfrac{b}{a} \right)^x \left(\dfrac{b}{x} \right)^a \left(\dfrac{x}{a} \right)^b$.

解： 如果直接利用四则运算的求导法则非常复杂且容易出错，采用对数求导法有

（1）两边取对数得 $\ln y = \dfrac{1}{2} \ln(x+2) + 4 \ln(3-x) - 5 \ln(x+1)$，两边求导得 $\dfrac{y'}{y} = \dfrac{1}{2(x+2)} -$

$\dfrac{4}{3-x} - \dfrac{5}{x+1}$，故 $y' = \dfrac{\sqrt{x+2}(3-x)^4}{(x+1)^5} \left(\dfrac{1}{2(x+2)} - \dfrac{4}{3-x} - \dfrac{5}{x+1} \right)$.

（2）两边取对数得 $\ln y = x\ln\dfrac{b}{a} + a(\ln b - \ln x) + b(\ln x - \ln a)$，两边求导得 $\dfrac{y'}{y} = \ln\dfrac{b}{a} - \dfrac{a}{x} + \dfrac{b}{x}$，

故 $y' = \left(\dfrac{b}{a}\right)^x \left(\dfrac{b}{x}\right)^a \left(\dfrac{x}{a}\right)^b \left(\ln\dfrac{b}{a} + \dfrac{b-a}{x}\right)$.

知识点 3：参数方程确定的隐函数的导数

例 4　设 $\begin{cases} x = f'(t) \\ y = tf'(t) - f(t) \end{cases}$ 确定隐函数 $y = y(x)$，其中 $f''(t)$ 存在且不为 0，求 $\dfrac{d^2 y}{dx^2}$.

错解： $\dfrac{dy}{dx} = \dfrac{dy/dt}{dx/dt} = \dfrac{f'(t) + tf''(t) - f'(t)}{f''(t)} = t$；$\dfrac{d^2 y}{dx^2} = 1$.

【错解分析及知识链接】 本题考查参数方程求二阶导数，二阶导数比较容易出错，一阶导数的结果是参数 t 的函数，所以再求导时应把 t 看成中间变量，先关于 t 求导，再乘以 t 对自变量 x 的导数.

正解： 仅求二阶导数：$\dfrac{d^2 y}{dx^2} = \dfrac{d}{dx}\left(\dfrac{dy}{dx}\right) = \dfrac{d}{dt}(t)\cdot\dfrac{dt}{dx} = \dfrac{1}{dx/dt} = \dfrac{1}{f''(t)}$.

【举一反三】 设参数方程 $\begin{cases} x = \ln(1 + t^2) \\ y = t - \arctan t \end{cases}$ 确定的隐函数为 $y = y(x)$，求 $\dfrac{d^3 y}{dx^3}$.

解： $\dfrac{dy}{dx} = \dfrac{dy/dt}{dx/dt} = \dfrac{1 - \dfrac{1}{1+t^2}}{\dfrac{2t}{1+t^2}} = \dfrac{t}{2}$；

$\dfrac{d^2 y}{dx^2} = \dfrac{d}{dx}\left(\dfrac{dy}{dx}\right) = \dfrac{d}{dt}\left(\dfrac{t}{2}\right)\cdot\dfrac{dt}{dx} = \dfrac{1}{dx/dt} = \dfrac{1}{2}\cdot\dfrac{1}{2t/(1+t^2)} = \dfrac{1+t^2}{4t}$；

$\dfrac{d^3 y}{dx^3} = \dfrac{d}{dx}\left(\dfrac{d^2 y}{dx^2}\right) = \dfrac{d}{dt}\left(\dfrac{1+t^2}{4t}\right)\cdot\dfrac{dt}{dx} = \dfrac{t^2-1}{4t^2}\cdot\dfrac{1+t^2}{2t} = \dfrac{t^4-1}{8t^3}$.

知识点 4：隐函数对应的曲线上某点处的切线和法线方程

例 5　写出曲线 $\begin{cases} x = \dfrac{3at}{1+t^2} \\ y = \dfrac{3at^2}{1+t^2} \end{cases}$ 在 $t = 2$ 处的切线方程和法线方程.

错解： 因为 $\dfrac{dy}{dx}\bigg|_{t=2} = \dfrac{dy/dt}{dx/dt}\bigg|_{t=2} = \dfrac{[6at(1+t^2) - 6at^2\cdot 2t]/(1+t^2)^2}{[3a(1+t^2) - 3at\cdot 2t]/(1+t^2)^2}\bigg|_{t=2} = 2t\,|_{t=2} = 4$，所以切线方

程 $y - y_0 = 4(x - x_0)$；法线方程 $y - y_0 = -\dfrac{1}{4}(x - x_0)$.

【错解分析及知识链接】 本题考查参数方程在某点的切线方程和法线方程，主要是求切线斜率（参数方程求导），值得注意的是，要把参数 $t = 2$ 代入，求出切点坐标 (x_0, y_0).

正解： $\dfrac{dy}{dx}\bigg|_{t=2} = \dfrac{dy/dt}{dx/dt}\bigg|_{t=2} = \dfrac{[6at(1+t^2) - 6at^2\cdot 2t]/(1+t^2)^2}{[3a(1+t^2) - 3at\cdot 2t]/(1+t^2)^2}\bigg|_{t=2} = 2t\,|_{t=2} = 4$，把 $t = 2$ 代入曲线

方程得切点是 $x_0 = \dfrac{6a}{5}$，$y_0 = \dfrac{12a}{5}$，所以切线方程是 $y - \dfrac{12a}{5} = -\dfrac{4}{3}\left(x - \dfrac{6a}{5}\right)$，法线方程

$$y - \frac{12a}{5} = \frac{3}{4}\left(x - \frac{6a}{5} \right).$$

【举一反三】 求曲线 $x^{\frac{2}{3}} + y^{\frac{2}{3}} = a^{\frac{2}{3}}$ 在 $x = \frac{\sqrt{2}a}{4}$ 处的切线方程.

解： 方程两边对 x 求导得，$\frac{2}{3}x^{-\frac{1}{3}} + \frac{2}{3}y^{-\frac{1}{3}} \cdot \frac{dy}{dx} = 0$. 把 $x = \frac{\sqrt{2}a}{4}$ 代入原方程得 $y = \pm\frac{\sqrt{2}a}{4}$，在

点 $\left(\frac{\sqrt{2}a}{4}, \frac{\sqrt{2}a}{4} \right)$ 处，$\frac{dy}{dx}\Big|_{x=\frac{\sqrt{2}a}{4}} = -1$，切线方程 $y - \frac{\sqrt{2}a}{4} = -\left(x - \frac{\sqrt{2}a}{4} \right)$；在点 $\left(\frac{\sqrt{2}a}{4}, -\frac{\sqrt{2}a}{4} \right)$ 处，

$\frac{dy}{dx}\Big|_{x=\frac{\sqrt{2}a}{4}} = 1$，切线方程 $y + \frac{\sqrt{2}a}{4} = x - \frac{\sqrt{2}a}{4}$.

知识点 5：相关变化率

例 6 将水注入深 8m、上顶直径 8m 的正圆锥形容器中，其速率为 4m²/min. 当水深为 5m 时，其表面上升的速度为多少？

解： 水深为 h 时，水面半径为 $r = \frac{1}{2}h$，水面面积为 $S = \frac{1}{4}h^2\pi$，水的体积为 $V = \frac{1}{3}hS = \frac{1}{3}h \cdot$

$\frac{1}{4}h^2\pi = \frac{\pi}{12}h^3$，$\frac{dV}{dt} = \frac{\pi}{12} \cdot 3h^2 \cdot \frac{dh}{dt}$，$\frac{dh}{dt} = \frac{4}{\pi h^2} \cdot \frac{dV}{dt}$. 已知 $h = 5$m，$\frac{dV}{dt} = 4$m³ / min，因此

$\frac{dh}{dt} = \frac{4}{\pi h^2} \cdot \frac{dV}{dt} = \frac{4}{25\pi} \cdot 4 = \frac{16}{25\pi}$m / min.

【举一反三】 有一长度为 5m 的梯子贴靠在铅直的墙上，假设其下端沿地板以 3m/s 的速率向外滑动，问：①当其下端离墙脚 1.4m 时，梯子上端下滑的速率为多少？②何时梯子的上、下端能以相同的速率移动？③何时其上端下滑的速率为 4m/s？

解： 设 t 时刻下端下滑 s，则 $s = 5 - \sqrt{25 - 9t^2}$，$s' = \frac{9t}{\sqrt{25 - 9t^2}}$.

（1）由 $1.4 = 3t_0$，得 $t_0 = \frac{1.4}{3}$，故 $s'(t_0) = 0.875$ m/s.

（2）$s = 5 - \sqrt{25 - x^2}$，由 $s' = 3$，得 $x = \sqrt{25 - x^2}$，所以 $x = \frac{5\sqrt{2}}{2}\left(t = \frac{5\sqrt{2}}{6} \right)$.

（3）$s' = \frac{xx'}{\sqrt{25 - x^2}}$，由 $s' = 4, x' = 3$ 代入得 $x = 4$ m.

3．真题演练

（1）（2008 年）曲线 $\sin(xy) + \ln(y - x) = x$ 在点 $(0,1)$ 的切线方程为_____.

（2）（2009 年）设 $y = y(x)$ 是由方程 $xy + e^y = x + 1$ 确定的隐函数，则 $\frac{d^2y}{dx^2}\Big|_{x=0} = $_____.

（3）（2010 年）已知一个长方形的长 l 以 2cm / s 的速率增加，宽 w 以 3cm / s 的速率增加，则当 $l = 12$cm，$w = 5$cm 时，它的对角线增加的速率为_____.

（4）（2013 年）设函数 $y = f(x)$ 由方程 $y - x = e^{x(1-y)}$ 确定，则 $\lim\limits_{n\to\infty} n\left(f\left(\frac{1}{n} \right) - 1 \right) = $_____.

（5）（2016 年）曲线 L 的极坐标方程为 $r=\theta$，则 L 在点 $(r,\theta)=\left(\dfrac{\pi}{2},\dfrac{\pi}{2}\right)$ 处的切线方程为_____.

（6）（2020 年）设曲线 $\begin{cases} x=\sqrt{t^2+1} \\ y=\ln(t+\sqrt{t^2+1}) \end{cases}$，则 $\left.\dfrac{\mathrm{d}^2 y}{\mathrm{d}x^2}\right|_{t=1}=$ _____.

（7）（第一届大学生数学竞赛预赛）设函数 $y=y(x)$ 由方程 $x\mathrm{e}^{f(y)}=\mathrm{e}^y\ln 29$ 确定，其中 f 具有二阶导数，且 $f'\neq 1$，则 $\dfrac{\mathrm{d}^2 y}{\mathrm{d}x^2}=$ _____.

（8）（第十届大学生数学竞赛预赛）若曲线 $y=y(x)$ 由 $\begin{cases} x=t+\cos t \\ \mathrm{e}^y+ty+\sin t=1 \end{cases}$ 确定，则此曲线在 $t=0$ 对应点处的切线方程为_____.

（9）（国防科技大学 2007 级测试题）一军用侦察机在离地面 1km 的高度，以 150km / h 速度飞临某地面目标上空，以便进行航空摄影，试求飞机至该目标上方时摄影机转动的角速度.

4．真题演练解析

（1）【解析】考查方程确定的隐函数对应的曲线上某点处的切线方程，关键是求其斜率，即求隐函数在该点处的导数. 对方程两边关于 x 求导得 $\cos(xy)(y+xy')+\dfrac{y'-1}{y-x}=1$，将 $x=0$，$y=1$ 代入得 $y'=1$，故所求得切线方程为 $y=x+1$.

（2）【解析】本题考查的是方程所确定的隐函数的二阶导数.

对方程 $xy+\mathrm{e}^y=x+1$ 两边关于 x 求导有 $y+xy'+y\mathrm{e}^y=1$，得 $y'=\dfrac{1-y}{x+\mathrm{e}^y}$.

对 $y+xy'+y'\mathrm{e}^y=1$ 再次求导，可得 $2y'+xy''+y''\mathrm{e}^y+(y')^2\mathrm{e}^y=0$，得 $y''=-\dfrac{2y'+(y')^2\mathrm{e}^y}{x+\mathrm{e}^y}$，

当 $x=0$ 时，$y=0$，$y'(0)=\dfrac{1-0}{\mathrm{e}^0}=1$，代入得

$$y''(0)=-\dfrac{2y'(0)+\left(y'(0)\right)^2\mathrm{e}^0}{\left(0+\mathrm{e}^0\right)^3}=-(2+1)=-3.$$

（3）【解析】本题所涉及的知识点是相关变化率，关键是建立量与量之间的关系式. 设长方形的对角线为 y（单位：cm），由几何知识可知：$y=\sqrt{l^2+w^2}$，其中 y、l、w 都为时间 t 的函数，对上式两边关于 t 求导得 $\dfrac{\mathrm{d}y}{\mathrm{d}t}=\dfrac{l\dfrac{\mathrm{d}l}{\mathrm{d}t}+w\dfrac{\mathrm{d}w}{\mathrm{d}t}}{\sqrt{l^2+w^2}}$，将 $l=12$，$w=5$，$\dfrac{\mathrm{d}l}{\mathrm{d}t}=2$，$\dfrac{\mathrm{d}w}{\mathrm{d}t}=3$ 代入得 $\dfrac{\mathrm{d}y}{\mathrm{d}t}=13.3\mathrm{cm}/\mathrm{s}$.

（4）【解析】本题考查函数在一点处的导数的定义式及方程所确定的隐函数的求导问题.

对要求的极限进行变形得 $\lim\limits_{n\to\infty}n\left(f\left(\dfrac{1}{n}\right)-1\right)=\lim\limits_{n\to\infty}\dfrac{\left(f\left(\dfrac{1}{n}\right)-1\right)}{\dfrac{1}{n}}$，当 $x=0$ 时，$y=1$，所以

$$\lim_{n \to \infty} n\left(f\left(\frac{1}{n}\right) - 1\right) = \lim_{n \to \infty} \frac{f\left(\frac{1}{n}\right) - f(0)}{\frac{1}{n}} = f_+'(0)\,.$$ 对方程两边求导得 $y' - 1 = \mathrm{e}^{x(1-y)}(1 - y - xy')$，将

$x = 0$，$y = 1$，代入得 $y'(0) = 1$，因此 $\displaystyle\lim_{n \to \infty} n\left(f\left(\frac{1}{n}\right) - 1\right) = 1$.

（5）【解析】本题考查的是极坐标系下曲线上某点处的切线方程，先把曲线方程化为参数

方程 $\begin{cases} x = r(\theta)\cos\theta = \theta\cos\theta \\ y = r(\theta)\sin\theta = \theta\sin\theta \end{cases}$，于是在 $\theta = \dfrac{\pi}{2}$ 处，$x = 0$，$y = \dfrac{\pi}{2}$，再由参数方程所确定的隐函数

的求导法则可知 $\dfrac{\mathrm{d}y}{\mathrm{d}x}\bigg|_{\frac{\pi}{2}} = \dfrac{\sin\theta + \theta\cos\theta}{\cos\theta - \theta\sin\theta}\bigg|_{\frac{\pi}{2}} = -\dfrac{2}{\pi}$，则 L 在点 $(r,\theta) = \left(\dfrac{\pi}{2}, \dfrac{\pi}{2}\right)$ 处的切线方程为

$y - \dfrac{\pi}{2} = -\dfrac{2}{\pi}(x - 0)$，即 $y = -\dfrac{2}{\pi}x + \dfrac{\pi}{2}$.

（6）【解析】本题考查的是方程所确定的隐函数的高阶导数，注意一阶导数中的 t 仍然是 x 的函数，利用复合函数和反函数的求导法则.

$$\frac{\mathrm{d}y}{\mathrm{d}x} = \frac{\dfrac{1}{t + \sqrt{t^2+1}}\left(1 + \dfrac{t}{\sqrt{t^2+1}}\right)}{\dfrac{t}{\sqrt{t^2+1}}} = \frac{1}{t}\,, \quad \frac{\mathrm{d}^2 y}{\mathrm{d}x^2} = \frac{\mathrm{d}\left(\dfrac{1}{t}\right)}{\mathrm{d}t} \cdot \frac{\mathrm{d}t}{\mathrm{d}x} = \frac{\mathrm{d}\left(\dfrac{1}{t}\right)}{\dfrac{\mathrm{d}x}{\mathrm{d}t}} = \frac{-\dfrac{1}{t^2}}{\dfrac{t}{\sqrt{t^2+1}}} = -\frac{\sqrt{t^2+1}}{t^3}\,,$$

再将 $t = 1$ 代入可得 $\dfrac{\mathrm{d}^2 y}{\mathrm{d}x^2}\bigg|_{t=1} = -\sqrt{2}$.

（7）【解析】本题考查的是一般方程确定的隐函数的导数，求二阶导数时容易出错，要注意一阶导函数中的 y 依然是 x 的函数. 另外，为了求导简便，对一阶导函数要进行必要的化简整理. 方程 $x\mathrm{e}^{f(y)} = \mathrm{e}^y \ln 29$ 的两边对 x 求导，得 $\mathrm{e}^{f(y)} + xf'(y)y'\mathrm{e}^{f(y)} = \mathrm{e}^y y' \ln 29$，因

$\mathrm{e}^y \ln 29 = x\mathrm{e}^{f(y)}$，故 $\dfrac{1}{x} + f'(y)y' = y'$，即 $y' = \dfrac{1}{x(1 - f'(y))}$，因此

$$\frac{\mathrm{d}^2 y}{\mathrm{d}x^2} = y'' = -\frac{1}{x^2(1 - f'(y))} + \frac{f''(y)y'}{x[1 - f'(y)]^2}$$
$$= \frac{f''(y)}{x^2[1 - f'(y)]^3} - \frac{1}{x^2(1 - f'(y))} = \frac{f''(y) - [1 - f'(y)]^2}{x^2[1 - f'(y)]^3}\,.$$

（8）【解析】本题主要考查参数方程所确定的隐函数的导数，其中还涉及一般方程所确定的隐函数的导数. 当 $t = 0$ 时，$x = 1$ 且 $\mathrm{e}^y = 1$，即 $y = 0$，即求点 $(1,0)$ 处曲线 $y = y(x)$ 的切线方程.

在方程组两端对 t 求导，得 $\begin{cases} x'(t) = 1 - \sin t \\ \mathrm{e}^y y'(t) + y + ty'(t) - \cos t = 0 \end{cases}$，将 $t = 0$，$y = 0$ 代入方程，得 $x'(0) = 1$，

$y'(0) = -1$，所以 $\dfrac{\mathrm{d}y}{\mathrm{d}x}\bigg|_{x=0} = \dfrac{y'(0)}{x'(0)} = -1$，故切线方程为 $y - 0 = (-1)(x - 1)$，即 $y = -x + 1$.

（9）【解析】本题考查的是相关变化率问题，关键是建立所涉及量之间的关系式.

设目标位于原点处，飞机距目标的水平距离为 x，则 $\tan\theta = \dfrac{1}{x}$，$\theta = \arctan\dfrac{1}{x}$，两边对 t 求导，

得 $\dfrac{\mathrm{d}\theta}{\mathrm{d}t}=\dfrac{1}{1+\dfrac{1}{x^2}}\cdot\left(-\dfrac{1}{x^2}\right)\cdot\dfrac{\mathrm{d}x}{\mathrm{d}t}=-\dfrac{1}{1+x^2}\dfrac{\mathrm{d}x}{\mathrm{d}t}$，当飞机飞临目标上空时，$x=0$，$\dfrac{\mathrm{d}x}{\mathrm{d}t}=-150$，此时

$$\dfrac{\mathrm{d}\theta}{\mathrm{d}t}=-\dfrac{1}{1+0^2}(-150)=150\ \mathrm{rad/h}.$$

2.5　函数的微分

1．重要知识点

（1）微分的定义：如果函数 $f(x)$ 在 x_0 和 $x_0+\Delta x$ 间的增量 $\Delta y=f(x_0+\Delta x)-f(x_0)$ 可表示为 $\Delta y=A\Delta x+o(\Delta x)$，其中 A 是不依赖于 Δx 的常量，则称函数 $y=f(x)$ 在点 x_0 处可微，并把 $A\Delta x$ 定义为 $f(x)$ 在 x_0 点相对于自变量增量 Δx 的微分，记作 $\mathrm{d}y$，即 $\mathrm{d}y=A\Delta x$．

（2）函数在一点处连续、可导与可微的关系：

① 函数在 x_0 点可导 $\Leftrightarrow$ 函数在 x_0 点可微，且 $\mathrm{d}y=f'(x_0)\mathrm{d}x$．

② 函数在 x_0 点可微 $\Rightarrow$ 函数在 x_0 点必连续，反之不一定成立．

（3）微分的主要应用（近似计算）：$\Delta y\approx\mathrm{d}y$，即 $\Delta y\approx f'(x_0)\Delta x$，$\Delta x\ll 1$；或 $f(x)\approx f(x_0)+f'(x_0)(x-x_0)$，在 x_0 附近．

（4）微分的几何意义：用切线上对应纵坐标的增量来近似曲线上对应纵坐标的增量．

（5）微分公式与微分法则：与求导公式和求导法则类似．

（6）一阶微分形式的不变性：无论 u 是中间变量还是最终的自变量，函数 $y=f(u)$ 的微分形式 $\mathrm{d}y=f'(u)\mathrm{d}u$ 都保持不变．

2．例题辨析

知识点 1：函数增量和微分的计算

例 1　已知 $y=x^3-x$，计算在 $x=2$ 处，当 Δx 等于 0.1 时的 Δy 及 $\mathrm{d}y$．

错解： 因为 $\mathrm{d}y=f'(x)\mathrm{d}x=f'(x)\Delta x$，$f'(x)=3x^2-1$，$x=2$，$\Delta x=0.1$，所以 $\mathrm{d}y\big|_{\Delta x=0.1,x=2}=0.5$；由微分的定义及微分与导数的关系可知 $\Delta y=f'(x)\Delta x+o(\Delta x)$，所以 $\Delta y\big|_{\Delta x=0.1,x=2}\approx\mathrm{d}y\big|_{\Delta x=0.1,x=2}+o(\Delta x)$．

【错解分析及知识链接】本题考查的是微分和增量的计算．错解的错误在于利用微分求函数的增量，这样求的只是增量的近似值，增量的精确值只能利用增量公式计算．

正解： 由增量公式 $\Delta y=f(x_0+\Delta x)-f(x_0)$ 可知

$$\Delta y\big|_{\Delta x=0.1,x=2}=f(2+0.1)-f(2)=1.161.$$

例 2　求函数 $y=[\ln(1-x)]^2$ 的微分．

错解： 因为 $y'=2\ln(1-x)\cdot\dfrac{1}{1-x}\cdot(-1)$，所以 $\mathrm{d}y=2\dfrac{\ln(1-x)}{x-1}$．

【错解分析及知识链接】本题考查复合函数的微分，可以利用定义，先求导数，也可以利用复合函数的微分法则．错解错在微分的形式，忘记乘以自变量的微分 $\mathrm{d}x$．

正解：按照微分的计算公式 $dy = f'(x)dx$ 知 $dy = 2\dfrac{\ln(1-x)}{x-1}dx$.

【举一反三】设 $y = f(\sin^2 x) + (f(\cos x))^2$，其中 f 可微，求 dy.

解：由微分的计算公式，先求函数的导数. 按照复合函数的求导法则可得

$$y' = f'(\sin^2 x)2\sin x \cdot \cos x - 2\sin x \cdot f(\cos x) \cdot f'(\cos x)$$
$$= \sin 2x \cdot f'(\sin^2 x) - 2\sin x \cdot f(\cos x) \cdot f'(\cos x),$$

所以 $dy = [\sin 2x \cdot f'(\sin^2 x) - 2\sin x \cdot f(\cos x) \cdot f'(\cos x)]dx$.

知识点 2：可导与可微的关系

例 3 设 $y = (x-a)\varphi(x)$，其中 $\varphi(x)$ 连续，求 $dy|_{y=a}$.

错解：由乘积的求导法则 $y' = \varphi(x) + (x-a)\varphi'(x)$，将 $x = a$ 代入可得 $y'(a) = \varphi(a)$，所以 $dy|_{y=a} = \varphi(a)dx$.

【错解分析及知识链接】利用导数与微分的关系，微分的计算关键是求导，但前提是函数的导数存在，本题涉及抽象函数 $\varphi(x)$ 与另一函数的乘积，但 $\varphi(x)$ 的可导性不确定，因此不能利用乘积的求导法则，在这种情况下只能利用导数的定义式.

正解：由导数的定义 $f'(a) = \lim\limits_{h\to 0}\dfrac{f(a+h)-f(a)}{h} = \lim\limits_{h\to 0}\dfrac{h\varphi(a+h)}{h} = \lim\limits_{h\to 0}\varphi(a+h) = \varphi(a)$，所以 $dy|_{y=a} = \varphi(a)dx$.

【举一反三】设 $y = f(x)$，且 $\lim\limits_{x\to 0}\dfrac{f(x_0)-f(x_0+2x)}{6x} = 3$，则 $dy|_{x=x_0} = \underline{\qquad}$.

解：因为 $\lim\limits_{x\to 0}\dfrac{f(x_0)-f(x_0+2x)}{6x} = 3$，所以

$$\lim\limits_{x\to 0}\dfrac{f(x_0)-f(x_0+2x)}{6x} = -\dfrac{1}{3}\lim\limits_{x\to 0}\dfrac{f(x_0+2x)-f(x_0)}{2x} = -\dfrac{1}{3}f'(x_0) = 3,$$

即 $f'(x_0) = -9$，所以 $dy|_{x=x_0} = -9dx$.

知识点 3：一阶微分的形式不变性

例 4 设 $y = e^{\sin^2\frac{1}{x}}$，$x \neq 0$，求 dy.

错解：令 $u = \dfrac{1}{x}$，则 $y = e^{\sin^2 u}$，由一阶微分形式不变性可知

$$dy = e^{\sin^2 u}d(\sin^2 u) = e^{\sin^2 u} \cdot 2\sin u\cos u\,du.$$

【错解分析及知识链接】本题考查的是一阶微分形式不变性，错解的错误在于 du 中的 u 是中间变量，即 $u = \dfrac{1}{x}$，要先求自变量的微分.

正解：令 $u = \dfrac{1}{x}$，则 $y = e^{\sin^2 u}$，由一阶微分形式不变性可知

$$dy = e^{\sin^2 u}d(\sin^2 u) = e^{\sin^2 u} \cdot 2\sin u\cos u\,du = e^{\sin^2\frac{1}{x}} \cdot 2\sin\dfrac{1}{x}\cos\dfrac{1}{x}d\dfrac{1}{x}$$

$$= -\dfrac{1}{x^2}e^{\sin^2\frac{1}{x}} \cdot \sin\dfrac{2}{x}dx$$

【举一反三】已知 $x^y = y^x$，求 $\mathrm{d}y$.

解法 1：按照微分的计算公式，先求函数的导数，两边取对数 $y\ln x = x\ln y$，两边对 x 求导

$y'\ln x + y\dfrac{1}{x} = \ln y + x\dfrac{y'}{y}$，所以 $y' = \dfrac{\ln y - \dfrac{y}{x}}{\ln x - \dfrac{x}{y}}$，从而 $\mathrm{d}y = \dfrac{\ln y - \dfrac{y}{x}}{\ln x - \dfrac{x}{y}}\mathrm{d}x$.

解法 2：利用一阶微分形式不变性，原方程可变形为 $\mathrm{e}^{y\ln x} = \mathrm{e}^{x\ln y}$，两边微分

$\mathrm{e}^{y\ln x}\mathrm{d}(y\ln x) = \mathrm{e}^{x\ln y}\mathrm{d}(x\ln y)$，即 $\mathrm{e}^{y\ln x}[y\mathrm{d}\ln x + \ln x\mathrm{d}y] = \mathrm{e}^{x\ln y}[x\mathrm{d}\ln y + \ln y\mathrm{d}x]$，$\mathrm{e}^{y\ln x}[y\dfrac{1}{x}\mathrm{d}x +$

$\ln x\mathrm{d}y] = \mathrm{e}^{x\ln y}[x\dfrac{1}{y}\mathrm{d}y + \ln y\mathrm{d}x]$，解得 $\mathrm{d}y = \dfrac{\ln y - \dfrac{y}{x}}{\ln x - \dfrac{x}{y}}\mathrm{d}x$.

【举一反三】设 $y = f(\sec^2 x)$，其中 $f(x)$ 可微，则

（1）$\mathrm{d}y = $ _____ $\mathrm{d}\sec x = $ _____ $\mathrm{d}x$；（2）$\mathrm{d}y = $ _____ $\mathrm{d}(\arctan x)$.

解：（1）令 $\sec x = u$，则 $y = f(u^2)$，由一阶微分形式不变性可得

$$\mathrm{d}y = f'(u^2)\mathrm{d}(u^2) = f'(u^2)2u\,\mathrm{d}u，$$

即 $\mathrm{d}y = \underline{f'(\sec^2 x)\cdot 2\sec x}\,\mathrm{d}\sec x$.

因为 $\mathrm{d}\sec x = \sec x\cdot\tan x\mathrm{d}x$，故 $\mathrm{d}y = \underline{f'(\sec^2 x)\cdot 2\sec^2 x\cdot\tan x}\,\mathrm{d}x$.

（2）上面求解（1）的方法并不适用于问题（2），以 $\mathrm{d}x$ 为桥梁，因为 $\mathrm{d}(\arctan x) = \dfrac{1}{1+x^2}\mathrm{d}x$，

再由（1）式可得 $\dfrac{\mathrm{d}y}{\mathrm{d}(\arctan x)} = f'(\sec^2 x)\cdot 2\sec^2 x\cdot\tan x\cdot(1+x^2)$，所以 $\mathrm{d}y = \underline{f'(\sec^2 x)\cdot 2\sec^2 x\cdot}$

$\underline{\tan x\cdot(1+x^2)}\,\mathrm{d}(\arctan x)$.

【举一反三】设函数 $y = y(x)$ 由方程 $y = x^y$ 所确定，求其微分 $\mathrm{d}y$.

解：在所给方程两端分别求微分，得

$$\mathrm{d}y = \mathrm{d}(x^y) = \mathrm{d}(\mathrm{e}^{y\ln x}) = \mathrm{e}^{y\ln x}\left(\ln x\mathrm{d}y + y\dfrac{\mathrm{d}x}{x}\right) = x^y\left(\ln x\mathrm{d}y + y\dfrac{\mathrm{d}x}{x}\right)，$$

经整理得 $\mathrm{d}y = \dfrac{yx^y}{x(1-x^y\ln x)}\mathrm{d}x = \dfrac{y^2}{x(1-y\ln x)}\mathrm{d}x$.

知识点 4：微分在近似计算中的应用

例 5　计算 $\cos 29°$ 的近似值.

错解：因为 $\cos 29° = \cos\left(\dfrac{\pi}{6} - \dfrac{\pi}{180}\right)$，利用公式 $f(x_0 + \Delta x)\approx f(x_0) + f'(x_0)\Delta x$，所以

$\cos\left(\dfrac{\pi}{6} - \dfrac{\pi}{180}\right)\approx\cos\dfrac{\pi}{6} + \sin\dfrac{\pi}{6}\cdot\dfrac{\pi}{180}\approx 0.8947$.

【错解分析及知识链接】本题是利用微分做近似计算，公式是正确的，错误之处在于 Δx 应包含它的符号，即 $\Delta x = -\dfrac{\pi}{180}$.

正解：利用公式 $f(x_0 + \Delta x)\approx f(x_0) + f'(x_0)\Delta x$.

$$\cos 29° = \cos\left(\frac{\pi}{6} - \frac{\pi}{180}\right) \approx \cos\frac{\pi}{6} + \sin\frac{\pi}{6}\cdot\left(-\frac{\pi}{180}\right) \approx 0.8747.$$

例 6 计算 $\sqrt{5}$ 的近似值.

错解：设 $f(x) = \sqrt{x}$，在公式 $f(x_0 + \Delta x) \approx f(x_0) + f'(x_0)\Delta x$ 中，取 $x_0 = 1, \Delta x = 4$，则 $f(x_0) = 1$，$f'(x_0) = \frac{1}{2}$，故 $\sqrt{5} = \sqrt{1+4} = 1 + \frac{1}{2}\cdot 4 = 3$.

【错解分析及知识链接】 利用微分进行近似计算时，$f(x_0 + \Delta x) \approx f(x_0) + f'(x_0)\Delta x$ 的前提是 $|\Delta x|$ 要足够小，但此时 $\Delta x = 4$，因此计算得到的误差太大.

正解：因为 $\sqrt{5} = \sqrt{4+1} = 2\sqrt{1 + \frac{1}{4}}$，所以设 $f(x) = \sqrt{x}$，在公式 $f(x_0 + \Delta x) \approx f(x_0) + f'(x_0)\Delta x$ 中，取 $x_0 = 1, \Delta x = \frac{1}{4}$，则 $f(x_0) = 1$，$f'(x_0) = \frac{1}{2}$，故

$$\sqrt{5} = \sqrt{4+1} = 2\sqrt{1+\frac{1}{4}} \approx 2\left(1 + \frac{1}{2}\cdot\frac{1}{4}\right) = 2.25.$$

【举一反三】 计算 $\sqrt[3]{996}$ 的近似值.

解：设 $f(x) = \sqrt[n]{x}$ 则当 $|x|$ 较小时，有

$$f(1+x) \approx f(1) + f'(1)x = 1 + \frac{1}{n}x,$$

$$\sqrt[3]{996} = \sqrt[3]{1000-4} = 10\cdot\sqrt[3]{1-\frac{4}{1000}} \approx 10\left(1 - \frac{1}{3}\cdot\frac{4}{1000}\right) \approx 9.987.$$

3. 真题演练

（1）（第十届大学生数学竞赛复赛）微分 $\mathrm{d}\left[\ln\dfrac{e^{x^2}-e^{-x^2}}{e^{x^2}+e^{-x^2}}\right] = \underline{\hspace{2cm}} \mathrm{d}(x^2)$.

（2）（国防科技大学 2007 级试题）"70 规则"是估算一笔存在银行的钱到翻倍所需要的时间的经验说法：如果一笔钱存入银行的年复利为 $i\%$，则当 $i\%$ 很小时，需要 $70/i$ 年可以翻倍. 试利用函数的微分来验证此近似规则（$\ln 2 = 0.693\cdots$）.

4. 真题演练解析

（1）**【解析】** 本题考查的是微分的计算. 直接令 $x^2 = t$，则问题转换为求关于 t 的微分，于是 $\mathrm{d}\left[\ln\dfrac{e^t-e^{-t}}{e^t+e^{-t}}\right] = \mathrm{d}[\ln(e^t-e^{-t}) - \ln(e^t+e^{-t})] = \left[\dfrac{e^t+e^{-t}}{e^t-e^{-t}} - \dfrac{e^t-e^{-t}}{e^t+e^{-t}}\right]\mathrm{d}t = \dfrac{4}{e^{2t}-e^{-2t}}\mathrm{d}t$，再令 $t = x^2$ 即得 $\mathrm{d}\left[\ln\dfrac{e^{x^2}-e^{-x^2}}{e^{x^2}+e^{-x^2}}\right] = = \dfrac{4}{e^{2x^2}-e^{-2x^2}}\ \mathrm{d}[x^2]$.

（2）**【解析】** 本题考查的是函数的近似计算，关键是建立目标函数. 设本钱为 a，储蓄时间为 n 年，那么 n 年后投资所得为 $a(1+i\%)^n$，欲使成本翻倍，只需要使 $a(1+i\%)^n = 2a$，于是 $n = \dfrac{\ln 2}{\ln(1+i\%)}$. 由 $f(x) = \ln(1+x)$ 及 $f(x) \approx f(0) + f'(0)x = x$，有

$$n = \frac{\ln 2}{\ln(1+i\%)} \approx \frac{\ln 2}{i\%} \approx \frac{0.7\times 100}{i} = \frac{70}{i}.$$

第3章 微分中值定理及导数的应用

3.1 微分中值定理

1. 重要知识点

（1）三个中值定理.

罗尔中值定理： 如果 $f(x)$ 满足在闭区间 $[a,b]$ 上连续，在开区间 (a,b) 内可导，$f(a) = f(b)$，那么至少存在一点 $\xi \in (a,b)$，使得 $f'(\xi) = 0$.

拉格朗日中值定理： 如果 $f(x)$ 满足在闭区间 $[a,b]$ 上连续，在开区间 (a,b) 内可导，则至少存在一点 $\xi \in (a,b)$，使 $f'(\xi) = \dfrac{f(b) - f(a)}{b - a}$.

柯西中值定理： 如果 $f(x)$ 和 $F(x)$ 满足在闭区间 $[a,b]$ 上连续，在开区间 (a,b) 内可导，$F'(x) \neq 0, x \in (a,b)$，那么至少存在一点 $\xi \in (a,b)$，使得 $\dfrac{f(b) - f(a)}{F(b) - F(a)} = \dfrac{f'(\xi)}{F'(\xi)}$.

（2）微分中值定理的主要应用.

① 证明方程的根的存在性、唯一性；

② 证明含有中值的等式和不等式.

2. 例题辨析

知识点 1：确定方程的根的存在性

例 1 不求 $f(x) = (x-1)(x-2)(x-3)(x-4)$ 的导数，说明方程 $f'(x) = 0$ 有几个实根，并指出它们所在的区间.

错解： 函数在闭区间 $[1,4]$ 上连续，在开区间 $(1,4)$ 内可导，$f(1) = f(2) = f(3) = f(4) = 0$，所以由罗尔中值定理，存在 $\xi_1 \in (1,2), \xi_2 \in (2,3), \xi_3 \in (3,4)$，使 $f'(\xi_1) = f'(\xi_2) = f'(\xi_3) = 0$，所以 $f'(x) = 0$ 有 3 个根.

【错解分析及知识链接】 上述解法利用罗尔中值定理证明方程的根的存在性，由于罗尔中值定理的结论是至少存在 $\xi \in (a,b)$，使 $f'(\xi) = 0$，所以它可能不唯一，并确定不了根的个数.

正解： 根的存在性不再说明. 因为 $f'(x) = 0$ 是三次方程，最多有三个根，所以 $f'(x) = 0$ 有且只有 3 个根.

例 2 证明方程 $x^5 + x - 1 = 0$ 只有一个正根.

错解： 设 $f(x) = x^5 + x - 1$，$f(0) = -1 < 0$，$f(1) = 1 > 0$，且 $f(x)$ 在闭区间 $[0,1]$ 上连续，所以由零点定理知，存在 $\xi \in (0,1)$，$f(\xi) = 0$，即 $f(x) = 0$ 有正根.

【错解分析及知识链接】 本题要证明两点：方程的根的存在性和唯一性. 错解的错误在于只

证明了方程的根的存在性，没有证明唯一性. 对方程的根的存在性的证明有两种思路，一是利用闭区间上连续函数的性质——零点定理；二是利用罗尔中值定理. 对方程的根的存在性的证明有两种思路，一是反证法，利用罗尔中值定理；二是利用导函数的符号判别函数的单调性. 单调的函数如果有根，则根一定唯一，但第二种方法现在没有证明，不能用.

正解： 根的存在性同上；仅证明根的唯一性（反证法）. 假设方程至少有两个正根 x_1，x_2，则由罗尔中值定理知，存在 $\eta \in (x_1, x_2)$，使得 $f'(\eta) = 0$，但 $f'(x) = 5x^4 + 1 > 0$. 与题设矛盾. 故方程只能有一个正根.

【举一反三】 证明方程 $\sin x + x\cos x = 0$ 在开区间 $(0, \pi)$ 内必有实根.

证明： 只需要证明方程的根的存在性，通常用两种方法：罗尔中值定理和零点定理，但 $f(x) = \sin x + x\cos x$ 在 $0, \pi$ 处函数值不异号，不能用零点定理. 用罗尔中值定理时要先构造辅助函数，即 $f(x)$ 的原函数. 设 $F(x) = x\sin x$，$F(x)$ 在区间 $[0, \pi]$ 上连续，区间 $(0, \pi)$ 内可导，$F(0) = F(\pi) = 0$，所以由罗尔中值定理知，至少存在一点 $\xi \in (0, \pi)$，使 $F'(\xi) = 0$，即 $\sin x + x\cos x = 0$ 在 $(0, \pi)$ 内必有实根.

知识点 2：利用罗尔中值定理证明中值的存在性

例 3 设 $\varphi(x)$ 在 $[a, b]$ 上连续，在 (a, b) 内可导，证明：$\exists \xi \in (a, b)$，使得 $\varphi'(\xi) = \dfrac{\varphi(\xi) - \varphi(a)}{b - \xi}$.

【知识链接及思路分析】 本题考查含中值的等式，需对要证的结论进行恒等变形，即要证 $(b - \xi)\varphi'(\xi) - [\varphi(\xi) - \varphi(a)] = 0$，观察可以发现就是要证下面中值的存在性，$\left\{(b - x)[\phi(x) - \phi(a)]' + (b - x)'[\phi(x) - \phi(a)]\right\}\Big|_{x=\xi} = \left\{(b - x)[\phi(x) - \phi(a)]\right\}'\Big|_{x=\xi} = 0$，可采用原函数法，构造辅助函数 $F(x) = (b - x)[\phi(x) - \varphi(a)]$，再利用罗尔中值定理证明.

证明： 令 $F(x) = (b - x)[\varphi(x) - \varphi(a)]$，可以证明 $F(x)$ 在 $[a, b]$ 上连续，在 (a, b) 内可导且 $F(a) = F(b) = 0$. 由罗尔中值定理知 $\exists \xi \in (a, b)$，使 $F'(\xi) = 0$，即 $\varphi'(\xi) = \dfrac{\varphi(\xi) - \varphi(a)}{b - \xi}$.

【举一反三】 设函数 $f(x)$ 在区间 $[a, b]$ 上连续，在 (a, b) 内可导，且 $f(a)f(b) > 0$，$f(a)f\left(\dfrac{a+b}{2}\right) < 0$，证明：至少存在一点 $\xi \in (a, b)$，使得 $f'(\xi) = f(\xi)$.

证明： 因为函数 $f(x)$ 在区间 $[a, b]$ 上连续，$f(a)f\left(\dfrac{a+b}{2}\right) < 0$，$f\left(\dfrac{a+b}{2}\right)f(b) < 0$，则由零点定理，至少存在点 $x_1 \in \left(a, \dfrac{a+b}{2}\right)$ 及 $x_2 \in \left(\dfrac{a+b}{2}, b\right)$，使得 $f(x_1) = 0, f(x_2) = 0$. 作辅助函数 $F(x) = \mathrm{e}^{-x} f(x)$，则 $F(x)$ 在 $[x_1, x_2]$ 上可导，且 $F'(x) = \mathrm{e}^{-x}[f'(x) - f(x)]$，因为 $F(x_1) = F(x_2) = 0$，由罗尔中值定理知，存在点 $\xi \in (x_1, x_2) \subset (a, b)$，使得 $F'(\xi) = 0$，从而 $f'(\xi) = f(\xi)$.

知识点 3：利用拉格朗日中值定理证明函数为常值函数

例 4 试证：若 $f(x)$ 在 $(-\infty, +\infty)$ 内满足 $f'(x) = f(x)$，且 $f(0) = 1$，则 $f(x) = \mathrm{e}^x$.

错解： 因为 $f'(x) = f(x)$，所以设 $f(x) = a\mathrm{e}^x$，又因为 $f(0) = 1$，所以 $f(x) = \mathrm{e}^x$.

【错解分析及知识链接】 在我们所学过的求导公式中，导数等于本身的函数只有指数函数，但在证明题中不能用，因为没有定理保证.

正解：设 $\varphi(x) = \dfrac{f(x)}{e^x}$，则 $\varphi'(x) = \dfrac{f'(x)e^x - f(x)e^x}{e^{2x}} = 0$，由拉格朗日中值定理的推论可知

$\varphi(x) = C$，又因为 $\varphi(0) = \dfrac{f(0)}{e^0} = 1$，所以 $\varphi(x) = \dfrac{f(x)}{e^x} = 1$，即 $f(x) = e^x$.

【举一反三】试证： $\arctan x + \operatorname{arccot} x = \dfrac{\pi}{2}, x \in (-\infty, +\infty)$.

证明：设 $f(x) = \arctan x + \operatorname{arc cot} x$，$f'(x) = \dfrac{1}{1+x^2} - \dfrac{1}{1+x^2} = 0$，所以 $f(x) = C, x \in (-\infty, +\infty)$.

又因为，当 $x = 1$ 时，$f(1) = \arctan 1 + \operatorname{arccot} 1 = \dfrac{\pi}{2}$，所以，$\arctan x + \operatorname{arccot} x = \dfrac{\pi}{2}, x \in (-\infty, +\infty)$.

知识点 4：利用拉格朗日中值定理证明中值的存在性

例 5　若 $f(x)$ 在 $[-2,2]$ 上可导，且 $f(-2) = 0, f(0) = 2, f(2) = 0$. 试证：曲线弧 $C: y = f(x)$ $(-2 \leqslant x \leqslant 2)$ 上至少有一点处的切线平行于直线 $x - 2y + 1 = 0$.

错解：因为直线 $x - 2y + 1 = 0$ 的斜率为 $\dfrac{1}{2}$，即要证至少存在一点 $\xi \in (-2,2)$，使 $f'(\xi) = \dfrac{1}{2}$. 因为 $f(x)$ 在 $[-2,2]$ 上可导，所以 $f(x)$ 在 $[-2,0]$ 和 $[0,2]$ 上满足拉格朗日中值定理的条件，故存在 $\eta_1 \in (-2,0)$，$\eta_2 \in (0,2)$ 使得 $f(0) - f(-2) = f'(\eta_1)(0+2) = 2$；$f(2) - f(0) = f'(\eta_2)(2-0) = -2$；所以 $f'(\eta_1) = 1$，$f'(\eta_2) = -1$. 由闭区间上连续函数的介值定理可知，存在 $\xi \in (\eta_1, \eta_2) \subset (-2,2)$，使得 $f'(\xi) = \dfrac{1}{2}$，则曲线弧 $C: y = f(x)(-2 \leqslant x \leqslant 2)$ 上 $[\xi, f(\xi)]$ 点处的切线平行于直线 $x - 2y + 1 = 0$.

【错解分析及知识链接】上述解法的错误在于对导函数 $f'(x)$ 应用介值定理，但介值定理只对闭区间上连续函数成立，由题目的条件仅能知道 $f(x)$ 在 $[-2,2]$ 上的导函数存在，并不能推出导函数连续，因此不能对导函数应用介值定理.

正解：考虑应用罗尔中值定理，关键是构造辅助函数，并验证其满足罗尔中值定理的三个条件. 因为直线 $x - 2y + 1 = 0$ 的斜率为 $\dfrac{1}{2}$，要证至少存在一点 $\xi \in (-2,2)$，使 $f'(\xi) = \dfrac{1}{2}$. 所以设

$\varphi(x) = f(x) - \dfrac{x}{2}$，显然 $\varphi(x)$ 在 $[0,2]$ 上可导且连续. 在 $\varphi(0) = 2, \varphi(2) = -1$ 处，由介值定理可知，至少存在一点 $\eta \in (0,2)$，使 $\varphi(\eta) = 1$，又有 $\varphi(-2) = 1$，$\varphi(x)$ 在 $[-2, \eta]$ 上满足罗尔中值定理条件，故至少存在一点 $\xi \in (-2, \eta) \subset (-2,2)$，使 $\varphi'(\xi) = 0$，即 $f'(\xi) = \dfrac{1}{2}$.

【举一反三】设函数 $f(x)$ 在 $[0,1]$ 上连续，在 $(0,1)$ 内可导，且 $f(0) = f(1) = 1$，$f\left(\dfrac{1}{2}\right) = \dfrac{1}{2}$. 求证：对任何满足 $0 < k < 1$ 的常数 k，存在 $\xi \in (0,1)$，使 $f'(\xi) = -k$.

证明：令 $F(x) = f(x) + kx$，则 $F(x)$ 在 $[0,1]$ 上连续，在 $(0,1)$ 内可导，且 $F'(x) = f'(x) + k$，

$F(0) = 1$，$F\left(\dfrac{1}{2}\right) = \dfrac{1}{2}(1+k)$，$F(1) = 1 + k$，所以 $F\left(\dfrac{1}{2}\right) < F(0) < F(1)$. 由介值定理知，存在

$c \in \left(\dfrac{1}{2}, 1 \right)$，使 $F(c) = F(0)$，于是由罗尔中值定理知，$\xi \in (0, c) \subset (0, 1)$，使 $F'(\xi) = f'(\xi) + k = 0$，即 $f'(\xi) = -k$.

知识点 5：利用拉格朗日中值定理证明不等式

例 6 设 $a > b > 0$，$n > 1$，证明 $nb^{n-1}(a-b) < a^n - b^n < na^{n-1}(a-b)$.

证明：设 $f(x) = x^n$，$n > 1$. 则 $f(x) = x^n$ 在 $[b, a]$ 上应用拉格朗日中值定理可得：$\dfrac{f(a) - f(b)}{a - b} = f'(\xi)$，即 $\dfrac{a^n - b^n}{a - b} = n\xi^{n-1}$，其中 $0 < b < \xi < a$，又有 $n > 1$，故 $nb^{n-1}(a-b) < n\xi^{n-1}(a-b) < na^{n-1}(a-b)$，所以 $nb^{n-1}(a-b) < a^n - b^n < na^{n-1}(a-b)$ 成立.

【举一反三】证明不等式 $|\arctan b - \arctan a| \leqslant |b - a|$.

证明：设 $f(x) = \arctan x$，则 $f(x)$ 在 $[a, b]$ 上连续，在 (a, b) 内可导，由拉格朗日中值定理可知，存在 $\xi \in (a, b)$，使 $f(b) - f(a) = f'(\xi)(b - a)$，即 $\arctan b - \arctan a = \dfrac{1}{1 + \xi^2}(b - a)$，所以 $|\arctan b - \arctan a| = \dfrac{1}{1 + \xi^2}|b - a| \leqslant |b - a|$.

知识点 6：柯西中值定理及其应用

例 7 （柯西中值定理）如果 $f(x)$ 和 $F(x)$ 满足

（1）在闭区间 $[a, b]$ 上连续；（2）在开区间 (a, b) 内可导；（3）$F'(x) \neq 0, x \in (a, b)$，

那么至少存在点 $\xi \in (a, b)$，使 $\dfrac{f(b) - f(a)}{F(b) - F(a)} = \dfrac{f'(\xi)}{F'(\xi)}$.

错解：因为 $f(x)$、$F(x)$ 在 $[a, b]$ 上满足拉格朗日定理的条件，所以存在 $\xi \in (a, b)$，使 $f(b) - f(a) = f'(\xi)(b - a)$，$F(b) - F(a) = F'(\xi)(b - a)$，两式相除可得 $\dfrac{f(b) - f(a)}{F(b) - F(a)} = \dfrac{f'(\xi)}{F'(\xi)}$.

【错解分析及知识链接】 本题是想用拉格朗日中值定理来证明柯西中值定理，用特殊证一般，想法可行，但在具体证明时，两次应用拉格朗日中值定理时中值 ξ 不一定是同一点（中值定理只能确定 ξ 点的存在性，具体位置不定）. 为了区别，可分别记其为 ξ_1, ξ_2，这样就得不到想要的结论了.

正解：将所证明的式子变形为 $f(\xi) - \dfrac{f(b) - f(a)}{F(b) - F(a)} F(\xi) = 0$，可以借助罗尔中值定理证明. 构造辅助函数 $G(x) = f(x) - \dfrac{f(b) - f(a)}{F(b) - F(a)} F(x)$，$G(x)$ 在 $[a, b]$ 上连续；(a, b) 内可导；且 $G(a) = \dfrac{f(a)F(b) - f(b)F(a)}{F(b) - F(a)} = G(b)$，所以，至少存在 $\xi \in (a, b)$，使 $G'(\xi) = f'(\xi) - \dfrac{f(b) - f(a)}{F(b) - F(a)} F'(\xi) = 0$，即 $\dfrac{f(b) - f(a)}{F(b) - F(a)} = \dfrac{f'(\xi)}{F'(\xi)}$.

【举一反三】如果 $a \cdot b > 0$，证明：在 a，b 之间存在一点 ξ，使 $ae^b - be^a = (1 - \xi)e^{\xi}(a - b)$ 成立.

证明：当 $a=b$ 时等式成立，$a \neq b$ 时，不妨设 $0<a<b$，原式可化为 $\dfrac{a\mathrm{e}^b - b\mathrm{e}^a}{a-b} = \mathrm{e}^\xi - \xi\mathrm{e}^\xi$，

或 $\dfrac{\dfrac{\mathrm{e}^b}{b} - \dfrac{\mathrm{e}^a}{a}}{\dfrac{1}{b} - \dfrac{1}{a}} = \dfrac{\dfrac{\mathrm{e}^\xi - \xi\mathrm{e}^\xi}{\xi^2}}{\dfrac{1}{\xi^2}} = \dfrac{\left(\dfrac{\mathrm{e}^x}{x}\right)'}{\left(\dfrac{1}{x}\right)'}\Bigg|_{x=\xi}$，故取 $f(x) = \dfrac{\mathrm{e}^x}{x}, F(x) = \dfrac{1}{x}$，利用柯西中值定理证明. 显然

$f(x), F(x)$ 在 $[a,b]$ 上连续，在 (a,b) 内可导且当 $x \in (a,b)$ 时，$F'(x) = -\dfrac{1}{x^2} \neq 0$. 由柯西中值定理

可知 $\exists \xi \in (a,b)$，使 $\dfrac{f(b)-f(a)}{F(b)-F(a)} = \dfrac{f'(\xi)}{F'(\xi)}$，即 $\dfrac{\dfrac{\mathrm{e}^b}{b} - \dfrac{\mathrm{e}^a}{a}}{\dfrac{1}{b} - \dfrac{1}{a}} = \dfrac{\left(\dfrac{\mathrm{e}^x}{x}\right)'}{\left(\dfrac{1}{x}\right)'}\Bigg|_{x=\xi} = \dfrac{\dfrac{\xi\mathrm{e}^\xi - \mathrm{e}^\xi}{\xi^2}}{-\dfrac{1}{\xi^2}} = \mathrm{e}^\xi - \xi\mathrm{e}^\xi$，即

$a\mathrm{e}^b - b\mathrm{e}^a = (1-\xi)\mathrm{e}^\xi(a-b)$.

3．真题演练

（1）（2008 年）设 $f(x) = x^2(x-1)(x-2)$，则 $f'(x)$ 的零点个数为（　　）.

　　A．0　　　　　　B．1　　　　　　C．2　　　　　　D．3

（2）（2003 年）设函数 $f(x)$ 在 $[0,3]$ 上连续，在 $(0,3)$ 内可导，且 $f(0)+f(1)+f(2)=3$，$f(3)=1$. 试证必存在 $\xi \in (0,3)$，使 $f'(\xi)=0$.

（3）（2007 年）设函数 $f(x)$，$g(x)$ 在 $[a,b]$ 上连续，在 (a,b) 内具有二阶导数且存在相等的最大值，$f(a)=g(a)$，$f(b)=g(b)$ 证明：存在 $\xi \in (a,b)$，使得 $f''(\xi)=g''(\xi)$.

（4）（2010 年）设函数在闭区间 $[0,1]$ 上连续，在开区间 $(0,1)$ 内可导，$f(0)=1$，$f(0)=\dfrac{1}{3}$，

证明：存在 $\xi \in \left(0,\dfrac{1}{2}\right)$，$\eta \in \left(\dfrac{1}{2},1\right)$，使得 $f'(\xi)+f'(\eta)=\xi^2+\eta^2$.

（5）（2013 年）设奇函数 $f(x)$ 在 $[-1,1]$ 上具有二阶导数，且 $f(x)=1$，证明：

（Ⅰ）存在 $\xi \in (0,1)$，使得 $f'(\xi)=1$；

（Ⅱ）存在 $\eta \in (-1,1)$，使得 $f''(\eta)+f'(\eta)=1$.

（6）（2013 年）设 $f(x)$ 在 $[0,+\infty]$ 上可导，$f(0)=0$ 且 $\lim\limits_{x\to+\infty} f(x)=2$，证明：

（Ⅰ）存在 $a>0$，使得 $f(a)=1$；

（Ⅱ）对（Ⅰ）中的 a，存在 $\xi \in (0,a)$，使得 $f'(\xi)=\dfrac{1}{a}$.

（7）（第四届全国大学生数学竞赛决赛）设 $f(x)$ 在 $[-2,2]$ 上具有二阶导数，$|f(x)| \leqslant 1$，且 $[f(0)]^2 + [f'(0)]^2 = 4$，证明：存在一点 $\xi \in (-2,2)$，使得 $f(\xi)+f''(\xi)=0$.

4．真题演练解析

（1）【解析】因为 $f(0)=f(1)=f(2)=0$，由罗尔中值定理知，至少有 $\xi_1 \in (0,1)$，$\xi_2 \in (1,2)$ 使 $f'(\xi_1)=f'(\xi_2)=0$，所以 $f'(x)$ 至少有两个零点. 又因 $f'(x)$ 中含有因子 x，故 $x=0$ 也是 $f'(x)$

的零点，所以选 D.

（2）【解析】根据罗尔中值定理，只需再证明存在一点 $c \in [0,3]$，使得 $f(c) = 1 = f(3)$，然后在 $[c,3]$ 上应用罗尔中值定理即可. 因为 $f(x)$ 在 $[0,3]$ 上连续，所以 $f(x)$ 在 $[0,2]$ 连续，且在 $[0,2]$ 上必有最大值 M 和最小值 m，于是有 $m \leqslant f(0) \leqslant M$，$m \leqslant f(1) \leqslant M$，$m \leqslant f(2) \leqslant M$，故 $m \leqslant \dfrac{f(0)+f(1)+f(2)}{3} \leqslant M$. 由介值定理知，至少存在一点 $c \in [0,2]$，使 $f(c) = \dfrac{f(0)+f(1)+f(2)}{3} = 1$. 因为 $f(c) = f(3) = 1$，且 $f(x)$ 在 $[c,3]$ 上连续，在 $(c,3)$ 内可导，所以由罗尔中值定理知，必存在 $\xi \in (c,3) \subset (0,3)$，使 $f'(\xi) = 0$.

（3）【解析】需要证明的结论与导数有关，考虑应用微分中值定理. 构造辅助函数 $F(x) = f(x) - g(x)$，由题设有 $F(a) = F(b) = 0$. 又因为 $f(x)$，$g(x)$ 在 (a,b) 内具有相等的最大值，不妨设存在 $x_1 \leqslant x_2$，$x_1,x_2 \in (a,b)$ 使得 $f(x_1) = M = \max\limits_{[a,b]} f(x), g(x_2) = M = \max\limits_{[a,b]} g(x)$，若 $x_1 = x_2$，令 $c = x_1$，则 $F(c) = 0$. 若 $x_1 < x_2$，因 $F(x_1) = f(x_1) - g(x_1) \geqslant 0, F(x_2) = f(x_2) - g(x_2) \leqslant 0$，从而存在 $c \in [x_1,x_2] \subset (a,b)$，使 $F(c) = 0$. 在区间 $[a,c],[c,b]$ 上分别利用罗尔中值定理知，存在 $\xi_1 \in (a,c),\xi_2 \in (c,b)$，使得 $F'(\xi_1) = F'(\xi_2) = 0$. 再对 $F'(x)$ 在区间 $[\xi_1,\xi_2]$ 上应用罗尔中值定理，可知存在 $\xi \in (\xi_1,\xi_2) \subset (a,b)$，有 $F''(\xi) = 0$，即 $f''(\xi) = g''(\xi)$.

（4）【解析】本题考查拉格朗日中值定理的应用. 要证 $f'(\xi) + f'(\eta) = \xi^2 + \eta^2$，即证存在 $\xi \in \left(0,\dfrac{1}{2}\right)$，$\eta \in \left(\dfrac{1}{2},1\right)$ 使得 $f'(\xi) = \xi^2$，$f'(\eta) = \eta^2$ 成立. 考虑构造辅助函数 $F(x) = f(x) - \dfrac{1}{3}x^3$，因为 $F(0) = F(1) = 0$，在 $\left[0,\dfrac{1}{2}\right]$、$\left[\dfrac{1}{2},1\right]$ 分别应用拉格朗日中值定理，存在 $\xi \in \left(0,\dfrac{1}{2}\right)$，$\eta \in \left(0,\dfrac{1}{2}\right)$ 满足 $F\left(\dfrac{1}{2}\right) - F(0) = F'(\xi)\left(\dfrac{1}{2} - 0\right) = \dfrac{1}{2}(f'(\xi) - \xi^2)$；$F(1) - F\left(\dfrac{1}{2}\right) = F'(\eta)\left(1 - \dfrac{1}{2}\right) = \dfrac{1}{2}(f'(\eta) - \eta^2)$，两式相加可得 $F(1) - F(0) = \dfrac{1}{2}(f'(\xi) - \xi^2) + \dfrac{1}{2}(f'(\eta) - \eta^2) = 0$，即 $f'(\xi) + f'(\eta) = \xi^2 + \eta^2$.

（5）【解析】（Ⅰ）注意到奇函数在零点的函数值为 0，所以考虑在 $[0,1]$ 上用拉格朗日中值定理. 由于 $f(x)$ 为奇函数，则 $f(0) = 0$，由于 $f(x)$ 在 $[-1,1]$ 上具有二阶导数，由拉格朗日定理可知，存在 $\xi \in (0,1)$，使得 $f'(\xi) = \dfrac{f(1) - f(0)}{1-0} = 1$.

（Ⅱ）本题的关键是构造辅助函数，利用拉格朗日中值定理. 由于 $f(x)$ 为奇函数，则 $f'(x)$ 为偶函数. 由（Ⅰ）可知存在 $\xi \in (0,1)$，使得 $f'(\xi) = 1$，且 $f'(-\xi) = 1$，令 $\varphi(x) = \mathrm{e}^x[f'(x) - 1]$，由条件显然可知，$\varphi(x)$ 在 $[-1,1]$ 上可导，且 $\varphi(-\xi) = \varphi(\xi) = 0$，由罗尔中值定理可知，存在 $\eta \in (-\xi,\xi) \subset (-1,1)$，使得 $\varphi'(\eta) = 0$，即 $f'(\eta) + f''(\eta) = 1$.

（6）【解析】本题涉及的知识点包括极限的局部保号性、闭区间上连续函数的介值定理和拉格朗日中值定理.

（Ⅰ）因为 $\lim\limits_{x \to +\infty} f(x) = 2$，对于 $\varepsilon = \dfrac{1}{2}$，由极限的局部保号性知存在 $A > 0$，使得当 $x \geqslant A$ 时，$|f(x) - 2| < \dfrac{1}{2}$，因此 $f(A) > \dfrac{3}{2}$，又有 $f(0) = 0$，由闭区间上连续函数的介值定理知存在 $a \in (0,A)$，使得 $f(a) = 1$.

（Ⅱ）$f(x)$ 在 $[0,a]$ 上可导，由拉格朗日中值定理可知，存在 $\xi \in (0,a)$，使得 $f'(\xi) =$

$$\frac{f(a)-f(0)}{a-0}=\frac{1}{a}.$$

（7）【证明】在区间 $[-2,0]$ 和 $[0,2]$ 上分别对函数 $f(x)$ 应用拉格朗日中值定理：$\exists\eta_1\in(-2,0)$ ，$\exists\eta_2\in(0,2)$ 使得 $f'(\eta_1)=\dfrac{f(0)-f(-2)}{2}$ ，$f'(\eta_2)=\dfrac{f(2)-f(0)}{2}$.

注意到 $|f(x)|\leqslant 1$ ，因此 $|f'(\eta_1)|=\left|\dfrac{f(0)-f(-2)}{2}\right|\leqslant 1$ ，$|f'(\eta_2)|\leqslant 1$. 令 $F(x)=[f(x)]^2+[f'(x)]^2$ ，则 $F(x)$ 在区间 $[-2,2]$ 上可导，且 $F(\eta_1)=[f(\eta_1)]^2+[f'(\eta_1)]^2\leqslant 2$ ，$F(\eta_2)=[f(\eta_2)]^2+[f'(\eta_2)]^2\leqslant 2$ ，$F(0)=[f(0)]^2+[f'(0)]^2=4$ ，故 $F(x)$ 在闭区间 $[\eta_1,\eta_2]$ 上的最大值 $F(\xi)=\max\limits_{x\in(\eta_1,\eta_2)}\{f(x)\}\geqslant 4$ ，且 $\xi\in(\eta_1,\eta_2)$. 由费马定理知 $F'(\xi)=0$ ，而 $F'(x)=2f(x)f'(x)+2f'(x)f''(x)$ ，故 $F'(\xi)=2f'(\xi)[f(\xi)+f''(\xi)]=0$. 由于 $F(\xi)=[f(\xi)]^2+[f'(\xi)]^2\geqslant 4$ ，所以 $f'(\xi)\neq 0$ ，从而 $f(\xi)+f''(\xi)=0$.

3.2　洛必达法则

1．重要知识点

洛必达法则的应用如下：

① 直接适用于 $\dfrac{0}{0}$ ，$\dfrac{\infty}{\infty}$ 型未定式求极限.

② 对于 " $\infty-\infty,0\cdot\infty,1^{\infty},\infty^0,0^0$ " 型未定式，应先通分或利用指数对数关系式，转化成 $\dfrac{0}{0}$ 或 $\dfrac{\infty}{\infty}$ 型，再用洛必达法则.

③ 如果分子分母分别求导后极限不存在且不是无穷大，不能说明原极限不存在，只能说明洛必达法则失效.

④ 数列极限不能直接用洛必达法则，应先转化成函数极限，再根据数列极限与函数极限之间的关系来求得原数列的极限.

⑤ 洛必达法则常常与其他求极限的方法结合起来使用，如非零因子先求极限、无穷小的等价代换、两个重要极限等.

2．例题辨析

知识点 1：利用洛必达法则求 $\dfrac{0}{0}$ 或 $\dfrac{\infty}{\infty}$ 型未定式的极限

例 1　求 $\lim\limits_{x\to 1}\dfrac{x^3-3x+2}{x^3-x^2-x+1}$.

错解：$\lim\limits_{x\to 1}\dfrac{x^3-3x+2}{x^3-x^2-x+1}=\lim\limits_{x\to 1}\dfrac{3x^2-3}{3x^2-2x-1}=\lim\limits_{x\to 1}\dfrac{6x}{6x-2}=\lim\limits_{x\to 1}\dfrac{6}{6}=1$.

【错解分析及知识链接】本题是用洛必达法则求未定式极限，应用时一定要先验证是否为 $\dfrac{0}{0}$

或 $\dfrac{\infty}{\infty}$ 型极限，否则不能用洛必达法则. 错解在第三步求极限时，不再是 $\dfrac{0}{0}$ 或 $\dfrac{\infty}{\infty}$ 型的未定式极限，因此不能再用洛必达法则求极限.

正解：$\displaystyle\lim_{x\to 1}\dfrac{x^3-3x+2}{x^3-x^2-x+1}=\lim_{x\to 1}\dfrac{3x^2-3}{3x^2-2x-1}=\lim_{x\to 1}\dfrac{6x}{6x-2}=\dfrac{3}{2}$.

例 2 求极限 $\displaystyle\lim_{x\to+0}\dfrac{\ln\tan 7x}{\ln\tan 2x}$.

错解 1： $\displaystyle\lim_{x\to+0}\dfrac{\ln\tan 7x}{\ln\tan 2x}=\lim_{x\to+0}\dfrac{\dfrac{1}{\tan 7x}\cdot\sec^2 7x}{\dfrac{1}{\tan 2x}\cdot\sec^2 2x}=\lim_{x\to+0}\dfrac{\tan 2x}{\tan 7x}=\lim_{x\to+0}\dfrac{\sec^2 2x\cdot 2}{\sec^2 7x\cdot 7}=\dfrac{2}{7}$.

错解 2： $\displaystyle\lim_{x\to+0}\dfrac{\ln\tan 7x}{\ln\tan 2x}=\lim_{x\to+0}\dfrac{\tan 7x}{\tan 2x}\lim_{x\to+0}\dfrac{\ln\tan 7x}{\ln\tan 2x}=\lim_{x\to+0}\dfrac{7x}{2x}=\dfrac{7}{2}$.

【错解分析及知识链接】 所求极限为 $\dfrac{\infty}{\infty}$ 型未定式，利用洛必达法则求解的思路是正确的，错解 1 中的错误在于复合函数求导过程中有遗漏，求导不准确，结果有误；错解 2 错误地利用了等价无穷小代换，事实上当 $x\to 0$ 时，$\ln(1+x)\sim x$，而不是 $\ln x\sim x$.

正解：直接利用洛必达法则

$$\lim_{x\to+0}\dfrac{\ln\tan 7x}{\ln\tan 2x}=\lim_{x\to+0}\dfrac{\dfrac{1}{\tan 7x}\cdot\sec^2 7x\cdot 7}{\dfrac{1}{\tan 2x}\cdot\sec^2 2x\cdot 2}=\dfrac{7}{2}\lim_{x\to+0}\dfrac{\tan 2x}{\tan 7x}=\dfrac{7}{2}\lim_{x\to+0}\dfrac{\sec^2 2x\cdot 2}{\sec^2 7x\cdot 7}=1.$$

【举一反三】 求极限 $\displaystyle\lim_{x\to+\infty}\dfrac{\pi-2\arctan x}{\mathrm{e}^{3/x}-1}$.

解：$\displaystyle\lim_{x\to+\infty}\dfrac{\pi-2\arctan x}{\mathrm{e}^{\frac{3}{x}}-1}=\lim_{x\to+\infty}\dfrac{-\dfrac{2}{1+x^2}}{\mathrm{e}^{\frac{3}{x}}\left(-\dfrac{3}{x^2}\right)}=\lim_{x\to+\infty}\dfrac{2x^2}{3(1+x^2)\mathrm{e}^{\frac{3}{x}}}$

$$=\lim_{x\to+\infty}\dfrac{2x^2}{3(1+x^2)}\cdot\lim_{x\to+\infty}\dfrac{1}{\mathrm{e}^{\frac{3}{x}}}=\lim_{x\to+\infty}\dfrac{2}{3\left(\dfrac{1}{x^2}+1\right)}=\dfrac{2}{3}.$$

知识点 2：洛必达法则失效的情形

例 3 求极限 $\displaystyle\lim_{x\to\infty}\dfrac{x-\sin x}{x+\sin x}$.

错解：上述极限是 $\dfrac{\infty}{\infty}$ 的未定式，利用洛必达法则可得 $\displaystyle\lim_{x\to\infty}\dfrac{x-\sin x}{x+\sin x}=\lim_{x\to\infty}\dfrac{1-\cos x}{1+\cos x}$ 上面的极限不存在，所以原极限也不存在.

【错解分析及知识链接】 对于 $\dfrac{0}{0}$，$\dfrac{\infty}{\infty}$ 型的未定式 $\displaystyle\lim_{x\to a}\dfrac{f(x)}{g(x)}$，可以利用洛必达法则求解的前提是 $\displaystyle\lim_{x\to a}\dfrac{f'(x)}{g'(x)}$ 存在，或 $\displaystyle\lim_{x\to a}\dfrac{f'(x)}{g'(x)}$ 为 ∞，而 $\displaystyle\lim_{x\to\infty}\dfrac{1-\cos x}{1+\cos x}$ 不存在，也不是 ∞，此时只能说明洛必达法则失效，但不能说明原极限不存在.

正解：利用极限的运算法则和重要极限知，$\displaystyle\lim_{x\to\infty}\frac{x-\sin x}{x+\sin x}=\lim_{x\to\infty}\frac{1-\dfrac{\sin x}{x}}{1+\dfrac{\sin x}{x}}=1$.

【举一反三】验证不能用洛必达法则求 $\displaystyle\lim_{x\to\infty}\frac{x+\sin x}{x}$ ，并用其他方法求该极限.

解：若用洛必达法则求极限 $\displaystyle\lim_{x\to\infty}\frac{x+\sin x}{x}$ ，则有 $\displaystyle\lim_{x\to\infty}\frac{x+\sin x}{x}=\lim_{x\to\infty}\frac{1+\cos x}{1}$ ，因为 $\displaystyle\lim_{x\to\infty}\cos x$

不存在，所以洛必达法则失效. $\displaystyle\lim_{x\to\infty}\frac{x+\sin x}{x}=\lim_{x\to\infty}\frac{x}{x}+\lim_{x\to\infty}\frac{\sin x}{x}=1+0=1$.

知识点 3：洛必达法则和其他方法结合

例 4　求极限 $\displaystyle\lim_{x\to0}\frac{\sin^2 x-x^2\cos^2 x}{x^2\sin^2 x}$.

错解：先利用等价无穷小代换化简，再利用洛必达法则可得

$$\lim_{x\to0}\frac{\sin^2 x-x^2\cos^2 x}{x^2\sin^2 x}=\lim_{x\to0}\frac{x^2-x^2\cos^2 x}{x^4}=\lim_{x\to0}\frac{1-\cos^2 x}{x^2}=\lim_{x\to0}\frac{2\cos x\sin x}{2x}=1 .$$

【错解分析及知识链接】本题考查的是 " $\dfrac{0}{0}$ " 型未定式的极限，这种类型的未定式可以尝

试用洛必达法则求解，但观察可以发现，如果直接应用洛必达法则，求导会越来越麻烦，因此
先对原式进行化简的思路是正确的. 错解中未考虑做等价无穷小代换，这时不能在和差因子中
进行.

正解：利用初等变换对极限形式化简，再使用洛必达法则可以简化求解过程：

$$原式=\lim_{x\to0}\frac{(\sin x+x\cos x)(\sin x-x\cos x)}{x^4}=\lim_{x\to0}\left(\frac{\sin x}{x}+\cos x\right)\left(\frac{\sin x-x\cos x}{x^3}\right)$$

而 $\displaystyle\lim_{x\to0}\frac{\sin x-x\cos x}{x^3}=\lim_{x\to0}\frac{\cos x-\cos x+x\sin x}{3x^2}=\lim_{x\to0}\frac{\sin x}{3x}=\frac{1}{3}$ ，所以

$$原式=\lim_{x\to0}\left(\frac{\sin x}{x}+\cos x\right)\left(\frac{\sin x-x\cos x}{x^3}\right)=2\times\frac{1}{3}=\frac{2}{3} .$$

【举一反三】求极限 $\displaystyle\lim_{x\to0}\frac{e^x-e^{-x}-2x}{(e^x-1)\ln(1+\sin^2 x)}$.

解：极限是 " $\dfrac{0}{0}$ " 型未定式，先利用等价无穷小代换化简，再利用洛必达法则：

$$\lim_{x\to0}\frac{e^x-e^{-x}-2x}{(e^x-1)\ln(1+\sin^2 x)}=\lim_{x\to0}\frac{e^x-e^{-x}-2x}{x^3}=\lim_{x\to0}\frac{e^x+e^{-x}-2}{3x^2}$$

$$=\lim_{x\to0}\frac{e^x-e^{-x}}{6x}=\lim_{x\to0}\frac{e^x+e^{-x}}{6}=\frac{1}{3} .$$

知识点 4：其他类型未定式的极限

例 5　求极限 $\displaystyle\lim_{x\to0}x^2 e^{\frac{1}{x^2}}$.

错解： 由洛必达法则 $\lim\limits_{x \to 0} x^2 e^{\frac{1}{x^2}} = \lim\limits_{x \to 0} \left(2x e^{\frac{1}{x^2}} + x^2 e^{\frac{1}{x^2}} \cdot \frac{-2}{x^3} \right) = \lim\limits_{x \to 0} \left(2x e^{\frac{1}{x^2}} - \frac{2}{x} e^{\frac{1}{x^2}} \right)$,

因为 $\lim\limits_{x \to 0} 2x e^{\frac{1}{x^2}} = 0$, $\lim\limits_{x \to 0} \left(-\frac{2}{x} e^{\frac{1}{x^2}} \right)$ 不存在, 所以原极限不存在.

【错解分析及知识链接】 本题考查的是 "$0 \cdot \infty$" 型未定式的极限, 这类极限不能直接用洛必达法则求解, 必须先转化为 "$\dfrac{0}{0}$" 或 "$\dfrac{\infty}{\infty}$" 型未定式, 才能考虑用洛必达法则. 错解中的错误在于没有进行变形.

正解： 先将原极限变形为 $\dfrac{0}{0}$ 型未定式, 再用洛必达法则.

$$\lim_{x \to 0} x^2 e^{\frac{1}{x^2}} = \lim_{x \to 0} \frac{e^{\frac{1}{x^2}}}{\frac{1}{x^2}} = \lim_{t \to +\infty} \frac{e^t}{t} = \lim_{t \to +\infty} \frac{e^t}{1} = +\infty,$$ 即原极限不存在, 且为 ∞.

【举一反三】 求极限 $\lim\limits_{x \to 0^+} \left(\dfrac{1}{x} \right)^{\tan x}$.

解： 该极限是 "∞^0" 型未定式, 不能直接应用洛必达法则, 先利用指数对数关系式进行变形, 再利用复合函数的极限运算法则及洛必达法则可得

$$\lim_{x \to 0^+} \left(\frac{1}{x} \right)^{\tan x} = \lim_{x \to 0^+} e^{\ln \left(\frac{1}{x} \right)^{\tan x}} = e^{\lim\limits_{x \to 0^+} \tan x \ln \left(\frac{1}{x} \right)} = e^{\lim\limits_{x \to 0^+} x \ln \left(\frac{1}{x} \right)} = e^{\lim\limits_{x \to 0^+} \frac{\ln \left(\frac{1}{x} \right)}{\frac{1}{x}}} = e^{\lim\limits_{x \to 0^+} \frac{x \cdot \left(-\frac{1}{x^2} \right)}{-\frac{1}{x^2}}} = 1.$$

知识点 5：利用洛必达法则求数列极限

例 6 求极限 $\lim\limits_{n \to \infty} \left(\dfrac{\sqrt[n]{2} + \sqrt[n]{3}}{2} \right)^n$.

错解： $\lim\limits_{n \to \infty} \left(\dfrac{\sqrt[n]{2} + \sqrt[n]{3}}{2} \right)^n = \lim\limits_{n \to +\infty} \left(\dfrac{2^{\frac{1}{n}} + 3^{\frac{1}{n}}}{2} \right)^n = e^{\lim\limits_{x \to 0^+} \frac{\ln(2^n + 3^n) - \ln 2}{n}}$

$= e^{\lim\limits_{n \to +\infty} \frac{\left[\ln \left(2^{\frac{1}{n}} + 3^{\frac{1}{n}} \right) - \ln 2 \right]}{\frac{1}{n}}} = e^{\lim\limits_{n \to +\infty} \frac{-\frac{1}{n^2} \left(2^{\frac{1}{n}} \ln 2 + 3^{\frac{1}{n}} \ln 3 \right)}{-\frac{1}{n^2} \left(2^{\frac{1}{n}} + 3^{\frac{1}{n}} \right)}} = e^{\frac{\ln 2 + \ln 3}{2}} = \sqrt{6}$.

【错解分析及知识链接】 本题考查的是数列极限, 该极限是 "1^∞" 型未定式, 但是数列作为整标函数, 导数不存在, 因此对数列极限不能直接用洛必达法则, 但可以借助函数极限与数列极限的关系, 将本题先转化成函数的极限, 再用洛必达法则求解.

正解： 注意到 $\lim\limits_{n \to \infty} \left(\dfrac{\sqrt[n]{2} + \sqrt[n]{3}}{2} \right)^n = \lim\limits_{n \to \infty} \left(\dfrac{2^{\frac{1}{n}} + 3^{\frac{1}{n}}}{2} \right)^n$, 当 $n \to \infty$ 时, $\dfrac{1}{n} \to 0^+$, 故 $\lim\limits_{x \to 0^+} \left(\dfrac{2^x + 3^x}{2} \right)^{\frac{1}{x}} =$

$e^{\lim\limits_{x \to 0^+} \frac{\ln(2^x + 3^x) - \ln 2}{x}} = e^{\lim\limits_{x \to 0^+} \frac{2^x \ln 2 + 3^x \ln 3}{2^x + 3^x}} = \sqrt{6}$, 再由海涅定理知 $\lim\limits_{n \to \infty} \left(\dfrac{\sqrt[n]{2} + \sqrt[n]{3}}{2} \right)^n = \sqrt{6}$.

知识点 6：利用洛必达法则求抽象函数的极限

例 7　已知 $f''(a)$ 存在，求极限 $\lim\limits_{x\to 0}\dfrac{f(a+x)+f(a-x)-2f(a)}{x^2}$．

错解：$\lim\limits_{x\to 0}\dfrac{f(a+x)+f(a-x)-2f(a)}{x^2}=\lim\limits_{x\to 0}\dfrac{f'(a+x)-f'(a-x)}{2x}$

$$=\lim_{x\to 0}\frac{f''(a+x)+f''(a-x)}{2}=f''(a).$$

【错解分析及知识链接】已知条件为 $f''(a)$ 存在，所以 $f'(x)$ 在点 a 的某邻域连续，$f(x)$ 在点 a 的某邻域连续．所以原极限是 "$\dfrac{0}{0}$" 型，第一步可以用洛必达法则，但 $f''(x)$ 在点 a 的某邻域不一定存在，更不能利用 $f''(x)$ 在点 a 的连续性求解，所以错解后两步错误．

正解：由洛必达法则和导数的定义可知

$$\lim_{x\to 0}\frac{f(a+x)+f(a-x)-2f(a)}{x^2}=\lim_{x\to 0}\frac{f'(a+x)-f'(a-x)}{2x}$$

$$=\frac{1}{2}\lim_{x\to 0}\left[\frac{f'(a+x)-f'(a)}{x}+\frac{f'(a)-f'(a-x)}{x}\right]=f''(a).$$

【举一反三】设函数 $f(x)$ 具有二阶连续导数，$f(0)=0$，证明函数 $g(x)=\begin{cases}\dfrac{f(x)}{x}, & x\neq 0 \\ f'(0), & x=0\end{cases}$ 具有一阶连续导数．

证明：当 $x\neq 0$ 时，$g'(x)=\dfrac{xf'(x)-f(x)}{x^2}$；当 $x=0$ 时，

$$g'(0)=\lim_{x\to 0}\frac{\dfrac{f(x)}{x}-f'(0)}{x}=\lim_{x\to 0}\frac{xf'(x)-f(x)}{x^2}$$

$$=\lim_{x\to 0}\frac{xf''(x)+f'(x)-f'(x)}{2x}=\lim_{x\to 0}\frac{f''(x)}{2}=\frac{f''(0)}{2}.$$

即 $\lim\limits_{x\to 0}g'(x)=\lim\limits_{x\to 0}\dfrac{xf'(x)-f(x)}{x^2}=\dfrac{f''(0)}{2}=g'(0)$，所以 $g(x)$ 具有一阶连续导数．

3. 真题演练

（1）（2013 年）已知 $\lim\limits_{x\to 0}\dfrac{x-\arctan x}{x^k}=c$，则 k,c 的值为（　　）．

　　A．$k=2$，$c=-\dfrac{1}{2}$　　　　　　　　B．$k=2$，$c=\dfrac{1}{2}$

　　C．$k=3$，$c=-\dfrac{1}{3}$　　　　　　　　D．$k=3$，$c=\dfrac{1}{3}$

（2）（2008 年）求极限 $\lim\limits_{x\to 0}\dfrac{1}{x^2}\ln\dfrac{\sin x}{x}$．

（3）（2016 年）求极限 $\lim\limits_{x\to 0}\left(\dfrac{1}{\sin^2 x}-\dfrac{\cos^2 x}{x^2}\right)$．

（4）（2008 年）求极限 $\lim\limits_{x\to 0}\dfrac{[\sin x-\sin(\sin x)]\sin x}{x^4}$．

（5）（第一届全国大学生数学竞赛预赛）求极限 $\lim\limits_{x\to 0}\left(\dfrac{e^{x}+e^{2x}+\cdots+e^{nx}}{n}\right)^{\frac{e}{x}}$，其中 n 是给定的正整数.

（6）（第三届大学生数学竞赛预赛）求极限 $\lim\limits_{x\to 0}\left(\dfrac{\sin x}{x}\right)^{\frac{1}{1-\cos x}}$.

4．真题演练解析

（1）【解析】因为 $c\neq 0$，由洛必达法则可得

$$c=\lim\limits_{x\to 0}\frac{x-\arctan x}{x^{k}}=\lim\limits_{x\to 0}\frac{1-\dfrac{1}{1+x^{2}}}{kx^{k-1}}=\lim\limits_{x\to 0}\frac{x^{2}}{kx^{k-1}(1+x^{2})}=\lim\limits_{x\to 0}\frac{x^{2}}{kx^{k-1}}=\frac{1}{k}\lim\limits_{x\to 0}x^{3-k},$$

所以 $3-k=0$，$k=3$，$c=\dfrac{1}{k}=\dfrac{1}{3}$，故选 D.

（2）【解析】本题考查的是 "$\infty\cdot 0$" 型未定式的极限，不能直接使用洛必达法则，需转化为 "$\dfrac{0}{0}$" 型未定式后再利用洛必达法则.

$$\lim\limits_{x\to 0}\frac{1}{x^{2}}\ln\frac{\sin x}{x}=\lim\limits_{x\to 0}\frac{1}{x^{2}}\ln\left(1+\frac{\sin x}{x}-1\right)=\lim\limits_{x\to 0}\frac{\sin x-x}{x^{3}}=\lim\limits_{x\to 0}\frac{\cos x-1}{3x^{2}}=-\frac{1}{6}.$$

（3）【解析】本题是求未定式极限的基本题型，属于 "$\infty-\infty$" 型未定式，需要先通分化为 "$\dfrac{0}{0}$" 型极限，再利用等价无穷小与罗必达法则求解即可.

$$\lim\limits_{x\to 0}\left(\frac{1}{\sin^{2}x}-\frac{\cos^{2}x}{x^{2}}\right)=\lim\limits_{x\to 0}\frac{x^{2}-\sin^{2}x\cos^{2}x}{x^{2}\sin^{2}x}$$

$$=\lim\limits_{x\to 0}\frac{x^{2}-\dfrac{1}{4}\sin^{2}2x}{x^{4}}=\lim\limits_{x\to 0}\frac{2x-\dfrac{1}{2}\sin 4x}{4x^{3}}=\lim\limits_{x\to 0}\frac{1-\cos 4x}{6x^{2}}=\lim\limits_{x\to 0}\frac{\dfrac{1}{2}(4x)^{2}}{6x^{2}}=\frac{4}{3}.$$

（4）【解析】此极限属于 "$\dfrac{0}{0}$" 型未定式，可利用洛必达法则，并结合无穷小代换求解.

$$\lim\limits_{x\to 0}\frac{[\sin x-\sin(\sin x)]\sin x}{x^{4}}=\lim\limits_{x\to 0}\frac{[\sin x-\sin(\sin x)]}{x^{3}}$$

$$=\lim\limits_{x\to 0}\frac{\cos x-\cos(\sin x)\cos x}{3x^{2}}=\lim\limits_{x\to 0}\cos x\cdot\frac{1-\cos(\sin x)}{3x^{2}}=\lim\limits_{x\to 0}\frac{1-\cos(\sin x)}{3x^{2}}$$

$$=\lim\limits_{x\to 0}\frac{\sin(\sin x)\cos x}{6x}=\lim\limits_{x\to 0}\frac{\dfrac{1}{2}(\sin x)^{2}}{3x^{2}}=\frac{1}{6}.$$

（5）【解析】本题是 "1^{∞}" 型未定式，由指数对数关系式、复合函数极限运算法则，以及等价无穷小代换和洛必达法则可得：

$$\lim\limits_{x\to 0}\left(\frac{e^{x}+e^{2x}+\cdots+e^{nx}}{n}\right)^{\frac{e}{x}}=\lim\limits_{x\to 0}\left(1+\frac{e^{x}+e^{2x}+\cdots+e^{nx}-n}{n}\right)^{\frac{e}{x}}$$

$$=\lim\limits_{x\to 0}e^{\frac{e}{x}\ln\left(1+\frac{e^{x}+e^{2x}+\cdots+e^{nx}-n}{n}\right)}=e^{\lim\limits_{x\to 0}\frac{e}{x}\ln\left(1+\frac{e^{x}+e^{2x}+\cdots+e^{nx}-n}{n}\right)}=e^{\lim\limits_{x\to 0}\frac{e}{x}\cdot\frac{e^{x}+e^{2x}+\cdots+e^{nx}-n}{n}}.$$

故 $A = \lim\limits_{x\to 0} \dfrac{e^x + e^{2x} + \cdots + e^{nx} - n}{n} \cdot \dfrac{e}{x} = e\lim\limits_{x\to 0} \dfrac{e^x + e^{2x} + \cdots + e^{nx} - n}{nx}$

$= e\lim\limits_{x\to 0} \dfrac{e^x + 2e^{2x} + \cdots + ne^{nx}}{n} = e \dfrac{1 + 2 + \cdots + n}{n} = \dfrac{n+1}{2} e.$

因此 $\lim\limits_{x\to 0} \left(\dfrac{e^x + e^{2x} + \cdots + e^{nx}}{n} \right)^{\frac{e}{x}} = e^A = e^{\frac{n+1}{2}e}.$

（6）【解析】本题考查"1^∞"型未定式的极限，先利用指数对数关系式对原式进行变形，再利用复合函数极限的运算法则、等价无穷小代换和洛必达法则可得：

$$\lim_{x\to 0}\left(\dfrac{\sin x}{x}\right)^{\frac{1}{1-\cos x}} = \lim_{x\to 0} e^{\frac{1}{1-\cos x}\ln(1+\frac{\sin x - x}{x})} = e^{\lim\limits_{x\to 0}\frac{1}{1-\cos x}\ln(1+\frac{\sin x-x}{x})} = e^{\lim\limits_{x\to 0}\frac{1}{1-\cos x}\frac{\sin x - x}{x}}$$

$$= e^{\lim\limits_{x\to 0}\frac{\sin x - x}{\frac{1}{2}x^3}} = e^{\lim\limits_{x\to 0}\frac{\cos x - 1}{\frac{3}{2}x^2}} = e^{\lim\limits_{x\to 0}\frac{-\frac{1}{2}x^2}{\frac{3}{2}x^2}} = e^{-\frac{1}{3}}.$$

3.3　泰勒公式

1. 重要知识点

（1）泰勒公式：设 $f(x)$ 在含 x_0 的某个区间 (a,b) 内有 $n+1$ 阶导数，则

$$f(x) = f(x_0) + f'(x_0)(x-x_0) + \dfrac{f''(x_0)}{2!}(x-x_0)^2 + \cdots + \dfrac{f^{(n)}(x_0)}{n!}(x-x_0)^n + R_n(x);$$

拉格朗日型余项：$R_n(x) = \dfrac{f^{(n+1)}(\xi)}{(n+1)!}(x-x_0)^{n+1}$，$\xi$ 在 x 与 x_0 之间；

佩亚诺型余项：$R_n(x) = o[(x-x_0)^n].$

注：当 $x_0 = 0$ 时，泰勒公式称为麦克劳林公式.

（2）熟记常见函数的麦克劳林展开式：

$$e^x = 1 + x + \dfrac{x^2}{2!} + \cdots + \dfrac{x^n}{n!} + \dfrac{e^{\theta x}}{(n+1)!}x^{n+1};$$

$$\sin x = x - \dfrac{x^3}{3!} + \dfrac{x^5}{5!} - \cdots + (-1)^{m-1}\dfrac{x^{2m-1}}{(2m-1)!} + \dfrac{\sin\left[\theta x + (2m+1)\frac{\pi}{2}\right]}{(2m+1)!}x^{2m+1};$$

$$\cos x = 1 - \dfrac{x^2}{2!} + \dfrac{x^4}{4!} - \cdots + (-1)^m\dfrac{x^{2m}}{(2m)!} + \dfrac{\cos\left[\theta x + (2m+1)\frac{\pi}{2}\right]}{(2m+1)!}x^{2m+1};$$

$$\ln(1+x) = x - \dfrac{x^2}{2} + \dfrac{x^3}{3} - \cdots + (-1)^{n-1}\dfrac{x^n}{n} + \dfrac{(-1)^n}{(n+1)(1+\theta x)^{n+1}}x^{n+1};$$

$$(1+x)^a = 1 + ax + \dfrac{a(a-1)}{2!}x^2 + \cdots + \dfrac{a(a-1)\cdots(a-n+1)}{n!}x^n + R_n(x),$$

其中 $R_n(x) = \dfrac{a(a-1)\cdots(a-n)}{(n+1)!}(1+\theta x)^{a-n-1}x^{n+1}.$

（3）将函数展开成泰勒公式：

① 直接法：关键是求泰勒多项式的系数 $a_n = \dfrac{f^{(n)}(x_0)}{n!}$，将其代入公式.

② 间接法：利用变量代换等方法对所求函数进行适当变形，再借助（2）中的公式将函数展开成泰勒公式.

（4）泰勒公式的应用：

① 利用带拉格朗日型余项的泰勒公式进行近似计算，一是给定展开的项数 n，求近似值并估计误差；二是根据要求的精度确定展开的项数.

② 利用带皮亚诺型余项的泰勒公式求极限，关键是确定展开的项数.

③ 利用泰勒公式证明含中值的等式或不等式，此时等式或不等式中通常含高阶导数.

2．例题辨析

知识点 1：将函数展开成泰勒公式

例 1 求函数 $f(x) = xe^x$ 的带有皮亚诺型余项的 n 阶麦克劳林公式.

错解：因为 $e^x = 1 + x + \dfrac{x^2}{2!} + \cdots + \dfrac{x^n}{n!} + o(x^n)$，所以 $f(x) = xe^x = x + x^2 + \dfrac{x^3}{2!} + \cdots + \dfrac{x^{n+1}}{n!} + xo(x^n)$.

【错解分析及知识链接】本题考查的是将函数展开成泰勒公式，由于涉及函数 e^x，而且其泰勒展开式已知，因此用间接法. 解法中的错误在于展开的阶数，题目要求展开成 n 阶麦克劳林公式，而解法中展开的是 $n+1$ 阶；另外，在符号表示上，由无穷小的性质有 $xo(x^n) = o(x^{n+1})$.

正解：利用间接法，将函数 e^x 展开成 $n-1$ 阶麦克劳林公式：

$$e^x = 1 + x + \frac{x^2}{2!} + \cdots + \frac{x^{n-1}}{(n-1)!} + o(x^{n-1}),$$

所以

$$f(x) = xe^x = x + x^2 + \frac{x^3}{2!} + \cdots + \frac{x^n}{(n-1)!} + xo(x^{n-1})$$

$$= x + x^2 + \frac{1}{2!}x^3 + \cdots + \frac{1}{(n-1)!}x^n + o(x^n).$$

【举一反三】将 $f(x) = \dfrac{1}{x}$ 按 $(x+1)$ 的幂展开成带有拉格朗日型余项的 n 阶泰勒公式.

解：$f^{(n)}(x) = \dfrac{(-1)^n n!}{x^{n+1}}$，$f^{(n)}(-1) = \dfrac{(-1)^n n!}{(-1)^{n+1}} = -n!$，

$$f(x) = f(-1) + f'(-1)(x+1) + \cdots + \frac{f^{(n)}(-1)}{n!}(x+1)^n + \frac{f^{(n+1)}(\xi)}{(n+1)!}(x+1)^{n+1}.$$

所以 $\dfrac{1}{x} = -1 - (x+1) - (x+1)^2 - \cdots - (x+1)^n + \dfrac{(-1)^{n+1}}{\xi^{n+2}}(x+1)^{n+1}$，其中 ξ 介于 -1 和 x 间.

【解法分析及知识链接】本题利用定义求函数的泰勒展开式，做法是正确的，但有时会比较复杂，常用一些已知的展开式做间接展开. 如 $\dfrac{1}{x} = -[1 - (x+1)]^{-1}$，利用 $(1+x)^\alpha$ 的展开式

$\dfrac{1}{x} = -[1-(x+1)]^{-1} = -[1+(x+1)+(x+1)^2+\cdots+(x+1)^n+R_n(x)]$ ，其中 $R_n(x)=(-1)^{n+1}[1-\theta(x+1)]^{-n-2}[-(x+1)]^{n+1} = \dfrac{1}{[1-\theta(x+1)]^{n+2}}(x+1)^{n+1}$.

知识点 2：利用泰勒公式作近似计算

例 2　应用三阶泰勒公式求 $\sqrt[3]{30}$ 的近似值并估计其误差.

错解： 设 $f(x)=\sqrt[3]{x}$ ，则 $f(x)$ 在 $x_0=27$ 点展开成三阶泰勒公式为

$$f(x)=\sqrt[3]{x}=\sqrt[3]{27}+\frac{1}{3}\cdot 27^{-\frac{2}{3}}(x-27)+\frac{1}{2!}\cdot\left(-\frac{2}{9}\cdot 27^{-\frac{5}{3}}\right)(x-27)^2+$$

$$\frac{1}{3!}\cdot\left(\frac{10}{27}\cdot 27^{-\frac{8}{3}}\right)(x-27)^3+o[(x-27)^4].$$

取 $x=30$ ，则

$$\sqrt[3]{30}\approx\sqrt[3]{27}+\frac{1}{3}\cdot 27^{-\frac{2}{3}}\cdot 3+\frac{1}{2!}\cdot\left(-\frac{2}{9}\cdot 27^{-\frac{5}{3}}\right)\cdot 3^2+\frac{1}{3!}\cdot\left(\frac{10}{27}\cdot 27^{-\frac{8}{3}}\right)\cdot 3^3$$

$$\approx 3\left(1+\frac{1}{3^3}-\frac{1}{3^6}+\frac{5}{3^{10}}\right)\approx 3.10724.$$

【错解分析及知识链接】 利用泰勒公式作近似计算时，考虑到要进行误差估计，因此要用拉格朗日型余项，上述解法中用皮亚诺型余项，没有办法进行误差估计.

正解： 利用泰勒公式作近似计算时，关键是确定函数 $f(x)$ 和展开点 x_0 . 设 $f(x)=\sqrt[3]{x}$ ，则 $f(x)$ 在 $x_0=27$ 处展开成三阶泰勒公式为

$$f(x)=\sqrt[3]{x}=\sqrt[3]{27}+\frac{1}{3}\cdot 27^{-\frac{2}{3}}(x-27)+\frac{1}{2!}\cdot\left(-\frac{2}{9}\cdot 27^{-\frac{5}{3}}\right)(x-27)^2+$$

$$\frac{1}{3!}\cdot\left(\frac{10}{27}\cdot 27^{-\frac{8}{3}}\right)(x-27)^3+\frac{1}{4!}\cdot\left(-\frac{80}{81}\xi^{-\frac{11}{3}}\right)(x-27)^4\ （\xi\text{介于}27\text{与}x\text{之间}）.$$

于是　$\sqrt[3]{30}\approx\sqrt[3]{27}+\frac{1}{3}\cdot 27^{-\frac{2}{3}}\cdot 3+\frac{1}{2!}\cdot\left(-\frac{2}{9}\cdot 27^{-\frac{5}{3}}\right)\cdot 3^2+\frac{1}{3!}\cdot\left(\frac{10}{27}\cdot 27^{-\frac{8}{3}}\right)\cdot 3^3$

$$\approx 3\left(1+\frac{1}{3^3}-\frac{1}{3^6}+\frac{5}{3^{10}}\right)\approx 3.10724.$$

其误差为　$|R_3(30)|=\left|\frac{1}{4!}\cdot\left(-\frac{80}{81}\xi^{-\frac{11}{3}}\right)\cdot 3^4\right|<\frac{1}{4!}\cdot\frac{80}{81}\cdot 27^{-\frac{11}{3}}\cdot 3^4=\frac{80}{4!\cdot 3^{11}}=1.88\times 10^{-5}.$

【举一反三】 验证当 $0\leqslant x\leqslant\frac{1}{2}$ 时，按公式 $e^x\approx 1+x+\frac{x^2}{2}+\frac{x^3}{6}$ 计算 e^x 的近似值时所产生的误差小于 0.01，并求 $\sqrt{e}$ 的近似值，使误差小于 0.01.

解： 因为公式 $e^x\approx 1+x+\frac{x^2}{2}+\frac{x^3}{6}$ 右端为 e^x 的三阶麦克劳林公式，其余项为 $R_3(x)=\frac{e^\xi}{4!}x^4$ ，所以当 $0\leqslant x\leqslant\frac{1}{2}$ 时，按公式 $e^x\approx 1+x+\frac{x^2}{2}+\frac{x^3}{6}$ 计算 e^x 的误差为 $|R_3(x)|=\frac{e^\xi}{4!}x^4\leqslant\frac{3^{\frac{1}{2}}}{4!}\left(\frac{1}{2}\right)^4\approx$

$0.0045 < 0.01$，所以 $\sqrt{e} = e^{\frac{1}{2}} \approx 1 + \frac{1}{2} + \frac{1}{2} \cdot \left(\frac{1}{2}\right)^2 + \frac{1}{6} \cdot \left(\frac{1}{2}\right)^3 \approx 1.645$.

知识点 3：利用泰勒公式求极限

例 3　求极限 $\displaystyle\lim_{x\to 0} \dfrac{1 + \frac{1}{2}x^2 - \sqrt{1+x^2}}{\sin x^4}$.

解：这是一个 "$\dfrac{0}{0}$" 型的极限，可以利用洛必达法则（最后与无穷小的等价结合起来）

$$\lim_{x\to 0} \frac{1+\frac{1}{2}x^2-\sqrt{1+x^2}}{\sin x^4} = \lim_{x\to 0} \frac{1+\frac{1}{2}x^2-\sqrt{1+x^2}}{x^4} = \lim_{x\to 0} \frac{x - \frac{1}{2}\frac{1}{\sqrt{1+x^2}}\cdot 2x}{4x^3}$$

$$= \lim_{x\to 0} \frac{\sqrt{1+x^2}-1}{4x^2\sqrt{1+x^2}} = \lim_{x\to 0} \frac{\frac{1}{2}x^2}{4x^2\sqrt{1+x^2}} = \frac{1}{8}.$$

【解法分析及知识链接】对于这类题目，也可以用泰勒公式来做，在用泰勒展开式求极限时关键是确定展开的项数，分母利用等价无穷小 x^4 进行代换，所以分子只要展到 x^4 项就可以了，再往后就是 x^4 的高阶无穷小，它与 x^4 比值的极限为 0，即 $\displaystyle\lim_{x\to 0} \dfrac{o(x^4)}{x^4} = 0$.

【另解参考】

$$\lim_{x\to 0} \frac{1+\frac{1}{2}x^2-\sqrt{1+x^2}}{\sin x^4} = \lim_{x\to 0} \frac{1+\frac{1}{2}x^2-\left(1+\frac{1}{2}x^2+\frac{1}{2}\cdot\left(-\frac{1}{2}\right)\cdot\frac{x^4}{2!}+o(x^4)\right)}{x^4}$$

$$= \lim_{x\to 0} \frac{\frac{x^4}{8}+o(x^4)}{x^4} = \frac{1}{8}.$$

【举一反三】利用泰勒公式求极限 $\displaystyle\lim_{x\to 0} \dfrac{1+\frac{1}{2}x^2-\sqrt{1+x^2}}{(\cos x - e^{x^2})\sin x^2}$.

解：先利用等价无穷小代换化简极限式子，原式 $= \displaystyle\lim_{x\to 0} \dfrac{1+\frac{1}{2}x^2-\sqrt{1+x^2}}{(\cos x - e^{x^2})x^2}$，利用泰勒公式求

极限的关键是将其中涉及的非多项式函数展开成带皮亚诺型余项的泰勒公式，难点是确定展开的项数．此题分子和分母中都有非多项式函数，且 $\cos x$、e^{x^2} 和 $\sqrt{1+x^2}$ 都可以展开成泰勒公式，先确定分母中所涉及的函数展开后的阶数，由此决定分子中函数的展开阶数．

$$\lim_{x\to 0} \frac{1+\frac{1}{2}x^2-\sqrt{1+x^2}}{(\cos x - e^{x^2})\sin x^2}$$

$$= \lim_{x\to 0} \frac{1+\frac{1}{2}x^2-\left[1+\frac{1}{2!}x^2-\frac{3}{4!}x^4+o(x^4)\right]}{\left[\left(1-\frac{1}{2!}x^2+\frac{1}{4!}x^4+o(x^4)\right)-\left(1+x^2+\frac{1}{2!}x^4+o(x^4)\right)\right]x^2}$$

$$= \lim_{x \to 0} \frac{\frac{3}{4!}x^4 + o(x^4)}{-\frac{3}{2}x^4 - \frac{1}{2} \cdot \frac{1}{4}x^6 + x^2 \cdot o(x^4)} = \lim_{x \to 0} \frac{\frac{3}{4!} + \frac{o(x^4)}{x^4}}{-\frac{3}{2} - \frac{1}{2} \cdot \frac{1}{4}x^2 + \frac{o(x^4)}{x^2}} = \frac{\frac{3}{4!}}{-\frac{3}{2}} = -\frac{1}{12}.$$

知识点 4：利用泰勒公式证明等式或不等式

例 4　设 $f(x)$ 在 $[a,b]$ 上连续，在 (a,b) 内二阶导数连续，证明：在 (a,b) 内至少有一点 ξ，使得 $f(a) + f(b) - 2f\left(\frac{a+b}{2}\right) = \frac{(b-a)^2}{4}f''(\xi)$.

错解： 由泰勒公式可得

$$f(a) = f\left(\frac{a+b}{2}\right) + f'\left(\frac{a+b}{2}\right)\left(a - \frac{a+b}{2}\right) + \frac{f''(\xi)}{2}\left(a - \frac{a+b}{2}\right)^2, \left(a < \xi < \frac{a+b}{2}\right),$$

$$f(b) = f\left(\frac{a+b}{2}\right) + f'\left(\frac{a+b}{2}\right)\left(b - \frac{a+b}{2}\right) + \frac{f''(\xi)}{2}\left(b - \frac{a+b}{2}\right)^2, \left(\frac{a+b}{2} < \xi < b\right),$$

两式相加，得 $f(a) + f(b) - 2f\left(\frac{a+b}{2}\right) = \frac{(b-a)^2}{4}f''(\xi)$，结论得证.

【错解分析及知识链接】 要证的含中值的等式中涉及二阶导数，可以考虑用泰勒公式，题目中两次用泰勒中值定理，中值属于不同的区间，因此 ξ 并不相同.

正解： 由泰勒公式可得

$$f(a) = f\left(\frac{a+b}{2}\right) + f'\left(\frac{a+b}{2}\right)\left(a - \frac{a+b}{2}\right) + \frac{f''(\xi_1)}{2}\left(a - \frac{a+b}{2}\right)^2, \left(a < \xi_1 < \frac{a+b}{2}\right),$$

$$f(b) = f\left(\frac{a+b}{2}\right) + f'\left(\frac{a+b}{2}\right)\left(b - \frac{a+b}{2}\right) + \frac{f''(\xi_2)}{2}\left(b - \frac{a+b}{2}\right)^2, \left(\frac{a+b}{2} < \xi_2 < b\right),$$

两式相加，得 $f(a) + f(b) - 2f\left(\frac{a+b}{2}\right) = \frac{(b-a)^2}{4} \cdot \frac{f''(\xi_1) + f''(\xi_2)}{2}$，又因 $f''(x)$ 在 $[\xi_1, \xi_2]$ 上连续，设 $m = \min\limits_{[\xi_1,\xi_2]} f''(x)$，$M = \max\limits_{[\xi_1,\xi_2]} f''(x)$，由 $m \leqslant \frac{f''(\xi_1) + f''(\xi_2)}{2} \leqslant M$ 知，至少存在一点 $\xi \in [\xi_1, \xi_2] \subset (a,b)$，使 $f''(\xi) = \frac{f''(\xi_1) + f''(\xi_2)}{2}$，因此

$$f(a) + f(b) - 2f\left(\frac{a+b}{2}\right) = \frac{(b-a)^2}{4}f''(\xi).$$

【举一反三】 设函数 $f(x)$ 在闭区间 $[-1,1]$ 上具有三阶连续导数，且 $f(-1) = 0$，$f(1) = 6, f'(0) = 0$，证明：至少一点 $\xi \in (-1,1)$，使得 $f'''(\xi) = 18$.

证明： $f(x) = f(0) + f'(0)x + \frac{1}{2!}f(0)''x^2 + \frac{1}{3!}f'''(\eta)x^3$，其中 η 介于 0 与 x 之间，分别令 $x = -1, x = 1$，得 $0 = f(-1) = f(0) + \frac{1}{2}f(0)''x^2 - \frac{1}{6}f'''(\eta_1), -1 < \eta_1 < 0$；$6 = f(1) = f(0) + \frac{1}{2}f(0)''x^2 + \frac{1}{6}f'''(\eta_2), 0 < \eta_2 < 1$，两式相减得：$f'''(\eta_1) + f'''(\eta_2) = 36$. 因为 $f'''(x)$ 在 $[\eta_1, \eta_2]$ 上连续，所以在 $[\eta_1, \eta_2]$ 上有最大、最小值. 设为 M、m，从而 $m \leqslant f'''(\eta_1) + f'''(\eta_2) \leqslant M$. 再由闭区间上连续函

数的介值定理知，至少存在 $\exists \xi \in (\eta_1, \eta_2) \subset (-1,1)$ 使 $f'''(\xi) = \dfrac{1}{2}\left[f'''(\eta_1) + f'''(\eta_2)\right] = 18$.

3．真题演练

（1）（2016 年）设 $f(x) = \arctan x$，若 $f(x) = xf'(\xi)$，则 $\lim\limits_{x \to 0} \dfrac{\xi^2}{x^2} = $（　　）．

A．1　　　　　　 B．$\dfrac{2}{3}$　　　　　　 C．$\dfrac{1}{2}$　　　　　　 D．$\dfrac{1}{3}$

（2）（2019 年）当 $x \to 0$ 时，若 $x - \tan x$ 与 x^k 是同阶无穷小，则 $k = $（　　）．

A．1　　　　　　 B．2　　　　　　 C．3　　　　　　 D．4

（3）（2010 年）函数 $y = \ln(1 - 2x)$ 在 $x = 0$ 处的 n 阶导数 $y^{(n)}(0) = $_____．

（4）（第七届全国大学生数学竞赛决赛）极限 $\lim\limits_{n \to \infty}\left[n\sin(\pi n! e)\right]$ 的值为_____．

（5）（第九届全国大学生数学竞赛预赛）设 $f(x)$ 有二阶导数连续，且 $f(0) = f'(0) = 0$，$f''(0) = 6$，则 $\lim\limits_{x \to 0} \dfrac{f(\sin^2 x)}{x^4} = $_____．

（6）（第十届全国大学生数学竞赛预赛）$\lim\limits_{x \to 0} \dfrac{1 - \cos x \sqrt{\cos 2x}\,\sqrt[3]{\cos 3x}}{x^2} = $_____．

（7）（第六届大学生数学竞赛预赛）设函数 $f(x)$ 在 $[0,1]$ 上有二阶导数，且有正常数 A, B 使得 $|f(x)| \leqslant A$，$|f''(x)| \leqslant B$．证明：对任意 $x \in [0,1]$，有 $|f'(x)| \leqslant 2A + \dfrac{B}{2}$：

4．真题演练解析

（1）【解析】注意 $f'(x) = \dfrac{1}{1 + x^2}$，且 $x \to 0$ 时，$\arctan x = x - \dfrac{1}{3}x^3 + o(x^3)$，

由于 $f(x) = xf'(\xi)$，所以 $f'(\xi) = \dfrac{1}{1 + \xi^2} = \dfrac{f(x)}{x} = \dfrac{\arctan x}{x}$，$\xi^2 = \dfrac{x - \arctan x}{(\arctan x)^2}$，因此

$$\lim_{x \to 0} \frac{\xi^2}{x^2} = \lim_{x \to 0} \frac{x - \arctan x}{x(\arctan x)^2} = \lim_{x \to 0} \frac{x - \left(x - \dfrac{1}{3}x^3\right) + o(x^3)}{x^3} = \frac{1}{3}.$$ 故选 D.

（2）【解析】求 $x - \tan x$ 阶数考虑带皮亚诺余项的泰勒公式，由于 $\tan x = x + \dfrac{x^3}{3} + o(x^4)$，所以 $x - \tan x = x - \left[x + \dfrac{x^3}{3} + o(x^4)\right] = -\dfrac{x^3}{3} + o(x^4)$，因此 $k = 3$．故选 C．

（3）【解析】利用 $y = \ln(1 - 2x)$ 的麦克劳林公式中 x^n 项的系数是 $a_n = \dfrac{f^{(n)}(0)}{n!}$ 可得 $f^{(n)}(0) = a_n n!$．在公式 $\ln(1 + t) = t - \dfrac{t^2}{2} + \dfrac{t^3}{3} - \cdots + (-1)^{n-1}\dfrac{t^n}{n} + o(t^n)$ 中，令 $t = -2x$，可得 $\ln(1 - 2x) = -2x - \dfrac{2^2 x^2}{2} - \dfrac{2^3 x^3}{3} - \cdots - \dfrac{2^n x^n}{n} + o(x^n)$，因为 $a_n = -\dfrac{2^n}{n}$，所以 $f^{(n)}(0) = a_n n! = -(n-1)!2^n$．

（4）【解析】本题考查数列的极限，利用 e^x 在 $x = 1$ 点的带皮亚诺余项的麦克劳林公式，有

$$\pi n!\mathrm{e} = \pi n!\left[1+1+\frac{1}{2!}+\cdots+\frac{1}{n!}+\frac{1}{(n+1)!}+o\left(\frac{1}{(n+1)!}\right)\right] = \pi a_n + \frac{\pi}{n+1}+o\left(\frac{1}{n+1}\right),$$

其中 a_n 为整数，再利用正弦函数的性质及等价无穷小代换可得

$$\lim_{n\to\infty}\left[n\sin(\pi n!\mathrm{e})\right] = \lim_{n\to\infty}\left[n\sin\left(\frac{\pi}{n+1}+o\left(\frac{1}{n+1}\right)\right)\right] = \pi.$$

（5）【解析】由 $f(x)$ 的性质可知，其带皮亚诺余项的麦克劳林公式为

$$f(x) = f(0)+f'(0)x+\frac{1}{2}f''(0)x^2+o(x^2) = 3x^2+o(x^2).$$

所以 $f(\sin^2 x) = 3\sin^4 x + o(\sin^4 x)$，故 $\displaystyle\lim_{n\to\infty}\frac{f(\sin^2 x)}{x^4} = \lim_{x\to0}\frac{3\sin^4 x + o(\sin^4 x)}{x^4} = 3.$

（6）【解析】由带皮亚诺余项的麦克劳林公式可知，有 $\cos x = 1-\dfrac{x^2}{2}+o(x^2)$，

$$(\cos 2x)^{\frac{1}{2}} = 1-x^2+o(x^2)\quad(\cos 3x)^{\frac{1}{3}} = 1-\frac{3x^2}{2}+o(x^2).$$

所以 $\cos x(\cos 2x)^{\frac{1}{2}}(\cos 3x)^{\frac{1}{3}} = 1-3x^2+o(x^2)$，代入得

$$\lim_{x\to0}\frac{1-\cos x\sqrt{\cos 2x}\sqrt[3]{\cos 3x}}{x^2} = \lim_{x\to0}\frac{3x^2+o(x^2)}{x^2} = 3.$$

（7）【证明】由泰勒公式，有 $f(0) = f(x)+f'(x)(0-x)+\dfrac{f''(\xi)}{2}(0-x)^2, \xi\in(0,x)$，

$$f(1) = f(x)+f'(x)(1-x)+\frac{f''(\eta)}{2}(1-x)^2, \eta\in(x,1).$$

上面两式相减，得到 $f'(x) = f(1)-f(0)-\dfrac{f''(\eta)}{2}(1-x)^2+\dfrac{f''(\xi)}{2}x^2$.

由条件 $|f(x)|\leqslant A$，$|f''(x)|\leqslant B$，得到 $|f'(x)|\leqslant 2A+\dfrac{B}{2}\left[(1-x)^2+x^2\right]$.

由于 $(1-x)^2+x^2\leqslant 1$，所以有 $|f'(x)|\leqslant 2A+\dfrac{B}{2}$.

3.4　函数的单调性与曲线的凹凸性

1. 重要知识点

（1）函数单调性的判别方法：

① 按定义：在定义域内任取两点并设 $x_1 < x_2$，比较 $f(x_1)$ 和 $f(x_2)$ 的大小关系；

② 对可导函数利用函数的符号.

（2）单调性的应用：

① 确定函数的单调区间：用函数的驻点和不可导点划分函数的定义域，在每个小区间上通过判别导函数的符号确定函数的单调性；

② 利用单调性判别方程的根的情况；

③ 利用单调性证明不等式.

（3）函数凹凸性的判别方法及应用：

① 按定义（任两点连线的弦与两点间曲线弧的位置关系）.

② 设函数 $y = f(x)$ 在 $[a,b]$ 上连续，在 (a,b) 内具有一阶和二阶导数. 如果在 (a,b) 内 $f''(x) > 0$，那么函数 $y = f(x)$ 在 $[a,b]$ 上的图形是凹的；如果在 (a,b) 内 $f''(x) < 0$，那么函数 $y = f(x)$ 在 $[a,b]$ 上的图形是凸的.

（4）曲线的拐点及判别：

① 对二阶可导函数用二阶导数的符号；

② 利用凹凸性证明不等式.

2. 例题辨析

知识点 1：确定函数的单调区间

例 1　确定函数 $y = \dfrac{10}{4x^3 - 9x^2 + 6x}$ 的单调区间.

错解： $y' = \dfrac{-60(2x-1)(x-1)}{(4x^3 - 9x^2 + 6x)^2}$，令 $y' = 0$ 得驻点 $x_1 = \dfrac{1}{2}$，$x_2 = 1$，列表得

x	$(-\infty, 0)$	$\dfrac{1}{2}$	$\left(\dfrac{1}{2}, 1\right)$	1	$(1, +\infty)$
y		0		0	
y'	↘	0	↗		↘

可见函数在 $(-\infty, \dfrac{1}{2})$，$(1, +\infty)$ 内单调减少，在 $\left[\dfrac{1}{2}, 1\right]$ 上单调增加.

【错解分析及知识链接】 确定函数的单调区间首先要确定函数的定义域，然后通过驻点和不可导点划分函数的定义域，在每个小区间上通过判别导函数的符号确定函数的单调性. 错解的错误之一在于划分定义域时漏掉了不可导点；如果函数在区间的端点处是连续的，则单调区间应该包含区间的端点.

正解： 函数的定义域是 $(-\infty, 0) \bigcup (0, +\infty)$，$y' = \dfrac{-60(2x-1)(x-1)}{(4x^3 - 9x^2 + 6x)^2}$，令 $y' = 0$，得驻点 $x_1 = \dfrac{1}{2}$，$x_2 = 1$，不可导点为 $x_3 = 0$，列表得

x	$(-\infty, 0)$	0	$\left(0, \dfrac{1}{2}\right)$	$\dfrac{1}{2}$	$\left(\dfrac{1}{2}, 1\right)$	1	$(1, +\infty)$
y		不存在		0		0	
y'	↘		↘	0	↗		↘

可见函数在 $(-\infty, 0)$，$\left(0, \dfrac{1}{2}\right)$，$[1, +\infty)$ 内单调减少，在 $\left[\dfrac{1}{2}, 1\right]$ 上单调增加.

【举一反三】 确定函数 $y = \sqrt[3]{(2x-a)(a-x)^2}\ (a > 0)$ 的单调区间.

解： 函数的定义域为 $(-\infty, +\infty)$，$y' = \dfrac{-\left(x - \dfrac{2a}{3}\right)}{3\sqrt[3]{(2x-a)^2(a-x)}}$，驻点为 $x_1 = \dfrac{2a}{3}$，不可导点为

$x_2 = \dfrac{a}{2}$，$x_3 = a$，列表得

x	$\left(-\infty, \dfrac{a}{2}\right)$	$\dfrac{a}{2}$	$\left(\dfrac{a}{2}, \dfrac{2a}{3}\right)$	$\dfrac{2a}{3}$	$\left(\dfrac{2a}{3}, a\right)$	a	$(a, +\infty)$
y	+	不存在	+	0		不存在	
y'	↗		↗		↘		↗

可见函数在 $\left(-\infty, \dfrac{a}{2}\right]$，$\left[\dfrac{a}{2}, \dfrac{2a}{3}\right]$，$[a, +\infty)$ 上单调增加，在 $\left[\dfrac{2a}{3}, a\right]$ 上单调减少.

知识点 2：判别方程的根的情况

例 2　设 $f(x)$ 在 $[0,+\infty)$ 内可导，且当 $x>0$ 时，$f'(x)>k>0$，证明：当 $f(0)<0$ 时，方程 $f(x)=0$ 在 $(0,+\infty)$ 内有且仅有一实根.

错解： 记 $F(x)=f(x)-kx$，则 $F'(x)=f'(x)-k>0$，所以 $F(x)>F(0)=f(0)$，即 $f(x)>kx+f(0)(x>0)$. 取 $x_0 \in (0,+\infty)$，使 $kx_0+f(0)>0$. 从而当 $x_0 > -\dfrac{f(0)}{k}>0$ 时有 $f(x_0)>0$. 已知 $f(0)<0$，$f(x)$ 在 $[0,x_0]$ 上连续，由零点定理知在 $(0,x_0)$ 内有一点 ξ，使 $f(\xi)=0$，因此方程 $f(x)=0$ 在 $(0,+\infty)$ 内至少有一实根.

【错解分析及知识链接】 判别方程的根的情况包括根的存在性及根的个数，往往要结合零点定理和单调性进行判别. 错解仅证明了根的存在性，没有证明唯一性.

正解： 存在性不再证明，下面仅证明根的唯一性：由假定，当 $x>0$ 时，$f'(x)>k>0$，所以 $f(x)$ 在 $(0,+\infty)$ 内单调增加. 因此方程 $f(x)=0$ 在 $(0,+\infty)$ 内至多有一实根，从而方程 $f(x)=0$ 在 $(0,+\infty)$ 内有且仅有一实根.

【举一反三】 设 $f_n(x)=\sin x + \sin^2 x + \cdots + \sin^n x$，证明对任意 n，方程 $f_n(x)=1$ 在区间 $\left[\dfrac{\pi}{6}, \dfrac{\pi}{2}\right]$ 上有且仅有一个实根.

证明： 令 $F_n(x)=f_n(x)-1$，则 $F_n(x)=\sin x + \sin^2 x + \cdots + \sin^n x - 1$，且 $F_n\left(\dfrac{\pi}{2}\right) \geqslant 0$，如果 $n=1$，$F_1\left(\dfrac{\pi}{2}\right)=0$，即方程 $F_1(x)$ 在区间 $\left[\dfrac{\pi}{6}, \dfrac{\pi}{2}\right]$ 上有一个实根；如果 $n>1$，$F_n\left(\dfrac{\pi}{2}\right)>0$，$x \neq \dfrac{\pi}{2}$ 时，$F_n(x)=\dfrac{\sin x(1-\sin^n x)}{1-\sin x}-1 < \dfrac{\sin x}{1-\sin x}-1$，所以 $F_n\left(\dfrac{\pi}{6}\right) < \dfrac{\dfrac{1}{2}}{1-\dfrac{1}{2}}-1=0$，由零点定理可知 $F_n(x)$ 在 $\left[\dfrac{\pi}{6}, \dfrac{\pi}{2}\right]$ 上有一个实根.

又 $F_n'(x)=\cos x + 2\sin x \cos x + \cdots + n\sin^{n-1}x\cos x > 0$，所以 $F_n(x)$ 在 $\left[\dfrac{\pi}{6}, \dfrac{\pi}{2}\right]$ 上单调增加，所以 $F_n(x)$ 在 $\left[\dfrac{\pi}{6}, \dfrac{\pi}{2}\right]$ 上仅有一个实根.

知识点3：利用单调性证明不等式

例3 证明当 $0 < x < \dfrac{\pi}{2}$ 时， $\sin x + \tan x > 2x$.

解： 令 $f(x) = \sin x + \tan x - 2x$ ， $f'(x) = \cos x + \sec^2 x - 2 = \dfrac{\cos^3 x - 2\cos^2 x + 1}{\cos^2 x}$ ，

令 $g(x) = \cos^3 x - 2\cos^2 x + 1$ ， $g'(x) = -3\cos^2 x \sin x + 4\cos x \sin x = \sin x \cos x(4 - 3\cos x)$.

当 $0 < x < \dfrac{\pi}{2}$ 时， $g'(x) > 0$ ，说明 $g(x)$ 单调递增且 $g(x) > g(0) = 0$ ，从而 $f'(x) > 0$ ， $f(x)$ 单调递增且 $f(x) > f(0) = 0$ ，即得当 $0 < x < \dfrac{\pi}{2}$ 时， $\sin x + \tan x > 2x$.

【解法分析及知识链接】 利用单调性证明不等式的关键是判断导函数的符号，本题的难点在于无法直接判别一阶导函数的符号，需要通过二阶导函数的单调性判别一阶导函数的符号.

【举一反三】 证明当 $x > 0$ 时， $\ln^2(1+x) < \dfrac{x^2}{1+x}$.

证明： 令 $f(x) = (1+x)\ln^2(1+x) - x^2$ ， $x \geqslant 0$. 则

$$f'(x) = \ln^2(1+x) + 2\ln(1+x) - 2x , \quad f''(x) = \dfrac{2[\ln(1+x) - x]}{1+x} ,$$

由拉格朗日中值定理知 $\ln(1+x) - \ln 1 = \dfrac{x}{1+\xi}$ ， $0 < \xi < x$. 当 $x > 0$ 时， $\ln(1+x) < x$ ，故 $f''(x) < 0$ ，所以 $f'(x)$ 在 $[0, +\infty)$ 内递减. 所以当 $x > 0$ 时， $f'(x) < f'(0) = 0$ ，故 $f(x)$ 在 $[0, +\infty)$ 内递减. 因此当 $x > 0$ 时， $f(x) < f(0) = 0$ ，即当 $x > 0$ 时， $(1+x)\ln^2(1+x) < x^2$ ，从而结论成立.

知识点4：求凹凸区间及曲线拐点

例4 求函数 $f(x) = x^4$ 图形的拐点.

错解： $f'(x) = 4x^3$ ， $f''(x) = 12x^2$ ，令 $f''(x) = 0$ ，得 $x = 0$ ，故拐点是 $x = 0$.

【错解分析及知识链接】 本题考查曲线凹凸性的判定及拐点的求法，需要注意的是二阶导为零或不存在的点只是拐点的可疑点，接下来还要判断这些点两侧二阶导是否异号. 另外曲线的拐点一定是一个完整的坐标点，即横纵坐标都有.

正解： 函数的定义域为 $(-\infty, +\infty)$ ， $f'(x) = 4x^3$ ， $f''(x) = 12x^2$ ，令 $f''(x) = 0$ ，得 $x = 0$. $x = 0$ 将函数定义域分成两部分，可列表讨论如下.

	$(-\infty, 0)$	0	$(0, +\infty)$
$f''(x)$	+	0	+
$f(x)$ 图形	凹	(0, 0) 不是拐点	凹

所以，函数图形的凹区间为 $(-\infty, +\infty)$ ，没有拐点.

【举一反三】 试证明曲线 $y = \dfrac{x-1}{x^2+1}$ 有三个拐点位于同一直线上.

错解： $y' = \dfrac{-x^2 + 2x + 1}{(x^2+1)^2}$ ， $y'' = \dfrac{2x^3 - 6x^2 - 6x + 2}{(x^2+1)^3} = \dfrac{2(x+1)[x - (2-\sqrt{3})][x - (2+\sqrt{3})]}{(x^2+1)^3}$.

令 $y''(x) = 0$ ，得 $x_1 = -1$ ， $x_2 = 2 - \sqrt{3}$ ， $x_3 = 2 + \sqrt{3}$.

可见拐点为$(-1, -1)$，$\left(2-\sqrt{3}, \dfrac{1-\sqrt{3}}{4(2-\sqrt{3})}\right)$，$\left(2+\sqrt{3}, \dfrac{1+\sqrt{3}}{4(2+\sqrt{3})}\right)$．因为

$$\dfrac{\dfrac{1-\sqrt{3}}{4(2-\sqrt{3})}-(-1)}{2-\sqrt{3}-(-1)}=\dfrac{1}{4}，\quad \dfrac{\dfrac{1+\sqrt{3}}{4(2+\sqrt{3})}-(-1)}{2+\sqrt{3}-(-1)}=\dfrac{1}{4}，\text{所以这三个拐点在一条直线上.}$$

【错解分析及知识链接】 考查曲线凹凸性的判定及拐点的求法，需要注意的是二阶导为零或不存在的点只是拐点的可疑点，接下来还要判断这些点两侧二阶导是否异号．

正解： $y'=\dfrac{-x^2+2x+1}{(x^2+1)^2}$，$y''=\dfrac{2x^3-6x^2-6x+2}{(x^2+1)^3}=\dfrac{2(x+1)[x-(2-\sqrt{3})][x-(2+\sqrt{3})]}{(x^2+1)^3}$．

令 $y''(x)=0$，得 $x_1=-1$，$x_2=2-\sqrt{3}$，$x_3=2+\sqrt{3}$．列表如下.

x	$(-\infty,-1)$	-1	$(-1, 2-\sqrt{3})$	$2-\sqrt{3}$	$(2-\sqrt{3}, 2+\sqrt{3})$	$2+\sqrt{3}$	$(2+\sqrt{3}, +\infty)$
y''	$-$	0	$+$	0	$-$	0	$+$
y	凸	-1	凹	$\dfrac{1-\sqrt{3}}{4(2-\sqrt{3})}$	凸	$\dfrac{1+\sqrt{3}}{4(2+\sqrt{3})}$	凹

可见拐点为$(-1, -1)$，$\left(2-\sqrt{3}, \dfrac{1-\sqrt{3}}{4(2-\sqrt{3})}\right)$，$\left(2+\sqrt{3}, \dfrac{1+\sqrt{3}}{4(2+\sqrt{3})}\right)$．

因为 $\dfrac{\dfrac{1-\sqrt{3}}{4(2-\sqrt{3})}-(-1)}{2-\sqrt{3}-(-1)}=\dfrac{1}{4}$，$\dfrac{\dfrac{1+\sqrt{3}}{4(2+\sqrt{3})}-(-1)}{2+\sqrt{3}-(-1)}=\dfrac{1}{4}$，所以这三个拐点在一条直线上.

3．真题演练

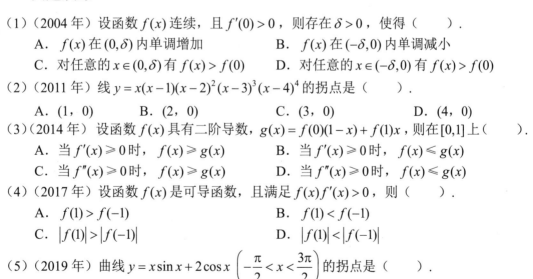

（1）（2004 年）设函数 $f(x)$ 连续，且 $f'(0)>0$，则存在 $\delta>0$，使得（　　）.

  A．$f(x)$ 在 $(0,\delta)$ 内单调增加　　　　　B．$f(x)$ 在 $(-\delta,0)$ 内单调减小

  C．对任意的 $x\in(0,\delta)$ 有 $f(x)>f(0)$　　D．对任意的 $x\in(-\delta,0)$ 有 $f(x)>f(0)$

（2）（2011 年）线 $y=x(x-1)(x-2)^2(x-3)^3(x-4)^4$ 的拐点是（　　）.

  A．$(1,0)$　　　　B．$(2,0)$　　　　C．$(3,0)$　　　　D．$(4,0)$

（3）（2014 年）设函数 $f(x)$ 具有二阶导数，$g(x)=f(0)(1-x)+f(1)x$，则在 $[0,1]$ 上（　　）.

  A．当 $f'(x)\geqslant0$ 时，$f(x)\geqslant g(x)$　　　　B．当 $f'(x)\geqslant0$ 时，$f(x)\leqslant g(x)$

  C．当 $f''(x)\geqslant0$ 时，$f(x)\geqslant g(x)$　　　　D．当 $f''(x)\geqslant0$ 时，$f(x)\leqslant g(x)$

（4）（2017 年）设函数 $f(x)$ 是可导函数，且满足 $f(x)f'(x)>0$，则（　　）.

  A．$f(1)>f(-1)$　　　　　　　　　　B．$f(1)<f(-1)$

  C．$|f(1)|>|f(-1)|$　　　　　　　　　D．$|f(1)|<|f(-1)|$

（5）（2019 年）曲线 $y=x\sin x+2\cos x\left(-\dfrac{\pi}{2}<x<\dfrac{3\pi}{2}\right)$ 的拐点是（　　）.

  A．$(0,2)$　　　　B．$(\pi,-2)$　　　　C．$\left(-\dfrac{\pi}{2},\dfrac{\pi}{2}\right)$　　　　D．$\left(\dfrac{3\pi}{2},-\dfrac{3\pi}{2}\right)$

（6）（2018 年）曲线 $y=x^2+2\ln x$ 在其拐点处的切线方程为_____.

（7）（2004 年）设 $e<a<b<e^2$，证明 $\ln^2 b-\ln^2 a>\dfrac{4}{e^2}(b-a)$．

4．真题演练解析

（1）【解析】利用导数的定义及极限的局部保号性讨论函数 $f(x)$ 在 $x=0$ 附近的局部性质．因为 $f'(0)=\lim\limits_{x\to 0}\dfrac{f(x)-f(0)}{x-0}>0$，所以 $\exists\delta>0$，使 $|x|<\delta$ 时，有 $\dfrac{f(x)-f(0)}{x}>0$，即 $\delta>x>0$ 时，$f(x)>f(0)$；$-\delta<x<0$ 时，$f(x)<f(0)$．故选 C．

（2）【解析】本题考查拐点的判断．直接利用判断拐点的必要条件和第二充分条件即可．由题意可知 $1,2,3,4$ 分别是 $y=(x-1)(x-2)^2(x-3)^3(x-4)^4=0$ 的一、二、三、四重根，故由导数与原函数之间的关系可知 $y'(1)\neq 0$，$y'(2)=y'(3)=y'(4)=0$，$y''(2)\neq 0$，$y''(3)=y''(4)=0$，$y'''(3)\neq 0,y'''(4)=0$，故 $(3,0)$ 是一拐点．故选 C．

（3）【解析】令 $F(x)=g(x)-f(x)=f(0)(1-x)+f(1)x-f(x)$，则 $F(0)=F(1)=0$，$F'(x)=-f(0)+f(1)-f'(x)$，$F''(x)=-f''(x)$．若 $f''(x)\geqslant 0$，则 $F''(x)\leqslant 0$，$F(x)$ 在 $[0,1]$ 上为凸的．又因 $F(0)=F(1)=0$，所以当 $x\in[0,1]$ 时，$F(x)\geqslant 0$，从而 $g(x)\geqslant f(x)$．故选 D．

（4）【解析】设 $g(x)=(f(x))^2$，则 $g'(x)=2f(x)f'(x)>0$，也就是 $(f(x))^2$ 是单调增加函数．也就得到 $(f(1))^2>(f(-1))^2\Rightarrow|f(1)|>|f(-1)|$，故选 C．

（5）【解析】本题考查的是曲线拐点的判别，对二阶导数的驻点处利用三阶导数的非负性进行判别．$y=x\sin x+2\cos x$，$y'=x\cos x-\sin x$，$y''=-x\sin x$，$y'''=-\sin x-x\cos x$；令 $y''=-x\sin x=0$ 得 $x_1=0,x_2=\pi$，且 $f'''(\pi)\neq 0$，所以 $(\pi,-2)$ 是曲线的拐点；由于 $f'''(0)=0$，而 $f^{(4)}(0)\neq 0$，故 $(0,0)$ 不是曲线的拐点．故选 D．

（6）【解析】本题综合考查曲线的切线方程及拐点的判别．函数 $f(x)$ 的定义域为 $(0,+\infty)$，$y'=2x+\dfrac{2}{x},y''=2-\dfrac{2}{x^2},y'''=\dfrac{4}{x^3}$，令 $y''=0$，解得 $x=1$，而 $y'''(1)\neq 0$，故点 $(1,1)$ 是曲线唯一的驻点，曲线在该点处切线的斜率为 $y'(1)=4$，切线方程为 $y=4x-3$．

（7）【解析】字母（或数字）不等式可以利用"参数变易法"借助函数不等式的证明方法来证明，常用函数不等式的证明方法主要有单调性、极值和最值法等．

证 1：设 $\varphi(x)=\ln^2 x-\dfrac{4}{e^2}x$，则 $\varphi'(x)=\dfrac{2\ln x}{x}-\dfrac{4}{e^2}$，$\varphi''(x)=2\dfrac{1-\ln x}{x^2}$．所以当 $x>e$ 时，$\varphi''(x)<0$，故 $\varphi'(x)$ 单调减小，从而当 $e<x<e^2$ 时，$\varphi'(x)>\varphi'(e^2)=\dfrac{4}{e^2}-\dfrac{4}{e^2}=0$，即当 $e<x<e^2$ 时，$\varphi(x)$ 单调增加．因此当 $e<a<b<e^2$ 时，$\varphi(b)>\varphi(a)$，即 $\ln^2 b-\dfrac{4}{e^2}b>\ln^2 a-\dfrac{4}{e^2}a$，故 $\ln^2 b-\ln^2 a>\dfrac{4}{e^2}(b-a)$．

证 2：设 $\varphi(x)=\ln^2 x-\ln^2 a-\dfrac{4}{e^2}(x-a)$，则 $\varphi'(x)=\dfrac{2\ln x}{x}-\dfrac{4}{e^2}$，$\varphi''(x)=2\dfrac{1-\ln x}{x^2}$，所以当 $x>e$ 时，$\varphi''(x)<0$，故 $\varphi'(x)$ 单调减小，从而当 $e<x<e^2$ 时，$\varphi'(x)>\varphi'(e^2)=\dfrac{4}{e^2}-\dfrac{4}{e^2}=0$，所以当 $e<x<e^2$ 时，$\varphi(x)$ 单调增加 $\varphi(x)>\varphi(a)=0$．取 $x=b$ 得 $\varphi(b)>\varphi(a)$，即 $\ln^2 b-\ln^2 a-$

$\dfrac{4}{e^2}(b-a)>0$，故 $\ln^2 b-\ln^2 a>\dfrac{4}{e^2}(b-a)$.

3.5　函数的极值与最大值最小值

1．重要知识点

（1）求函数 $f(x)$ 极值的步骤：

① 求导 $f'(x)$；

② 找出 $f(x)$ 的全部驻点和不可导点（称为极值的可疑点）；

③ 考查可疑点两侧 $f'(x)$ 是否异号，可确定这些可疑点是否为极值点及是哪类极值点；

④ 求出各极值点的函数值，就得函数的全部极值.

（2）极值充分条件：设 $f(x)$ 在 x_0 处具有二阶导数且 $f'(x_0)=0$，$f''(x_0)\neq 0$，则：

① 当 $f''(x_0)<0$ 时，函数 $f(x)$ 在 x_0 处取得极大值；

② 当 $f''(x_0)>0$ 时，函数 $f(x)$ 在 x_0 处取得极小值.

（3）求函数 $f(x)$ 最值的步骤：

① 求导 $f'(x)$，找出驻点和不可导点；

② 计算驻点、不可导点和区间端点的函数值；

③ 把上述各值进行比较，最大的即最大值，最小的即最小值.

（4）实际问题求最值：

如果根据问题的性质可以断定最值一定存在且一定在区间内部取得，这时函数在区间内只有唯一的驻点，则不用讨论，该驻点一定是所要求的最值点.

2．例题辨析

知识点 1：利用定义判别极值

例 1　已知 $f(x)$ 在 x_0 的邻域内有定义，且 $\lim\limits_{x\to x_0}\dfrac{f(x)-f(x_0)}{(x-x_0)^4}=C(>0)$，问 $f(x)$ 在 x_0 是否有极值？

错解：由洛必达法则可知 $\lim\limits_{x\to x_0}\dfrac{f(x)-f(x_0)}{(x-x_0)^4}=\lim\limits_{x\to x_0}\dfrac{f'(x)}{4(x-x_0)^3}=C$，而 $f'(x_0)=\lim\limits_{x\to x_0}f'(x)=\lim\limits_{x\to x_0}\dfrac{f'(x)}{4(x-x_0)^3}\cdot 4(x-x_0)^3=0$，$x_0$ 为驻点，故 $f(x)$ 在 x_0 点取极值.

【错解分析及知识链接】本题考查极值的判别，解法中的错误在于：一是在函数可导性不确定的情况下使用洛必达法则；二是利用一阶导函数的连续性推出 x_0 点为驻点；三是错误地认为驻点一定是极值点. 因为 $f(x)$ 在 x_0 的可导性未知，本题只能用极值的定义（$f(x)$ 与 $f(x_0)$ 的大小关系）来判断，可以利用极限的局部保号性建立极限式与 $f(x)-f(x_0)$ 之间的关系.

正解：因为 $\lim\limits_{x\to x_0}\dfrac{f(x)-f(x_0)}{(x-x_0)^4}=C(>0)$，由极限的局部保号性知，存在 x_0 的一个邻域 $\mathring{U}_{x_0}$，使在该邻域内 $\dfrac{f(x)-f(x_0)}{(x-x_0)^4}>0$，而 $(x-x_0)^4>0$，所以 $f(x)-f(x_0)>0$ 在 $\mathring{U}_{x_0}$ 内成立，从而根

据极值的定义知，$f(x)$ 在 x_0 取得极小值.

【举一反三】 已知 $f(x)$ 在 $x=0$ 点连续，且 $\lim\limits_{x\to 0}\dfrac{f(x)}{\cos x-1}=C(>0)$，问 $f(x)$ 在 $x=0$ 是否有极值？

解： 因为 $f(x)$ 在 $x=0$ 点连续，所以 $f(0)=\lim\limits_{x\to 0}f(x)=\lim\limits_{x\to x_0}\dfrac{f(x)}{\cos x-1}\cdot(\cos x-1)=0$；又因为 $\lim\limits_{x\to 0}\dfrac{f(x)}{\cos x-1}=C(>0)$，所以由极限的局部保号性知，存在 $x_0=0$ 的一个邻域 $\mathring{U}_{x_0}$，使在该邻域内 $\dfrac{f(x)}{\cos x-1}=C(>0)$，而 $\cos x-1<0$，故 $f(x)<0=f(0)$ 在 $\mathring{U}_{x_0}$ 内成立，由极值定义知 $f(x)$ 在 $x=0$ 取极大值.

知识点 2：极值的条件

例 2 设函数 $y=f(x)$ 由方程 $y^3+xy^2+x^2y+6=0$ 确定，求 $f(x)$ 的极值.

错解： 对方程两边直接求导：$3y^2y'+y^2+2xyy'+x^2y'+2xy=0$，令 x_1 为极值点，则由极值必要性知：$y'(x_1)=0$，代入上式得：$y^2(x_1)+2x_1y(x_1)=0$，即 $y(x_1)=0$ 或 $y(x_1)=-2x_1$. 将其代入原方程知：$y(x_1)=0$（舍去），即 $y(x_1)=-2x_1$. 所以 $-8x_1^3+4x_1^3-2x_1^3+6=0$，所以 $x_1=1$. 即 $y(1)=-2$，$y'(1)=0$. 因为 $x=1$ 为驻点，所以函数在 $x=1$ 处取得极值.

【错解分析及知识链接】 考查方程所确定的隐函数的极值问题，通常先求出函数的驻点或不可导点，再对驻点或不可导点进行判别，解法中的错误在于求出驻点之后没有对驻点进行判别.

正解： 对方程两边直接求导：$3y^2y'+y^2+2xyy'+x^2y'+2xy=0$，令 x_1 为极值点，步骤同上解得 $x_1=1$. 即 $y(1)=-2$，$y'(1)=0$. 对上式两边再求导：

$$6y(y')^2+3y^2y''+2yy'+2x(y')^2+2xyy''+2yy'+2xy'+x^2y''+2y+2xy'=0.$$

将 $y(1)=-2$，$y'(1)=0$ 代入得：$y''(1)=\dfrac{4}{9}>0$. 所以 $f(x)$ 在 $x=1$ 处取极小值 $f(1)=-2$.

知识点 3：求函数的最值

例 3 求函数 $y=x+\sqrt{1-x}$，$-5\leqslant x\leqslant 1$ 的最值.

错解： 计算 $y'=1-\dfrac{1}{2\sqrt{1-x}}$，令 $y'=0$，得 $x=\dfrac{3}{4}$. 当 $\dfrac{3}{4}<x<1$ 时，$y'<0$；当 $-5\leqslant x<\dfrac{3}{4}$ 时，$y'>0$，所以 $x=\dfrac{3}{4}$ 为极大值点，因此 $y=x+\sqrt{1-x}$ 的最大值为 $y\left(\dfrac{3}{4}\right)=\dfrac{5}{4}$.

【错解分析及知识链接】 考查连续函数在闭区间上的最值问题，由闭区间上连续函数的性质可知，在闭区间上连续的函数一定存在最大值和最小值. 解法中的错误在于混淆了极值和最值的概念. 闭区间上连续函数求最值只需找出函数的驻点和不可导点（不需要判别这些点是否为极值点），然后把这些点与端点处的函数值进行比较即可.

正解： 计算 $y'=1-\dfrac{1}{2\sqrt{1-x}}$，令 $y'=0$，得 $x=\dfrac{3}{4}$. 计算函数值得 $y\left(\dfrac{3}{4}\right)=\dfrac{5}{4}$，$y(1)=1$，$y(-5)=-5+\sqrt{6}$，比较得函数的最小值为 $y(-5)=-5+\sqrt{6}$，最大值为 $y\left(\dfrac{3}{4}\right)=\dfrac{5}{4}$.

例 4　求函数 $y = x^{2x}$ 在区间 $(0,1]$ 上的最小值.

错解：因为 $y' = x^{2x}(2\ln x + 2)$，令 $y' = 0$ 得驻点为 $x = \dfrac{1}{e}$．又因 $y'' = x^{2x}(2\ln x + 2)^2 + x^{2x} \cdot \dfrac{2}{x}$，得 $y''\left(\dfrac{1}{e}\right) > 0$，故 $x = \dfrac{1}{e}$ 为 $y = x^{2x}$ 的极小值点，此时 $y = e^{-\frac{2}{e}}$，所以 $y = x^{2x}$ 在区间 $(0,1]$ 上的最小值为 $y\left(\dfrac{1}{e}\right) = e^{-\frac{2}{e}}$．

【错解分析及知识链接】本题考查函数在半开半闭区间上的最值问题，由于不包括端点，除要找出驻点和不可导点外，还要结合函数的单调性进行分析.

正解：$y' = x^{2x}(2\ln x + 2)$，令 $y' = 0$ 得驻点 $x = \dfrac{1}{e}$．又因 $y'' = x^{2x}(2\ln x + 2)^2 + x^{2x} \cdot \dfrac{2}{x}$，得 $y''\left(\dfrac{1}{e}\right) > 0$，故 $x = \dfrac{1}{e}$ 为的极小值点，此时 $y = e^{-\frac{2}{e}}$．当 $x \in \left(0, \dfrac{1}{e}\right)$ 时，$y'(x) < 0$；$x \in \left(\dfrac{1}{e}, 1\right]$ 时，$y'(x) > 0$，故函数在 $\left(0, \dfrac{1}{e}\right)$ 上递减，在 $\left(\dfrac{1}{e}, 1\right]$ 上递增；而 $y(1) = 1$ 时，函数 $y = x^{2x}$ 在 $x = 0$ 点的右极限为

$$\lim_{x \to 0^+} x^{2x} = \lim_{x \to 0^+} e^{2x\ln x} = e^{\lim\limits_{x \to 0^+} 2\frac{\ln x}{\frac{1}{x}}} = e^{\lim\limits_{x \to 0^+} 2\frac{\frac{1}{x}}{-\frac{1}{x^2}}} = e^{\lim\limits_{x \to 0^+} -2x} = 1,$$

所以 $y = x^{2x}$ 在区间 $(0,1]$ 上的最小值为 $y\left(\dfrac{1}{e}\right) = e^{-\frac{2}{e}}$．

【举一反三】求数列 $\{\sqrt[n]{n}\}$ 的最大项.

解：数列不能直接求导，所以数列求最值的问题一般要转化成函数求最值的问题.

令 $f(x) = x^{\frac{1}{x}} = e^{\frac{\ln x}{x}}$，$x \geq 1$，先求 $f(x)$ 的最大值．$f'(x) = e^{\frac{\ln x}{x}} \dfrac{1 - \ln x}{x^2}$，令 $f'(x) = 0$，得 $x = e$．当 $1 \leq x < e$ 时，$f'(x) > 0$，$f(x)$ 单调递增；当 $x > e$ 时，$f'(x) < 0$，$f(x)$ 单调递减，所以 $x = e$ 是 $f(x)$ 的极小值点也是最小值点．而对数列来说，它的变量只能取正整数，所以我们可以比较 $x = e$ 左右两侧的正整数 2、3 处的函数值，哪个较大哪个就是数列的最大项．而 $(\sqrt[2]{2})^6 < (\sqrt[3]{3})^6$，即 $\sqrt[2]{2} < \sqrt[3]{3}$，所以数列 $\{\sqrt[n]{n}\}$ 的最大项是 $\sqrt[3]{3}$．

知识点 4：实际问题求最值

例 5　假设某种商品的需求量 Q 是单价 p（单位：元）的函数：$Q = 12000 - 80p$，商品的总成本 C 是需求量 Q 的函数：$C = 25000 + 50Q$；每单位商品要纳税 2 元．试利用所学的极值与最值理论求使销售利润达到最大的商品单价和最大销售利润.

解：由于销售利润=销售额-总成本=需求量×销售单价-总成本，故销售利润为

$y = y(p) = Q \cdot p - C = (12000 - 80p)(p - 2) - (25000 + 50Q) = -80p^2 + 16160p - 649000$.

由 $y' = -160p + 16160 = 0$ 得 $p = 101$，所以使销售利润最大的商品单价为 101 元，最大利润额为 167080 元.

【解法分析与知识链接】考查实际问题求最值，关键时建立目标函数，确定出目标函数的定义域，然后求出目标函数在定义域上的最值.上述解法的思路是正确的，但求出驻点之后需要

加以说明. 考虑到因为 $y''=-160<0$，由函数极值的判断定理可得，当 $p=101$ 时，y 有极大值，其极大值为 $y(101)=167080$. 因为 $p=101$ 是 $y(p)$ 的唯一驻点，故 $y(101)$ 为其最大值，所以最大利润为 $y(101)=167080$ 元.

3．真题演练

（1）（2019 年）设函数 $f(x)=\begin{cases} x|x|, & x\leqslant 0 \\ x\ln x, & x>0 \end{cases}$，则 $x=0$ 是（　　　）.

　　A．可导点，极值点　　　　　　　　　　B．不可导点，极值点

　　C．可导点非极值点　　　　　　　　　　D．不可导点，非极值点

（2）（2019 年）已知函数 $f(x)=\begin{cases} x^{2x}, & x>0 \\ xe^x+1, & x\leqslant 0 \end{cases}$，求 $f'(x)$，并求函数 $f(x)$ 的极值.

（3）（2012 年）证明：$x\ln\dfrac{1+x}{1-x}+\cos x\geqslant 1+\dfrac{x^2}{2}, -1<x<1$.

（4）（2013 年）设函数 $f(x)=\ln x+\dfrac{1}{x}$，

（Ⅰ）求 $f(x)$ 的最小值；

（Ⅱ）设数列 $\{x_n\}$ 满足 $\ln x_n+\dfrac{1}{x_{n+1}}<1$，证明极限 $\lim\limits_{n\to\infty}x_n$ 存在，并求此极限.

（5）（天津市大学生数学竞赛）求函数 $f(x)=\mathrm{e}^{-x^2}\sin x^2$ 的值域.

4．真题演练解析

（1）【解析】分段点处可导性要利用导数的极限定义讨论，左右两侧表达式不同考虑左右导数，于是有 $\lim\limits_{x\to 0^+}\dfrac{f(x)-f(0)}{x-0}=\lim\limits_{x\to 0^+}\dfrac{x\ln x}{x}=\lim\limits_{x\to 0^+}\ln x=-\infty$，由于右导数不存在，所以函数在 $x=0$ 处不可导. 极值的判定可以考虑定义或左右两侧导数的符号：由于 $f(0)=0$，当 $x<0$ 时，$f(x)=x|x|<0$；当 $0<x<1$ 时，$f(x)=x\ln x<0$，所以由极值的定义可得 $x=0$ 为极大值点或求导可得 $f'(x)=\begin{cases} -2x, & x<0 \\ \ln x+1, & x>0 \end{cases}$，则当邻域半径足够小时，在去心邻域 $\mathring{U}(0)$ 内，当 $x<0$ 时，$f'(x)>0$；当 $x>0$ 时，$f'(x)<0$，所以 $x=0$ 为极大值点，故选 B.

（2）【解析】本题考查的是函数的极值，涉及分段函数的求导问题，在分段点处要利用导数的定义. 当 $x>0$ 时，$f'(x)=(\mathrm{e}^{2x\ln x})'=2x^{2x}(\ln x+1)$；当 $x<0$ 时，$f'(x)=(x+1)\mathrm{e}^x$；在 $x=0$ 处，$f'_+(0)=\lim\limits_{x\to 0^+}\dfrac{f(x)-f(0)}{x}=\lim\limits_{x\to 0^+}\dfrac{x^{2x}-1}{x}=\lim\limits_{x\to 0^+}\dfrac{2x^{2x}(\ln x-1)}{1}=-\infty$，所以 $f(x)$ 在 $x=0$ 处不可导. 综合上述：$f'(x)=\begin{cases} 2x^{2x}(\ln x+1), & x>0 \\ (x+1)\mathrm{e}^x, & x<0 \end{cases}$. 令 $f'(x)=0$，得 $x_1=-1, x_2=\dfrac{1}{\mathrm{e}}$. 当 $x<-1$ 时，$f'(x)<0$；当 $-1<x<0$ 时，$f'(x)>0$；当 $0<x<\dfrac{1}{\mathrm{e}}$ 时，$f'(x)<0$；当 $x>\dfrac{1}{\mathrm{e}}$ 时，$f'(x)>0$. 故 $x_1=-1$ 是函数的极小值点，极小值为 $f(-1)=1-\mathrm{e}^{-1}$；$x=0$ 是函数的极大值点，极大值为 $f(0)=1$；$x_2=\dfrac{1}{\mathrm{e}}$

是函数的极小值点，极小值为 $f\left(\dfrac{1}{e}\right)=e^{-\frac{2}{e}}$.

（3）【解析】证明函数不等式：由于不等式的形状为 $f(x)\leqslant g(x)$ ，故用最大最小值法完成.

令 $f(x)=x\ln\dfrac{1+x}{1-x}+\cos x-1-\dfrac{x^{2}}{2}$ ，$-1<x<1$ ，则

$$f'(x)=\ln\dfrac{1+x}{1-x}+x\left(\dfrac{1}{1+x}+\dfrac{1}{1-x}\right)-\sin x-x=\ln\dfrac{1+x}{1-x}+\dfrac{2x}{1-x^{2}}-\sin x-x ,$$

$$f''(x)=\dfrac{2}{1-x^{2}}+\dfrac{2(1+x^{2})}{(1-x^{2})^{2}}-\cos x-1=\dfrac{4}{(1-x^{2})^{2}}-\cos x-1>0(-1<x<1) ,$$

从而 $f'(x)$ 单调递增，又因为 $f'(0)=0$ ，所以当 $-1<x<0$ 时，$f'(x)<0$ ；当 $0<x<1$ 时，$f'(x)>0$ ，$f(0)=0$ 是 $f(x)$ 在区间 $(-1,1)$ 内的最小值；当 $-1<x<1$ 时，恒有 $f(x)\geqslant f(0)$ ，即 $x\ln\dfrac{1+x}{1-x}+\cos x-1-\dfrac{x^{2}}{2}\geqslant 0$ ，故 $x\ln\dfrac{1+x}{1-x}+\cos x\geqslant 1+\dfrac{x^{2}}{2}$ ，$-1<x<1$.

（4）【解析】（Ⅰ） $f'(x)=\dfrac{1}{x}-\dfrac{1}{x^{2}}=\dfrac{x-1}{x^{2}}$ ，令 $f'(x)=0$ ，得唯一驻点 $x=1$.当 $x\in(0,1)$ 时，$f'(x)<0$ ，函数单调递减；当 $x\in(1,+\infty)$ 时，$f'(x)>0$ ，函数单调递增.所以函数在 $x=1$ 处取得最小值 $f(1)=1$.

（Ⅱ）证明：由于 $\ln x_{n}+\dfrac{1}{x_{n+1}}<1$ ，但由（Ⅰ）知 $\ln x_{n}+\dfrac{1}{x_{n}}>1$ ，所以 $\dfrac{1}{x_{n+1}}<\dfrac{1}{x_{n}}$ ，故数列 $\{x_{n}\}$ 单调递增.再由 $\ln x_{n}<\ln x_{n}+\dfrac{1}{x_{n+1}}<1$ 可得到 $0<x_{n}<e$ ，数列 $\{x_{n}\}$ 有界.由单调有界收敛定理可知极限 $\lim\limits_{n\to\infty}x_{n}$ 存在.令 $\lim\limits_{n\to\infty}x_{n}=a$ ，则 $\lim\limits_{n\to\infty}\left(\ln x_{n}+\dfrac{1}{x_{n+1}}\right)=\ln a+\dfrac{1}{a}\leqslant 1$ ，由（Ⅰ）的结论可知 $\lim\limits_{n\to\infty}x_{n}=a=1$.

（5）【解析】要求 $f(x)=e^{-x^{2}}\sin x^{2}$ 的值域，只需求出函数的最大值与最小值即可.注意到：函数 $f(x)=e^{-x^{2}}\sin x^{2}$ 为偶函数，故只需考虑 $x\geqslant 0$ 的情况.为计算方便，令 $t=x^{2}$ ，得到 $g(t)=e^{-t}\sin t$ ，$t>0$ ，显然，$g(t)$ 与 $f(x)$ 有相同的值域.求 $g(t)$ 的驻点：

$$g'(t)=-e^{-t}\sin t+e^{-t}\cos t=e^{-t}(\cos t-\sin t) .$$

令 $g'(t)=0$ ，得到驻点 $t_{k}=\dfrac{\pi}{4}+k\pi(k=0,1,2,\cdots)$ ，其对应的函数值为

$$g(t_{k})=e^{-\left(\frac{\pi}{4}+k\pi\right)}\sin\left(\dfrac{\pi}{4}+k\pi\right)=(-1)^{k}\dfrac{\sqrt{2}}{2}e^{-\left(\frac{\pi}{4}+k\pi\right)} ,$$

显然，当 $k=2m$ （$m=0,1,2,\cdots$）时，$g(t_{2m})>0$ ，其中最大值为 $g(t_{0})=\dfrac{\sqrt{2}}{2}e^{-\frac{\pi}{4}}$ ；当 $k=2m+1$ （$m=0,1,2,\cdots$）时，$g(t_{2m})<0$ ，其中最小值为 $g(t_{1})=-\dfrac{\sqrt{2}}{2}e^{-\frac{5\pi}{4}}$.于是得到函数 $g(t)$ 的值域，即函数 $f(x)$ 的值域为：$\left(-\dfrac{\sqrt{2}}{2}e^{-\frac{5\pi}{4}},\dfrac{\sqrt{2}}{2}e^{-\frac{\pi}{4}}\right)$.

3.6　函数图形的描绘

1. 重要知识点

（1）函数图形的水平、铅直、斜渐近线的求法：

① 如果 $\lim\limits_{x\to(\pm)\infty} f(x)=C$，则 $y=C$ 就是曲线的一条水平渐近线；

② 如果 $\lim\limits_{x\to b^-} f(x)=\infty$，或 $\lim\limits_{x\to b^+} f(x)=\infty$，则 $x=b$ 就是曲线的一条铅直渐近线；

③ 如果 $\lim\limits_{x\to(\pm)\infty} \dfrac{f(x)}{x}=k$，且 $\lim\limits_{x\to(\pm)\infty}[f(x)-kx]=b$，则 $y=kx+b$ 是曲线的一条斜渐近线.

（2）函数作图的一般步骤：

① 确定函数的定义域及函数的奇偶性、周期性，找出函数与坐标轴的交点；

② 求出函数的一阶导和二阶导，找出一阶导和二阶导为 0 的点和不存在的点，这些点把定义域分成几个部分区间；

③ 确定部分区间内 $f'(x)$ 和 $f''(x)$ 的符号，由此确定函数图形的升降和凹凸，极值点和拐点；

④ 确定函数图形的水平、铅直渐进线；

⑤ 算出 $f'(x)$，$f''(x)$ 为 0 时和在不存在的点处的函数值，以及区间端点处的函数值，连接上述几条画出函数图形.

2. 例题辨析

知识点 1：求曲线的渐近线

例 1　求曲线 $y=|x|\sin\dfrac{1}{x}$ 的渐近线方程.

错解：因为 $\lim\limits_{x\to\infty}|x|\sin\dfrac{1}{x}$ 不存在，所以曲线不存在水平渐近线；因为 $\lim\limits_{x\to\infty}\dfrac{|x|\sin\dfrac{1}{x}}{x}$ 不存在，所以不存在斜渐近线；因为 $\lim\limits_{x\to0}|x|\sin\dfrac{1}{x}=0$，所以曲线不存在铅直渐近线.

【错解分析及知识链接】本题考查的是曲线渐近线的求法. 解法中的错误在于水平渐近线的求法，虽然极限 $\lim\limits_{x\to\infty}|x|\sin\dfrac{1}{x}$ 不存在，但是 $\lim\limits_{x\to+\infty}|x|\sin\dfrac{1}{x}$ 和 $\lim\limits_{x\to-\infty}|x|\sin\dfrac{1}{x}$ 都存在，且不相同，所以有两条水平渐近线. 另外，错解没有讨论斜渐近线和铅直渐近线.

正解：$\lim\limits_{x\to+\infty}|x|\sin\dfrac{1}{x}=\lim\limits_{x\to+\infty}\dfrac{\sin\dfrac{1}{x}}{\dfrac{1}{x}}=1$，所以 $y=1$ 是一条水平渐近线；同理，因为

$\lim\limits_{x\to-\infty}|x|\sin\dfrac{1}{x}=\lim\limits_{x\to-\infty}-\dfrac{\sin\dfrac{1}{x}}{\dfrac{1}{x}}=-1$，所以 $y=-1$ 也是一条水平渐近线. 在同一方向上曲线不可能同

时有水平渐近线和斜渐近线. 因为 $\lim\limits_{x\to 0} x\sin\dfrac{1}{x}=0$，所以无铅直渐近线.

【举一反三】求曲线 $y=(2x-1)\mathrm{e}^{\frac{1}{x}}$ 的渐近线方程.

解：本题考查的是曲线渐近线的求法，曲线的渐近线包括铅直渐近线、水平渐近线和斜渐近线，注意不要遗漏. **铅直渐近线**： $\lim\limits_{x\to 0^-}(2x-1)\mathrm{e}^{\frac{1}{x}}=\lim\limits_{x\to 0^-}(2x-1)\cdot\lim\limits_{x\to 0^-}\mathrm{e}^{\frac{1}{x}}=0$，$\lim\limits_{x\to 0^+}(2x-1)\mathrm{e}^{\frac{1}{x}}=\infty$，所以 $x=0$ 是一条铅直渐近线. **水平渐近线**：极限 $\lim\limits_{x\to +\infty}(2x-1)\mathrm{e}^{\frac{1}{x}}$ 和 $\lim\limits_{x\to -\infty}(2x-1)\mathrm{e}^{\frac{1}{x}}$，所以不存在水平渐近线. **斜渐近线**：由极限的运算法则 $\lim\limits_{x\to\infty}\dfrac{(2x-1)\mathrm{e}^{\frac{1}{x}}}{x}=\lim\limits_{x\to\infty}2\mathrm{e}^{\frac{1}{x}}-\lim\limits_{x\to\infty}\dfrac{\mathrm{e}^{\frac{1}{x}}}{x}=2$，再由极限的运算法则和等价无穷小代换可知 $\lim\limits_{x\to\infty}\left[(2x-1)\mathrm{e}^{\frac{1}{x}}-2x\right]=\lim\limits_{x\to\infty}2x\left(\mathrm{e}^{\frac{1}{x}}-1\right)-\lim\limits_{x\to\infty}\mathrm{e}^{\frac{1}{x}}=\lim\limits_{x\to\infty}2x\cdot\dfrac{1}{x}-1=1$，所以 $y=2x+1$ 是曲线的斜渐近线.

知识点 2：描绘函数的图形

例 2　描绘函数 $y=(x+6)\mathrm{e}^{\frac{1}{x}}$ 的图形.

错解：依次求函数的一阶导数和二阶导数可得 $y'=\dfrac{x^2-x-6}{x^2}\mathrm{e}^{\frac{1}{x}}$，令 $y'=0$，得 $x_1=-2,x_2=3$；$y''=\dfrac{13x+6}{x^4}\mathrm{e}^{\frac{1}{x}}$；令 $y''=0$，得 $x_3=-\dfrac{6}{13}$，列表如下：

x	$(-\infty,-2)$	-2	$\left(-2,-\dfrac{6}{13}\right)$	$-\dfrac{6}{13}$	$\left(-\dfrac{6}{13},3\right)$	3	$(3,+\infty)$
y'	$+$	0	$-$		$-$	0	$+$
y''	$-$	$-$	$-$	0	$+$	$+$	$+$
y	增、凸	极大	减、凸	拐点	减、凹	极小	增、凹

极大值为 $y(-2)=\dfrac{4}{\sqrt{\mathrm{e}}}$；极小值为 $y(3)=9\sqrt[3]{\mathrm{e}}$；拐点为 $\left(-\dfrac{6}{13},\dfrac{72}{13}\mathrm{e}^{-\frac{13}{6}}\right)$.

【错解分析及知识链接】本题考查函数图形的描绘，需要结合函数的单调性、极值和最值，曲线的凹凸性和拐点，利用描点法在函数的定义域内进行描绘，并结合曲线的渐近线描绘出曲线的变化趋势.上述解法的主要问题是没有考虑函数的定义域，即 $x\neq 0$，所以划分区间时必须考虑 $x=0$；另外，还要考查曲线的变化趋势，即渐近线.

正解：定义域为 $(-\infty,0)\bigcup(0,+\infty)$；$y'=\dfrac{x^2-x-6}{x^2}\mathrm{e}^{\frac{1}{x}}$，令 $y'=0$，得 $x_1=-2,x_2=3$，$y''=\dfrac{13x+6}{x^4}\mathrm{e}^{\frac{1}{x}}$，令 $y''=0$，得 $x_3=-\dfrac{6}{13}$，列表如下：

x	$(-\infty,-2)$	-2	$\left(-2,-\dfrac{6}{13}\right)$	$-\dfrac{6}{13}$	$\left(-\dfrac{6}{13},0\right)$	0	$(0,3)$	3	$(3,+\infty)$
y'	$+$	0	$-$		$-$		$-$	0	$+$
y''	$-$	$-$	$-$	0	$+$		$+$	$+$	$+$
y	增、凸	极大值	减、凸	拐点	减、凹	无定义	减、凹	极小值	增、凹

极大值为 $y(-2)=\dfrac{4}{\sqrt{e}}$；极小值为 $y(3)=9\sqrt[3]{e}$；拐点为 $\left(-\dfrac{6}{13},\dfrac{72}{13}e^{-\frac{13}{6}}\right)$；

由 $\lim\limits_{x\to 0^{+}}y=+\infty$ 知 $x=0$ 为铅直渐近线；又因为 $a=\lim\limits_{x\to\infty}\dfrac{f(x)}{x}=\lim\limits_{x\to\infty}\dfrac{(x+6)e^{\frac{1}{x}}}{x}=1$，

$b=\lim\limits_{x\to\infty}\left[f(x)-x\right]=\lim\limits_{x\to\infty}\left[(x+6)e^{\frac{1}{x}}-x\right]=7$，所以 $y=x+7$ 为斜渐近线.

3．真题演练

（1）（2014 年）下列曲线有渐近线的是（　　　）.

　　A．$y=x+\sin x$　　B．$y=x^{2}+\sin x$　　C．$y=x+\sin\dfrac{1}{x}$　　D．$y=x^{2}+\sin\dfrac{1}{x}$

（2）（2007 年）曲线 $y=\dfrac{1}{x}+\ln(1+e^{x})$ 渐近线的条数为（　　　）.

　　A．0　　　　　　B．1　　　　　　C．2　　　　　　D．3

（3）（2017 年）曲线 $y=x\left(1+\arcsin\dfrac{2}{x}\right)$ 的斜渐近线方程为_____.

4．真题演练解析

（1）【解析】关于 C 选项：$\lim\limits_{x\to\infty}\dfrac{x+\sin\frac{1}{x}}{x}=\lim\limits_{x\to\infty}1+\lim\limits_{x\to\infty}\dfrac{\sin\frac{1}{x}}{x}=1+0=1$，又因为

$\lim\limits_{x\to\infty}\left[x+\sin\dfrac{1}{x}-x\right]=\lim\limits_{x\to\infty}\sin\dfrac{1}{x}=0$，所以 $y=x+\sin\dfrac{1}{x}$ 存在斜渐近线 $y=x$. 故选 C.

（2）【解析】先找出无定义点确定垂直渐近线，因为 $\lim\limits_{x\to 0}\left[\dfrac{1}{x}+\ln(1+e^{x})\right]=\infty$，所以 $x=0$ 为

垂直渐近线；又因 $\lim\limits_{x\to-\infty}\left[\dfrac{1}{x}+\ln(1+e^{x})\right]=0$，所以 $y=0$ 为水平渐近线；进一步有

$\lim\limits_{x\to+\infty}\dfrac{y}{x}=\lim\limits_{x\to+\infty}\left[\dfrac{1}{x^{2}}+\dfrac{\ln(1+e^{x})}{x}\right]=\lim\limits_{x\to+\infty}\dfrac{\ln(1+e^{x})}{x}=\lim\limits_{x\to+\infty}\dfrac{e^{x}}{1+e^{x}}=1$，

$\lim\limits_{x\to+\infty}[y-1\cdot x]=\lim\limits_{x\to+\infty}\left[\dfrac{1}{x}+\ln(1+e^{x})-x\right]=\lim\limits_{x\to+\infty}[\ln(1+e^{x})-\ln e^{x}]=\lim\limits_{x\to+\infty}\ln\left(1+\dfrac{1}{e^{x}}\right)=0.$

于是有斜渐近线 $y=x$，故应选 D.

（3）【解析】直接用斜渐近线方程公式进行计算即可. 因为 $\lim\limits_{x\to\infty}\dfrac{y}{x}=\lim\limits_{x\to\infty}\left(1+\arcsin\dfrac{2}{x}\right)=1$，

$\lim\limits_{x\to\infty} y - x = \lim\limits_{x\to\infty} x \arcsin\dfrac{2}{x} = \lim\limits_{x\to\infty} x \cdot \dfrac{2}{x} = 2$，所以 $y = x + 2$ 为斜渐近线.

3.7　曲率

1．重要知识点

（1）弧微分公式：

直角坐标下：$\mathrm{d}s = \sqrt{1 + y'^2}\,\mathrm{d}x$；　　　　　参数方程下：$\mathrm{d}s = \sqrt{\varphi'^2(t) + \psi'^2(t)}\,\mathrm{d}t$；

极坐标下：$\mathrm{d}s = \sqrt{\rho^2(\theta) + \rho'^2(\theta)}\,\mathrm{d}\theta$.

（2）曲率计算公式：$K = \left|\dfrac{\mathrm{d}\alpha}{\mathrm{d}s}\right| = \dfrac{|y''|}{(1 + y'^2)^{3/2}}$.

（3）曲率圆和曲率半径 ρ：曲线 C：$y = f(x)$ 在点 M 处曲率 $K \neq 0$，过 M 点作曲线的法线，在法线上且在曲线凹向一侧取点 O，使 $OM = \dfrac{1}{K}$，以 O 为圆心，OM 为半径作圆，该圆称为曲线在点 M 处的曲率圆. 曲率圆的半径称为曲率半径，记为 ρ，则 $\rho = \dfrac{1}{K}$.

2．例题辨析

知识点 1：曲率的计算

例 1　对数曲线 $y = \ln x$ 上哪一点处曲率半径最小？求出该点处曲率半径.

【题目解析及知识链接】本题考查平面曲线上曲率半径的计算，主要考查曲率的计算及曲率半径与曲率的关系. 因为 $y' = \dfrac{1}{x}$，$y'' = -\dfrac{1}{x^2}$，由曲率的计算公式可知：

$$K(x) = \dfrac{|y''|}{(1 + (y')^2)^{\frac{3}{2}}} = \dfrac{x}{(1 + x^2)^{\frac{3}{2}}},$$

曲率半径为：$R(x) = \dfrac{(1 + x^2)^{\frac{3}{2}}}{x}$.

又因 $R'(x) = \dfrac{\frac{3}{2}(1 + x^2)^{\frac{1}{2}} \cdot 2x^2 - (1 + x^2)^{\frac{3}{2}}}{x^2} = \dfrac{(1 + x^2)^{\frac{1}{2}}(2x^2 - 1)}{x^2}$，

所以当 $x = \dfrac{\sqrt{2}}{2}$ 时曲率半径最小，此时曲率半径为 $\dfrac{3\sqrt{3}}{2}$.

例 2　求圆滚线 $x = a(t - \sin t), y = a(1 - \cos t), (0 < t < 2\pi, a > 0)$ 上任意一点的曲率，当 t 为何值时曲率最小？

【题目解析及知识链接】本题考查参数方程确定的曲线的曲率计算，涉及参数方程确定的函数的一阶导和二阶导数的计算.

由曲率计算公式可知 $k = \dfrac{|x'(t)y''(t) - y'(t)x''(t)|}{[x'^2(t) + y'^2(t)]^{3/2}} = \dfrac{|a(1 - \cos t)a\cos t - a\sin t \cdot a\sin t|}{[a^2(1 - \cos t)^2 + a^2\sin^2 t]^{3/2}}$

$$= \frac{1}{2\sqrt{2}a\sqrt{1-\cos t}} \qquad (0 < t < 2\pi),$$

当 $t = \pi$ 时，曲率最小，其最小值为 $\frac{1}{4a}$.

知识点 2：曲率的应用

例 3 一飞机沿抛物线路径 $y = \frac{x^2}{10000}$（y 轴垂直向上，单位为 m）俯冲飞行，在坐标原点 O 处飞机的速度为 $v_0 = 200\text{m}/\text{s}$，飞行员体重 $m = 70\text{kg}$，求飞机俯冲至最低点（原点 O）时座椅对飞行员的压力？

【题目解析及知识链接】本题考查应用曲率知识解决实际问题，要将飞机俯冲到最低点的瞬时运动近似地看作匀速圆周运动，圆周的半径等于曲线在该点处的曲率半径.

设飞机俯冲至最低点时座椅对飞行员的压力为 N，该点曲率半径设为 R，

$$R = \frac{1}{k}\bigg|_{x=0} = \frac{(1+y'^2)^{3/2}}{|y''|}\bigg|_{x=0} = 5000\left[1+\left(\frac{x}{5000}\right)^2\right]^{3/2}\bigg|_{x=0} = 5000,$$

由力学知识知道，$m\dfrac{v_0^2}{R} = N - G$，即 $70 \times \dfrac{200^2}{5000} = N - 70 \times 10$，计算得 $N = 1260$. 所以飞机俯冲至最低点时座椅对飞行员的压力为 1260N.

3．真题演练

（1）（2019 年）设函数 $f(x), g(x)$ 的二阶导数在 $x = a$ 处连续，则 $\lim\limits_{x \to a}\dfrac{f(x)-g(x)}{(x-a)^2} = 0$ 是两条曲线 $y = f(x)$，$y = g(x)$ 在 $x = a$ 对应的点处相切及曲率相等的（　　）．

    A．充分不必要条件   B．充分必要条件
    C．必要不充分条件   D．既不充分也不必要条件

（2）（2009 年）若 $f''(x)$ 不变号，且曲线 $y = f(x)$ 在点 $(1,1)$ 上的曲率圆为 $x^2 + y^2 = 2$，则 $f(x)$ 在区间 $(1,2)$ 内（　　）．

    A．有极值点无零点   B．无极值点有零点
    C．有极值点有零点   D．无极值点无零点

（3）（2016 年）曲线 $\begin{cases} x = t^2 + 7, \\ y = t^2 + 4t + 1 \end{cases}$ 上对应于 $t = 1$ 的点处的曲率半径是（　　）．

    A．$\dfrac{\sqrt{10}}{50}$ B．$\dfrac{\sqrt{10}}{100}$ C．$10\sqrt{10}$ D．$5\sqrt{10}$

（4）（2012 年）曲线 $y = x^2 + x (x < 0)$ 上曲率为 $\dfrac{\sqrt{2}}{2}$ 的点的坐标是 _____．

（5）（第四届全国大学生数学竞赛预赛）求方程 $x^2 \sin\dfrac{1}{x} = 2x - 501$ 的近似解，精确到 0.001.

4．真题演练解析

（1）【解析】充分性：（1）当 $\lim\limits_{x \to a}\dfrac{f(x)-g(x)}{(x-a)^2}=0$ 时，由洛必达法得，

$$0=\lim_{x \to a}\frac{f(x)-g(x)}{(x-a)^2}=\frac{1}{2}\lim_{x \to a}\frac{f'(x)-g'(x)}{x-a}=\frac{1}{2}(f'(a)-g'(a)) \Rightarrow f'(a)=g'(a).$$

也就是两条曲线在 $x=a$ 对应的点处相切；$0=\lim\limits_{x \to a}\dfrac{f(x)-g(x)}{(x-a)^2}=\dfrac{1}{2}\lim\limits_{x \to a}\dfrac{f'(x)-g'(x)}{x-a}=$

$\dfrac{1}{2}(f''(a)-g''(a)) \Rightarrow f''(a)=g''(a)$，由曲率公式 $k=\dfrac{|y''|}{\sqrt{(1+y'^2)^3}}$ 可知，两条曲线在 $x=a$ 对应的

点处曲率相等．

必要性不正确：虽然相切能得到 $f'(a)=g'(a)$，但在相切前提下，曲率相等只能得到

$|f''(a)|=|g''(a)|$，不能确定 $f''(a)=g''(a)$，故得不到 $\lim\limits_{x \to a}\dfrac{f(x)-g(x)}{(x-a)^2}=0$．故选 A．

（2）【解析】本题考查极值的判别及曲线与其曲率圆的关系．由曲线 $y=f(x)$ 在点 $(1,1)$ 上的

曲率圆为 $x^2+y^2=2$ 可知 $f(x)$ 上凸，即 $f''(x)<0$，且在点 $(1,1)$ 处的曲率为

$K=\dfrac{|y''|}{(1+y'^2)^{3/2}}=\dfrac{1}{\sqrt{2}}$，而 $f'(1)=-1$，故 $f''(1)<-2$，在 $[1,2]$ 上 $f'(x) \leqslant f'(1)=-1<0$，即 $f(x)$ 单

调减少，没有极值点．由拉格朗日中值定理可知，$f(2)-f(1)=f'(\xi)<-1$，$\xi \in (1,2)$，所以

$f(2)<0$，而 $f(1)=1>0$，由零点定理知，在 $[1,2]$ 上，$f(x)$ 有零点．故应选 B．

（3）【解析】本题综合考查曲率、参数方程所确定的一阶导数和二阶导数问题．因为

$\dfrac{\mathrm{d}x}{\mathrm{d}t}=2t,\dfrac{\mathrm{d}y}{\mathrm{d}t}=2t+4$，故 $\dfrac{\mathrm{d}y}{\mathrm{d}x}=\dfrac{2t+4}{2t}=1+\dfrac{2}{t}$，$\dfrac{\mathrm{d}^2 y}{\mathrm{d}x^2}=\dfrac{-\dfrac{2}{t^2}}{2t}=-\dfrac{1}{t^3}$，对应于 $t=1$ 有 $y'=3,y''=-1$，

故 $K=\dfrac{|y''|}{\sqrt{(1+y'^2)^3}}=\dfrac{1}{10\sqrt{10}}$，曲率半径 $R=\dfrac{1}{K}=10\sqrt{10}$．故选 C．

（4）【解析】将 $y'=2x+1$，$y''=2$ 代入曲率计算公式，有 $K=\dfrac{|y''|}{(1+y'^2)^{3/2}}=\dfrac{|y''|}{(1+(2x+1)^2)^{3/2}}=$

$\dfrac{\sqrt{2}}{2}$，整理有 $(2x+1)^2=1$，解得 $x=0$ 或 $x=-1$，又 $x<0$，所以 $x=-1$，这时 $y=0$，故该点坐

标为 $(-1,0)$．

（5）【解析】泰勒公式满足 $\sin t=t-\dfrac{\sin(\theta t)}{2}t^2$ $(0<\theta<1)$，令 $t=\dfrac{1}{x}$ 得 $\sin \dfrac{1}{x}=\dfrac{1}{x}-\dfrac{\sin \dfrac{\theta}{x}}{2x^2}$，代

入原方程得 $x-\dfrac{1}{2}\sin \dfrac{\theta}{x}=2x-501$，即 $x=501-\dfrac{1}{2}\sin \dfrac{\theta}{x}$，由此知 $x=500$，$0<\dfrac{\theta}{x}<\dfrac{1}{500}$，所以

$|x-501|=\dfrac{1}{2}\left|\sin \dfrac{\theta}{x}\right| \leqslant \dfrac{1}{2}\dfrac{\theta}{x}<\dfrac{1}{1000}=0.001$．

第4章 不定积分

4.1 不定积分的概念与性质

1. 重要知识点

（1）原函数与不定积分的概念与性质.

① 原函数定义：如果对任一 $x \in I$ ，都有 $F'(x) = f(x)$ 或 $\mathrm{d}F(x) = f(x)\mathrm{d}x$ ，则称 $F(x)$ 为 $f(x)$ 在区间 I 上的原函数.

② 原函数存在定理：如果函数 $f(x)$ 在区间 I 上连续，则 $f(x)$ 在区间 I 上一定有原函数，即连续函数一定有原函数.

③ 原函数只要存在就不唯一，有无数多个. 如果 $F(x)$ 为 $f(x)$ 在区间 I 上的一个原函数，则 $F(x) + C$ （ C 为任意常数）可表示 $f(x)$ 的任意一个原函数.

④ 任何两个原函数之间相差一个常数. 如果 $F(x)$ 与 $G(x)$ 都为 $f(x)$ 在区间 I 上的原函数，则 $F(x)$ 与 $G(x)$ 之差为常数，即 $F(x) - G(x) = C$ （ C 为常数）.

（2）不定积分的定义和基本积分公式.

① 在区间 I 上，$f(x)$ 的带有任意常数项的原函数，称为 $f(x)$ 在区间 I 上的不定积分，记为 $\int f(x)\mathrm{d}x$. 如果 $F(x)$ 为 $f(x)$ 的一个原函数，则 $\int f(x)\mathrm{d}x = F(x) + C$ （ C 为任意常数）.

② 由原函数与不定积分的概念可知：

$$\frac{\mathrm{d}}{\mathrm{d}x}\int f(x)\mathrm{d}x = f(x), \quad \mathrm{d}\int f(x)\mathrm{d}x = f(x)\mathrm{d}x,$$

$$\int F'(x)\mathrm{d}x = F(x) + C, \quad \int \mathrm{d}F(x) = F(x) + C.$$

③ 熟记基本积分公式.

（3）利用基本积分公式和不定积分的线性性质，计算一些简单函数的不定积分.

2. 例题辨析

知识点 1：原函数的定义

例 1 判断连续函数 $F(x) = |x|$ 是否为函数 $f(x)\begin{cases} -1, & x < 0 \\ 1. & x \geqslant 0 \end{cases}$ 的原函数，并证明.

错解： 是. 当 $x \geqslant 0$ 时，$|x| = x$ ，故 $(x)' = 1$ ；而当 $x < 0$ 时，$|x| = -x$ ，故 $(-x)' = -1$.

【错解分析及知识链接】 此证法错误. 因为若 $|x|$ 是函数 $f(x)$ 的原函数，则 $|x|$ 应在 $(-\infty, +\infty)$ 上可导，但 $x = 0$ 时，$|x|$ 是不可导的，故 $|x|$ 不是函数 $f(x)$ 的原函数，但 $|x|$ 是函数 $f(x)$ 在 $(-\infty, 0)$ 和 $(0, +\infty)$ 上的原函数.

正解： 不是. 因为 $F(x) = |x|$ 在 $x = 0$ 时不可导. 事实上，函数 $f(x)$ 在 $(-\infty, +\infty)$ 内有第一类

间断点 $x = 0$，故 $f(x)$ 在 $(-\infty, +\infty)$ 内不存在原函数.

【举一反三】证明函数 $f(x) = \operatorname{sgn} x = \begin{cases} 1, & x > 0 \\ 0, & x = 0 \\ -1, & x < 0 \end{cases}$ 在 $(-\infty, +\infty)$ 上没有原函数.

证明：若 $f(x)$ 在 $(-\infty, +\infty)$ 有原函数 $F(x)$，则 $F'(x) = f(x)$，故 $F(x)$ 必取如下形式：

$F(x) = \begin{cases} x + C_1, & x > 0 \\ -x + C_2, & x < 0 \end{cases}$，又因为 $F(x)$ 在 $x = 0$ 连续，所以有

$$\lim_{x \to 0+} (x + C_1) = \lim_{x \to 0-} (-x + C_2) = F(0) \Rightarrow C_1 = C_2 = F(0) = C,$$

故 $F(x) = \begin{cases} x + C, & x > 0 \\ C, & x = 0 \\ -x + C, & x < 0 \end{cases}$，但这个函数在 $x = 0$ 不可导，故符号函数没有原函数.

【思考】设函数 $f(x)$ 在区间 I 上有原函数 $F(x)$，若 $x_0 \in I$ 为 $F(x)$ 的间断点，证明 x_0 必为 $f(x)$ 的第二类间断点.

知识点 2：计算分段函数的不定积分

例 2 计算不定积分 $\int |x - 1| \mathrm{d}x$.

错解：当 $x \geqslant 1$ 时，$\int |x - 1| \mathrm{d}x = \int (x - 1) \mathrm{d}x = \dfrac{x^2}{2} - x + C$；当 $x < 1$ 时，$\int |x - 1| \mathrm{d}x = \int (1 - x) \mathrm{d}x =$

$-\dfrac{x^2}{2} + x + C$，即 $\int |x - 1| \mathrm{d}x = \begin{cases} \dfrac{x^2}{2} - x + C, & x \geqslant 1 \\ -\dfrac{x^2}{2} + x + C, & x < 1 \end{cases}$.

【错解分析及知识链接】上述解法错误. 由于 $|x - 1|$ 连续，其原函数 $F(x)$ 必存在，且原函数必定连续. 故 $\lim\limits_{x \to 1^+} F(x) = \lim\limits_{x \to 1^-} F(x) = F(1)$，而上述解法中 $\lim\limits_{x \to 1^+} \left(\dfrac{x^2}{2} - x + C \right) = -\dfrac{1}{2} + C \neq$ $\lim\limits_{x \to 1^-} \left(-\dfrac{x^2}{2} + x + C \right) = \dfrac{1}{2} + C$，这与 $F(x)$ 的连续性矛盾，故错.

正解：当 $x \geqslant 1$ 时，$\int |x - 1| \mathrm{d}x = \int (x - 1) \mathrm{d}x = \dfrac{x^2}{2} - x + C_1$；当 $x < 1$ 时，$\int |x - 1| \mathrm{d}x = \int (1 - x) \mathrm{d}x =$

$-\dfrac{x^2}{2} + x + C_2$. 由于 $|x - 1|$ 的原函数必连续，故 $\lim\limits_{x \to 1^+} \left(\dfrac{x^2}{2} - x + C_1 \right) = \lim\limits_{x \to 1^-} \left(-\dfrac{x^2}{2} + x + C_2 \right)$，即 $C_1 = 1 + C_2$，故

$$\int |x - 1| \mathrm{d}x = \begin{cases} \dfrac{x^2}{2} - x + C + 1, & x \geqslant 1 \\ -\dfrac{x^2}{2} + x + C, & x < 1 \end{cases}.$$

【说明】求分段函数或含绝对值函数的不定积分时，应根据原函数的连续性，确定不同表达式所对应的积分常数之间的关系.

【举一反三】设 $f(x) = \begin{cases} x + 1, & x \leqslant 1 \\ 2x, & x > 1 \end{cases}$，求 $\int f(x) \mathrm{d}x$.

解：分别在 $(-\infty,1)$ 和 $(1,+\infty)$ 内求 $f(x)$ 的原函数，得 $F(x) = \begin{cases} \dfrac{1}{2}x^2 + x + C_1, & x \leqslant 1 \\ x^2 + C_2, & x > 1 \end{cases}$．由于

$f(x)$ 在 $x=1$ 连续，故其原函数 $F(x)$ 在 $x=1$ 有定义且连续，从而有 $\lim\limits_{x \to 1^-} F(x) = \dfrac{1}{2} + 1 + C_1 =$

$\lim\limits_{x \to 1^+} F(x) = 1 + C_2$，即 $C_2 = C_1 + \dfrac{1}{2}$，所以，$F(x) = \displaystyle\int f(x)\mathrm{d}x = \begin{cases} \dfrac{1}{2}x^2 + x + C, & x \leqslant 1 \\ x^2 + \dfrac{1}{2} + C, & x > 1 \end{cases}$．

3. 真题演练

（1）（2004 年）已知 $f'(\mathrm{e}^x) = x\mathrm{e}^{-x}$，且 $f(1) = 1$，则 $f(x) = (\qquad)$．

（2）（2005 年）设 $F(x)$ 是连续函数 $f(x)$ 的一个原函数，"$M \Leftrightarrow N$"表示"M 的充分必要条件是 N"，则必有（　　）．

    A．$F(x)$ 是偶函数 $\Leftrightarrow$ $f(x)$ 是奇函数

    B．$F(x)$ 是奇函数 $\Leftrightarrow$ $f(x)$ 是偶函数

    C．$F(x)$ 是周期函数 $\Leftrightarrow$ $f(x)$ 是周期函数

    D．$F(x)$ 是单调函数 $\Leftrightarrow$ $f(x)$ 是单调函数

（3）（2014 年）设 $f(x)$ 是周期为 4 的可导奇函数，且 $f'(x) = 2(x-1), x \in [0,2]$，则 $f(7) = (\qquad)$．

（4）（2016 年）已知函数 $f(x) = \begin{cases} 2(x-1), & x < 1 \\ \ln x, & x \geqslant 1 \end{cases}$，则 $f(x)$ 的一个原函数是（　　）．

    A．$F(x) = \begin{cases} (x-1)^2, & x < 1 \\ x(\ln x - 1), & x \geqslant 1 \end{cases}$ B．$F(x) = \begin{cases} (x-1)^2, & x < 1 \\ x(\ln x - 1) - 1, & x \geqslant 1 \end{cases}$

    C．$F(x) = \begin{cases} (x-1)^2, & x < 1 \\ x(\ln x + 1) + 1, & x \geqslant 1 \end{cases}$ D．$F(x) = \begin{cases} (x-1)^2, & x < 1 \\ x(\ln x - 1) + 1, & x \geqslant 1 \end{cases}$

4. 真题演练解析

（1）【解析】由 $f'(\mathrm{e}^x) = x\mathrm{e}^{-x}$ 知 $f'(t) = \dfrac{\ln t}{t}$，得 $f(t) = \displaystyle\int \dfrac{\ln t}{t}\mathrm{d}t = \dfrac{1}{2}(\ln t)^2 + C$，由 $f(1) = 1$ 得 $C = 1$．

故 $f(x) = \dfrac{1}{2}(\ln x)^2 + 1$．

（2）【解析】解法 1：任一原函数可表示为 $F(x) = \displaystyle\int_0^x f(t)\mathrm{d}t + C$，且 $F'(x) = f(x)$．当 $F(x)$ 为

偶函数时有 $F(-x) = F(x)$，于是 $F'(-x) \cdot (-1) = F'(x)$，即 $-f(-x) = f(x)$，也即 $f(-x) = -f(x)$；

反之，若 $f(x)$ 为奇函数，则 $\displaystyle\int_0^x f(t)\mathrm{d}t$ 为偶函数，从而 $F(x) = \displaystyle\int_0^x f(t)\mathrm{d}t + C$ 为偶函数．

    解法 2：令 $f(x) = 1$，则取 $F(x) = x + 1$，排除 B 和 C；再令 $f(x) = x$，则取 $F(x) = \dfrac{1}{2}x^2$，

排除 D；故应选 A．

（3）【解析】由题设知，当 $x \in [0,2]$ 时，$f(x) = \displaystyle\int 2(x-1)\mathrm{d}x = x^2 - 2x + C$，$C$ 为任意常数．由

$f(x)$ 为奇函数，则 $f(0) = 0$，于是 $C = 0$，即 $f(x) = x^2 - 2x$．

又因 $f(x)$ 是周期为 4 的奇函数，故 $f(7)=f(-1)=-f(1)=1$.

（4）【解析】由题意知 $f(x)$ 的原函数为 $F(x)=\int f(x)\mathrm{d}x=\begin{cases}\int 2(x-1)\mathrm{d}x=(x-1)^2+c_1, & x<1\\ \int \ln x\mathrm{d}x=x(\ln x-1)+c_2, & x\geqslant 1\end{cases}$，

由于 $f(x)$ 在 $x=1$ 处连续，故其原函数 $F(x)$ 在 $x=1$ 处也连续，即 $c_1=-1+c_2$. 令 $c_1=0$，可得

$c_2=1$. 故 $F(x)=\begin{cases}(x-1)^2, & x<1\\ x(\ln x-1)+1, & x\geqslant 1\end{cases}$ 为 $f(x)$ 的一个原函数. 故选 D.

4.2　换元积分法

1．重要知识点

（1）第一类换元积分法（凑微分法）.

推导公式：$\int f[\phi(x)]\phi'(x)\mathrm{d}x \xrightarrow{u=\varphi(x)} [\int f(u)\mathrm{d}u]\Big|_{u=\varphi(x)}$.

常见的凑微分形式如下：

① $\int f(ax+b)\mathrm{d}x=\dfrac{1}{a}\int f(ax+b)\mathrm{d}(ax+b)$　　$(a\neq 0)$；

② $\int f(ax^n+b)x^{n-1}\mathrm{d}x=\dfrac{1}{an}\int f(ax^n+b)\mathrm{d}(ax^n+b)$　　$(a\neq 0, n\geqslant 1)$；

③ $\int a^x f(a^x+b)\mathrm{d}x=\dfrac{1}{\ln a}\int f(a^x+b)\mathrm{d}(a^x+b)$；

④ $\int \dfrac{1}{x} f(\ln x+b)\mathrm{d}x=\int f(\ln x+b)\mathrm{d}(\ln x+b)$；

⑤ $\int f(\sin x)\cos x\mathrm{d}x=\int f(\sin x)\mathrm{d}(\sin x)$，　$\int f(\cos x)\sin x\mathrm{d}x=-\int f(\cos x)\mathrm{d}(\cos x)$；

⑥ $\int f\left(\arcsin \dfrac{x}{a}\right)\dfrac{\mathrm{d}x}{\sqrt{a^2-x^2}}=\int f\left(\arcsin \dfrac{x}{a}\right)\mathrm{d}\left(\arcsin \dfrac{x}{a}\right)$，

$\int f\left(\arctan \dfrac{x}{a}\right)\dfrac{\mathrm{d}x}{x^2+a^2}=\dfrac{1}{a}\int f\left(\arctan \dfrac{x}{a}\right)\mathrm{d}\left(\arctan \dfrac{x}{a}\right)$ 等；

⑦ 利用积化和差公式 $\int \sin mx\cos nx\mathrm{d}x=\dfrac{1}{2}\int[\sin(m+n)x+\sin(m-n)x]\mathrm{d}x$ 等；

⑧ 降次——倍半角公式 $\int \sin^2 x\mathrm{d}x$，$\int \sin^4 x\mathrm{d}x$ 等；

⑨ 拆项法 $\int \dfrac{1+2x^2}{x^2(1+x^2)}\mathrm{d}x=\int \dfrac{(1+x^2)+x^2}{x^2(1+x^2)}\mathrm{d}x$ 等；

⑩ 加项减项法 $\int \dfrac{x^2}{1+x^2}\mathrm{d}x$，$\int \dfrac{x^3}{1+x^2}\mathrm{d}x$，$\int \dfrac{x^4}{1+x^2}\mathrm{d}x$ 等.

（2）第二类换元积分法.

推导公式：$\int f(x)\mathrm{d}x \xrightarrow{x=\psi(t)} \int f(\psi(t))\psi'(t)\mathrm{d}t$，找出原函数，变量代回.

常用的变换形式如下：

① 被积函数含有 $\sqrt{a^2-x^2}$ 或 a^2-x^2 的方幂，作变换：$x=a\sin t\left(-\dfrac{\pi}{2}<t<\dfrac{\pi}{2}\right)$ 或 $x=a\cos t\,(0<t<\pi)$；

② 被积函数含有 $\sqrt{a^2+x^2}$ 或 a^2+x^2 的方幂，作变换：$x=a\tan t\left(-\dfrac{\pi}{2}<t<\dfrac{\pi}{2}\right)$ 或 $x=a\cot t\,(0<t<\pi)$；

③ 被积函数含有 $\sqrt{x^2-a^2}$ 或 x^2-a^2 的方幂，作变换：$x=a\sec t\,(0<t<\pi)$ 或 $x=a\csc t\left(-\dfrac{\pi}{2}<t<\dfrac{\pi}{2}\right)$；

④ 作倒代换：$x=\dfrac{1}{t}$，当被积函数中分母关于 x 次数较高时采用，消去分母中的变量因子．

2．例题辨析

知识点 1：第一类换元法

例 1　计算不定积分 $\displaystyle\int\dfrac{1+x^2}{1+x^4}\mathrm{d}x$．

错解： $\displaystyle\int\dfrac{1+x^2}{1+x^4}\mathrm{d}x=\int\dfrac{1+\dfrac{1}{x^2}}{x^2+\dfrac{1}{x^2}}\mathrm{d}x=\int\dfrac{\mathrm{d}\left(x-\dfrac{1}{x}\right)}{\left(x-\dfrac{1}{x}\right)^2+2}=\dfrac{1}{\sqrt{2}}\arctan\dfrac{x^2-1}{\sqrt{2}x}+C$．

【错解分析及知识链接】被积函数的定义域为 $(-\infty,+\infty)$，应该求出被积函数在整个定义域上的原函数，而上述解法求出的原函数的定义域为 $(-\infty,0)\bigcup(0,+\infty)$．

正解： $\displaystyle\int\dfrac{1+x^2}{1+x^4}\mathrm{d}x=\dfrac{1}{2}\left(\int\dfrac{1}{x^2+\sqrt{2}x+1}\mathrm{d}x+\int\dfrac{1}{x^2-\sqrt{2}x+1}\mathrm{d}x\right)$

$$=\dfrac{1}{2}\left[\int\dfrac{\mathrm{d}\left(x+\dfrac{\sqrt{2}}{2}\right)}{\left(x+\dfrac{\sqrt{2}}{2}\right)^2+\dfrac{1}{2}}+\int\dfrac{\mathrm{d}\left(x-\dfrac{\sqrt{2}}{2}\right)}{\left(x-\dfrac{\sqrt{2}}{2}\right)^2+\dfrac{1}{2}}\right]$$

$$=\dfrac{1}{\sqrt{2}}[\arctan(\sqrt{2}x+1)+\arctan(\sqrt{2}x-1)]+C.$$

知识点 2：第二类换元法

例 2　计算不定积分 $\displaystyle\int\dfrac{1}{\sqrt{x^2-a^2}}\mathrm{d}x$．

错解： $\displaystyle\int\dfrac{1}{\sqrt{x^2-a^2}}\mathrm{d}x\xlongequal[\substack{u=\sqrt{x^2-a^2}\\ \mathrm{d}x=\frac{u\mathrm{d}u}{\sqrt{u^2+a^2}}}]{}\int\dfrac{1}{u}\dfrac{u}{\sqrt{u^2+a^2}}\mathrm{d}u=-\int\dfrac{1}{\sqrt{u^2+a^2}}\mathrm{d}u$．

【错解分析及知识链接】上述解法错误，根式代换在这里不能用，因为 $\mathrm{d}x=\dfrac{u\mathrm{d}u}{\sqrt{u^2+a^2}}$ 仍然存在根式，无法简化原积分的计算．

正解：$\int \dfrac{1}{\sqrt{x^2-a^2}}\mathrm{d}x \xrightarrow[\mathrm{d}x=a\sec t\tan t\mathrm{d}t]{x=a\sec t} \int \dfrac{a\sec t\tan t}{a\tan t}\mathrm{d}t =\int \sec t\mathrm{d}t$

$$= \ln|\sec t+\tan t|+C_1 = \ln\left|\dfrac{x}{a}+\dfrac{\sqrt{x^2-a^2}}{a}\right|+C_1 = \ln\left|x+\sqrt{x^2-a^2}\right|+C.$$

说明： 当被积函数含有 $\sqrt{x^2-a^2}$ 或 x^2-a^2 的方幂时，应作三角代换：$x=a\sec t$ 或 $x=a\csc t$.

【举一反三】 计算不定积分 $\int \dfrac{1}{x^2\sqrt{1+x^2}}\mathrm{d}x$.

解： 令 $x=\tan t\left(-\dfrac{\pi}{2}<t<\dfrac{\pi}{2}\right)$，则 $\sqrt{1+x^2}=\sqrt{1+\tan^2 t}=\sqrt{\sec^2 t}=\sec t$，$\mathrm{d}x=\sec^2 t\mathrm{d}t$，

于是 $\int \dfrac{1}{x^2\sqrt{1+x^2}}\mathrm{d}x = \int \dfrac{\sec^2 t}{\tan^2 t\sec t}\mathrm{d}t = \int \dfrac{\cos t}{\sin^2 t}\mathrm{d}t = \int \dfrac{1}{\sin^2 t}\mathrm{d}(\sin t) = -\dfrac{1}{\sin t}+C.$

又因为 $x=\tan t$，$\sin t=\dfrac{x}{\sqrt{1+x^2}}$，所以，$\int \dfrac{1}{x^2\sqrt{1+x^2}}\mathrm{d}x = -\dfrac{\sqrt{1+x^2}}{x}+C.$

3. 真题演练

（1）（1993 年）求 $\int \dfrac{x\mathrm{e}^x\mathrm{d}x}{\sqrt{\mathrm{e}^x-1}}$.

（2）（1994 年）求 $\int \dfrac{\mathrm{d}x}{\sin 2x+2\sin x}$.

（3）（2001 年）求不定积分 $\int \dfrac{\mathrm{d}x}{(2x^2+1)\sqrt{x^2+1}}$.

（4）（2003 年）求 $\int \dfrac{x\mathrm{e}^{\arctan x}}{(1+x^2)^{\frac{3}{2}}}\mathrm{d}x$.

4. 真题演练解析

（1）**【解析】** 利用第二类换元法：令 $u=\sqrt{\mathrm{e}^x-1}$，即 $x=\ln(u^2+1)$，有

$$\int \dfrac{x\mathrm{e}^x\mathrm{d}x}{\sqrt{\mathrm{e}^x-1}} = \int 2\ln(u^2+1)\,\mathrm{d}u = 2u\ln(u^2+1)-2\int \dfrac{2u^2}{u^2+1}\mathrm{d}u$$

$$= 2u\ln(u^2+1)-4u+4\arctan u+C$$

$$= 2x\sqrt{\mathrm{e}^x-1}-4\sqrt{\mathrm{e}^x-1}+4\arctan\sqrt{\mathrm{e}^x-1}+C.$$

（2）**【解析】解法 1：** 利用第一类换元法可得

$$\text{原式} = \int \dfrac{\mathrm{d}x}{2\sin x(\cos x+1)} = \dfrac{1}{4}\int \dfrac{\mathrm{d}\left(\dfrac{x}{2}\right)}{\sin\dfrac{x}{2}\cos^3\dfrac{x}{2}} = \dfrac{1}{4}\int \dfrac{\mathrm{d}\left(\tan\dfrac{x}{2}\right)}{\tan\dfrac{x}{2}\cos^2\dfrac{x}{2}}$$

$$= \dfrac{1}{4}\int \dfrac{1+\tan^2\dfrac{x}{2}}{\tan\dfrac{x}{2}}\mathrm{d}\left(\tan\dfrac{x}{2}\right) = \dfrac{1}{8}\tan^2\dfrac{x}{2}+\dfrac{1}{4}\ln\left|\tan\dfrac{x}{2}\right|+C.$$

解法 2：原式 $= \int \dfrac{\mathrm{d}x}{2\sin x(\cos x+1)} = \int \dfrac{\sin x\mathrm{d}x}{2(1-\cos^2 x)(1+\cos x)}$．令 $\cos x = u$，则

$$\int \frac{\mathrm{d}x}{2\sin x(\cos x+1)} = \int \frac{\sin x\mathrm{d}x}{2(1-\cos^2 x)(1+\cos x)}$$

$$= -\frac{1}{2}\int \frac{\mathrm{d}u}{(1-u)(1+u)^2} = -\frac{1}{8}\int \left(\frac{1}{1+u} + \frac{3+u}{(1+u)^2} \right)\mathrm{d}u$$

$$= \frac{1}{8}\left[\ln|1-u| - \ln|1+u| + \frac{2}{1+u} \right] + C$$

$$= \frac{1}{8}\ln \frac{1-\cos x}{1+\cos x} + \frac{1}{4(1+\cos x)} + C.$$

（3）【解析】利用第二类换元法：令 $x = \tan t$，$-\dfrac{\pi}{2} < t < \dfrac{\pi}{2}$，$\mathrm{d}x = \sec^2 t\mathrm{d}t$，则

$$\int \frac{\mathrm{d}x}{(2x^2+1)\sqrt{x^2+1}} = \int \frac{\sec^2 t}{(1+2\tan^2 t)\sec t}\mathrm{d}t = \int \frac{\mathrm{d}t}{\cos t(2\tan^2 t+1)}$$

$$= \int \frac{\cos t\mathrm{d}t}{2\sin^2 t+\cos^2 t} = \int \frac{\mathrm{d}(\sin t)}{1+\sin^2 t} = \arctan(\sin t) + C = \arctan\left(\frac{x}{\sqrt{1+x^2}}\right) + C.$$

注：被积函数含 $\sqrt{x^2+1}$ 属典型的第二类换元法，作代换 $x = \tan t$，要注意 t 的范围.

（4）【解析】利用第二类换元法：令 $x = \tan t$，则

$$\int \frac{x\mathrm{e}^{\arctan x}}{(1+x^2)^{\frac{3}{2}}}\mathrm{d}x = \int \frac{\mathrm{e}^t \tan t}{(1+\tan^2 t)^{\frac{3}{2}}}\sec^2 t\mathrm{d}t = \int \mathrm{e}^t \sin t\mathrm{d}t.$$

又因 $\displaystyle\int \mathrm{e}^t \sin t\mathrm{d}t = -\int \mathrm{e}^t\mathrm{d}\cos t = -\left(\mathrm{e}^t \cos t - \int \mathrm{e}^t \cos t\mathrm{d}t\right) = -\mathrm{e}^t \cos t + \mathrm{e}^t \sin t - \int \mathrm{e}^t \sin t\mathrm{d}t$，

故 $\displaystyle\int \mathrm{e}^t \sin t\mathrm{d}t = \frac{1}{2}\mathrm{e}^t(\sin t - \cos t) + C.$

因此 $\displaystyle\int \frac{x\mathrm{e}^{\arctan x}}{(1+x^2)^{\frac{3}{2}}}\mathrm{d}x = \frac{1}{2}\mathrm{e}^{\arctan x}\left(\frac{x}{\sqrt{1+x^2}} - \frac{1}{\sqrt{1+x^2}}\right) + C = \frac{(x-1)\mathrm{e}^{\arctan x}}{2\sqrt{1+x^2}} + C.$

注：被积函数含有根号 $\sqrt{1+x^2}$，一般应作代换 $x = \tan t$，或被积函数含有反三角函数 $\arctan x$，同样可考虑作变换：$t = \arctan x$，即 $x = \tan t$.

4.3　分部积分法

1. 重要知识点

（1）分部积分公式：$\displaystyle\int u\,v'\mathrm{d}x = uv - \int u'v\,\mathrm{d}x.$

① 分部积分法的关键：如何选取 u 和 $v'\mathrm{d}x$；

② 选取的原则：原函数易求者选为 $v'\mathrm{d}x = \mathrm{d}v(x)$；求导简单者选为 $u(x)$.

（2）分部积分法的题型归类：

① 右端积分式变简单类型：

对于 $\displaystyle\int p_n(x)a^x\mathrm{d}x, \int p_n(x)\sin(ax+b)\mathrm{d}x, \int p_n(x)\cos(ax+b)\mathrm{d}x$ 等类型的积分，选择幂函数 $p_n(x)$

为 u，另一函数为 v'，利用分部积分公式，使右端积分变简单.

对于 $\int p_n(x)\ln(ax+b)\mathrm{d}x, \int p_n(x)\arctan(ax+b)\mathrm{d}x$ 或 $\int p_n(x)\arcsin(ax+b)\mathrm{d}x$ 等类型的积分，选择幂函数 $p_n(x)$ 为 v'，另一函数为 u，利用分部积分公式，使右端积分变简单.

② 右端积分含有原积分类型：若被积函数是反三角函数与指数函数的乘积，可连续进行两次分部积分，得到一个所求积分满足的恒等式，从而求得积分.

③ 建立递推公式类型：有时所求积分与正整数 n 有关，这是利用分部积分法可导出原来函数所满足的一个递推公式，从而归结到 n 较小的同类不定积分上去.

（3）u、v' 的选择规律：

一般情况下按"反、对、幂、指、三"的顺序，当两两相乘时，前者为 u，后者为 v'.

注：反——反三角函数，对——对数函数，幂——幂函数，指——指数函数，三——三角函数.

2．例题辨析

知识点 1：不定积分的计算

例 1 计算不定积分 $\int x^2\cos 3x\mathrm{d}x$.

错解： $\int x^2\cos 3x\mathrm{d}x = \int x^2\mathrm{d}\sin 3x = x^2\sin 3x - 2\int x\sin 3x\mathrm{d}x$

$= x^2\sin 3x - 2\int x\mathrm{d}\cos 3x = x^2\sin 3x + 2(x\cos 3x - \int\cos 3x\mathrm{d}x)$

$= x^2\sin 3x + 2x\cos 3x - 2\sin 3x + C$.

【错解分析及知识链接】 上述解法是错误的，第一步对 $\cos 3x\mathrm{d}x$ 凑微分，应为 $\frac{1}{3}\mathrm{d}\sin 3x$；第三步对 $\sin 3x\mathrm{d}x$ 凑微分，应为 $-\frac{1}{3}\mathrm{d}(\cos 3x)$，都未考虑系数问题.

正解： $\int x^2\cos 3x\mathrm{d}x = \frac{1}{3}\int x^2\mathrm{d}(\sin 3x) = \frac{1}{3}x^2\sin 3x - \frac{2}{3}\int x\sin 3x\mathrm{d}x$

$= \frac{1}{3}x^2\sin 3x - \frac{2}{9}\int x\mathrm{d}(-\cos 3x) = \frac{1}{3}x^2\sin 3x + \frac{2}{9}(x\cos 3x - \int\cos 3x\mathrm{d}x)$

$= \frac{1}{3}x^2\sin 3x + \frac{2}{9}x\cos 3x - \frac{2}{27}\sin 3x + C$.

注：对于 $\int x^n a^x\mathrm{d}x, \int x^n\sin x\mathrm{d}x, \int x^n\cos x\mathrm{d}x$ 等类型的积分，选择幂函数为 u，另一函数为 v'. 目的：通过积分转移，将幂函数消去. 本题中幂函数是二阶，用两次分部积分公式，即可消去幂函数. 但在解题中要注意前后知识融会贯通，不能顾此失彼.

【举一反三】 计算不定积分 $I = \int x\mathrm{e}^{3x}\mathrm{d}x$.

解： $I = \frac{1}{3}\int x^2\mathrm{d}(\mathrm{e}^{3x}) = \frac{1}{3}x^2\mathrm{e}^{3x} - \frac{2}{3}\int x\mathrm{e}^{3x}\mathrm{d}x = \frac{1}{3}x^2\mathrm{e}^{3x} - \frac{2}{3}\int x\mathrm{e}^{3x}\mathrm{d}x$

$= \frac{1}{3}x^2\mathrm{e}^{3x} - \frac{2}{9}\int x\mathrm{d}\mathrm{e}^{3x} = \frac{1}{3}x^2\mathrm{e}^{3x} - \frac{2}{9}x\mathrm{e}^{3x} + \frac{2}{9}\int\mathrm{e}^{3x}\mathrm{d}x$

$= \frac{1}{3}x^2\mathrm{e}^{3x} - \frac{2}{9}x\mathrm{e}^{3x} + \frac{2}{27}\mathrm{e}^{3x} + C$.

知识点 2：分部积分法

例 2 计算不定积分 $I = \int e^x \sin x \mathrm{d}x$.

错解： $I = \int \sin x \mathrm{d}e^x = e^x \sin x - \int e^x \cos x \mathrm{d}x$

$$= e^x \cos x - e^x \cos x + \int e^x \cos x \mathrm{d}x = \int e^x \cos x \mathrm{d}x.$$

【错解分析及知识链接】 上述解法是错误的，连续使用分部积分法时，每次选取 u 和 v' 的函数类型不能改变，否则将会使前面的计算前功尽弃. 本题第一次对 $e^x \mathrm{d}x$ 凑微分，第二次还必须对 $e^x \mathrm{d}x$ 凑微分，而不能改用三角函数凑微分.

正解 1： $I = \int e^x \sin x \mathrm{d}x = \int \sin x \mathrm{d}e^x = e^x \sin x - \int e^x \cos x \mathrm{d}x$

$$= e^x \sin x - \int \cos x \mathrm{d}e^x = e^x \sin x - e^x \cos x - \int e^x \sin x \mathrm{d}x,$$

所以，$I = \dfrac{1}{2}(e^x \sin x - e^x \cos x) + C$.

正解 2： $I = \int e^x \sin x \mathrm{d}x = \int e^x \mathrm{d}(-\cos x) = -e^x \cos x + \int e^x \cos x \mathrm{d}x$

$$= -e^x \cos x + \int e^x \cos x \mathrm{d}x = -e^x \cos x + \int e^x \mathrm{d}\sin x$$

$$= -e^x \cos x + e^x \sin x - \int e^x \sin x \mathrm{d}x,$$

所以，$I = \dfrac{1}{2}(e^x \sin x - e^x \cos x) + C$.

注： 正解 1 中，两次分部积分都选择三角函数为 u，指数函数为 v'. 正解 2 中，两次分部积分都选择指数函数为 u，三角函数为 v'. 注意：第二次用分部积分公式时，选择 u 和 v' 的原则需和第一次用分部积分公式时选择 u 和 v' 的原则一致.

【举一反三】 计算不定积分 $I = \int e^{2x} \sin \dfrac{x}{2} \mathrm{d}x$.

解： $I = \int e^{2x} \sin \dfrac{x}{2} \mathrm{d}x = \dfrac{1}{2} \int \sin \dfrac{x}{2} \mathrm{d}e^{2x} = \dfrac{1}{2} e^{2x} \sin \dfrac{x}{2} - \dfrac{1}{4} \int e^{2x} \cos \dfrac{x}{2} \mathrm{d}x$

$$= \dfrac{1}{2} e^{2x} \sin \dfrac{x}{2} - \dfrac{1}{8} \int \cos \dfrac{x}{2} \mathrm{d}e^{2x} = \dfrac{1}{2} e^{2x} \sin \dfrac{x}{2} - \dfrac{1}{8} e^{2x} \cos \dfrac{x}{2} - \dfrac{1}{16} \int e^{2x} \sin \dfrac{x}{2} \mathrm{d}x,$$

所以，$I = \dfrac{8}{17} e^{2x} \sin \dfrac{x}{2} - \dfrac{2}{17} e^{2x} \cos \dfrac{x}{2} + C$.

3．真题演练

（1）（2000 年）设 $f(\ln x) = \dfrac{\ln(1+x)}{x}$，计算 $\int f(x)\mathrm{d}x$.

（2）（2001 年）求不定积分 $\int \dfrac{\arctan e^x}{e^{2x}} \mathrm{d}x$.

（3）（2002 年）设 $f(\sin^2 x) = \dfrac{x}{\sin x}$，求 $\int \dfrac{\sqrt{x}}{\sqrt{1-x}} f(x)\mathrm{d}x$.

（4）（2006 年）求 $\int \dfrac{\arcsin e^x}{e^x} \mathrm{d}x$.

（5）（2011 年）求不定积分 $\displaystyle\int \frac{\arcsin\sqrt{x} + \ln x}{\sqrt{x}}\mathrm{d}x$.

（6）（2018 年）求不定积分 $\displaystyle\int \mathrm{e}^{2x}\arctan\sqrt{\mathrm{e}^x - 1}\mathrm{d}x$.

4．真题演练解析

（1）【解析】被积函数形式复杂，通过换元使其形式简单化，再分部积分．设 $\ln x = t$ ，则 $x = \mathrm{e}^t$ ， $f(t) = \dfrac{\ln(1+\mathrm{e}^t)}{\mathrm{e}^t}$ ，故

$$\int f(x)\mathrm{d}x = \int \frac{\ln(1+\mathrm{e}^x)}{\mathrm{e}^x}\mathrm{d}x = -\int \ln(1+\mathrm{e}^x)\mathrm{d}\mathrm{e}^{-x} = -\mathrm{e}^{-x}\ln(1+\mathrm{e}^x) + \int \frac{1}{1+\mathrm{e}^x}\mathrm{d}x$$

$$= -\mathrm{e}^{-x}\ln(1+\mathrm{e}^x) + \int \left(1 - \frac{\mathrm{e}^x}{1+\mathrm{e}^x}\right)\mathrm{d}x = -\mathrm{e}^{-x}\ln(1+\mathrm{e}^x) + x - \ln(1+\mathrm{e}^x) + C$$

$$= x - (1+\mathrm{e}^{-x})\ln(1+\mathrm{e}^x) + C .$$

（2）【解析】利用分布积分法有

$$\int \frac{\arctan\mathrm{e}^x}{\mathrm{e}^{2x}}\mathrm{d}x = -\frac{1}{2}\int \arctan\mathrm{e}^x\mathrm{d}(\mathrm{e}^{-2x})$$

$$= -\frac{1}{2}\left[\mathrm{e}^{-2x}\arctan\mathrm{e}^x - \int \frac{\mathrm{d}\mathrm{e}^x}{\mathrm{e}^{2x}(1+\mathrm{e}^{2x})}\right]$$

$$= -\frac{1}{2}\left[\mathrm{e}^{-2x}\arctan\mathrm{e}^x - \int \frac{\mathrm{d}\mathrm{e}^x}{\mathrm{e}^{2x}} + \int \frac{\mathrm{d}\mathrm{e}^x}{1+\mathrm{e}^{2x}}\right]$$

$$= -\frac{1}{2}\left[\mathrm{e}^{-2x}\arctan\mathrm{e}^x + \mathrm{e}^{-x} + \arctan\mathrm{e}^x\right] + C .$$

（3）【解析】先利用第二类换元法，再分部积分：令 $\sin^2 t = x$ ，则

$$\int \frac{\sqrt{x}}{\sqrt{1-x}}f(x)\mathrm{d}x = \int \frac{\sin t}{\cos t}f(\sin^2 t)2\sin t\cos t\mathrm{d}t$$

$$= 2\int t\sin t\mathrm{d}t = -2\int t\mathrm{d}\cos t = -2t\cos t + 2\int \cos t\mathrm{d}t$$

$$= -2t\cos t + 2\sin t + C = -2\sqrt{1-x}\arcsin\sqrt{x} + 2\sqrt{x} + C .$$

（4）【解析】**解法 1**：利用分部积分法，有

$$\int \frac{\arcsin\mathrm{e}^x}{\mathrm{e}^x}\mathrm{d}x = -\int \arcsin\mathrm{e}^x\mathrm{d}\mathrm{e}^{-x} = -\mathrm{e}^{-x}\arcsin\mathrm{e}^x + \int \mathrm{e}^{-x}\cdot\frac{\mathrm{e}^x}{\sqrt{1-\mathrm{e}^{2x}}}\mathrm{d}x$$

$$= -\mathrm{e}^{-x}\arcsin\mathrm{e}^x + \int \frac{1}{\sqrt{1-\mathrm{e}^{2x}}}\mathrm{d}x .$$

令 $t = \sqrt{1-\mathrm{e}^{2x}}$ ，则 $x = \dfrac{1}{2}\ln(1-t^2)$ ， $\mathrm{d}x = -\dfrac{t}{1-t^2}\mathrm{d}t$ ，故

$$\int \frac{1}{\sqrt{1-\mathrm{e}^{2x}}}\mathrm{d}x = \int \frac{1}{t^2-1}\mathrm{d}t = \frac{1}{2}\int \left(\frac{1}{t-1} - \frac{1}{t+1}\right)\mathrm{d}t$$

$$= \frac{1}{2}\ln\left|\frac{t-1}{t+1}\right| + C = \frac{1}{2}\ln\left|\frac{\sqrt{1-\mathrm{e}^{2x}}-1}{\sqrt{1-\mathrm{e}^{2x}}+1}\right| + C .$$

解法 2： 令 $\arcsin e^x = t$，则 $x = \ln\sin t$，$dx = \dfrac{\cos t}{\sin t}dt$，

$$\int \frac{\arcsin e^x}{e^x}dx = \int \frac{t}{\sin t}\cdot\frac{\cos t}{\sin t}dt = -\int t\,d\frac{1}{\sin t} = -\frac{t}{\sin t} + \int \frac{dt}{\sin t}$$

$$= -\frac{t}{\sin t} - \ln|\csc t + \cot t| + C = -\frac{\arcsin e^x}{\sin e^x} - \ln\left|\frac{1}{e^x} + \frac{\sqrt{1-e^{2x}}}{e^x}\right| + C.$$

注： 被积函数为两种不同类型函数乘积且无法用凑微分法求解时，要想到用分部积分法计算；对含根式的积分，要想到分式有理化及根式代换.

（5）【解析】**解法 1：** 令 $\sqrt{x} = t$，则 $x = t^2$，$dx = 2t\,dt$，

$$\int \frac{\arcsin\sqrt{x} + \ln x}{\sqrt{x}}dx = 2\int(\arcsin t + 2\ln t)dt$$

$$= 2t(\arcsin t + 2\ln t) - 2\int\left(\frac{t}{\sqrt{1-t^2}} + 2\right)dt$$

$$= 2t(\arcsin t + 2\ln t) + \int\frac{d(1-t^2)}{\sqrt{1-t^2}} - 4t$$

$$= 2t(\arcsin t + 2\ln t) + 2\sqrt{1-t^2} - 4t + C$$

$$= 2\sqrt{x}(\arcsin\sqrt{x} + \ln x) + 2\sqrt{1-x} - 4\sqrt{x} + C.$$

解法 2： $\displaystyle\int \frac{\arcsin\sqrt{x} + \ln x}{\sqrt{x}}dx = 2\int(\arcsin\sqrt{x} + \ln x)d\sqrt{x}$

$$= 2\sqrt{x}(\arcsin\sqrt{x} + \ln x) - 2\int\left(\frac{1}{2\sqrt{1-x}} + \frac{1}{\sqrt{x}}\right)dx$$

$$= 2\sqrt{x}(\arcsin\sqrt{x} + \ln x) + 2\sqrt{1-x} - 4\sqrt{x} + C.$$

（6）【解析】$\displaystyle\int e^{2x}\arctan\sqrt{e^x-1}\,dx = \frac{1}{2}\int \arctan\sqrt{e^x-1}\,de^{2x}$

$$= \frac{e^{2x}}{2}\cdot\arctan\sqrt{e^x-1} - \frac{1}{2}\int e^{2x}\cdot\frac{1}{1+e^x-1}\cdot\frac{e^x}{2\sqrt{e^x-1}}dx$$

$$= \frac{e^{2x}\arctan\sqrt{e^x-1}}{2} - \frac{1}{4}\int\frac{e^{2x}}{\sqrt{e^x-1}}dx.$$

令 $u = \sqrt{e^x-1}$，则 $x = \ln(u^2+1)$，$dx = \dfrac{2u}{u^2+1}du$，

$$\int\frac{e^{2x}}{\sqrt{e^x-1}}dx = \int\frac{(u^2+1)^2}{u}\cdot\frac{2u}{u^2+1}du = 2\int(u^2+1)du = \frac{2}{3}u^3 + 2u + C_1$$

$$= \frac{2}{3}(e^x-1)^{\frac{3}{2}} + 2\sqrt{e^x-1} + C_1 \quad (C_1\text{ 为任意常数}),$$

故原式为 $\dfrac{e^{2x}\arctan\sqrt{e^x-1}}{2}-\dfrac{1}{6}(e^x-1)^{\frac{3}{2}}-\dfrac{1}{2}\sqrt{e^x-1}+C$ （C 为任意常数）．

4.4 简单的有理函数的积分

1. 重要知识点

（1）简单有理函数的积分．

① 有理函数分解为部分分式之和的一般方法：

利用多项式除法可以将假分式化成一个多项式和一个真分式之和，多项式积分容易算出．

将真分式化为部分分式之和的方法：对于真分式 $\dfrac{P(x)}{Q(x)}$，若其分母可分解为两个没有公因式的多项式的积 $Q(x)=Q_1(x)\cdot Q_2(x)$，则 $\dfrac{P(x)}{Q(x)}=\dfrac{P_1(x)}{Q_1(x)}+\dfrac{P_2(x)}{Q_2(x)}$．若 $Q_1(x)$ 和 $Q_2(x)$ 还能再分解为两个没有公因式的多项式的乘积，就可再分拆成更简单的部分分式．

有理函数的分解式中只能出现多项式、$\dfrac{P_1(x)}{(x-a)^k}$、$\dfrac{P_2(x)}{(x^2+px+q)^l}$ 三类函数．

② 将真分式化为部分分式之和中确定待定系数的方法：

a. 待定系数法：因为 $\dfrac{1}{x(x-1)^2}=\dfrac{A}{x}+\dfrac{Bx+C}{(x-1)^2}$，所以 $1=A(x-1)^2+(Bx+C)x$，故 $1=(A+B)x^2+(C-2A)x+A$．比较系数可得方程组 $\begin{cases}A+B=0,\\C+2A=0,\\A=1\end{cases}$ 解得 $\begin{cases}A=1\\B=-1\\C=2\end{cases}$，从而有 $\dfrac{1}{x(x-1)^2}=\dfrac{1}{x}+\dfrac{-x+2}{(x-1)^2}$．

b. 代特殊值法：因为 $\dfrac{1}{x(x-1)^2}=\dfrac{A}{x}+\dfrac{Bx+C}{(x-1)^2}$，所以 $1=A(x-1)^2+(Bx+C)x$．在上式中取 $x=0$，解得 $A=1$；取 $x=1$，可得 $B+C=1$；再取 $x=2$，并将 $A=1, B=1-C$ 代入，可解得 $B=-1$，$C=2$，从而 $\dfrac{1}{x(x-1)^2}=\dfrac{1}{x}+\dfrac{-x+2}{(x-1)^2}$．

（2）三角函数有理式的积分．

由三角函数和常数经过有限次四则运算所构成的函数称为三角函数有理式，一般记为 $R(\sin x,\cos x)$．可以用万能代换：$u=\tan\dfrac{x}{2}$，$x=2\arctan u$，将积分 $\displaystyle\int R(\sin x,\cos x)\mathrm{d}x=\int R\left(\dfrac{2u}{1+u^2},\dfrac{1-u^2}{1+u^2}\right)\dfrac{2}{1+u^2}\mathrm{d}u$ 换成有理函数的积分．理论上万能代换解决了所有三角函数有理式的积分问题，但这种方法对某些三角函数有理式来说计算起来比较麻烦，因此三角函数有理式的积分常可以通过三角恒等式、换元积分法、分部积分法算出．

（3）简单无理函数的积分：被积函数为简单根式的有理式，可通过根式代换化为有理函数积分．

$\displaystyle\int R(x,\sqrt[n]{ax+b})\mathrm{d}x$，令 $t=\sqrt[n]{ax+b}$；$\displaystyle\int R\left(x,\sqrt[n]{\dfrac{ax+b}{cx+d}}\right)\mathrm{d}x$，令 $t=\sqrt[n]{\dfrac{ax+b}{cx+d}}$；

$\int R(x, \sqrt[n]{ax+b}, \sqrt[m]{ax+b}) \mathrm{d}x$，令 $t = \sqrt[p]{ax+b}$，p 为 m, n 的最小公倍数.

2. 例题辨析

知识点 1：有理分式的分解

例 1　写出下列有理分式的分解结构.

（1）$\dfrac{x^3-1}{x(x+1)^3}$；　　　　（2）$\dfrac{(x-1)(x^2+3)}{x^2(x^2-x+1)}$；　　　　（3）$\dfrac{x+1}{4x(x^2-1)^2}$.

错解：（1）$\dfrac{x^3-1}{x(x+1)^3} = \dfrac{A}{x} + \dfrac{B}{x+1} + \dfrac{Cx+D}{(x+1)^2} + \dfrac{Ex^2+Fx+G}{(x+1)^3}$；

　　　　（2）$\dfrac{(x-1)(x^2+3)}{x^2(x^2-x+1)} = \dfrac{A}{x} + \dfrac{B}{x^2} + \dfrac{Cx+D}{x^2-x+1}$；

　　　　（3）$\dfrac{x+1}{4x(x^2-1)^2} = \dfrac{A}{x} + \dfrac{Bx+C}{x^2-1} + \dfrac{Dx+E}{(x^2-1)^2}$.

【错解分析及知识链接】 上述解法错在分解形式不恰当，没有真正掌握部分分式分解法.

正解：（1）$\dfrac{x^3-1}{x(x+1)^3} = \dfrac{A}{x} + \dfrac{B}{x+1} + \dfrac{C}{(x+1)^2} + \dfrac{D}{(x+1)^3}$；

（2）原分式要先化为真分式：$\dfrac{(x-1)(x^2+3)}{x^2(x^2-x+1)} = 1 - \dfrac{x^2-2x+2}{x^2(x^2-x+1)}$；

再用部分分式分解法：$\dfrac{x^2-2x+2}{x^2(x^2-x+1)} = \dfrac{A}{x} + \dfrac{B}{x^2} + \dfrac{Cx+D}{x^2-x+1}$.

（3）先对分母中的因子 $(x^2-1)^2$ 进行一次分解，即

$$\frac{x+1}{4x(x^2-1)^2} = \frac{1}{4x(x+1)(x-1)^2} = \frac{A}{x} + \frac{B}{x+1} + \frac{C}{x-1} + \frac{D}{(x-1)^2}.$$

知识点 2：万能代换公式的应用

例 2　求不定积分 $\displaystyle\int \dfrac{1+\sin x}{1+\cos x}\mathrm{d}x$.

错解：令 $u = \tan\dfrac{x}{2}$，则 $\sin x = \dfrac{2u}{1+u^2}$，$\cos x = \dfrac{1-u^2}{1+u^2}$，

则 $\displaystyle\int \frac{1+\sin x}{1+\cos x}\mathrm{d}x = \int \frac{1+\dfrac{2u}{1+u^2}}{1+\dfrac{1-u^2}{1+u^2}}\mathrm{d}u = \frac{1}{2}\int (u+1)^2 \mathrm{d}u = \frac{1}{6}(u+1)^3 + C.$

【错解分析及知识链接】 上述解法是错误的，在使用万能公式进行代换时，忽略了 $\mathrm{d}x$ 与 $\mathrm{d}u$ 之间的转化，这是很多初学者容易犯的错误.

正解：令 $u = \tan\dfrac{x}{2}$，则 $\sin x = \dfrac{2u}{1+u^2}$，$\cos x = \dfrac{1-u^2}{1+u^2}$，$\mathrm{d}x = \dfrac{2\mathrm{d}u}{1+u^2}$，

$$\int \frac{1+\sin x}{1+\cos x}\mathrm{d}x = \int \frac{1+\dfrac{2u}{1+u^2}}{1+\dfrac{1-u^2}{1+u^2}}\cdot\frac{2}{1+u^2}\mathrm{d}u = \int \frac{(u+1)^2}{1+u^2}\mathrm{d}u = \int (1+\frac{1-u^2}{1+u^2})\mathrm{d}u$$

$$= u + \ln(u^2+1) + C = \tan\frac{x}{2} - \ln(\tan^2\frac{x}{2}+1) + C.$$

3. 真题演练

（1）（2009 年）计算不定积分 $\displaystyle\int \ln\left(1+\sqrt{\frac{1+x}{x}}\right)\mathrm{d}x\ (x>0)$.

（2）（2019 年）求不定积分 $\displaystyle\int \frac{3x+6}{(x-1)^2(x^2+x+1)}\mathrm{d}x$.

4. 真题演练解析

（1）【解析】被积函数含有根号，因此先去掉根号. 令 $\sqrt{\dfrac{1+x}{x}}=t$，则 $x=\dfrac{1}{t^2-1}$，

$$\int \ln\left(1+\sqrt{\frac{1+x}{x}}\right)\mathrm{d}x = \int \ln(1+t)\,\mathrm{d}\frac{1}{t^2-1} = \frac{\ln(1+t)}{t^2-1} - \int \frac{1}{t^2-1}\cdot\frac{1}{t+1}\mathrm{d}t.$$

而 $\displaystyle\int \frac{1}{t^2-1}\cdot\frac{1}{t+1}\mathrm{d}t = \frac{1}{2}\int \frac{(t+1)-(t-1)}{(t^2-1)(t+1)}\mathrm{d}t = \frac{1}{2}[\int \frac{\mathrm{d}t}{t^2-1} - \int \frac{\mathrm{d}t}{(t+1)^2}]$

$$= \frac{1}{4}\ln\frac{t-1}{t+1} + \frac{1}{2(t+1)} + C,$$

则 $\displaystyle\int \ln\left(1+\sqrt{\frac{1+x}{x}}\right)\mathrm{d}x = \frac{\ln(1+t)}{t^2-1} + \frac{1}{4}\ln\frac{t+1}{t-1} - \frac{1}{2(t+1)} + C$

$$= x\ln\left(1+\sqrt{\frac{1+x}{x}}\right) + \frac{1}{2}\ln\left(\sqrt{1+x}+\sqrt{x}\right) - \frac{\sqrt{x}}{2\left(\sqrt{1+x}+\sqrt{x}\right)} + C.$$

（2）【解析】设 $\dfrac{3x+6}{(x-1)^2(x^2+x+1)} = \dfrac{A}{x-1} + \dfrac{B}{(x-1)^2} + \dfrac{Cx+D}{x^2+x+1}$，解得 $A=-2$，$B=3$，$C=2$，

$D=1$，所以

$$\int \frac{3x+6}{(x-1)^2(x^2+x+1)}\mathrm{d}x = -2\int \frac{1}{x-1}\mathrm{d}x + 3\int \frac{\mathrm{d}x}{(x-1)^2} + \int \frac{2x+1}{x^2+x+1}\mathrm{d}x$$

$$= -2\ln|x-1| - \frac{3}{x-1} + \ln(x^2+x+1) + C.$$

第5章 定积分

5.1 定积分的概念与性质

1. 重要知识点

（1）定积分的定义：

① 定积分与不定积分的区别：定积分是一个具体数，不定积分是任意一个原函数.

② 分割、近似、求和、取极限是定积分定义的核心.

③ 定义中 $\lambda \to 0$ 不能用 $n \to \infty$ 代替. 当 $\lambda \to 0$，区间分点个数无限增多，可确保 $n \to \infty$；但 $n \to \infty$ 不能保证 $\lambda \to 0$.

（2）定积分可积的条件：

① 必要条件：$f(x)$ 在区间 $[a,b]$ 上可积，则在 $[a,b]$ 上有界.

② 充分条件：$f(x)$ 在区间 $[a,b]$ 上连续，则可积；$f(x)$ 在区间 $[a,b]$ 上只有有限个一类间断点，则可积；$f(x)$ 在区间 $[a,b]$ 上有界且只有有限个间断点，则可积.

（3）定积分的几何意义：$\int_a^b f(x)\mathrm{d}x$ 表示介于曲线 $y = f(x)$ 和直线 $x = a$、$x = b$ 及 x 轴之间的各部分面积的代数和.

（4）定积分的性质：

① $\int_a^b \left[C_1 f(x) + C_2 g(x) \right]\mathrm{d}x = C_1 \int_a^b f(x)\mathrm{d}x + C_2 \int_a^b g(x)\mathrm{d}x$；

② $\int_a^b f(x)\mathrm{d}x = \int_a^c f(x)\mathrm{d}x + \int_c^b f(x)\mathrm{d}x$；

③ 若 $f(x) \leqslant g(x)$，则 $\int_a^b f(x)\mathrm{d}x \leqslant \int_a^b g(x)\mathrm{d}x$，其中 $a \leqslant b$；

④ 中值定理：若 $f(x)$ 在 $[a,b]$ 上连续，则 $\exists \xi \in [a,b]$，使得 $\int_a^b f(x)\mathrm{d}x = f(\xi)(b-a)$.

2. 例题辨析

知识点 1：用定积分定义求极限

例 1　用定积分表示 $\lim\limits_{n \to \infty} \dfrac{1}{n} \sum\limits_{k=1}^{n-1} \sin\dfrac{k}{n}\pi$.

错解 1：由于 $\sin\pi x$ 在 $[0,1]$ 上可积，所以 $\lim\limits_{n \to \infty} \dfrac{1}{n} \sum\limits_{k=1}^{n-1} \sin\dfrac{k}{n}\pi = \int_0^1 \sin\pi x\mathrm{d}x$.

错解 2：由于 $\sin x$ 在 $[0,\pi]$ 上可积，所以

$$\lim_{n\to\infty}\frac{1}{n}\sum_{k=1}^{n-1}\sin\frac{k}{n}\pi=\frac{1}{\pi}\lim_{n\to\infty}\frac{\pi}{n}\sum_{k=1}^{n-1}\sin\frac{k}{n}\pi=\frac{1}{\pi}\int_0^\pi\sin x\mathrm{d}x.$$

【错解分析及知识链接】本题核心是根据和式的特征确定积分变量的取值区间和被积函数. 两个错解的不当之处是在 $\frac{1}{n}\sum_{k=1}^{n-1}\sin\frac{k}{n}\pi$ 中，少 $\sin\frac{n}{n}\pi$ 项，不符合 n 项积分和的形式，故需将该项补上.

正解 1： $\lim_{n\to\infty}\frac{1}{n}\sum_{k=1}^{n-1}\sin\frac{k}{n}\pi=\lim_{n\to\infty}\frac{1}{n}\sum_{k=1}^{n}\sin\frac{k}{n}\pi$ ，因为 $\sin\pi x$ 在 $[0,1]$ 上可积，所以 $\lim_{n\to\infty}\frac{1}{n}\sum_{k=1}^{n-1}\sin\frac{k}{n}\pi=\int_0^1\sin\pi x\mathrm{d}x.$

正解 2： $\lim_{n\to\infty}\frac{1}{n}\sum_{k=1}^{n-1}\sin\frac{k}{n}\pi=\frac{1}{\pi}\lim_{n\to\infty}\frac{\pi}{n}\sum_{k=1}^{n}\sin\frac{k}{n}\pi$ ，因为 $\sin x$ 在 $[0,\pi]$ 上可积，所以 $\lim_{n\to\infty}\frac{1}{n}\sum_{k=1}^{n-1}\sin\frac{k}{n}\pi=\frac{1}{\pi}\int_0^\pi\sin x\mathrm{d}x.$

【举一反三】用定积分表示 $\lim_{n\to\infty}\sum_{k=1}^{n-1}\frac{1}{n+k}$.

解： $\lim_{n\to\infty}\sum_{k=1}^{n-1}\frac{1}{n+k}=\lim_{n\to\infty}\sum_{k=1}^{n}\frac{1}{n+k}=\lim_{n\to\infty}\frac{1}{n}\sum_{k=1}^{n}\frac{1}{1+\dfrac{k}{n}}$ ，因为 $\dfrac{1}{1+x}$ 在 $[0,1]$ 上可积，所以

$$\lim_{n\to\infty}\frac{1}{n}\sum_{k=1}^{n}\frac{1}{1+\dfrac{k}{n}}=\int_0^1\frac{1}{1+x}\mathrm{d}x.$$

【举一反三】用定积分表示 $\lim_{n\to\infty}\sum_{k=1}^{n-1}\dfrac{1}{\sqrt{n^2+k^2}}$.

解： $\lim_{n\to\infty}\sum_{k=1}^{n-1}\dfrac{1}{\sqrt{n^2+k^2}}=\lim_{n\to\infty}\sum_{k=1}^{n}\dfrac{1}{\sqrt{n^2+k^2}}=\lim_{n\to\infty}\dfrac{1}{n}\sum_{k=1}^{n}\dfrac{1}{\sqrt{1+\dfrac{k^2}{n^2}}}$ ，因为 $\dfrac{1}{\sqrt{1+x^2}}$ 在 $[0,1]$ 上可积，

所以 $\lim_{n\to\infty}\dfrac{1}{n}\sum_{k=1}^{n}\dfrac{1}{\sqrt{1+\dfrac{k^2}{n^2}}}=\int_0^1\dfrac{1}{\sqrt{1+x^2}}\mathrm{d}x.$

知识点 2：求与定积分有关的极限

例 2　证明 $\lim_{n\to\infty}\int_0^1\dfrac{x^n}{1+x}\mathrm{d}x=0$.

错解：由积分中值定理知， $\lim_{n\to\infty}\int_0^1\dfrac{x^n}{1+x}\mathrm{d}x=\dfrac{\xi^n}{1+\xi}$ ，由于 $0<\xi<1$ ，所以 $\lim_{n\to\infty}\dfrac{\xi^n}{1+\xi}=0$.

【错解分析及知识链接】错解核心是应用积分中值定理证明关于积分的极限. 此解法的不当之处在于：首先，积分中值定理中的 ξ 范围为 $0\leqslant\xi\leqslant1$ ，当 $\xi=1$ 时， $\lim_{n\to\infty}\dfrac{\xi^n}{1+\xi}=0$ 不成立. 其次，积分中值定理仅能肯定 ξ 的存在，并没有说明 ξ 在区间内何处. 当 n 不同时，被积函数也不同， ξ 在 $[0,1]$ 的位置也就随之不同，因此应把 ξ 记为 ξ_n . 如果 $n\to\infty,\xi_n\to1$ ，那么

$\lim\limits_{n\to\infty}\dfrac{\xi^n}{1+\xi}=0$ 成立.

正解： 由于 $0\leqslant\dfrac{x^n}{1+x}\leqslant x^n(x\in[0,1])$，得 $0\leqslant\displaystyle\int_0^1\dfrac{x^n}{1+x}\mathrm{d}x\leqslant\int_0^1 x^n\mathrm{d}x=\dfrac{1}{1+n}$，又 $\lim\limits_{n\to\infty}\dfrac{1}{1+n}=0$，由夹逼准则得 $\lim\limits_{n\to\infty}\displaystyle\int_0^1\dfrac{x^n}{1+x}\mathrm{d}x=0$.

【举一反三】 求极限 $\lim\limits_{n\to\infty}\displaystyle\int_0^1\dfrac{x^n\mathrm{e}^x}{1+\mathrm{e}^x}\mathrm{d}x$.

解： 由于 $0\leqslant\dfrac{x^n\mathrm{e}^x}{1+\mathrm{e}^x}\leqslant x^n(x\in[0,1])$，得 $0\leqslant\displaystyle\int_0^1\dfrac{x^n\mathrm{e}^x}{1+\mathrm{e}^x}\mathrm{d}x\leqslant\int_0^1 x^n\mathrm{d}x=\dfrac{1}{1+n}$，又 $\lim\limits_{n\to\infty}\dfrac{1}{1+n}=0$，由夹逼准则得 $\lim\limits_{n\to\infty}\displaystyle\int_0^1\dfrac{x^n\mathrm{e}^x}{1+\mathrm{e}^x}\mathrm{d}x=0$.

【举一反三】 证明 $\lim\limits_{n\to\infty}\displaystyle\int_0^1\sin x^n\mathrm{d}x=0$.

解： 由于 $0\leqslant\sin x^n\leqslant x^n(x\in[0,1])$，得 $0\leqslant\displaystyle\int_0^1\sin x^n\mathrm{d}x\leqslant\int_0^1 x^n\mathrm{d}x=\dfrac{1}{1+n}$，又 $\lim\limits_{n\to\infty}\dfrac{1}{1+n}=0$，由夹逼准则得 $\lim\limits_{n\to\infty}\displaystyle\int_0^1\sin x^n\mathrm{d}x=0$.

知识点 3：定积分性质的应用

例 3 估计定积分 $\displaystyle\int_2^0\mathrm{e}^{x^2-x}\mathrm{d}x$ 的值.

错解： 令 $f(x)=\mathrm{e}^{x^2-x}$，$f'(x)=\mathrm{e}^{x^2-x}(2x-1)=0$，得驻点 $x=\dfrac{1}{2}$. 当 $0<x<\dfrac{1}{2}$ 时，$f'(x)<0$，$f(x)$ 单调递减；当 $\dfrac{1}{2}<x<2$ 时，$f'(x)>0$，$f(x)$ 单调递增，易知，$f(x)$ 有最小值 $f\left(\dfrac{1}{2}\right)=\mathrm{e}^{-\frac{1}{4}}$，最大值 $f(2)=\mathrm{e}^2$. 由积分估值公式得 $2\mathrm{e}^{-\frac{1}{4}}\leqslant\displaystyle\int_2^0\mathrm{e}^{x^2-x}\mathrm{d}x\leqslant 2\mathrm{e}^2$.

【错解分析及知识链接】 上述解法先应用单调性求出 $f(x)$ 的最大值和最小值，然后应用积分估值性质，估计出此定积分的取值范围. 错解的不当之处在于：没有考虑积分估值公式应用的前提，要观察积分上下限的大小关系，本题中积分下限 2 小于积分上限 0，所以在应用时要先估计 $\displaystyle\int_2^0\mathrm{e}^{x^2-x}\mathrm{d}x$ 的范围，再求 $\displaystyle\int_2^0\mathrm{e}^{x^2-x}\mathrm{d}x$ 的范围.

正解： 令 $f(x)=\mathrm{e}^{x^2-x}$，$f'(x)=\mathrm{e}^{x^2-x}(2x-1)=0$，得驻点 $x=\dfrac{1}{2}$. 当 $0<x<\dfrac{1}{2}$，$f'(x)<0$ 时，$f(x)$ 单调递减；当 $\dfrac{1}{2}<x<2$，$f'(x)>0$ 时，$f(x)$ 单调递增，易知，$f(x)$ 有最小值 $f\left(\dfrac{1}{2}\right)=\mathrm{e}^{-\frac{1}{4}}$，最大值 $f(2)=\mathrm{e}^2$. 由积分估值公式，得 $2\mathrm{e}^{-\frac{1}{4}}\leqslant\displaystyle\int_0^2\mathrm{e}^{x^2-x}\mathrm{d}x\leqslant 2\mathrm{e}^2$，则 $-2\mathrm{e}^2\leqslant\displaystyle\int_2^0\mathrm{e}^{x^2-x}\mathrm{d}x\leqslant -2\mathrm{e}^{-\frac{1}{4}}$.

【举一反三】 比较积分值 $\displaystyle\int_0^{-2}\mathrm{e}^x\mathrm{d}x$ 和 $\displaystyle\int_0^{-2}x\mathrm{d}x$ 的大小.

解： 令 $f(x)=\mathrm{e}^x$，$g(x)=x$，因为 $f(x)>g(x)$ $x\in[-2,0]$，所以 $\displaystyle\int_{-2}^0\mathrm{e}^x\mathrm{d}x>\int_{-2}^0 x\mathrm{d}x$，于是，$\displaystyle\int_0^{-2}\mathrm{e}^x\mathrm{d}x<\int_0^{-2}x\mathrm{d}x$.

3．真题演练

（1）（1991 年）设函数 $f(x)$ 在$[0,1]$上连续，$(0,1)$内可导，且 $3\int_{\frac{2}{3}}^{1} f(x)\mathrm{d}x = f(0)$，证明在$(0,1)$内存在一点 c，使 $f'(c)=0$.

（2）（1998 年）求极限 $\lim\limits_{n\to\infty}\left(\dfrac{\sin\dfrac{\pi}{n}}{n+1}+\dfrac{\sin\dfrac{2\pi}{n}}{n+\dfrac{1}{2}}+\cdots+\dfrac{\sin\pi}{n+\dfrac{1}{n}}\right)$.

（3）（2017 年）求 $\lim\limits_{n\to\infty}\sum\limits_{k=1}^{n}\dfrac{k}{n^2}\ln\left(1+\dfrac{k}{n}\right)$.

（4）（2002 年）设函数 $f(x),g(x)$ 在$[a,b]$上连续，且 $g(x)>0$．利用闭区间上连续函数的性质，证明存在一点 $\xi\in[a,b]$，使 $\int_{a}^{b} f(x)g(x)\mathrm{d}x = f(\xi)\int_{a}^{b} g(x)\mathrm{d}x$.

（5）（1996 年）设 $f(x)$ 在区间$[0,1]$上可微，且满足条件 $f(1)=2\int_{0}^{\frac{1}{2}} xf(x)\mathrm{d}x$．试证：存在 $\xi\in(0,1)$ 使 $f(\xi)+\xi f'(\xi)=0$.

4．真题演练解析

（1）【解析】由定积分中值定理可知，对于 $\int_{\frac{2}{3}}^{1} f(x)\mathrm{d}x$，在区间 $\left(\dfrac{2}{3},1\right)$ 上存在一点 ξ 使得 $\int_{\frac{2}{3}}^{1} f(x)\mathrm{d}x = f(\xi)\left(1-\dfrac{2}{3}\right)=\dfrac{1}{3}f(\xi)$，即 $3\int_{\frac{2}{3}}^{1} f(x)\mathrm{d}x = f(\xi)=f(0)$．由罗尔中值定理可知，在区间 $(0,1)$ 内存在一点 $c(0<c<\xi<1)$，使得 $f'(c)=0$.

（2）【解析】这是 n 项和式的极限，和式极限通常的求解方法就两种：一把和式放缩，利用夹逼准则求极限；二把和式转换成定积分的定义形式，利用定积分求极限．这道题把两种方法结合到一起来求极限．当各项分母均是 n 时，n 项和式 $x_n = \dfrac{\sin\dfrac{\pi}{n}}{n}+\dfrac{\sin\dfrac{2\pi}{n}}{n}+\cdots+\dfrac{\sin\dfrac{n\pi}{n}}{n}$ 是函数 $\sin\pi x$ 在$[0,1]$区间上的一个积分和．于是可由定积分 $\int_{0}^{1}\sin\pi x\mathrm{d}x$ 求得极限 $\lim\limits_{n\to\infty} x_n$.

由 $\dfrac{\sin\dfrac{i\pi}{n}}{n+1}\leqslant\dfrac{\sin\dfrac{i\pi}{n}}{n+\dfrac{1}{i}}\leqslant\dfrac{\sin\dfrac{i\pi}{n}}{n}, i=1,2,\cdots,n$，知 $\sum\limits_{i=1}^{n}\dfrac{\sin\dfrac{i\pi}{n}}{n+1}\leqslant\sum\limits_{i=1}^{n}\dfrac{\sin\dfrac{i\pi}{n}}{n+\dfrac{1}{i}}\leqslant\sum\limits_{i=1}^{n}\dfrac{\sin\dfrac{i\pi}{n}}{n}$.

由于 $\lim\limits_{n\to\infty}\sum\limits_{i=1}^{n}\dfrac{\sin\dfrac{i\pi}{n}}{n}=\lim\limits_{n\to\infty}\dfrac{1}{n}\sum\limits_{i=1}^{n}\sin\dfrac{i\pi}{n}=\int_{0}^{1}\sin\pi x\mathrm{d}x=\dfrac{2}{\pi}$，

$\lim\limits_{n\to\infty}\sum\limits_{i=1}^{n}\dfrac{\sin\dfrac{i\pi}{n}}{n+1}=\lim\limits_{n\to\infty}\left[\dfrac{n}{n+1}\cdot\dfrac{1}{n}\sum\limits_{i=1}^{n}\sin\dfrac{i\pi}{n}\right]=\lim\limits_{n\to\infty}\dfrac{1}{n}\sum\limits_{i=1}^{n}\sin\dfrac{i\pi}{n}=\int_{0}^{1}\sin\pi x\mathrm{d}x=\dfrac{2}{\pi}$，

根据夹逼准则知，$\lim\limits_{n\to\infty}\sum\limits_{i=1}^{n}\dfrac{\sin\dfrac{i\pi}{n}}{n+\dfrac{1}{i}}=\dfrac{2}{\pi}$.

（3）【解析】由定积分的定义知：$\lim\limits_{n\to\infty}\sum\limits_{k=1}^{n}\dfrac{k}{n^2}\ln\left(1+\dfrac{k}{n}\right)=\int_0^1 x\ln(1+x)\mathrm{d}x$，而

$\int_0^1 x\ln(1+x)\mathrm{d}x=\dfrac{1}{2}\int_0^1\ln(1+x)\mathrm{d}x^2=\dfrac{1}{2}\left(\ln(1+x)x^2\big|_0^1-\int_0^1 x^2\mathrm{d}\ln(1+x)\right)=\dfrac{1}{2}\left(\ln 2-\int_0^1\dfrac{x^2}{1+x}\mathrm{d}x\right)=$

$\dfrac{1}{2}\left(\ln 2-\int_0^1\dfrac{x^2-1+1}{1+x}\mathrm{d}x\right)=\dfrac{1}{2}\left(\ln 2-\int_0^1 x-1+\dfrac{1}{x+1}\mathrm{d}x\right)=\dfrac{1}{2}\left(\ln 2+\dfrac{1}{2}+\ln(x+1)\big|_0^1\right)=\dfrac{1}{4}$.

注：本题主要考查用定积分定义求极限，后半段定积分的计算用到了 5.3 节的分部积分法求定积分.

（4）【解析】因为 $f(x)$ 与 $g(x)$ 在 $[a,b]$ 上连续，所以存在 x_1，x_2，使得 $f(x_1)=M=\max\limits_{x\in[a,b]}f(x)$，$f(x_2)=m=\min\limits_{x\in[a,b]}f(x)$，满足 $m\leqslant f(x)\leqslant M$. 又有 $g(x)>0$，故根据不等式的性质 $mg(x)\leqslant f(x)g(x)\leqslant Mg(x)$，根据定积分的不等式性质有 $m\int_a^b g(x)\mathrm{d}x\leqslant\int_a^b f(x)g(x)\mathrm{d}x\leqslant M\int_a^b g(x)\mathrm{d}x$，所以 $m\leqslant\dfrac{\displaystyle\int_a^b f(x)g(x)\mathrm{d}x}{\displaystyle\int_a^b g(x)\mathrm{d}x}\leqslant M$.

由连续函数的介值定理知，存在 $\xi\in[a,b]$，使 $f(\xi)=\dfrac{\displaystyle\int_a^b f(x)g(x)\mathrm{d}x}{\displaystyle\int_a^b g(x)\mathrm{d}x}$，即有 $\int_a^b f(x)g(x)\mathrm{d}x=f(\xi)\int_a^b g(x)\mathrm{d}x$.

（5）【解析】由结论可知，若令 $\varphi(x)=xf(x)$，则 $\varphi'(x)=f(x)+xf'(x)$. 因此只需证明 $\varphi(x)$ 在 $[0,1]$ 内某一区间上满足罗尔中值定理的条件. 由积分中值定理可知，存在 $\eta\in\left(0,\dfrac{1}{2}\right)$，使 $\int_0^{\frac{1}{2}}xf(x)\mathrm{d}x=\int_0^{\frac{1}{2}}\varphi(x)\mathrm{d}x=\dfrac{1}{2}\varphi(\eta)$，由已知条件有 $f(1)=2\int_0^{\frac{1}{2}}xf(x)\mathrm{d}x=2\cdot\dfrac{1}{2}\varphi(\eta)=\varphi(\eta)$，于是 $\varphi(1)=f(1)=\varphi(\eta)$，且 $\varphi(x)$ 在 $(\eta,1)$ 上可导，故由罗尔中值定理可知，存在 $\xi\in(\eta,1)\subset(0,1)$，使得 $\varphi'(\xi)=0$，即 $f(\xi)+\xi f'(\xi)=0$.

5.2　微积分基本公式

1. 重要知识点

（1）积分上限函数：

$\Phi(x)=\int_a^x f(t)\mathrm{d}t$，$x$ 是 $\Phi(x)$ 的自变量，但在此积分式中 t 是积分变量，x 是常量.

（2）积分上限函数求导：

$f(x)$ 在 $[a,b]$ 上连续，则 $\Phi(x)=\int_a^x f(t)\mathrm{d}t$ 在 $[a,b]$ 上可导，且 $\Phi'(x)=f(x)$.

注：$\dfrac{\mathrm{d}}{\mathrm{d}x}\displaystyle\int_{\alpha(x)}^{\beta(x)}f(t)\,\mathrm{d}t = f(\beta(x))\beta'(x) - f(\alpha(x))\alpha'(x)$.

（3）牛顿—莱布尼兹公式：

若 $F'(x)=f(x)$，$f(x)$ 在 $[a,b]$ 上连续，则 $\displaystyle\int_a^b f(x)\mathrm{d}x = F(b)-F(a)$.

2．例题辨析

知识点 1：积分上限函数的求导

例 1　设 $y=\displaystyle\int_0^{x^2}\sqrt{1+t^3}\,\mathrm{d}t$，求 $\dfrac{\mathrm{d}y}{\mathrm{d}x}$.

错解：$\dfrac{\mathrm{d}y}{\mathrm{d}x}=f(x^2)=\sqrt{1+x^6}$.

【错解分析及知识链接】 上述解法的核心是积分上限函数的求导，可加深学生对积分上限函数及其导数的理解应用. 错解的不当之处在于积分上限 x^2 是 x 的函数，故 $y=\displaystyle\int_0^{x^2}\sqrt{1+t^3}\,\mathrm{d}t$ 应理解为 $y=\displaystyle\int_0^u\sqrt{1+t^3}\,\mathrm{d}t, u=x^2$ 复合而成的复合函数.

正解：$\dfrac{\mathrm{d}y}{\mathrm{d}x}=\dfrac{\mathrm{d}y}{\mathrm{d}u}\cdot\dfrac{\mathrm{d}u}{\mathrm{d}x}=\sqrt{1+u^3}\cdot 2x=2x\sqrt{1+x^6}$.

【举一反三】 设函数 $f(x)$ 在 $[a,b]$ 上连续，在 (a,b) 内可导，且 $f'(x)\leqslant 0$，记 $F(x)=\dfrac{1}{x-a}\displaystyle\int_a^x f(t)\mathrm{d}t$，证明在 (a,b) 内 $F'(x)\leqslant 0$.

证明：对 $F(x)=\dfrac{1}{x-a}\displaystyle\int_a^x f(t)\mathrm{d}t$ 两边对 x 求导，得

$$F'(x)=\dfrac{-\displaystyle\int_a^x f(t)\mathrm{d}t}{(x-a)^2}+\dfrac{f(x)}{x-a}=\dfrac{(x-a)f(x)-\displaystyle\int_a^x f(t)\mathrm{d}t}{(x-a)^2}.$$

解法 1：由积分中值定理知，在 (a,x) 内存在一点 ξ 使得 $\displaystyle\int_a^x f(t)\mathrm{d}t=f(\xi)(x-a)$，

所以 $F'(x)=\dfrac{(x-a)f(x)-\displaystyle\int_a^x f(t)\mathrm{d}t}{(x-a)^2}=\dfrac{(x-a)f(x)-f(\xi)(x-a)}{(x-a)^2}=\dfrac{f(x)-f(\xi)}{x-a}$.

又因为 $f'(x)\leqslant 0$、$a<\xi<x$，故有 $f(x)-f(\xi)\leqslant 0$，所以 $F'(x)\leqslant 0$.

解法 2：令 $g(x)=(x-a)f(x)-\displaystyle\int_a^x f(t)\mathrm{d}t$，有

$$g'(x)=f(x)+(x-a)f'(x)-f(x)=(x-a)f'(x).$$

因为 $x>a$，$f'(x)\leqslant 0$，所以 $g'(x)\leqslant 0$，即 $g(x)=(x-a)f(x)-\displaystyle\int_a^x f(t)\mathrm{d}t$ 在 (a,b) 上为减函数，所以 $g(x)\leqslant g(a)=0$，所以 $F'(x)=\dfrac{g(x)}{(x-a)^2}\leqslant 0$.

知识点 2：分段函数的积分上限函数

例 2　设 $f(x)=\begin{cases}2x, & x\geqslant 1\\ 1, & x<1\end{cases}$，求 $F(x)=\displaystyle\int_0^x f(t)\mathrm{d}t$.

错解： 当 $x \geqslant 1$ 时，$F(x) = \int_0^x f(t)\mathrm{d}t = \int_0^x 2t\mathrm{d}t = x^2$；

当 $x < 1$ 时，$F(x) = \int_0^x f(t)\mathrm{d}t = \int_0^x 1\mathrm{d}t = x$.

【错解分析及知识链接】上述解法的核心是积分上限函数，当被积函数是分段函数时，被积函数表达式的构成问题. 错解的不当之处在于当 $x > 1$，被积变量 t 是从 $0 \to 1$，再从 $1 \to x$，因此，被积函数 $f(t)$ 的表达式由两部分构成，$F(x)$ 不能写成 $\int_0^x 2t\mathrm{d}t$.

正解： 当 $x \geqslant 1$ 时，$F(x) = \int_0^x f(t)\mathrm{d}t = \int_0^1 \mathrm{d}t + \int_1^x 2t\mathrm{d}t = 1 + (x^2 - 1) = x^2$；

当 $x < 1$ 时，$F(x) = \int_0^x f(t)\mathrm{d}t = \int_0^x 1\mathrm{d}t = x$.

【举一反三】 设 $f(x) = \begin{cases} x^2, & x \in [0,1) \\ x, & x \in [1,2] \end{cases}$，求 $F(x) = \int_0^x f(t)\mathrm{d}t$ 在 $[0,2]$ 上的表达式.

解： 当 $0 \leqslant x < 1$ 时，$F(x) = \int_0^x t^2\mathrm{d}t = \frac{1}{3}t^3 \Big|_0^x = \frac{1}{3}x^3$；

当 $1 \leqslant x \leqslant 2$ 时，$F(x) = \int_0^x f(t)\mathrm{d}t = \int_0^1 t^2\mathrm{d}t + \int_1^x t\mathrm{d}t = \frac{1}{3} + \frac{1}{2}x^2 \Big|_1^x = \frac{1}{2}x^2 - \frac{1}{6}$.

所以 $F(x) = \begin{cases} \dfrac{1}{3}x^3, & x \in [0,1) \\ \dfrac{1}{2}x^2 - \dfrac{1}{6}, & x \in [1,2] \end{cases}$.

【举一反三】 设 $x \geqslant -1$，求 $\int_{-1}^x (1 - |t|)\mathrm{d}t$.

解： 被积函数 $f(t) = \begin{cases} 1 + t, & t \in [-1, 0) \\ 1 - t, & t \in (0, +\infty) \end{cases}$，

当 $-1 \leqslant x < 0$ 时，原式 $= \int_{-1}^x (1 + t)\mathrm{d}t = \frac{1}{2}(1 + t)^2 \Big|_{-1}^x = \frac{1}{2}(1 + x)^2$；

当 $x \geqslant 0$ 时，原式 $= \int_{-1}^0 (1 + t)\mathrm{d}t + \int_0^x (1 - t)\mathrm{d}t = 1 - \frac{1}{2}(1 - x)^2$.

知识点 3：与积分上限函数有关的求极限问题

例 3 求极限 $\lim\limits_{x \to +\infty} \dfrac{\int_0^x |\sin t|\,\mathrm{d}t}{x}$.

错解： 由洛必达法则可知，$\lim\limits_{x \to +\infty} \dfrac{\int_0^x |\sin t|\,\mathrm{d}t}{x} = \lim\limits_{x \to +\infty} \dfrac{(\int_0^x |\sin t|\,\mathrm{d}t)'}{(x)'} = \lim\limits_{x \to +\infty} |\sin x|$，该极限不存在，故原极限不存在.

【错解分析及知识链接】上述解法的核心是用洛必达法则求极限. 错解中误将洛必达法则的充分条件当成必要条件. 用洛必达法则求极限时，如果求得的极限不存在，并不能说明原极限不存在.

正解： 由于 $f(t) = |\sin t|$ 周期为 π，当 $x \to +\infty$ 时，可设 $x \geqslant \pi$，于是 $n\pi \leqslant x \leqslant (n+1)\pi$，

即 $\dfrac{1}{(n+1)\pi} \leqslant \dfrac{1}{x} \leqslant \dfrac{1}{n\pi}$，从而

$$\frac{1}{(n+1)\pi}\int_0^{n\pi}|\sin t|\,\mathrm{d}t \leqslant \frac{1}{x}\int_0^x|\sin t|\,\mathrm{d}t \leqslant \frac{1}{n\pi}\int_0^{(n+1)\pi}|\sin t|\,\mathrm{d}t,$$

注意到 $\displaystyle\int_0^{n\pi}|\sin t|\,\mathrm{d}t = n\int_0^x|\sin t|\,\mathrm{d}t = n\int_0^\pi\sin t\,\mathrm{d}t = 2n$，$\displaystyle\int_0^{(n+1)\pi}|\sin t|\,\mathrm{d}t = 2(n+1)$，

所以，$\dfrac{2n}{(n+1)\pi} \leqslant \dfrac{1}{x}\int_0^x|\sin t|\,\mathrm{d}t \leqslant \dfrac{2(n+1)}{n\pi}$，又因 $\displaystyle\lim_{n\to\infty}\frac{2n}{(n+1)\pi} = \lim_{n\to\infty}\frac{2(n+1)}{n\pi} = \frac{2}{\pi}$，所以

$$\lim_{x\to+\infty}\frac{\int_0^x|\sin t|\,\mathrm{d}t}{x} = \frac{2}{\pi}.$$

【举一反三】求极限 $\displaystyle\lim_{x\to0}\frac{\int_0^x\left[\int_0^{u^2}\arctan(1+t)\,\mathrm{d}t\right]\mathrm{d}u}{x(1-\cos x)}$.

解：$\displaystyle\lim_{x\to0}\frac{\int_0^x\left[\int_0^{u^2}\arctan(1+t)\,\mathrm{d}t\right]\mathrm{d}u}{x(1-\cos x)} \xlongequal{\text{等价无穷小}} \lim_{x\to0}\frac{\int_0^x\left[\int_0^{u^2}\arctan(1+t)\,\mathrm{d}t\right]\mathrm{d}u}{\frac{1}{2}x^3}$

$\xlongequal{\text{洛必达法则}} \displaystyle\lim_{x\to0}\frac{\int_0^{x^2}\arctan(1+t)\,\mathrm{d}t}{\frac{3}{2}x^2} \xlongequal{\text{洛必达法则}} \lim_{x\to0}\frac{\arctan(1+x^2)\cdot2x}{3x} = \frac{2}{3}\cdot\frac{\pi}{4} = \frac{\pi}{6}.$

知识点 4：用牛顿—莱布尼兹公式求定积分

例 4 求定积分 $\displaystyle\int_0^{\sqrt3}\frac{1}{1+x^2}\,\mathrm{d}x$.

错解：由于 $\left(\arctan\dfrac{1+x}{1-x}\right)' = \dfrac{1}{1+x^2}$，所以 $\displaystyle\int_0^{\sqrt3}\frac{1}{1+x^2}\,\mathrm{d}x = \arctan\frac{1+x}{1-x}\Big|_0^{\sqrt3} = -\frac{2}{3}\pi$.

【错解分析及知识链接】上述解法的核心是用牛顿—莱布尼兹公式求定积分. 错解的不当之处是：由于 $\arctan\dfrac{1+x}{1-x}$ 在 $x=1$ 处不可导，因此它是 $\dfrac{1}{1+x^2}$ 分别在 $(-\infty,1)$ 和 $(1,+\infty)$ 内的原函数，而不能是包含 $x=1$ 在内的闭区间 $[0,\sqrt3]$ 上的原函数. 所以不符合使用牛顿—莱布尼兹公式的条件，不能把 $\arctan\dfrac{1+x}{1-x}$ 作为原函数代入牛顿—莱布尼兹公式中求解.

正解：由牛顿—莱布尼茨公式有 $\displaystyle\int_0^{\sqrt3}\frac{1}{1+x^2}\,\mathrm{d}x = \arctan x\Big|_0^{\sqrt3} = \frac{\pi}{3}$.

【举一反三】计算 $\displaystyle\int_0^2\sqrt{1-2x+x^2}\,\mathrm{d}x$.

解：$\displaystyle\int_0^2\sqrt{1-2x+x^2}\,\mathrm{d}x = \int_0^2|1-x|\,\mathrm{d}x = \int_0^1(1-x)\,\mathrm{d}x + \int_1^2(x-1)\,\mathrm{d}x = 1.$

3．真题演练

（1）（1992 年）设 $F(x) = \dfrac{x^2}{x-a}\displaystyle\int_a^x f(t)\,\mathrm{d}t$，其中 $f(x)$ 为连续函数，则 $\displaystyle\lim_{x\to a}F(x)$ 等于（ ）.

　　A. a^2　　　　　　B. $a^2 f(a)$　　　　　　C. 0　　　　　　　　D. 不存在

（2）（1993 年）设 $f(x)$ 为连续函数，且 $F(x) = \int_{\frac{1}{x}}^{\ln x} f(t)\, \mathrm{d}t$，则 $F'(x)$ 等于（　　）.

　　A. $\dfrac{1}{x} f(\ln x) + \dfrac{1}{x^2} f\left(\dfrac{1}{x}\right)$　　　　　　　B. $\dfrac{1}{x} f(\ln x) + f\left(\dfrac{1}{x}\right)$

　　C. $\dfrac{1}{x} f(\ln x) - \dfrac{1}{x^2} f\left(\dfrac{1}{x}\right)$　　　　　　　D. $\dfrac{1}{x} f(\ln x) + f\left(\dfrac{1}{x}\right)$

（3）（2009 年）使不等式 $\int_1^x \dfrac{\sin t}{t}\, \mathrm{d}t > \ln x$ 成立的 x 的范围是（　　）.

　　A. $(0,1)$　　　B. $\left(1, \dfrac{\pi}{2}\right)$　　　C. $\left(\dfrac{\pi}{2}, \pi\right)$　　　D. $(\pi, +\infty)$

（4）（2017 年）设二阶可导函数 $f(x)$ 满足 $f(1) = f(-1) = 1$，$f(0) = -1$ 且 $f''(x) > 0$，则（　　）.

　　A. $\int_{-1}^1 f(x)\mathrm{d}x > 0$　　　　　　　B. $\int_{-2}^1 f(x)\mathrm{d}x < 0$

　　C. $\int_{-1}^0 f(x)\mathrm{d}x > \int_0^1 f(x)\mathrm{d}x$　　　　　D. $\int_{-1}^1 f(x)\mathrm{d}x < \int_0^1 f(x)\mathrm{d}x$

（5）（2020 年）当 $x \to 0^+$ 时，下列无穷小量中最高阶的是（　　）.

　　A. $\int_0^x (\mathrm{e}^{t^2} - 1)\mathrm{d}t$　　B. $\int_0^x \ln(1 + \sqrt{t^3})\mathrm{d}t$　　C. $\int_0^{\sin x} \sin t^2 \mathrm{d}t$　　D. $\int_0^{1-\cos x} \sqrt{\sin^3 t}\, \mathrm{d}t$

（6）（1997 年）若 $f(x) = \dfrac{1}{1+x^2} + \sqrt{1-x^2} \int_0^1 f(x)\mathrm{d}x$，则 $\int_0^1 f(x)\mathrm{d}x = $ _____.

（7）（2014 年）求极限 $\lim\limits_{x \to +\infty} \dfrac{\int_1^x [t^2(\mathrm{e}^{\frac{1}{t}} - 1) - t]\mathrm{d}t}{x^2 \ln\left(1 + \dfrac{1}{x}\right)}$.

（8）（2014 年）设函数 $f(x)$，$g(x)$ 在区间 $[a,b]$ 上连续，且 $f(x)$ 单调增加，$0 \leqslant g(x) \leqslant 1$.

证明：（Ⅰ）$0 \leqslant \int_a^x g(t)\mathrm{d}t \leqslant x-a, x \in [a,b]$；（Ⅱ）$\int_a^{a+\int_a^x g(t)\mathrm{d}t} f(x)\mathrm{d}x \leqslant \int_a^b f(x)g(x)\mathrm{d}x$.

（9）（2014 年）设函数 $f(x) = \dfrac{x}{1+x}$，$x \in [0,1]$，定义函数列

$$f_1(x) = f(x), \quad f_2(x) = f[f_1(x)], \cdots, f_n(x) = f[f_{n-1}(x)], \cdots$$

设 S_n 是曲线 $y = f_n(x)$ 与直线 $x = 1$，$y = 0$ 所围图形的面积. 求极限 $\lim\limits_{n \to \infty} nS_n$.

4. 真题演练解析

（1）【解析】解法 1：$\lim\limits_{x \to a} F(x)$ 为 "$\dfrac{0}{0}$" 型的极限未定式，分子、分母在点 0 处的导数都存在，所以可应用洛必达法则.

$$\lim_{x \to a} F(x) = \lim_{x \to a} \frac{x^2}{x-a} \int_a^x f(t)\, \mathrm{d}t = a^2 \lim_{x \to a} \frac{\int_a^x f(t)\mathrm{d}t}{x-a} = \lim_{x \to a} \frac{a^2 f(x)}{1} = a^2 f(a).$$

解法 2：特殊值法. 取 $f(x) = 2$，则 $\lim\limits_{x \to a} F(x) = \lim\limits_{x \to a} \dfrac{x^2}{x-a} \int_a^x 2\, \mathrm{d}t = 2a^2$. 显然 A、C、D 均不正

确，故选 B.

（2）【解析】由积分上限函数的求导公式：$\dfrac{d}{dx}\displaystyle\int_{\alpha(x)}^{\beta(x)}f(t)\,dt=f[\beta(x)]\beta'(x)-f[\alpha(x)]\alpha'(x)$

可得：

$$F'(x)=f(\ln x)\frac{1}{x}-f\left(\frac{1}{x}\right)\left(-\frac{1}{x^2}\right)=\frac{f(\ln x)}{x}+\frac{1}{x^2}f\left(\frac{1}{x}\right).\ \text{故选 A.}$$

（3）【解析】原问题可转化为求 $f(x)=\displaystyle\int_1^x\frac{\sin t}{t}dt-\ln x=\int_1^x\frac{\sin t}{t}dt-\int_1^x\frac{1}{t}dt=\int_1^x\frac{\sin t-1}{t}dt=$

$\displaystyle\int_x^1\frac{1-\sin t}{t}dt>0$ 成立时 x 的取值范围. 由于 $\dfrac{1-\sin t}{t}>0$ 知，积分范围应为 $(x,1)$，即 $x<1$；又根据 $\ln x$ 知 $x>0$，于是当 $x\in(0,1)$ 时，$f(x)>0$. 故应选 A.

（4）【解析】$f(x)$ 为偶函数时满足题设条件，此时 $\displaystyle\int_{-1}^0 f(x)dx=\int_0^1 f(x)dx$，排除 C，D. 取

$f(x)=2x^2-1$ 满足条件，则 $\displaystyle\int_{-1}^1 f(x)dx=\int_{-1}^1(2x^2-1)dx=-\frac{2}{3}<0$，故选 B.

（5）【解析】由无穷小的阶和变上限积分求导方法可知，

$$\left[\int_0^x(e^{t^2}-1)dt\right]'=e^{x^2}-1\sim x^2,\quad \left[\int_0^x\ln(1+\sqrt{t^3})dt\right]'=\ln(1+\sqrt{x^3})\sim x^{\frac{3}{2}},$$

$$\left(\int_0^{\sin x}\sin t^2 dt\right)'=\sin(\sin x)^2\cos x\sim(\sin x)^2\sim x^2,$$

$$\left(\int_0^{1-\cos x}\sqrt{\sin^3 t}dt\right)'=\sqrt{\sin^3(1-\cos x)}\sin x\sim\frac{\sqrt{2}}{4}x^3|x|,$$

故当 $x\to 0^+$ 时，上述无穷小中最高阶的是最后一个，故选 D.

（6）【解析】本题中 $\displaystyle\int_0^1 f(x)dx$ 是个常数，只要定出这个数问题就解决了.

令 $\displaystyle\int_0^1 f(x)dx=A$，则 $f(x)=\dfrac{1}{1+x^2}+A\sqrt{1-x^2}$，两边从 0 到 1 作定积分得

$A=\displaystyle\int_0^1\frac{dx}{1+x^2}+A\int_0^1\sqrt{1-x^2}dx=\arctan x\Big|_0^1+\frac{\pi}{4}A=\frac{\pi}{4}+\frac{\pi}{4}A$，解得 $A=\dfrac{\pi}{4-\pi}$.

（7）【解析】先用等价无穷小代换简化分母，然后利用洛必达法则求未定型极限.

$$\lim_{x\to+\infty}\frac{\displaystyle\int_1^x(t^2(e^{\frac{1}{t}}-1)-t)dt}{x^2\ln\left(1+\frac{1}{x}\right)}=\lim_{x\to+\infty}\frac{\displaystyle\int_1^x(t^2(e^{\frac{1}{t}}-1)-t)dt}{x}=\lim_{x\to\infty}(x^2(e^{\frac{1}{x}}-1)-x)$$

$$=\lim_{x\to\infty}\left(x^2\left(\frac{1}{x}+\frac{1}{2x^2}+o\left(\frac{1}{x^2}\right)\right)-x\right)=\frac{1}{2}.$$

（8）【解析】（Ⅰ）证明：因为 $0\leqslant g(x)\leqslant 1$，所以 $\displaystyle\int_a^x 0dx\leqslant\int_a^x g(t)dt\leqslant\int_a^x 1dt,x\in[a,b]$.

即 $0\leqslant\displaystyle\int_a^x g(t)dt\leqslant x-a,\ x\in[a,b]$.

（Ⅱ）令 $F(x)=\displaystyle\int_a^x f(u)g(u)du-\int_a^{a+\int_a^x g(t)dt}f(u)du$，则可知 $F(a)=0$，且

$F'(x)=f(x)g(x)-g(x)f\left(a+\displaystyle\int_a^x g(t)dt\right)$，又因 $0\leqslant\displaystyle\int_a^x g(t)dt\leqslant x-a$，且 $f(x)$ 单调增加，则

$f\left(a+\int_a^x g(t)\mathrm{d}t\right) \leqslant f(a+x-a)=f(x)$，从而有

$$F'(x)=f(x)g(x)-g(x)f\left(a+\int_a^x g(t)\mathrm{d}t\right) \geqslant f(x)g(x)-g(x)f(x)=0，\quad x\in[a,b]，$$

即 $F(x)$ 在 $[a,b]$ 单调增加，则 $F(b) \geqslant F(a)=0$，故 $\int_a^{a+\int_a^b g(t)\mathrm{d}t} f(x)\mathrm{d}x \leqslant \int_a^b f(x)g(x)\mathrm{d}x$.

（9）【解析】$f_1(x)=\dfrac{x}{1+x}$，$f_2(x)=\dfrac{f_1(x)}{1+f_1(x)}=\dfrac{\dfrac{x}{1+x}}{1+\dfrac{x}{1+x}}=\dfrac{x}{1+2x}$，$f_3(x)=\dfrac{x}{1+3x}$，$\cdots$，

利用数学归纳法可得 $f_n(x)=\dfrac{x}{1+nx}$，

$$S_n=\int_0^1 f_n(x)\mathrm{d}x=\int_0^1 \frac{x}{1+nx}\mathrm{d}x=\frac{1}{n}\int_0^1(1-\frac{1}{1+nx})\mathrm{d}x=\frac{1}{n}(1-\frac{\ln(1+n)}{n})，$$

$$\lim_{n\to\infty} nS_n=\lim_{n\to\infty}\left(1-\frac{\ln(1+n)}{n}\right)=1.$$

5.3　定积分的换元法和分部积分法

1. 重要知识点

（1）定积分的换元法：

① 第一类换元法：$\int_a^b f(x)\mathrm{d}x=\int_\alpha^\beta f[\varphi(t)]\varphi'(t)\mathrm{d}t$，其中 $x=\varphi(t),\varphi(a)=a,\varphi(\beta)=b$；

② 进行变量代换时必须同时更换积分上、下限，且新积分的上、下限与原积分的上、下限一一对应.

（2）分部积分法：$u(x)$、$v(x)$ 在 $[a,b]$ 上具有连续的导数，则 $\int_a^b u\mathrm{d}v=uv\big|_a^b-\int_a^b v\mathrm{d}u$. 选取 $u(x)$、$v(x)$ 应遵循 $\int_a^b v\mathrm{d}u$ 比 $\int_a^b u\mathrm{d}v$ 更易求积分的原则.

（3）函数的奇偶性在定积分计算中的应用：

① $f(x)$ 是奇函数，则 $\int_{-a}^a f(x)\mathrm{d}x=0$；

② $f(x)$ 是偶函数，则 $\int_{-a}^a f(x)\mathrm{d}x=2\int_0^a f(x)\mathrm{d}x$.

（4）周期函数的定积分：设 $f(x)$ 是周期为 T 的连续函数，则对任意实数 a，有

$$\int_a^{a+T} f(x)\mathrm{d}x=\int_0^T f(x)\mathrm{d}x=\int_{-\frac{T}{2}}^{\frac{T}{2}} f(x)\mathrm{d}x.$$

（5）常用结论：

① $\int_0^\pi xf(\sin x)\mathrm{d}x=\dfrac{\pi}{2}\int_0^\pi f(\sin x)\mathrm{d}x=\pi\int_0^{\frac{\pi}{2}} f(\sin x)\mathrm{d}x$；

② $\int_0^{\frac{\pi}{2}} f(\sin x)\mathrm{d}x=\int_0^{\frac{\pi}{2}} f(\cos x)\mathrm{d}x$；

③ 华莱士公式：

$$I_n = \int_0^{\frac{\pi}{2}} \cos^n x \mathrm{d}x = \int_0^{\frac{\pi}{2}} \sin^n x \mathrm{d}x = \begin{cases} \dfrac{n-1}{n} \cdot \dfrac{n-3}{n-2} \cdot \quad \cdots \quad \cdot \dfrac{3}{4} \cdot \dfrac{1}{2} \cdot \dfrac{\pi}{2}, & n \text{为正偶数} \\ \dfrac{n-1}{n} \cdot \dfrac{n-3}{n-2} \cdot \quad \cdots \quad \cdot \dfrac{4}{5} \cdot \dfrac{2}{3}, & n \text{为大于1的奇数} \end{cases}$$

2．例题辨析

知识点 1：换元积分法求定积分

例 1　求定积分 $\int_0^{\frac{\pi}{\omega}} \sin^2(\omega t + \psi) \mathrm{d}t$．

错解： $\int_0^{\frac{\pi}{\omega}} \sin^2(\omega t + \psi) \mathrm{d}t = \dfrac{1}{\omega} \int_0^{\frac{\pi}{\omega}} \dfrac{1 - \cos 2(\omega t + \psi)}{2} \mathrm{d}(\omega t + \psi)$

$= \dfrac{1}{\omega} \int_0^{\frac{\pi}{\omega}} \dfrac{1 - \cos 2u}{2} \mathrm{d}u = \dfrac{1}{\omega} \left[\dfrac{1}{2} u - \dfrac{1}{4} \sin 2u \right]\Big|_0^{\frac{\pi}{\omega}} = \dfrac{1}{\omega} \left[\dfrac{\pi}{2\omega} - \dfrac{1}{4} \sin \dfrac{2\pi}{\omega} \right]$．

【错解分析及知识链接】 上述解法的核心是用第一类换元积分法求定积分．错解的第二个等号不成立，因为积分已经作了变量代换 $\omega t + \psi = u$，所以积分上下限要做相应改变，而上述计算中没有改变，导致了错误的出现．

正解： $\int_0^{\frac{\pi}{\omega}} \sin^2(\omega t + \psi) \mathrm{d}t = \dfrac{1}{\omega} \int_0^{\frac{\pi}{\omega}} \dfrac{1 - \cos 2(\omega t + \psi)}{2} \mathrm{d}(\omega t + \psi)$

$= \dfrac{1}{\omega} \int_0^{\pi + \psi} \dfrac{1 - \cos 2u}{2} \mathrm{d}u = \dfrac{1}{\omega} \left[\dfrac{1}{2} u - \dfrac{1}{4} \sin 2u \right]\Big|_0^{\pi + \omega} = \dfrac{\pi}{2\omega}$．

例 2　计算 $\int_0^a \sqrt{a^2 + x^2} \mathrm{d}x$．

错解： 令 $x = a \sin t$，得 $\int_0^a \sqrt{a^2 - x^2} \mathrm{d}x = a^2 \int_0^{\frac{5}{2}\pi} \cos^2 t \mathrm{d}t = \dfrac{a^2}{2} \int_0^{\frac{5}{2}\pi} (1 + \cos 2t) \mathrm{d}t = \dfrac{5}{4} a^2$．

【错解分析及知识链接】 上述解法的核心是用换元法求定积分，遵循有根式的尽量去掉根式的原则．错解的不当之处在于引进新变量 t 后，选取相应积分区间 $\left[0, \dfrac{5}{4}\pi \right]$，在此区间内，$\cos t$ 有正有负，因此 $\sqrt{1 - \sin^2 t} = |\cos t|$，而非 $\cos t$．

正解： 由第二类换元法：令 $x = a \sin t$，得

$\int_0^a \sqrt{a^2 - x^2} \mathrm{d}x = a^2 \int_0^{\frac{5}{2}\pi} |\cos t| \cos t \mathrm{d}t = a^2 \left[\int_0^{\frac{\pi}{2}} \cos^2 t \mathrm{d}t - \int_{\frac{\pi}{2}}^{\frac{3\pi}{2}} \cos^2 t \mathrm{d}t + \int_{\frac{3\pi}{2}}^{\frac{5\pi}{2}} \cos^2 t \mathrm{d}t \right]$

$= \dfrac{\pi a^2}{4} - \dfrac{a^2}{2} \left[t + \dfrac{1}{2} \sin 2t \right]_{\frac{\pi}{2}}^{\frac{3\pi}{2}} + \dfrac{a^2}{2} \left[t + \dfrac{1}{2} \sin 2t \right]_{\frac{3\pi}{2}}^{\frac{5\pi}{2}} = \dfrac{\pi}{4} a^2 - \dfrac{\pi a^2}{2} + \dfrac{\pi a^2}{2} = \dfrac{\pi}{4} a^2$．

例 3　计算 $\int_{-1}^1 \dfrac{1}{1 + x^2} \mathrm{d}x$．

错解： 令 $x = \dfrac{1}{t}$，得 $\int_{-1}^1 \dfrac{1}{1 + x^2} \mathrm{d}x = \int_{-1}^1 \dfrac{1}{1 + \dfrac{1}{t^2}} \left(-\dfrac{1}{t^2} \right) \mathrm{d}t = \int_{-1}^1 \dfrac{1}{1 + t^2} \mathrm{d}t$，故 $\int_{-1}^1 \dfrac{1}{1 + x^2} \mathrm{d}x = 0$．

【错解分析及知识链接】 上述解法的核心是用倒代换元法求定积分．错解的不当之处在于现

在的变换为 $x = \dfrac{1}{t}$，在 $t = 0 \in [-1,1]$ 处无定义，不满足定积分换元法的条件，不能用相应的还原公式.

正解： $\int_{-1}^{1} \dfrac{1}{1+x^2}\,\mathrm{d}x = \arctan x \Big|_{-1}^{1} = \dfrac{\pi}{2}$.

【举一反三】 计算 $\int_0^{2\pi} \sqrt{1+\cos\theta}\,\mathrm{d}x$.

解： $\int_0^{2\pi}\sqrt{1+\cos\theta}\,\mathrm{d}\theta = \sqrt{2}\int_0^{2\pi}\left|\cos\dfrac{\theta}{2}\right|\mathrm{d}\theta = \sqrt{2}\left[\int_0^{\pi}\cos\dfrac{\theta}{2}\,\mathrm{d}\theta + \int_{\pi}^{2\pi}\left(-\cos\dfrac{\theta}{2}\right)\mathrm{d}\theta\right] = 4\sqrt{2}$.

【举一反三】 计算 $\int_{-2}^{-\sqrt{2}} \dfrac{1}{x\sqrt{x^2-1}}\,\mathrm{d}x$.

错解： 令 $x = \sec t, t: \dfrac{2\pi}{3} \to \dfrac{3\pi}{4}, \mathrm{d}x = \tan t \sec t\,\mathrm{d}t$，则有

$$\int_{-2}^{-\sqrt{2}} \dfrac{1}{x\sqrt{x^2-1}}\,\mathrm{d}x = \int_{\frac{2\pi}{3}}^{\frac{3\pi}{4}} \dfrac{1}{\sec t\tan t}\sec t\tan t\,\mathrm{d}t = \int_{\frac{2\pi}{3}}^{\frac{3\pi}{4}}\mathrm{d}t = \dfrac{\pi}{12}.$$

【错解分析及知识链接】 上述解法的核心是用第二类换元积分法求定积分，具体做法是用三角代换，从而去掉了根号，使计算得以简化. 错解的不当之处是：$t: \dfrac{2\pi}{3} \to \dfrac{3\pi}{4}$，$\tan t < 0, \sqrt{x^2-1} = |\tan t| \neq \tan t$，应该是 $\sqrt{x^2-1} = |\tan t| = -\tan t$.

正解： 由第二类换元法：令 $x = \sec t, t: \dfrac{2\pi}{3} \to \dfrac{3\pi}{4}$，$\mathrm{d}x = \tan t\sec t\,\mathrm{d}t$，则有

$$\int_{-2}^{-\sqrt{2}} \dfrac{1}{x\sqrt{x^2-1}}\,\mathrm{d}x = \int_{\frac{2\pi}{3}}^{\frac{3\pi}{4}} \dfrac{1}{\sec t|\tan t|}\sec t\tan t\,\mathrm{d}t = -\int_{\frac{2\pi}{3}}^{\frac{3\pi}{4}}\mathrm{d}t = -\dfrac{\pi}{12}.$$

知识点 2：积分上限函数中的换元法

例 4 设 $F(x) = \int_0^{2x} f(t)(x-t)\,\mathrm{d}t$，求 $F'(x)$.

错解： $F'(x) = f(2x)(x-2x)(2x)' = -2xf(2x)$.

【错解分析及知识链接】 上述解法的核心是积分上限函数的求导，可加深学生对积分上限函数及其导数的理解应用. 在错解中，当被积函数表达式中含有求导变量 x 时，未把 x 移到积分号外面，却直接求导了.

正解： $F(x) = \int_0^{2x} f(t)(x-t)\,\mathrm{d}t = x\int_0^{2x} f(t)\,\mathrm{d}t - \int_0^{2x} f(t)t\,\mathrm{d}t$，所以 $F'(x) = \int_0^{2x} f(t)\,\mathrm{d}t + xf(2x)(2x)' - 2xf(2x)(2x)' = \int_0^{2x} f(t)\,\mathrm{d}t - 2xf(2x)$.

【举一反三】 设 $F(x) = \int_0^x \sin(x-t)^2\,\mathrm{d}t$，求 $F'(x)$.

解： 令 $u = x - t$，则 $\mathrm{d}u = -\mathrm{d}t$，$F(x) = \int_0^x \sin(x-t)^2\,\mathrm{d}t = -\int_x^0 \sin u^2\,\mathrm{d}u = \int_0^x \sin u^2\,\mathrm{d}u$，故 $F'(x) = \sin x^2$.

【举一反三】 设函数 $f(x)$ 连续，$F(x) = \int_0^x f(tx^2)\,\mathrm{d}t$，求 $F'(x)$.

解： 令 $u = tx^2$，则 $\mathrm{d}t = \dfrac{1}{x^2}\mathrm{d}u$. 于是，当 $x \neq 0$ 时，$F(x) = \dfrac{1}{x^2}\displaystyle\int_0^{x^3} f(u)\mathrm{d}u$，求导得 $F'(x) = -\dfrac{2}{x^3}\displaystyle\int_0^{x^3} f(u)\mathrm{d}u + \dfrac{1}{x^2}f(x^3)3x^2$，当 $x = 0$ 时，$F(0) = 0$，由导数定义及洛必达法则知：

$$F'(0) = \lim_{x \to 0}\frac{F(x) - F(0)}{x} = \lim_{x \to 0}\frac{1}{x^3}\int_0^{x^3}f(u)\mathrm{d}u = \lim_{x \to 0}\frac{f(x^3)3x^2}{3x^2} = \lim_{x \to 0}f(x^3) = f(0)，\quad \text{故}$$

$$F'(x) = \begin{cases} -\dfrac{2}{x^3}\displaystyle\int_0^{x^3} f(u)\mathrm{d}u + \dfrac{1}{x^2}f(x^3)3x^2 \\ f(0) \end{cases}.$$

知识点 3：定积分的分部积分法

例 5 计算 $\displaystyle\int_2^3 \frac{1}{x\ln x}\mathrm{d}x$.

错解： $I = \displaystyle\int_2^3 \frac{1}{x\ln x}\mathrm{d}x = \int_2^3 \frac{1}{\ln x}\mathrm{d}(\ln x) = \frac{1}{\ln x}\cdot\ln x\Big|_2^3 - \int_2^3 \ln x\cdot\frac{1}{(\ln x)^2}\frac{1}{x}\mathrm{d}x$

$$= L\Big|_2^3 + \int_2^3 \frac{1}{x\ln x}\mathrm{d}x = (3-2) + I = 1 + I，$$

由 $I = 1 + I$ 可知，$I = 0$.

【错解分析及知识链接】 上述解法的核心是用分部积分法求定积分. 错解在第五个等号后发生了错误，应该是 $L\Big|_2^3 = 1 - 1 = 0$，而不是 $L\Big|_2^3 = 3 - 2 = 1$，因为这里的 L 代表常数函数，它在 $x = 2$ 及 $x = 3$ 处的函数值均等于 1.

正解： 用换元法计算：$I = \displaystyle\int_2^3 \frac{1}{x\ln x}\mathrm{d}x = \int_2^3 \frac{1}{\ln x}\mathrm{d}(\ln x) = \ln(\ln x)\Big|_2^3 = \ln\left(\frac{\ln 3}{\ln 2}\right)$.

【举一反三】 求函数 $I(x) = \displaystyle\int_e^x \frac{\ln t}{t^2 - 2t + 1}\mathrm{d}t$ 在区间 $[\mathrm{e}, \mathrm{e}^2]$ 上的最大值.

解： 在 $x \in [\mathrm{e}, \mathrm{e}^2]$ 上，$I'(x) = \dfrac{\ln x}{x^2 - 2x + 1} = \dfrac{\ln x}{(x-1)^2} > 0$，故函数 $I(x)$ 在 $[\mathrm{e}, \mathrm{e}^2]$ 上单调增加，最大值为 $I(\mathrm{e}^2)$. 由 $\dfrac{\mathrm{d}x}{(1-x)^2} = \dfrac{-\mathrm{d}(1-x)}{(1-x)^2} = \mathrm{d}\dfrac{1}{(1-x)}$，有

$$I(\mathrm{e}^2) = \int_e^{e^2} \frac{\ln t}{(t-1)^2}\mathrm{d}t = -\int_e^{e^2} \ln t\,\mathrm{d}\left(\frac{1}{t-1}\right) = -\frac{\ln t}{t-1}\Big|_e^{e^2} + \int_e^{e^2}\frac{\mathrm{d}t}{t(t-1)}$$

$$= -\frac{\ln t}{t-1}\Big|_e^{e^2} + \int_e^{e^2}\left(\frac{1}{t-1} - \frac{1}{t}\right)\mathrm{d}t = -\frac{2}{e^2-1} + \frac{1}{e-1} + \ln(e^2-1) - 2 - \left[\ln(e-1) - 1\right]$$

$$= \frac{1}{e+1} + \ln\frac{e+1}{e}.$$

3. 真题演练

（1）（2008 年）设 $f\left(x + \dfrac{1}{x}\right) = \dfrac{x + x^3}{1 + x^4}$，则 $\displaystyle\int_2^{2\sqrt{2}} f(x)\,\mathrm{d}x = $ _____.

（2）（2017 年）$\displaystyle\int_{-\pi}^{\pi}(\sin^3 x + \sqrt{\pi^2 - x^2})\mathrm{d}x = $ _____.

（3）（2019 年）已知函数 $f(x) = x\int_1^x \dfrac{\sin t^2}{t}\mathrm{d}t$，则 $\int_0^1 f(x)\mathrm{d}x = $ _____.

（4）（2019 年）已知函数 $f(x) = \int_1^x \sqrt{1+t^4}\,\mathrm{d}t$，则 $\int_0^1 x^2 f(x)\mathrm{d}x = $ _____.

（5）（2008 年）设 $f(x)$ 是周期为 2 的连续函数，

（Ⅰ）证明对任意实数 t，有 $\int_t^{t+2} f(x)\mathrm{d}x = \int_0^2 f(x)\mathrm{d}x$；

（Ⅱ）证明 $G(x) = \int_0^x \left[2f(t) - \int_t^{t+2} f(s)\mathrm{d}s\right]\mathrm{d}t$ 是周期为 2 的周期函数.

（6）（2018 年）已知函数 $f(x) = \begin{cases} x, & 0 \leqslant x \leqslant 1, \\ 2-x, & 1 \leqslant x \leqslant 2. \end{cases}$ 试计算下列各题：

① $S_0 = \int_0^2 f(x)\mathrm{e}^{-x}\mathrm{d}x$ ② $S_1 = \int_2^4 f(x-2)\mathrm{e}^{-x}\mathrm{d}x$

③ $S_n = \int_{2n}^{2n+2} f(x-2n)\mathrm{e}^{-x}\mathrm{d}x\ (n=2,3,\cdots)$ ④ $S = \sum_{n=0}^{\infty} S_n$

（7）（2005 年）设 $f(x)$，$g(x)$ 在 [0, 1] 上的导数连续，且 $f(0)=0$，$f'(x) \geqslant 0$，$g'(x) \geqslant 0$. 证明：对任何 $a \in [0,1]$，有 $\int_0^a g(x)f'(x)\mathrm{d}x + \int_0^1 f(x)g'(x)\mathrm{d}x \geqslant f(a)g(1)$.

（8）（1995 年）设 $f(x)$，$g(x)$ 在区间 $[-a,a]$（$a>0$）上连续，$g(x)$ 为偶函数，且 $f(x)$ 满足条件 $f(x) + f(-x) = A$（A 为常数）.

（Ⅰ）证明 $\int_{-a}^a f(x)g(x)\mathrm{d}x = A\int_0^a g(x)\mathrm{d}x$；

（Ⅱ）利用（Ⅰ）的结论计算定积分 $\int_{-\frac{\pi}{2}}^{\frac{\pi}{2}} |\sin x| \arctan \mathrm{e}^x \mathrm{d}x$.

4．真题演练解析

（1）【解析】$f\left(x + \dfrac{1}{x}\right) = \dfrac{\dfrac{1}{x}+x}{\dfrac{1}{x^2}+x^2} = \dfrac{\dfrac{1}{x}+x}{\left(\dfrac{1}{x}+x\right)^2 - 2}$，令 $t = \dfrac{1}{x}+x$，得 $f(t) = \dfrac{t}{t^2-2}$，所以

$$\int_2^{2\sqrt{2}} f(x)\mathrm{d}x = \int_2^{2\sqrt{2}} \frac{x}{x^2-2}\mathrm{d}x = \frac{1}{2}\int_2^{2\sqrt{2}} \frac{1}{x^2-2}\mathrm{d}x^2 = \frac{1}{2}\ln(x^2-2)\Big|_2^{2\sqrt{2}} = \frac{1}{2}(\ln 6 - \ln 2) = \frac{1}{2}\ln 3.$$

（2）【解析】由被积函数的奇偶性可知，当积分区间关于原点对称，被积函数为奇函数时，积分为 0；被积函数为偶函数时，可以化为二倍的半区间上的积分. 再由定积分的几何意义知，积分 $\int_0^\pi \sqrt{\pi^2 - x^2}\,\mathrm{d}x$ 表示半径为 π 的圆在第一、第二象限部分的面积，所以

$$\int_{-\pi}^\pi (\sin^3 x + \sqrt{\pi^2 - x^2})\mathrm{d}x = 2\int_0^\pi \sqrt{\pi^2 - x^2}\,\mathrm{d}x = \frac{\pi^2}{2}.$$

（3）【解析】用定积分的分部积分：首先 $f'(x) = \int_1^x \dfrac{\sin t^2}{t}\mathrm{d}t + \sin x^2$，且 $f(0) = f(1) = 0$，

故 $\int_0^1 f(x)\mathrm{d}x = xf(x)\Big|_0^1 - \int_0^1 xf'(x)\mathrm{d}x = -\int_0^1 \left(x\int_1^x \dfrac{\sin t^2}{t}\mathrm{d}t\right)\mathrm{d}x - \int_0^1 x\sin x^2\mathrm{d}x.$

$$= -\frac{1}{2}\int_0^1\left(\int_1^x \frac{\sin t^2}{t}\mathrm{d}t\right)\mathrm{d}x^2 - \int_0^1 x\sin x^2\mathrm{d}x = -\frac{1}{2}x^2\int_1^x \frac{\sin t^2}{t}\mathrm{d}t\bigg|_0^1 + \frac{1}{2}\int_0^1 x\sin x^2\mathrm{d}x - \int_0^1 x\sin x^2\mathrm{d}x$$

$$= -\frac{1}{2}\int_0^1 x\sin x^2\mathrm{d}x = \frac{1}{4}\cos x^2\bigg|_0^1 = \frac{1}{4}(\cos 1 - 1).$$

（4）【解析】利用定积分的分部积分，可知

$$\int_0^1 x^2 f(x)\mathrm{d}x = \frac{1}{3}\int_0^1 f(x)\mathrm{d}x^3 = \frac{1}{3}x^3 f(x)\bigg|_0^1 - \frac{1}{3}\int_0^1 x^3\sqrt{1+x^4}\mathrm{d}x = -\frac{1}{12}\int_0^1 \sqrt{1+x^4}\mathrm{d}(1+x^4) = \frac{1-2\sqrt{2}}{18}.$$

（5）【解析】（Ⅰ）由积分的性质知对任意的实数 t，可知

$$\int_t^{t+2} f(x)\mathrm{d}x = \int_t^0 f(x)\mathrm{d}x + \int_0^2 f(x)\mathrm{d}x + \int_2^{t+2} f(x)\mathrm{d}x$$

令 $x = 2 + u$，则 $\int_2^{t+2} f(x)\mathrm{d}x = \int_0^t f(2+u)\mathrm{d}u = \int_0^t f(u)\mathrm{d}u = -\int_t^0 f(x)\mathrm{d}x$，

所以 $\int_t^{t+2} f(x)\mathrm{d}x = \int_t^0 f(x)\mathrm{d}x + \int_0^2 f(x)\mathrm{d}x - \int_t^0 f(x)\mathrm{d}x = \int_0^2 f(x)\mathrm{d}x.$

（Ⅱ）由（Ⅰ）知，对任意的 t 有 $\int_2^{t+2} f(x)\mathrm{d}x = \int_0^2 f(x)\mathrm{d}x$，记 $a = \int_0^2 f(x)\mathrm{d}x$，则

$G(x) = 2\int_0^x f(u)\mathrm{d}u - ax$. 所以，对任意的 x，有

$G(x+2) - G(x) = 2\int_0^{x+2} f(u)\mathrm{d}u - a(x+2) - 2\int_0^x f(u)\mathrm{d}u + ax = 2\int_x^{x+2} f(u)\mathrm{d}u - 2a = 2\int_0^2 f(u)\mathrm{d}u -$

$2a = 0$，所以 $G(x)$ 是周期为 2 的周期函数.

（6）【解析】① $f(x)$ 为分段函数，由定积分的性质可知

$$S_0 = \int_0^2 f(x)\mathrm{e}^{-x}\mathrm{d}x = \int_0^1 f(x)\mathrm{e}^{-x}\mathrm{d}x + \int_1^2 f(x)\mathrm{e}^{-x}\mathrm{d}x = \int_0^1 x\mathrm{e}^{-x}\mathrm{d}x + \int_1^2 (2-x)\mathrm{e}^{-x}\mathrm{d}x$$

$$= \int_0^1 -x\mathrm{d}\mathrm{e}^{-x} + \int_1^2 (x-2)\mathrm{d}\mathrm{e}^{-x} = \left[-x\mathrm{e}^{-x}\right]_0^1 + \int_0^1 \mathrm{e}^{-x}\mathrm{d}x + \left[(x-2)\mathrm{e}^{-x}\right]_1^2 - \int_1^2 \mathrm{e}^{-x}\mathrm{d}x$$

$$= -\frac{2}{\mathrm{e}} + \left[-\mathrm{e}^{-x}\right]_0^1 - \left[-\mathrm{e}^{-x}\right]_1^2 = -\frac{2}{\mathrm{e}} + \left(-\frac{1}{\mathrm{e}}+1\right) - \left(-\frac{1}{\mathrm{e}^2}+\frac{1}{\mathrm{e}}\right) = \frac{1}{\mathrm{e}^2} - \frac{4}{\mathrm{e}} + 1.$$

② 用定积分换元法：令 $x - 2 = t$，则 $x = t + 2$，$\mathrm{d}x = \mathrm{d}t$，所以

$$S_1 = \int_2^4 f(x-2)\mathrm{e}^{-x}\mathrm{d}x = \int_0^2 f(t)\mathrm{e}^{-(t+2)}\mathrm{d}t = \mathrm{e}^{-2}\cdot\int_0^2 f(t)\mathrm{e}^{-t}\mathrm{d}t,$$

而 $S_0 = \int_0^2 f(x)\mathrm{e}^{-x}\mathrm{d}x = \frac{1}{\mathrm{e}^2} - \frac{4}{\mathrm{e}} + 1$，故 $S_1 = \mathrm{e}^{-2}\cdot\int_0^2 f(t)\mathrm{e}^{-t}\mathrm{d}t = S_0\mathrm{e}^{-2} = \mathrm{e}^{-2}\left(\frac{1}{\mathrm{e}^2} - \frac{4}{\mathrm{e}} + 1\right).$

③ 用定积分换元法：令 $x - 2n = t$，则 $x = t + 2n$，$\mathrm{d}x = \mathrm{d}t$，所以

$$S_n = \int_{2n}^{2n+2} f(x-2n)\mathrm{e}^{-x}\mathrm{d}x = \int_0^2 f(t)\mathrm{e}^{-(t+2n)}\mathrm{d}t = \mathrm{e}^{-2n}\cdot\int_0^2 f(t)\mathrm{e}^{-t}\mathrm{d}t.$$

而 $S_0 = \int_0^2 f(x)\mathrm{e}^{-x}\mathrm{d}x = \frac{1}{\mathrm{e}^2} - \frac{4}{\mathrm{e}} + 1$，故 $S_n = \mathrm{e}^{-2n}\cdot\int_0^2 f(t)\mathrm{e}^{-t}\mathrm{d}t = S_0\mathrm{e}^{-2n} = \mathrm{e}^{-2n}\left(\frac{1}{\mathrm{e}^2} - \frac{4}{\mathrm{e}} + 1\right).$

④ 利用以上结果，有

$$S = \sum_{n=0}^{\infty} S_n = \sum_{n=0}^{\infty} S_0\mathrm{e}^{-2n} = S_0\sum_{n=0}^{\infty}\left(\frac{1}{\mathrm{e}^2}\right)^n = \frac{S_0}{1-\frac{1}{\mathrm{e}^2}} = \frac{\mathrm{e}^2 S_0}{\mathrm{e}^2-1} = \frac{(\mathrm{e}-1)^2}{\mathrm{e}^2-1} = \frac{\mathrm{e}-1}{\mathrm{e}+1}.$$

（7）【解析】可转化为函数不等式证明，或者根据被积函数的形式通过分部积分讨论.

解法 1：设 $F(x) = \int_0^x g(t)f'(t)\mathrm{d}t + \int_0^1 f(t)g'(t)\mathrm{d}t - f(x)g(1)$，则 $F(x)$ 在 $[0,1]$ 上的导数连续，并且 $F'(x) = g(x)f'(x) - f'(x)g(1) = f'(x)[g(x) - g(1)]$。由于 $x \in [0,1]$ 时，$f'(x) \geqslant 0$，$g'(x) \geqslant 0$，因此 $F'(x) \leqslant 0$，即 $F(x)$ 在 $[0,1]$ 上单调递减。注意到 $F(1) = \int_0^1 g(t)f'(t)\mathrm{d}t + \int_0^1 f(t)g'(t)\mathrm{d}t - f(1)g(1)$，而

$$\int_0^1 g(t)f'(t)\mathrm{d}t = \int_0^1 g(t)\mathrm{d}f(t) = g(t)f(t)\Big|_0^1 - \int_0^1 f(t)g'(t)\mathrm{d}t = f(1)g(1) - \int_0^1 f(t)g'(t)\mathrm{d}t,$$

故 $F(1) = 0$。因此 $x \in [0,1]$ 时，$F(x) \geqslant 0$，由此可得对任何 $a \in [0,1]$，有

$$\int_0^a g(x)f'(x)\mathrm{d}x + \int_0^1 f(x)g'(x)\mathrm{d}x \geqslant f(a)g(1).$$

解法 2：$\int_0^a g(x)f'(x)\mathrm{d}x = g(x)f(x)\Big|_0^a - \int_0^a f(x)g'(x)\mathrm{d}x = f(a)g(a) - \int_0^a f(x)g'(x)\mathrm{d}x$，

$$\int_0^a g(x)f'(x)\mathrm{d}x + \int_0^1 f(x)g'(x)\mathrm{d}x = f(a)g(a) - \int_0^a f(x)g'(x)\mathrm{d}x + \int_0^1 f(x)g'(x)\mathrm{d}x$$

$$= f(a)g(a) + \int_a^1 f(x)g'(x)\mathrm{d}x.$$

由于 $x \in [0,1]$ 时，$g'(x) \geqslant 0$，因此 $f(x)g'(x) \geqslant f(a)g'(x)$，$x \in [a,1]$，所以

$$\int_a^1 f(x)g'(x)\mathrm{d}x \geqslant \int_a^1 f(a)g'(x)\mathrm{d}x = f(a)[g(1) - g(a)],$$

从而 $\int_0^a g(x)f'(x)\mathrm{d}x + \int_0^1 f(x)g'(x)\mathrm{d}x \geqslant f(a)g(a) + f(a)[g(1) - g(a)] = f(a)g(1)$。

（8）【解析】（Ⅰ）由要证的结论可知，应将左端积分化成 $[0,a]$ 上的积分，即

$$\int_{-a}^a f(x)g(x)\mathrm{d}x = \int_{-a}^0 f(x)g(x)\mathrm{d}x + \int_0^a f(x)g(x)\mathrm{d}x,$$

再将 $\int_{-a}^0 f(x)g(x)\mathrm{d}x$ 作适当的变量代换，化为在 $[0,a]$ 上的定积分。在 $\int_{-a}^0 f(x)g(x)\mathrm{d}x$ 中令 $x = -t$，则由 $x: -a \to a$，得 $t: a \to -a$，且

$$\int_{-a}^a f(x)g(x)\mathrm{d}x = -\int_a^{-a} f(-t)g(-t)\mathrm{d}(-t) = \int_{-a}^a f(-t)g(t)\mathrm{d}t = \int_0^a f(-x)g(x)\mathrm{d}x.$$

所以 $\int_{-a}^a f(x)g(x)\mathrm{d}x = \dfrac{1}{2}\left[\int_{-a}^a f(x)g(x)\mathrm{d}x + \int_{-a}^a f(-x)g(x)\mathrm{d}x\right]$

$$= \frac{1}{2}\int_{-a}^a [f(x) + f(-x)]g(x)\mathrm{d}x = \frac{A}{2}\int_{-a}^a g(x)\mathrm{d}x = A\int_0^a g(x)\mathrm{d}x.$$

（Ⅱ）令 $f(x) = \arctan \mathrm{e}^x$，$g(x) = |\sin x|$，可以验证 $f(x)$ 和 $g(x)$ 符合（Ⅰ）中条件，从而可以用（Ⅰ）中结果计算题目中的定积分。取 $f(x) = \arctan \mathrm{e}^x, g(x) = |\sin x|$，$a = \dfrac{\pi}{2}$。由于

$$f(x) + f(-x) = \arctan \mathrm{e}^x + \arctan \mathrm{e}^{-x} \text{ 且 } (\arctan \mathrm{e}^x + \arctan \mathrm{e}^{-x})' = \frac{\mathrm{e}^x}{1 + \mathrm{e}^{2x}} + \frac{-\mathrm{e}^{-x}}{1 + \mathrm{e}^{-2x}} \equiv 0,$$

故 $\arctan \mathrm{e}^x + \arctan \mathrm{e}^{-x} = A$。令 $x = 0$，得 $2\arctan 1 = A \Rightarrow A = \dfrac{\pi}{2}$，即 $f(x) + f(-x) = \dfrac{\pi}{2}$。于是

有 $\int_{-\frac{\pi}{2}}^{\frac{\pi}{2}} |\sin x| \arctan \mathrm{e}^x \mathrm{d}x = \frac{\pi}{2} \int_0^{\frac{\pi}{2}} |\sin x| \mathrm{d}x = \frac{\pi}{2} \int_0^{\frac{\pi}{2}} \sin x \mathrm{d}x = \frac{\pi}{2}$.

5.4　反常积分

1. 重要知识点

（1）无穷限的反常积分如下：

① $\displaystyle\int_a^{+\infty} f(x)\mathrm{d}x = \lim_{A \to +\infty} \int_a^A f(x)\mathrm{d}x$；

② $\displaystyle\int_{-\infty}^b f(x)\mathrm{d}x = \lim_{B \to -\infty} \int_B^b f(x)\mathrm{d}x$；

③ $\displaystyle\int_{-\infty}^{+\infty} f(x)\mathrm{d}x$ 收敛 $\Leftrightarrow \displaystyle\int_{-\infty}^a f(x)\mathrm{d}x$ 和 $\displaystyle\int_a^{+\infty} f(x)\mathrm{d}x$ 同时收敛，且

$$\int_{-\infty}^{+\infty} f(x)\mathrm{d}x = \int_{-\infty}^a f(x)\mathrm{d}x + \int_a^{+\infty} f(x)\mathrm{d}x.$$

（2）无界函数的反常积分如下：

① a 为瑕点，则 $\displaystyle\int_a^b f(x)\mathrm{d}x = \lim_{t \to a^+} \int_t^b f(x)\mathrm{d}x$；

② b 为瑕点，则 $\displaystyle\int_a^b f(x)\mathrm{d}x = \lim_{t \to b^-} \int_a^t f(x)\mathrm{d}x$；

③ $c \in (a,b)$ 为瑕点，则 $\displaystyle\int_a^b f(x)\mathrm{d}x = \lim_{t \to c^-} \int_a^t f(x)\mathrm{d}x + \lim_{t \to c^+} \int_t^b f(x)\mathrm{d}x$.

2. 例题辨析

知识点 1：无穷限的反常积分的计算

例 1　计算反常积分 $\displaystyle\int_{-\infty}^{+\infty} \frac{x}{1+x^2} \mathrm{d}x$.

错解 1： $\displaystyle\int_{-\infty}^{+\infty} \frac{x}{1+x^2} \mathrm{d}x = \lim_{A \to +\infty} \int_{-A}^{+A} \frac{x}{1+x^2} \mathrm{d}x = 0$.

【错解分析及知识链接】上述解法的核心是 $\displaystyle\int_{-\infty}^{+\infty} f(x)\mathrm{d}x = \lim_{b \to +\infty} \int_{-b}^b f(x)\mathrm{d}x$. 错解 1 不符合反常积分的定义，事实上 $\displaystyle\int_{-\infty}^{+\infty} \frac{x}{1+x^2} \mathrm{d}x$ 发散.

错解 2： 因为 $\dfrac{x}{1+x^2}$ 是奇函数，$(-\infty, +\infty)$ 是对称区间，所以 $\displaystyle\int_{-\infty}^{+\infty} \frac{x}{1+x^2} \mathrm{d}x = 0$.

【错解分析及知识链接】上述解法的核心是对称区间上计算定积分被积函数"偶倍奇零"的性质. 错解 2 的不当之处在于，对反常积分，只有在收敛的条件下，才能用"偶倍奇零"的性质. 而此题中 $\displaystyle\int_{-\infty}^{+\infty} \frac{x}{1+x^2} \mathrm{d}x = \frac{1}{2} \ln(1+x^2) \Big|_{-\infty}^{+\infty} = +\infty$，故发散.

正解： $\displaystyle\int_{-\infty}^{+\infty} \frac{x}{1+x^2} \mathrm{d}x = \int_{-\infty}^0 \frac{x}{1+x^2} \mathrm{d}x + \int_0^{+\infty} \frac{x}{1+x^2} \mathrm{d}x = \frac{1}{2} \ln(1+x^2) \Big|_{-\infty}^0 + \frac{1}{2} \ln(1+x^2) \Big|_0^{+\infty}$，而 $\ln(1+x^2)$

在 $\pm\infty$ 处发散，故 $\int_{-\infty}^{+\infty}\dfrac{x}{1+x^2}\mathrm{d}x$ 发散.

【举一反三】已知 $\lim\limits_{x\to\infty}\left(\dfrac{x-a}{x+a}\right)^x=\int_a^{+\infty}4x^2\mathrm{e}^{-2x}\mathrm{d}x$，求常数 a 的值.

解： $\lim\limits_{x\to\infty}\left(\dfrac{x-a}{x+a}\right)^x=\lim\limits_{x\to\infty}\left(1-\dfrac{2a}{x+a}\right)^x=\lim\limits_{x\to\infty}\left(1-\dfrac{2a}{x+a}\right)^{\left(-\frac{x+a}{2a}\right)\cdot\left(-\frac{2ax}{x+a}\right)}$，

令 $-\dfrac{2a}{x+a}=t$，则当 $x\to\infty$ 时，$t\to0$，$\lim\limits_{x\to\infty}\left(1-\dfrac{2a}{x+a}\right)^{\left(-\frac{x+a}{2a}\right)}=\lim\limits_{t\to0}(1+t)^{\frac{1}{t}}=\mathrm{e}$，

所以 $\lim\limits_{x\to\infty}\left(1-\dfrac{2a}{x+a}\right)^{\left(-\frac{x+a}{2a}\right)\cdot\left(-\frac{2ax}{x+a}\right)}=\mathrm{e}^{\lim\limits_{x\to\infty}\left(-\frac{2ax}{x+a}\right)}=\mathrm{e}^{-2a}$.

而 $\int_a^{+\infty}4x^2\mathrm{e}^{-2x}\mathrm{d}x=-2\int_a^{+\infty}x^2\mathrm{d}\mathrm{e}^{-2x}=\left[-2x^2\mathrm{e}^{-2x}\right]_a^{+\infty}+4\int_a^{+\infty}x\mathrm{e}^{-2x}\mathrm{d}x$

$=\lim\limits_{b\to+\infty}\left(-2b^2\mathrm{e}^{-2b}+2a^2\mathrm{e}^{-2a}\right)-2\int_a^{+\infty}x\mathrm{d}\mathrm{e}^{-2x}=2a^2\mathrm{e}^{-2a}+\left[-2x\mathrm{e}^{-2x}\right]_a^{+\infty}+2\int_a^{+\infty}\mathrm{e}^{-2x}\mathrm{d}x$

$=2a^2\mathrm{e}^{-2a}+\lim\limits_{b\to+\infty}\left[-2b\mathrm{e}^{-2b}+2a\mathrm{e}^{-2a}\right]+\lim\limits_{b\to+\infty}\left[-\mathrm{e}^{-2b}+\mathrm{e}^{-2a}\right]=2a^2\mathrm{e}^{-2a}+2a\mathrm{e}^{-2a}+\mathrm{e}^{-2a}$，

由 $\mathrm{e}^{-2a}=2a^2\mathrm{e}^{-2a}+2a\mathrm{e}^{-2a}+\mathrm{e}^{-2a}$，得 $a^2+a=0$，所以 $a=0$ 或 $a=1$.

知识点 2：无界函数的反常积分瑕点的判断

例 2 判断瑕积分 $\int_0^1\dfrac{\ln x}{x-1}\mathrm{d}x$ 的瑕点有哪些.

错解： 由于 $x=0,x=1$ 没有定义，故其为瑕点.

【错解分析及知识链接】 上述解法的核心是判断瑕积分的瑕点. 错解中对瑕点的定义理解有误. $x=0,x=1$ 没有定义，为可能的瑕点. 到底是不是瑕点，需要进一步判断.

正解： $x=0,x=1$ 没有定义，为可能的瑕点，由于 $\lim\limits_{x\to1^-}\dfrac{\ln x}{x-1}=\lim\limits_{x\to1^-}\dfrac{1}{x}=1$，所以 $x=1$ 不是瑕点；由于 $\lim\limits_{x\to0^+}\dfrac{\ln x}{x-1}=\infty$，所以 0 是瑕点.

知识点 3：无界函数的反常积分的计算

例 3 计算定积分 $\int_{-1}^1\dfrac{1}{x}\mathrm{d}x$.

错解： 由于 $\int_{-1}^1\dfrac{1}{x}\mathrm{d}x=\ln|x|\big\|_{-1}^1=\ln1-\ln|-1|=0$.

【错解分析及知识链接】 上述解法的核心是用牛顿—莱布尼兹公式计算定积分. 错解的不当之处在于 $\dfrac{1}{x}$ 在 $[-1,1]$ 上不连续，所以不能用牛顿—莱布尼兹公式. 另外，在 $[-1,1]$ 上，$\ln|x|$ 不是 $\dfrac{1}{x}$ 的原函数. 事实上，该积分是反常积分且不收敛.

正解： 因为 $\int_{-1}^1\dfrac{1}{x}\mathrm{d}x=\int_{-1}^0\dfrac{1}{x}\mathrm{d}x+\int_0^1\dfrac{1}{x}\mathrm{d}x$，而 $\int_{-1}^0\dfrac{1}{x}\mathrm{d}x=\lim\limits_{\varepsilon\to0^-}\int_{-1}^\varepsilon\dfrac{1}{x}\mathrm{d}x=\lim\limits_{\varepsilon\to0^-}\left[\ln|x|\right]\big|_{-1}^\varepsilon=\lim\limits_{\varepsilon\to0^-}\left[\ln|\varepsilon|-\ln1\right]=-\infty$，所以该反常积分发散.

3．真题演练

（1）（2013 年）$\int_1^{+\infty}\dfrac{\ln x}{(1+x)^2}\mathrm{d}x=$ _____ ．

（2）（2017 年）$\int_0^{+\infty}\dfrac{\ln(1+x)}{(1+x)^2}\mathrm{d}x=$ _____ ．

（3）（2014 年）$\int_{-\infty}^{1}\dfrac{1}{x^2+2x+5}\mathrm{d}x=$ _____ ．

（4）（2009 年）已知 $\int_{-\infty}^{+\infty}\mathrm{e}^{k|x|}\mathrm{d}x=1$ ，则 $k=$ _____ ．

（5）（2009 年）$\lim\limits_{n\to\infty}\int_0^1\mathrm{e}^{-x}\sin nx\mathrm{d}x=$ _____ ．

（6）（2011 年）设函数 $f(x)=\begin{cases}\lambda\mathrm{e}^{-kx}, & x>0 \\ 0, & x\leqslant 0\end{cases}$ ，其中 $\lambda>0$ ，则 $\int_{-\infty}^{+\infty}xf(x)\mathrm{d}x=$ _____ ．

（7）（1996 年）计算 $\int_0^{+\infty}\dfrac{x\mathrm{e}^{-x}}{(1+\mathrm{e}^{-x})^2}\mathrm{d}x$ ．

4．真题演练解析

（1）【解析】$\int_1^{+\infty}\dfrac{\ln x}{(1+x)^2}\mathrm{d}x=-\int_1^{+\infty}\ln x\mathrm{d}\left(\dfrac{1}{1+x}\right)=-\dfrac{\ln x}{1+x}\Big|_1^{+\infty}+\int_1^{+\infty}\dfrac{1}{x(1+x)}\mathrm{d}x$

$$=0+\int_1^{+\infty}\dfrac{1}{x}-\dfrac{1}{1+x}\mathrm{d}x=0+\ln\dfrac{x}{1+x}\Big|_1^{+\infty}=-\ln\dfrac{1}{2}=\ln 2.$$

（2）【解析】由分部积分法及反常积分敛散性的定义得

$$\int_0^{+\infty}\dfrac{\ln(1+x)}{(1+x)^2}\mathrm{d}x=-\int_0^{+\infty}\ln(1+x)\mathrm{d}\left(\dfrac{1}{1+x}\right)=-\left[\dfrac{\ln(1+x)}{1+x}\Big|_0^{+\infty}-\int_0^{+\infty}\dfrac{1}{(1+x)^2}\mathrm{d}x\right]=\int_0^{+\infty}\dfrac{1}{(1+x)^2}\mathrm{d}x=1.$$

（3）【解析】由换元积分法及反常积分敛散性的定义得

$$\int_{-\infty}^{1}\dfrac{1}{x^2+2x+5}\mathrm{d}x=\int_{-\infty}^{1}\dfrac{\mathrm{d}x}{(x+1)^2+4}=\dfrac{1}{2}\arctan\dfrac{x+1}{2}\Big|_{-\infty}^{1}=\dfrac{1}{2}\left[\dfrac{\pi}{4}-\left(-\dfrac{\pi}{2}\right)\right]=\dfrac{3\pi}{8}.$$

（4）【解析】由反常积分敛散性的定义知

$$\int_{-\infty}^{+\infty}\mathrm{e}^{k|x|}\mathrm{d}x=\int_{-\infty}^{0}\mathrm{e}^{-kx}\mathrm{d}x+\int_0^{+\infty}\mathrm{e}^{kx}\mathrm{d}x=2\int_0^{+\infty}\mathrm{e}^{kx}\mathrm{d}x=\dfrac{2}{k}\mathrm{e}^{kx}\Big|_0^{+\infty}=\dfrac{2}{k}\left(\lim\limits_{x\to+\infty}\mathrm{e}^{kx}-1\right),$$

由于该反常积分收敛，可知 $k<0$ ，即 $\int_{-\infty}^{+\infty}\mathrm{e}^{k|x|}\mathrm{d}x=\dfrac{2}{k}\left(\lim\limits_{x\to+\infty}\mathrm{e}^{kx}-1\right)=-\dfrac{2}{k}=1$ ，所以 $k=-2$ ．

（5）【解析】由分部积分法、递归法，以及反常积分敛散性的定义得

$$I_n=\int_0^1\mathrm{e}^{-x}\sin nx\mathrm{d}x=-\int_0^1\sin nx\mathrm{d}\mathrm{e}^{-x}=-\mathrm{e}^{-x}\sin nx\Big|_0^1+n\int_0^1\mathrm{e}^{-x}\cos nx\mathrm{d}x$$

$$=-\mathrm{e}^{-1}\sin n-n(\mathrm{e}^{-x}\cos nx\Big|_0^1+nI_n)=-\mathrm{e}^{-1}\sin n-n\mathrm{e}^{-1}\cos n+n-n^2I_n,$$

所以 $I_n=-\mathrm{e}^{-1}\dfrac{\sin n+n\cos n}{n^2+1}+\dfrac{n}{n^2+1}$ ．

所以原式 $=-\mathrm{e}^{-1}\lim\limits_{n\to\infty}\dfrac{\sin n+n\cos n}{n^2+1}+\lim\limits_{n\to\infty}\dfrac{n}{n^2+1}=0$ ．

（6）【解析】$\displaystyle\int_0^{+\infty} x\lambda e^{-\lambda x}\mathrm{d}x = -\int_0^{+\infty} x\mathrm{d}e^{-\lambda x}\mathrm{d}x = -xe^{-\lambda x}\Big|_0^{+\infty} + \int_0^{+\infty} e^{-\lambda x}\mathrm{d}x$

$$= -\lim_{x\to+\infty}\frac{x}{e^{\lambda x}} + 0 - \frac{1}{\lambda}e^{-\lambda x}\Big|_0^{+\infty} = -\lim_{x\to+\infty}\frac{1}{\lambda e^{\lambda x}} - \frac{1}{\lambda}\left(\lim_{x\to+\infty}\frac{1}{e^{\lambda x}} - e^0\right) = \frac{1}{\lambda}.$$

（7）【解析】该题的被积函数是幂函数与指数函数两类不同的函数相乘，应该用分部积分法.

解法 1： 因为 $\displaystyle\int\frac{xe^{-x}}{(1+e^{-x})^2}\mathrm{d}x = \int x\mathrm{d}\frac{1}{1+e^{-x}} \xxrightarrow{\text{分部积分}} \frac{x}{1+e^{-x}} - \int\frac{\mathrm{d}x}{1+e^{-x}}$

$$= \frac{x}{1+e^{-x}} - \int\frac{e^x}{1+e^x}\mathrm{d}x = \frac{x}{1+e^{-x}} - \int\frac{1}{1+e^x}\mathrm{d}(1+e^x) = \frac{x}{1+e^{-x}} - \ln(1+e^x) + C,$$

所以 $\displaystyle\int_0^{+\infty}\frac{xe^{-x}}{(1+e^{-x})^2}\mathrm{d}x = \lim_{x\to+\infty}\left[\frac{xe^x}{1+e^x} - \ln(1+e^x)\right] + \ln 2.$

而 $\displaystyle\lim_{x\to+\infty}\left[\frac{xe^x}{1+e^x} - \ln(1+e^x)\right] = \lim_{x\to+\infty}\left\{\frac{xe^x}{1+e^x} - \ln\left[e^x(1+e^{-x})\right]\right\} = \lim_{x\to+\infty}\frac{-x}{1+e^x} - 0 = 0,$

故原式 $= \ln 2$.

解法 2： $\displaystyle\int_0^{+\infty}\frac{xe^{-x}}{(1+e^{-x})^2}\mathrm{d}x = \int_0^{+\infty}\frac{xe^x}{(1+e^x)^2}\mathrm{d}x = -\int_0^{+\infty} x\mathrm{d}\frac{1}{1+e^x}$

$$= -\frac{x}{1+e^x}\Big|_0^{+\infty} + \int_0^{+\infty}\frac{\mathrm{d}x}{1+e^x} = \int_0^{+\infty}\frac{\mathrm{d}x}{1+e^x} = \int_0^{+\infty}\frac{e^{-x}}{1+e^{-x}}\mathrm{d}x = -\int_0^{+\infty}\frac{1}{1+e^{-x}}\mathrm{d}(1+e^{-x})$$

$$= -\ln(1+e^{-x})\Big|_0^{+\infty} = \ln 2.$$

第6章 定积分的应用

6.1 定积分在几何学上的应用

1. 重要知识点

（1）定积分的元素法：在实际应用中，将所求量 U（总量）表示成定积分的方法称为元素法（或微元法）.

① 利用元素法求总量 U 的一般步骤如下：

a. 视具体的问题，选择适当的坐标系和积分变量 x，并确定变量 x 的变化范围 $[a,b]$；

b. 分割区间 $[a,b]$，即在 $[a,b]$ 内任取一点 x 及一个微小区间 $[x,x+\Delta x]$，在此小区间上求出欲求量 U 的一个元素 $\mathrm{d}U=f(x)\mathrm{d}x\approx\Delta U$；

c. 取积分，得 $U=\int_a^b\mathrm{d}U=\int_a^b f(x)\mathrm{d}x$.

② 使用元素法时需要注意以下两点：

a. 所求量 U 关于区间 $[a,b]$ 具有可加性；

b. 元素法的关键是求部分量 ΔU 的近似表达式 $f(x)\mathrm{d}x$，即使得 $f(x)\mathrm{d}x=\mathrm{d}U\approx\Delta U$. 通常情况下要验证 $\Delta U-f(x)\mathrm{d}x=o(\mathrm{d}x)$ 是比较困难的，因此，在实际应用中要注意 $\mathrm{d}U=f(x)\mathrm{d}x$ 的合理性.

（2）平面图形的面积：

① 在直角坐标系下，一般应先画出平面曲线，由曲线所围图形的形状确定合适的积分变量（不一定总是选择 x，有时选择 y 会更方便），接着可以利用元素法或直接利用公式求出面积；

② 在极坐标系下，由射线 $\theta=\alpha$、$\theta=\beta$ 及曲线 $\rho=\rho(\theta)$ 所围面积为 $S=\int_\alpha^\beta\frac{1}{2}\rho^2(\theta)\mathrm{d}\theta$.

（3）空间立体（旋转体与已知平行截面面积的立体）体积：

① 位于区间 $[a,b]$ 上，垂直于 x 轴的截面面积为 $A(x)$ 的空间立体体积为 $V=\int_a^b A(x)\mathrm{d}x$.

② 由 $y=f(x)$，$f(x)\geqslant 0$，直线 $x=a,x=b(0<a<b)$ 及 x 轴所围图形绕 x 轴和 y 轴旋转一周而成的立体体积分别为 $V_x=\pi\int_a^b f^2(x)\mathrm{d}x$，$V_y=2\pi\int_a^b xf(x)\mathrm{d}x$.

（4）平面曲线的弧长：

① 曲线 $y=f(x)(a\leqslant x\leqslant b)$，则 $s=\int_a^b\sqrt{1+[f'(x)]^2}\mathrm{d}x$.

② 曲线 $x=x(t),y=y(t)(\alpha\leqslant t\leqslant\beta)$，则 $s=\int_\alpha^\beta\sqrt{[x'(t)]^2+[y'(t)]^2}\mathrm{d}t$.

③ 曲线 $r=r(\theta)(\alpha\leqslant\theta\leqslant\beta)$，则 $s=\int_\alpha^\beta\sqrt{[r(\theta)]^2+[r'(\theta)]^2}\mathrm{d}\theta$.

2．例题辨析

知识点 1：直角坐标系下求平面图形的面积

例 1　求曲线 $y = x(x-1)(2-x)$ 与 x 轴所围图形的面积.

错解：所求面积为 $\int_0^2 x(x-1)(2-x)\mathrm{d}x = \int_0^2 (-x^3 + 6x - 2)\mathrm{d}x$，所以

$$\int_0^2 (-x^3 + 3x^2 - 2x)\mathrm{d}x = \left(-\frac{x^4}{4} + x^3 - x^2\right)\Big|_0^2 = 0 .$$

【错解分析及知识链接】上述解法的核心是利用定积分的几何意义求平面图形的面积. 错解的不当之处在于：没有考虑 $f(x)$ 在 x 轴下方时，其面积为对应定积分的相反数，应该按 $f(x)$ 的正负对区间进行分割，用定积分求出相应部分的面积，最后求和.

正解：$f(x) = x(x-1)(2-x)$ 与 x 轴所围图形仅在区间 $[0,1]$ 与 $[1,2]$ 的部分是封闭的. 因为 $f(x)$ 在区间 $[0,1]$ 时小于 0，所以与 x 轴所围面积为 $-\int_0^1 x(x-1)(2-x)\mathrm{d}x$，$f(x)$ 在区间 $[1,2]$ 时大于 0，所以与 x 轴所围面积为 $\int_1^2 x(x-1)(2-x)\mathrm{d}x$，因此曲线 $y = x(x-1)(2-x)$ 与 x 轴所围图形的面积为

$$-\int_0^1 x(x-1)(2-x)\mathrm{d}x + \int_1^2 x(x-1)(2-x)\mathrm{d}x$$

$$= -\int_0^1 (-x^3 + 3x^2 - 2x)\mathrm{d}x + \int_1^2 (-x^3 + 3x^2 - 2x)\mathrm{d}x = \frac{1}{4} + \frac{1}{4} = \frac{1}{2} .$$

【举一反三】求由曲线 $y = \cos^5 x$、直线 $y = 1$，$x = -\dfrac{\pi}{2}$ 及 $x = \dfrac{\pi}{2}$ 所围成平面图形的面积.

解：$S = 1 \cdot \pi - \int_{-\frac{\pi}{2}}^{\frac{\pi}{2}} \cos^5 x\mathrm{d}x = \pi - 2\int_0^{\frac{\pi}{2}} \cos^5 x\mathrm{d}x = \pi - 2 \times \dfrac{4}{5} \times \dfrac{2}{3} = \pi - \dfrac{16}{15} .$

知识点 2：用微元法求平面图形的面积

例 2　计算抛物线 $x+1 = y^2$ 与直线 $x = 1+y$ 所围图形（见图 6.1）的面积.

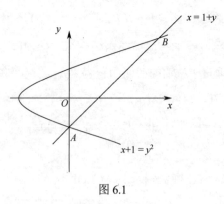

图 6.1

联立两个方程 $\begin{cases} x+1 = y^2 \\ x = 1+y \end{cases}$，得交点 $A(0,-1)$ 和 $B(3,2)$.

解法 1：选 x 为积分变量，注意到在 y 轴两侧，与 y 轴所围面积的表达式不同，因此，所

求面积应为 $S = \int_{-1}^{0} 2\sqrt{x+1}\,\mathrm{d}x + \int_{0}^{3} (\sqrt{x+1} - x + 1)\,\mathrm{d}x = \dfrac{9}{2}$.

解法 2： 选 y 为积分变量，则所求面积为 $S = \int_{-1}^{2} (y + 2 - y^2)\,\mathrm{d}y = \dfrac{9}{2}$.

【解法分析及知识链接】 从以上解法可以看出，如选取适当的积分变量，可以减少计算量. 计算平面图形面积时，应注意以下几点：

（1）画出图形，并尽量利用图形的对称性简化计算；

（2）根据图形的特征选取适当的积分变量；

（3）写出积分表达式，并计算其值. 由于面积非负，一般情况下，应保证被积函数值非负，积分下限小于积分上限.

知识点 3：极坐标系下求平面图形的面积

例 3　计算双纽线 $(x^2 + y^2)^2 = x^2 - y^2$ 所围平面图形的面积.

错解： 令 $\begin{cases} x = r\cos\theta \\ y = r\sin\theta \end{cases}$ 得双纽线的极坐标方程为 $r^2 = \cos 2\theta$，所围平面图形的面积为

$$S = 4 \cdot \frac{1}{2} \int_{0}^{\frac{\pi}{2}} r^2(\theta)\,\mathrm{d}\theta = 2\int_{0}^{\frac{\pi}{2}} \cos 2\theta\,\mathrm{d}\theta = 0.$$

【错解分析及知识链接】 上述解法的核心是在极坐标系下求平面图形的面积. 错解的不当之处在于未考虑 θ 的取值范围，由于 $\cos 2\theta \geqslant 0$，因此 θ 的定义域应为 $|\theta| \leqslant \dfrac{\pi}{4}$ 和 $|\theta - \pi| \leqslant \dfrac{\pi}{4}$.

正解： 令 $\begin{cases} x = r\cos\theta \\ y = r\sin\theta \end{cases}$ 得双纽线的极坐标方程为 $r^2 = \cos 2\theta$，由于 $\cos 2\theta \geqslant 0$，所以 $|\theta| \leqslant \dfrac{\pi}{4}$

和 $|\theta - \pi| \leqslant \dfrac{\pi}{4}$，所围平面图形的面积为 $S = 4 \cdot \dfrac{1}{2} \int_{0}^{\frac{\pi}{4}} r^2(\theta)\,\mathrm{d}\theta = 2\int_{0}^{\frac{\pi}{4}} \cos 2\theta\,\mathrm{d}\theta = 1$.

【举一反三】 求心形线 $\rho = a(1 + \cos\theta)$ 所围区域的面积.

解： 由对称性可知

$$S = 2\int_{0}^{\pi} \frac{1}{2} r^2(\theta)\,\mathrm{d}\theta = \int_{0}^{\pi} a^2(1 + \cos\theta)^2\,\mathrm{d}\theta = a^2 \int_{0}^{\pi} (1 + 2\cos\theta + \cos^2\theta)\,\mathrm{d}\theta = \frac{3}{2}\pi a^2.$$

知识点 4：用微元法求旋转体的体积

例 4　求由摆线 $x = a(t - \sin t)$，$y = a(1 - \cos t)$ 的一拱和 x 轴所围图形分别绕直线 $y = 2a$ 和 y 轴旋转所形成的旋转体的体积 $(a > 0)$（见图 6.2）.

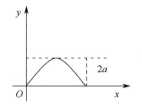 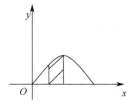

图 6.2

解： 选 x 为积分变量，用垂直于 x 轴的平面截绕 $y = 2a$ 旋转所得的旋转体的截面面积为 $\pi[4a^2 - (2a - y)^2]$. 故

$$V = \pi \int_0^{2\pi a} [4a^2 - (2a - y)^2] dx = 8\pi^2 a^3 - \pi \int_0^{2\pi} a^2 (1 + \cos t)^2 \cdot a(1 - \cos t) dt$$
$$= 8\pi^2 a^3 - \pi^2 a^3 = 7\pi^2 a^3.$$

选 x 为积分变量，则位于 $[x, x+dx]$ 的部分平面图形绕 y 轴旋转所得旋转体的体积元素为 $dV_y = 2\pi xy dx$，故

$$V_y = 2\pi \int_0^{2\pi a} xy dx = 2\pi \int_0^{2\pi} a(t - \sin t) \cdot a(1 - \cos t) d[a(t - \sin t)]$$
$$= 2\pi^2 a^3 \int_0^{2\pi} (t - \sin t)(1 - \cos t)^2 dt = 6\pi^3 a^3.$$

【解法分析及知识链接】（1）绕直线 $y = 2a$ 旋转所形成的旋转体的体积，也可以看成 $x = 0$，$x = 2\pi a$，$y = 0$ 和 $y = 2a$ 这一矩形区域绕直线 $y = 2a$ 旋转所得图形的体积，将该体积减去 $x = 0$，$x = 2\pi a$ 和 $y = 2a$ 及摆线所围图形旋转所得旋转体的体积.

（2）本题绕直线 $y = 2a$ 旋转所形成的旋转体，不易采用柱壳法求解；绕 y 轴旋转所形成的旋转体，采用柱壳法即利用公式 $V_y = 2\pi \int_a^b xf(x)dx$ 求解较简单.

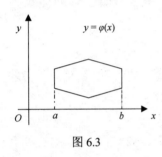

图 6.3

【举一反三】求由曲线 $y = \varphi(x)$，$y = \psi(x)$，$(\varphi(x) \geqslant \psi(x) \geqslant 0)$ 及直线 $x = a, x = b$ 所围成的平面图形绕 x 轴旋转，所得旋转体体积（见图 6.3）.

错解：选 x 为积分变量，$dV = \pi[\varphi(x) - \psi(x)]^2 dx$，则 $V = \int_a^b \pi[\varphi(x) - \psi(x)]^2 dx$.

【错解分析及知识链接】上述解法的核心是用元素法求旋转体的体积，错解中对元素法理解不透，体积元素计算错误，$\pi[\varphi(x) - \psi(x)]^2 dx$ 表示以 dx 为高，$\varphi(x) - \psi(x)$ 为底圆半径的圆柱，这显然是错误的.

正解：体积元素可以看成两个圆柱体积之差，这两个圆柱体高都是 dx，底圆半径分别为 $\varphi(x)$ 和 $\psi(x)$，因此 $dV = \pi \varphi^2(x) dx - \pi \psi^2(x) dx = \pi[\varphi^2(x) - \psi^2(x)] dx$ 则 $V = \int_a^b \pi[\varphi^2(x) - \psi^2(x)] dx$.

知识点 5：用微元法求平面曲线的弧长

例 5 求心形线 $r = a(1 + \cos\theta)$ 的全长，其中 $a > 0$.

错解： $s = \int_\alpha^\beta \sqrt{r^2(\theta) + r'^2(\theta)} d\theta = \int_0^{2\pi} \sqrt{a^2(1 + \cos\theta)^2 + a^2 \sin^2\theta} d\theta$

$$= \int_0^{2\pi} \sqrt{a^2(1 + \cos\theta)^2 + a^2 \sin^2\theta} d\theta = a \int_0^{2\pi} \sqrt{2 + 2\cos\theta} d\theta$$

$$= 2a \int_0^{2\pi} \cos\frac{\theta}{2} d\theta = 4a \sin\frac{\theta}{2} \Big|_0^{2\pi} = 0.$$

【错解分析及知识链接】上述解法的核心是用元素法求平面曲线的弧长. 求这类问题时重点掌握三种情况下的弧长计算公式. 由于公式中被积函数总是正的，为使弧长取正值，无论是直角坐标系下的公式，还是极坐标或由参数方程确定的曲线弧长的计算公式，其定积分的下限必须小于上限. 错解的错误在于 $\sqrt{2 + 2\cos\theta}$ 在区间 $[0, \pi]$ 上为 $\cos\frac{\theta}{2}$，在区间 $[\pi, 2\pi]$ 上为 $-\cos\frac{\theta}{2}$.

正解：由极坐标系下的弧微分公式得

$$ds = \sqrt{r^2(\theta) + r'^2(\theta)}d\theta = a \cdot \sqrt{(1+\cos\theta)^2 + \sin^2\theta}d\theta$$

$$= a \cdot \sqrt{2(1+\cos\theta)}d\theta = 2a\left|\cos\frac{\theta}{2}\right|d\theta.$$

由于 $r = r(\theta) = a(1+\cos\theta)$ 以 2π 为周期，因而 θ 的范围是 $\theta \in [0, 2\pi]$. 又由于 $r(\theta) = r(-\theta)$，因此，心形线关于极轴对称. 由对称性得

$$s = 4a\int_0^\pi \cos\frac{\theta}{2}d\theta = 8a\left[\sin\frac{\theta}{2}\right]_0^\pi = 8a.$$

【举一反三】求曲线 $y = \int_{-\frac{\pi}{2}}^{x} \sqrt{\cos t}\,dt$ 的弧长.

解： 使函数 $y(x)$ 有意义的 x 的范围，应满足 $-\frac{\pi}{2} \leqslant x \leqslant \frac{\pi}{2}$，因此，所求曲线的弧对应的自变量 x 的区间为 $\left[-\frac{\pi}{2}, \frac{\pi}{2}\right]$. 因为 $\cos t \geqslant 0$，所以，$-\frac{\pi}{2} \leqslant x \leqslant \frac{\pi}{2}$，因此

$$s = \int_{-\frac{\pi}{2}}^{\frac{\pi}{2}} \sqrt{1+(y')^2}\,dx = 2\int_0^{\frac{\pi}{2}} \sqrt{1+(\sqrt{\cos x})^2}\,dx = 2\int_0^{\frac{\pi}{2}} \sqrt{2}\cos\frac{x}{2}\,dx = 4.$$

【举一反三】设曲线 $y = \frac{2}{3}x^{\frac{3}{2}}$，$0 \leqslant x \leqslant 1$. 尝试利用所学积分学知识求解下列问题：

（1）求该段曲线弧的长度 s；

（2）求曲线与 $x=0$，$x=1$ 以及 x 轴所围平面区域的面积 A；

（3）求曲线与 $x=0$，$x=1$ 以及 x 轴所围图形绕 y 轴旋转一周所得旋转体的体积 V.

解： 本题综合考查微元法的几何应用.

（1）$s = \int_0^1 \sqrt{1+y'^2}\,dx = \int_0^1 \sqrt{1+x}\,dx = \frac{2}{3}(1+x)^{\frac{3}{2}}\bigg|_0^1 = \frac{2}{3}\sqrt{2^3} - \frac{2}{3}$；

（2）$A = \int_0^1 \frac{2}{3}x^{\frac{3}{2}}\,dx = \frac{4}{15}x^{\frac{5}{2}}\bigg|_0^1 = \frac{4}{15}$；

（3）$V = \int_0^1 2\pi x \cdot \frac{2}{3}x^{\frac{3}{2}}\,dx = \int_0^1 2\pi\frac{2}{3}x^{\frac{5}{2}}\,dx = \frac{8\pi}{21}x^{\frac{7}{2}}\bigg|_0^1 = \frac{8\pi}{21}$.

3．真题演练

（1）（1993 年）双纽线 $(x^2+y^2)^2 = x^2-y^2$ 所围成的区域面积可用定积分表示为（　　）.

　　A．$2\int_0^{\frac{\pi}{4}}\cos 2\theta\,d\theta$　　B．$4\int_0^{\frac{\pi}{4}}\cos 2\theta\,d\theta$　　C．$2\int_0^{\frac{\pi}{4}}\sqrt{\cos 2\theta}\,d\theta$　　D．$\frac{1}{2}\int_0^{\frac{\pi}{4}}(\cos 2\theta)^2\,d\theta$

（2）（1992 年）设曲线方程 $y = e^{-x}(x \geqslant 0)$.

（Ⅰ）把曲线 $y = e^{-x}$、x 轴、y 轴和直线 $x = \xi(\xi > 0)$ 所围成的平面图形绕 x 轴旋转一周，得一旋转体，求此旋转体体积 $V(\xi)$；求满足 $V(a) = \frac{1}{2}\lim_{\xi \to +\infty} V(\xi)$ 的 a.

（Ⅱ）在曲线上找一点使过该点的切线与两个坐标轴所夹平面图形的面积最大，并求该面积.

（3）（2003 年）过原点作曲线 $y = \ln x$ 的切线，该切线与曲线 $y = \ln x$ 及 x 轴围成平面图形 D.

（Ⅰ）求 D 的面积 A；

（Ⅱ）求 D 绕直线 $x = e$ 转一周所得旋转体的体积 V.

（4）（2002 年）设 D_1 是由抛物线 $y = 2x^2$ 和直线 $x = a$，$x = 2$ 及 $y = 0$ 所围成的平面区域；D_2 是由抛物线 $y = 2x^2$ 和直线 $y = 0$，$x = a$ 所围成的平面区域，其中 $0 < a < 2$.

（Ⅰ）试求 D_1 绕 x 轴旋转而成的旋转体体积 V_1；D_2 绕 y 轴旋转而成的旋转体体积 V_2；

（Ⅱ）问当 a 为何值时，$V_1 + V_2$ 取得最大值？试求此最大值.

（5）（2015 年）设函数 $y = f(x)$ 在定义域 I 上的导数大于零，若对任意的 $x_0 \in I$，曲线 $y = f(x)$ 在点 $[x_0, f(x_0)]$ 处的切线与直线 $x = x_0$ 及 x 轴所围成区域的面积恒为 4，且 $f(0) = 2$，求 $f(x)$ 的表达式.

（6）（1994 年）已知曲线 $y = a\sqrt{x}\,(a > 0)$ 与曲线 $y = \ln\sqrt{x}$ 在点 (x_0, y_0) 处有公共切线，求：

（Ⅰ）常数 a 及切点 (x_0, y_0)；

（Ⅱ）两曲线与 x 轴围成的平面图形绕 x 轴旋转所得旋转体的体积 V_x.

4．真题演练解析

（1）【解析】由方程可以看出双纽线关于 x 轴、y 轴对称（见图 6.4），只需计算所围图形在第一象限部分的面积；双纽线的直角坐标方程复杂，而极坐标方程较为简单：$\rho^2 = \cos 2\theta$.

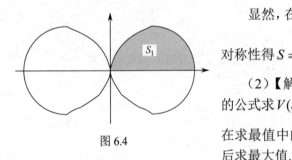

显然，在第一象限部分 θ 的变化范围是 $\theta \in [0, \dfrac{\pi}{4}]$. 再由对称性得 $S = 4S_1 = 4 \cdot \dfrac{1}{2}\displaystyle\int_0^{\frac{\pi}{4}} \rho^2 \mathrm{d}\theta = 2\displaystyle\int_0^{\frac{\pi}{4}} \cos 2\theta\, \mathrm{d}\theta$，应选 A.

（2）【解析】对于问题（Ⅰ），先利用定积分求旋转体的公式求 $V(\xi)$，并求出极限 $\lim\limits_{\xi \to +\infty} V(\xi)$. 问题（Ⅱ）是导数在求最值中的应用，首先建立目标函数，即面积函数，然后求最大值.

图 6.4

（Ⅰ）将曲线表成 y 是 x 的函数，套用旋转体体积公式，即

$$V(\xi) = \pi\int_0^{\xi} y^2 \mathrm{d}x = \pi\int_0^{\xi} \mathrm{e}^{-2x}\mathrm{d}x = \frac{\pi}{2}(1 - \mathrm{e}^{-2\xi}), V(a) = \frac{\pi}{2}(1 - \mathrm{e}^{-2a}),$$

$$\lim_{\xi \to +\infty} V(\xi) = \lim_{\xi \to +\infty} \frac{\pi}{2}(1 - \mathrm{e}^{-2\xi}) = \frac{\pi}{2}.$$

由题设知 $\dfrac{\pi}{2}(1 - \mathrm{e}^{-2a}) = \dfrac{\pi}{4}$，得 $a = \dfrac{1}{2}\ln 2$.

（Ⅱ）过曲线上已知点 (x_0, y_0) 的切线方程为 $y - y_0 = k(x - x_0)$，其中当 $y'(x_0)$ 存在时，$k = y'(x_0)$. 设切点为 (a, e^{-a})，则切线方程为 $y - \mathrm{e}^{-a} = -\mathrm{e}^{-a}(x - a)$. 令 $x = 0$，得 $y = \mathrm{e}^{-a}(1 + a)$，令 $y = 0$，得 $x = 1 + a$. 由三角形面积计算公式，有切线与两个坐标轴夹的面积为 $S = \dfrac{1}{2}(1 + a)^2 \mathrm{e}^{-a}$.

因 $S' = (1 + a)\mathrm{e}^{-a} - \dfrac{1}{2}(1 + a)^2 \mathrm{e}^{-a} = \dfrac{1}{2}(1 - a^2)\mathrm{e}^{-a}$，令 $S' = 0$，得 $a_1 = 1, a_2 = -1$（舍去）. 由于当 $a < 1$ 时，$S' > 0$；当 $a > 1$ 时，$S' < 0$. 故当 $a = 1$ 时，面积 S 有极大值，此问题中即为最大值. 故所求切点是 $(1, \mathrm{e}^{-1})$，最大面积为 $S = \dfrac{1}{2} \cdot 2^2 \cdot \mathrm{e}^{-1} = 2\mathrm{e}^{-1}$.

注：由连续曲线 $y=f(x)$、直线 $x=a$ 和 $x=b$ 及 x 轴所围成的曲边梯形绕 x 轴旋转一周所得的旋转体体积为 $V=\pi\int_a^b f^2(x)\mathrm{d}x$.

（3）【解析】先求出切点坐标及切线方程，再用定积分求面积 A. 旋转体体积可用一大立体（圆锥）体积减去一小立体体积计算. 为了帮助理解，可画一草图（见图 6.5）.

（Ⅰ）设切点的横坐标为 x_0，则曲线 $y=\ln x$ 在点 $(x_0,\ln x_0)$ 处的切线方程是 $y=\ln x_0+\dfrac{1}{x_0}(x-x_0)$. 由该切线过原点知 $\ln x_0-1=0$，从而 $x_0=\mathrm{e}$. 所以该切线的方程为 $y=\dfrac{1}{\mathrm{e}}x$. 平面图形 D 的面积为 $A=\int_0^1(\mathrm{e}^y-\mathrm{e}y)\,\mathrm{d}y=\dfrac{1}{2}\mathrm{e}-1$.

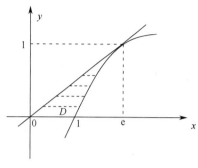

图 6.5

（Ⅱ）切线 $y=\dfrac{1}{\mathrm{e}}x$ 与 x 轴及直线 $x=\mathrm{e}$ 所围成的三角形绕直线 $x=\mathrm{e}$ 旋转所得的圆锥体积为 $V_1=\dfrac{1}{3}\pi\mathrm{e}^2$. 曲线 $y=\ln x$ 与 x 轴及直线 $x=\mathrm{e}$ 所围成的图形绕直线 $x=\mathrm{e}$ 旋转所得的旋转体体积为 $V_2=\int_0^1\pi(\mathrm{e}-\mathrm{e}^y)^2\mathrm{d}y$，因此所求旋转体的体积为 $V=V_1-V_2=\dfrac{1}{3}\pi\mathrm{e}^2-\int_0^1\pi(\mathrm{e}-\mathrm{e}^y)^2\mathrm{d}y=\dfrac{\pi}{6}(5\mathrm{e}^2-12\mathrm{e}+3)$.

注：本题不是求绕坐标轴旋转的旋转体体积，因此不能直接套用现有公式. 也可考虑用微元法分析.

（4）【解析】旋转体的体积公式：设有连续曲线 $\Gamma: y=f(x)(a\le x\le b)$，$f(x)\ge 0$ 与直线 $x=a,x=b$ 及 x 轴围成平面图形绕 x 轴旋转一周产生旋转体的体积 $V=\int_a^b\pi f(x)^2\mathrm{d}x$.

（Ⅰ）$V_1=\pi\int_a^2(2x^2)^2\mathrm{d}x=\dfrac{4\pi}{5}(32-a^5)$，

$V_2=\pi a^2\cdot 2a^2-\pi\int_0^{2a^2}x^2\mathrm{d}y=\pi a^4\quad 0<a<2$.

（Ⅱ）$V=V_1+V_2=\dfrac{4\pi}{5}(32-a^5)+\pi a^4$，根据一元函数求最值的方法求驻点，令 $\dfrac{\mathrm{d}V}{\mathrm{d}a}=4\pi a^3(1-a)=0$，得 $a=1$. 当 $0<a<1$ 时，$\dfrac{\mathrm{d}V}{\mathrm{d}a}>0$，当 $1<a<2$ 时，$\dfrac{\mathrm{d}V}{\mathrm{d}a}<0$，因此 $a=1$ 是 V 的唯一极值点且是极大值点，所以是 V 的最大值点，$\max V=\dfrac{129\pi}{5}$.

（5）【解析】$y=f(x)$ 在点 $[x_0,f(x_0)]$ 处的切线方程为 $y=f'(x_0)(x-x_0)+f(x_0)$.

令 $y=0$，得 $x=x_0-\dfrac{f(x_0)}{f'(x_0)}$，曲线 $y=f(x)$ 在点 $[x_0,f(x_0)]$ 处的切线与直线 $x=x_0$ 及 x 轴所围成区域的面积为 $S=\dfrac{1}{2}f(x_0)\left\{x_0-\left[x_0-\dfrac{f(x_0)}{f'(x_0)}\right]\right\}=4$，整理，得 $y'=\dfrac{1}{8}y^2$，解方程，得 $\dfrac{1}{y}=C-\dfrac{1}{8}x$. 由于 $f(0)=2$，得 $C=\dfrac{1}{2}$，所求曲线方程为 $y=\dfrac{8}{4-x}$.

（6）【解析】利用 (x_0, y_0) 在两条曲线上及两曲线在 (x_0, y_0) 处切线斜率相等列出三个方程，由此，可求出 a、x_0、y_0，然后利用旋转体体积公式 $\pi \int_a^b f^2(x) \mathrm{d}x$ 求出 V_x.

（Ⅰ）过曲线上已知点 (x_0, y_0) 的切线方程为 $y - y_0 = k(x - x_0)$，其中，当 $y'(x_0)$ 存在时，$k = y'(x_0)$. 由 $y = a\sqrt{x}$ 知 $y' = \dfrac{a}{2\sqrt{x}}$. 由 $y = \ln\sqrt{x}$ 知 $y' = \dfrac{1}{2x}$. 由于两曲线在 (x_0, y_0) 处有公共切线，可见 $\dfrac{a}{2\sqrt{x_0}} = \dfrac{1}{2x_0}$，得 $x_0 = \dfrac{1}{a^2}$. 将 $x_0 = \dfrac{1}{a^2}$ 分别代入两曲线方程，有 $y_0 = a\sqrt{\dfrac{1}{a^2}} = \ln\sqrt{\dfrac{1}{a^2}} \Rightarrow$

$y_0 = 1 = \ln\sqrt{\dfrac{1}{a^2}}$. 于是 $a = \dfrac{1}{\mathrm{e}}, x_0 = \dfrac{1}{a^2} = \mathrm{e}^2$，从而切点为 $(\mathrm{e}^2, 1)$.

（Ⅱ）将曲线表成 y 是 x 的函数，V 是两个旋转体的体积之差，套用旋转体体积公式，可得旋转体体积为

$$V_x = \pi \int_0^{\mathrm{e}^2} \left(\frac{1}{\mathrm{e}}\sqrt{x}\right)^2 \mathrm{d}x - \pi \int_1^{\mathrm{e}^2} \left(\ln\sqrt{x}\right)^2 \mathrm{d}x = \frac{\pi}{2}\mathrm{e}^2 - \frac{\pi}{4}\int_1^{\mathrm{e}^2} \ln^2 x \mathrm{d}x$$

$$= \frac{\pi}{2}\mathrm{e}^2 - \frac{\pi}{4}\left[x\ln^2 x \Big|_1^{\mathrm{e}^2} - 2\int_1^{\mathrm{e}^2} \ln x \mathrm{d}x \right] = \frac{\pi}{2}\mathrm{e}^2 - \frac{\pi}{2}x\Big|_1^{\mathrm{e}^2} = \frac{\pi}{2}.$$

6.2　定积分在物理学上的应用

1. 重要知识点

（1）相关物理背景知识：

① 库仑定律：两个带电量分别为 q_1 和 q_2 且相距 r 的点电荷之间的作用力 $F = k\dfrac{q_1 q_2}{r^2}$.

② 在等温条件下，气体压强与体积的关系是 $P \cdot V = k$（k 为常数）；在等温条件下，气体作用在面积为 S 的平面上的力为 $F = P \cdot S$.

③ 重力做功：质量为 m 的物体高度下降 h，重力所做的功为 $W = mgh$.

④ 水压力：面积为 A 的平板水平地放置在水深为 h 处，则平板一侧所受水压力 $F = P \cdot A = \rho g h \cdot A$，这里 ρ 表示水的密度，一般 $\rho = 1.0 \times 10^3 \mathrm{kg}/\mathrm{m}^3 = 1.0 \mathrm{g}/\mathrm{cm}^3$.

⑤ 万有引力定律：质量分别为 m_1 和 m_2 相距 r 的两质点间的引力 $F = G\dfrac{m_1 m_2}{r^2}$，其中 G 为引力系数，引力的方向沿着两质点的连线方向.

（2）利用定积分元素法解决物理问题的关键是寻找到所求物理量的元素，虽然不同问题中所求物理量的元素不同，但寻找元素的基本思想一致，即在微小局部以"不变代变"求近似值.

① 关于变力沿直线所做的功.

设在变力 $F(x)$ 的作用下物体沿 x 轴从 $x = a$ 移动到 $x = b$，力的方向与物体的运动方向平行. 若 $F(x) = F$ 是一个恒力，则力 F 对物体所做的功为 $W = F(b - a)$. 但现在是变力，为此分割区间 $[a, b]$，任取其中一个小区间 $[x, x + \Delta x]$. 由于在很短一段位移里，力的变化很小，力 $F(x)$ 可

近似看作均匀不变，因此功元素满足 $\mathrm{d}W = F(x)\mathrm{d}x$．

② 关于液体侧压力．

在运用元素法时，本来是液体对深为 x 处水平放置的面积元素 $\mathrm{d}A$ 的压力，但考虑到把铅直放置的面沿 y 轴方向分割成许多细条后，细条的微面积 $\mathrm{d}A$ 很小，形状近似矩形窄条，因而 $\mathrm{d}A = 2y\mathrm{d}x = 2f(x)\mathrm{d}x$．又因为微小的细条上的各点到液面的距离近似相等，细条各点处的压强近似相等，因此视细条的微面积 $\mathrm{d}A$ 竖放与平放是一样的，细条所受的液体压力即压力元素 $\mathrm{d}P = \rho g x \cdot \mathrm{d}A = 2\rho g x f(x)\mathrm{d}x$．

③ 关于细棒对质点的引力．

把细棒分割成若干小段，每一小段可近似地看成质点．任取其中一小段，设其位于区间 $[y, y+\Delta y]$ 上，其质量为 $\mu \mathrm{d}y$，按照万有引力定律，这段小棒对位于 $\sqrt{a^2+y^2}$ 的质量为 m 质点的引力大小近似为 $\mathrm{d}F = G\dfrac{m \cdot \mu \mathrm{d}y}{a^2+y^2}$．注意，不能直接对上式积分求细棒与质点之间的引力，因为各小段细棒与质点间引力的方向不在同一直线上，因而它们的合力应是"向量和"而不是"代数和"．也就是说，所求引力对区间已不具有可加性了．为此，把各小段细棒与质点的引力分别沿 x 轴和 y 轴方向分解，分解后的两分力具有区间可加性．分别求出两分力元素后，积分即可得到合力沿两坐标轴方向的分力．

2．例题辨析

知识点 1：用微元法求质量

例 1　设有半径为 R、圆心在极点的圆盘，面密度 γ 分别为：

（1）$\gamma = \rho$，其中 ρ 为极径；

（2）$\gamma = \theta$（θ 为极角），求圆盘的质量．

解：（1）由于 $\gamma = \rho$，所以，距圆心为 ρ 到 $\rho+\mathrm{d}\rho$ 圆环上面的密度 γ 可近似看成常量，其质量元素 $\mathrm{d}m = 2\pi\rho\gamma\mathrm{d}\rho$，故 $m = \int_0^R 2\pi\rho\gamma\mathrm{d}\rho = \int_0^R 2\pi\rho^2\mathrm{d}\rho = \dfrac{2\pi}{3}R^3$．

（3）由于 $\gamma = \theta$，所以，在由射线 $t = \theta$、$t = \theta+\mathrm{d}\theta$ 及圆弧 $\rho = R$ 所围成的小扇形薄片上，面密度 γ 可近似看成常量，其质量元素 $\mathrm{d}m = \gamma \cdot \dfrac{1}{2}R^2\mathrm{d}\theta$，故 $m = \int_0^{2\pi} \gamma \cdot \dfrac{1}{2}R^2\mathrm{d}\theta = \int_0^{2\pi} \theta\dfrac{1}{2}R^2\mathrm{d}\theta = \pi^2 R^2$．

【解法分析及知识链接】 面密度的不同，质量元素的选取也不同．根据元素法的思想，在（1）中，距圆心为 ρ 到 $\rho+\mathrm{d}\rho$ 圆环上面密度 γ 可近似看成常量，其质量元素 $\mathrm{d}m = 2\pi\rho\gamma\mathrm{d}\rho$；在（2）中，在由射线 $t = \theta$、$t = \theta+\mathrm{d}\theta$ 及圆弧 $\rho = R$ 所围成的小扇形薄片上，面密度 γ 可近似看成常量，其质量元素 $\mathrm{d}m = \gamma \cdot \dfrac{1}{2}R^2\mathrm{d}\theta$．由本例解法可知，在实际应用中，使用元素法时，如何把某个量近似看成常数，对于确定积分表达式具有十分重要的作用．

知识点 2：用微元法求变力所做的功

例 2　半径为 R 的球沉入水中，上顶点与水面相切，将球从水中取出要做多少功（球的密度为 1）？

解：建立如图 6.6 所示的坐标系. 当球体从 x 移到 $x+\mathrm{d}x$，克服球的重力所需的力可近似看成常数 $\pi x^2\left(R-\dfrac{x}{3}\right)\mathrm{d}x$，因此球体从 x 移到 $x+\mathrm{d}x$ 克服球的重力所做的功为

$$\mathrm{d}W = \pi x^2(R-\frac{x}{3})\mathrm{d}x,$$

$$W = \int_0^{2R} \pi x^2(R-\frac{x}{3})\mathrm{d}x = \frac{4\pi R^4}{3}.$$

【解法分析及知识链接】（1）本题必须建立合适的坐标系；（2）由于球的密度等于水的密度，所以，当球体离开水面 x 处时，所需提升的力正好等于高为 x 的球缺的体积 $\pi x^2\left(R-\dfrac{x}{3}\right)$，当球体从 x 移到 $x+\mathrm{d}x$ 处，由于 $\pi x^2\left(R-\dfrac{x}{3}\right)$ 连续，这一力可近似看成常量.

知识点 3：用微元法求水压力

例 3　某水坝中有一个三角形的闸门，该闸门垂直竖立在水中，它的底边与水面相齐，已知三角形底边长为 a，高为 h，单位为 m. 问该闸门所受的水压力为多大.

解：建立如图 6.7 所示的坐标系.

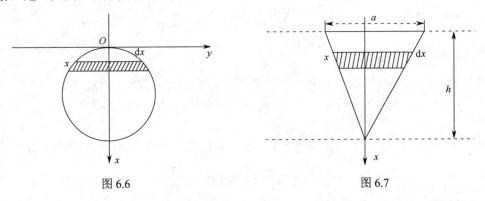

图 6.6　　　　　　　　　　　　　　图 6.7

距水面深为 x 到 $x+\mathrm{d}x$ 的细长条闸门所受到压强可近似看成常量，该长条的面积近似为 $\dfrac{a(h-x)}{h}\mathrm{d}x$，故该长条闸门所受到压力元素为 $\mathrm{d}F = 1000g\,\dfrac{a(h-x)x}{h}\mathrm{d}x$，于是闸门所受到的压力

$$F = \int_0^h 1000g\,\frac{a(h-x)x}{h}\mathrm{d}x = 1000g\,\frac{ah^2}{6}\,(\text{N}).$$

【解法分析及知识链接】由于不同深度的压强不同，故选细长条闸门时，不能选竖直方向的细长条闸门，另外，还需注意物理单位的统一.

例 4　边长为 a 和 b 的矩形薄板，与液面成 α 角沉于液体内，长边平行液面而位于深 h 处，设 $a>b$，液体的比重为 r. 求薄板每面上的液体压力.

错解：如图 6.8 所示，建立坐标系，坐标原点处在薄板顶部的边上.

考虑对应于坐标为 x 到 $x+\mathrm{d}x$ 的薄板小条上所受压力 $\mathrm{d}F = r(x+h)a\mathrm{d}x$，于是薄板每面上的液体压力为 $F = \int_0^b ar(x+h)\mathrm{d}x = ar\,\dfrac{(x+h)^2}{2}\Big|_0^b = ar\,\dfrac{b^2+2bh}{2}.$

【错解分析及知识链接】 计算结果与倾角 α 无关，显然是错误的. 具体错误有两处：

① 以铅直方向选取坐标时，对应小区间 $[x, x+\mathrm{d}x]$ 的薄板小条的面积不是 $a\mathrm{d}x$，是 $a\dfrac{\mathrm{d}x}{\sin\alpha}$；

② 积分限不是 $(0, b)$，应是 $(0, b\sin\alpha)$，即 $F = \displaystyle\int_0^{b\sin\alpha} \dfrac{ar}{\sin\alpha}(x+h)\mathrm{d}x = abr\left(h + \dfrac{b}{2}\sin\alpha\right)$.

正解：选取如图 6.9 所示坐标系较为方便.

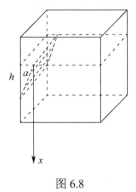

图 6.8　　　　　　　　　　图 6.9

考虑对应于坐标为 x 到 $x+\mathrm{d}x$ 的薄板小条上所受压力 $\mathrm{d}F = r(h + x\sin\alpha)a\mathrm{d}x$，于是薄板每面上的液体压力为 $F = \displaystyle\int_0^b ar(h + x\sin\alpha)\mathrm{d}x = ar\left(hx + \dfrac{x^2}{2}\sin\alpha\right)\bigg|_0^b = abr\left(h + \dfrac{b}{2}\sin\alpha\right)$.

3. 真题演练

（1）（2017 年）甲乙两人赛跑，计时开始时，甲在乙前方 10（单位：m）处，图 6.10 中实线表示甲的速度曲线 $v = v_1(t)$（单位：m/s），虚线表示乙的速度曲线 $v = v_2(t)$，三块阴影部分面积的数值依次为 10、20、3，计时开始后乙追上甲的时刻记为 t_0（单位：s），则（　　）.

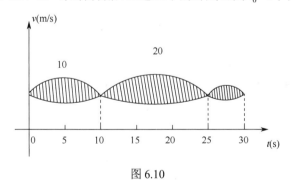

图 6.10

　　A. $t_0 = 10$　　　　　B. $15 < t_0 < 20$　　　　　C. $t_0 = 25$　　　　　D. $t_0 > 25$

（2）（2003 年）对某建筑工程打地基时，需用汽锤将桩打进土层. 汽锤每次击打，都将克服土层对桩的阻力而做功. 设土层对桩的阻力的大小与桩被打进地下的深度成正比（比例系数为 $k, k > 0$）. 汽锤第一次击打将桩打进地下 a（单位：m）. 根据设计方案，要求汽锤每次击打桩时所做的功与前一次击打时所做的功之比为常数 $r(0 < r < 1)$. 问：

（Ⅰ）汽锤击打桩 3 次后，可将桩打进地下多深？

（Ⅱ）若击打次数不限，汽锤最多能将桩打进地下多深？

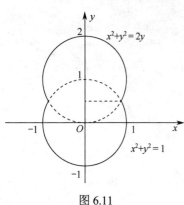

图 6.11

（3）（2011 年）一容器的内侧是由图 6.11 中曲线绕 y 轴旋转一周而成的曲面，该曲线由 $x^2 + y^2 = 2y\left(y \geqslant \dfrac{1}{2}\right)$ 与 $x^2 + y^2 = 1\left(y \leqslant \dfrac{1}{2}\right)$ 连接而成.

（Ⅰ）求容器的容积；（Ⅱ）若将容器内盛满的水从容器顶部全部抽出，至少需要做多少功？

注：长度单位为 m，重力加速度为 g，水的密度为 10^3kg/m^3.

4. 真题演练解析

（1）【解析】从 0 到 t_0 这段时间内甲乙的位移分别为 $\int_0^{t_0} v_1(t)\,\mathrm{d}t$，$\int_0^{t_0} v_2(t)\,\mathrm{d}t$，乙要追上甲，则 $\int_0^{t_0} v_2(t) - v_1(t)\,\mathrm{d}t = 10$，当 $t_0 = 25$ 时满足，故选 C.

（2）【解析】本题属变力做功问题，可用定积分计算，击打次数不限，相当于求数列的极限.

（Ⅰ）设第 n 次击打后，桩被打进地下 x_n，第 n 次击打时，汽锤所做的功为 $W_n\,(n = 1, 2, 3, \cdots)$. 由题设，当桩被打进地下的深度为 x 时，土层对桩的阻力的大小为 kx，则 $W_1 = \int_0^{x_1} kx\mathrm{d}x = \dfrac{k}{2}x_1^2 = \dfrac{k}{2}a^2$，$W_2 = \int_{x_1}^{x_2} kx\mathrm{d}x = \dfrac{k}{2}(x_2^2 - x_1^2) = \dfrac{k}{2}(x_2^2 - a^2)$. 由 $W_2 = rW_1$ 可得 $x_2^2 - a^2 = ra^2$，即 $x_2^2 = (1+r)a^2$. $W_3 = \int_{x_2}^{x_3} kx\mathrm{d}x = \dfrac{k}{2}(x_3^2 - x_2^2) = \dfrac{k}{2}[x_3^2 - (1+r)a^2]$.

由 $W_3 = rW_2 = r^2 W_1$ 可得 $x_3^2 - (1+r)a^2 = r^2 a^2$，从而 $x_3 = \sqrt{1 + r + r^2}\,a$，即汽锤击打 3 次后，可将桩打进地下 $\sqrt{1 + r + r^2}\,a$ m.

（Ⅱ）由归纳法，设 $x_n = \sqrt{1 + r + r^2 + \cdots + r^{n-1}}\,a$，则

$$W_{n+1} = \int_{x_n}^{x_{n+1}} kx\mathrm{d}x = \frac{k}{2}(x_{n+1}^2 - x_n^2) = \frac{k}{2}[x_{n+1}^2 - (1 + r + \cdots + r^{n-1})a^2].$$

由于 $W_{n+1} = rW_n = r^2 W_{n-1} = \cdots = r^n W_1$，故得 $x_{n+1}^2 - (1 + r + \cdots + r^{n-1})a^2 = r^n a^2$，从而 $x_{n+1} = \sqrt{1 + r + \cdots + r^n}\,a = \sqrt{\dfrac{1 - r^{n+1}}{1 - r}}\,a$. 于是 $\lim\limits_{n \to \infty} x_{n+1} = \sqrt{\dfrac{1}{1-r}}\,a$，即若击打次数不限，汽锤至多能将桩打进地下 $\sqrt{\dfrac{1}{1-r}}\,a$ m.

（3）【解析】（Ⅰ）$V = 2\int_{-1}^{\frac{1}{2}} \pi x^2 \mathrm{d}y = 2\pi \int_{-1}^{\frac{1}{2}} (1 - y^2)\mathrm{d}y = 2\pi\left(y - \dfrac{y^3}{3}\right)\Big|_{-1}^{\frac{1}{2}} = \dfrac{9}{4}\pi$.

（Ⅱ）所做的功为 $\mathrm{d}W = \pi\rho g(2 - y)(1 - y^2)\mathrm{d}y + \pi\rho g(2 - y)(1 - (y-1)^2)\mathrm{d}y$.

$$W = \pi\rho g \int_{-1}^{\frac{1}{2}} (2 - y)(1 - y^2)\mathrm{d}y + \pi\rho g \int_{\frac{1}{2}}^{2} (2 - y)(2y - y^2)\mathrm{d}y$$

$$= \pi\rho g \int_{-1}^{\frac{1}{2}} (y^3 - 2y^2 - y + 2)\mathrm{d}y + \pi\rho g \int_{\frac{1}{2}}^{2} (y^3 - 4y^2 + 4y)\mathrm{d}y = \frac{27 \times 10^3}{8}\pi g.$$

第7章　微分方程

7.1　微分方程的基本概念

1．重要知识点

（1）微分方程：含有未知函数及其导数的等式.

（2）解微分方程：从微分方程中解出未知函数.

（3）微分方程的阶：微分方程中出现的未知函数的最高阶导数的阶数.

（4）如果找出这样的函数，把它代入微分方程能使方程称为恒等式，那么这个函数就称为该微分方程的解.

（5）微分方程的通解：如果微分方程的解中含任意常数，且任意常数（不能合并）的个数与微分方程的阶数相同.

（6）如果微分方程的解中不含任意常数，称其为微分方程的特解.

（7）微分方程的初值问题：求微分方程满足一定初始条件的特解的问题.

2．例题辨析

知识点1：微分方程的通解

例1　验证 $y_1 = e^x$ 和 $y_2 = 5e^x$ 都是微分方程 $y'' - 2y' + y = 0$ 的解，并问 $y = C_1 y_1 + C_2 y_2$ 是否是方程的通解.

错解：因为 $y_1' = y_1'' = e^x$，则 $y_1'' - 2y_1' + y_1 = 0$，故 y_1 是方程的解. 而 $y_2' = y_2'' = 5e^x$，则 $y_2'' - 2y_2' + y_2 = 0$，所以 y_2 是方程的解. 其线性组合 $y = C_1 y_1 + C_2 y_2$ 是方程的解，且含两个任意常数，所以是方程的通解.

【错解分析及知识链接】本题考查微分方程的解和通解的概念，代入使方程成为恒等式的函数就是方程的解. 通解中要求含任意常数，且任意常数的个数等于方程的阶数，需要注意的是，这里任意常数不能合并. 本题里 $y = C_1 y_1 + C_2 y_2 = (C_1 + 5C_2)e^x$，可以把 $C_1 + 5C_2$ 看成一个任意常数.

正解：$y_1' = y_1'' = e^x$，所以 $y_1'' - 2y_1' + y_1 = 0$，y_1 是方程的解；$y_2' = y_2'' = 5e^x$，所以 $y_2'' - 2y_2' + y_2 = 0$，y_2 是方程的解. 而 $y = C_1 y_1 + C_2 y_2 = (C_1 + 5C_2)e^x$ 是方程的解，但不是通解.

知识点2：微分方程的建立

例2　曲线上点 $P(x, y)$ 处的法线与 x 轴的交点为 Q，且线段 PQ 被 y 轴平分，试建立曲线的方程.

解法1: 曲线在点 $P(x,y)$ 处切线的斜率 y'，该点法线方程为 $Y-y=-\dfrac{1}{y'}(X-x)$，其与 x 轴的交点为 $Q(x+yy',0)$，PQ 的中点在 y 轴上，即中点对应横坐标为 0，所以有 $\dfrac{x+x+yy'}{2}=0$，即 $2x+yy'=0$.

解法2: 因为点 Q 在 x 轴上，且 PQ 中点在 y 轴上，所以可设点 Q 坐标为 $Q(-x,0)$，那么 PQ 两点斜率 $\dfrac{y-0}{x-(-x)}$，即点 $P(x,y)$ 处的法线斜率 $-\dfrac{1}{y'}$，$\dfrac{y-0}{x-(-x)}=-\dfrac{1}{y'}$，化简得 $2x+yy'=0$.

【举一反三】 位于坐标原点的战舰发现在位于 Ox 轴上，且距战舰 1 个单位处有一敌舰在航行，战舰向敌舰发射鱼雷，使鱼雷始终对准敌舰，设敌舰以速度 v 沿平行于 y 轴的直线航行，设鱼雷的航行速度为敌舰的 5 倍，试建立鱼雷运动轨迹的数学模型.

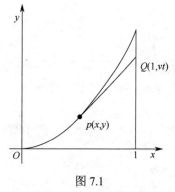

图 7.1

解: 设鱼雷运动轨迹为 $y=y(x)$，t 时刻鱼雷在点 $p(x,y)$ 处，如图 7.1 所示.

由于鱼雷在追击过程中始终指向敌舰，而鱼雷的运动方向是沿着曲线的切线方向，所以有 $\dfrac{\mathrm{d}y}{\mathrm{d}x}=\dfrac{vt-y}{1-x}$.

鱼雷从 O 点运动到 P 点的位移为
$$\int_0^x \sqrt{1+y'^2}\,\mathrm{d}x=5vt.$$

联立以上两式得 $(1-x)\dfrac{\mathrm{d}y}{\mathrm{d}x}+y=\dfrac{1}{5}\int_0^x\sqrt{1+y'^2}\,\mathrm{d}x$. 两边对 x 求导，并化简得 $5(1-x)y''=\sqrt{1+y'^2}$. 注意到鱼雷在 0 时刻的速度和位移均为 0，得出鱼雷击舰数学模型：
$$\begin{cases}5(1-x)y''=\sqrt{1+y'^2}\\ y(0)=0,y'(0)=0\end{cases},\quad 0<x<1.$$

3. 真题演练

（1）（2015 年）设 $y=\dfrac{1}{2}\mathrm{e}^{2x}+\left(x-\dfrac{1}{3}\right)\mathrm{e}^x$ 是二阶常系数非齐次线性微分方程 $y''+ay'+by=c\mathrm{e}^x$ 的一个特解，则（　　）.

　　A. $a=-3,b=2,c=-1$　　　　　　　B. $a=3,b=2,c=-1$

　　C. $a=-3,b=2,c=1$　　　　　　　D. $a=3,b=2,c=1$

（2）（清华大学第二学期模拟试卷）微分方程 $y''=x+\sin x$ 的通解为 $y=$ _____.

（3）（第一届江苏省本科高等数学竞赛试题）已知微分方程 $y'=\dfrac{y}{x}+\varphi\left(\dfrac{x}{y}\right)$ 有特解 $y=\dfrac{x}{\ln|x|}$，则 $\varphi(x)=$ _____.

4. 真题演练解析

（1）**【解析】** 考查微分方程解的概念，已知解确定微分方程的系数. 将 $y=\dfrac{1}{2}\mathrm{e}^{2x}+\left(x-\dfrac{1}{3}\right)\mathrm{e}^x$ 代入 $y''+ay'+by=c\mathrm{e}^x$，化简得

$$\left(2+a+\frac{1}{2}b\right)e^{2x}+(1+a+b)xe^{x}+\left(\frac{5}{3}+\frac{2}{3}a-\frac{1}{3}b\right)e^{x}=ce^{x},$$

比较系数，可得 $\begin{cases}2+a+\dfrac{1}{2}b=0\\1+a+b=0\\\dfrac{5}{3}+\dfrac{2}{3}a-\dfrac{1}{3}b=c\end{cases}$ ，解得 $\begin{cases}a=-3\\b=2\\c=1\end{cases}$ ，故选 A.

（2）【解析】考查通解的概念. 由 $y''=x+\sin x$ ，两边积分得 $y'=\dfrac{x^{2}}{2}-\cos x+C_{1}$ ，两边再积分一次得 $y=\dfrac{1}{6}x^{3}-\sin x+C_{1}x+C_{2}$.

（3）【解析】考查特解的概念. 将 $y=\dfrac{x}{\ln|x|}$ 代入 $y'=\dfrac{y}{x}+\varphi\left(\dfrac{x}{y}\right)$ ，得 $\left(\dfrac{x}{\ln|x|}\right)'=\dfrac{\ln|x|-1}{(\ln|x|)^{2}}=\dfrac{1}{\ln|x|}+\varphi(\ln|x|)$ ，即 $\varphi(\ln|x|)=\dfrac{-1}{(\ln|x|)^{2}}$ ，故 $\varphi(x)=-\dfrac{1}{x^{2}}$.

7.2　可分离变量的微分方程

1．重要知识点

（1）可分离变量的微分方程：如果一个一阶微分方程 $y'=f(x,y)$ 能写成一端只含 y 的函数和 $\mathrm{d}y$ ，另一端只含 x 的函数和 $\mathrm{d}x$ ，那么原方程就称为可分离变量的微分方程.

注：有的方程本身不是变量分离的微分方程，可通过适当的换元引入新的变量，将方程进行转化.

（2）可分离变量方程的解法：先分离变量，然后两端积分，即可得隐函数形式的通解.

2．例题辨析

知识点 1：可分离变量的微分方程的解法

例 1　解方程 $y\mathrm{d}x+(x^{2}-4x)\mathrm{d}y=0$.

错解：分离变量 $\dfrac{\mathrm{d}x}{4x-x^{2}}=\dfrac{\mathrm{d}y}{y}$ ，两端积分得 $-\dfrac{1}{4}\arctan\left[\dfrac{1}{2}(x-2)\right]+C=\ln|y|$.

【错解分析及知识链接】本题考查变量可分离的方程的解法. 错解在积分求解原函数时出现错误，这也是微分方程求解中经常出现的错误.

正解：分离变量 $\dfrac{\mathrm{d}x}{4x-x^{2}}=\dfrac{\mathrm{d}y}{y}$ ，两端积分 $\displaystyle\int\dfrac{\mathrm{d}x}{4x-x^{2}}=\int\dfrac{\mathrm{d}y}{y}$ ，得 $\dfrac{1}{4}(\ln|x|-\ln|4-x|)+\ln|C_{1}|=\ln|y|$ ，即 $y=\pm C_{1}\left|\dfrac{x}{4-x}\right|^{\frac{1}{4}}$. 又因为 $y=0$ 也是方程的解，因此方程的通解为 $y=C\left|\dfrac{x}{4-x}\right|^{\frac{1}{4}}$ （ $C=\pm C_{1}$ 是任意常数）.

【举一反三】解方程 $\sec^{2}x\tan y\mathrm{d}x+\sec^{2}y\tan x\mathrm{d}y=0$.

解：分离变量 $\dfrac{\sec^2 x}{\tan x}dx = -\dfrac{\sec^2 y}{\tan y}dy$，

化简得 $\dfrac{2}{\sin 2x}dx = -\dfrac{2}{\sin 2y}dy$，即 $\csc 2x d2x = -\csc 2y d2y$，

两端积分 $\int \dfrac{\csc 2x(\csc 2x + \cot 2x)}{\csc 2x + \cot 2x}d2x = -\int \dfrac{\csc 2y(\csc 2y + \cot 2y)}{\csc 2y + \cot 2y}d2y$，

$$\ln|\csc 2x + \cot 2x| = -\ln|\csc 2y + \cot 2y| + \ln|C|，$$

即 $(\csc 2x + \cot 2x)(\csc 2y + \cot 2y) = C$．

另解参考：因为 $\dfrac{\sec^2 x}{\tan x}dx = -\dfrac{\sec^2 y}{\tan y}dy$，则 $\dfrac{d\tan x}{\tan x} = -\dfrac{d\tan y}{\tan y}$，故 $\ln|\tan x| = -\ln|\tan y| + \ln|C|$，

即 $\tan x \cdot \tan y = C$（C 为任意常数）．

【举一反三】 解方程 $y' - xy' = a(y^2 + y')$．

解：原方程整理得 $(1 - x - a)y' = ay^2$，分离变量得 $\dfrac{dy}{y^2} = \dfrac{a dx}{1 - x - a}$，

两端积分得 $\dfrac{1}{y} = a\ln|1 - x - a| + a\ln|C_1|$，即 $C|1 - x - a|^a = e^{\frac{1}{y}}$（$C = |C_1|^a$）．

知识点 2：构建微分方程并求解

例 2 若连续函数 $f(x)$ 满足关系式 $f(x) = \displaystyle\int_0^{3x} f\left(\dfrac{t}{3}\right)dt + 1$，求 $f(x)$ 的表达式.

错解：对 $f(x) = \displaystyle\int_0^{3x} f\left(\dfrac{t}{3}\right)dt + 1$ 两边关于 x 求导，$f'(x) = 3f(x)$，这是可分离变量的微分方程，解得 $f(x) = Ce^{3x}$．

【错解分析及知识链接】 涉及积分上限函数，往往与其导数关系密切，通过求导建立微分方程.

错解中忽略了 $f(x) = \displaystyle\int_0^{3x} f\left(\dfrac{t}{3}\right)dt + 1$ 中蕴含了初始条件 $f(0) = 1$，由此可以确定常数 $C = 1$，故 $f(x) = e^{3x}$．

【举一反三】 有一盛满了水的圆锥形漏斗（见图 7.2），高 10cm，顶角 $60°$，漏斗下面有面积为 0.5cm^2 的孔，求水面高度变化的规律及水流完所需的时间.

【题目分析及知识链接】 由实际问题建立微分方程关键是确定量与量之间的关系，常常依赖基本的物理公式.

由水力学知道，水从孔口流出的流量为

$$\frac{dV}{dt} = kS\sqrt{2gh}．$$

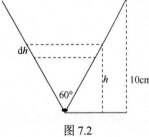

图 7.2

式中，$k = 0.62$（流量系数）；S 为孔口横截面积；g 为重力加速度.

在时间段 $[t, t + dt]$ 内，水由高度 h 降至 $h + dh(dh < 0)$，则有

$$dV = -\pi\left(\frac{\sqrt{3}}{3}h\right)^2 dh．$$

联立以上两式得 $kS\sqrt{2gh}\mathrm{d}t = -\pi\left(\dfrac{\sqrt{3}}{3}h\right)^2\mathrm{d}h$ ，且有 $h|_{t=0}=0.1\mathrm{m}$.

这是一个可分离变量的微分方程，解得 $t = 9.64 - 0.3055\times10^4 h^{\frac{5}{2}}$ ，当 $h=0$ 时，$t\approx10\mathrm{s}$. 即水流完需时约 $10\mathrm{s}$.

【举一反三】已知函数 $y=y(x)$ 在任意点 x 处的增量 $\Delta y = \dfrac{y\Delta x}{1+x^2}+\alpha$ ，其中 α 是 $\Delta x(\Delta x\to0)$ 的高阶无穷小，且 $y(0)=\pi$ ，求 $y(1)$.

【题目分析及知识链接】要求 $y(1)$ 关键是确定函数 $y=y(x)$ 的表达式. $\Delta y = \dfrac{y\Delta x}{1+x^2}+\alpha$ ，则 $\alpha = \Delta y - \dfrac{y\Delta x}{1+x^2}$. 又因 α 是 $\Delta x(\Delta x\to0)$ 的高阶无穷小，则 $\lim\limits_{\Delta x\to0}\dfrac{\alpha}{\Delta x} = \lim\limits_{\Delta x\to0}\left(\dfrac{\Delta y}{\Delta x}-\dfrac{y}{1+x^2}\right)=0$ ，所以 $y'-\dfrac{y}{1+x^2}=0$. 这是一个可分离变量的微分方程，解得 $y=Ce^{\arctan x}$ ，又因 $y(0)=\pi$ ，则 $C=\pi$ ，故 $y=\pi e^{\arctan x}$ ，$y(1)=\pi e^{\frac{\pi}{4}}$.

知识点 3：换元转为可分离变量的微分方程

例 3　求方程 $e^{-y}\left(\dfrac{\mathrm{d}y}{\mathrm{d}x}+1\right)=xe^x$ 的通解.

错解： 原方程整理可得 $\dfrac{\mathrm{d}y}{\mathrm{d}x}+1=xe^{x+y}$ ，令 $u=x+y$ ，则 $\dfrac{\mathrm{d}u}{\mathrm{d}x}=1+\dfrac{\mathrm{d}y}{\mathrm{d}x}$ ，于是方程化为 $\dfrac{\mathrm{d}u}{\mathrm{d}x}=xe^u$ ，由分离变量法得 $-e^{-u}=\dfrac{1}{2}x^2+C$.

【错解分析及知识链接】原方程并不是可分离变量的微分方程，通过变量代换将未知形式的微分方程转化为已知形式的微分方程是求解微分方程的一种重要方法. 错解中通过变量代换 $u=x+y$ 求出微分方程的通解 $-e^{-u}=\dfrac{1}{2}x^2+C$ 后没有进行回代，所以错误，正确答案为 $-e^{-x-y}=\dfrac{1}{2}x^2+C$.

3．真题演练

（1）（2019 年）微分方程 $2yy'-y^2-2=0$ 满足条件 $y(0)=1$ 的特解 $y=$ _____ .

（2）（2015 年）设函数 $f(x)$ 在定义域 I 上的导数大于零，若对任意的 $x_0\in I$ ，曲线 $y=f(x)$ 在点 $[x_0,f(x_0)]$ 处的切线与直线 $x=x_0$ 及 x 轴所围成区域的面积恒为 4，且 $f(0)=2$ ，求 $f(x)$ 的表达式.

（3）（2015 年）已知高温物体置于低温介质中，任意时刻该物体对时间的变化率与该时刻物体和介质的温差成正比. 现将一初始温度为 120℃的物体在 20℃的恒温介质中冷却，30min 后该物体温度降至 30℃. 若将该物体的温度继续降至 21℃，还需冷却多长时间.

（4）（2014 年）已知函数 $y=y(x)$ 满足微分方程 $x^2+y^2y'=1-y'$ ，且 $y(2)=0$ ，求 $y(x)$ 的极大值与极小值.

4. 真题演练解析

（1）【解析】考查可分离变量微分方程的求解. 由 $2yy' - y^2 - 2 = 0$，得 $\dfrac{dy}{dx} = \dfrac{y^2 + 2}{2y}$，分离变量得 $\dfrac{2y}{y^2 + 2} dy = dx$，两边积分 $\displaystyle\int \dfrac{2y}{y^2 + 2} dy = \int dx$，即 $\ln(y^2 + 2) = x + C$，又因为 $y(0) = 1$，故 $C = \ln 3$. 又因为 $y(0) = 1 > 0$，所以 $y = \sqrt{3e^x - 2}$.

（2）【解析】考查导数的几何意义及微分方程的综合应用. 曲线 $y = f(x)$ 在点 $[x_0, f(x_0)]$ 处的切线为 $y - f(x_0) = f'(x_0)(x - x_0)$. 令 $y = 0$，$x = x_0 - \dfrac{f(x_0)}{f'(x_0)}$，该切线与 x 轴的交点为 $\left[x_0 - \dfrac{f(x_0)}{f'(x_0)}, 0 \right]$，所以 $\dfrac{1}{2} \left| x_0 - \left[x_0 - \dfrac{f(x_0)}{f'(x_0)} \right] \right| |f(x_0)| = 4$，即 $f^2(x_0) = 8f'(x_0), x_0 \in I$，因此曲线方程满足微分方程 $f^2(x) = 8f'(x)$，分离变量得 $\dfrac{8df}{f^2(x)} = dx$，即 $-\dfrac{8}{f(x)} = x + C$，又因 $f(0) = 2$，则 $C = -4$，因此 $f(x) = \dfrac{8}{4 - x}, x \in I$.

（3）【解析】考查微分方程的应用及导数的本质——导数反映变化率. 设物体温度 T 关于时间 t 的函数为 $T(t)$，则根据已知 $\dfrac{dT(t)}{dt} = k(T - 20)$，（$k$ 是一个小于 0 的常数），$T(30)=30$，$T(0)=120$. $\dfrac{dT(t)}{dt} = k(T - 20)$ 是一个变量分离的微分方程，解得 $\ln(T - 20) = kt + C$，（C 为任意常数），由 $T(30)=30$，$T(0)=120$，知 $C=2\ln 10$，$k = -\dfrac{\ln 10}{30}$，因此 $\ln(T - 20) = -\dfrac{\ln 10}{30}t + 2\ln 10$，解得 $t = 60$，故还需冷却 30min.

（4）【解析】考查可分离变量微分方程的求解和函数的极值问题.

由 $x^2 + y^2 y' = 1 - y'$，整理得 $(1 + y^2)dy = (1 - x^2)dx$，两边积分 $y + \dfrac{y^3}{3} = x - \dfrac{x^3}{3} + C$，又因 $y(2) = 0$，则 $C = \dfrac{2}{3}$. 因此 $x^3 + y^3 - 3x + 3y = 2$，对其两端关于 x 求导，得 $3x^2 + 3y^2 y' - 3 + 3y' = 0$，整理 $y' = \dfrac{1 - x^2}{1 + y^2}$. 令 $y' = 0$，得 $x = \pm 1$.

x	$x < -1$	$x = -1$	$x \in (-1, 1)$	$x = 1$	$x > 1$
y'	< 0	0	> 0	0	< 0
y	单调减小	极小值 $y(-1) = 0$	单调增大	极大值 $y(1) = 1$	单调减小

7.3　齐次方程

1. 重要知识点

（1）齐次方程：可化成形如 $\dfrac{\mathrm{d}y}{\mathrm{d}x}=\varphi\left(\dfrac{y}{x}\right)$ 或 $\dfrac{\mathrm{d}x}{\mathrm{d}y}=\varphi\left(\dfrac{x}{y}\right)$ 的方程.

（2）齐次方程的解法（以 $\dfrac{\mathrm{d}y}{\mathrm{d}x}=\varphi\left(\dfrac{y}{x}\right)$ 为例）：

引进新的变量 $u=\dfrac{y}{x}$，即 $y=ux$，则 $\dfrac{\mathrm{d}y}{\mathrm{d}x}=u+x\dfrac{\mathrm{d}u}{\mathrm{d}x}$，代入 $\dfrac{\mathrm{d}y}{\mathrm{d}x}=\varphi\left(\dfrac{y}{x}\right)$，得 $u+x\dfrac{\mathrm{d}u}{\mathrm{d}x}=\varphi(u)$，这是一个可分离变量的微分方程，分离变量，两端积分，得到一个与 u 和 x 有关的函数表达式，最后代回原变量. 这里体现了常用的化未知为已知的数学思想.

（3）对方程 $\dfrac{\mathrm{d}y}{\mathrm{d}x}=\dfrac{ax+by+c}{a_1x+b_1y+c_1}$ $(c^2+c_1{}^2\neq0)$，当 $ab_1-a_1b\neq0$ 时，称为可化为齐次的微分方程.

（4）可化为齐次的微分方程的解法（以 $\dfrac{\mathrm{d}y}{\mathrm{d}x}=\dfrac{ax+by+c}{a_1x+b_1y+c_1}$ $(c^2+c_1{}^2\neq0)$ 为例）：通过变换将其化为齐次方程：令 $x=X+h,y=Y+k$，h,k 待定，于是 $\mathrm{d}x=\mathrm{d}X,\mathrm{d}y=\mathrm{d}Y$，则 $\dfrac{\mathrm{d}Y}{\mathrm{d}X}=\dfrac{aX+bY+ah+bk+c}{a_1X+b_1Y+a_1h+b_1k+c_1}$. 由 $\begin{cases}ah+bk+c=0\\a_1h+b_1k+c_1=0\end{cases}$，定出 h,k，则所求方程便化为齐次方程 $\dfrac{\mathrm{d}Y}{\mathrm{d}X}=\dfrac{aX+bY}{a_1X+b_1Y}$，求出该齐次方程通解后，在通解中以 $x-h$ 代 X，$y-k$ 代 Y，得所求微分方程的通解.

2. 例题辨析

知识点 1：齐次方程的解法

例 1　求方程 $\dfrac{\mathrm{d}y}{\mathrm{d}x}-\dfrac{y}{x}=\dfrac{1}{\ln(x^2+y^2)-2\ln x}$ 的通解.

【题目解析及知识链接】考查齐次方程的解法. 常见问题是在解答过程中不会求某些函数的原函数.

令 $u=\dfrac{y}{x}$，即 $y=ux$，则 $\dfrac{\mathrm{d}y}{\mathrm{d}x}=u+x\dfrac{\mathrm{d}u}{\mathrm{d}x}$，代入方程得 $x\dfrac{\mathrm{d}u}{\mathrm{d}x}=\dfrac{1}{\ln(1+u^2)}$，这是可分离变量的微分方程. 分离变量 $\ln(1+u^2)\mathrm{d}u=\dfrac{\mathrm{d}x}{x}$，两边积分 $\displaystyle\int\ln(1+u^2)\mathrm{d}u=\ln|x|$.

又因 $\displaystyle\int\ln(1+u^2)\mathrm{d}u=u\ln(1+u^2)-2\int\dfrac{u^2}{1+u^2}\mathrm{d}u=u\ln(1+u^2)-2u+2\arctan u+C$，因此 $u\ln(1+u^2)-2u+2\arctan u+C=\ln|x|$，将 $u=\dfrac{y}{x}$ 回代，则

$$\frac{y}{x}\ln\left(1+\left(\frac{y}{x}\right)^2\right)-2\frac{y}{x}+2\arctan\frac{y}{x}+C=\ln|x|.$$

知识点 2：可化为齐次的微分方程的解法

例 2　解方程 $\dfrac{\mathrm{d}y}{\mathrm{d}x}=\dfrac{2x-5y+3}{2x+4y-6}$.

【题目解析及知识链接】 该方程不是齐次方程，但右端分子分母均为二元一次的，可通过坐标平移将其转化为齐次方程.

令 $x=X+1, y=Y+1$，则原方程化为 $\dfrac{\mathrm{d}Y}{\mathrm{d}X}=\dfrac{2X-5Y}{2X+4Y}=\dfrac{2-5\dfrac{Y}{X}}{2+4\dfrac{Y}{X}}$.

令 $z=\dfrac{Y}{X}$，则 $\dfrac{\mathrm{d}z}{\mathrm{d}X}=\dfrac{2-7z-4z^2}{2+4z}$，分离变量得 $\dfrac{2+4z}{2-7z-4z^2}\mathrm{d}z=\dfrac{\mathrm{d}X}{X}$，化简得 $\left(\dfrac{4}{3}\dfrac{1}{1-4z}-\right.$ $\left.\dfrac{2}{3}\dfrac{1}{2+z}\right)\mathrm{d}z=\dfrac{\mathrm{d}X}{X}$，两边积分 $-\dfrac{1}{3}\ln|1-4z|-\dfrac{2}{3}\ln|2+z|=\ln|X|+\ln|C_1|$，化简得 $(1-4z)(2+z)^2=\dfrac{C}{X^3}$（$C=C_1^3$ 为任意常数），代回原变量得原方程通解为 $(x-4y+3)(2x+y-3)^2=C$.

3.真题演练

（1）（2014 年）微分方程 $xy'+y(\ln x-\ln y)=0$ 满足条件 $y(1)=\mathrm{e}^3$ 的解 $y=$ ＿＿＿＿＿＿.

（2）（2017 年）设 $y(x)$ 是区间 $\left(0,\dfrac{3}{2}\right)$ 内的可导函数，且 $y(1)=0$. 点 P 是曲线 $l:y=y(x)$ 上的任意一点，l 在点 P 处的切线与 y 轴相交于点 $(0,Y_P)$，法线与 x 轴相交于点 $(X_P,0)$，若 $X_P=Y_P$，求 l 上点的坐标 (x,y) 满足的方程.

4.真题演练解析

（1）**【解析】** 主要考查齐次微分方程初值问题的求解. 由 $xy'+y(\ln x-\ln y)=0$，知

$x>0,y>0$，且 $\dfrac{\mathrm{d}y}{\mathrm{d}x}=\dfrac{y\ln\dfrac{y}{x}}{x}$. 令 $u=\dfrac{y}{x}$，即 $y=ux$，则 $\dfrac{\mathrm{d}y}{\mathrm{d}x}=u+x\dfrac{\mathrm{d}u}{\mathrm{d}x}$，代入上式，则 $u+x\dfrac{\mathrm{d}u}{\mathrm{d}x}=u\ln u$，

分离变量得 $\dfrac{\mathrm{d}u}{u(\ln u-1)}=\dfrac{\mathrm{d}x}{x}$，即 $\dfrac{\mathrm{d}(\ln u-1)}{\ln u-1}=\dfrac{\mathrm{d}x}{x}$，两边积分得 $\ln|\ln u-1|=\ln|x|+\ln|C|$，于是

$\ln u-1=Cx$，回代，则 $\ln\dfrac{y}{x}-1=Cx$，又 $y(1)=\mathrm{e}^3$，得 $C=2$，则 $\ln\dfrac{y}{x}-1=2x$，因此 $y=x\mathrm{e}^{2x+1}$.

（2）**【解析】** 综合考查导数的几何意义及齐次微分方程的解法. 曲线 $l:y=y(x)$ 上的任意一点 $P(x,y)$ 处的切线方程为 $Y-y=y'(X-x)$，与 y 轴的交点为 $(0,y-xy')$. l 在点 P 处法线方程为 $Y-y=-\dfrac{1}{y'}(X-x)$，与 x 轴相交于点 $(x+yy',0)$. 于是 $Y_P=y-xy'$，$X_P=x+yy'$，又因为 $X_P=Y_P$，则 $x+yy'=y-xy'$，即

$$y' = \frac{y-x}{y+x} = \frac{\dfrac{y}{x}-1}{\dfrac{y}{x}+1}.$$

令 $u = \dfrac{y}{x}$，即 $y = ux$，则 $\dfrac{\mathrm{d}y}{\mathrm{d}x} = u + x\dfrac{\mathrm{d}u}{\mathrm{d}x}$，代入上式，则 $u + x\dfrac{\mathrm{d}u}{\mathrm{d}x} = \dfrac{u-1}{u+1}$，分离变量得 $\dfrac{(u+1)\mathrm{d}x}{u^2+1} = -\dfrac{\mathrm{d}x}{x}$，两边积分 $\displaystyle\int \dfrac{(u+1)\mathrm{d}x}{u^2+1} = \int \dfrac{u\mathrm{d}x}{u^2+1} + \int \dfrac{\mathrm{d}x}{u^2+1} = \int -\dfrac{\mathrm{d}x}{x}$，即 $\dfrac{1}{2}\ln(u^2+1) + \arctan u = -\ln x + C$，又因 $y(1) = 0$，代入得 $C = 0$．于是 $\dfrac{1}{2}\ln(u^2+1) + \arctan u = -\ln x$，回代，则 $\dfrac{1}{2}\ln\left(\dfrac{y^2}{x^2}+1\right) + \arctan\dfrac{y}{x} = -\ln x$，化简得 $\ln(y^2+x^2) + 2\arctan\dfrac{y}{x} = 0$．

7.4　一阶线性微分方程

1．重要知识点

（1）一阶线性微分方程：形如 $\dfrac{\mathrm{d}y}{\mathrm{d}x} + P(x)y = Q(x)$ 的微分方程．

注 1：如果 $Q(x) = 0$，方程称为齐次的；否则称为非齐次的．

注 2：区别齐次方程和齐次线性方程，这是两类微分方程．

注 3：实际中有时需要变更自变量和因变量的地位，有的问题看成求 $y(x)$ 函数，未必是线性的，但看作 $x = x(y)$，则是线性的．

（2）一阶齐次线性微分方程实际是可分离变量的微分方程，通过分离变量 $\dfrac{\mathrm{d}y}{y} = -P(x)\mathrm{d}x$，可以得到通解公式 $y = C\mathrm{e}^{-\int P(x)\mathrm{d}x}$．

注：实际解题中可直接利用通解公式或分离变量求解，要注意观察分析，选择最简方法．

（3）一阶非齐次线性微分方程的求解方法称为常数变易法：

先求出其对应的齐次线性方程的通解 $y = C\mathrm{e}^{-\int P(x)\mathrm{d}x}$，然后把通解里的任意常数 C 变易为函数 $C(x)$．假设 $y = C(x)\mathrm{e}^{-\int P(x)\mathrm{d}x}$ 是非齐次线性微分方程的解，代入方程恒成立，化简整理，积分得 $C(x) = \int Q(x)\mathrm{e}^{\int P(x)\mathrm{d}x}\mathrm{d}x + C$，进而找出原方程的通解 $y = \mathrm{e}^{-\int P(x)\mathrm{d}x}\left[\int Q(x)\mathrm{e}^{\int P(x)\mathrm{d}x}\mathrm{d}x + C\right]$．

注：在实际解题中可直接代入公式求解，但要注意理解常数变易法的思想．

2．例题辨析

知识点 1：一阶线性微分方程的解法

例 1　求微分方程 $\tan x\dfrac{\mathrm{d}y}{\mathrm{d}x} - y = 5$ 的通解．

【题目分析及知识链接】方程可看作一阶线性微分方程，也可看作可分离变量得微分方程，解题前要注意观察分析，选择最简方法．

解法1： 变形 $\dfrac{\mathrm{d}y}{\mathrm{d}x} - y\cot x = 5\cot x$，利用通解公式得

$$y = \mathrm{e}^{\int \cot x \mathrm{d}x}\left(\int 5\cot x \cdot \mathrm{e}^{\int -\cot x \mathrm{d}x}\mathrm{d}x + C\right) = C\sin x - 5 .$$

解法2： 分离变量 $\dfrac{\mathrm{d}y}{y+5} = \cot x \mathrm{d}x$，两边积分，得 $\ln|y+5| = \ln|\sin x| + \ln|C|$，即

$$y = C\sin x - 5 .$$

例2 求微分方程 $y\ln y\mathrm{d}x + (x - \ln y)\mathrm{d}y = 0$ 的通解.

【题目分析及知识链接】 如果把 y 看成因变量，该方程不是一阶线性微分方程，但如果把 x 看成因变量，方程就是一阶线性微分方程，可以按照常数变易法求解，也可以直接套用公式. 原方程可变形为 $\dfrac{\mathrm{d}x}{\mathrm{d}y} + \dfrac{1}{y\ln y}x = \dfrac{1}{y}$.

其对应的齐次方程为 $\dfrac{\mathrm{d}x}{\mathrm{d}y} + \dfrac{1}{y\ln y}x = 0$.

先求齐次方程的通解，这是一个可分离变量的微分方程. 分离变量 $\dfrac{\mathrm{d}x}{x} = -\dfrac{1}{y\ln y}\mathrm{d}y$，两端积分 $\ln|x| = -\ln|\ln y| + \ln|C|$，化简得 $x\ln y = C$ 或 $x = \dfrac{C}{\ln y}$. 设方程 $\dfrac{\mathrm{d}x}{\mathrm{d}y} + \dfrac{1}{y\ln y}x = \dfrac{1}{y}$ 具有形如

$x = \dfrac{C(y)}{\ln y}$ 的解，则 $\dfrac{\mathrm{d}x}{\mathrm{d}y} = \dfrac{C'\ln y - C\dfrac{1}{y}}{\ln^2 y}$，代入原方程并化简得 $C'(y) = \dfrac{\ln y}{y}$，积分得 $C(y) = \dfrac{\ln^2 y}{2} +$

C_1，所以原方程的通解为 $x\ln y = \dfrac{\ln^2 y}{2} + C_1$.

【举一反三】 设曲线 $y = f(x)$，其中为 $f(x)$ 可导函数，且 $f(x) > 0$. 已知曲线 $y = f(x)$ 与直线 $y = 0, x = 1$ 及 $x = t(t > 1)$ 所围成得曲边梯形绕 x 轴旋转一周所得的立体体积是曲边梯形面积的 πt 倍，求该曲线方程.

【题目分析及知识链接】 本题考查微分方程及定积分几何应用的综合问题. 由已知 $\int_1^t \pi f^2(x)\mathrm{d}x = \pi t \int_1^t f(x)\mathrm{d}x$，方程两边求导得 $\pi f^2(t) = \pi \int_1^t f(x)\mathrm{d}x + \pi t f(t)$，两边继续求导，则 $\dfrac{\mathrm{d}y}{\mathrm{d}t} = \dfrac{2\pi y}{2\pi y - \pi t}$，将 t 看作 y 的函数，则 $\dfrac{\mathrm{d}t}{\mathrm{d}y} + \dfrac{t}{2y} = 1$. 由一阶非齐次线性微分方程的通解公式得

$$t = \mathrm{e}^{-\int \frac{1}{2y}\mathrm{d}y}\left(\int \mathrm{e}^{\int \frac{1}{2y}\mathrm{d}y}\mathrm{d}y + C\right) = \dfrac{2y}{3} + \dfrac{C}{\sqrt{y}} .$$ 又因 $f(1) = 1$，则 $C = \dfrac{1}{3}$，故曲线方程为 $x = \dfrac{2y}{3} + \dfrac{1}{3\sqrt{y}}$.

知识点2：通过变量代换转为一阶线性微分方程的解法

例3 求微分方程 $\dfrac{1}{\sqrt{y}}y' - \dfrac{4x}{x^2+1}\sqrt{y} = x$ 的通解.

【题目分析及知识链接】 如果把 y 看成因变量，该方程不是一阶线性微分方程，但如果作变量代换，令 $u = \sqrt{y}$，则 $\dfrac{1}{\sqrt{y}}y' = 2u'$，方程转化为以 u 为未知函数的一阶线性微分方程. 利用常数变易法或直接套用公式. 令 $u = \sqrt{y}$，则 $2u' - \dfrac{4x}{x^2+1}u = x$，由通解公式得

$$u = e^{\int \frac{4x}{x^2+1}dx}\left(\int xe^{\int -\frac{4x}{x^2+1}dx}dx + C\right) = (x^2+1)^2\left[\frac{1}{2}\ln(1+x^2) + C\right]，故 \sqrt{y} = (x^2+1)^2\left[\frac{1}{2}\ln(1+x^2) + C\right].$$

【举一反三】求微分方程 $y' = \dfrac{x}{\cos y} - \tan y$ 的通解.

【题目解析及知识链接】将微分方程适当变形 $y'\cos y = x - \sin y$，同样作变量代换，令 $u = \sin y$，则 $y'\cos y = 2u'$，方程成为以 u 为未知函数的一阶线性微分方程.

令 $u = \sin y$，则 $u' + u = x$，由通解公式得 $u = e^{\int -1dx}\left(\int xe^{\int dx}dx + C\right) = x - 1 + Ce^{-x}$，故 $\sin y = x - 1 + Ce^{-x}$.

【举一反三】求微分方程 $2xy' + \sin 2y = 2x\sin x\cos^2 y$ 的通解.

【题目解析及知识链接】非标准类型方程的解题思路是：适当变形后，使用换元法将方程转为一阶微分方程标准类型求解. 将微分方程变形为 $y'\sec^2 y + \dfrac{\tan y}{x} = \sin x$，令 $z = \tan y$，于是 $\dfrac{\mathrm{d}z}{\mathrm{d}x} = y'\sec^2 y$，则 $\dfrac{\mathrm{d}z}{\mathrm{d}x} + \dfrac{z}{x} = \sin x$，这是一阶非齐次线性微分方程，由通解公式得，

$$z = e^{\int -\frac{1}{x}dx}\left(\int \sin x \cdot e^{\int \frac{1}{x}dx}dx + C\right) = \frac{1}{x}(C - x\cos x + \sin x)，故原微分方程的通解为 \tan y = \frac{1}{x}(C - x\cos x + \sin x).$$

3. 真题演练

（1）（2016 年）若 $y = (1+x^2)^2 - \sqrt{1+x^2}, y = (1+x^2)^2 + \sqrt{1+x^2}$ 是微分方程 $y' + p(x)y = q(x)$ 的两个解，则 $q(x) = （\quad）$.

　　A. $3x(1+x^2)$　　　B. $-3x(1+x^2)$　　　C. $\dfrac{x}{1+x^2}$　　　D. $\dfrac{x}{1+x^2}$

（2）（2012 年）微分方程 $y\mathrm{d}x + (x - 3y^2)\mathrm{d}y = 0$ 满足条件 $y|_{x=1} = 1$ 的解为 $y =$ _____.

（3）（2018 年）已知微分方程 $y' + y = f(x)$，其中 $f(x)$ 是 R 上的连续函数.

　　（Ⅰ）若 $f(x) = x$，求方程的通解；

　　（Ⅱ）若 $f(x)$ 是周期为 T 的函数，证明：方程存在唯一的以 T 为周期的解.

（4）（2019 年）设函数 $y(x)$ 是微分方程 $y' + xy = e^{-\frac{x^2}{2}}$ 满足条件 $y(0) = 0$ 的特解.

　　（Ⅰ）求 $y(x)$；

　　（Ⅱ）求曲线 $y = y(x)$ 的凹凸区间及拐点.

（5）（2019 年）设函数 $y(x)$ 是微分方程 $y' - xy = \dfrac{1}{2\sqrt{x}}e^{\frac{x^2}{2}}$ 满足条件 $y(1) = \sqrt{e}$ 的特解.

　　（Ⅰ）求 $y(x)$；

　　（Ⅱ）设区域 $D = \{(x,y)|1 \leq x \leq 2, 0 \leq y \leq y(x)\}$，求 D 绕 x 轴旋转所得旋转体的体积.

（6）（第一届江苏省本科高等数学竞赛）一向上凸的光滑曲线连接了 $O(0,0)$ 和 $A(1,4)$ 两点，

而 $P(x, y)$ 为曲线上任一点，若曲线与线段 OP 所围区域的面积为 $x^{\frac{4}{3}}$，求该曲线的方程.

4. 真题演练解析

（1）【解析】考查一阶线性微分方程解的性质. 根据线性方程解的性质可知，$[(1+x^2)^2 + \sqrt{1+x^2}] - [(1+x^2)^2 - \sqrt{1+x^2}] = 2\sqrt{1+x^2}$ 为相应齐次微分方程 $y' + p(x)y = 0$ 的解，代入得 $\dfrac{2x}{\sqrt{1+x^2}} + p(x)2\sqrt{1+x^2} = 0$，于是 $p(x) = -\dfrac{x}{1+x^2}$，因此 $q(x) = y' - \dfrac{x}{1+x^2}y$，将 $y = (1+x^2)^2 - \sqrt{1+x^2}$ 代入，则有 $q(x) = 4x(1+x^2) - \dfrac{x}{\sqrt{1+x^2}} - \dfrac{x}{1+x^2}[(1+x^2)^2 - \sqrt{1+x^2}] = 3x(1+x^2)$. 故选 A.

（2）【解析】考查一阶线性非齐次微分方程的解，直接用公式即可.

整理原微分方程得 $\dfrac{\mathrm{d}x}{\mathrm{d}y} + \dfrac{x}{y} = 3y$，视 x 为因变量，则为一阶线性非齐次微分方程. 代入公式，得 $x = \mathrm{e}^{-\int \frac{1}{y}\mathrm{d}y}\left(\int 3y\mathrm{e}^{\int \frac{1}{y}\mathrm{d}x}\mathrm{d}y + C \right) = \dfrac{1}{|y|}\left(3\int y|y|\mathrm{d}x + C \right) = \dfrac{C}{|y|} + y^2$.

结合条件 $y|_{x=1} = 1$，得 $C = 0$. 因此 $x = y^2$，且 $x = 1$ 时，$y = 1$，故 $y = \sqrt{x}$.

（3）【解析】（Ⅰ）考查一阶非齐次线性微分方程的求解问题，套用公式即可或用常数变易法也可；（Ⅱ）考查微分方程的求解及定积分的换元法.

（Ⅰ）对 $y' + y = x$，由公式可得方程的通解为
$$y = \mathrm{e}^{-\int \mathrm{d}x}\left(\int x\mathrm{e}^{\int \mathrm{d}x}\mathrm{d}x + C \right) = \mathrm{e}^{-x}\left(\int x\mathrm{e}^x\mathrm{d}x + C \right) = x - 1 + C\mathrm{e}^{-x} \quad (C \text{ 为任意常数}).$$

（Ⅱ）对 $y' + y = f(x)$，由公式可得方程的通解为
$$y(x) = \mathrm{e}^{-\int \mathrm{d}x}\left(\int f(x)\mathrm{e}^{\int \mathrm{d}x}\mathrm{d}x + C' \right) = \mathrm{e}^{-x}\left[\int_0^x f(t)\mathrm{e}^t\mathrm{d}t + C \right].$$

而 $y(x+T) = \mathrm{e}^{-x-T}\left[\int_0^{x+T} f(t)\mathrm{e}^t\mathrm{d}t + C \right] = \mathrm{e}^{-x-T}\left[\int_0^T f(t)\mathrm{e}^t\mathrm{d}t + \int_T^{x+T} f(t)\mathrm{e}^t\mathrm{d}t + C \right]$，

又因 $\int_T^{x+T} f(t)\mathrm{e}^t\mathrm{d}t \xlongequal{u=t-T} \int_0^x f(u+T)\mathrm{e}^{u+T}\mathrm{d}u = \int_0^x f(u)\mathrm{e}^{u+T}\mathrm{d}u$，故

$$y(x+T) = \mathrm{e}^{-x-T}\left[\int_0^T f(t)\mathrm{e}^t\mathrm{d}t + \int_0^x f(u)\mathrm{e}^{u+T}\mathrm{d}u + C \right]$$
$$= \mathrm{e}^{-x}\left[\mathrm{e}^{-T}\int_0^T f(t)\mathrm{e}^t\mathrm{d}t + \int_0^x f(u)\mathrm{e}^u\mathrm{d}u + \mathrm{e}^{-T}C \right],$$

若 $\mathrm{e}^{-T}\int_0^T f(t)\mathrm{e}^t\mathrm{d}t + \mathrm{e}^{-T}C = C$，则 $y(x) = y(x+T)$. 且 $C = \dfrac{\mathrm{e}^{-T}\int_0^T f(t)\mathrm{e}^t\mathrm{d}t}{1 - \mathrm{e}^{-T}}$ 是唯一的，故结论得证.

（4）【解析】（Ⅰ）考查一阶非齐次线性微分方程的求解问题（公式或常数变易法）；（Ⅱ）考查曲线的凹凸性及拐点. 用常数变易法求解. 先求 $y' + xy = 0$ 的通解，分离变量 $\dfrac{\mathrm{d}y}{y} = -x\mathrm{d}x$，两端积分 $\ln|y| = -\dfrac{x^2}{2} + C_1$，整理得 $y = C\mathrm{e}^{-\frac{x^2}{2}}$. 令 $y^* = C(x)\mathrm{e}^{-\frac{x^2}{2}}$，则 $y^{*'} = C'(x)\mathrm{e}^{-\frac{x^2}{2}} - xC(x)\mathrm{e}^{-\frac{x^2}{2}}$，代入 $y' + xy = \mathrm{e}^{-\frac{x^2}{2}}$，则 $C'(x)\mathrm{e}^{-\frac{x^2}{2}} - xC(x)\mathrm{e}^{-\frac{x^2}{2}} + xC(x)\mathrm{e}^{-\frac{x^2}{2}} = \mathrm{e}^{-\frac{x^2}{2}}$，得 $C'(x) = 1$，所以 $C(x) = x + C$.

因此所求微分方程的通解为 $y^* = (x+C)\mathrm{e}^{-\frac{x^2}{2}}$，又因 $y(0)=0$，得 $C=0$，因此 $y^* = x\mathrm{e}^{-\frac{x^2}{2}}$.

（5）【解析】综合性问题——考查微分方程及定积分的几何应用.

（Ⅰ）公式 $y = \mathrm{e}^{\int x\mathrm{d}x}\left(\int \dfrac{1}{2\sqrt{x}}\mathrm{e}^{\frac{x^2}{2}}\mathrm{e}^{-\int x\mathrm{d}x}\mathrm{d}x + C\right) = \sqrt{x}\mathrm{e}^{\frac{x^2}{2}} + C\mathrm{e}^{\frac{x^2}{2}}$，又因 $y(1) = \sqrt{\mathrm{e}}$，得 $C=0$，

因此 $y = \sqrt{x}\mathrm{e}^{\frac{x^2}{2}}$.

（Ⅱ）由旋转体体积公式得

$$V = \pi\int_1^2\left(\sqrt{x}\mathrm{e}^{\frac{x^2}{2}}\right)^2\mathrm{d}x = \pi\int_1^2 x\mathrm{e}^{x^2}\mathrm{d}x = \frac{\pi}{2}\int_1^2\mathrm{e}^{x^2}\mathrm{d}x^2 = \frac{\pi}{2}(\mathrm{e}^4 - \mathrm{e}).$$

（6）【解析】综合考查微分方程及定积分的几何应用. 设所求曲线方程为 $y = y(x)$，则 $\int_0^x y(x)\mathrm{d}x - \dfrac{1}{2}xy = x^{\frac{4}{3}}$ $(0 \le x \le 1)$. 两边关于 x 求导，得 $y' - \dfrac{1}{x}y = -\dfrac{8}{3}x^{-\frac{2}{3}}$ $(0 \le x \le 1)$. 由公式得 $y = Cx + 4\sqrt[3]{x}$. 又因曲线过 $(1,4)$，故所求曲线为 $y = 4\sqrt[3]{x}$.

7.5　可降阶的高阶微分方程

1．重要知识点

（1）$y^{(n)} = f(x)$ 型：

两端连续积分 n 次，得到一个含有 n 个任意常数的通解.

（2）$y'' = f(x,y')$ 型：

引进新的未知函数 $y' = p(x)$，则原方程变为一阶 $p' = f(x,p)$，先求出该一阶方程的解，记为 $p = \varphi(x,C_1)$，再把 $y' = p(x)$ 代入，即 $y' = \varphi(x,C_1)$，再求该一阶方程就得原方程的通解 $y = \int \varphi(x,C_1)\mathrm{d}x + C_2$.

（3）$y'' = f(y,y')$ 型：

引进新的未知函数 $y' = p(y)$，则 $y'' = \dfrac{\mathrm{d}p}{\mathrm{d}y}\cdot\dfrac{\mathrm{d}y}{\mathrm{d}x} = p\dfrac{\mathrm{d}p}{\mathrm{d}y}$，因此原方程变为一阶方程 $p\dfrac{\mathrm{d}p}{\mathrm{d}y} = f(y,p)$，这是以 y 为自变量，以 p 为未知函数的一阶方程，先求出该一阶方程的解，记为 $p = \varphi(y,C_1)$，再把 $y' = p(y)$ 代入，即 $y' = \varphi(y,C_1)$，通过分离变量法，再求此一阶方程就得原方程的通解.

注 1：三类方程都是通过变量代换达到降阶的目的.

注 2：特别需要注意在 $y'' = f(y,y')$ 中，未知函数 $y' = p(y)$ 是以 y 为中间变量，x 为自变量的复合函数.

2．例题辨析

知识点 1：$y'' = f(x,y')$ 型微分方程的解法

例 1　如果对于任意 $x > 0$，曲线 $y = y(x)$ 上的点 (x,y) 处的切线在 y 轴上的截距等于

$\dfrac{1}{x}\displaystyle\int_0^x y(t)\mathrm{d}t$，求函数 $y = y(x)$ 的表达式.

【题目分析及知识链接】本题考查微分方程的综合知识. 难点在于正确区分变量和常量的关系，表示出任一点 (x,y) 处切线方程. 设曲线 $y = y(x)$ 上的点 (x,y) 处的切线为 $Y = y'(X-x) + y$，令 $X=0$，得该切线在 y 轴上的截距 $Y = y - xy'$. 由已知得 $y - xy' = \dfrac{1}{x}\displaystyle\int_0^x y(t)\mathrm{d}t$，即 $xy - x^2 y' = \displaystyle\int_0^x y(t)\mathrm{d}t$，两边关于 x 求导得 $y + xy' - 2xy' - x^2 y'' = y$，化简 $y''x = -y'$，这是可降阶的微分方程.

令 $y' = p$，则 $y'' = \dfrac{\mathrm{d}p}{\mathrm{d}x}$，原方程化为 $\dfrac{\mathrm{d}p}{\mathrm{d}x}x = -p$. 分离变量 $\dfrac{\mathrm{d}p}{p} = -\dfrac{\mathrm{d}x}{x}$，因此 $\ln|p| = -\ln|x| + \ln|C_1|$，即 $p = \dfrac{C_1}{x}$，代回原变量 $y' = \dfrac{C_1}{x}$，积分得 $y = C_1\ln|x| + C_2$.

知识点 2：$y'' = f(y,y')$ **型微分方程的解法**

例 2　解方程 $y'' = \dfrac{1}{\sqrt{y}}$.

错解：令 $y' = p$，则 $y'' = \dfrac{\mathrm{d}p}{\mathrm{d}x}$，原方程化为 $\dfrac{\mathrm{d}p}{\mathrm{d}x} = \dfrac{1}{\sqrt{y}}$. 出现三个变量没法求解.

【错解分析及知识链接】这是一个不显含自变量 x 的二阶微分方程，应做换元 $y' = p(y)$，这样 $y'' = \dfrac{\mathrm{d}p}{\mathrm{d}y}\cdot\dfrac{\mathrm{d}y}{\mathrm{d}x} = p\dfrac{\mathrm{d}p}{\mathrm{d}y}$，原方程变为以 p 为未知函数，y 为自变量的一阶微分方程，解出后代回原变量，又得到一个一阶微分方程，继续求解即可.

正解：令 $y' = p(y)$，则 $y'' = \dfrac{\mathrm{d}p}{\mathrm{d}y}\cdot\dfrac{\mathrm{d}y}{\mathrm{d}x} = p\dfrac{\mathrm{d}p}{\mathrm{d}y}$，原方程变为 $p\dfrac{\mathrm{d}p}{\mathrm{d}y} = \dfrac{1}{\sqrt{y}}$.

这是一个可分离变量的一阶微分方程，解得 $p = \pm 2\sqrt{\sqrt{y} + C_1}$，代回原变量 $y' = \pm 2\sqrt{\sqrt{y} + C_1}$，这又是一个可分离变量的一阶微分方程 $\dfrac{\mathrm{d}y}{\sqrt{\sqrt{y}+C_1}} = \pm 2\mathrm{d}x$，整理得 $\left(\sqrt{\sqrt{y}+C_1} - \dfrac{C_1}{\sqrt{\sqrt{y}+C_1}}\right)\mathrm{d}(\sqrt{y}+C_1) = \pm\mathrm{d}x$，两边积分得

$$\dfrac{2}{3}(\sqrt{y}+C_1)^{3/2} - 2C_1\sqrt{\sqrt{y}+C_1} = C_2 \pm x.$$

【举一反三】设连续函数 $f(x)$ 满足 $f(x) = 1 + \displaystyle\int_1^x x\dfrac{f(t)}{t^2}\mathrm{d}t$，求 $f(x)$.

解：变形 $f(x) = 1 + \displaystyle\int_1^x x\dfrac{f(t)}{t^2}\mathrm{d}t$，方程两边求导 $f'(x) = \displaystyle\int_1^x \dfrac{f(t)}{t^2}\mathrm{d}t + x\dfrac{f(x)}{x^2}$，两边再求导，化简得 $xf''(x) - f'(x) = 0$. 令 $p = f'(x)$，则 $xp' = p$，解得 $p = C_1 x$，即 $f'(x) = C_1 x$，故 $f(x) = C_1\dfrac{x^2}{2} + C_2$，又 $f(1) = f'(1) = 1$，可得 $C_1 = 1, C_2 = \dfrac{1}{2}$，因此 $f(x) = \dfrac{x^2}{2} + \dfrac{1}{2}$.

3. 真题演练

（1）（2010 年）设函数 $y = f(x)$ 由参数方程 $\begin{cases} x = 2t + t^2 \\ y = \psi(t) \end{cases}$，$t > -1$ 所确定，其中 $\psi(t)$ 具有二阶导数，且 $\psi(1) = \dfrac{5}{2}, \psi'(1) = 6$，已知 $\dfrac{\mathrm{d}^2 y}{\mathrm{d}x^2} = \dfrac{3}{4(1+t)}$，求函数 $\psi(t)$.

（2）（2011 年）设函数 $y(x)$ 具有二阶导数，且曲线 $l : y = y(x)$ 与直线 $y = x$ 相切于原点，记 α 为曲线 l 在点 (x, y) 处切线的倾角，若 $\dfrac{\mathrm{d}\alpha}{\mathrm{d}x} = \dfrac{\mathrm{d}y}{\mathrm{d}x}$，求 $y(x)$ 的表达式.

4. 真题演练解析

（1）【解析】主要考查参数方程确定函数的导数及可降阶的二阶微分方程的解法. 由参数方程，知 $\dfrac{\mathrm{d}y}{\mathrm{d}x} = \dfrac{\frac{\mathrm{d}y}{\mathrm{d}t}}{\frac{\mathrm{d}x}{\mathrm{d}t}} = \dfrac{\psi'(t)}{2 + 2t}$，则 $\dfrac{\mathrm{d}^2 y}{\mathrm{d}x^2} = \dfrac{\mathrm{d}}{\mathrm{d}x}\left(\dfrac{\mathrm{d}y}{\mathrm{d}x}\right) = \dfrac{\frac{\mathrm{d}}{\mathrm{d}t}\left(\frac{\psi'(t)}{2+2t}\right)}{\frac{\mathrm{d}x}{\mathrm{d}t}} = \dfrac{(t+1)\psi''(t) - \psi'(t)}{4(t+1)^3}$. 又 $\dfrac{\mathrm{d}^2 y}{\mathrm{d}x^2} = \dfrac{3}{4(1+t)}$，则 $(t+1)\psi''(t) - \psi'(t) = 3(t+1)^2$.

上式是可降阶的微分方程，令 $p = \psi'(t)$，则 $p' = \psi''(t)$，代入该式，整理得 $p'(t) - \dfrac{p}{t+1} = 3(t+1)$. 由公式得 $p = \mathrm{e}^{-\int \frac{-1}{t+1}\mathrm{d}x}\left(\int 3(t+1)\mathrm{e}^{\int \frac{-1}{t+1}\mathrm{d}x}\mathrm{d}x + C\right) = (t+1)(3t + C)$，因为 $\psi'(1) = 6$，所以 $p(1) = 6$，因此 $C = 0$，故 $\psi'(t) = p = 3t^2 + 3t$，两端积分得 $\psi(t) = t^3 + \dfrac{3}{2}t^2 + C_1$，由 $\psi(1) = \dfrac{5}{2}$，得 $C_1 = 0$，因此 $\psi(t) = t^3 + \dfrac{3}{2}t^2$.

（2）【解析】考查微分方程的应用. $\dfrac{\mathrm{d}\alpha}{\mathrm{d}x} = \dfrac{\mathrm{d}y}{\mathrm{d}x}$ 涉及三个变量，借助 $\tan\alpha = y'$，可以转为关于 α、x 或 y、x 的微分方程. 由导数的几何意义可知，$\tan\alpha = y'$，两边关于 x 求导，得 $\sec^2\alpha \dfrac{\mathrm{d}\alpha}{\mathrm{d}x} = y''$，所以 $\dfrac{\mathrm{d}\alpha}{\mathrm{d}x} = \dfrac{y''}{\sec^2\alpha} = \dfrac{y''}{1 + \tan^2\alpha} = \dfrac{y''}{1 + y'^2}$，又因 $\dfrac{\mathrm{d}\alpha}{\mathrm{d}x} = \dfrac{\mathrm{d}y}{\mathrm{d}x}$，则 $\dfrac{\mathrm{d}y}{\mathrm{d}x} = \dfrac{y''}{1 + y'^2}$.

上式是可降阶的微分方程，令 $p = y'$，则 $p' = y''(t)$，代入该式，得 $p' = p(1 + p^2)$，分离变量解得 $\dfrac{1}{2}\ln\dfrac{p^2}{1 + p^2} = x + C$. 又因曲线 $l : y = y(x)$ 与直线 $y = x$ 相切于原点，则 $y(0) = 0$，$y'(0) = 1$，即 $p(0) = 1$，代入上式，得 $C = \dfrac{1}{2}\ln\dfrac{1}{2}$，$x = \dfrac{1}{2}\ln\dfrac{2p^2}{1 + p^2}$，将 $p = y'$ 代入，得 $y' = \pm\dfrac{\mathrm{e}^x}{\sqrt{1 - \mathrm{e}^{2x}}}$，又因 $y'(0) = 1$，故取 $y' = \dfrac{\mathrm{e}^x}{\sqrt{1 - \mathrm{e}^{2x}}}$，因此 $y = \int \dfrac{\mathrm{e}^x}{\sqrt{1 - \mathrm{e}^{2x}}}\mathrm{d}x = \arcsin\dfrac{\mathrm{e}^x}{\sqrt{2}} + C_1$. 又因 $y(0) = 0$，代入得 $C_1 = -\dfrac{\pi}{4}$，所以 $y(x)$ 的表达式为 $y = \arcsin\dfrac{\mathrm{e}^x}{\sqrt{2}} - \dfrac{\pi}{4}$.

注：也可以转为关于 α、x 的微分方程.

7.6 高阶线性微分方程

1. 重要知识点

（1）二阶线性微分方程：形如 $y'' + P(x)y' + Q(x)y = f(x)$，二阶线性微分方程即关于未知函数 y 及其一阶、二阶导数都是一次的方程. 当 $f(x) = 0$ 时，方程称为齐次的；当 $f(x) \neq 0$ 时，方程称为非齐次的.

（2）对于两个函数 $f_1(x)$ 与 $f_2(x)$，判断其是否线性无关的方法：$\dfrac{f_1(x)}{f_2(x)}$，如果商为常数，说明线性相关；如果商为函数，则线性无关.

（3）二阶齐次线性方程 $y'' + P(x)y' + Q(x)y = 0$.

齐次线性方程解的叠加原理：如果 $y_1(x)$ 与 $y_2(x)$ 是上式的两个解，则 $y = C_1 y_1(x) + C_2 y_2(x)$ 也是其解；如果 $y_1(x)$ 与 $y_2(x)$ 是上式的两个线性无关的特解，则 $y = C_1 y_1(x) + C_2 y_2(x)$ 就是其通解.

（4）二阶非齐次线性方程 $y'' + P(x)y' + Q(x)y = f(x)$.

非齐次线性方程解的结构：设 $y^*(x)$ 是上式的一个特解，$Y(x)$ 是其对应的齐次方程的通解，那么 $y = y^*(x) + Y(x)$ 是其通解.

（5）**线性非齐次方程解的叠加原理**：设 $y'' + P(x)y' + Q(x)y = f_1(x) + f_2(x)$，$y_1^*(x), y_2^*(x)$ 分别是 $y'' + P(x)y' + Q(x)y = f_1(x)$，$y'' + P(x)y' + Q(x)y = f_2(x)$ 的特解，那么 $y_1^*(x) + y_2^*(x)$ 就是原方程的特解.

2. 例题辨析

知识点 1：线性微分方程的判别

例 1 下列方程是线性方程的是（　　）.

A. $t^2 \dfrac{d^2 u}{dt^2} + t\left(\dfrac{du}{dt}\right)^2 + t^2 u = 0$　　　B. $\dfrac{dy}{dx} = x^2 + y^2$

C. $xy''' + 2y'' + x^2 y' = \sin y$　　　D. $\dfrac{d\rho}{d\theta} = \rho + \sin^2 \theta$

错解：选 C.

【错解分析及知识链接】考查线性方程的概念：关于未知函数及未知函数的各阶导数是一次的. A 中出现一阶导的平方，非线性；B 中出现了未知函数 y 的平方，非线性；C 中出现了 $\sin y$，非线性；D 是关于 ρ 和 ρ 的一阶导的一次方程，线性的，所以选 D.

知识点 2：齐次线性微分方程解的结构

例 2 已知微分方程 $y'' + \dfrac{x}{1-x} y' - \dfrac{1}{1-x} y = 0$ 的一个特解 $y_1 = e^x$，求该方程的通解.

【题目解析及知识链接】按照二阶齐次线性方程解的叠加原理，对于二阶齐次线性方程 $y'' + P(x)y' + Q(x)y = 0$，只要知道方程的两个线性无关的特解，就可以得到方程的通解，已知 y_1 是它的一个特解，所以我们想办法构造另一个特解. 而根据该特解与 y_1 无关，我们可以假设

$y_2 = uy_1$ 是它的另一个特解，其中 $u(x)$ 是待定函数.

将 y_2 代入原方程，并整理得 $u(y_1'' + Py_1' + Qy_1) + u'(2y_1' + Py_1) + y_1 u'' = 0$.

由于 y_1 是方程的一个解，故 $y_1'' + Py_1' + Qy_1 = 0$，从而 $u'(2y_1' + Py_1) + y_1 u'' = 0$，令 $z = u'$，上面方程化为 $z(2y_1' + Py_1) + y_1 z' = 0$，用分离变量法解得 $z = \dfrac{e^{-\int P(x)dx}}{y_1^2}$.

将 $z = u'$ 代入并积分，得 $u(x) = \int \dfrac{e^{-\int P(x)dx}}{y_1^2} dx$.

于是得原方程与 y_1 线性无关的特解 $y_2 = y_1 \int \dfrac{e^{-\int P(x)dx}}{y_1^2} dx$.

上式称为刘维尔公式.

$y_1 = e^x$ 是原方程的一个特解，由刘维尔公式知，它另一线性无关的特解为

$$y_2 = e^x \int \dfrac{e^{-\int \frac{1}{1-x}dx}}{e^{2x}} dx = e^x \int e^{-x}(x-1)dx = -x.$$

从而原方程的通解为 $y = C_1 x + C_2 e^x$.

例 3　已知方程（1）$(x^2-1)y'' - 2xy' + 2y = 0$ 与方程，（2）$2yy'' - y'^2 = 0$ 都有解 $y_1 = (x-1)^2$ 与 $y_2 = (x+1)^2$，那么这两个函数的任意线性组合 $y = C_1 y_1 + C_2 y_2$ 是否仍为方程（1）与方程（2）的解？

错解： 令 $Y = C_1 y_1 + C_2 y_2$，得 $Y' = 2C_1(x-1) + 2C_2(x+1)$，$Y'' = 2C_1 + 2C_2$，于是

$(x^2-1)Y'' - 2xY' + 2Y$

$= (x^2-1)(2C_1 + 2C_2) - 2x[2C_1(x-1) + 2C_2(x+1)] + 2C_1(x-1)^2 + 2C_2(x+1)^2$

$= 2x^2(C_1 + C_2) - 4x^2(C_1 + C_2) + 2x^2(C_1 + C_2) = 0$，

即 $Y = C_1 y_1 + C_2 y_2$ 为 $(x^2-1)y'' - 2xy' + 2y = 0$ 的解，同理为方程（2）的解.

【错解分析及知识链接】考查线性微分方程解的结构. 通过将 $y = C_1 y_1 + C_2 y_2$ 代入方程（1），得出 $y = C_1 y_1 + C_2 y_2$ 为方程（1）的解，想当然地认为它也是方程（2）的解，产生错误. 事实上通过验证可知 $y = C_1 y_1 + C_2 y_2$ 并不是方程（2）的解，并且对于方程（1）借助借助线性方程解的结构可直接判断出 $y = C_1 y_1 + C_2 y_2$ 为方程（1）的解.

正解： 由线性微分方程解的结构知，$y = C_1 y_1 + C_2 y_2$ 仍为方程(1)的解.

令 $Y = C_1 y_1 + C_2 y_2$，得 $Y' = 2C_1(x-1) + 2C_2(x+1)$，$Y'' = 2C_1 + 2C_2$，于是 $2YY'' - Y'^2 = 2[C_1(x-1)^2 + C_2(x+1)^2](2C_1 + 2C_2) - [2C_1(x-1) + 2C_2(x+1)]^2 \neq 0$，所以 $Y = C_1 y_1 + C_2 y_2$ 并不是方程（2）的解.

【举一反三】验证 $y = C_1 e^x + C_2 e^{2x} + \dfrac{1}{12} e^{5x}$（$C_1$，$C_2$ 是任意常数）是方程 $y'' - 3y' + 2y = e^{5x}$ 的通解.

【题目解析及知识链接】考查线性非齐次微分方程解的结构. 令 $y_1 = e^x$，$y_2 = e^{2x}$，易知 y_1，y_2 为 $y'' - 3y' + 2y = 0$ 的解，又因 y_1，y_2 线性无关，则 $y = C_1 e^x + C_2 e^{2x}$ 为 $y'' - 3y' + 2y = 0$ 的通解. 令 $y^* = \dfrac{1}{12} e^{5x}$，则 $y^{*''} - 3y^{*'} + 2y^* = \dfrac{25}{12} e^{5x} - 3\dfrac{5}{12} e^{5x} + 2\dfrac{1}{12} e^{5x} = e^{5x}$，即 $y^* = \dfrac{1}{12} e^{5x}$ 是方程 $y'' - 3y' + 2y = e^{5x}$ 的特解. 由线性非齐次微分方程解的结构知 $y = C_1 e^x + C_2 e^{2x} + \dfrac{1}{12} e^{5x}$（$C_1$，$C_2$

是任意常数）是方程 $y'' - 3y' + 2y = e^{5x}$ 的通解.

3. 真题演练

（1）（2010 年）设 y_1, y_2 是一阶线性非齐次微分方程 $y' + p(x)y = q(x)$ 的两个特解，若常数 λ, μ 使 $\lambda y_1 + \mu y_2$ 是该方程的解，$\lambda y_1 - \mu y_2$ 是该方程对应的齐次方程的解，则（　　　）.

    A.　$\lambda = \dfrac{1}{2}, \mu = \dfrac{1}{2}$　B.　$\lambda = -\dfrac{1}{2}, \mu = -\dfrac{1}{2}$　C.　$\lambda = \dfrac{2}{3}, \mu = \dfrac{1}{3}$　D.　$\lambda = \dfrac{2}{3}, \mu = \dfrac{2}{3}$

（2）（2013 年）已知 $y_1 = e^{3x} - xe^{2x}, y_2 = e^x - xe^{2x}, y_3 = -xe^{2x}$ 是某二阶常系数非齐次线性微分方程的三个解，则该方程的通解为 $y =$ _____.

（3）（2016 年）以 $y = x^2 - e^x$ 和 $y = x^2$ 为特解的一阶非齐次线性微分方程为_____.

（4）（2016 年）设 $y_1(x) = e^x$，$y_2 = u(x)e^x$ 是二阶微分方程 $(2x-1)y'' - (2x+1)y' + 2y = 0$ 的两个解，若 $u(-1) = e, u(0) = -1$，求 $u(x)$，并写出该微分方程的通解.

4. 真题演练解析

（1）【解析】主要考查微分方程解的概念及线性齐次微分方程解的结构. y_1, y_2 是一阶线性非齐次微分方程 $y' + p(x)y = q(x)$ 的两个特解，则

$$y_1' + p(x)y_1 = q(x) \qquad (1)$$
$$y_2' + p(x)y_2 = q(x) \qquad (2)$$

又因 $\lambda y_1 + \mu y_2$ 是该方程的解，则 $(\lambda y_1 + \mu y_2)' + p(x)(\lambda y_1 + \mu y_2) = q(x)$，整理得 $\lambda(y_1' + p(x)y_1) + \mu(y_2' + p(x)y_2) = q(x)$，结合方程（1）及方程（2），得 $\lambda + \mu = 1$.

又因 $\lambda y_1 - \mu y_2$ 是该方程对应的齐次方程的解，则 $(\lambda y_1 - \mu y_2)' + p(x)(\lambda y_1 - \mu y_2) = 0$，整理得 $\lambda(y_1' + p(x)y_1) - \mu(y_2' + p(x)y_2) = 0$，结合方程（1）及方程（2），得 $\lambda = \mu$.

综上得 $\lambda = \dfrac{1}{2}$，$\mu = \dfrac{1}{2}$. 故选 A.

（2）【解析】考查二阶非齐次线性微分方程通解的结构，其通解为对应的齐次方程的通解加上非齐次方程的一个特解. 由题设知 $y_1 - y_3 = e^{3x}$，$y_2 - y_3 = e^x$ 为对应的齐次方程的两个线性无关的特解，所以对应齐次方程的通解为 $C_1 e^{3x} + C_2 e^x$，因此所求通解为 $C_1 e^{3x} + C_2 e^x - xe^{2x}$.

（3）【解析】考查微分方程解的结构. 设一阶非齐次线性微分方程为 $y' + p(x)y = q(x)$，令 $y_1 = x^2 - e^x$，$y_2 = x^2$，则 $y_2 - y_1 = e^x$ 为相应齐次方程 $y' + p(x)y = 0$ 的解，代入得 $p(x) = -1$. 又因 $y = x^2$ 为 $y' + p(x)y = y' - y = q(x)$ 的解，代入得 $q(x) = 2x - x^2$，因此该微分方程为 $y' - y = 2x - x^2$.

（4）【解析】综合考查微分方程解的概念、可降阶的微分方程及可分离变量微分方程的解法.

因为 $y_2 = u(x)e^x$ 是 $(2x-1)y'' - (2x+1)y' + 2y = 0$ 的解，代入得 $(2x-1)u'' + (2x-3)u' = 0$. 上式为可降阶的微分方程，令 $u' = p$，则 $(2x-1)p' + (2x-3)p = 0$，即 $\dfrac{\mathrm{d}p}{p} = \dfrac{3-2x}{2x-1}\mathrm{d}x$，两边积分 $\ln|p| = -x + \ln|2x-1| + C_0$，整理 $u' = p = C_0 e^{-x}(2x-1)$，两端积分，有

$$u = \int C_0 e^{-x}(2x-1)\mathrm{d}x = -\int C_0(2x-1)\mathrm{d}e^{-x} = C_0[e^{-x}(1-2x) - \int e^{-x}\mathrm{d}(1-2x)]$$
$$= -C_0 e^{-x}(2x+1) + C_1,$$

由 $u(-1) = \mathrm{e}, u(0) = -1$ ，得 $C_0 = 1, C_1 = 0$ ，因此 $u = -\mathrm{e}^{-x}(2x+1)$ ，故 $y_2 = u(x)\mathrm{e}^x = -(2x+1)$.

7.7 常系数齐次线性微分方程

1. 重要知识点

（1）对于二阶常系数齐次线性微分方程 $y'' + py' + qy = 0$ 的解是通过"猜想、尝试"的科学研究的思想方法得到的，结论见下表。

特征方程 $r^2 + pr + q = 0$ 的两根 r_1, r_2	微分方程 $y'' + py' + qy = 0$ 的通解
两个不等实根 r_1, r_2	$y = C_1 \mathrm{e}^{r_1 x} + C_2 \mathrm{e}^{r_2 x}$
两个相等实根 $r_1 = r_2 = r$	$y = (C_1 + C_2 x)\mathrm{e}^{rx}$
两共轭复根 $r_{1,2} = \alpha \pm \mathrm{i}\beta$	$y = \mathrm{e}^{\alpha x}(C_1 \cos \beta x + C_2 \sin \beta x)$

（2）该结论可推广到 n 阶常系数齐次线性方程
$$y^{(n)} + p_1 y^{(n-1)} + p_2 y^{(n-2)} + \cdots + p_{n-1} y' + p_n y = 0 .$$

特征方程的根	方程通解中对应的项
单实根 r	给出一项 $C\mathrm{e}^{rx}$
k 重实根 r	给出 k 项 $(C_1 + C_2 x + \cdots + C_k x^{k-1})\mathrm{e}^{rx}$
一对共轭复根 $r_{1,2} = \alpha \pm \mathrm{i}\beta$	给出两项 $\mathrm{e}^{\alpha x}(C_1 \cos \beta x + C_2 \sin \beta x)$
一对 k 重共轭复根 $r_{1,2} = \alpha \pm \mathrm{i}\beta$	给出 $2k$ 项 $\mathrm{e}^{\alpha x}[(C_1 + C_2 x + \cdots + C_k x^{k-1})\cos \beta x + (D_1 + D_2 x + \cdots + D_k x^{k-1})\sin \beta x]$

2. 例题辨析

知识点 1：二阶常系数齐次线性微分方程的解法

例 1 求微分方程 $y'' + 4y = 0$ 的通解.

错解：特征方程为 $r^2 + 4r = 0$ ，特征根 $r_1 = 0, r_2 = -4$ ，所以原方程的通解为 $y = C_1 + C_2 \mathrm{e}^{-4x}$.

【错解分析及知识链接】这是一个二阶常系数齐次线性微分方程，直接按结论来做，但本题特征方程易错，需要特别注意.

正解：特征方程为 $r^2 + 4 = 0$ ，特征根 $r_{1,2} = \pm 2\mathrm{i}$ ，所以原方程的通解为 $y = C_1 \cos 2x + C_2 \sin 2x$.

【举一反三】设函数 $y = y(x)$ 是微分方程 $y'' + y' - 2y = 0$ 的解，且在 $x = 0$ 处 $y(x)$ 取得极值 3，求 $y(x)$.

错解：特征方程为 $r^2 + r - 2 = 0$ ，特征根 $r_1 = 2, r_2 = -1$ ，所以原方程的通解为 $y = C_1 \mathrm{e}^{2x} + C_2 \mathrm{e}^{-x}$.

【错解分析及知识链接】本题考查二阶常系数齐次线性微分方程的求解. 但解法中忽略了初始条件，根据函数取极值的必要条件，在 $x = 0$ 处 $y(x)$ 取得极值 3，蕴含了条件" $y(0) = 3$,

$y'(0) = 0$ ". 故所求的是特解 $y = 2e^x + e^{-2x}$.

知识点 2：n 阶常系数齐次线性方程的解法

例 2　求微分方程 $y^{(4)} - y = 0$ 的通解.

错解： 特征方程为 $r^4 - 1 = 0$，特征根为 $r_{1,2,3,4} = 1$，所以原方程的通解为

$$y = (C_1 + C_2 x + C_3 x^2 + C_4 x^3)e^x.$$

【错解分析及知识链接】 这是一个 4 阶常系数齐次线性微分方程，没有特殊的技巧，直接按结论来做，但本题特征根求错，注意 n 次方程在复数域范围内有 n 个根.

正解： 特征方程为 $r^4 - 1 = 0$，特征根为 $r_1 = 1, r_2 = -1, r_3 = i, r_4 = -i$，所以原方程通解为 $y = C_1 e^x + C_2 e^{-x} + C_3 \cos x + C_4 \sin x$.

【举一反三】 解方程 $y^{(4)} + 2y'' + y = 0$.

解： 特征方程为 $r^4 + 2r^2 + 1 = 0$，特征根为 $r_{1,2} = i, r_{3,4} = -i$，所以原方程通解为

$$y = (C_1 + C_2 x)\cos x + (C_3 + C_4 x)\sin x.$$

【举一反三】　解方程 $y^{(4)} - 2y''' + y'' = 0$.

解： 特征方程为 $r^4 - 2r^3 + r^2 = 0$，即 $r^2(r-1)^2 = 0$，特征根为 $r_{1,2} = 0, r_{3,4} = 1$，所以原方程通解为 $y = C_1 + C_2 x + (C_3 + C_4 x)e^x$.

知识点 3：通过方程的线性无关特解反向构造微分方程

例 3　设 $y = \dfrac{1}{2}e^{2x} + \left(x - \dfrac{1}{3}\right)e^x$ 是二阶常系数非齐次线性微分方程 $y'' + ay' + by = ce^x$ 的一个特解，则（　　）.

　　A．$a = -3, b = 2, c = -1$　　　　　　B．$a = 3, b = 2, c = -1$

　　C．$a = -3, b = 2, c = 1$　　　　　　D．$a = 3, b = 2, c = 1$

【题目解析及知识链接】 此题考查二阶常系数非齐次线性微分方程的反问题——已知解来确定微分方程的系数. 此类题有两种解法，一种是将特解代入原方程，然后比较等式两边的系数可得待估系数值；另一种是根据二阶线性微分方程解的性质和结构来求解，即下面演示的解法.

由题意可知，$\dfrac{1}{2}e^{2x}$、$-\dfrac{1}{3}e^x$ 为二阶常系数齐次微分方程 $y'' + ay' + by = 0$ 的解，所以 2 和 1 为特征方程 $r^2 + ar + b = 0$ 的根，从而 $a = -(1+2) = -3$，$b = 1 \times 2 = 2$，从而原方程变为 $y'' - 3y' + 2y = ce^x$，再将特解 $y = xe^x$ 代入得 $c = -1$. 故选 A.

例 4　求一个以 $y_1 = e^t, y_2 = e^{2t}$ 为特解的二阶常系数齐次线性微分方程.

解： 由条件方程对应的特征方程的根为 $r_1 = 1, r_2 = 2$，故特征方程为 $(r-1)(r-2) = 0$，即 $r^2 - 3r + 2 = 0$. 故所求微分方程为 $y'' - 3y' + 2y = 0$.

【举一反三】 求一个以 $y_1 = te^t, y_2 = \cos t$ 为两个特解的四阶常系数齐次线性微分方程.

解： 由条件方程对应的特征方程的根为 $r_{1,2} = 1$，$r_{3,4} = \pm i$，故特征方程为 $(r-1)^2(r^2+1) = 0$，即 $r^4 - 2r^3 + 2r^2 - 2r + 1 = 0$. 故所求微分方程为 $y^{(4)} - 2y^{(3)} + 2y'' - 2y' + y = 0$.

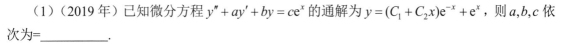

3．真题演练

（1）（2019 年）已知微分方程 $y'' + ay' + by = ce^x$ 的通解为 $y = (C_1 + C_2x)e^{-x} + e^x$，则 a, b, c 依次为＝_____．

　　　A．$1, 0, 1$　　　　B．$1, 0, 2$　　　　C．$2, 1, 3$　　　　D．$2, 1, 4$

（2）（2010 年）三阶常系数线性齐次微分方程 $y''' - 2y'' + y' - 2y = 0$ 的通解为 $y =$ _____．

（3）（2012 年）若函数 $f(x)$ 满足方程 $f''(x) + f'(x) - 2f(x) = 0$ 及 $f''(x) + f(x) = 2e^x$，则 $f(x) =$ _____．

（4）（2017 年）微分方程 $y'' + 2y' + 3y = 0$ 的通解为 $y =$ _____．

（5）（第二届江苏省本科高等数学竞赛试题）设四阶常系数齐次线性微分方程有一个解为 $y_1 = xe^x \cos 2x$，则通解为 _____．

（6）（2012 年）已知函数 $f(x)$ 满足方程 $f''(x) + f'(x) - 2f(x) = 0$ 及 $f''(x) + f(x) = 2e^x$．

（Ⅰ）求 $f(x)$ 的表达式；

（Ⅱ）求曲线 $y = f(x^2)\int_0^x f(-t^2)\mathrm{d}t$ 的拐点．

4．真题演练解析

（1）【解析】主要考查二阶线性齐次微分方程的通解和线性非齐次微分方程通解的结构．已知 $r = -1$ 为特征方程 $r^2 + ar + b = 0$ 的二重根，于是 $r^2 + ar + b = (r+1)^2 = r^2 + 2r + 1$，所以 $a = 2, b = 1$．由非齐次微分方程通解的结构可知，e^x 为 $y'' + 2y' + y = ce^x$ 的解，代入得 $e^x + 2y' + e^x = ce^x$，因此 $c = 4$．故选 D．

（2）【解析】考查常系数线性齐次微分方程的通解．特征方程为 $r^3 - 2r^2 + r - 2 = 0$，特征根为 $r_1 = 2, r_{2,3} = \pm i$，所以原方程通解为 $y = C_1e^{2x} + C_2\cos x + C_3\sin x$，其中 C_1、C_2、C_3 为任意常数．

（3）【解析】主要考查二阶常系数线性微分方程或一阶线性微分方程的解法，方法不唯一．

① 先求二阶常系数齐次线性微分方程的通解，再利用另一个方程确定任意常数；

② 先求二阶常系数非齐次线性微分方程的通解，再利用另一方程确定任意常数；

③ 利用已知的两个方程转化为一阶线性微分方程求解．

解法 1： 由题设 $f''(x) + f'(x) - 2f(x) = 0$，得其特征方程为 $\lambda^2 + \lambda - 2 = 0$，解得 $\lambda_1 = 1, \lambda_2 = -2$，于是 $f(x) = C_1e^x + C_2e^{-2x}$，其中 C_1、C_2 是任意常数，将 $f(x)$ 代入 $f''(x) + f(x) = 2e^x$，即 $2C_1e^x + 5C_2e^{-2x} = 2e^x$，所以 $C_1 = 1$，$C_2 = 0$．故 $f(x) = e^x$．

解法 2： 由 $\begin{cases} f''(x) + f'(x) - 2f(x) = 0 \\ f''(x) + f(x) = 2e^x \end{cases}$，得 $f'(x) - 3f(x) = -2e^x$．由一阶线性微分方程通解公式知，$f(x) = e^{\int 3\mathrm{d}x}\left(\int(-2e^x)e^{-\int 3\mathrm{d}x}\mathrm{d}x + C\right) = e^{3x}(e^{-2x} + C) = e^x + Ce^{3x}$，$C$ 为任意常数，将 $f(x)$ 代入 $f''(x) + f(x) = 2e^x$，得 $10Ce^{3x} = 0$，所以 $C = 0$，故 $f(x) = e^x$．

（4）【解析】主要考查二阶常系数齐次线性微分方程的常规解法．特征方程为 $r^2 + 2r + 3 = 0$，解得 $r = -1 \pm \sqrt{2}i$，所以微分方程的通解为 $y = e^{-x}(C_1\cos\sqrt{2}x + C_2\sin\sqrt{2}x)$．

（5）【解析】主要考查高阶常系数齐次线性微分方程不同特征根对应特解的特点．由已知微分方程的特征方程有两个二重特征值 $\lambda = 1 \pm 2i$，所以微分方程的通解为 $y =$

$e^x[(C_1 + C_2 x)\cos 2x + (C_3 + C_4 x)\sin 2x]$.

（6）【解析】主要考查微分方程及积分上限函数的求导问题.

（Ⅰ）同（3）题；$f(x) = e^x$.

（Ⅱ）由（Ⅰ），$y = e^{x^2}\int_0^x e^{-t^2}\,dt$，求导得 $y' = 2x e^{x^2}\int_0^x e^{-t^2}\,dt + e^{x^2} e^{-x^2} = 2xy + 1$，

继续对上式求导，即 $y'' = 2y + 2xy' = 2y + 2x(2xy+1) = 2(2x^2+1)y + 2x$. 令 $y'' = 0$，得 $x = 0$. 当 $x > 0$ 时，$y > 0$，$y'' = 2(2x^2+1)y + 2x > 0$；当 $x < 0$ 时，$y < 0$，$y'' = 2(2x^2+1)y + 2x < 0$. 故 $(0,0)$ 为曲线 $y = f(x^2)\int_0^x f(-t^2)\,dt$ 的唯一拐点.

7.8　常系数非齐次线性微分方程

1．重要知识点

（1）根据线性方程解的结构可知，对于非齐次线性方程的解等于其对应的齐次线性方程的通解加上非齐次线性方程的一个特解，而齐次线性方程的通解我们已讨论过，那么问题转化为求非齐次的一个特解就可以了.

（2）二阶常系数非齐次线性微分方程的一般形式 $y'' + py' + qy = f(x)$.

（Ⅰ）$f(x) = e^{\lambda x} P_m(x)$：通过猜测与分析，特解 y^* 具有如下形式 $y^* = x^k Q_m(x) e^{\lambda x}$，$k$ 按 λ 不是特征方程 $r^2 + pr + q = 0$ 的根、是特征方程的单根、重根的情况，依次取 $0,1,2$；

（Ⅱ）$f(x) = e^{\lambda x}[P_l^{(1)}(x)\cos wx + P_n^{(2)}(x)\sin wx]$：特解 y^* 具有如下形式：

$y^* = x^k e^{\lambda x}[R_m^{(1)}(x)\cos wx + R_m^{(2)}(x)\sin wx]$，其中 $m = \max\{l,n\}$，k 按 $\lambda + iw$ 不是特征方程 $r^2 + pr + q = 0$ 的根或是特征方程的单根的情况，依次取 $0,1$.

2．例题辨析

知识点 1：微分方程 $y'' + py' + qy = e^{\lambda x}P_m(x)$ 的解法

例 1　设 $f(x)$ 满足关系式 $f(x) = e^x - \int_0^x (x-t)f(t)\,dt$，求 $f(x)$.

错解： $f'(x) = e^x - (x-x)f(x) = e^x$，$f(x) = e^x + C$，又因为 $f(0) = 1$，所以 $f(x) = e^x$.

【错解分析及知识链接】 本题初看是积分方程，要将其转化成微分方程，需要注意暗含的一些初始条件. 错解错在积分上限函数的求导，按公式求导时，被积函数中不能含有自变量，要想办法将其从被积函数中分离出来.

正解： 由 $f(x) = e^x - x\int_0^x f(t)\,dt + \int_0^x tf(t)\,dt$，得 $f(0) = 1$，两边求导，$f'(x) = e^x - \int_0^x f(t)\,dt - xf(x) + xf(x)$，其中 $f'(0) = 1$. 再求导 $f''(x) = e^x - f(x)$，这是一个二阶常系数非齐次线性微分方程. 其对应齐次方程的特征方程为 $r^2 + 1 = 0$，特征根为 $r = \pm i$，齐次的通解为 $f(x) = C_1\cos x + C_2\sin x$. 而 $\lambda = 1$ 不是特征根，所以可设方程的特解 $f^* = Ae^x$，代入方程可得 $f^* = \frac{1}{2}e^x$，所以原方程的通解为 $f(x) = C_1\cos x + C_2\sin x + \frac{1}{2}e^x$，通过代入初始条件可得 $f(x) = \frac{1}{2}(\cos x + \sin x + e^x)$.

例 2　求微分方程的通解 $y'' + a^2 y = e^x$.

错解：微分方程的特征方程为 $r^2 + a^2 = 0$ ，其特征根为 $r = \pm ai$ ，故对应齐次方程的通解为 $Y = C_1 \cos ax + C_2 \sin ax$.

因为 $f(x) = e^x$ ，$\lambda = 1$ 不是特征方程的根，故原方程的特解可设为 $y^* = e^x$.

【错解分析及知识链接】这个是右端项为 $f(x) = e^{\lambda x} P_m(x)$ 形式的二阶常系数非齐次线性微分方程，直接按待定系数法求解即可. 错解错在看到题目中 $f(x) = e^x$ ，故特解应设为 $y^* = Ae^x$. 混淆特解形式，是这类问题的常见错误.

正解：微分方程的特征方程为 $r^2 + a^2 = 0$ ，其特征根为 $r = \pm ai$ ，故对应齐次方程的通解为 $Y = C_1 \cos ax + C_2 \sin ax$. 因为 $f(x) = e^x$ ，$\lambda = 1$ 不是特征方程的根，故原方程的特解可设为 $y^* = Ae^x$ ，代入原方程得 $Ae^x + a^2 Ae^x = e^x$ ，解得 $A = \dfrac{1}{1+a^2}$.

因此 $y^* = \dfrac{e^x}{1+a^2}$. 因此原方程得通解为 $y = C_1 \cos ax + C_2 \sin ax + \dfrac{e^x}{1+a^2}$.

【举一反三】设 $\varphi'(x) = e^x + \sqrt{x} \displaystyle\int_0^{\sqrt{x}} \varphi(\sqrt{x}u)\mathrm{d}u$ ，$\varphi(0) = 0$ ，求 $\varphi(x)$.

解：令 $t = \sqrt{x}u$ ，则 $\varphi'(x) = e^x + \displaystyle\int_0^x \varphi(t)\mathrm{d}t$ ，两边求导，得 $\varphi''(x) = e^x + \varphi(x)$. 则问题变为求解

$$\begin{cases} \varphi''(x) - \varphi(x) = e^x \\ \varphi(0) = 0, \varphi'(0) = 1 \end{cases}$$ ，与上题类似，可求得 $\varphi(x) = \dfrac{1}{4}e^x(2x+1) - \dfrac{1}{4}e^{-x}$.

知识点 2：微分方程 $y'' + py' + qy = e^{\lambda x}[P_l^{(1)}(x)\cos wx + P_n^{(2)}(x)\sin wx]$ 的解法

例 3　求微分方程 $y'' - y = \sin^2 x$ 的通解.

【题目分析及知识链接】这是二阶常系数非齐次线性微分方程，对右端项降幂 $f(x) = \sin^2 x = \dfrac{1}{2} - \dfrac{1}{2}\cos 2x$ ，再结合非齐次线性微分方程解的叠加原理写出特解形式.

微分方程的特征方程为 $r^2 - 1 = 0$ ，特征根为 $r_1 = -1$ ，$r_2 = 1$ ，故对应的齐次方程的通解为 $Y = C_1 e^{-x} + C_2 e^x$. $f(x) = \sin^2 x = \dfrac{1}{2} - \dfrac{1}{2}\cos 2x$ ，方程 $y'' - y = \dfrac{1}{2}$ 的特解为常数 A ；方程 $y'' - y = -\dfrac{1}{2}\cos 2x$ 的特解形式为 $B\cos 2x + C\sin 2x$ ，故原方程的特解可设为 $y^* = A + B\cos 2x + C\sin 2x$ ，代入原方程得 $-A - 5B\cos 2x - 5C\sin 2x = \dfrac{1}{2} - \dfrac{1}{2}\cos 2x$ ，比较系数得 $A = -\dfrac{1}{2}, B = \dfrac{1}{10}$ ，$C = 0$ ，故 $y^* = -\dfrac{1}{2} + \dfrac{1}{10}\cos 2x$ ，故原方程通解为 $y = C_1 e^{-x} + C_2 e^x - \dfrac{1}{2} + \dfrac{1}{10}\cos 2x$.

3．真题演练

（1）（2011 年）微分方程 $y'' - \lambda^2 y = e^{\lambda x} + e^{-\lambda x}(\lambda > 0)$ 的特解形式为（　　）.

　　A．$a(e^{\lambda x} + e^{-\lambda x})$　　B．$ax(e^{\lambda x} + e^{-\lambda x})$　　C．$x(ae^{\lambda x} + be^{-\lambda x})$　　D．$x^2(ae^{\lambda x} + be^{-\lambda x})$

（2）（2017 年）微分方程 $y'' - 4y' + 8y = e^{2x}(1 + \cos 2x)$ 的特解形式 $y^* = $ （　　）.

　　A．$Ae^{2x} + e^{2x}(B\cos 2x + C\sin 2x)$　　　　B．$Axe^{2x} + e^{2x}(B\cos 2x + C\sin 2x)$

　　C．$Ae^{2x} + xe^{2x}(B\cos 2x + C\sin 2x)$　　　　D．$Axe^{2x} + xe^{2x}(B\cos 2x + C\sin 2x)$

（3）（四川大学期末模拟题）求微分方程 $y'' - 4y' + 4y = e^x$ 的通解.

（4）（上海海事大学期末试题）已知 $f(x)$ 连续，且满足 $f(x) = \sin x - \int_0^x (x-t)f(t)dt$，求 $f(x)$.

（5）（中南大学期末试题）已知微分方程 $y'' + ay' + by = 0$ 的通解为 $y = (c_1 + c_2 x)e^{3x}$，其中 c_1, c_2 为任意常数，试求微分方程 $y'' + ay' + by = e^{2x}(1+x)$ 的通解.

4．真题演练解析

（1）【解析】主要考查线性微分方程解的叠加原理及二阶常系数非齐次线性微分方程解的形式. 分别考虑 $y'' - \lambda^2 y = e^{\lambda x}$，$y'' - \lambda^2 y = e^{-\lambda x}$ 的特解形式. $y'' - \lambda^2 y = e^{\lambda x}$ 与 $y'' - \lambda^2 y = e^{-\lambda x}$ 的特征方程均为 $r^2 - \lambda^2 = 0$，故 $\pm\lambda$ 为特征方程的单根，所以设特解形式为 $y_1^* = axe^{\lambda x}, y_2^* = bxe^{-\lambda x}$. 根据线性微分方程解的叠加原理可得，$y'' - \lambda^2 y = e^{\lambda x} + e^{-\lambda x}(\lambda > 0)$ 的特解形式为 $x(ae^{\lambda x} + be^{-\lambda x})$. 故选 C.

（2）【解析】主要考查线性微分方程解的叠加原理及二阶常系数非齐次线性微分方程解的形式. $y'' - 4y' + 8y = e^{2x}(1 + \cos 2x)$ 的特征方程为 $r^2 - 4r + 8 = 0$，特征根为 $r_{1,2} = 2 \pm 2i$. 对 $y'' - 4y' + 8y = e^{2x}$，由于 2 不是特征根，所以设特解形式为 $y_1^* = Ae^{2x}$. 对 $y'' - 4y' + 8y = e^{2x}\cos 2x$，由于 $2 \pm 2i$ 是特征根，所以设特解形式为 $y_1^* = xe^{2x}(B\cos 2x + C\sin 2x)$. 由解的叠加原理知 $y^* = Ae^{2x} + xe^{2x}(B\cos 2x + C\sin 2x)$. 故选 C.

（3）【解析】考查二阶常系数非齐次线性微分方程的解法. 特征方程为 $r^2 - 4r + 4 = 0$，故特征根为 $r_1 = r_2 = 2$，则齐次方程的通解为 $y = (C_1 + C_2 x)e^{2x}$. 设非齐次微分方程特解为 ae^x，代入方程，比较系数得 $a = 1$，所以非齐次微分方程通解为 $y = (C_1 + C_2 x)e^{2x} + e^x$.

（4）【解析】考查二阶常系数非齐次线性微分方程的解法. 方程两边求导得，$f'(x) = \cos x - \int_0^x f(t)dt, f''(x) = -\sin x - f(x)$，移项变形，$f''(x) + f(x) = -\sin x$.

类似题（2），解得 $f(x) = C_1 \cos x + C_2 \sin x + \frac{1}{2}x\cos x$，再由 $f(0) = 0, f'(0) = 1$ 可得 $C_1 = 0$，$C_2 = \frac{1}{2}$，所以 $f(x) = \frac{1}{2}\sin x + \frac{1}{2}x\cos x$.

（5）【解析】因 $y = (c_1 + c_2 x)e^{3x}$ 为微分方程 $y'' + ay' + by = 0$ 的通解，故其特征方程 $r^2 + ar + b = 0$ 有重特征根 $r_1 = r_2 = 3$，所以 $a = -(3+3) = -6, b = 3 \times 3 = 9$.

由于这里 $\lambda = 2$ 不是特征根，所以应设特解为 $y^* = (Ax + B)e^{2x}$，将 y^* 及 $y^{*'} = (2Ax + 2B + A)e^{2x}, y^{*''} = (4Ax + 4B + 4A)e^{2x}$ 代入 $y'' - 6y' + 9y = e^{2x}(1+x)$，得 $Ax + B - 2A = x + 1$，比较系数得 $A = 1, B = 3$，故求得一个特解为 $y^* = (x+3)e^{2x}$，所以微分方程 $y'' - 6y' + 9y = e^{2x}(1+x)$ 的通解为 $y = (c_1 + c_2 x)e^{3x} + (x+3)e^{2x}$.

第8章 空间解析几何与向量代数

8.1 向量及其线性运算

1. 重要知识点

（1）几个特殊向量的概念.

① 自由向量：与起点无关的向量；

② 两向量相等：大小相等且方向相同；

③ 单位向量：模等于 1 的向量；

④ 零向量：模等于零的向量；

⑤ 两向量共线：把两个向量的起点放在同一点，如果它们的终点和公共起点在同一直线上，就称两向量平行，也称两向量共线；

⑥ $k(k \geqslant 3)$ 个向量共面：把这 k 个向量的起点放在同一点，如果 k 个终点和公共起点在一个平面上，就称这 k 个向量共面.

（2）两向量夹角的取值范围 $[0,\pi]$.

（3）两向量平行的条件：若 $a \neq 0$，则 $a \parallel b \Leftrightarrow$ 存在唯一 $\lambda \in R$, s.t. $b = \lambda a$.

注：该定理是建立数轴的理论依据，有了数轴，我们才能进一步建立平面直角坐标系和空间直角坐标系.

（4）空间直角坐标系：空间直角坐标系的建立，使空间的点与一组有序实数对间建立了一一对应关系，从此也就把几何与代数间联系起来，使我们既可以用代数方法分析解决几何问题，也可以给代数问题建立实际的几何模型，加深大家的理解. 因此，空间直角坐标系的建立对解析几何学的建立具有里程碑式的意义.

（5）向量的方向角与方向余弦：设 $r = (x, y, z)$，它的三个方向角记为 α、β、γ，则

$$\cos \alpha = \frac{x}{|r|}, \quad \cos \beta = \frac{y}{|r|}, \quad \cos \gamma = \frac{z}{|r|}.$$

注：向量的方向角指向量与三个坐标轴正向的夹角，属于向量与向量的夹角，因此，向量方向角的取值范围是 $[0,\pi]$，向量的方向余弦取值范围是 $[-1,1]$.

（6）向量在轴上的投影及在坐标轴上的分量：$\mathrm{Prj}_u a = |a| \cos \varphi$，其中 φ 是 a 与轴 u 的夹角. 特别地，设 $r = (x, y, z)$，它在三个坐标轴上的投影分别是 x, y, z.

注：向量在轴上的投影是一个实数，可正、可负、可零. 向量在坐标轴上的分量是一个向量.

2. 例题辨析

知识点 1：向量的平行、同向关系

例 1　求平行于 $a = (1,1,1)$ 的单位向量.

错解： $e_a = \dfrac{a}{|a|} = \dfrac{1}{\sqrt{3}}(1,1,1)$.

【错解分析及知识链接】 上述解法对概念理解不清，单位向量是指长度为 1 的向量，而向量是既有大小又有方向的量，与已知向量同向或反向都是与其平行的，错解中忽略了向量的方向.

正解： $e_a = \pm\dfrac{a}{|a|} = \pm\dfrac{1}{\sqrt{3}}(1,1,1)$.

【举一反三】 求与 $a = (1,2,1)$ 同向的单位向量.

解： $e_a = \dfrac{a}{|a|} = \dfrac{1}{\sqrt{6}}(1,1,1)$.

知识点 2：两向量线性运算的几何意义

例 2　已知 $\overrightarrow{OA} = (-3,0,4,)$，$\overrightarrow{OB} = (5,-2,-14)$，求 $\angle AOB$ 平分线上的单位向量.

解法 1： 设所求单位向量为 $a = (x,y,z)$，已知 $(\overrightarrow{OA} \times \overrightarrow{OB}) \cdot a = 0$，$\cos <\widehat{\overrightarrow{OA},a}> = \cos <\widehat{\overrightarrow{OB},a}>$，即 $\dfrac{\overrightarrow{OA} \cdot a}{|\overrightarrow{OA}|} = \dfrac{\overrightarrow{OB} \cdot a}{|\overrightarrow{OB}|}$，

故 $\dfrac{-3x+4z}{5} = \dfrac{5x-2y-14z}{15}$；$\begin{vmatrix} i & j & k \\ -3 & 0 & 4 \\ 5 & -2 & -14 \end{vmatrix} \cdot (x,y,z) = 0$.

所以 $a = (2z,z,z)$，又其为单位向量，所以 $a = \dfrac{-1}{\sqrt{6}}(2,1,1)$.

【解法分析及知识链接】 上述解法中主要利用了角平分线上向量的特点：与两边的夹角相等，与两边上的向量共面. 缺点是计算稍复杂，最后在确定单位向量时因为方向导致结果不唯一，还要结合图形确定所求是哪一个向量.

解法 2： $\angle AOB$ 平分线上的向量为

$$\overrightarrow{OC} = e_{\overrightarrow{OA}} + e_{\overrightarrow{OB}} = \frac{1}{5}(-3,0,4) + \frac{1}{15}(5,-2,-14) = \frac{-2}{15}(2,1,1).$$

所以，所求单位向量为 $\dfrac{\overrightarrow{OC}}{|\overrightarrow{OC}|} = -\dfrac{1}{\sqrt{6}}(2,1,1)$.

【解法分析及知识链接】 根据两向量加法运算的平行四边形法则，两向量的和在以这两向量为邻边的平行四边形的对角线上，特别地，当该平行四边形是菱形时，其对角线必平分对角，因此，可先将两已知向量单位化，这样以它们为邻边的平行四边形就是菱形，其和在对角线上必平分对角.

说明：一般地，求不共线的两向量 a 与 b 夹角平分线上的单位向量为

$$e_c = \frac{e_{\overrightarrow{OA}} + e_{\overrightarrow{OB}}}{|e_{\overrightarrow{OA}} + e_{\overrightarrow{OB}}|}.$$

知识点 3：向量在轴上的投影和向量在轴上的分向量

例 3　设向量 r 的模是 4，它与 x 轴的夹角是 $\dfrac{\pi}{3}$，求 r 在 x 轴上的投影.

错解： $\text{Prj}_x r = |r| \cos \dfrac{\pi}{3} i = 2i$.

【错解分析及知识链接】 向量在坐标轴上的投影是一个实数，向量在坐标轴上的分量是一个向量，不能将这两个概念相混淆.

正解： $\text{Prj}_x r = |r| \cos \dfrac{\pi}{3} = 2$.

【举一反三】 设 $m = 3i + 5j + 8k$，$n = 2i - 4j + 7k$，求向量 $2m - n$ 在 x 轴上的投影及在 y 轴上的分量.

解： 由向量的运算法则可知 $2m - n = 4i + 14j + 9k$，所以 $2m - n$ 在 x 轴上的投影为 4，在 y 轴上的分量为 $14j$.

知识点 4：向量的方向角和方向余弦

例 4　设向量的方向余弦分别满足（1）$\cos \alpha = 0$；（2）$\cos \beta = 1$；（3）$\cos \alpha = \cos \beta = 0$，问这些向量与坐标轴或坐标面的关系如何？

解：（1）$\alpha = \dfrac{\pi}{2}$，所以向量与 x 轴垂直，与 yOz 面平行或在 yOz 面内；

（2）$\beta = 0$，说明向量与 y 轴正向同向，与 xOz 面垂直；

（3）$\alpha = \beta = \dfrac{\pi}{2}$，说明向量与 x 轴、y 轴都垂直，与 z 轴平行.

【解法分析及知识链接】 做题时需要明确向量方向角的取值范围 $[0, \pi]$，还要注意向量与坐标轴平行是同向还是反向关系，向量与坐标面是平行还是向量在坐标面内.

【举一反三】 设 α、β、γ 是向量 a 的三个方向角，则 $\sin^2 \alpha + \sin^2 \beta + \sin^2 \gamma = $ ＿＿＿ .

解： 根据向量方向角之间的关系 $\cos^2 \alpha + \cos^2 \beta + \cos^2 \gamma = 1$，则

$\sin^2 \alpha + \sin^2 \beta + \sin^2 \gamma = 1 - \cos^2 \alpha + 1 - \cos^2 \beta + 1 - \cos^2 \gamma = 3 - 1 = 2$.

【举一反三】 一向量与 x 轴和 y 轴的夹角相等，而与 z 轴的夹角是与 x 轴夹角的两倍，求向量的方向角.

解： 设向量与三个坐标轴夹角分别是 α、β、γ，则 $\alpha = \beta, \gamma = 2\alpha$，于是

$\cos^2 \alpha + \cos^2 \beta + \cos^2 \gamma = \cos^2 \alpha + \cos^2 \alpha + \cos^2 2\alpha = 1$，利用倍角公式 $\cos 2\alpha = 2\cos^2 \alpha - 1$，

代入上式可得 $\cos \alpha = 0$ 或 $\cos \alpha = \pm \dfrac{\sqrt{2}}{2}$，因此 $\alpha = \beta = \dfrac{\pi}{2}$，$\gamma = \pi$；或 $\alpha = \beta = \dfrac{\pi}{4}$，$\gamma = \dfrac{\pi}{2}$；或

$\alpha = \beta = \dfrac{3\pi}{4}$，$\gamma = \dfrac{3\pi}{2}$（根据方向角的取值范围，舍去）.

3．真题演练

（1）向量 $a = (4, -3, 4)$ 在向量 $b = (2, 2, 1)$ 上的投影为＿＿＿＿＿＿.

4．真题演练解析

（1）**【解析】** 本题主要考查一个向量在另一个向量上的投影，注意向量在向量上的投影或

向量在坐标轴上的投影是一个实数，可正、可负、可零，要区别与向量在坐标轴上的分量.

$\mathrm{Prj}_b \boldsymbol{a} = \dfrac{\boldsymbol{a} \cdot \boldsymbol{b}}{|\boldsymbol{b}|} = 2$.

8.2 数量积、向量积和混合积

1. 重要知识点

（1）数量积与向量积的计算：设 $\boldsymbol{a} = (a_x, a_y, a_z)$，$\boldsymbol{b} = (b_x, b_y, b_z)$，两向量 $\boldsymbol{a}$ 与 $\boldsymbol{b}$ 的夹角为 φ .

① 数量积的结果为一实数，$\boldsymbol{a} \cdot \boldsymbol{b} = |\boldsymbol{a}||\boldsymbol{b}| \cos \varphi$，$\boldsymbol{a} \cdot \boldsymbol{b} = a_x b_x + a_y b_y + a_z b_z$.

② 向量积的结果是一向量，其大小 $|\boldsymbol{a} \times \boldsymbol{b}| = |\boldsymbol{a}||\boldsymbol{b}| \sin \varphi$，方向垂直于两向量 $\boldsymbol{a}$ 与 $\boldsymbol{b}$ 所在的平面，且与向量 $\boldsymbol{a}$、$\boldsymbol{b}$ 满足右手法则，即

$$\boldsymbol{a} \times \boldsymbol{b} = \begin{vmatrix} \boldsymbol{i} & \boldsymbol{j} & \boldsymbol{k} \\ a_x & a_y & a_z \\ b_x & b_y & b_z \end{vmatrix} .$$

③ 两向量 $\boldsymbol{a}$、$\boldsymbol{b}$ 的向量积的大小在几何上表示以 $\boldsymbol{a}$、$\boldsymbol{b}$ 为邻边的平行四边形的面积（或以 $\boldsymbol{a}$、$\boldsymbol{b}$ 为邻边的三角形面积的 2 倍）.

④ 利用数量积求两向量的夹角：$\varphi = \arccos \dfrac{\boldsymbol{a} \cdot \boldsymbol{b}}{|\boldsymbol{a}||\boldsymbol{b}|}$.

（2）数量积和向量积满足的运算规律（向量 $\boldsymbol{a}$、$\boldsymbol{b}$、$\boldsymbol{c}$，实数 λ）：

① 交换律 $\boldsymbol{a} \cdot \boldsymbol{b} = \boldsymbol{b} \cdot \boldsymbol{a}$ 反交换律 $\boldsymbol{a} \times \boldsymbol{b} = -\boldsymbol{b} \times \boldsymbol{a}$

② 分配率 $(\boldsymbol{a} + \boldsymbol{b}) \cdot \boldsymbol{c} = \boldsymbol{a} \cdot \boldsymbol{c} + \boldsymbol{b} \cdot \boldsymbol{c}$ 分配率 $(\boldsymbol{a} + \boldsymbol{b}) \times \boldsymbol{c} = \boldsymbol{a} \times \boldsymbol{c} + \boldsymbol{b} \times \boldsymbol{c}$

③ 结合律 $(\lambda \boldsymbol{a}) \cdot \boldsymbol{b} = \boldsymbol{a} \cdot (\lambda \boldsymbol{b}) = \lambda (\boldsymbol{a} \cdot \boldsymbol{b})$ 结合律 $(\lambda \boldsymbol{a}) \times \boldsymbol{b} = \boldsymbol{a} \times (\lambda \boldsymbol{b}) = \lambda (\boldsymbol{a} \times \boldsymbol{b})$

2. 例题辨析

知识点 1：向量的运算

例 1　已知 $M_1(1, -1, 2)$，$M_2(3, 3, 1)$ 和 $M_3(3, 1, 3)$，求与 $\overrightarrow{M_1 M_2}$，$\overrightarrow{M_2 M_3}$ 同时垂直的单位向量.

解法 1：设 $\boldsymbol{e} = (x, y, z)$，已知 $\overrightarrow{M_1 M_2} = (2, 4, -1)$，$\overrightarrow{M_2 M_3} = (0, -2, 2)$，又因为 $\overrightarrow{M_1 M_2} \cdot \boldsymbol{e} = \overrightarrow{M_2 M_3} \cdot \boldsymbol{e} = 0$，即 $\begin{cases} 2x + 4y - z = 0, \\ -2y + 2z = 0, \end{cases}$ 所以 $\boldsymbol{e} = \left(\dfrac{-3y}{2}, y, y \right)$.

由于 $\boldsymbol{e}$ 为单位向量，所以 $\boldsymbol{e} = \left(\dfrac{-3}{\sqrt{17}}, \dfrac{2}{\sqrt{17}}, \dfrac{2}{\sqrt{17}} \right)$ 或 $\boldsymbol{e} = \left(\dfrac{3}{\sqrt{17}}, -\dfrac{2}{\sqrt{17}}, -\dfrac{2}{\sqrt{17}} \right)$.

【解法分析及知识链接】 向量积的应用，若 $\boldsymbol{m} \times \boldsymbol{n} = \boldsymbol{a}$，则 $\boldsymbol{a} \perp \boldsymbol{m}$，$\boldsymbol{a} \perp \boldsymbol{n}$，故可以利用向量积简化运算.

解法 2：已知 $\overrightarrow{M_1 M_2} = (2, 4, -1)$，$\overrightarrow{M_2 M_3} = (0, -2, 2)$，

$$\boldsymbol{n} = \overrightarrow{M_1 M_2} \times \overrightarrow{M_2 M_3} = \begin{vmatrix} \boldsymbol{i} & \boldsymbol{j} & \boldsymbol{k} \\ 2 & 4 & -1 \\ 0 & -2 & 2 \end{vmatrix} = (6, -4, -4)，则 \boldsymbol{n} \perp \overrightarrow{M_1 M_2}，\boldsymbol{n} \perp \overrightarrow{M_2 M_3}，$$

所以 $e = \dfrac{n}{|n|} = \left(\dfrac{-3}{\sqrt{17}}, \dfrac{2}{\sqrt{17}}, \dfrac{2}{\sqrt{17}} \right)$ 或 $e = \left(\dfrac{3}{\sqrt{17}}, -\dfrac{2}{\sqrt{17}}, -\dfrac{2}{\sqrt{17}} \right)$.

【举一反三】已知 $\overrightarrow{OA} = (1,0,3)$，$\overrightarrow{OB} = (0,1,3)$，求 $\triangle AOB$ 的面积.

解：由向量积模的几何意义可知

$$S = \frac{1}{2} \left| \overrightarrow{AB} \times \overrightarrow{AC} \right| = \frac{1}{2} \begin{vmatrix} i & j & k \\ 1 & 0 & 3 \\ 0 & 1 & 3 \end{vmatrix} = \frac{1}{2} \left| (-3,-3,1) \right| = \frac{\sqrt{19}}{2}.$$

知识点 2：利用向量的运算律解决问题

例 2 设 a、b、c 为单位向量且满足 $a+b+c=0$，求 $a \cdot b + b \cdot c + c \cdot a$.

解法 1：a、b、c 为单位向量且满足 $a+b+c=0$，说明 a、b、c 构成首尾相连的以 1 为边长的等边三角形，这样任两个向量之间的夹角都是 $\dfrac{2\pi}{3}$，因此 $a \cdot b + b \cdot c + c \cdot a = 3\cos\dfrac{2\pi}{3} = -\dfrac{3}{2}$.

【解法分析及知识链接】通过已知条件判断出向量 a、b、c 间的特殊位置关系，并利用数量积的计算公式求得结果. 这种做法利用了 a、b、c 的特殊性，不具有一般性.

解法 2：式子 $a+b+c=0$ 两边分别与 a，b，c 作内积：

$a \cdot (a+b+c) = |a|^2 + a \cdot b + a \cdot c = 1 + a \cdot b + a \cdot c = 0$；

$b \cdot (a+b+c) = b \cdot a + |b|^2 + b \cdot c = 1 + a \cdot b + b \cdot c = 0$；

$c \cdot (a+b+c) = c \cdot a + c \cdot b + |c|^2 = 1 + b \cdot c + c \cdot a = 0$.

上面三式相加得 $3 + 2(a \cdot b + b \cdot c + c \cdot a) = 0$，于是 $a \cdot b + b \cdot c + c \cdot a = -\dfrac{3}{2}$.

【举一反三】设 $|a|=3, |b|=4, |c|=5$，且满足 $a+b+c=0$，求 $|a \times b + b \times c + c \times a|$.

解：由已知条件可知，a、b、c 构成以 a、b 为直角边，c 为斜边的首尾相连的直角三角形，因此向量 a 与向量 b 的夹角为 $\dfrac{\pi}{2}$. 在 $a+b+c=0$ 两段分别被 a、b 作叉积，根据叉积的运算律可得

$a \times (a+b+c) = a \times b + a \times c = 0$，于是 $a \times b = c \times a$；

$b \times (a+b+c) = b \times a + b \times c = 0$，于是 $a \times b = b \times c$.

于是 $|a \times b + b \times c + c \times a| = |3a \times b| = 3 |a||b| \sin\dfrac{\pi}{2} = 36$.

【举一反三】设 $|a|=4, |b|=3$，向量 a 与向量 b 的夹角为 $\dfrac{\pi}{6}$，求以 $a+2b$ 和 $a-3b$ 为边的平行四边形的面积.

解： $S = \left| (a+2b) \times (a-3b) \right| = \left| a \times a - 3a \times b + 2b \times a - 6b \times b \right|$

$\qquad = 5|a \times b| = 5|a||b| \sin\dfrac{\pi}{6} = 30$.

3．真题演练

（1）（数学竞赛模拟题）A,B,C,D 为空间的 4 个定点，AB 与 CD 的中点分别为 E,F，$|EF|=a$（a 为正常数），P 为空间任一点，则 $(\overrightarrow{PA}+\overrightarrow{PB})\cdot(\overrightarrow{PC}+\overrightarrow{PD})$ 的最小值为＿＿＿＿＿＿＿＿．

（2）设向量 $|\boldsymbol{a}|=4$，$|\boldsymbol{b}|=2$，且 $\boldsymbol{a}\cdot\boldsymbol{b}=4\sqrt{2}$，则 $|\boldsymbol{a}\times\boldsymbol{b}|=$（　　）．

　A．$2\sqrt{2}$　　　　　B．$\dfrac{\sqrt{2}}{2}$　　　　　　C．2　　　　　　D．$4\sqrt{2}$

4．真题演练解析

（1）【答案】$-a^2$．

【解析】本题主要考查向量的线性运算．

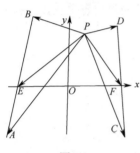

图 8.1

如图 8.1 所示，在点 E，F，P 所在平面上建立直角坐标系，EF 的中点为坐标原点，$\overrightarrow{EF}$ 的方向为 x 轴，则 E，F 的坐标为 $E(-\dfrac{a}{2},0),F(\dfrac{a}{2},0)$．设 P 的坐标为 (x,y)，因为 $\overrightarrow{PA}+\overrightarrow{PB}=2\overrightarrow{PE}$，$\overrightarrow{PC}+\overrightarrow{PD}=2\overrightarrow{PF}$，而 $\overrightarrow{PE}=\left(-\dfrac{a}{2}-x,-y\right)$，$\overrightarrow{PF}=\left(\dfrac{a}{2}-x,-y\right)$，所以

$$(\overrightarrow{PA}+\overrightarrow{PB})\cdot(\overrightarrow{PC}+\overrightarrow{PD})=4\overrightarrow{PE}\cdot\overrightarrow{PF}=4\left[-\dfrac{a^2}{4}+x^2+y^2\right]$$
$$=4(x^2+y^2)-a^2．$$

因此，当 $x=y=0$ 时，上式取最小值 $-a^2$．

（2）【答案】D

【解析】本题主要考查向量的运算．

$$\boldsymbol{a}\cdot\boldsymbol{b}=|\boldsymbol{a}|\cdot|\boldsymbol{b}|\cos<\widehat{\boldsymbol{a},\boldsymbol{b}}>,\quad|\boldsymbol{a}\times\boldsymbol{b}|=|\boldsymbol{a}|\cdot|\boldsymbol{b}|\sin<\widehat{\boldsymbol{a},\boldsymbol{b}}>,$$

于是有关系式 $|\boldsymbol{a}\cdot\boldsymbol{b}|^2+|\boldsymbol{a}\times\boldsymbol{b}|^2=|\boldsymbol{a}|^2|\boldsymbol{b}|^2$，代入已知得 $|\boldsymbol{a}\times\boldsymbol{b}|^2=|\boldsymbol{a}|^2|\boldsymbol{b}|^2-|\boldsymbol{a}\cdot\boldsymbol{b}|^2=32$．因此答案选 D．

8.3　曲面及其方程

1．重要知识点

（1）曲面方程的建立：根据曲面上的点所满足的几何轨迹建立曲面的方程．

（2）旋转曲面方程的建立．

① 由 xOy 平面上曲线 $f(x,y)=0$ 绕 x 轴旋转一周所得曲面方程为 $f(x,\pm\sqrt{y^2+z^2})=0$；绕 y 轴旋转一周所得曲面方程为 $f(\pm\sqrt{x^2+z^2},y)=0$．

② 由 yOz 平面上曲线 $f(y,z)=0$ 绕 z 轴旋转一周所得曲面方程为 $f(\pm\sqrt{y^2+x^2},z)=0$；绕 y 轴旋转一周所得曲面方程为 $f(y,\pm\sqrt{x^2+z^2})=0$．

③ 由 xOz 平面上曲线 $f(x,z)=0$ 绕 x 轴旋转一周所得曲面方程为 $f(x,\pm\sqrt{y^2+z^2})=0$；绕

z 轴旋转一周所得曲面方程为 $f(\pm\sqrt{x^2+z^2},z)=0$.

（3）柱面方程：一个二元方程在空间常常表示一张柱面. 如空间中 $f(x,y)=0$，$f(x,z)=0$ 分别表示母线平行于 z 轴、y 轴的柱面.

注：$f(x,y)=0$ 在空间中表示母线平行于 z 轴的柱面，在平面上表示 xOy 面上的一条平面曲线.

（4）常用二次曲面的方程及截痕法、伸缩法画图.

① 椭圆锥面 $\dfrac{x^2}{a^2}+\dfrac{y^2}{b^2}=z^2$；　　　　② 椭球面 $\dfrac{x^2}{a^2}+\dfrac{y^2}{b^2}+\dfrac{z^2}{c^2}=1$；

③ 单叶双曲面 $\dfrac{x^2}{a^2}+\dfrac{y^2}{b^2}-\dfrac{z^2}{c^2}=1$；　　④ 双叶双曲面 $\dfrac{x^2}{a^2}-\dfrac{y^2}{b^2}-\dfrac{z^2}{c^2}=1$；

⑤ 椭圆抛物面 $\dfrac{x^2}{a^2}+\dfrac{y^2}{b^2}=z$；　　　　⑥ 双曲抛物面 $\dfrac{x^2}{a^2}-\dfrac{y^2}{b^2}=z$；

⑦ 椭圆柱面 $\dfrac{x^2}{a^2}+\dfrac{y^2}{b^2}=1$；双曲柱面 $\dfrac{x^2}{a^2}-\dfrac{y^2}{b^2}=1$；抛物柱面 $x^2=ay$.

2. 例题辨析

知识点 1：旋转曲面方程的建立

例 1　说明旋转曲面 $(z-a)^2=x^2+y^2$ 是怎样形成的，并画出图形.

解：（1）旋转曲面 $(z-a)^2=x^2+y^2$ 是由 xOz 面上的直线 $z=x+a$ 或 $z=-x+a$ 绕 z 轴旋转形成的，也可看成 yOz 面上的直线 $z=y+a$ 或 $z=-y+a$ 绕 z 轴旋转形成的，如图 8.2 所示.

【解法分析及知识链接】常见错误是对旋转曲面方程特点把握不透彻，找到错误的准线方程. 画图能力有待提高.

【举一反三】将 xOy 面上的双曲线 $4x^2-9y^2=36$ 分别绕 x 轴及 y 轴旋转一周，求所生成的旋转曲面方程.

解：双曲线 $4x^2-9y^2=36$ 绕 x 轴旋转一周所生成的旋转曲面为双叶双曲面 $4x^2-9y^2-9z^2=36$；双曲线 $4x^2-9y^2=36$ 绕 y 轴旋转一周所生成的旋转曲面为单叶双曲面 $4x^2+4z^2-9y^2=36$.

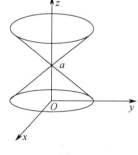

图 8.2

【举一反三】xOy 平面上的曲线 $y=\mathrm{e}^x$ 绕 x 轴旋转所得曲面方程是_____；绕 y 轴旋转所得曲面方程是_____.

解：绕 x 轴旋转所得曲面方程是 $\mathrm{e}^x=\sqrt{y^2+z^2}$；绕 y 轴旋转所得曲面方程是 $y=\mathrm{e}^{\pm\sqrt{x^2+z^2}}$.

知识点 2：柱面方程的建立

例 2　母线平行于 y 轴，准线为 $\begin{cases}x^2+y^2+z^2=9\\y=1\end{cases}$ 的柱面方程是_____.

解：所求柱面可理解为母线平行于 y 轴，准线为 $\begin{cases}x^2+z^2=8\\y=1\end{cases}$，因此所求柱面为 $x^2+z^2=8$.

3. 真题演练

（1）（2009 年）椭球面 S_1 由椭圆 $\dfrac{x^2}{4}+\dfrac{y^2}{3}=1$ 绕 x 轴旋转而成，圆锥面 S_2 由过点 $(4,0)$ 且与

椭圆 $\dfrac{x^2}{4}+\dfrac{y^2}{3}=1$ 相切的直线绕 x 轴旋转而成．

（Ⅰ）求 S_1 及 S_2 的方程；

（Ⅱ）求 S_1 与 S_2 之间立体的体积．

（2）（第七届全国大学生数学竞赛预赛）设 M 是以三个正半轴为母线的半圆锥面，求其方程．

4. 真题演练解析

（1）【答案】S_1 的方程为 $\dfrac{x^2}{4}+\dfrac{y^2+z^2}{3}=1$；$S_2$ 的方程是 $(x-4)^2-4y^2-4z^2=0$；S_1 与 S_2 之

间立体的体积为 π．

【解析】本题考查旋转曲面方程的建立、空间想象能力及旋转体体积的求法．

（Ⅰ）椭球面 S_1 的方程为 $\dfrac{x^2}{4}+\dfrac{y^2+z^2}{3}=1$．设椭圆上切点 (x_0,y_0)，则该点切线方程为

$\dfrac{x_0 x}{4}+\dfrac{y_0 y}{3}=1$，将点 $(4,0)$ 代入切线方程得 $x_0=1$，从而 $y_0=\pm\dfrac{3}{2}$，所以切线方程为 $\dfrac{x}{4}\pm\dfrac{y}{2}=1$，

于是圆锥面 S_2 的方程是 $\left(\dfrac{x}{4}-1\right)^2=\dfrac{y^2+z^2}{4}$，即 $(x-4)^2-4y^2-4z^2=0$．

（Ⅱ）S_1 与 S_2 之间立体的体积等于一个底面半径为 $\dfrac{3}{2}$，高为 3 的圆锥体体积 $\dfrac{9}{4}\pi$ 减去部分

椭球体体积 V，其中 $V=\dfrac{3}{4}\pi\int_1^2(4-x^2)\mathrm{d}x=\dfrac{5}{4}\pi$．故所求体积为 $\dfrac{9}{4}\pi-\dfrac{5}{4}\pi=\pi$．

（2）【答案】M 的方程 $xy+yz+xz=0$．

【解析】M 的顶点 $O(0,0,0)$，点 $A(1,0,0)$、$B(0,1,0)$、$C(0,0,1)$ 在 M 上，因此平面 $x+y+z=1$

与球面 $x^2+y^2+z^2=1$ 的交线 l 是 M 的准线．设 $P(x,y,z)$ 是 M 上的动点，(u,v,w) 是 M 的母线

OP 与 l 的交点，则 OP 的方程为 $\dfrac{x}{u}=\dfrac{y}{v}=\dfrac{z}{w}\triangleq\dfrac{1}{t}$，即 $u=xt,v=yt,w=zt$，代入准线方程得

$\begin{cases}(x+y+z)t=1,\\(x^2+y^2+z^2)t^2=1\end{cases}$，消去 t，得圆锥面 M 的方程 $xy+yz+xz=0$．

8.4 空间曲线及其方程

1. 重要知识点

（1）空间曲线的表示方式：

① 一般式：$\begin{cases}F(x,y,z)=0\\G(x,y,z)=0\end{cases}$．

注：空间曲线的一般式表示不唯一.

② 参数表示：可以表示为单变量的参数方程 $\begin{cases} x = \phi(t) \\ y = \psi(t) \\ z = \omega(t) \end{cases}$.

（2）空间曲线在坐标面上的投影柱面：空间曲线 $\Gamma : \begin{cases} F(x, y, z) = 0 \\ G(x, y, z) = 0 \end{cases}$，在 xOy 面上的投影柱面是以 Γ 为准线，母线平行于 z 轴的柱面. 在一般方程中消去变量 z 得到 $H(x, y) = 0$ 即为所求.

（3）空间曲线在坐标面上的投影：空间曲线 $\Gamma : \begin{cases} F(x, y, z) = 0 \\ G(x, y, z) = 0 \end{cases}$，在 xOy 面上的投影是投影柱面 $H(x, y) = 0$ 与 xOy 的交线，即 $l : \begin{cases} H(x, y) = 0 \\ z = 0 \end{cases}$.

注：投影柱面和投影曲线的区别.

（4）空间曲面及区域在坐标面上的投影：关键是找到围成空间曲面的边界曲线及空间区域的边界曲面，最终转化为求曲线的投影.

注：空间曲面或区域在坐标面上的投影常常是一平面区域.

2．例题辨析

知识点 1　空间曲线在坐标面上的投影

例 1　求曲线 $\begin{cases} x^2 + y^2 + z^2 = 2 \\ z = x^2 + y^2 \end{cases}$ 在 xOy 平面上投影曲线的方程.

错解：在曲线方程中消去 z，得到 $(x^2 + y^2 + 2)(x^2 + y^2 - 1) = 0$，即 $x^2 + y^2 - 1 = 0$ 为所求.

【错解分析及知识链接】 曲面的交线是空间曲线，消去一个变量得到空间曲线关于坐标面的投影柱面，投影曲线是投影柱面与坐标面的交线，上述解法的错误在于将求出的投影柱面方程看成所求投影曲线方程.

正解：在曲线方程中消去 z，得到 $(x^2 + y^2 + 2)(x^2 + y^2 - 1) = 0$，即 $x^2 + y^2 - 1 = 0$ 为所求投影柱面，故投影曲线为 $\begin{cases} x^2 + y^2 = 1 \\ z = 0 \end{cases}$.

【举一反三】 求母线平行于 x 轴且通过曲线 $\begin{cases} 2x^2 + y^2 + z^2 = 16 \\ x^2 - y^2 + z^2 = 0 \end{cases}$ 的柱面方程.

解：在曲线方程中消去 x，$3y^2 - z^2 = 16$ 为所求柱面方程.

【举一反三】 设一立体由上半球面 $z = \sqrt{4 - x^2 - y^2}$ 和上半圆锥面 $z = \sqrt{3(x^2 + y^2)}$ 所围成，求该立体在 xOy 面上的投影.

解：所求立体的投影是两张曲面的交线在坐标面上的投影所围成的区域. 两曲面方程联立消 z，得交线关于 xOy 面的投影柱面 $x^2 + y^2 = 1$，于是所求立体在 xOy 面上的投影为圆域 $\begin{cases} x^2 + y^2 \leqslant 1 \\ z = 0 \end{cases}$.

知识点 2 空间曲线的一般方程与参数方程之间的转化

例 2 化曲线的一般方程 $\begin{cases} z = \sqrt{a^2 - x^2 - y^2} \\ x^2 + y^2 - ax = 0 \end{cases}$ 为参数方程.

解：将第二个方程变形为 $\left(x - \dfrac{a}{2}\right)^2 + y^2 = \dfrac{a^2}{4}$，于是 $x = \dfrac{a}{2} + \dfrac{a}{2}\cos\theta$，$y = \dfrac{a}{2}\sin\theta$，代入第一个方程得 $z = a\sqrt{\dfrac{1 - \cos\theta}{2}}$，所以所求曲线的参数方程为

$$\begin{cases} x = \dfrac{a}{2} + \dfrac{a}{2}\cos\theta \\ y = \dfrac{a}{2}\sin\theta \\ z = a\sqrt{\dfrac{1 - \cos\theta}{2}} \end{cases}, \quad 0 \leqslant \theta \leqslant 2\pi.$$

【举一反三】 化曲线的参数方程 $\begin{cases} x = 4\cos t \\ y = 3\sin t \\ z = 2\sin t \end{cases}$ 为一般方程.

解：由前两个方程得 $\dfrac{x^2}{4^2} + \dfrac{y^2}{3^2} = 1$，由后两个方程知 $\dfrac{y}{3} = \dfrac{z}{2}$，于是所求曲线的一般方程是 $\begin{cases} \dfrac{x^2}{16} + \dfrac{y^2}{9} = 1 \\ 2y - 3z = 0 \end{cases}$.

3. 真题演练

（1）曲线 $\begin{cases} x^2 + y^2 + z^2 = 25 \\ x^2 + y^2 = 4 \end{cases}$ 在 xOy 面上的投影柱面方程为_____.

（2）（同济大学《高等数学》）已知空间曲线 $\begin{cases} x^2 + y^2 + z^2 = 1 \\ x^2 + (y-1)^2 + (z-1)^2 = 1 \end{cases}$，求它在 xOy 面上的投影曲线方程.

4. 真题演练解析

（1）**【答案】** $x^2 + y^2 = 4$.

【解析】 本题可根据空间曲线的位置得到.

（2）**【答案】** $\begin{cases} x^2 + 2y^2 - 2y = 0 \\ z = 0 \end{cases}$.

【解析】 两个方程联立消 z，得到曲线关于坐标面的投影柱面，该柱面与坐标面 $z=0$ 联立得曲线在坐标面上的投影曲线，要注意投影柱面与投影曲线的区别.

8.5　平面及其方程

1. 重要知识点

（1）平面方程的建立：

① 一般式：$Ax + By + Cz + F = 0$；

② 点法式：过点 (x_0, y_0, z_0)，垂直于 $\boldsymbol{n} = (A, B, C)$ 的平面方程为
$$A(x - x_0) + B(y - y_0) + C(z - z_0) = 0;$$

③ 三点式：过三点 (a_1, b_1, c_1)，(a_2, b_2, c_2)，(a_3, b_3, c_3) 的平面方程为
$$\begin{vmatrix} x - a_1 & y - b_1 & z - c_1 \\ a_2 - a_1 & b_2 - b_1 & c_2 - c_1 \\ a_3 - a_1 & b_3 - b_1 & c_3 - c_1 \end{vmatrix} = 0;$$

④ 截距式：平面在三个坐标轴上的截距分别是 a, b, c 的平面方程为 $\dfrac{x}{a} + \dfrac{y}{b} + \dfrac{z}{c} = 1$.

（2）一些特殊的平面满足 $Ax + By + Cz + D = 0$.

① 当 $D = 0$ 时，表示平面过原点；

② 当 $A = 0$ 时，表示平面平行于 x 轴；当 $B = 0$ 时，表示平面平行于 y 轴；当 $C = 0$ 时，表示平面平行于 z 轴；

③ 当 $A = B = 0$ 时，表示平面平行于 xOy 面；当 $B = C = 0$ 时，表示平面平行于 yOz 面；当 $A = C = 0$ 时，表示平面平行于 xOz 面；

④ 当 $A = D = 0$ 时，表示平面过 x 轴；当 $B = D = 0$ 时，表示平面过 y 轴；当 $C = D = 0$ 时，表示平面过 z 轴.

（3）两平面的位置关系：两平面 $A_1 x + B_1 y + C_1 z + D_1 = 0$ 与 $A_2 x + B_2 y + C_2 z + D_2 = 0$ 的位置关系是通过它们法向量的位置关系判断的. $\boldsymbol{n}_1 = (A_1, B_1, C_1)$，$\boldsymbol{n}_2 = (A_2, B_2, C_2)$，两平面夹角 φ，则
$$\cos\varphi = \frac{|\boldsymbol{n}_1 \cdot \boldsymbol{n}_2|}{|\boldsymbol{n}_1| \cdot |\boldsymbol{n}_2|} = \frac{|A_1 A_2 + B_1 B_2 + C_1 C_2|}{\sqrt{A_1^2 + B_1^2 + C_1^2} \cdot \sqrt{A_2^2 + B_2^2 + C_2^2}}.$$

① 当 $A_1 A_2 + B_1 B_2 + C_1 C_2 = 0$ 时，两平面垂直；

② 当 $\dfrac{A_1}{A_2} = \dfrac{B_1}{B_2} = \dfrac{C_1}{C_2} \neq \dfrac{D_1}{D_2}$ 时，两平面平行；

③ 当 $\dfrac{A_1}{A_2} = \dfrac{B_1}{B_2} = \dfrac{C_1}{C_2} = \dfrac{D_1}{D_2}$ 时，两平面重合.

（4）点 $P_0(x_0, y_0, z_0)$ 到平面 $Ax + By + Cz + D = 0$ 的距离为
$$d = \frac{|Ax_0 + By_0 + Cz_0 + D|}{\sqrt{A^2 + B^2 + C^2}}.$$

2. 例题辨析

知识点 1　平面方程的建立

例 1　求通过 z 轴和点 $(-3, 1, -2)$ 的平面方程.

解法 1： 设平面方程为 $Ax+By+Cz+F=0$，取 z 轴上两点 $(0,0,1)$，$(0,0,2)$，则

$$\begin{cases} C+F=0 \\ 2C+F=0 \\ -3A+B-2C+F=0 \end{cases}，所以所求平面方程为 \quad x+3y=0 .$$

解法 2： 设平面方程为 $Ax+By+Cz+F=0$，取 z 轴上两点 $P_1(0,0,1)$，$P_2(0,0,2)$，记 $M(-3,1,-2)$，则 $\boldsymbol{n}=\overrightarrow{P_1P_2}\times\overrightarrow{P_1M}=(-1,-3,0)$，所以所求平面方程为 $x+3y=0$.

解法 3： 设平面方程为 $Ax+By+Cz+F=0$，由于平面通过 z 轴，所以 $C=F=0$，即平面方程为 $Ax+By=0$. 又因为平面过点 $(-3,1,-2)$，所以所求平面方程为 $x+3y=0$.

【解法分析及知识链接】 根据条件选择适当的表达式，以简化平面方程的建立；根据平面的特殊位置，确定对应方程中系数应满足的条件.

【举一反三】 求平行于 x 轴且经过两点 $(4,0,-2)$ 和 $(5,1,7)$ 的平面方程.

解： 设平面方程为 $Ax+By+Cz+F=0$，平面通过 x 轴，所以 $A=0$. 又因为经过两点 $(4,0,-2)$ 和 $(5,1,7)$，故 $\begin{cases} -2C+F=0 \\ B+7C+F=0 \end{cases}$，所以所求平面方程为 $-9y+z+2=0$.

知识点 2　两平面的位置关系

例 2　判断两平面 π_1：$2x-y+z-1=0$ 与 π_2：$-4x+2y-2z-1=0$ 的位置关系.

解： 平面 π_1 的法向量 $\boldsymbol{n}_1=(2,-1,1)$，平面 π_2 的法向量 $\boldsymbol{n}_2=(-4,2,-2)$，其对应分量成比例 $\dfrac{2}{-4}=\dfrac{-1}{2}=\dfrac{1}{-2}$，说明两平面的法向量平行，则两平面平行或重合. 又因为平面 π_1 上的点 $(0,0,1)$，不满足平面 π_2 的方程，所以两平面 π_1 与 π_2 平行.

【举一反三】 判断平面 π_1：$-x+2y-z+1=0$ 与 π_2：$y+3z-1=0$ 的位置关系.

解： 平面 π_1 的法向量 $\boldsymbol{n}_1=(-1,2,-1)$，平面 π_2 的法向量 $\boldsymbol{n}_2=(0,1,3)$，且

$$\cos\theta=\frac{|(-1,2,-1)\times(0,1,3)|}{\sqrt{(-1)^2+2^2+(-1)^2}\times\sqrt{1^2+3^2}}=\frac{1}{\sqrt{60}} ,$$

故两平面相交，且夹角为 $\arccos\dfrac{1}{\sqrt{60}}$.

知识点 3　两平行平面之间的距离

例 3　求两平行平面 π_1：$10x+2y-2z-5=0$ 与 π_2：$5x+y-z-1=0$ 之间的距离.

解： 可在平面 π_2 上任取一点 $P(0,1,0)$，点 P 到平面 π_2 的距离为两平行平面之间的距离

$$d=\frac{|10\times0+2\times1+(-2)\times0-5|}{\sqrt{10^2+2^2+(-2)^2}}=\frac{\sqrt{3}}{6} .$$

3. 真题演练

（1）（2006 年）点 $(2,1,0)$ 到平面 $3x+4y+5z=0$ 的距离 $d=$＿＿＿＿＿＿．

（2）（同济大学《高等数学》）推导两平行平面 $Ax+By+Cz+D_i=0, i=1,2$ 之间的距离公式，并求将两平行平面 $x-2y+z-2=0$ 与 $x-2y+z-6=0$ 之间距离分成 1:3 的平面方程.

4. 真题演练解析

（1）【答案】$\sqrt{2}$.

【解析】本题考查点到平面的距离公式. 点 (x_0, y_0, z_0) 到平面 $Ax + By + Cz + D = 0$ 的距离 $d = \dfrac{|Ax_0 + By_0 + Cz_0 + D|}{\sqrt{A^2 + B^2 + C^2}}$. 因此本题 $d = \dfrac{|3 \times 2 + 4 \times 1 + 5 \times 0|}{\sqrt{3^2 + 4^2 + 5^2}} = \sqrt{2}$.

（2）【答案】$x - 2y + z - 3 = 0$ 或 $x - 2y + z - 5 = 0$.

【解析】平面 π_1：$Ax + By + Cz + D_1 = 0$ 中 A、B、C 不全为 0，不妨设 $C \neq 0$，平面 π_1 过点 $P\left(0, 0, -\dfrac{D_1}{C}\right)$，点 P 到平面 π_2：$Ax + By + Cz + D_2 = 0$ 的距离即两平行平面之间的距离 $d = \dfrac{\left|A \cdot 0 + B \cdot 0 + C\left(-\dfrac{D_1}{C}\right) + D_2\right|}{\sqrt{A^2 + B^2 + C^2}} = \dfrac{|D_2 - D_1|}{\sqrt{A^2 + B^2 + C^2}}$. 按上述公式两平行平面 $x - 2y + z - 2 = 0$ 与 $x - 2y + z - 6 = 0$ 之间距离正好为 4，分成距离之比为 $1{:}3$ 的平面是 $x - 2y + z - 3 = 0$ 或 $x - 2y + z - 5 = 0$.

8.6　空间直线及其方程

1. 重要知识点

（1）空间直线方程的三种形式及其求法：

① 直线的一般式方程：$\begin{cases} A_1 x + B_1 y + C_1 z + D_1 = 0 \\ A_2 x + B_2 y + C_2 z + D_2 = 0 \end{cases}$，其中 $(A_1, B_1, C_1) \times (A_2, B_2, C_2) \neq 0$.

② 直线的点向式方程：过点 (x_0, y_0, z_0)，方向向量为 (m, n, p) 的直线方程 $\dfrac{x - x_0}{m} = \dfrac{y - y_0}{n} = \dfrac{z - z_0}{p}$.

③ 直线的参数式方程：设直线过点 (x_0, y_0, z_0)，方向向量为 (m, n, p)，则 $\begin{cases} x = x_0 + mt \\ y = y_0 + nt \\ z = z_0 + pt \end{cases}$.

（2）直线间的位置关系：两直线间的位置关系通过它们的方向向量决定.

直线 l_1：$\dfrac{x - x_1}{m_1} = \dfrac{y - y_1}{n_1} = \dfrac{z - z_1}{p_1}$ 和 l_2：$\dfrac{x - x_2}{m_2} = \dfrac{y - y_2}{n_2} = \dfrac{z - z_2}{p_2}$ 的夹角记为 θ，则 $\cos\theta = \dfrac{|m_1 m_2 + n_1 n_2 + p_1 p_2|}{\sqrt{m_1^2 + n_1^2 + p_1^2} \cdot \sqrt{m_2^2 + n_2^2 + p_2^2}}$，$\theta$ 的取值范围 $\left[0, \dfrac{\pi}{2}\right]$.

特别地，当 $m_1 m_2 + n_1 n_2 + p_1 p_2 = 0$ 时，两直线垂直；当 $\dfrac{m_1}{m_2} = \dfrac{n_1}{n_2} = \dfrac{p_1}{p_2}$ 时，两直线平行或重合（可选其中一条直线上的一点代入另一直线，验证是否重合）.

（3）直线与平面的位置关系：直线和平面的位置关系通过直线的方向向量和平面的法向量

决定. 直线 l: $\dfrac{x-x}{m}=\dfrac{y-y}{n}=\dfrac{z-z}{p}$, 平面 π: $Ax+By+Cz+D=0$, 直线与平面的夹角记为 φ,

则 $\sin\varphi=\dfrac{|Am+Bn+Cp|}{\sqrt{A^2+B^2+C^2}\cdot\sqrt{m^2+n^2+p^2}}$, φ 的取值范围 $\left[0,\dfrac{\pi}{2}\right]$.

特别地, 当 $\dfrac{A}{m}=\dfrac{B}{n}=\dfrac{C}{p}$ 时, 直线与平面垂直; 当 $Am+Bn+Cp=0$ 时, 直线与平面平行或线在面内 (选取直线上任一点代入平面方程验证是否线在面内).

（4）线面综合应用问题:

① 点到线的距离: 过点做一平面与已知直线垂直相交, 已知点与交点之间的距离就是点到直线的距离.

② 线到面的距离: 若线与面平行, 那么线上任一点到面的距离就是线面间距离.

③ 线在面上的投影: 过线做与已知平面垂直的平面, 则所得平面与已知平面的交线就是线在面上的投影.

④ 过直线的平面束: 过直线 l: $\begin{cases} A_1x+B_1y+C_1z+D_1=0 \\ A_2x+B_2y+C_2z+D_2=0 \end{cases}$ 的平面束方程为 $A_1x+B_1y+C_1z+$ $D_1+\lambda(A_2x+B_2y+C_2z+D_2)=0$, 该平面束方程不包含平面 $A_2x+B_2y+C_2z+D_2=0$, 故在求解中要单独验证其是否满足相应条件或过 l 的平面束 $\lambda(A_1x+B_1y+C_1z+D_1)+\mu(A_2x+B_2y+C_2z+D_2)=0$ （λ,μ 不同时为0）.

2. 例题辨析

知识点1　平面方程的建立

例1　过点 $(3,1,-2)$ 且通过直线 l: $\dfrac{x-4}{5}=\dfrac{y+3}{2}=\dfrac{z}{1}$ 的平面方程.

解: 取直线上一点 $P(4,-3,0)$, 记 $P_0(3,1,-2)$, 则 $\overrightarrow{P_0P}=(1,-4,2)$, 故 $\boldsymbol{n}=\begin{vmatrix} \boldsymbol{i} & \boldsymbol{j} & \boldsymbol{k} \\ 1 & -4 & 2 \\ 5 & 2 & 1 \end{vmatrix}=$ $(-8,9,22)$, 所以由点法式得, 平面方程为 $-8(x-4)+9(y+3)+22z=0$, 即 $8x-9y-22z-59=0$.

【解法分析及知识链接】 上述解法的核心是采用点法式建立平面方程, 通过向量积确定法向量. 方法相对来说较烦琐. 题目要求解一定条件下的平面方程, 可借助平面束方程来求解.

另解参考: 直线的一般式为 $\begin{cases} 2x-5y-23=0 \\ 2z-y-3=0 \end{cases}$, 过上述直线的平面束方程为 $2x-5y-23+$ $\lambda(2z-y-3)=0$, 即 $2x-(5+\lambda)y+2\lambda z-23-3\lambda=0$.

又知平面过 $(3,1,-2)$, 于是 $6-(5+\lambda)-23-7\lambda=0$, 解得 $\lambda=-\dfrac{11}{4}$, 所以, 所求平面方程为 $8x-9y-22z-59=0$.

【举一反三】 一平面过直线 $\begin{cases} x+5y+z=0 \\ x-z+4=0 \end{cases}$, 且与平面 π_1: $x-4y-8z+12=0$ 成 $\dfrac{\pi}{4}$ 角, 求此平面方程.

解: 过直线 $\begin{cases} x+5y+z=0 \\ x-z+4=0 \end{cases}$ 的平面束方程为 $2x+5y+z+\lambda(x-z+4)=0$, 即 $(1+\lambda)x+5y+$

$(1-\lambda)z+4\lambda=0$．所求平面与已知平面成 $\dfrac{\pi}{4}$，于是

$$\cos\frac{\pi}{4}=\left|\frac{1+\lambda-20-8(1-\lambda)}{\sqrt{1+16+64}\sqrt{(1+\lambda)^2+25+(1-\lambda)^2}}\right|=\frac{\sqrt{2}}{2},$$

解得 $\lambda=-\dfrac{3}{4}$，所以所求平面方程为 $x+20y+7z=12$．

又因平面束不包含平面 $\pi_2: x-z+4=0$，且 π_2 与 π_1 的夹角余弦

$$\cos\varphi=\frac{|(1,0,-1)\times(1,-4,-8)|}{\sqrt{1^2+(-1)^2}\times\sqrt{1^2+(-4)^2+(-8)^2}}=\frac{\sqrt{2}}{2},\quad \varphi=\frac{\pi}{4}$$ 满足要求，故 π_2 也是所求.

知识点 2　点到直线的距离

例 2　求点 $P(3,-1,2)$ 到直线 l: $\begin{cases}x+y-z+1=0\\2x-y+z-4=0\end{cases}$ 的距离.

解：设过点 P 与 l 垂直的平面 π: $A(x-3)+B(y+1)+C(z-2)=0$，l 的方向向量可以作为平面的法向量 $(A,B,C)=(1,1,-1)\times(2,-1,1)=(0,-3,-3)$．所以 $\pi: y+z-1=0$．π 与 l 的交点 $\begin{cases}x+y-z+1=0\\2x-y+z-4=0\\y+z-1=0\end{cases}$，交点 $M\left(1,-\dfrac{1}{2},\dfrac{3}{2}\right)$，点 P 与 M 的距离即为点到直线的距离 $|PM|=$

$$\sqrt{(3-1)^2+\left(-1-\left(-\frac{1}{2}\right)\right)^2+\left(2-\frac{3}{2}\right)^2}=\frac{3}{2}\sqrt{2}.$$

【解法分析及知识链接】在空间过一点做已知直线的垂线往往不可行，通常需要借助平面来完成，即过该点先做一平面与已知直线垂直，该点与垂足之间的距离就是点到直线的距离.

【举一反三】设直线 l: $\dfrac{x-x_0}{m}=\dfrac{y-y_0}{n}=\dfrac{z-z_0}{p}$，其中 $s=(m,n,p)$，$M_0=(x_0,y_0,z_0)$，直线外一点 $M_1(x_1,y_1,z_1)$，证明：点 M_1 到直线 l 的距离为

$$d=\frac{\left|\overrightarrow{M_1M_0}\times s\right|}{|s|}.$$

证明：$d=|\overrightarrow{M_1M_0}|\cdot|\sin\langle\overrightarrow{M_1M_0},s\rangle|=\dfrac{\left|\overrightarrow{M_1M_0}\times s\right|}{|s|}$．

知识点 3　线线、线面的位置关系

例 3　直线 L: $\dfrac{x}{-2}=\dfrac{y}{-7}=\dfrac{z}{3}$ 与平面 π: $2x-y-z=3$ 的位置关系为（　　　）.

A．平行，但直线不在平面内　　　　　　B．直线在平面内

C．垂直　　　　　　　　　　　　　　　D．相交但不垂直

解：直线 L 的方向向量 $s=(-2,-7,3)$，平面 π 的法向量 $n=(2,-1,-1)$，$s\cdot n=0$，说明线面平行或线在面内，直线 L 上任一点 $(0,0,0)$，代入平面方程 $0\neq3$，所以直线不在平面内，只能是直线与平面平行，答案选 A.

【解法分析及知识链接】本题考查直线与平面的位置关系，注意线面平行与线在面内的区别.

【举一反三】直线 L_1: $\dfrac{x+2}{2}=2-y=z$ 与 L_2: $\begin{cases} x+2y+1=0 \\ x+y+2=0 \end{cases}$ 之间的关系是（　　）.

　A. 重合　　　　　B. 相交　　　　　C. 平行　　　　　D. 异面

解：直线 L_1 的方向向量 $s_1=(2,-1,1)$，直线 L_2 是平行于 z 轴的直线 $\begin{cases} x=-3 \\ y=1 \end{cases}$，取 L_2 的方向向量 $s_2=(0,0,1)$，向量 s_1 与 s_2 既不平行又不垂直，同时 $x=-3$，$y=1$ 不满足直线 L_1，所以直线 L_1 与 L_2 不平行、不相交、不重合、不垂直，只是一般的异面关系，答案选 D.

【举一反三】曲线 l: $\begin{cases} x=t \\ y=-t^2 \\ z=t^3 \end{cases}$ 的所有切线中与平面 π：$x+2y+z=4$ 平行的切线（　　）.

　A. 只有 1 条　　　B. 只有 2 条　　　C. 至少有 3 条　　　D. 不存在

解：曲线 l 的切向量 $\tau=(1,-2t,3t^2)$，平面 π 的法向量 $n=(1,2,1)$，要使切线与平面平行，需要 τ 与 n 垂直，即 $(1,-2t,3t^2)\cdot(1,2,1)=0$，算得 $t_1=1$，$t_2=\dfrac{1}{3}$，所以这样的切线有且只有两条，答案选 B.

知识点 4　线在面上的投影

例 4　求过直线 l: $\begin{cases} 2x-3y+4z-12=0 \\ x+4y-2z-10=0 \end{cases}$，且垂直于各坐标面的平面方程，并求直线 l 在平面 $3x+2y+z-10=0$ 上的投影.

解：过直线 l 的平面束 $\lambda(2x-3y+4z-12)+\mu(x+4y-2z-10)=0$，即 $(2\lambda+\mu)x+(4\mu-3\lambda)y+(4\lambda-2\mu)z-12\lambda-10\mu=0$. 要使平面与 xOy 面垂直，需 $(2\lambda+\mu,4\mu-3\lambda,4\lambda-2\mu)\cdot(0,0,1)=0$，得 $\mu=2\lambda$，因此所求平面为 $4x+5y-32=0$；

要使平面与 yOz 面垂直，需 $(2\lambda+\mu,4\mu-3\lambda,4\lambda-2\mu)\cdot(1,0,0)=0$，得 $\mu=-2\lambda$，因此所求平面为 $11y-8z-8=0$；

要使平面与 xOz 面垂直，需 $(2\lambda+\mu,4\mu-3\lambda,4\lambda-2\mu)\cdot(0,1,0)=0$，得 $\mu=\dfrac{3}{4}\lambda$，因此所求平面为 $11x+10z-78=0$；

要求线在面上的投影，需先过已知直线做与原平面垂直的平面，即

$(2\lambda+\mu,4\mu-3\lambda,4\lambda-2\mu)\cdot(3,2,1)=0$，得 $\lambda=-\dfrac{9}{4}\mu$，过 l 且与已知平面垂直的平面是 $14x-43y+44z-68=0$. 于是所求线在面上的投影是

$$\begin{cases} 14x-43y+44z-68=0 \\ 3x+2y+z-10=0 \end{cases}.$$

【解法分析及知识链接】本题借助过直线的平面束方程来使问题得以简化.

知识点 5　两异面直线间距离

例 5　设直线 l_1: $\dfrac{x-9}{4}=\dfrac{y+2}{-3}=\dfrac{z}{1}$，直线 l_2: $\dfrac{x}{-2}=\dfrac{y+7}{9}=\dfrac{z-7}{2}$，试求：

（1）直线 l_1 与 l_2 之间的距离；（2）直线 l_1 与 l_2 的公垂线方程.

解：（1）直线 l_1 过点 $M_1(9,-2,0)$，方向向量 $s_1=(4,-3,1)$. 直线 l_2 过点 $M_2(0,-7,7)$，方向

向量 $s_2 = (-2, 9, 2)$. 公垂线的方向向量

$$n = \begin{vmatrix} i & j & k \\ 4 & -3 & 1 \\ -2 & 9 & 2 \end{vmatrix} = (-15, -10, 30)，\overrightarrow{M_1 M_2} = (-9, -5, 2)，$$

直线 l_1 与 l_2 之间的距离 $d = \dfrac{\left| \overrightarrow{M_1 M_2} \cdot n \right|}{|n|} = 7$.

（2）记直线 l_1 与公垂线所在的平面为 π_1，其法向量为

$$n_1 = s_1 \times n = \begin{vmatrix} i & j & k \\ 4 & -3 & 1 \\ -15 & -10 & 30 \end{vmatrix} = 5(-16, -27, -17)，则平面 \pi_1 的方程为 -16(x-9) - 27(y+2) - $$

$17(z - 0) = 0$，即 $16x + 27y + 17z - 90 = 0$.

记直线 l_2 与公垂线所在的平面为 π_2，其法向量为

$$n_2 = s_2 \times n = \begin{vmatrix} i & j & k \\ -2 & 9 & 2 \\ -15 & -10 & 30 \end{vmatrix} = 5(58, 6, 31)，则平面 \pi_2 的方程为 58(x - 0) + 6(y + 7) + $$

$31(z - 2) = 0$，即 $58x + 6y + 31z - 20 = 0$，

于是所求公垂线方程是 π_1 与 π_2 的交线 $\begin{cases} 16x + 27y + 17z - 90 = 0 \\ 58x + 6y + 31z - 20 = 0 \end{cases}$.

3．真题演练

（1）（1998 年）求直线 $l: \dfrac{x-1}{1} = \dfrac{y}{1} = \dfrac{z-1}{-1}$ 在平面 $\pi: x - y + 2z - 1 = 0$ 上的投影直线 l_0 的方程，并求 l_0 绕 y 轴旋转一周所成曲面的方程.

（2）（第四届全国大学生数学竞赛预赛）求通过直线 $l: \begin{cases} 2x + y - 3z + 2 = 0 \\ 5x + 5y - 4z + 3 = 0 \end{cases}$ 的两个相互垂直的平面 π_1 和 π_2，使其中一个平面过点 $(4, -3, 1)$.

（3）（第二届全国大学生数学竞赛预赛）求直线 $l_1: \begin{cases} x - y = 0 \\ z = 0 \end{cases}$ 与直线 $l_2: \dfrac{x-2}{4} = \dfrac{y-1}{-2} = \dfrac{z-3}{-1}$ 的距离.

4．真题演练解析

（1）【答案】$l_0: \begin{cases} x - y + 2z - 1 = 0 \\ x - 3y - 2z + 1 = 0 \end{cases}$，$l_0$ 绕 y 轴旋转一周所成曲面方程为 $4x^2 - 17y^2 + 4z^2 + 2y - 1 = 0$.

【解析】设经过 l 且垂直于平面 π 的平面方程为 $\pi_1: A(x - 1) + By + C(z - 1) = 0$，则有 $\begin{cases} A - B + 2C = 0 \\ A + B - C = 0 \end{cases}$，解得 $A : B : C = -1 : 3 : 2$，于是 π_1 的方程为 $x - 3y - 2z + 1 = 0$，l_0 的方程为

$$\begin{cases} x - y + 2z - 1 = 0 \\ x - 3y - 2z + 1 = 0 \end{cases}, \quad 即 \begin{cases} x = 2y \\ z = -\dfrac{1}{2}(y-1) \end{cases}.$$

l_0 绕 y 轴旋转一周所成曲面方程为 $x^2 + z^2 = 4y^2 + \dfrac{1}{4}(y-1)^2$，即 $4x^2 - 17y^2 + 4z^2 + 2y - 1 = 0$.

（2）【答案】$\pi_1: 3x + 4y - z + 1 = 0$；$\pi_2: x - 2y - 5z + 3 = 0$.

【解析】过直线 l 的平面束为 $\lambda(2x + y - 3z + 2) + \mu(5x + 5y - 4z + 3) = 0$，即 $(2\lambda + 5\mu)x + (\lambda + 5\mu)y - (3\lambda + 4\mu)z + (2\lambda + 3\mu) = 0$. 若平面 π_1 过点 $(4, -3, 1)$，则代入得 $\lambda + \mu = 0$，因而 π_1 的方程为 $3x + 4y - z + 1 = 0$. 若平面 π_2 与 π_1 垂直，则有 $3(2\lambda + 5\mu) + 4(\lambda + 5\mu) + (3\lambda + 4\mu) = 0$，解得 $\lambda = -3\mu$，因而平面 π_2 的方程为 $x - 2y - 5z + 3 = 0$.

（3）【答案】$\dfrac{\sqrt{38}}{2}$.

【解析】直线 l_1 的对称式方程为 $\dfrac{x}{1} = \dfrac{y}{1} = \dfrac{z}{0}$. 两直线的方向向量分别为 $\boldsymbol{s}_1 = (1, 1, 0)$，$\boldsymbol{s}_2 = (4, -2, -1)$，两直线上的定点分别为 $P_1(0, 0, 0)$，$P_2(2, 1, 3)$，$\overrightarrow{P_1P_2} = (2, 1, 3)$. $\boldsymbol{s}_1 \times \boldsymbol{s}_2 = (-1, 1, -6)$，于是两直线间距离为

$$d = \left| \frac{\overrightarrow{P_1P_2} \cdot (\boldsymbol{s}_1 \times \boldsymbol{s}_2)}{\boldsymbol{s}_1 \times \boldsymbol{s}_2} \right| = \sqrt{\frac{19}{2}} = \frac{\sqrt{38}}{2}.$$

第9章 多元函数微分学及其应用

9.1 多元函数的极限及连续性

1. 重要知识点

（1）二重极限的定义：$\lim\limits_{(x,y)\to(x_0,y_0)} f(x,y) = A \Leftrightarrow$ 对于任意给定的正数 ε，总存在正数 δ，使

得当 $P(x,y) \in D \bigcap \overset{\circ}{U}(P_0,\delta)$ 时，都有 $|f(P)-A| = |f(x,y)-A| < \varepsilon$.

（2）求或证明二重极限的方法：

① 利用二重极限的定义；

② 利用夹逼准则证明二重极限；

③ 转化后利用一元函数求极限的思想方法求二重极限.

（3）证明二重极限不存在的方法：

① 寻找一条特殊路径，沿此路径极限不存在；

② 寻找两条特殊路径，沿这两条特殊路径的极限值不同.

（4）多元函数连续性的判别：

① 函数在一点处连续性的定义：$\lim\limits_{\substack{x\to x_0 \\ y\to y_0}} f(x,y) = f(x_0,y_0)$；

② 多元初等函数在其定义区域内连续.

2. 例题辨析

知识点 1：二元函数极限的求法

例 1 求极限 $\lim\limits_{\substack{x\to 0 \\ y\to 2}} \dfrac{\sin xy}{y}$.

错解：$\lim\limits_{\substack{x\to 0 \\ y\to 2}} \dfrac{\sin xy}{y} = \lim\limits_{\substack{x\to 0 \\ y\to 2}} \dfrac{\sin xy}{xy} \cdot x \xlongequal{\text{令}u=xy} \lim\limits_{u\to 0} \dfrac{\sin u}{u} \cdot \lim\limits_{x\to 0} x = 0.$

【错解分析及知识链接】 上述解法的核心是通过变量代换将二重极限转化为一元函数的极限，进而利用重要极限求解. 此解法的不当之处在于代换后改变了自变量 (x,y) 趋近于 $(0,2)$ 的

方式, 在代换之前 (x,y) 可以沿 y 轴趋近于 $(0,2)$, 但代换之后的极限 $\lim\limits_{\substack{x\to 0\\y\to 2}}\dfrac{\sin xy}{xy}$ 无须再考虑沿 y 轴趋近于 $(0,2)$ 的特殊路径.

正解: 当 $(x,y)\to(0,0)$ 时, $0\leqslant\left|\dfrac{\sin xy}{y}\right|\leqslant\left|\dfrac{xy}{y}\right|=|x|$, 由夹逼准则可知 $\lim\limits_{\substack{x\to 0\\y\to 2}}\dfrac{\sin xy}{y}=0$.

例 2　讨论二重极限 $\lim\limits_{(x,y)\to(0,0)}\dfrac{x-y}{x+y}$ 的存在性.

错解 1: 极限是 "$\dfrac{0}{0}$" 型的未定式, 用洛必达法则求解, 因为 x,y 都是自变量, 所以

$$\lim_{(x,y)\to(0,0)}\frac{x-y}{x+y}=\lim_{(x,y)\to(0,0)}\frac{1-1}{1+1}=0.$$

错解 2: 取 $y=kx$, 因为 $\lim\limits_{\substack{y=kx\\x\to 0}}\dfrac{x-y}{x+y}=\lim\limits_{\substack{y=kx\\x\to 0}}\dfrac{x-kx}{x+kx}=\dfrac{1-k}{1+k}$, 上述极限随 k 值的不同而不同, 所以原极限不存在.

【错解分析及知识链接】 对于二重极限, 不能使用洛必达法则求解, 这是错解 1 的错误所在, 如果通过变量代换可以将二重极限转化为一元函数的极限, 则一元函数求极限的思想方法都适用; 错解 2 中取特殊路径证明极限不存在的思路是正确的, 但是取路径一定要在函数的定义域中, 即 $y\neq-x$, 因此 $k\neq-1$.

正解: 取 $y=kx$ ($k\neq-1$), 因为 $\lim\limits_{\substack{y=kx\\x\to 0}}\dfrac{x-y}{x+y}=\lim\limits_{\substack{y=kx\\x\to 0}}\dfrac{x-kx}{x+kx}=\dfrac{1-k}{1+k}$, $k\neq-1$, 上述极限随 k 值的不同而不同, 所以原极限不存在.

【举一反三】 求极限 $\lim\limits_{\substack{x\to 0\\y\to a}}(1+\tan xy)^{\frac{1}{xy}}$.

解: 先利用复合函数极限的运算法则及变量代换转化为一元函数的极限, 再利用等价无穷小代换可得

$$\lim_{\substack{x\to 0\\y\to a}}(1+\tan xy)^{\frac{1}{xy}}=\mathrm{e}^{\lim\limits_{\substack{x\to 0\\y\to a}}\frac{1}{xy}\ln(1+\tan xy)}=\mathrm{e}^{\lim\limits_{u\to 0}\frac{1}{u}\ln(1+\tan u)}=\mathrm{e}^{\lim\limits_{u\to 0}\frac{1}{u}\tan u}=\mathrm{e}^{\lim\limits_{u\to 0}\frac{1}{u}\cdot u}=\mathrm{e}.$$

【举一反三】 求 $\lim\limits_{(x,y)\to(0,0)}\dfrac{x^2-xy}{\sqrt{x}-\sqrt{y}}$.

解: 由于分母 $\sqrt{x}-\sqrt{y}$ 在 $(x,y)\to(0,0)$ 时趋近于 0, 所以不能利用商的极限运算法则, 但

$$\lim_{(x,y)\to(0,0)}\frac{x^2-xy}{\sqrt{x}-\sqrt{y}}=\lim_{(x,y)\to(0,0)}\frac{(x^2-xy)(\sqrt{x}+\sqrt{y})}{(\sqrt{x}-\sqrt{y})(\sqrt{x}+\sqrt{y})}$$

$$=\lim_{(x,y)\to(0,0)}\frac{x(x-y)(\sqrt{x}+\sqrt{y})}{x-y}=\lim_{(x,y)\to(0,0)}(x\sqrt{x}+x\sqrt{y})=0.$$

知识点 2: 证明二重极限不存在

例 3　讨论极限 $\lim\limits_{\substack{x\to 0\\y\to 0}}\dfrac{\ln(1+xy)}{x+\tan y}$.

错解：因为 $\lim\limits_{\substack{x\to 0\\y\to 0}}\dfrac{\ln(1+xy)}{x+\tan y}=\lim\limits_{\substack{x\to 0\\y\to 0}}\dfrac{xy}{x+y}=\lim\limits_{\substack{x\to 0\\y\to 0}}\dfrac{1}{\dfrac{1}{y}+\dfrac{1}{x}}$，且 $\lim\limits_{\substack{x\to 0\\y\to 0}}\dfrac{1}{y}+\dfrac{1}{x}=\infty$，所以 $\lim\limits_{\substack{x\to 0\\y\to 0}}\dfrac{\ln(1+xy)}{x+\tan y}=0$.

【错解分析及知识链接】上述解法中的错误主要体现在两个地方：一是等价无穷小代换使用错误，等价无穷小代换只能在乘积因子中使用，不能在和差因子中使用；二是错误地把极限的运算法则推广为无穷大的运算法则，两个无穷大的和不一定是无穷大.

正解：因为 $\lim\limits_{\substack{y=-x\\x\to 0}}\dfrac{\ln(1+xy)}{x+\tan y}=\lim\limits_{\substack{y=-x\\x\to 0}}\dfrac{\ln(1-x^2)}{x-\tan x}=\lim\limits_{\substack{y=-x\\x\to 0}}\dfrac{-x^2}{x-\tan x}=\lim\limits_{\substack{y=-x\\x\to 0}}\dfrac{-2x}{1-\sec^2 x}=\lim\limits_{\substack{y=-x\\x\to 0}}\dfrac{2x}{\tan^2 x}=\infty$，所以原极限不存在.

例 4　讨论 $\lim\limits_{\substack{y\to 0\\x\to 0}}\dfrac{x^2 y}{x^4+y^2}$ 的存在性.

错解：取 $y=kx$，因为 $\lim\limits_{\substack{y=kx\\x\to 0}}\dfrac{x^2 y}{x^4+y^2}=\lim\limits_{\substack{y=kx\\x\to 0}}\dfrac{x^2 kx}{x^4+k^2 x^2}=\lim\limits_{x\to 0}\dfrac{kx}{x^2+k^2}=0$，所以原极限存在且极限值为 0.

【错解分析及知识链接】上述解法只能说明 (x,y) 沿所有直线路径趋于 $(0,0)$ 点时，极限都存在且相同，都为 0，但不能说明 (x,y) 沿任何路径趋于 $(0,0)$ 点时，极限都为 0，取特殊路径就能说明极限不存在.

正解：取 $y=kx^2$，因为 $\lim\limits_{\substack{y\to kx^2\\x\to 0}}\dfrac{x^2 y}{x^4+y^2}=\lim\limits_{\substack{y=kx^2\\x\to 0}}\dfrac{x^2 kx^2}{x^4+k^2 x^4}=\dfrac{k}{1+k^2}$，上述极限值随着 k 取值的不同而不同，所以原极限不存在.

【举一反三】证明极限 $\lim\limits_{\substack{y\to 0\\x\to 0}}\dfrac{x^3 y}{x^6+y^2}$ 不存在.

解：可以验证当 (x,y) 沿路径 $y=kx$，$y=kx^2$ 趋于 $(0,0)$ 点时，极限都为 0.

考虑取路径 $y=kx^3$，有 $\lim\limits_{\substack{y\to kx^3\\x\to 0}}\dfrac{x^3 y}{x^6+y^2}=\lim\limits_{\substack{y=kx^3\\x\to 0}}\dfrac{x^3 kx^3}{x^6+k^2 x^6}=\dfrac{k}{1+k^2}$，上述极限值随着 k 取值的不同而不同，所以原极限不存在.

知识点 3：多元分段函数的连续性

例 5　讨论 $f(x,y)=\begin{cases}\dfrac{xy^2}{x^2+y^2}, & x^2+y^2\neq 0\\ 0, & x^2+y^2=0\end{cases}$ 的连续性.

错解：当 $x\geqslant 0$ 时，有 $0\leqslant\dfrac{xy^2}{x^2+y^2}\leqslant x$，因为 $\lim\limits_{\substack{x=0\\y\to 0}}0=0$，$\lim\limits_{\substack{x=0\\y\to 0}}x=0$，由夹逼准则可知当 $x\geqslant 0$ 时，$\lim\limits_{\substack{x\to 0\\y\to 0}}\dfrac{xy^2}{x^2+y^2}=0$；当 $x<0$ 时，有 $x\leqslant\dfrac{xy^2}{x^2+y^2}\leqslant 0$，因为 $\lim\limits_{\substack{x\to 0\\y\to 0}}0=0$，$\lim\limits_{\substack{x\to 0\\y\to 0}}x=0$，由夹逼准则可知当 $x<0$ 时，$\lim\limits_{\substack{x\to 0\\y\to 0}}\dfrac{xy^2}{x^2+y^2}=0$. 综上可知 $\lim\limits_{\substack{x\to 0\\y\to 0}}\dfrac{xy^2}{x^2+y^2}=0=f(0,0)$. $f(x,y)$ 在 $(0,0)$ 点连续.

【错解分析及知识链接】本题考查分段函数在整个定义域上的连续性，解法中的错误之一是只讨论了分段点处的连续性，没有讨论其他点的连续性；错误之二是在讨论分段点的连续性时对 $x \geq 0$ 和 $x < 0$ 的情形分别讨论，事实上仍是限制路径下的极限，与多重极限的定义不相符.

正解： $f(x,y)$ 在 $R^2 \setminus \{(0,0)\}$ 上为初等函数，所以 $f(x,y)$ 在 $R^2 \setminus \{(0,0)\}$ 上连续，重点讨论 $f(x,y)$ 在 $(0,0)$ 点的连续性. $0 \leqslant |\dfrac{xy^2}{x^2+y^2}| \leqslant |x|$，因为 $\lim\limits_{\substack{x=0 \\ y \to 0}} |x| = 0$，由夹逼准则可知

$$\lim\limits_{\substack{x \to 0 \\ y \to 0}} \frac{xy^2}{x^2+y^2} = 0 = f(0,0)，\quad f(x,y) \text{ 在 } (0,0) \text{ 点连续，故 } f(x,y) \text{ 在 } R^2 \text{ 上连续.}$$

【举一反三】讨论 $f(x,y) = \begin{cases} \dfrac{x-y}{x^2+y^2}\tan(x^2+y^2), & x^2+y^2 \neq 0 \\ 0, & x^2+y^2 = 0 \end{cases}$ 的连续性.

解： $f(x,y)$ 在 $R^2 \setminus \{(0,0)\}$ 上为初等函数，所以 $f(x,y)$ 在 $R^2 \setminus \{(0,0)\}$ 上连续，重点讨论 $f(x,y)$ 在 $(0,0)$ 点的连续性. 由于

$$\lim\limits_{\substack{x \to 0 \\ y \to 0}} \frac{x-y}{x^2+y^2}\tan(x^2+y^2) = \lim\limits_{\substack{x \to 0 \\ y \to 0}}(x-y) \cdot \lim\limits_{u \to 0^+} \frac{\tan u}{u} = 0 = f(0,0)$$

所以 $f(x,y)$ 在 $(0,0)$ 点连续，$f(x,y)$ 在 R^2 上连续.

3．真题演练

（1）（2012 年）二重极限 $\lim\limits_{\substack{x \to \infty \\ y \to a}}\left(1-\dfrac{1}{x}\right)^{\frac{x^2}{x+y}}$ 之值为（　　　）.

A．0　　　　　B．1　　　　　　　C．e^{-1}　　　　　　　D．e

（2）（2006 年）设 $f(x,y) = \dfrac{y}{1+xy} - \dfrac{1-y\sin\dfrac{\pi x}{y}}{\arctan x}$，$x > 0$，$y > 0$，求

（Ⅰ）$g(x) = \lim\limits_{y \to +\infty} f(x,y)$；（Ⅱ）$\lim\limits_{x \to 0^+} g(x)$.

4．真题演练解析

（1）**【解析】**考查二重极限，属于 1^∞ 型未定式，先利用指数对数关系式变形，再利用复合函数极限的运算法则、等价无穷小代换可得

$$\lim\limits_{\substack{x \to \infty \\ y \to a}}\left(1-\frac{1}{x}\right)^{\frac{x^2}{x+y}} = e^{\lim\limits_{\substack{x \to \infty \\ y \to a}} \frac{x^2}{x+y}\ln(1-\frac{1}{x})} = e^{\lim\limits_{\substack{x \to \infty \\ y \to a}} \frac{x^2}{x+y}\left(-\frac{1}{x}\right)} = e^{\lim\limits_{\substack{x \to \infty \\ y \to a}} \frac{-x}{x+y}} = e^{-1}，\text{ 故选 C.}$$

（2）**【解析】**（Ⅰ）求极限时注意将 x 作为常量求解，此问中含 $\dfrac{\infty}{\infty}$，$0 \cdot \infty$ 型未定式极限；（Ⅱ）需利用（Ⅰ）的结果，含 $\infty - \infty$ 型未定式极限.

（Ⅰ） $\lim\limits_{y\to\infty}f(x,y)=\lim\limits_{y\to\infty}\left(\dfrac{1}{\dfrac{1}{y}+x}-\dfrac{1}{\arctan x}\left(1-\dfrac{\sin\dfrac{\pi x}{y}}{\dfrac{1}{y}}\right)\right)=\dfrac{1}{x}-\dfrac{1-\pi x}{\arctan x}.$

（Ⅱ）通分利用等价无穷小代换和洛必达法则可得

$$\lim\limits_{x\to0^+}g(x)=\lim\limits_{x\to0^+}\left(\dfrac{1}{x}-\dfrac{1-\pi x}{\arctan x}\right)=\lim\limits_{x\to0^+}\dfrac{\arctan x-x+\pi x^2}{x\arctan x}$$

$$=\lim\limits_{x\to0^+}\dfrac{\arctan x-x+\pi x^2}{x^2}=\lim\limits_{x\to0^+}\dfrac{\dfrac{1}{1+x^2}-1+2\pi x}{2x}=\lim\limits_{x\to0^+}\dfrac{-x^2+2\pi x(1+x^2)}{2x(1+x^2)}$$

$$=\lim\limits_{x\to0^+}\dfrac{-x^2+2\pi x^3+2\pi x}{2x}\lim\limits_{x\to0^+}\dfrac{1}{1+x^2}=\pi.$$

9.2 多元函数偏导数

1. 重要知识点

（1）偏导数的定义： $\left.\dfrac{\partial f}{\partial x}\right|_{(x_0,y_0)}=\lim\limits_{\Delta x\to0}\dfrac{f(x_0+\Delta x,y_0)-f(x_0,y_0)}{\Delta x}$;

$$\left.\dfrac{\partial f}{\partial y}\right|_{(x_0,y_0)}=\lim\limits_{\Delta y\to0}\dfrac{f(x_0,y_0+\Delta y)-f(x_0,y_0)}{\Delta y}.$$

注：函数 $z=f(x,y)$ 在点 (x_0,y_0) 处偏导数存在，函数在该点不一定连续；反之，函数 $z=f(x,y)$ 在点 (x_0,y_0) 处连续，也不能推出函数在该点处偏导数存在.

（2）计算函数 $z=f(x,y)$ 在点 (x_0,y_0) 处的偏导数：

① 利用偏导数的定义；

② 将非求导变量代入常数，转化为一元函数在一点处的导数，即

$$\left.\dfrac{\partial f}{\partial x}\right|_{(x_0,y_0)}=\left.\dfrac{\mathrm{d}f(x,y_0)}{\mathrm{d}x}\right|_{x_0},\quad\left.\dfrac{\partial f}{\partial y}\right|_{(x_0,y_0)}=\left.\dfrac{\mathrm{d}f(x_0,y)}{\mathrm{d}y}\right|_{y_0};$$

③ 偏导数存在时，先求出偏导函数，再代入 (x_0,y_0) .

（3）偏导数的几何意义：

偏导数 $z_x(x_0,y_0)$ ：曲线 C：$\begin{cases}z=f(x,y)\\y=y_0\end{cases}$ 在点 (x_0,y_0,z_0) 处对 x 轴的切线斜率；

偏导数 $z_y(x_0,y_0)$ ：曲线 C：$\begin{cases}z=f(x,y)\\x=x_0\end{cases}$ 在点 (x_0,y_0,z_0) 处对 y 轴的切线斜率.

（4）多元函数的高阶偏导数：若二阶混合偏导数 f_{xy},f_{yx} 在 $P_0(x_0,y_0)$ 点存在且连续，则 $f_{xy}(x_0,y_0)=f_{yx}(x_0,y_0)$.

2. 例题辨析

知识点 1：计算多元函数在一点处的偏导数

例 1 设 $f(x,y)=\sqrt{xy}$，求 $f(x,y)$ 在 $(0,0)$ 点的偏导数.

错解： $\left.\dfrac{\partial f}{\partial x}\right|_{(0,0)}=\left.\dfrac{\mathrm{d}f(x,0)}{\mathrm{d}x}\right|_{(0,0)}=0$；$\left.\dfrac{\partial f}{\partial y}\right|_{(0,0)}=\left.\dfrac{\mathrm{d}f(0,y)}{\mathrm{d}y}\right|_{(0,0)}=0$.

【错解分析及知识链接】 求函数在一点处的偏导数时，可以先将非求导变量代入常数后求一元函数的导函数，然后代入具体的函数值，但前提是在导函数存在的情况下. 由于 $(0,0)$ 点是 $f(x,y)$ 定义域的边界点，其偏导数的存在性不确定，因此不能利用求导公式来求解，而应该利用偏导数的定义来求解.

正解： 由偏导数定义可知：

$$\left.\frac{\partial f}{\partial x}\right|_{(0,0)}=\lim_{\Delta x\to 0}\frac{f(0+\Delta x,0)-f(0,0)}{\Delta x}=\lim_{\Delta x\to 0}\frac{0-0}{\Delta x}=0；$$

$$\left.\frac{\partial f}{\partial y}\right|_{(0,0)}=\lim_{\Delta y\to 0}\frac{f(0,0+\Delta y)-f(0,0)}{\Delta y}=\lim_{\Delta y\to 0}\frac{0-0}{\Delta y}=0.$$

【举一反三】 设 $f(x,y)=\mathrm{e}^{-x}\sin\dfrac{y}{x}+\ln\dfrac{1+x}{1+y}$，求 $f_x(1,0)$.

解： $f(x,y)=\mathrm{e}^{-x}\sin\dfrac{y}{x}+\ln(1+x)-\ln(1+y)$，先求 $f(x,y)$ 关于 x 的偏导函数，将 y 看作常数，按照一元函数的求导公式和求导法则可得 $f_x(x,y)=-\mathrm{e}^{-x}\sin\dfrac{y}{x}+\mathrm{e}^{-x}\cos\dfrac{y}{x}\cdot\dfrac{-y}{x^2}+\dfrac{1}{1+x}$，再将 $(x_0,y_0)=(1,0)$ 代入得 $f_x(1,0)=1$.

【解法分析及知识链接】 求多元函数在一点处的偏导数通常有三种方法，一是利用偏导数的定义；二是先求出偏导函数，再代入具体的点；三是先把非求导变量代入具体的值，化为真正的一元函数，再按照一元函数的求导法进行. 相比而言，此题用第三种方法更简单.

【另解参考】 将 $y_0=0$ 代入得 $f(x,0)=\ln(1+x)$，所以 $f_x(x,0)=\dfrac{1}{1+x}$，因此 $f_x(1,0)=1$.

知识点 2：计算多元函数的偏导函数

例 2 求 $f(x,y)=\begin{cases}xy\sin\dfrac{1}{\sqrt{x^2+y^2}}, & (x,y)\neq(0,0)\\[2mm] 0, & (x,y)=(0,0)\end{cases}$ 的偏导数.

错解： $f_x(x,y)=y\cdot\sin\dfrac{1}{\sqrt{x^2+y^2}}-\dfrac{x^2 y}{\sqrt{(x^2+y^2)^3}}\cos\dfrac{1}{\sqrt{x^2+y^2}}$，

$f_y(x,y)=x\cdot\sin\dfrac{1}{\sqrt{x^2+y^2}}-\dfrac{y^2 x}{\sqrt{(x^2+y^2)^3}}\cos\dfrac{1}{\sqrt{x^2+y^2}}$.

【错解分析及知识链接】 对于分段函数的偏导数，非分段点处可以按照求导公式和求导法则进行，但分段点处的偏导数一定要用偏导数的定义求.

正解： 当 $(x,y)\neq(0,0)$ 时，偏导数的计算同上；当 $(x,y)=(0,0)$ 时，

$$f_x(0,0) = \lim_{x \to 0} \frac{f(x,0) - f(0,0)}{x - 0} = \lim_{x \to 0} \frac{0-0}{x} = 0 ,$$

$$f_y(0,0) = \lim_{y \to 0} \frac{f(0,y) - f(0,0)}{y - 0} = \lim_{x \to 0} \frac{0-0}{y} = 0 .$$

知识点 3：多元函数偏导数和连续的关系

例 3　讨论 $f(x,y) = \begin{cases} \dfrac{2xy}{x^2 + y^2}, & x^2 + y^2 \neq 0 \\ 0, & x^2 + y^2 = 0 \end{cases}$ 在 $(0,0)$ 处的连续性和偏导数.

错解：由偏导数的定义可知 $f_x(0,0) = \lim\limits_{x \to 0} \dfrac{f(x,0) - f(0,0)}{x - 0} = \lim\limits_{x \to 0} \dfrac{0-0}{x} = 0$，$f_y(0,0) = \lim\limits_{y \to 0} \dfrac{f(0,y) - f(0,0)}{y - 0} = \lim\limits_{x \to 0} \dfrac{0-0}{y} = 0$，即两个偏导数都存在，所以 $f(x,y)$ 在点 $(0,0)$ 处连续.

【错解分析及知识链接】一元函数如果在一点处可导，则在该点处一定连续，但多元函数的连续性和偏导数之间没有必然联系，因此错解中由偏导数存在推出函数连续是错误的.

正解：错解中关于偏导数的计算是正确的，下面讨论在分段点处的连续性. 因为 $\lim\limits_{\substack{x \to 0 \\ y=kx}} \dfrac{2xy}{x^2 + y^2} = \lim\limits_{\substack{x \to 0 \\ y=kx}} \dfrac{2x \cdot kx}{x^2 + (kx)^2} = \dfrac{2k}{1 + k^2}$，它的值与 k 有关，因此 $\lim\limits_{(x,y) \to (0,0)} \dfrac{2xy}{x^2 + y^2}$ 不存在，从而函数 $f(x,y)$ 在点 $(0,0)$ 处不连续.

【举一反三】讨论 $f(x,y) = \sqrt{x^2 + y^2}$ 在 $(0,0)$ 处的连续性和偏导数.

解：因为 $\lim\limits_{\substack{x \to 0 \\ y \to 0}} f(x,y) = \lim\limits_{\substack{x \to 0 \\ y \to 0}} \sqrt{x^2 + y^2} = 0 = f(0,0)$，所以 $f(x,y)$ 在点 $(0,0)$ 处连续. 由偏导数的定义可知 $f_x(0,0) = \lim\limits_{x \to 0} \dfrac{f(x,0) - f(0,0)}{x - 0} = \lim\limits_{x \to 0} \dfrac{\sqrt{x^2}}{x}$，此极限不存在，所以 $f_x(0,0)$ 不存在，同理 $f_y'(0,0)$ 也不存在.

知识点 4：求多元函数的高阶偏导数

例 4　设 $f(x,y) = \int_0^{xy} e^{-t^2} dt$，求 $\dfrac{\partial^2 f}{\partial x^2}$.

错解：由积分上限函数的性质可知：$\dfrac{\partial f}{\partial x} = e^{-x^2 y^2}$，$\dfrac{\partial^2 f}{\partial x^2} = -2x \cdot e^{-x^2 y^2}$.

【错解分析及知识链接】求多元函数的偏导数，视非求导变量为常数，按照一元函数的求导公式和求导法则进行计算，错解中将变量 y 视作常数，积分上限是 x 的函数，故应按照一元复合函数的求导法则求导，即 $\dfrac{d}{dx}\int_a^{u(x)} f(t)dt = f[u(x)]u'(x)$.

正解：由积分上限函数的性质可知：$\dfrac{\partial f}{\partial x} = e^{-x^2 y^2} y$，

$$\frac{\partial^2 f}{\partial x^2} = e^{-x^2 y^2}(-2xy^2)y = -2xy^3 e^{-x^2 y^2}.$$

例 5 求 $f(x,y) = \begin{cases} xy\dfrac{x^2-y^2}{x^2+y^2}, & (x,y) \neq (0,0) \\ 0, & (x,y) = (0,0) \end{cases}$ 在 $(0,0)$ 处的混合偏导数.

错解： 当 $(x,y) \neq (0,0)$ 时，$f_x(x,y) = y\left(\dfrac{x^2-y^2}{x^2+y^2} + x \cdot \dfrac{4xy^2}{(x^2+y^2)^2}\right)$，

当 $(x,y) = (0,0)$ 时，$f_x(0,0) = \lim\limits_{x \to 0} \dfrac{f(x,0) - f(0,0)}{x-0} = \lim\limits_{x \to 0}\dfrac{0-0}{x} = 0$，所以

$$f_x(x,y) = \begin{cases} y\left(\dfrac{x^2-y^2}{x^2+y^2} + x \cdot \dfrac{4xy^2}{(x^2+y^2)^2}\right), & (x,y) \neq (0,0) \\ 0, & (x,y) = (0,0) \end{cases}$$

从而有 $f_{xy}(0,0) = \lim\limits_{y \to 0}\dfrac{f_x(0,y) - f_x(0,0)}{y-0} = \lim\limits_{y \to 0}\dfrac{(-y)-0}{y-0} = -1$，即 $f_{yx}(0,0) = f_{xy}(0,0) = -1$.

【错解分析及知识链接】 求多元函数的混合偏导数时，如果二阶混合偏导数连续，则混合偏导数和次序没有关系，但分段函数的二阶偏导数在 $(0,0)$ 点不连续，所以不能保证二阶混合偏导数和次序无关.

正解： 同上面的解法可求 $f_{xy}(0,0) = -1$；同理可求得

$$f_y(x,y) = \begin{cases} x\left(\dfrac{x^2-y^2}{x^2+y^2} - y \cdot \dfrac{4xy^2}{(x^2+y^2)^2}\right), & (x,y) \neq (0,0) \\ 0, & (x,y) = (0,0) \end{cases}$$

故 $f_{yx}(0,0) = \lim\limits_{y \to 0}\dfrac{f_y(x,0) - f_y(0,0)}{x-0} = \lim\limits_{y \to 0}\dfrac{x-0}{x-0} = 1$，易见 $f_{yx}(0,0) \neq f_{xy}(0,0)$.

【举一反三】 设 $z = \arctan\dfrac{x+y}{1-xy}$，求 $\dfrac{\partial^2 z}{\partial x^2}$，$\dfrac{\partial^2 z}{\partial y^2}$ 和 $\dfrac{\partial^2 z}{\partial x \partial y}$.

解： 求多元函数的高阶偏导数时，先求低阶偏导数，并化简：

$$\frac{\partial z}{\partial x} = \frac{1}{1+\left(\dfrac{x+y}{1-xy}\right)^2} \cdot \frac{(1-xy)-(x+y)(-y)}{(1-xy)^2} = \frac{1+y^2}{1+x^2+y^2+x^2y^2} = \frac{1}{1+x^2},$$

$$\frac{\partial z}{\partial y} = \frac{1}{1+\left(\dfrac{x+y}{1-xy}\right)^2} \cdot \frac{(1-xy)-(x+y)(-x)}{(1-xy)^2} = \frac{1+x^2}{1+x^2+y^2+x^2y^2} = \frac{1}{1+y^2},$$

再依次求高阶导数：

$$\frac{\partial^2 z}{\partial x^2} = -\frac{2x}{(1+x^2)^2}, \quad \frac{\partial^2 z}{\partial y^2} = -\frac{2y}{(1+y^2)^2}, \quad \frac{\partial^2 z}{\partial x \partial y} = 0.$$

3. 真题演练

（1）（2008 年）已知 $f(x,y) = e^{\sqrt{x^2+y^4}}$，则（　　）.

  A. $f_x(0,0)$，$f_y(0,0)$ 都存在   B. $f_x(0,0)$ 不存在，$f_y(0,0)$ 存在

C．$f_x(0,0)$不存在，$f_y(0,0)$不存在　　　D．$f_x(0,0)$，$f_y(0,0)$都不存在

（2）（2017 年）设 $f(x,y)$ 具有一阶偏导数，且对任意的 (x,y)，都有 $\dfrac{\partial f(x,y)}{\partial x}>0$，$\dfrac{\partial f(x,y)}{\partial y}>0$，则（　　）．

　　A．$f(0,0)>f(1,1)$　　　　　　　　B．$f(0,0)<f(1,1)$
　　C．$f(0,1)>f(1,0)$　　　　　　　　D．$f(0,1)<f(1,0)$

（3）（2009 年）设 $z=(x+\mathrm{e}^y)^x$，则 $\left.\dfrac{\partial z}{\partial x}\right|_{(1,0)}=$_____．

（4）（2011 年）设函数 $F(x,y)=\displaystyle\int_0^{xy}\dfrac{\sin t}{1+t^2}\mathrm{d}t$，则 $\left.\dfrac{\partial^2 F}{\partial x^2}\right|_{\substack{x=0\\y=2}}=$_____．

（5）（2020 年考研数学）设函数 $f(x,y)=\displaystyle\int_0^{xy}\mathrm{e}^{xt^2}\mathrm{d}t$，则 $\left.\dfrac{\partial^2 f}{\partial y\partial x}\right|_{(1,1)}=$_____．

（6）（2019 年）已知函数 $u(x,y)$ 满足关系式 $2\dfrac{\partial^2 u}{\partial x^2}-2\dfrac{\partial^2 u}{\partial y^2}+3\dfrac{\partial u}{\partial y}=0$．求 a，b 的值，使得在变换 $u(x,y)=v(x,y)\mathrm{e}^{ax+by}$ 之下，上述等式可化为函数 $v(x,y)$ 的不含一阶偏导数的等式．

（7）（第四届全国大学生数学竞赛预赛）已知函数 $z=u(x,y)\mathrm{e}^{ax+by}$，且 $\dfrac{\partial^2 u}{\partial x\partial y}=0$．确定常数 a 和 b，使函数 $z=z(x,y)$ 满足方程 $\dfrac{\partial^2 z}{\partial x\partial y}-\dfrac{\partial z}{\partial x}-\dfrac{\partial z}{\partial y}+z=0$．

4．真题演练解析

（1）【解析】本题考查的是偏导数的定义．因为
$$f_x(0,0)=\lim_{x\to0}\frac{f(x,0)-f(0,0)}{x}=\lim_{x\to0}\frac{\mathrm{e}^{\sqrt{x^2+0}}-1}{x}=\lim_{x\to0}\frac{\mathrm{e}^{|x|}-1}{x},$$
$\lim\limits_{x\to0^+}\dfrac{\mathrm{e}^{|x|}-1}{x}=\lim\limits_{x\to0^+}\dfrac{\mathrm{e}^x-1}{x}=1$，$\lim\limits_{x\to0^-}\dfrac{\mathrm{e}^{|x|}-1}{x}=\lim\limits_{x\to0^-}\dfrac{\mathrm{e}^{-x}-1}{x}=-1$，所以 $f_x(0,0)$ 不存在．因为
$$f_y(0,0)=\lim_{y\to0}\frac{f(0,y)-f(0,0)}{y}=\lim_{y\to0}\frac{\mathrm{e}^{\sqrt{0+y^4}}-1}{y}=\lim_{y\to0}\frac{\mathrm{e}^{y^2}-1}{y}=\lim_{y\to0}\frac{y^2}{y}=0,$$
所以 $f_y(0,0)$ 存在．故选 B．

（2）【解析】因为 $\dfrac{\partial f(x,y)}{\partial x}>0$，$\dfrac{\partial f(x,y)}{\partial y}>0$，所以 $f(x,y)$ 是关于 x 的单调递增函数，关于 y 的单调递减函数，故有 $f(0,1)<f(1,1)<f(1,0)$，选 D．

（3）【解析】本题考查的是多元函数的求导法则，其本质是将非求导变量视为常数，按照一元函数的求导法则进行．也可将非求导变量的值直接代入，变换成真正的一元函数．由 $z=(x+\mathrm{e}^y)^x$ 可得 $z(x,0)=(x+1)^x$，所以
$$[(x+1)^x]'=[\mathrm{e}^{x\ln(1+x)}]'=\mathrm{e}^{x\ln(1+x)}\left[\ln(1+x)+\frac{x}{1+x}\right]，将 x=1 代入可得 \left.\frac{\partial z}{\partial x}\right|_{(1,0)}=\mathrm{e}^{\ln2}\left[\ln2+\frac12\right].$$

（4）【解析】本题考查偏导数的计算，涉及积分上限函数的求导法则，把非求导变量当作常数，本质上是对一元函数求导公式和求导法则的应用.

由于 $\dfrac{\partial F}{\partial x} = \dfrac{y \sin xy}{1 + x^2 y^2}$，$\dfrac{\partial^2 F}{\partial^2 x} = \dfrac{y^2 \cos xy(1 + x^2 y^2) - 2xy^3 \sin xy}{(1 + x^2 y^2)^2}$，故 $\dfrac{\partial^2 F}{\partial^2 x}\bigg|_{\substack{x=0 \\ y=2}} = 4$.

（5）【解析】本题是对积分上限函数的偏导数的计算，题目的难点在于如果先对 x 求偏导，则被积函数中含有求导变量，需要进行变量分离；考虑到 $f(x, y)$ 具有二阶连续偏导数，因此混合偏导数和次序无关，所以先对 y 求偏导，再对 x 求偏导. $\dfrac{\partial f}{\partial y} = x e^{x^3 y^2}$，$\dfrac{\partial^2 f}{\partial y \partial x} = e^{x^3 y^2} + 3x^3 y^2 e^{x^3 y^2}$，

所以 $\dfrac{\partial^2 f}{\partial y \partial x}\bigg|_{(1,1)} = 4e$.

（6）【解析】在变换 $u(x, y) = v(x, y) e^{ax+by}$ 之下，$\dfrac{\partial u}{\partial x} = \dfrac{\partial v}{\partial x} e^{ax+by} + av(x, y) e^{ax+by}$，

$\dfrac{\partial u}{\partial y} = \dfrac{\partial v}{\partial y} e^{ax+by} + bv(x, y) e^{ax+by}$，$\dfrac{\partial^2 u}{\partial x^2} = \dfrac{\partial^2 v}{\partial x^2} e^{ax+by} + 2a \dfrac{\partial v}{\partial x} e^{ax+by} + a^2 v(x, y) e^{ax+by}$，

$\dfrac{\partial^2 u}{\partial y^2} = \dfrac{\partial^2 v}{\partial y^2} e^{ax+by} + 2b \dfrac{\partial v}{\partial y} e^{ax+by} + b^2 v(x, y) e^{ax+by}$.

把上述子代入关系式 $2\dfrac{\partial^2 u}{\partial x^2} - 2\dfrac{\partial^2 u}{\partial y^2} + 3\dfrac{\partial u}{\partial y} = 0$，得到

$$2\dfrac{\partial^2 v}{\partial x^2} - 2\dfrac{\partial^2 v}{\partial y^2} + 4a \dfrac{\partial v}{\partial x} + (3 - 4b)\dfrac{\partial v}{\partial y} + (2a^2 - 2b^2 + 3b)v(x, y) = 0$$

根据要求，显然当 $a = 0$、$b = \dfrac{3}{4}$ 时，可化为函数 $v(x, y)$ 的不含一阶偏导数的等式.

（7）【解析】本题考查的是多元函数偏导数的运算法则，把非求导变量看作常数，本质上是一元函数的求导法则.

$$\dfrac{\partial z}{\partial x} = e^{ax+by}\left[\dfrac{\partial u}{\partial x} + au(x, y)\right], \quad \dfrac{\partial z}{\partial x} = e^{ax+by}\left[\dfrac{\partial u}{\partial y} + au(x, y)\right]$$

$$\dfrac{\partial^2 z}{\partial x \partial y} = e^{av+by}\left[b\dfrac{\partial u}{\partial x} + a\dfrac{\partial u}{\partial a} + abu(x, y)\right]$$

若要使 $\dfrac{\partial^2 z}{\partial x \partial y} - \dfrac{\partial z}{\partial x} - \dfrac{\partial z}{\partial y} + z = 0$，则有 $(b-1)\dfrac{\partial u}{\partial x} + (a-1)\dfrac{\partial u}{\partial a} + (ab - a - b - 1)u(x, y) = 0$，即 $a = b = 1$.

9.3　全微分

1. 重要知识点

（1）多元函数全微分的定义：

由全微分的定义可知 $\Delta z \approx \mathrm{d}z$，且 $\Delta z - \mathrm{d}z = o(\rho)$，其中 $\rho = \sqrt{(\Delta x)^2 + (\Delta y)^2}$.

（2）函数连续、偏导数存在及可微之间的关系：

① 如果函数在一点处的全微分存在，则函数在该点一定连续，偏导数一定存在，且 $dz = \frac{\partial z}{\partial x}dx + \frac{\partial z}{\partial y}dy$；

② 函数在一点处连续，不一定可微；函数在一点处偏导数存在，不一定可微；

③ 如果函数在一点处偏导数连续，则在该点一定可微；反之不一定成立.

（3）多元函数可微的判别及全微分的计算：

① 对分段函数在分段点的可微性通常由定义进行判别；

② 如果函数具有连续偏导数，则一定可微，由叠加原理得 $dz = \frac{\partial z}{\partial x}dx + \frac{\partial z}{\partial y}dy$.

2．例题辨析

知识点 1：多元函数连续、偏导数存在与可微的关系

例 1　设 $f(x,y) = \begin{cases} (x^2+y^2)\cos\dfrac{1}{\sqrt{x^2+y^2}}, & x^2+y^2 \neq 0 \\ 0, & x^2+y^2 = 0 \end{cases}$，讨论 $f(x,y)$ 在 $(0,0)$ 点的连续性、

偏导数的存在性及可微性.

错解：（1） $\lim\limits_{\substack{y=0\\x\to0}}(x^2+y^2)\cos\dfrac{1}{\sqrt{x^2+y^2}} = 0 = f(0,0)$，$f(x,y)$ 在 $(0,0)$ 点连续.

（2）由偏导数的定义可知

$$\frac{\partial f}{\partial x}\bigg|_{(0,0)} = \lim\limits_{\Delta x\to0}\frac{f(0+\Delta x,0)-f(0,0)}{\Delta x} = \lim\limits_{\Delta x\to0}\frac{\Delta x^2\cos\dfrac{1}{\sqrt{\Delta x^2}}-0}{\Delta x} = \lim\limits_{\Delta x\to0}\Delta x\cdot\cos\frac{1}{\sqrt{\Delta x}} = 0，\quad 同理$$

$\dfrac{\partial f}{\partial y}\bigg|_{(0,0)} = 0$.

（3）由全微分的计算公式及（2）的结论可知 $dz = \frac{\partial z}{\partial x}dx + \frac{\partial z}{\partial y}dy = 0$.

【错解分析及知识链接】由 $dz = \frac{\partial z}{\partial x}dx + \frac{\partial z}{\partial y}dy$ 计算全微分的前提是函数可微，错解中错误地认为偏导数存在，则一定可微. 对分段函数而言，在分段点的可微性通常由定义进行判别，即验证 $\Delta z - (f_x(0,0)\Delta x + f_y(0,0)\Delta y) = o\left(\sqrt{(\Delta x)^2 + (\Delta y)^2}\right)$，也就是验证极限 $\lim\limits_{\substack{\Delta x\to0\\\Delta y\to0}}\dfrac{\Delta z - (f_x(0,0)\Delta x - f_y(0,0)\Delta y)}{\sqrt{(\Delta x)^2 + (\Delta y)^2}} = 0$

成立.

正解：（1）和（2）同上，下面仅证明可微性.

（3）当 $(\Delta x,\Delta y)\to(0,0)$ 时，有

$$\lim\limits_{\substack{\Delta x\to0\\\Delta y\to0}}\frac{\Delta z - [f_x(0,0)\Delta x - f_y(0,0)\Delta y]}{\sqrt{(\Delta x)^2 + (\Delta y)^2}} = \lim\limits_{\substack{\Delta x\to0\\\Delta y\to0}}\frac{[(\Delta x)^2 + (\Delta y)^2]\cos\left(\dfrac{1}{(\Delta x)^2 + (\Delta y)^2}\right)}{\sqrt{(\Delta x)^2 + (\Delta y)^2}} = 0$$

所以 $f(x,y)$ 在 $(0,0)$ 可微.

例 2　讨论 $f(x,y)=\begin{cases} xy\sin\dfrac{1}{\sqrt{x^2+y^2}}, & x^2+y^2\neq 0 \\ 0, & x^2+y^2=0 \end{cases}$　在点 $(0,0)$ 的连续性、可偏导性、偏导函数的连续性及可微性.

错解：（1）因为 $\lim\limits_{\substack{x\to 0\\ y\to 0}} f(x,y)=0=f(0,0)$，所以函数在点 $(0,0)$ 连续；

（2）利用偏导数的定义可知 $f_x(0,0)=\lim\limits_{\Delta x\to 0}\dfrac{f(\Delta x,0)-f(0,0)}{\Delta x}=0$，同理 $f_y(0,0)=0$.

（3）当 $(x,y)\neq(0,0)$ 时，$f_x(x,y)=y\cdot\sin\dfrac{1}{\sqrt{x^2+y^2}}-\dfrac{x^2 y}{\sqrt{(x^2+y^2)^3}}\cos\dfrac{1}{\sqrt{x^2+y^2}}$.

当点 $P(x,y)$ 沿射线 $y=|x|$ 趋于 $(0,0)$ 时，

$$\lim_{(x,|x|)\to(0,0)} f_x(x,y)=\lim_{x\to 0}\left(|x|\cdot\sin\frac{1}{\sqrt{2}\,|x|}-\frac{|x|^3}{2\sqrt{2}\,|x|^3}\cdot\cos\frac{1}{\sqrt{2}\,|x|}\right).$$

由于极限不存在，所以 $f_x(x,y)$ 在点 $(0,0)$ 不连续；同理，$f_y(x,y)$ 在点 $(0,0)$ 也不连续.

（4）由（3）可知函数在 $(0,0)$ 点的偏导函数不连续，所以函数在 $(0,0)$ 点不可微.

【错解分析及知识链接】偏导数连续仅仅是可微的一个充分条件，而不是必要条件，错解中由函数在 $(0,0)$ 点的偏导函数不连续推出函数在 $(0,0)$ 点不可微是错误的.

正解：（1）、（2）、（3）同上，下面仅讨论函数在 $(0,0)$ 点的可微性.

令 $\rho=\sqrt{(\Delta x)^2+(\Delta y)^2}$，$\left|\dfrac{\Delta f-f_x(0,0)\Delta x-f_y(0,0)\Delta y}{\rho}\right|=\left|\dfrac{\Delta x\cdot\Delta y}{\rho}\sin\dfrac{1}{\rho}\right|\leqslant|\Delta x|$.

由夹逼准则可知 $\lim\limits_{\substack{\Delta x\to 0\\ \Delta y\to 0}}\dfrac{\Delta z-(f_x(0,0)\Delta x-f_y(0,0)\Delta y)}{\sqrt{(\Delta x)^2+(\Delta y)^2}}=0$，所以函数在点 $(0,0)$ 可微.

【举一反三】设函数 $f(x,y)=|x-y|g(x,y)$，其中 $g(x,y)$ 在点 $(0,0)$ 的某一邻域内连续. 试问：

（Ⅰ）$g(0,0)$ 为何值时，偏导数 $f_x(0,0)$，$f_y(0,0)$ 都存在？

（Ⅱ）$g(0,0)$ 为何值时，$f(x,y)$ 在点 $(0,0)$ 处可微？

解：（Ⅰ）由偏导数的定义知，偏导数 $f_x(0,0)=\lim\limits_{\Delta x\to 0}\dfrac{f(0+\Delta x,0)-f(0,0)}{\Delta x}$，而

$$\lim_{\Delta x\to 0^+}\frac{f(0+\Delta x,0)-f(0,0)}{\Delta x}=\lim_{\Delta x\to 0^+}\frac{\Delta x g(\Delta x,0)}{\Delta x}=g(0,0),$$

$$\lim_{\Delta x\to 0^-}\frac{f(0+\Delta x,0)-f(0,0)}{\Delta x}=\lim_{\Delta x\to 0^-}\frac{-\Delta x g(\Delta x,0)}{\Delta x}=-g(0,0),$$

欲使 $f_x(0,0)$ 存在，只需 $g(0,0)=-g(0,0)$，即 $g(0,0)=0$. 这时有 $f_x(0,0)=0$.

类似地，当 $g(0,0)=0$ 时，有 $f_y(0,0)=0$.

（Ⅱ）根据函数可微分的必要条件，欲使 $f(x,y)$ 在 $(0,0)$ 处可微，则偏导数 $f_x(0,0)$，$f_y(0,0)$ 必须都存在. 由（Ⅰ）可知，当 $g(0,0)=0$ 时，$f_x(0,0)$，$f_y(0,0)$ 都存在且等于零. 按全微分定义验证 $f_x(0,0)\Delta x+f_y(0,0)\Delta y$ 的确是 $f(x,y)$ 在 $(0,0)$ 处的全微分. 因为 $\Delta f=f(\Delta x,\Delta y)-f(0,0)=$

$|\Delta x-\Delta y|g(\Delta x,\Delta y)$，$\dfrac{|\Delta x-\Delta y|}{\rho}\leqslant\dfrac{|\Delta x|+|\Delta y|}{\rho}=\dfrac{|\Delta x|}{\rho}+\dfrac{|\Delta y|}{\rho}\leqslant 2$，$g(x,y)$ 在 $(0,0)$ 处连续，$\lim\limits_{\rho\to 0} g(\Delta x,\Delta y)=$

$g(0,0) = 0$，所以 $\lim\limits_{\rho \to 0} \dfrac{\Delta f}{\rho} = \lim\limits_{\rho \to 0}\left[\dfrac{|\Delta x - \Delta y|}{\rho} \cdot g(\Delta x, \Delta y) \right] = 0$，即当 $g(0,0) = 0$ 时，$f(x,y)$ 在点 $(0,0)$ 处可微，且 $\mathrm{d}z|_{(0,0)} = 0$.

知识点 2：全微分和全增量的计算

例 3　求函数 $u = x^{yz}$ 的全微分.

错解：因为 $\dfrac{\partial u}{\partial x} = yz \cdot x^{yz-1}$，$\dfrac{\partial u}{\partial y} = zx^{yz} \ln x$，故 $\mathrm{d}u = yzx^{yz-1}\mathrm{d}x + zx^{yz} \ln x \mathrm{d}y$.

【错解分析及知识链接】全微分的计算可以利用叠加原理。由于题目中所涉及的函数是三元函数，因此全微分应该为三个偏微分之和，解法中有遗漏.

正解：因为 $\dfrac{\partial u}{\partial x} = yz \cdot x^{yz-1}$，$\dfrac{\partial u}{\partial y} = zx^{yz} \ln x$，$\dfrac{\partial u}{\partial z} = yx^{yz} \ln x$，

所以 $\mathrm{d}u = yzx^{yz-1}\mathrm{d}x + zx^{yz} \ln x \mathrm{d}y + yx^{yz} \ln x \mathrm{d}z$.

例 4　当 $x=2$，$y=1$，$\Delta x=0.1$，$\Delta y=-0.2$ 时，求函数 $z = \dfrac{y}{x}$ 的全增量和全微分.

错解：因为 $\mathrm{d}z = -\dfrac{y}{x^2}\Delta x + \dfrac{1}{x}\Delta y$，所以，当 $x=2$，$y=1$，$\Delta x=0.1$，$\Delta y=-0.2$ 时，$\mathrm{d}z = -\dfrac{1}{4} \times 0.1 + \dfrac{1}{2} \times (-0.2) = -0.125$，$\Delta z \approx \mathrm{d}z = -0.119$.

【错解分析及知识链接】本题考查的是全微分和全增量的计算. 由全微分的定义可知 $\Delta z \approx \mathrm{d}z$，且 $\Delta z - \mathrm{d}z = o(\rho)$，但 $\mathrm{d}z$ 仅仅是全增量的近似值，题目要求的是全增量的精确值，因此只能用全增量的定义 $\Delta z = f(x_0 + \Delta x, y_0 + \Delta y) - f(x_0, y_0)$ 求解.

正解：全微分的计算同上，仅计算全增量：因为 $\Delta z = \dfrac{y + \Delta y}{x + \Delta x} - \dfrac{y}{x}$，所以 $\Delta z = \dfrac{1 + (-0.2)}{2 + 0.1} - \dfrac{1}{2} = -\dfrac{5}{42}$.

【举一反三】假设 x，y 的绝对值都很小，证明下面的近似公式：$(1+x)^m(1+y)^n \approx 1 + mx + ny$.

证明：设 $f(x,y) = (1+x)^m(1+y)^n$，则 $f(0,0) = 1$，$f(x,0) = (1+x)^m$，$f_x(x,0) = m(1+x)^{m-1}$，$f(0,y) = (1+y)^n$，$f_y(0,y) = n(1+y)^{n-1}$，于是 $f(x,y) \approx f(0,0) + f_x(0,0)x + f_y(0,0)y = 1 + mx + ny$.

3．真题演练

（1）（2007 年）函数 $f(x,y)$ 在点 $(0,0)$ 处可微的一个充要条件是（　　　）.

    A. $\lim\limits_{(x,y) \to (0,0)}[f(x,y) - f(0,0)] = 0$　　　　B. $\lim\limits_{(x,y) \to (0,0)} \dfrac{f(x,y) - f(0,0)}{\sqrt{x^2 + y^2}} = 0$

    C. $\lim\limits_{x \to 0} \dfrac{f(x,0) - f(0,0)}{x} = 0$ 且 $\lim\limits_{y \to 0} \dfrac{f(0,y) - f(0,0)}{y} = 0$

    D. $\lim\limits_{x \to 0}[f_x(x,0) - f_x(0,0)] = 0$ 且 $\lim\limits_{y \to 0}[f_y(0,y) - f_y(0,0)] = 0$

（2）（2012 年）如果 $f(x,y)$ 在 $(0,0)$ 处连续，那么下列命题正确的是（　　　）.

A. 若极限 $\lim\limits_{\substack{x\to 0\\ y\to 0}}\dfrac{f(x,y)}{|x|+|y|}$ 存在，则 $f(x,y)$ 在 $(0,0)$ 处可微

B. 若极限 $\lim\limits_{\substack{x\to 0\\ y\to 0}}\dfrac{f(x,y)}{x^2+y^2}$ 存在，则 $f(x,y)$ 在 $(0,0)$ 处可微

C. 若 $f(x,y)$ 在 $(0,0)$ 处可微，则极限 $\lim\limits_{\substack{x\to 0\\ y\to 0}}\dfrac{f(x,y)}{|x|+|y|}$ 存在

D. 若 $f(x,y)$ 在 $(0,0)$ 处可微，则极限 $\lim\limits_{\substack{x\to 0\\ y\to 0}}\dfrac{f(x,y)}{x^2+y^2}$ 存在

（3）（2020 年）设函数 $f(x,y)$ 在点 $(0,0)$ 处可微，$f(0,0)=0$，$\boldsymbol{n}=\left.\left(\dfrac{\partial f}{\partial x},\dfrac{\partial f}{\partial y},-1\right)\right|_{(0,0)}$，非零

向量 $\boldsymbol{d}$ 与 $\boldsymbol{n}$ 垂直，则（　　）.

A. $\lim\limits_{(x,y)\to(0,0)}\dfrac{|\boldsymbol{n}\cdot(x,y,f(x,y))|}{\sqrt{x^2+y^2}}=0$ 　　　　B. $\lim\limits_{(x,y)\to(0,0)}\dfrac{|\boldsymbol{n}\times(x,y,f(x,y))|}{\sqrt{x^2+y^2}}=0$

C. $\lim\limits_{(x,y)\to(0,0)}\dfrac{|\boldsymbol{d}\cdot(x,y,f(x,y))|}{\sqrt{x^2+y^2}}=0$ 　　　　D. $\lim\limits_{(x,y)\to(0,0)}\dfrac{|\boldsymbol{d}\times(x,y,f(x,y))|}{\sqrt{x^2+y^2}}=0$

（4）（2017 年）设函数 $f(x,y)$ 具有一阶连续的偏导数，且已知 $\mathrm{d}f(x,y)=y\mathrm{e}^y\mathrm{d}x+x(1+y)\mathrm{e}^y\mathrm{d}y$，$f(0,0)=0$，则 $f(x,y)=$ _____.

（5）（2020 年）设 $z=\arctan\left[xy+\sin(x+y)\right]$，则 $\mathrm{d}z\big|_{(0,\pi)}=$ _____.

4．真题演练解析

（1）【解析】本题考查二元函数可微的充要条件. 由

$$\lim\limits_{(x,y)\to(0,0)}\dfrac{f(x,y)-f(0,0)}{\sqrt{x^2+y^2}}=0 \text{ 可得 } f_x(0,0)=\lim\limits_{x\to 0}\dfrac{f(x,0)-f(0,0)}{x}=\lim\limits_{x\to 0}\dfrac{f(x,0)-f(0,0)}{\sqrt{x^2}}\dfrac{\sqrt{x^2}}{x}=$$

0，同理 $f_y(0,0)=0$，从而

$$\lim\limits_{(\Delta x,\Delta y)\to(0,0)}\dfrac{[f(\Delta x,\Delta y)-f(0,0)]-[f_x(0,0)\Delta x-f_y(0,0)\Delta y]}{\sqrt{\Delta x^2+\Delta y^2}}$$

$$=\lim\limits_{(\Delta x,\Delta y)\to(0,0)}\dfrac{[f(\Delta x,\Delta y)-f(0,0)]}{\sqrt{\Delta x^2+\Delta y^2}}=0，$$

根据可微的定义可知函数 $f(x,y)$ 在点 $(0,0)$ 处可微，故应选 B.

（2）【解析】本题考查的是多元函数连续、可微、极限的概念，以及它们之间的关系，选取特殊函数验证各选项的正确性，利用排除法得到正确答案.

令 $f(x,y)=|x|+|y|$，则函数 $f(x,y)$ 在 $(0,0)$ 处连续，且极限 $\lim\limits_{\substack{x\to 0\\ y\to 0}}\dfrac{f(x,y)}{|x|+|y|}=1$ 存在，但

$$f_x'(0,0)=\lim\limits_{\Delta x\to 0}\dfrac{f(0+\Delta x,0)-f(0,0)}{\Delta x}=\lim\limits_{\Delta x\to 0}\dfrac{|\Delta x|}{\Delta x} \text{ 不存在，从而 } f(x,y) \text{ 在 } (0,0) \text{ 处不可微，所以 A 不}$$

正确；又令 $f(x,y)=1$，则函数 $f(x,y)$ 在 $(0,0)$ 处连续且可微，但极限 $\lim\limits_{\substack{x\to 0\\ y\to 0}}\dfrac{f(x,y)}{|x|+|y|}$ 与 $\lim\limits_{\substack{x\to 0\\ y\to 0}}\dfrac{f(x,y)}{x^2+y^2}$

都不存在，故 C、D 不正确；综上应选 B.

（3）【解析】本题考查的是全微分的定义、数量积、向量积等.

对于选项 A，因为 $f(x,y)$ 在点 $(0,0)$ 处可微，且 $f(0,0)=0$，所以

$$\lim_{(x,y)\to(0,0)}\left|\frac{\boldsymbol{n}\cdot(x,y,f(x,y))}{\sqrt{x^2+y^2}}\right|=\lim_{(x,y)\to(0,0)}\left|\frac{f(x,y)-f_x(x,y)x-f_y(x,y)y}{\sqrt{x^2+y^2}}\right|$$

$$=\lim_{(x,y)\to(0,0)}\left|\frac{f(x,y)-f(0,0)-f_x(x,y)x-f_y(x,y)y}{\sqrt{x^2+y^2}}\right|=0，\text{故选项 A 正确.}$$

对于选项 B，取 $f(x,y)\equiv 0$，则 $\boldsymbol{n}=\left.\left(\dfrac{\partial f}{\partial x},\dfrac{\partial f}{\partial y},-1\right)\right|_{(0,0)}=(0,0,-1)$，

$\boldsymbol{n}\times(x,y,f(x,y))=(0,0,-1)\times(x,y,0)=(y,-x,0)$，故

$$\lim_{(x,y)\to(0,0)}\frac{|\boldsymbol{n}\times(x,y,f(x,y))|}{\sqrt{x^2+y^2}}=\lim_{(x,y)\to(0,0)}\frac{\sqrt{x^2+y^2}}{\sqrt{x^2+y^2}}=1\neq 0，\text{所以选项 B 错误;}$$

对于选项 C，取 $\boldsymbol{d}=(1,1,0)$，

$$\lim_{(x,y)\to(0,0)}\frac{|\boldsymbol{d}\cdot(x,y,f(x,y))|}{\sqrt{x^2+y^2}}=\lim_{(x,y)\to(0,0)}\frac{\sqrt{x^2+y^2}}{\sqrt{x^2+y^2}}=1\neq 0，\text{所以选项 C 错误;}$$

对于选项 C，取 $\boldsymbol{d}=(0,0,-1)$，同选项 B 的验证，可知

$$\lim_{(x,y)\to(0,0)}\frac{|\boldsymbol{d}\times(x,y,f(x,y))|}{\sqrt{x^2+y^2}}=\lim_{(x,y)\to(0,0)}\frac{\sqrt{x^2+y^2}}{\sqrt{x^2+y^2}}=1\neq 0，\text{所以选项 D 错误.}$$

（4）【解析】本题考查的是全微分的计算公式及微分的逆运算. 由全微分的叠加原理可知 $\mathrm{d}f(x,y)=y\mathrm{e}^y\mathrm{d}x+x(1+y)\mathrm{e}^y\mathrm{d}y=\mathrm{d}(xy\mathrm{e}^y)$，所以 $f(x,y)=xy\mathrm{e}^y+C$. 再由 $f(0,0)=0$ 得 $C=0$，所以 $f(x,y)=xy\mathrm{e}^y$.

（5）【解析】本题考查的是全微分的计算公式. 因为

$$\frac{\partial z}{\partial x}=\frac{y+\cos(x+y)}{xy+\sin(x+y)}，\quad \frac{\partial z}{\partial y}=\frac{x+\cos(x+y)}{xy+\sin(x+y)}，$$

所以 $\mathrm{d}z=\dfrac{y+\cos(x+y)}{xy+\sin(x+y)}\mathrm{d}x+\dfrac{x+\cos(x+y)}{xy+\sin(x+y)}\mathrm{d}y$，故 $\mathrm{d}z|_{(0,\pi)}=-\dfrac{1}{\pi}$.

9.4 多元复合函数的求导法则

1. 重要知识点

（1）多元复合函数求导的链式法则.

若 $z=f(u,v)$ 有连续偏导数，$u=\varphi(x,y)$，$v=\psi(x,y)$ 可偏导，则 $\dfrac{\partial z}{\partial x}=\dfrac{\partial z}{\partial u}\cdot\dfrac{\partial u}{\partial x}+\dfrac{\partial z}{\partial v}\cdot\dfrac{\partial v}{\partial x}$，

$\dfrac{\partial z}{\partial y}=\dfrac{\partial z}{\partial u}\cdot\dfrac{\partial u}{\partial y}+\dfrac{\partial z}{\partial v}\cdot\dfrac{\partial v}{\partial y}$.

注 1：若 $z=f(u,v)$ 有连续导数，$u=\varphi(x)$，$v=\psi(x)$ 可导，则全导数 $\dfrac{\mathrm{d}z}{\mathrm{d}x}=\dfrac{\partial z}{\partial u}\cdot\dfrac{\mathrm{d}u}{\mathrm{d}x}+\dfrac{\partial z}{\partial v}\cdot\dfrac{\mathrm{d}v}{\mathrm{d}x}$.

注 2：若 $z = f(u)$ 有连续偏导数，$u = \varphi(x, y)$ 可偏导，则 $\dfrac{\partial z}{\partial x} = \dfrac{\mathrm{d}z}{\mathrm{d}u} \cdot \dfrac{\partial u}{\partial x}$，$\dfrac{\partial z}{\partial y} = \dfrac{\mathrm{d}z}{\mathrm{d}u} \cdot \dfrac{\partial u}{\partial y}$。

注 3：若 $z = f(u, v, x, y)$ 有连续偏导数，$u = \varphi(x, y)$，$v = \psi(x, y)$ 可偏导，则 $\dfrac{\partial z}{\partial x} = \dfrac{\partial f}{\partial u} \cdot \dfrac{\partial u}{\partial x} + \dfrac{\partial f}{\partial v} \cdot \dfrac{\partial v}{\partial x} + \dfrac{\partial f}{\partial x} \cdot 1 + \dfrac{\partial f}{\partial y} \cdot 0$，$\dfrac{\partial z}{\partial y} = \dfrac{\partial z}{\partial u} \cdot \dfrac{\partial u}{\partial y} + \dfrac{\partial z}{\partial v} \cdot \dfrac{\partial v}{\partial y}$。

注 4：复合求导的链式法则适用于抽象函数，具体函数可以直接表示出来，按照多元函数求导法求导即可。

注 5：复合求导的链式法则应用的关键是分清中间变量和自变量，按照分道相加、连线相乘的原则求导。

注 6：要注意符号表示，凡涉及多元函数，则用偏导数的符号；凡涉及一元函数，则用导数的符号，另外要注意 $\dfrac{\partial z}{\partial x}$ 与 $\dfrac{\partial f}{\partial x}$ 的区别。

注 7：为了表示简便，通常不引入中间变量的符号，而是按照中间变量的顺序进行编号，并用 f_1' 表示 $z = f(u, v)$，并视 u, v 为自变量关于第一个自变量 u 的偏导数。

（2）求抽象复合函数的二阶偏导数（或导数）。

若 $z = f(u, v)$ 有连续偏导数，$u = \varphi(x, y)$，$v = \psi(x, y)$ 可偏导，则 $\dfrac{\partial z}{\partial x} = \dfrac{\partial z}{\partial u} \cdot \dfrac{\partial u}{\partial x} + \dfrac{\partial z}{\partial v} \cdot \dfrac{\partial v}{\partial x} = f_1' \varphi_x' + f_2' \psi_x'$，在此基础上可以求二阶偏导数。

注 1：求二阶导数时涉及导和差及乘积的求导法则；

注 2：f_1' 和 f_2' 仍然是以 u, v 为中间变量，x, y 为自变量的复合函数，因此求 $\dfrac{\partial (f_1')}{\partial x}$ 和 $\dfrac{\partial (f_2')}{\partial x}$ 仍要遵循复合函数求导法则。

（3）一阶全微分形式不变性。

若 $z = f(u, v)$ 偏导数连续，则 $\mathrm{d}z = f_u \mathrm{d}u + f_v \mathrm{d}v$；若 $u = \varphi(x, y)$，$v = \psi(x, y)$，则 $\mathrm{d}z = f_u \mathrm{d}u + f_v \mathrm{d}v$ 仍然成立，但要继续求 $\mathrm{d}u, \mathrm{d}v$，直到求到自变量的微分 $\mathrm{d}x, \mathrm{d}y$。

2．例题辨析

知识点 1：多元复合函数的一阶偏导数

例 1 设 $z = \dfrac{y}{f(x^2 - y^2)}$，其中 $f(u)$ 为可导函数，求 $\dfrac{\partial z}{\partial x}$，$\dfrac{\partial z}{\partial y}$。

错解：由复合函数的链式法则及导数的四则运算可得：

$$\frac{\partial z}{\partial x} = -\frac{y}{f^2(u)} \frac{\partial u}{\partial x} = -\frac{2xy}{f^2(x^2 - y^2)},$$

$$\frac{\partial z}{\partial y} = \frac{\mathrm{d}}{\mathrm{d}y}(y) \frac{1}{f(u)} + y\left(-\frac{1}{f^2(u)}\right) \frac{\partial u}{\partial y} = \frac{1}{f(u)} + \frac{2y^2}{f^2(u)} = \frac{f(x^2 - y^2) + 2y^2 f'(x^2 - y^2)}{f^2(x^2 - y^2)}.$$

【错误分析及知识链接】 复合函数求偏导数（或导数）的关键是判断函数的结构，分清楚自变量、中间变量及因变量之间的关系，凡涉及多元函数，则用偏导数的符号，凡涉及一元函数，则用导数的符号，错解中符号的表示有误．

正解：由复合函数求导的链式法则及导数的四则运算可得：

$$\frac{\partial z}{\partial x}=-\frac{y}{f^2(u)}\frac{\mathrm{d}f}{\mathrm{d}u}\frac{\partial u}{\partial x}=-\frac{2xyf'(x^2-y^2)}{f^2(x^2-y^2)},$$

$$\frac{\partial z}{\partial y}=\frac{\frac{\mathrm{d}}{\mathrm{d}y}(y)f(u)-yf'(u)\frac{\partial u}{\partial y}}{f^2(u)}=\frac{f(x^2-y^2)+2y^2f'(x^2-y^2)}{f^2(x^2-y^2)}.$$

【举一反三】设 $z=\frac{1}{x}f(xy)+y\varphi(x+y)$，$f$、$\varphi$ 具有二阶连续导数，求 $\frac{\partial z}{\partial x}$，$\frac{\partial z}{\partial y}$．

解：由复合函数求导法则和求偏导数的四则运算可得：

$$\frac{\partial z}{\partial x}=-\frac{1}{x^2}f(xy)+\frac{y}{x}f'(xy)+y\varphi'(x+y),\quad \frac{\partial z}{\partial y}=f'(xy)+\varphi(x+y)+y\varphi'(x+y).$$

【举一反三】设 $z=f(x,y,u)$，$u=\varphi(x,y)$，求 $\frac{\partial z}{\partial x}$，$\frac{\partial z}{\partial y}$．

解：z 是以 x，y，u 为中间变量，以 x，y 为自变量的复合函数，利用分道相加、连线相乘的链式法则可得：$\frac{\partial z}{\partial x}=f_1'+f_3'\cdot\varphi_1'$，$\frac{\partial z}{\partial y}=f_2'+f_3'\cdot\varphi_2'$．

知识点 2：多元复合函数的高阶偏导数

例 2　设 $z=f(x^2+y^2)$，其中 f 具有二阶导数，求 $\frac{\partial^2 z}{\partial x^2}$，$\frac{\partial^2 z}{\partial x\partial y}$，$\frac{\partial^2 z}{\partial y^2}$．

错解：令 $u=x^2+y^2$，则 $z=f(u)$，

$$\frac{\partial z}{\partial x}=\frac{\partial f}{\partial u}\frac{\partial u}{\partial x}=2xf_u',\qquad \frac{\partial z}{\partial y}=\frac{\partial f}{\partial u}\frac{\partial u}{\partial y}=2yf_u',$$

$$\frac{\partial^2 z}{\partial x^2}=2f_u'+2xf_{uu}'',\qquad \frac{\partial^2 z}{\partial x\partial y}=2xf_{uu}'',\qquad \frac{\partial^2 z}{\partial y^2}=2f_u'+2yf_{uu}''.$$

【错解分析及知识链接】本题考查的是多元复合函数的高阶偏导数．错解中的错误主要有以下方面：一是一阶偏导数中的符号表示有误，因为 f 是关于 u 的一元函数，因此不能用 $\frac{\partial f}{\partial u}$，$f_u'$，而应该是 $\frac{\mathrm{d}f}{\mathrm{d}u}$，$f'(u)$．同理，$f$ 的二阶导数的符号不能用 f_{uu}''，而应该是 $f''(u)$；二是求二阶导数时，$f'(u)$ 仍然是以 u 为中间变量，以 x，y 为自变量的复合函数，所以要按复合函数求导法则进行．

正解：令 $u=x^2+y^2$，则 $z=f(u)$，

$$\frac{\partial z}{\partial x}=f'(u)\frac{\partial u}{\partial x}=2xf',\qquad \frac{\partial z}{\partial y}=f'(u)\frac{\partial u}{\partial y}=2yf',$$

$$\frac{\partial^2 z}{\partial x^2}=2f'+2xf''\cdot\frac{\partial u}{\partial x}=2f'+4x^2f'',\qquad \frac{\partial^2 z}{\partial x\partial y}=2xf''\cdot\frac{\partial u}{\partial y}=4xyf'',$$

$$\frac{\partial^2 z}{\partial y^2}=2f'+2yf''\cdot\frac{\partial u}{\partial y}=2f'+4yf''.$$

【举一反三】设函数 $f(u,v)$ 具有二阶连续的偏导数，函数 $z=xy-f(x+y,x-y)$，求

$$\frac{\partial^2 z}{\partial x^2} + \frac{\partial^2 z}{\partial x \partial y} + \frac{\partial^2 z}{\partial y^2}.$$

解：本题考查求偏导的四则运算法则和复合函数求导的链式法则.

$$\frac{\partial z}{\partial y} = x - f_1'(x+y, x-y) + f_2'(x+y, x-y), \quad \frac{\partial^2 z}{\partial x \partial y} = 1 - f_{11}'' + f_{22}'',$$

$$\frac{\partial^2 z}{\partial x^2} = -f_{11}'' - f_{12}'' - f_{21}'' - f_{22}'' = -f_{11}'' - 2f_{12}'' - f_{22}'', \quad \frac{\partial^2 z}{\partial y^2} = -f_{11}'' + 2f_{12}'' - f_{22}'';$$

所以 $\dfrac{\partial^2 z}{\partial x^2} + \dfrac{\partial^2 z}{\partial x \partial y} + \dfrac{\partial^2 z}{\partial y^2} = 1 - 3f_{11}'' - f_{22}''.$

知识点 3：全微分形式不变性的应用

例 3 设 $u = x^y y^x$，求证 $x\dfrac{\partial u}{\partial x} + y\dfrac{\partial u}{\partial y} = u(x+y+\ln u).$

解：对等式 $u = x^y y^x$ 两边取对数，得 $\ln u = y\ln x + x\ln y$；取微分，得 $\dfrac{\mathrm{d}u}{u} = (y\mathrm{d}(\ln x) + \ln x\mathrm{d}y) +$
$[x\mathrm{d}(\ln y) + \ln y\mathrm{d}x] = \left(\dfrac{y}{x} + \ln y\right)\mathrm{d}x + \left(\dfrac{x}{y} + \ln x\right)\mathrm{d}y$，于是 $x\dfrac{\partial u}{\partial x} + y\dfrac{\partial u}{\partial y} = ux\left(\dfrac{y}{x} + \ln y\right) + uy\left(\dfrac{x}{y} + \ln x\right) = u(x+y+\ln u).$

【解法分析及知识链接】 本题考查的是多元函数的偏导数，可以视非求导变量为常数，按照一元函数的求导法则分别求 $\dfrac{\partial u}{\partial x}$，$\dfrac{\partial u}{\partial y}$，并代入验证；错解是由全微分的形式不变性，先计算 $\mathrm{d}u = \dfrac{\partial u}{\partial x}\mathrm{d}x + \dfrac{\partial u}{\partial y}\mathrm{d}y$，再利用逆向思维确定 $\dfrac{\partial u}{\partial x}$，$\dfrac{\partial u}{\partial y}$.

【举一反三】 设 $u = f(x, y, z)$，$y = \varphi(x, t)$，$t = \psi(x, z)$，其中函数 f，φ，ψ 都可微，求 $\dfrac{\partial u}{\partial x}$，$\dfrac{\partial u}{\partial z}$.

解：利用一阶全微分形式的不变性，有 $\mathrm{d}u = f_1'\mathrm{d}x + f_2'\mathrm{d}y + f_3'\mathrm{d}z$，$\mathrm{d}y = \varphi_1'\mathrm{d}x + \varphi_2'\mathrm{d}t$，$\mathrm{d}t = \psi_1'\mathrm{d}x + \psi_2'\mathrm{d}z$，将后两式代入第一式整理得：$\mathrm{d}u = (f_1' + f_2'\varphi_1' + f_2'\varphi_2'\psi_1')\mathrm{d}x + (f_2'\cdot\varphi_2'\cdot\psi_2' + f_3')\mathrm{d}z$，于是 $\dfrac{\partial u}{\partial x} = f_1' + f_2'\varphi_1' + f_2'\varphi_2'\psi_1'$，$\dfrac{\partial u}{\partial z} = f_2'\varphi_2'\psi_2' + f_3'.$

3. 真题演练

（1）（2005 年）设函数 $u(x, y) = \varphi(x+y) + \varphi(x-y) + \displaystyle\int_{x-y}^{x+y}\psi(t)\mathrm{d}t$，其中函数 φ 具有二阶导数，ψ 具有一阶导数，则必有（　　）.

    A. $\dfrac{\partial^2 u}{\partial x^2} = -\dfrac{\partial^2 u}{\partial y^2}$　　　　B. $\dfrac{\partial^2 u}{\partial x^2} = \dfrac{\partial^2 u}{\partial y^2}$　　　　C. $\dfrac{\partial^2 u}{\partial x \partial y} = \dfrac{\partial^2 u}{\partial y^2}$　　　　D. $\dfrac{\partial^2 u}{\partial x \partial y} = \dfrac{\partial^2 u}{\partial x^2}$

（2）（2006 年）设函数 $f(u)$ 可微，且 $f'(0) = \dfrac{1}{2}$，则 $z = f(4x^2 - y^2)$ 在点 $(1, 2)$ 处的全微分 $\mathrm{d}z\big|_{(1,2)} = \underline{\qquad\qquad}.$

（3）（2016 年）设函数 $f(u,v)$ 由关系式 $f[xg(y)\,,y]=x+g(y)$ 确定，其中函数 $g(y)$ 可微，且 $g(y)\neq0$，则 $\dfrac{\partial^2 f}{\partial u\partial v}=$ _____.

（4）（2019 年）设函数 $f(u)$ 可导，$z=f(\sin y-\sin x)+xy$，则 $\dfrac{1}{\cos x}\dfrac{\partial z}{\partial x}+\dfrac{1}{\cos x}\dfrac{\partial z}{\partial y}=$ _____.

（5）（2019 年）设函数 $f(u)$ 可导，$z=yf\left(\dfrac{y^2}{x}\right)$，则 $2x\dfrac{\partial z}{\partial x}+y\dfrac{\partial z}{\partial y}=$ _____.

（6）（第九届全国大学生数学竞赛预赛）设 $\omega=f(u,v)$ 具有二阶连续偏导数，且 $u=x-cy,v=x+cy$，其中 c 为非零常数，则 $\omega_{xx}-\dfrac{1}{c^2}\omega_{yy}=$ _____.

（7）（2006 年）设函数 $f(u)$ 在 $(0,+\infty)$ 内具有二阶导数，且 $z=f\left(\sqrt{x^2+y^2}\right)$ 满足等式 $\dfrac{\partial^2 z}{\partial x^2}+\dfrac{\partial^2 z}{\partial y^2}=0$.

（Ⅰ）验证 $f''(u)+\dfrac{f'(u)}{u}=0$；

（Ⅱ）若 $f(1)=0$，$f'(1)=1$，求函数 $f(u)$ 的表达式.

（8）（2009 年）设 $z=f(x+y,x-y,xy)$，其中 f 具有二阶连续偏导数，求 $\mathrm{d}z$ 与 $\dfrac{\partial^2 z}{\partial x\partial y}$.

（9）（2016年）设函数 $f(u)$ 具有二阶连续导数，$z=f(\mathrm{e}^x\cos y)$ 满足 $\dfrac{\partial^2 z}{\partial x^2}+\dfrac{\partial^2 z}{\partial y^2}=(4z+\mathrm{e}^x\cos y)\mathrm{e}^{2x}$. 若 $f(0)=0$，$f'(0)=0$，求 $f(u)$ 的表达式.

（10）（第八届全国大学生数学竞赛预赛）设 $f(x)$ 有连续导数，且 $f(1)=2$，记 $z=f(\mathrm{e}^x y^2)$，若 $\dfrac{\partial z}{\partial x}=z$，求 $f(x)$ 在 $x>0$ 的表达式.

4．真题演练解析

（1）【解析】因为 $\dfrac{\partial u}{\partial x}=\varphi'(x+y)+\varphi'(x-y)+\psi(x+y)-\psi(x-y)$，

$\dfrac{\partial u}{\partial y}=\varphi'(x+y)-\varphi'(x-y)+\psi(x+y)+\psi(x-y)$，

于是 $\dfrac{\partial^2 u}{\partial x^2}=\varphi''(x+y)+\varphi''(x-y)+\psi'(x+y)-\psi'(x-y)$，

$\dfrac{\partial^2 u}{\partial x\partial y}=\varphi''(x+y)-\varphi''(x-y)+\psi'(x+y)+\psi'(x-y)$，

$\dfrac{\partial^2 u}{\partial y^2}=\varphi''(x+y)+\varphi''(x-y)+\psi'(x+y)-\psi'(x-y)$，

可见有 $\dfrac{\partial^2 u}{\partial x^2}=\dfrac{\partial^2 u}{\partial y^2}$，应选 B.

（2）【解析】本题考查的是全微分的计算，可以利用二元函数的全微分公式或全微分的形式不变性求解.

解法 1：利用全微分计算的叠加原理可知，本题的关键是求出偏导数

$$\frac{\partial z}{\partial x}\Big|_{(1,2)} = f'(4x^2-y^2)8x\Big|_{(1,2)} = 4 , \quad \frac{\partial z}{\partial y}\Big|_{(1,2)} = f'(4x^2-y^2)(-2y)\Big|_{(1,2)} = -2 ,$$

所以 $\mathrm{d}z\Big|_{(1,2)} = \frac{\partial z}{\partial x}\Big|_{(1,2)}\mathrm{d}x + \frac{\partial z}{\partial y}\Big|_{(1,2)}\mathrm{d}y = 4\mathrm{d}x - 2\mathrm{d}y$.

解法 2：利用全微分的形式不变性，对 $z = f(4x^2-y^2)$ 微分得

$$\mathrm{d}z = f'(4x^2-y^2)\mathrm{d}(4x^2-y^2) = f'(4x^2-y^2)(8x\mathrm{d}x-2y\mathrm{d}y) ,$$

故 $\mathrm{d}z\Big|_{(1,2)} = f'(0)(8\mathrm{d}x-4\mathrm{d}y) = 4\mathrm{d}x-2\mathrm{d}y$.

（3）【解析】令 $u = xg(y)$，$v = y$，先得 $f(u,v)$ 的表达式，再求偏导数即可.

令 $u = xg(y)$，$v = y$，则 $f(u,v) = \dfrac{u}{g(v)} + g(v)$ ，

所以 $\dfrac{\partial f}{\partial u} = \dfrac{1}{g(v)}$ ，$\dfrac{\partial^2 f}{\partial u\partial v} = -\dfrac{g'(v)}{g^2(v)}$.

（4）【解析】本题考查的是复合函数求导的链式法则.

$$\frac{\partial z}{\partial x} = f'(\sin y - \sin x)(-\cos x) + y , \quad \frac{\partial z}{\partial y} = f'(\sin y - \sin x)\cos y + x ,$$

所以 $\dfrac{1}{\cos x}\dfrac{\partial z}{\partial x} + \dfrac{1}{\cos x}\dfrac{\partial z}{\partial y}$

$$= \frac{f'(\sin y - \sin x)(-\cos x) + y}{\cos x} + \frac{f'(\sin y - \sin x)\cos y + x}{\cos y} = \frac{y}{\cos x} + \frac{x}{\cos y} .$$

（5）【解析】本题考查多元函数求偏导的四则运算及复合函数求导的链式法则.

$$\frac{\partial z}{\partial x} = -\frac{y^3}{x^2}f'\left(\frac{y^2}{x}\right) , \quad \frac{\partial z}{\partial y} = f\left(\frac{y^2}{x}\right) + \frac{2y^2}{x}f'\left(\frac{y^2}{x}\right) , \quad 2x\frac{\partial z}{\partial x} + y\frac{\partial z}{\partial y} = yf\left(\frac{y^2}{x}\right) .$$

（6）【解析】$\omega_x = f_1 + f_2$，$\omega_{xx} = f_{11} + 2f_{12} + f_{22}$，$\omega_y = c(f_2 - f_1)$，

$$\omega_{yy} = c\frac{\partial}{\partial y}(f_2 - f_1) = c(cf_{11} - cf_{12} - cf_{21} + cf_{22}) = c^2(f_{11} - 2f_{12} + f_{22}) ,$$

所以 $\omega_{xx} - \dfrac{1}{c^2}\omega_{yy} = 4f_{12}$.

（7）【解析】利用复合函数偏导数计算方法求出 $\dfrac{\partial^2 z}{\partial x^2}$ 和 $\dfrac{\partial^2 z}{\partial y^2}$，代入 $\dfrac{\partial^2 z}{\partial x^2} + \dfrac{\partial^2 z}{\partial y^2} = 0$ 即可得（Ⅰ）；（Ⅱ）考查的是可降阶的二阶微分方程的求解问题.

（Ⅰ）设 $u = \sqrt{x^2+y^2}$ ，则 $\dfrac{\partial z}{\partial x} = f'(u)\dfrac{x}{\sqrt{x^2+y^2}}$ ，$\dfrac{\partial z}{\partial y} = f'(u)\dfrac{y}{\sqrt{x^2+y^2}}$.

$$\frac{\partial^2 z}{\partial x^2} = f''(u)\cdot\frac{x}{\sqrt{x^2+y^2}}\cdot\frac{x}{\sqrt{x^2+y^2}} + f'(u)\cdot\frac{\sqrt{x^2+y^2} - \dfrac{x^2}{\sqrt{x^2+y^2}}}{x^2+y^2}$$

$$= f''(u)\cdot\frac{x^2}{x^2+y^2} + f'(u)\cdot\frac{y^2}{(x^2+y^2)^{\frac{3}{2}}} ,$$

$$\frac{\partial^2 z}{\partial y^2} = f''(u) \cdot \frac{y^2}{x^2 + y^2} + f'(u) \cdot \frac{x^2}{(x^2 + y^2)^{\frac{3}{2}}} .$$

将 $\dfrac{\partial^2 z}{\partial x^2}$，$\dfrac{\partial^2 z}{\partial y^2}$ 代入 $\dfrac{\partial^2 z}{\partial x^2} + \dfrac{\partial^2 z}{\partial y^2} = 0$ 得 $f''(u) + \dfrac{f'(u)}{u} = 0$．

（Ⅱ）令 $f'(u) = p$，则 $p' + \dfrac{p}{u} = 0 \Rightarrow \dfrac{\mathrm{d}p}{p} = -\dfrac{\mathrm{d}u}{u}$，两边积分得 $\ln p = -\ln u + \ln C_1$，即 $p = \dfrac{C_1}{u}$，

$f'(u) = \dfrac{C_1}{u}$．由 $f'(1) = 1$ 可得 $C_1 = 1$．所以有 $f'(u) = \dfrac{1}{u}$，两边积分得 $f(u) = \ln u + C_2$，由 $f(1) = 0$

可得 $C_2 = 0$，故 $f(u) = \ln u$．

（8）【解析】本题考查二元函数全微分的计算及复合函数求导链式法则的应用．

$$\frac{\partial z}{\partial x} = f_1' + f_2' + y f_3'，\quad \frac{\partial z}{\partial y} = f_1' - f_2' + x f_3'，$$

$$\mathrm{d}z = \frac{\partial z}{\partial x}\mathrm{d}x + \frac{\partial z}{\partial y}\mathrm{d}y = (f_1' + f_2' + y f_3')\mathrm{d}x + (f_1' - f_2' + x f_3')\mathrm{d}y，$$

$$\frac{\partial^2 z}{\partial x \partial y} = (f_{11}'' - f_{12}'' + x f_{13}'') + (f_{21}'' - f_{22}'' + x f_{23}'') + f_3' + y(f_{31}'' - f_{32}'' + x f_{33}'')$$

$$= f_3' + f_{11}'' - f_{22}'' + xy f_{33}'' + (x + y)f_{13}'' + (x - y)f_{23}'' .$$

（9）【解析】本题考查多元复合函数求导的链式法则的应用及微分方程的求解问题．

设 $u = \mathrm{e}^x \cos y$，则 $z = f(u) = f(\mathrm{e}^x \cos y)$，

$$\frac{\partial z}{\partial x} = f'(u)\mathrm{e}^{x\cos y}，\quad \frac{\partial^2 z}{\partial x^2} = f''(u)\mathrm{e}^{2x}\cos^2 y + f'(u)\mathrm{e}^x \cos y；$$

$$\frac{\partial z}{\partial y} = -f'(u)\mathrm{e}^x \sin y，\quad \frac{\partial^2 z}{\partial y^2} = f''(u)\mathrm{e}^{2x}\sin^2 y - f'(u)\mathrm{e}^x \cos y；$$

$$\frac{\partial^2 z}{\partial x^2} + \frac{\partial^2 z}{\partial y^2} = f''(u)\mathrm{e}^{2x} = f''(\mathrm{e}^x \cos y)\mathrm{e}^{2x} .$$

由条件 $\dfrac{\partial^2 z}{\partial x^2} + \dfrac{\partial^2 z}{\partial y^2} = (4z + \mathrm{e}^x \cos y)\mathrm{e}^{2x}$ 可知 $f''(u) = 4f(u) + u$．

这是一个二阶常系数线性非齐次方程，对应齐次方程的通解为：$f(u) = C_1 \mathrm{e}^{2u} + C_2 \mathrm{e}^{-2u}$，其中 C_1，C_2 为任意常数．

对应非齐次方程的特解可求得，为 $y^* = -\dfrac{1}{4}u$．故非齐次方程通解为 $f(u) = C_1 \mathrm{e}^{2u} + C_2 \mathrm{e}^{-2u} - \dfrac{1}{4}u$．将初始条件 $f(0) = 0$，$f'(0) = 0$ 代入，可得 $C_1 = \dfrac{1}{16}, C_2 = -\dfrac{1}{16}$．所以 $f(u)$ 的表达式为

$$f(u) = \frac{1}{16}\mathrm{e}^{2u} - \frac{1}{16}\mathrm{e}^{-2u} - \frac{1}{4}u .$$

（10）【解析】本题考查的是多元复合函数的偏导数和微分方程的求解问题．

由题设得 $\dfrac{\partial z}{\partial x} = f'(\mathrm{e}^x y^2)\mathrm{e}^x y^2 = f(\mathrm{e}^x y^2)$，令 $u = \mathrm{e}^x y^2$，得到当 $u > 0$ 时，有 $f'(u)u = f(u)$，即

$$\frac{f'(u)}{f(u)} = \frac{1}{u} \Rightarrow [\ln f(u)]' = (\ln u)'.$$

所以有 $\ln f(u) = \ln u + C_1$，$f(u) = cu$．由初值条件得 $f(u) = 2u$，所以当 $x > 0$ 时，有 $f(x) = 2x$．

9.5 方程确定的隐函数的导数

1．重要知识点

（1）隐函数存在定理．

（2）隐函数求导的常用方法．

① 直接法——以复合函数求导为基础．

先利用复合函数求导法，将每个方程两边对指定的自变量求偏导数（或导数），此时一定要注意谁是自变量，谁是因变量，对中间变量的求导不要漏项，然后求解相应的线性方程式或方程组，进而求得所要的隐函数的偏导数或导数．

② 全微分的形式不变性．

先利用一阶全微分形式的不变性，对每个方程两边求全微分，此时各变量的地位是平等的，然后求解相应的线性方程组或方程式，求得相应的隐函数的全微分．

③ 公式法（假设方程均满足隐函数存在定理）．

a．若 $F(x, y) = 0$ 确定 $y = y(x)$，则 $\dfrac{\mathrm{d}y}{\mathrm{d}x} = -\dfrac{F_x}{F_y}$；

b．若 $F(x, y, z) = 0$ 确定 $z = z(x, y)$，则 $\dfrac{\partial z}{\partial x} = -\dfrac{F_x}{F_z}$，$\dfrac{\partial z}{\partial y} = -\dfrac{F_y}{F_z}$；

c．若 $\begin{cases} F(x, y, z) = 0 \\ G(x, y, z) = 0 \end{cases}$ 确定 $y = y(x)$，$z = z(x)$，则

$$\frac{\mathrm{d}y}{\mathrm{d}x} = -\frac{\dfrac{D(F, G)}{D(x, z)}}{\dfrac{D(F, G)}{D(y, z)}}, \quad \frac{\mathrm{d}z}{\mathrm{d}x} = -\frac{\dfrac{D(F, G)}{D(y, x)}}{\dfrac{D(F, G)}{D(y, z)}},$$

其中 $\dfrac{D(F, G)}{D(x, y)} = \begin{vmatrix} \dfrac{\partial F}{\partial x} & \dfrac{\partial F}{\partial y} \\ \dfrac{\partial G}{\partial x} & \dfrac{\partial G}{\partial y} \end{vmatrix}$.

注：上述三种方法中建议使用前两种，并深刻理解其本质，尽可能不要死记公式，因为忽略过程、经过抽象过的公式隐藏了理论的本质．

2．例题辨析

知识点 1：求一个方程确定的一元函数的导数

例 1 设 $\ln \sqrt{x^2 + y^2} = \arctan \dfrac{y}{x}$，求 $\dfrac{\mathrm{d}y}{\mathrm{d}x}$.

错解：公式法：令 $F(x, y) = \ln \sqrt{x^2 + y^2} - \arctan \dfrac{y}{x}$，则

$$F_x = \frac{1}{\sqrt{x^2 + y^2}} \cdot \frac{2x + 2yy'}{2\sqrt{x^2 + y^2}} - \frac{1}{1 + \left(\dfrac{y}{x}\right)^2} \cdot \left[\left(-\frac{y}{x^2}\right) + \frac{y'}{x}\right],$$

$$F_y = \frac{1}{\sqrt{x^2 + y^2}} \cdot \frac{2y}{2\sqrt{x^2 + y^2}} - \frac{1}{1 + \left(\dfrac{y}{x}\right)^2} \cdot \frac{1}{x} = \frac{y - x}{x^2 + y^2},$$

将 F_x，F_y 代入公式 $\dfrac{\mathrm{d}y}{\mathrm{d}x} = -\dfrac{F_x}{F_y}$ 即可.

【错解分析及知识链接】设 $F(x, y) = 0$ 确定的隐函数 $y = y(x)$，如果用直接法，则要把 y 看作中间变量，视其为 x 的函数，按照复合函数的求导法则进行；由公式 $\dfrac{\mathrm{d}y}{\mathrm{d}x} = -\dfrac{F_x}{F_y}$ 计算导数时，F_x，F_y 表示二元函数 $F(x, y)$ 对自变量 x，y 的偏导数，此时 x，y 都是自变量，但错解中将 y 视作中间变量，仍把它看作 x 的函数，所以导致错误.

正解 1：利用公式法，即令 $F(x, y) = \ln \sqrt{x^2 + y^2} - \arctan \dfrac{y}{x}$，则 $\dfrac{\mathrm{d}y}{\mathrm{d}x} = -\dfrac{F_x}{F_y}$. $F_x = \dfrac{1}{\sqrt{x^2 + y^2}} \cdot$

$\dfrac{2x}{2\sqrt{x^2 + y^2}} - \dfrac{1}{1 + \left(\dfrac{y}{x}\right)^2} \cdot \left(-\dfrac{y}{x^2}\right) = \dfrac{x + y}{x^2 + y^2}$，$F_y = \dfrac{1}{\sqrt{x^2 + y^2}} \cdot \dfrac{2y}{2\sqrt{x^2 + y^2}} - \dfrac{1}{1 + \left(\dfrac{y}{x}\right)^2} \cdot \dfrac{1}{x} = \dfrac{y - x}{x^2 + y^2}$，所

以 $\dfrac{\mathrm{d}y}{\mathrm{d}x} = -\dfrac{F_x}{F_y} = \dfrac{x + y}{x - y}$.

正解 2：利用直接法，视 y 为 x 的函数，方程两边同时关于自变量 x 求导

$$\frac{1}{\sqrt{x^2 + y^2}} \cdot \frac{2x + 2yy'}{2\sqrt{x^2 + y^2}} = \frac{1}{1 + \left(\dfrac{y}{x}\right)^2} \cdot \left[\left(-\frac{y}{x^2}\right) + \frac{y'}{x}\right].$$

化简得 $(x - y)y' = x + y$，解得 $\dfrac{\mathrm{d}y}{\mathrm{d}x} = -\dfrac{F_x}{F_y} = \dfrac{x + y}{x - y}$.

注：上述两种正确解法中 x 和 y 的关系不同，公式法中 x 和 y 地位相同，都是自变量，对 x 求偏导时，y 看作常数；而直接法中，x 是自变量，y 为 x 的函数.

例 2　设 $\ln \sqrt{x^2 + y^2} = \arctan \dfrac{y}{x}$，求 $\dfrac{\mathrm{d}^2 y}{\mathrm{d}x^2}$.

错解：先求一阶导数，可以用公式法，也可以用直接法求解. 由例 1 可知 $\dfrac{\mathrm{d}y}{\mathrm{d}x} = -\dfrac{F_x}{F_y} = \dfrac{x + y}{x - y}$，

再由商的求导法则可知

$$\frac{\mathrm{d}^2 y}{\mathrm{d}x^2} = \frac{(x + y)'(x - y) - (x + y)(x - y)'}{(x - y)^2} = \frac{(x - y) - (x + y)}{(x - y)^2} = \frac{-2y}{(x - y)^2}.$$

【错解分析及知识链接】若 $F(x, y) = 0$ 确定的隐函数 $y = y(x)$，求高阶导数时，先把低阶导数求出，在此基础上求高阶导数，但要注意的是求二阶导数时，表达式中的 y 仍然是 x 的函数. 错解中求二阶导数时把 x，y 都看成自变量，对 x 求导时把 y 当成常数，导致求导错误.

正解：求一阶导数同上，下面仅求二阶导数，由商的求导法则可知

$$\frac{d^2y}{dx^2} = \frac{(x+y)'(x-y)-(x+y)(x-y)'}{(x-y)^2}$$

$$= \frac{(1+y')(x-y)-(x+y)(1-y')}{(x-y)^2} = \frac{2xy'-2y}{(x-y)^2}.$$

将 $\dfrac{dy}{dx} = \dfrac{x+y}{x-y}$ 代入得 $\dfrac{d^2y}{dx^2} = \dfrac{2x(x+y)-2y(x-y)}{(x-y)^3} = \dfrac{2x^2+2y^2}{(x-y)^3}$.

另解：在方程 $(x-y)y' = x+y$ 的两边关于 x 求导得

$$(x-y)y'' + (1-y')y' = 1+y',$$

所以 $y'' = \dfrac{1+y'^2}{x-y}$，再将 $\dfrac{dy}{dx} = \dfrac{x+y}{x-y}$ 代入得 $y'' = \dfrac{(x-y)^2+(x+y)^2}{(x-y)^3} = \dfrac{2x^2+2y^2}{(x-y)^3}$.

知识点 2：求一个方程确定的二元函数的偏导数

例 3　设 $\phi(u,v)$ 具有连续偏导数，求由方程 $\phi(cx-az,cy-bz)=0$ 所确定的函数 $z=f(x,y)$ 的偏导数 $\dfrac{\partial z}{\partial x}$，$\dfrac{\partial z}{\partial y}$.

错解：设 $F(x,y,z) = \phi(cx-az,cy-bz)$，由公式法可知 $\dfrac{\partial z}{\partial x} = -\dfrac{F_x}{F_z}$，$\dfrac{\partial z}{\partial y} = -\dfrac{F_y}{F_z}$，又因为

$F_x = \phi_1' \cdot c - a \cdot \dfrac{\partial z}{\partial x}$，$F_y = \phi_2' \cdot c - b \cdot \dfrac{\partial z}{\partial y}$，$F_z = -\phi_1' \cdot a - b \cdot \phi_2'$，代入公式可求.

【错解分析及知识链接】设 $F(x,y,z)=0$ 确定的隐函数 $z=f(x,y,)$，在利用公式 $\dfrac{\partial z}{\partial x} = -\dfrac{F_x}{F_z}$，

$\dfrac{\partial z}{\partial y} = -\dfrac{F_y}{F_z}$ 计算偏导数时，F_x，F_y，F_z 表示三元函数 $F(x,y,z)$ 对自变量 x，y，z 的偏导数，错解中将 z 看作中间变量，导致错误.

正解：设 $F(x,y,z) = \phi(cx-az,cy-bz)$，由公式法可知

$$\frac{\partial z}{\partial x} = -\frac{F_x}{F_z}, \quad \frac{\partial z}{\partial y} = -\frac{F_y}{F_z}.$$

又因为 $F_x = \phi_1' \cdot c$，$F_y = \phi_2' \cdot c$，$F_z = -\phi_1' \cdot a - b \cdot \phi_2'$，代入公式可求 $\dfrac{\partial z}{\partial x} = \dfrac{ze^{\frac{x}{z}}}{xe^{\frac{x}{z}}+ye^{\frac{y}{z}}}$，

$\dfrac{\partial z}{\partial y} = \dfrac{ze^{\frac{y}{z}}}{xe^{\frac{x}{z}}+ye^{\frac{y}{z}}}$.

【举一反三】设 $z=f(x,y)$ 由方程 $e^{\frac{x}{z}}+e^{\frac{y}{z}}=2e$ 所确定，试求 $\dfrac{\partial z}{\partial x}$，$\dfrac{\partial z}{\partial y}$.

解法 1：利用隐函数求导的公式法，记 $F(x,y,z) = e^{\frac{x}{z}}+e^{\frac{y}{z}}-2e$，

$$\frac{\partial z}{\partial x} = -\frac{F_x}{F_z} = \frac{z\mathrm{e}^{\frac{x}{z}}}{x\mathrm{e}^{\frac{x}{z}} + y\mathrm{e}^{\frac{y}{z}}} \ , \ \text{同理} \frac{\partial z}{\partial y} = -\frac{F_y}{F_z} = \frac{z\mathrm{e}^{\frac{y}{z}}}{x\mathrm{e}^{\frac{x}{z}} + y\mathrm{e}^{\frac{y}{z}}} \ .$$

解法 2： 在题设方程两端直接对 x 求导，注意 z 是 x 和 y 的函数，得

$$\mathrm{e}^{\frac{x}{z}} \cdot \frac{z - x\dfrac{\partial z}{\partial x}}{z^2} + \mathrm{e}^{\frac{y}{z}} \cdot \left(\frac{-y}{z^2}\right) \cdot \frac{\partial z}{\partial x} = 0 \ ,$$

解得 $\dfrac{\partial z}{\partial x} = \dfrac{z\mathrm{e}^{\frac{x}{z}}}{x\mathrm{e}^{\frac{x}{z}} + y\mathrm{e}^{\frac{y}{z}}}$ ，同理 $\dfrac{\partial z}{\partial y} = \dfrac{z\mathrm{e}^{\frac{y}{z}}}{x\mathrm{e}^{\frac{x}{z}} + y\mathrm{e}^{\frac{y}{z}}}$ ．

【举一反三】 设 $z = f(x,y)$ 是由方程 $z^5 - xz^4 + yz^3 = 1$ 确定的隐函数，求 $\dfrac{\partial^2 z}{\partial x \partial y}\bigg|_{(0,0)}$ ．

解： 方程两边对 x 求偏导：$5z^4 \dfrac{\partial z}{\partial x} - z^4 - 4xz^3 \dfrac{\partial z}{\partial x} + 3yz^2 \dfrac{\partial z}{\partial x} = 0$；方程两边对 y 求偏导：

$5z^4 \dfrac{\partial z}{\partial y} - 4xz^3 \dfrac{\partial z}{\partial y} + z^3 + 3yz^2 \dfrac{\partial z}{\partial y} = 0$ ，在第一个式子两端对 y 求偏导数，得

$$2z(10z^2 - 6xz + 3y)\frac{\partial z}{\partial x}\frac{\partial z}{\partial y} + z^2(5z^2 - 4xz + 3y)\frac{\partial^2 z}{\partial x \partial y} - 4z^3 \frac{\partial z}{\partial y} + 3z^2 \frac{\partial z}{\partial x} = 0 \ , \ \text{将 } x=0, y=0 \text{ 代入}$$

原方程，得 $z=1$，再将 $x=0$，$y=0$ 代入上面的式子可得

$$\frac{\partial z}{\partial x}\bigg|_{(0,0)} = \frac{1}{5} \ , \quad \frac{\partial z}{\partial y}\bigg|_{(0,0)} = -\frac{1}{5} \ , \quad \frac{\partial^2 z}{\partial x \partial y}\bigg|_{(0,0)} = -\frac{3}{25} \ .$$

【举一反三】 函数 $z = z(x,y)$ 由 $F(x+y, x+z) = z$ 所确定，其中 F 有连续一阶偏导数，求全微分 $\mathrm{d}z$，偏导数 $\dfrac{\partial z}{\partial x}$，$\dfrac{\partial z}{\partial y}$．

解： 利用全微分的形式不变性可得 $F_1(\mathrm{d}x + \mathrm{d}y) + F_2 \cdot (\mathrm{d}x + \mathrm{d}z) = \mathrm{d}z$ ，

所以 $\mathrm{d}z = \dfrac{(F_1 + F_2)\mathrm{d}x + F_1\mathrm{d}y}{1 - F_2}$ ．由全微分和偏导数的关系式 $\mathrm{d}z = \dfrac{\partial z}{\partial x}\mathrm{d}x + \dfrac{\partial z}{\partial y}\mathrm{d}y$ 可知

$\dfrac{\partial z}{\partial x} = \dfrac{(F_1 + F_2)}{1 - F_2}$ ，$\dfrac{\partial z}{\partial y} = \dfrac{F_1}{1 - F_2}$ ．

知识点 3：求两个方程确定的一元函数的导数

例 4　设 $\begin{cases} z = x^2 + y^2 \\ x^2 + 2y^2 + 3z^2 = 20 \end{cases}$ 确定隐函数 $y = y(x)$，$z = z(x)$，求其导数．

错解： 视 $y=y(x)$，$z=z(x)$，方程两边对 x 求导得

$$\begin{cases} \dfrac{\partial z}{\partial x} = 2x + 2y\dfrac{\partial y}{\partial x} \\ 2x + 4y\dfrac{\partial y}{\partial x} + 6z\dfrac{\partial z}{\partial x} = 0 \end{cases} \ , \ \text{即} \begin{cases} 2y\dfrac{\partial y}{\partial x} - \dfrac{\partial z}{\partial x} = -2x \\ 2y\dfrac{\partial y}{\partial x} + 3z\dfrac{\partial z}{\partial x} = -x \end{cases} \ .$$

解方程组得 $\dfrac{\partial y}{\partial x} = \dfrac{-x(6z+1)}{2y(3z+1)}$ ，$\dfrac{\partial z}{\partial x} = \dfrac{x}{3z+1}$ ．

【错解分析及知识链接】 方程组 $\begin{cases} z = x^2 + y^2 \\ x^2 + 2y^2 + 3z^2 = 20 \end{cases}$ 确定隐函数 $y = y(x)$，$z = z(x)$ 是一元

函数，错解中导数的符号表示不规范，把符号 $\dfrac{\partial y}{\partial x}$ 改为 $\dfrac{\mathrm{d}y}{\mathrm{d}x}$，$\dfrac{\partial z}{\partial x}$ 改为 $\dfrac{\mathrm{d}z}{\mathrm{d}x}$.

正解： 利用全微分的形式不变性可得

$$\begin{cases} \mathrm{d}z = 2x\mathrm{d}x + 2y\mathrm{d}y \\ 2x + 4y\mathrm{d}y + 6z\mathrm{d}z = 0 \end{cases}, \quad 即 \begin{cases} 2x\mathrm{d}x + 2y\mathrm{d}y - \mathrm{d}z = 0 \\ x + 2y\mathrm{d}y + 3z\mathrm{d}z = 0 \end{cases}.$$

消去 $\mathrm{d}y$ 可得 $x\mathrm{d}x = (3z+1)\mathrm{d}z$，所以 $\dfrac{\mathrm{d}z}{\mathrm{d}x} = \dfrac{x}{3z+1}$. 同理得 $\dfrac{\mathrm{d}y}{\mathrm{d}x} = \dfrac{-x(6z+1)}{2y(3z+1)}$.

【举一反三】 设 $y = f(x,t)$，而 t 是由方程 $F(x,y,t) = 0$ 所确定的 x，y 的函数，其中 f，F

具有一阶连续偏导数，证明：$\dfrac{\mathrm{d}y}{\mathrm{d}x} = \dfrac{\dfrac{\partial f}{\partial x} \cdot \dfrac{\partial F}{\partial t} - \dfrac{\partial f}{\partial t} \cdot \dfrac{\partial F}{\partial x}}{\dfrac{\partial f}{\partial t} \cdot \dfrac{\partial F}{\partial y} + \dfrac{\partial F}{\partial t}}$.

【题目分析及知识链接】 当涉及的量较多或量与量之间的关系较为复杂时，很难弄清量与量之间的关系，关键的一点是确认自由变量的函数及函数的个数，函数的个数等于方程的个数，而自由变量的个数等于变量的总个数减去方程的个数，根据所求问题确定哪些是自变量，哪些是因变量，并利用复合函数的求导法则来求.

由分析可知题目中主要涉及 x，y，t 三个变量，两个关系式 $y = f(x,t)$ 以及 $F(x,y,t) = 0$，所以只有一个自由变量. 根据题目所求，x 是自变量，由此可知 y，t 均为 x 的函数. 对方程

$\begin{cases} y = f(x,t) \\ F(x,y,t) = 0 \end{cases}$ 两边关于 x 求导可得 $\begin{cases} \dfrac{\mathrm{d}y}{\mathrm{d}x} = \dfrac{\partial f}{\partial x} + \dfrac{\partial f}{\partial t}\dfrac{\mathrm{d}t}{\mathrm{d}x} \\ \dfrac{\partial F}{\partial x} + \dfrac{\partial F}{\partial y}\dfrac{\mathrm{d}y}{\mathrm{d}x} + \dfrac{\partial F}{\partial t}\dfrac{\mathrm{d}t}{\mathrm{d}x} = 0 \end{cases}$，解方程可得 $\dfrac{\mathrm{d}y}{\mathrm{d}x} = \dfrac{\dfrac{\partial f}{\partial x} \cdot \dfrac{\partial F}{\partial t} - \dfrac{\partial f}{\partial t} \cdot \dfrac{\partial F}{\partial x}}{\dfrac{\partial f}{\partial t} \cdot \dfrac{\partial F}{\partial y} + \dfrac{\partial F}{\partial t}}$.

知识点 4：求两个方程确定的二元函数的偏导数

例 5　设 $u = u(x,y)$，$v = v(x,y)$ 是由方程组 $\begin{cases} x = u\cos\dfrac{v}{u} \\ y = u\sin\dfrac{v}{u} \end{cases}$ 所确定的 $x = x(u,v)$，$y = y(u,v)$ 的

反函数，求 $\dfrac{\partial u}{\partial x}$，$\dfrac{\partial u}{\partial y}$，$\dfrac{\partial v}{\partial x}$，$\dfrac{\partial v}{\partial y}$.

错解： 方程组的两边分别关于 u，v 求导可得

$$\begin{cases} \dfrac{\partial x}{\partial u} = \cos\dfrac{v}{u} - u\sin\dfrac{v}{u} \cdot \left(-\dfrac{v}{u^2}\right) \\ \dfrac{\partial y}{\partial u} = \sin\dfrac{v}{u} + u\cos\dfrac{v}{u} \cdot \left(-\dfrac{v}{u^2}\right) \end{cases}, \quad \begin{cases} \dfrac{\partial x}{\partial v} = -u\sin\dfrac{v}{u} \cdot \dfrac{1}{u} \\ \dfrac{\partial y}{\partial v} = u\cos\dfrac{v}{u} \cdot \dfrac{1}{u} \end{cases},$$

化简可得 $\begin{cases} \dfrac{\partial x}{\partial u} = \cos\dfrac{v}{u} + \dfrac{v}{u}\sin\dfrac{v}{u} \\ \dfrac{\partial y}{\partial u} = \sin\dfrac{v}{u} - \dfrac{v}{u}\cos\dfrac{v}{u} \end{cases}, \quad \begin{cases} \dfrac{\partial x}{\partial v} = -\sin\dfrac{v}{u} \\ \dfrac{\partial y}{\partial v} = \cos\dfrac{v}{u} \end{cases},$

故 $\begin{cases} \dfrac{\partial u}{\partial x} = \dfrac{1}{\dfrac{\partial x}{\partial u}} = \dfrac{1}{\cos\dfrac{v}{u} + \dfrac{v}{u}\sin\dfrac{v}{u}} \\[4mm] \dfrac{\partial u}{\partial y} = \dfrac{1}{\dfrac{\partial y}{\partial u}} = \dfrac{1}{\sin\dfrac{v}{u} - \dfrac{v}{u}\cos\dfrac{v}{u}} \end{cases}$,　$\begin{cases} \dfrac{\partial v}{\partial x} = \dfrac{1}{\dfrac{\partial x}{\partial v}} = \dfrac{1}{-\sin\dfrac{v}{u}} \\[4mm] \dfrac{\partial v}{\partial y} = \dfrac{1}{\dfrac{\partial y}{\partial v}} = \dfrac{1}{\cos\dfrac{v}{u}} \end{cases}$.

【错解分析及知识链接】 题目考查方程组确定的隐函数的求导法则，错解中的错误在于把一元函数反函数的求导法则直接应用到求多元反函数的偏导数.

正解 1： 由题意知，把 u 和 v 均视为 x、y 的函数，对方程组的两边分别关于 x、y 求导可得

$$\begin{cases} 1 = \dfrac{\partial u}{\partial x}\cos\dfrac{v}{u} - u\sin\dfrac{v}{u}\cdot\dfrac{u\dfrac{\partial v}{\partial x} - v\dfrac{\partial u}{\partial x}}{u^2} \\[4mm] 0 = \dfrac{\partial u}{\partial x}\sin\dfrac{v}{u} + u\cos\dfrac{v}{u}\cdot\dfrac{u\dfrac{\partial v}{\partial x} - v\dfrac{\partial u}{\partial x}}{u^2} \end{cases},\quad \begin{cases} 0 = \dfrac{\partial u}{\partial y}\cos\dfrac{v}{u} - u\sin\dfrac{v}{u}\cdot\dfrac{u\dfrac{\partial v}{\partial y} - v\dfrac{\partial u}{\partial y}}{u^2} \\[4mm] 1 = \dfrac{\partial u}{\partial y}\sin\dfrac{v}{u} + u\cos\dfrac{v}{u}\cdot\dfrac{u\dfrac{\partial v}{\partial y} - v\dfrac{\partial u}{\partial y}}{u^2} \end{cases}.$$

分别求解方程组可得：

$$\frac{\partial u}{\partial x} = \cos\frac{v}{u},\quad \frac{\partial v}{\partial x} = \frac{v}{u}\cos\frac{v}{u} - \sin\frac{v}{u},$$

$$\frac{\partial v}{\partial y} = \cos\frac{v}{u} + \frac{v}{u}\sin\frac{v}{u},\quad \frac{\partial u}{\partial y} = \sin\frac{v}{u}.$$

正解 2： 利用一阶全微分形式的不变性，得

$$\mathrm{d}x = \cos\frac{v}{u}\,\mathrm{d}u - u\sin\frac{v}{u}\cdot\frac{u\mathrm{d}v - v\mathrm{d}u}{u^2},\quad \mathrm{d}y = \sin\frac{v}{u}\,\mathrm{d}u - u\cos\frac{v}{u}\cdot\frac{u\mathrm{d}v - v\mathrm{d}u}{u^2},$$

整理并解得

$$\mathrm{d}u = \cos\frac{v}{u}\,\mathrm{d}x + \sin\frac{v}{u}\,\mathrm{d}y,\quad \mathrm{d}v = \left(\frac{v}{u}\cos\frac{v}{u} - \sin\frac{v}{u}\right)\mathrm{d}x + \left(\frac{v}{u}\sin\frac{v}{u} + \cos\frac{v}{u}\right)\mathrm{d}y,$$

故 $\dfrac{\partial u}{\partial x} = \cos\dfrac{v}{u}$,　$\dfrac{\partial u}{\partial y} = \sin\dfrac{v}{u}$,　$\dfrac{\partial v}{\partial x} = \dfrac{v}{u}\cos\dfrac{v}{u} - \sin\dfrac{v}{u}$,　$\dfrac{\partial v}{\partial y} = \cos\dfrac{v}{u} + \dfrac{v}{u}\sin\dfrac{v}{u}$.

3．真题演练

（1）（2005 年）设有三元方程 $xy - z\ln y + \mathrm{e}^{xz} = 1$，根据隐函数存在定理，存在点 $(0,1,1)$ 的一个邻域，在此邻域内该方程（　　）.

　　A．只能确定一个具有连续偏导数的隐函数 $z = z(x,y)$

　　B．可确定两个具有连续偏导数的隐函数 $x = x(y,z)$ 和 $z = z(x,y)$

　　C．可确定两个具有连续偏导数的隐函数 $y = y(x,z)$ 和 $z = z(x,y)$

　　D．可确定两个具有连续偏导数的隐函数 $x = x(y,z)$ 和 $y = y(x,z)$

（2）（2010 年）设函数 $z = z(x,y)$，由方程 $F\left(\dfrac{y}{x}, \dfrac{z}{x}\right) = 0$ 确定，其中 F 为可微函数，且 $F_2' \neq 0$，

则 $x\dfrac{\partial z}{\partial x} + y\dfrac{\partial z}{\partial y} = $（　　）.

　　A．x　　　　　　　　B．z　　　　　　　　C．$-x$　　　　　　　　D．$-z$

（3）（2016 年）设函数 $f(u,v)$ 可微，$z=z(x,y)$ 由方程 $(x+1)z-y^2=x^2f(x-z,y)$ 确定，则 $\mathrm{d}z\big|_{(0,1)}=$ _____.

（4）（第八届大学生数学竞赛河南省复赛）设 $z=z(x,y)$ 是由方程 $2\sin(x+2y-3z)=x+2y-3z$ 所确定，则 $\dfrac{\partial z}{\partial x}+\dfrac{\partial z}{\partial y}=$ _____.

（5）（2007 年）已知函数 $f(u)$ 具有二阶导数，且 $f'(0)=1$，函数 $y=y(x)$ 由方程 $y-xe^{y-1}=1$ 所确定，设 $z=f(\ln y-\sin x)$，求 $\dfrac{\mathrm{d}z}{\mathrm{d}x}\Big|_{x=0}$，$\dfrac{\mathrm{d}^2z}{\mathrm{d}x^2}\Big|_{x=0}$.

（6）（2008 年）设 $z=z(x,y)$ 是由方程 $x^2+y^2-z=\varphi(x+y+z)$ 所确定的函数，其中 φ 具有二阶导数且 $\varphi'\neq 1$ 时.

（Ⅰ）求 $\mathrm{d}z$；

（Ⅱ）记 $u(x,y)=\dfrac{1}{x-y}\left(\dfrac{\partial z}{\partial x}-\dfrac{\partial z}{\partial y}\right)$，求 $\dfrac{\partial u}{\partial x}$.

（7）（第三届全国大学生数学竞赛决赛）设函数 $f(x,y)$ 有二阶连续偏导数，满足 $f_x^2f_{yy}-2f_xf_yf_{xy}+f_y^2f_{yy}=0$ 且 $f_y\neq 0$，$y=y(x,z)$ 是由方程 $z=f(x,y)$ 所确定的函数. 求 $\dfrac{\partial^2 y}{\partial x^2}$.

（8）（第十届全国大学生数学竞赛复赛）设 $f(x,y,z)=e^x yz^2$，其中 $z=z(x,y)$ 是由 $x+y+z+xyz=0$ 所确定的隐函数，则 $f_x'(0,1,-1)=$ _____.

4．真题演练解析

（1）【解析】本题考查隐函数存在定理，只需令 $F(x,y,z)=xy-z\ln y+e^{xz}-1$，分别求出三个偏导数 F_z，F_x，F_y，再考虑在点 $(0,1,1)$ 处哪个偏导数不为 0，则可确定相应的隐函数. 令 $F(x,y,z)=xy-z\ln y+e^{xz}-1$，则 $F_x=y+e^{xz}z$，$F_y=x-\dfrac{z}{y}$，$F_z=-\ln y+e^{xz}x$，且 $F_x(0,1,1)=2$，$F_y(0,1,1)=-1$，$F_z(0,1,1)=0$. 由此可确定相应的隐函数 $x=x(y,z)$ 和 $y=y(x,z)$，故应选 D.

（2）【解析】考查方程所确定的隐函数的求导问题，可以利用公式或直接利用复合函数求导的链式法则，也可以利用全微分的形式不变性进行计算.

利用公式法：$\dfrac{\partial z}{\partial x}=-\dfrac{F_x}{F_z}=-\dfrac{F_1'\left(-\dfrac{y}{x^2}\right)+F_2'\left(-\dfrac{z}{x^2}\right)}{F_2'\cdot\dfrac{1}{x}}=\dfrac{F_1'\cdot\dfrac{y}{x}+F_2'\cdot\dfrac{z}{x}}{F_2'}$，$\dfrac{\partial z}{\partial y}=-\dfrac{F_y}{F_z}=-\dfrac{F_1'\cdot\dfrac{1}{x}}{F_2'\cdot\dfrac{1}{x}}=$

$-\dfrac{F_1'}{F_2'}$，故 $x\dfrac{\partial z}{\partial x}+y\dfrac{\partial z}{\partial y}=\dfrac{yF_1'+zF_2'}{F_2'}-\dfrac{yF_1'}{F_2'}=\dfrac{F_2'\cdot z}{F_2'}=z$. 应选 B.

（3）【解析】考查方程所确定的隐函数的全微分的计算，利用全微分的叠加原理，关键是求偏导数. 对方程 $(x+1)z-y^2=x^2f(x-z,y)$ 两边分别关于 x，y 求导可得：

$$z+(x+1)z_x'=2xf(x-z,y)+x^2f_1'(x-z,y)(1-z_x'),$$

$$(x+1)z_y'-2y=x^2[f_1'(x-z,y)(-z_y')+f_2'(x-z,y)\cdot 1].$$

将 $x=0$，$y=1$ 代入原式可得 $z=1$，因此将 $x=0$，$y=1$，$z=1$ 代入上面的式中可得：

$1+z'_x=0$，因此 $z'_x=-1$，$z'_y-2=0$，$z'_y=2$，故可得 $\mathrm{d}z\big|_{(0,1)}=-\mathrm{d}x+2\mathrm{d}y$.

（4）【解析】对方程两边分别关于 x 和 y 求偏导，有

$$\begin{cases}2\cos(x+2y-3z)\left(1-3\dfrac{\partial z}{\partial x}\right)=1-3\dfrac{\partial z}{\partial x}\\[2mm]2\cos(x+2y-3z)\left(1-3\dfrac{\partial z}{\partial y}\right)=1-3\dfrac{\partial z}{\partial y}\end{cases},$$

化简得 $\begin{cases}1-3\dfrac{\partial z}{\partial x}=0\\[2mm]1-3\dfrac{\partial z}{\partial y}=0\end{cases}$，由此易知 $\dfrac{\partial z}{\partial x}+\dfrac{\partial z}{\partial y}=1$.

（5）【解析】本题考查二元复合函数的求导及方程确定的隐函数的求导法则.

令 $u=\ln y-\sin x$，则 $\dfrac{\mathrm{d}z}{\mathrm{d}x}\bigg|_{x=0}=\dfrac{\mathrm{d}f}{\mathrm{d}u}\left(\dfrac{\partial u}{\partial x}+\dfrac{\partial u}{\partial y}\dfrac{\mathrm{d}y}{\mathrm{d}x}\right)\bigg|_{x=0}$. 由 $y-x\mathrm{e}^{y-1}=1$ 两边对 x 求导得

$y'-\mathrm{e}^{y-1}-x\mathrm{e}^{y-1}y'=0$，故 $y'=\dfrac{\mathrm{e}^{y-1}}{1-x\mathrm{e}^{y-1}}$，又因 $y(0)=1$，可得 $y'(0)=1$.

在 $y'=\dfrac{\mathrm{e}^{y-1}}{1-x\mathrm{e}^{y-1}}$ 两边对 x 求导得

$$y''(0)=\dfrac{\mathrm{e}^{y-1}y'(1-x\mathrm{e}^{y-1})-\mathrm{e}^{y-1}(-x\mathrm{e}^{y-1}y'-\mathrm{e}^{y-1})}{(1-x\mathrm{e}^{y-1})^2}\Bigg|_{\substack{x=0\\y=1}}=2.$$

所以 $\dfrac{\mathrm{d}z}{\mathrm{d}x}\bigg|_{x=0}=\dfrac{\mathrm{d}f}{\mathrm{d}u}\left(\dfrac{\partial u}{\partial x}+\dfrac{\partial u}{\partial y}\dfrac{\mathrm{d}y}{\mathrm{d}x}\right)\bigg|_{x=0}f'(0)\left(-\cos x+\dfrac{1}{y}\dfrac{\mathrm{d}y}{\mathrm{d}x}\right)\bigg|_{x=0}=0$，

$$\dfrac{\mathrm{d}^2z}{\mathrm{d}x^2}\bigg|_{x=0}=\dfrac{\mathrm{d}^2f}{\mathrm{d}u^2}\left(-\cos x+\dfrac{1}{y}\dfrac{\mathrm{d}y}{\mathrm{d}x}\right)^2+\dfrac{\mathrm{d}f}{\mathrm{d}u}\left[-\sin x-\dfrac{1}{y^2}\left(\dfrac{\mathrm{d}y}{\mathrm{d}x}\right)^2+\dfrac{1}{y}\dfrac{\mathrm{d}^2y}{\mathrm{d}x^2}\right]\bigg|_{x=0}$$

$$=f'(0)\left[-\sin x-\dfrac{1}{y^2}\left(\dfrac{\mathrm{d}y}{\mathrm{d}x}\right)^2+\dfrac{1}{y}\dfrac{\mathrm{d}^2y}{\mathrm{d}x^2}\right]\bigg|_{x=0}=1.$$

（6）【解析】本题考查方程所确定的隐函数的全微分及复合函数求导的链式法则.

（Ⅰ）由全微分的形式不变性可知 $2x\mathrm{d}x+2y\mathrm{d}y-\mathrm{d}z=\varphi'(x+y+z)(\mathrm{d}x+\mathrm{d}y+\mathrm{d}z)$，整理得

$(\varphi'+1)\mathrm{d}z=(-\varphi'+2x)\mathrm{d}x+(-\varphi'+2y)\mathrm{d}y$，所以 $\mathrm{d}z=\dfrac{-\varphi'+2x}{\varphi'+1}\mathrm{d}x+\dfrac{-\varphi'+2y}{\varphi'+1}\mathrm{d}y$.

（Ⅱ）由（Ⅰ）的结果及全微分的计算公式可知 $\dfrac{\partial z}{\partial x}=\dfrac{-\varphi'+2x}{\varphi'+1}$，$\dfrac{\partial z}{\partial y}=\dfrac{-\varphi'+2y}{\varphi'+1}$，所以

$$u(x,y)=\dfrac{1}{x+y}\left(\dfrac{-\varphi'+2x}{\varphi'+1}-\dfrac{-\varphi'+2y}{\varphi'+1}\right)=\dfrac{1}{x-y}\cdot\dfrac{2x-2y}{\varphi'+1}=\dfrac{2}{\varphi'+1},$$

因此 $\dfrac{\partial u}{\partial x}=\dfrac{-2\varphi''\cdot\left(1+\dfrac{\partial z}{\partial x}\right)}{(\varphi'+1)^2}=-\dfrac{2\varphi''\cdot(1+\varphi'+2x-\varphi')}{(\varphi'+1)^3}=-\dfrac{2\varphi''\cdot(1+2x)}{(\varphi'+1)^3}$.

（7）【解析】本题考查的是多元复合函数的高阶偏导数及方程所确定的隐函数的导数. 关键是要分清自变量和因变量，与习惯性表示不同的是，方程 $z=f(x,y)$ 确定了 y 是函数，x，z 是

自变量，根据所求，对 $z=f(x,y)$ 两边关于 x 求导可得 $0=f_x+f_y\dfrac{\partial y}{\partial x}\Rightarrow\dfrac{\partial y}{\partial x}=-\dfrac{f_x}{f_y}$，再由商的求

导法则及题设可得

$$\frac{\partial^2 y}{\partial x^2}=\frac{\partial}{\partial x}\left(-\frac{f_x}{f_y}\right)=-\frac{f_y\left(f_{xx}+f_{yx}\dfrac{\partial y}{\partial x}\right)-f_x\left(f_{yx}+f_{yy}\dfrac{\partial y}{\partial x}\right)}{f_y^2}$$

$$=-\frac{f_yf_{xx}-f_xf_{yx}-f_xf_{yx}+f_xf_{yy}\dfrac{f_x}{f_y}}{f_y^2}=-\frac{f_y^2f_{xx}-2f_xf_{yx}+f_x^2f_{yy}}{f_y^3}=0.$$

（8）【解析】本题考查的是复合函数求导的链式法则及方程所确定的隐函数的导数.

对方程两端关于 x 变量求导，得 $1+\dfrac{\partial z}{\partial x}+yz+xy\dfrac{\partial z}{\partial x}=0$.

解方程得 $\dfrac{\partial z}{\partial x}=-\dfrac{1+yz}{1+xy}$，再对 $f(x,y,z)=\mathrm{e}^x yz^2$ 关于自变量 x 求偏导可得

$$f_x'(x,y,z)=\mathrm{e}^x yz^2+2\mathrm{e}^x yz\frac{\partial z}{\partial x}=\mathrm{e}^x yz\left(z-2\frac{1+yz}{1+xy}\right),$$

代入点坐标得 $f_x'(0,1,-1)=1$.

9.6　多元函数微分学的几何应用

1. 重要知识点

（1）空间曲线在 M_0 的切线及法平面方程

关键：利用直线的点向式方程及平面的点法式方程进行推导，关键是求空间曲线在该点处的切向量 t，分下列三种情况：

① 空间曲线 Γ 由参数方程 $\begin{cases}x=\varphi(t)\\y=\psi(t)\\z=w(t)\end{cases}$ 给出，则 $t=[\varphi'(t),\psi'(t),w'(t)]_{M_0}$；

② 空间曲线 Γ 由参数方程 $\begin{cases}y=y(x)\\z=z(x)\end{cases}$ 给出，则 $t=[1,y'(x),z'(x)]_{M_0}$；

③ 空间曲线 Γ 由参数方程 $\begin{cases}F(x,y,z)=0\\G(x,y,z)=0\end{cases}$ 给出，且方程组满足隐函数存在定理，则此方程组确定了两个隐函数 $y=y(x)$，$z=z(x)$，其切向量的计算可以转化为情形②，利用方程所确定的隐函数的求导法则进行求解，可取 $t=\left(\left.\dfrac{\partial(F,G)}{\partial(y,z)}\right|_{M_0},\left.\dfrac{\partial(F,G)}{\partial(z,x)}\right|_{M_0},\left.\dfrac{\partial(F,G)}{\partial(x,y)}\right|_{M_0}\right)$.

（2）空间曲面在 M_0 点的切平面及法线方程：利用平面的点法式方程及直线的点向式方程进行推导，关键是求空间曲面在该点处的法向量 n，分下列两种情况：

① 空间曲面由方程 $F(x,y,z)=0$ 给出，则 $n=(F_x,F_y,F_z)_{M_0}$；

② 空间曲面由二元函数 $z=f(x,y)$ 给出，则 $n=(f_x,f_y,-1)_{M_0}$.

（3）二元函数全微分的几何意义：空间曲面由二元函数 $z=f(x,y)$ 给出，则曲面在 $M_0(x_0,y_0,z_0)$ 点处的切平面方程为 $f_x' \cdot (x-x_0) + f_y' \cdot (y-y_0) - (z-z_0) = 0$ ，即

$$f_x' \cdot (x-x_0) + f_y' \cdot (y-y_0) = z-z_0 .$$

所以二元函数的全微分（等式左边）在几何上表示曲面上 $M_0(x_0,y_0,z_0)$ 点处切平面上纵坐标的增量.

（4）有向曲面的法向量：若双侧曲面的法向量为 $\boldsymbol{n} = (F_x, F_y, F_z)_{M_0}$ ，则：

① 若 $F_x'(M_0) > 0$ ，则曲面指向前侧；若 $F_x'(M_0) < 0$ ，则曲面指向后侧；

② 若 $F_y'(M_0) > 0$ ，则曲面指向右侧；若 $F_y'(M_0) < 0$ ，则曲面指向左侧；

③ 若 $F_z'(M_0) > 0$ ，则曲面指向上侧；若 $F_z'(M_0) < 0$ ，则曲面指向下侧.

2．例题辨析

知识点 1：参数方程确定的空间曲线的切线法平面

例 1　求曲线 $x=t-\sin t$ ，$y=1-\cos t$ ，$z=4\sin\dfrac{t}{2}$ 在点 $\left(\dfrac{\pi}{2}-1,\ 1,\ 2\sqrt{2}\right)$ 处的切线及法平面方程.

错解： 因为 $x'(t)=1-\cos t$ ，$y'(t)=\sin t$ ，$z'(t)=2\cos\dfrac{t}{2}$ ，

所以切线方程为 $\dfrac{x+1-\dfrac{\pi}{2}}{1-\cos t} = \dfrac{y-1}{\sin t} = \dfrac{z-2\sqrt{2}}{2\cos\dfrac{t}{2}}$ ，

法平面方程为 $(1-\cos t) \cdot \left(x-\dfrac{\pi}{2}+1\right) + \sin t \cdot (y-1) + 2\cos\dfrac{t}{2}(z-2\sqrt{2}) = 0$.

【错解分析及知识链接】 本题考查的是参数方程确定的空间曲线的切线和法平面方程，空间曲线在对应点处的切向量是确定的，错解中的错误在于没有将点对应的参数代入，求出切向量的确切值.

正解： $x'(t)=1-\cos t, y'(t)=\sin t$ ，$z'(t) = 2\cos\dfrac{t}{2}$. 因为点 $\left(\dfrac{\pi}{2}-1,\ 1,\ 2\sqrt{2}\right)$ 所对应的参数为 $t=\dfrac{\pi}{2}$ ，故在点 $\left(\dfrac{\pi}{2}-1,\ 1,\ 2\sqrt{2}\right)$ 处的切向量为 $\boldsymbol{t}=\left(1,\ 1,\ \sqrt{2}\right)$. 因此在点 $\left(\dfrac{\pi}{2}-1,\ 1,\ 2\sqrt{2}\right)$ 处，切线方程为

$\dfrac{x+1-\dfrac{\pi}{2}}{1} = \dfrac{y-1}{1} = \dfrac{z-2\sqrt{2}}{\sqrt{2}}$ ，法平面方程为 $x+y+\sqrt{2}z = \dfrac{\pi}{2}+4$.

例 2　曲线 $x=\mathrm{e}^{2t}$ ，$y=\ln t$ ，$z=t^2$ 在对应于 $t=2$ 点处的切线方程是（　　　）.

A. $\dfrac{x-\mathrm{e}^4}{2\mathrm{e}^4} = \dfrac{y-\ln 2}{1} = \dfrac{z-4}{4}$

B. $\dfrac{x-\mathrm{e}^4}{2\mathrm{e}^4} = \dfrac{y-\ln 2}{\dfrac{1}{2}} = \dfrac{z-4}{2}$

C. $\dfrac{x+\mathrm{e}^4}{2\mathrm{e}^4} = \dfrac{y+\dfrac{1}{2}-\ln 2}{\dfrac{1}{2}} = \dfrac{z}{4}$

D. $\dfrac{x+\mathrm{e}^4}{\mathrm{e}^4} = \dfrac{y+\dfrac{1}{2}-\ln 2}{\dfrac{1}{2}} = \dfrac{z}{4}$

错解：当 $t=2$ 时 $x=\mathrm{e}^4$，$y=\ln 2$，$z=4$，且 $x'(t)=2\mathrm{e}^{2t}$，$y'(t)=\dfrac{1}{t}$，$z'(t)=2t$，所以 $x'(2)=2\mathrm{e}^4$，$y'(2)=\dfrac{1}{2}$，$z'(2)=4$，曲线在对应于 $t=2$ 点处的切线方程是 $\dfrac{x-\mathrm{e}^4}{2\mathrm{e}^4}=\dfrac{y-\ln 2}{\dfrac{1}{2}}=\dfrac{z-4}{4}$，对比选项没有正确答案.

【错解分析及知识链接】本题考查的是空间曲线在一点处的切线方程的求法，利用切线的点向式方程进行推导，关键是确定切向量和点的坐标，错解的错误之处在于把 $t=2$ 对应的点作为备选点，所以没有正确答案，但事实上，直线上任意一点都可以作为备选点.

正解：因为 $x'(t)=2\mathrm{e}^{2t}$，$y'(t)=\dfrac{1}{t}$，$z'(t)=2t$，所以 $x'(2)=2\mathrm{e}^4$，$y'(2)=\dfrac{1}{2}$，$z'(2)=4$，选项 A、B 和 D 可以排除. 又因为点 $\left(-\mathrm{e}^4,\ln 2-\dfrac{1}{2},0\right)$ 也在切线上，所以选 C.

知识点 2：空间曲面的切平面和法线方程

例 3　求过点 $(1,0,0)$ 与 $(0,1,0)$ 且与 $z=x^2+y^2$ 相切的平面方程.

错解：切平面的法向量为 $\boldsymbol{n}=\pm(f_x,f_y,-1)=\pm(2x,2y,-1)$，设切点坐标为 (x_0,y_0,z_0)，则切平面的方程应该为 $2x_0x+2y_0y-z+D=0$. 由于平面经过两点 $(1,0,0)$ 与 $(0,1,0)$，代入方程则有 $2x_0+D=0$，$2y_0+D=0$，所以 $x_0=y_0$，$z_0=x_0^2+y_0^2$，可得切点坐标 $(1,1,1)$，切平面为 $2x+2y-z=2$.

【错解分析及知识链接】求曲面的切平面方程，关键是求曲面切平面的法向量，如果曲面由方程设 $F(x,y,z)=0$ 确定，则法向量可取 $\boldsymbol{n}=\pm(F_x,F_y,F_z)$；如果曲面由 $z=f(x,y)$ 确定，则法向量可取 $\boldsymbol{n}=\pm(f_x,f_y,-1)$，错解的错误在于切点没有求全.

正解：由法向量计算公式，有 $\boldsymbol{n}=\pm(f_x,f_y,-1)=\pm(2x,2y,-1)$，设切点坐标为 (x_0,y_0,z_0)，则切平面的方程应该为 $2x_0x+2y_0y-z+D=0$. 由于平面经过两点 $(1,0,0)$ 与 $(0,1,0)$，代入方程则有 $2x_0+D=0$，$2y_0+D=0$，所以 $x_0=y_0$，$z_0=x_0^2+y_0^2$，可得切点坐标 $(0,0,0)$ 或 $(1,1,1)$，切平面有两个 $z=0$ 与 $2x+2y-z=2$.

【举一反三】求曲面 $x^2+2y^2+z^2=1$ 上平行于平面 $x-y+2z=0$ 的切平面方程.

解：设 $F(x,y,z)=x^2+2y^2+z^2-1$，则 $\boldsymbol{n}=(F_x,F_y,F_z)=(2x,4y,2z)=2(x,2y,z)$.

已知切平面的法向量为 $(1,-1,2)$. 因为已知平面与所求切平面平行，所以 $\dfrac{x}{1}=\dfrac{2y}{-1}=\dfrac{z}{2}$，即 $x=\dfrac{1}{2}z$，$y=-\dfrac{1}{4}z$，代入椭球面方程得 $\left(\dfrac{z}{2}\right)^2+2\left(-\dfrac{z}{4}\right)^2+z^2=1$，解得 $z=\pm 2\sqrt{\dfrac{2}{11}}$，则 $x=\pm 2\sqrt{\dfrac{2}{11}}$，$y=\mp\dfrac{1}{2}\sqrt{\dfrac{2}{11}}$. 故所求切平面方程为 $\left(x\pm\sqrt{\dfrac{2}{11}}\right)-\left(y\mp\dfrac{1}{2}\sqrt{\dfrac{2}{11}}\right)+2\left(z\pm 2\sqrt{\dfrac{2}{11}}\right)=0$，即 $x-y+2z=\pm\sqrt{\dfrac{11}{2}}$.

知识点 3：一般方程确定的空间曲线的切线和法平面方程

例 4　求曲线 $\begin{cases}x^2+y^2+z^2=6\\x+y+z=0\end{cases}$ 在点 $(1,-2,1)$ 处的切线和法平面方程.

解：在方程两边对 x 求导得：

$$\begin{cases} 2x + 2yy' + 2zz' = 0 \\ 1 + y' + z' = 0 \end{cases}$$. 将点 $(1,-2,1)$ 坐标代入上式, 得 $$\begin{cases} -2y' + z' = -1 \\ y' + z' = -1 \end{cases}$$.

解方程组得: $y' = 0$, $z' = -1$, 得切向量 $\boldsymbol{t} = (1,0,-1)$, 所以, 所求的切线方程为: $\dfrac{x-1}{1} = \dfrac{y+2}{0} = \dfrac{z-1}{-1}$, 法平面方程 $(x-1) - (z-1) = 0$, 即 $x - z = 0$.

【解法分析及知识链接】本题考查一般方程确定的空间曲线的切线和法平面方程, 解法不唯一, 可以利用方程确定的隐函数, 视 x 为参数, 将 y 和 z 看作 x 的函数, 利用参数方程确定的空间曲线的切线和法平面方程的求解, 也可以利用曲面和曲线的关系、切平面与切线的关系进行求解.

另解参考: 曲面 $x^2 + y^2 + z^2 = 6$ 的法向量为 $\boldsymbol{n}_1 = (x,y,z)$, 将 $(1,-2,1)$ 代入得 $\boldsymbol{n}_1 = (1,-2,1)$; 曲面 $x + y + z = 0$ 的法向量为 $\boldsymbol{n}_2 = (1,1,1)$, 故切线的方向向量为 $\boldsymbol{t} = \boldsymbol{n}_1 \times \boldsymbol{n}_2 = (1,0,-1)$, 所求的切线方程为: $\dfrac{x-1}{1} = \dfrac{y+2}{0} = \dfrac{z-1}{-1}$, 法平面方程 $(x-1) - (z-1) = 0$, 即 $x - z = 0$.

3. 真题演练

（1）（2013 年）曲面 $x^2 + \cos(xy) + yz + x = 0$ 在点 $(0,1,-1)$ 处的切平面方程为（　　）.

A. $x - y + z = -2$ 　　　　　　　B. $x + y + z = 0$

C. $x - 2y + z = -3$ 　　　　　　D. $x - y - z = 0$

（2）（2014 年）曲面 $z = x^2(1 - \sin y) + y^2(1 - \sin x)$ 在点 $(1,0,1)$ 处的切平面方程为_____.

（3）（第六届全国大学生数学竞赛预赛）设有曲面 S: $z = x^2 + 2y^2$ 和平面 L: $2x + 2y + z = 0$. 则与 L 平行的 S 的切平面方程是_____.

（4）（第四届全国大学生数学竞赛决赛）过直线 $$\begin{cases} 10x + 2y - 2z = 27 \\ x + y - z = 0 \end{cases}$$ 做曲面 $3x^2 + y^2 - z^2 = 27$ 的切平面, 求此切平面的方程.

（5）（第五届全国大学生数学竞赛决赛）设 $F(x,y,z)$, $G(x,y,z)$ 有连续偏导数, 且雅可比行列式 $\dfrac{\partial(F,G)}{\partial(x,z)} \neq 0$, 曲线 Γ $$\begin{cases} F(x,y,z) = 0 \\ G(x,y,z) = 0 \end{cases}$$, 过点 $P_0(x_0, y_0, z_0)$, 记 Γ 在 xOy 面上的投影曲线为 S. 求 S 上过点 (x_0, y_0, z_0) 的切线方程.

（6）（第七届全国大学生决赛试题）设 $f(u,v)$ 在全平面上有连续的偏导数, 试证明: 曲面 $f\left(\dfrac{x-a}{z-c}, \dfrac{y-b}{z-c}\right) = 0$ 的所有切平面都交于点 (a,b,c) .

4. 真题演练解析

（1）**【解析】**曲面在点 $(0,1,-1)$ 处的法向量为 $\boldsymbol{n} = (F_x, F_y, F_z)\big|_{(0,1,-1)} = (2x - y\sin(xy) + 1,$ $-x\sin(xy) + z, y)\big|_{(0,1,-1)} = (1,-1,1)$, 故曲面在点 $(0,1,-1)$ 处的切面方程为 $1 \cdot (x - 0) - (y - 1) + (z+1) = 0$, 即 $x - y + z = -2$, 故选 A.

（2）**【解析】**由于 $z = x^2(1 - \sin y) + y^2(1 - \sin x)$, 所以 $z'_x = 2x(1 - \sin y) - \cos x \cdot y^2$, $z'_x(1,0) = 2$; $z'_y = -x^2\cos y + 2y(1 - \sin x)$, $z'_y(1,0) = -1$. 曲面在点 $(1,0,1)$ 处的法向量为 $\boldsymbol{n} = \{2,-1,-1\}$. 故切平面方程为 $2(x-1) + (-1)(y-0) - (z-1) = 0$, 即 $2x - y - z = 1$.

（3）【解析】设 $P_0(x_0, y_0, z_0)$ 是 S 上的一点，则 S 在点 P_0 处的切平面方程为 $-2x_0(x-x_0)-4y_0(y-y_0)+(z-z_0)=0$．由于该切平面与已知平面 L 平行，则 $(-2x_0, -4y_0, 1)$ 平行于 $(2,2,1)$，存在常数 k，使得 $(-2x_0, -4y_0, 1)=k(2,2,1)$，得 $x_0=-1$，$y_0=-\dfrac{1}{2}$，$z_0=-\dfrac{3}{2}$，所以切平面方程为

$2x+2y+z+\dfrac{3}{2}=0$．

（4）【解析】设 $F(x,y,z)=3x^2+y^2-z^2-27$，则法向量 $\boldsymbol{n}_1=(F_x, F_y, F_z)=2(3x, 2, -z)$，过平面的平面束方程为 $10x+2y-2z-27+\lambda(x+y-z)=0$，即 $(10+\lambda)x+(2+\lambda)y-(2+\lambda)z-27=0$，其法向量为 $\boldsymbol{n}_2=(10+\lambda, 2+\lambda, -(2+\lambda))$．设其所求切点的坐标为 $P_0(x_0, y_0, z_0)$，则

$$\dfrac{10+\lambda}{3x_0}=\dfrac{2+\lambda}{y_0}=\dfrac{2+\lambda}{z_0}，且\begin{cases}3x_0{}^2+y_0{}^2-z_0{}^2=27\\(10+\lambda)x_0+(2+\lambda)y_0-(2+\lambda)z_0-27=0\end{cases}，$$

联立解得 $x_0=3$，$y_0=1$，$z_0=1$，$\lambda=-1$ 或 $x_0=-3$，$y_0=-17$，$z_0=-17$，$\lambda=19$．

所求切平面方程为 $9x+y-z-27=0$ 或 $9x+17y-17z+27=0$．

（5）【解析】由两方程定义的曲面在 $P_0(x_0, y_0, z_0)$ 的切面分别为

$$F_x(P_0)(x-x_0)+F_y(P_0)(y-y_0)+F_z(P_0)(z-z_0)=0，$$
$$G_x(P_0)(x-x_0)+G_y(P_0)(y-y_0)+G_z(P_0)(z-z_0)=0．$$

上述两切面的交线就是 Γ 在 P_0 点的切线，该切线在 xOy 面上的投影是 S 过 (x_0, y_0) 的切线．消去 $z-z_0$，有 $(F_xG_z-G_xF_z)(x-x_0)+(F_yG_z-G_yF_z)(y-y_0)=0$．

这里 $x-x_0$ 的系数 $\dfrac{\partial(F,G)}{\partial(x,z)}\neq 0$，故上式是一条直线的方程，就是所求的切线．

（6）【解析】记 $F(x,y,z)=f\left(\dfrac{x-a}{z-c}, \dfrac{y-b}{z-c}\right)$，求其偏导数得到其法向量：

$$(F_x, F_y, F_z)=\left(\dfrac{f_1}{z-c}, \dfrac{f_2}{z-c}, \dfrac{-(x-a)f_1-(y-b)f_2}{(z-c)^2}\right)，$$ 为方便取曲面的法向量 $\boldsymbol{n}=((z-c)f_1,$

$(z-c)f_2, -(x-a)f_1-(y-b)f_2)$．记 (x,y,z) 为曲面上的点，(X,Y,Z) 为切面上的点，则曲面上过点 (x,y,z) 的切平面方程为 $[(z-c)f_1](X-c)+[(z-c)f_2](Y-y)-[(x-a)f_1+(y-b)f_2](Z-y)=0$，容易验证，对任意 (x,y,z) $(z\neq c)$，$(X,Y,Z)=(a,b,c)$ 都满足上述切平面方程．结论得证．

9.7 方向导数与梯度

1. 重要知识点

（1）方向导数的定义与计算：

① 方向导数定义：$\dfrac{\partial f}{\partial l}=\lim\limits_{\substack{P\to P_0\\P\in l}}\dfrac{f(x,y)-f(x_0,y_0)}{\sqrt{(x-x_0)^2+(y-y_0)^2}}$．

② 若函数 $f(x,y,z)$ 在点 $P(x,y,z)$ 处可微，在该点处沿着方向 $\boldsymbol{l}$ 的方向导数为

$$\dfrac{\partial u}{\partial l}=\left(\dfrac{\partial f}{\partial x}, \dfrac{\partial f}{\partial y}, \dfrac{\partial f}{\partial z}\right)\cdot\boldsymbol{e}_l=f_x\cos\alpha+f_y\cos\beta+f_z\cos\gamma，$$

其中 $e_l = (\cos\alpha, \cos\beta, \cos\gamma)$ 为方向 l 的方向余弦.

（2）梯度的计算：设 $u = f(x,y,z)$，则 $\mathbf{grad}u = \left(\dfrac{\partial f}{\partial x}, \dfrac{\partial f}{\partial y}, \dfrac{\partial f}{\partial z}\right)$.

（3）梯度的运算法则：

① $\mathbf{grad}(\alpha f + \beta g) = \alpha\mathbf{grad}f + \beta\mathbf{grad}g$；

② $\mathbf{grad}(fg) = \mathbf{grad}f \cdot g + f \cdot \mathbf{grad}g$；

③ $\mathbf{grad}\dfrac{f}{g} = \dfrac{\mathbf{grad}f \cdot g - f \cdot \mathbf{grad}g}{g^2}$.

（4）方向导数与梯度的关系：梯度方向是方向导数取得最大值的方向，且方向导数的最大值为梯度的模.

（5）梯度与等值线的关系：函数在一点的梯度方向与等值线在这点的一个法线方向相同，它从数值较低的等值线指向数值较高的等值线，梯度的模就等于函数在这个法线方向的方向导数.

2．例题辨析

知识点 1：方向导数的定义

例 1　讨论 $f(x,y) = \sqrt{x^2 + y^2}$ 在 $P_0(0,0)$ 点处偏导数的存在性和沿任意方向的方向导数的存在性.

错解： 由偏导数的定义可知 $\left.\dfrac{\partial f}{\partial x}\right|_{(0,0)} = \lim\limits_{x\to 0}\dfrac{f(x,0) - f(0,0)}{x} = \lim\limits_{x\to 0}\dfrac{\sqrt{x^2}}{x}$，上面的极限不存在，故 $\left.\dfrac{\partial f}{\partial x}\right|_{(0,0)}$ 不存在；同理 $\left.\dfrac{\partial f}{\partial y}\right|_{(0,0)}$ 也不存在. 因为函数 $f(x,y)$ 在 $P_0(0,0)$ 点偏导数不存在，进而在该点沿任意方向的方向导数也不存在.

【错解分析及知识链接】 本题考查的偏导数和方向导数的定义，解法中关于偏导数存在性的讨论没有问题，但错误地把偏导数存在作为方向导数存在的必要条件，由偏导数不存在直接导出方向导数也不存在.

正解： 上面解法中关于偏导数的讨论是正确的，下面仅讨论方向导数，设 $l = (\cos\alpha, \sin\alpha)$，则 $\left.\dfrac{\partial f}{\partial l}\right|_{(0,0)} = \lim\limits_{\substack{P\to P_0\\ P\in l}}\dfrac{f(x,y) - f(0,0)}{\sqrt{x^2+y^2}} = \lim\limits_{\substack{P\to P_0\\ P\in l}}\dfrac{\sqrt{x^2+y^2}}{\sqrt{x^2+y^2}} = 1$.

上面的结果表明函数在 $P_0(0,0)$ 点沿 $l = (\cos\alpha, \sin\alpha)$ 的方向导数与方向无关，即沿任何方向的方向导数都存在且相等.

例 2　设 $f(x,y) = \begin{cases} 1, & xy \neq 0 \\ 0, & xy = 0 \end{cases}$，讨论 $f(x,y)$ 在 $P_0(0,0)$ 点偏导数的存在性及沿 $l = (1,1)$ 方向的方向导数的存在性.

错解： 由方向导数的定义可知 $\left.\dfrac{\partial f}{\partial l}\right|_{(0,0)} = \lim\limits_{\substack{P\to P_0\\ P\in l}}\dfrac{f(x,y) - f(0,0)}{\sqrt{x^2+y^2}} = \lim\limits_{\substack{P\to P_0\\ P\in l}}\dfrac{1-0}{\sqrt{x^2+y^2}}$.

上面的极限不存在，故 $\left.\dfrac{\partial f}{\partial l}\right|_{(0,0)}$ 不存在；因为方向导数不存在，所以偏导数也不存在.

【错解分析及知识链接】本题考查的是偏导数和方向导数的定义，解法中关于方向导数的讨论没有问题，但错误地把方向导数存在作为偏导数存在的必要条件，由方向导数不存在直接导出偏导数也不存在.

正解： 上面解法中关于方向导数的讨论是正确的，下面仅讨论偏导数，由偏导数的定义可知 $\left.\dfrac{\partial f}{\partial x}\right|_{(0,0)} = \lim\limits_{x \to 0}\dfrac{f(x,0)-f(0,0)}{x} = \lim\limits_{x \to 0}\dfrac{0-0}{x} = 0$，同理 $\left.\dfrac{\partial f}{\partial y}\right|_{(0,0)} = 0$.

【举一反三】设 $f(x,y)=\begin{cases}\dfrac{xy}{\sqrt{x^2+y^2}}, & (x,y)\neq(0,0)\\ 0, & (x,y)=(0,0)\end{cases}$，讨论 $f(x,y)$ 在 $P_0(0,0)$ 点偏导数的存在性及沿任意方向的方向导数的存在性.

解： 由偏导数的定义可知 $\left.\dfrac{\partial f}{\partial x}\right|_{(0,0)} = \lim\limits_{x \to 0}\dfrac{f(x,0)-f(0,0)}{x} = 0$，同理 $\left.\dfrac{\partial f}{\partial y}\right|_{(0,0)} = 0$.

对任意方向 $l=(\cos\alpha,\sin\alpha)$，对应射线的参数方程为 $l:\begin{cases}x=r\cos\alpha\\y=r\sin\alpha\end{cases}, r \geq 0$，故 $\left.\dfrac{\partial f}{\partial l}\right|_{(0,0)} =$
$\lim\limits_{r \to 0^+}\dfrac{f(r\cos\alpha,r\sin\alpha)-f(0,0)}{r} = \cos\alpha\sin\alpha$，因此 $f(x,y)$ 在 $P_0(0,0)$ 点沿任意方向的方向导数存在.

知识点2：方向导数的计算

例3 求函数 $u=x+y+z$ 在球面 $x^2+y^2+z^2=1$ 上点 (x_0,y_0,z_0) 处，沿球面在该点的内法线方向的方向导数.

错解： 函数 $u=x+y+z$ 可微，故函数沿任何方向的方向导数都存在，而球面在点 (x_0,y_0,z_0) 处的法线方向为 $\boldsymbol{n}=(2x_0,2y_0,2z_0)$，故

$$\dfrac{\partial u}{\partial \boldsymbol{n}} = f_x\cos\alpha + f_y\cos\beta + f_z\cos\gamma = 2x_0 + 2y_0 + 2z_0.$$

【错解分析及知识链接】本题考查的是方向导数的计算，错解中的错误有两点：一是球面的法线选取时没有注意到方向，二是法向量要单位化后才能对应得到 $(\cos\alpha,\cos\beta,\cos\gamma)$.

正解： 球面在 (x_0,y_0,z_0) 处的内法向量为 $\boldsymbol{n}=-(2x_0,2y_0,2z_0)$，则 $\boldsymbol{n}_0=\dfrac{-(2x_0,2y_0,2z_0)}{\sqrt{4(x_0^2+y_0^2+z_0^2)}}$
$=(-x_0,-y_0,-z_0)=(\cos\alpha,\cos\beta,\cos\gamma)$，故

$$\dfrac{\partial u}{\partial \boldsymbol{n}} = f_x\cos\alpha + f_y\cos\beta + f_z\cos\gamma = -x_0 - y_0 - z_0.$$

【举一反三】设 x 轴正向到方向 l 的转角为 θ，求函数 $f(x,y)=x^2-xy+y^2$ 在点 $(1,1)$ 处：（Ⅰ）沿方向 l 的方向导数；（Ⅱ）确定转角 θ，使这个方向导数有（A）最大值；（B）最小值；（C）等于零.

解： 本题考查方向导数的计算公式及方向导数取特殊值的方向.

因为 $f(x,y)=x^2-xy+y^2$ 可微，故函数在点 $(1,1)$ 处沿任何方向的方向导数都存在，而且
$\dfrac{\partial f}{\partial l} = f_x\cos\alpha + f_y\cos\beta = \cos\theta + \sin\theta.$

根据（Ⅰ）可知

$$\frac{\partial f}{\partial l} = = \cos\theta + \sin\theta = \sqrt{2}\left(\frac{\sqrt{2}}{2}\cos\theta + \frac{\sqrt{2}}{2}\sin\theta\right) = \sqrt{2}\sin\left(\theta + \frac{\pi}{4}\right).$$

（A）$\theta = \frac{\pi}{4}$ 时，方向导数取最大值 $\sqrt{2}$ ；（B）$\theta = \frac{5\pi}{4}$ 时，方向导数取最小值 $-\sqrt{2}$ ；

（C）$\theta = \frac{3\pi}{4}$ 或 $\frac{7\pi}{4}$ 时，方向导数为 0.

知识点 3：方向导数与梯度的关系

例 4　求函数 $u = \frac{x^2}{a^2} + \frac{y^2}{b^2} + \frac{z^2}{c^2}$ 在点 $P(x,y,z)$ 处沿此点的向径 $\boldsymbol{r}$ 的方向导数，在什么情形下，此方向导数等于函数 u 的梯度的模.

解：点 $P(x,y,z)$ 处沿此点的向径 $\boldsymbol{r} = (x,y,z)$，单位化得

$$e_{\boldsymbol{r}} = \left(\frac{x}{\sqrt{x^2+y^2+z^2}}, \frac{y}{\sqrt{x^2+y^2+z^2}}, \frac{z}{\sqrt{x^2+y^2+z^2}}\right).$$

又 $\dfrac{\partial u}{\partial x} = \dfrac{2x}{a^2}$，$\dfrac{\partial u}{\partial y} = \dfrac{2y}{b^2}$，$\dfrac{\partial u}{\partial z} = \dfrac{2z}{c^2}$，故函数在点 $P(x,y,z)$ 处可微. 所以

$$\frac{\partial u}{\partial \boldsymbol{r}} = \left(\frac{\partial u}{\partial x}, \frac{\partial u}{\partial y}, \frac{\partial u}{\partial z}\right) \cdot e_{\boldsymbol{r}} = \frac{2}{\sqrt{x^2+y^2+z^2}}u(P).$$

$\boldsymbol{r}$ 与 $\nabla u(p)$ 方向一致时，方向导数等于函数的梯度的模. 故 $\dfrac{1}{a^2} = \dfrac{1}{b^2} = \dfrac{1}{c^2}$.

【解法分析及知识链接】对向径 $\boldsymbol{r}$ 概念不清楚往往会导致无法解决问题. 若函数 $f(x,y,z)$ 在点 $P(x,y,z)$ 处可微，则在该点处沿着向径方向 $\boldsymbol{r}$ 的方向导数为 $\dfrac{\partial u}{\partial \boldsymbol{r}} = \left(\dfrac{\partial f}{\partial x}, \dfrac{\partial f}{\partial y}, \dfrac{\partial f}{\partial z}\right) \cdot e_{\boldsymbol{r}}$，所以梯度方向是方向导数取得最大值的方向. 要使得方向导数为梯度的模，则只求沿梯度方向的方向导数.

3．真题演练

（1）（2008 年）函数 $f(x,y) = \arctan\dfrac{x}{y}$ 在点 $(0,1)$ 处的梯度等于（　　　）.

　　　A．$\boldsymbol{i}$　　　　　B．$-\boldsymbol{i}$　　　　　C．$\boldsymbol{j}$　　　　　D．$-\boldsymbol{j}$

（2）（2017 年）函数 $f(x,y,z) = x^2y + z^2$ 在点 $(1,2,0)$ 处沿向量 $\boldsymbol{n} = (1,2,2)$ 的方向导数为（　　　）.

　　　A．12　　　　B．6　　　　　C．4　　　　　D．2

（3）（2012 年）$\mathbf{grad}\left(xy + \dfrac{z}{y}\right)\Big|_{(2,1,1)} = $ _____．

（4）（2005 年）设函数 $u(x,y,z) = 1 + \dfrac{x^2}{6} + \dfrac{y^2}{12} + \dfrac{z^2}{18}$，单位向量 $\boldsymbol{n} = \dfrac{1}{\sqrt{3}}\{1,1,1\}$，则 $\dfrac{\partial u}{\partial \boldsymbol{n}}\Big|_{(1,2,3)} = $

_____．

4. 真题演练解析

（1）【解析】因为 $\dfrac{\partial f}{\partial x} = \dfrac{\dfrac{1}{y}}{1+\dfrac{x^2}{y^2}} = \dfrac{y}{x^2+y^2} \cdot \dfrac{\partial f}{\partial y} = \dfrac{-\dfrac{x}{y^2}}{1+\dfrac{x^2}{y^2}} = \dfrac{-x}{x^2+y^2}$ ，

所以 $\dfrac{\partial f}{\partial x}\Big|_{(0,1)} = 1$ ， $\dfrac{\partial f}{\partial y}\Big|_{(0,1)} = 0$ ，于是 $\mathbf{grad}f(x,y)\big|_{(0,1)} = \mathbf{i}$ ，应选 A.

（2）【解析】 $\mathbf{grad}f = (2xy, x, 2z)$ ，因此代入 $(1,2,0)$ 可得 $\mathbf{grad}f\big|_{(1,2,0)} = (4,1,0)$ ，则有

$\dfrac{\partial f}{\partial n} = \mathbf{grad}f \cdot \dfrac{\mathbf{n}}{|\mathbf{n}|} = (4,1,0) \cdot \dfrac{(1,2,2)}{3} = 2$ ，故应选 D.

（3）【解析】考查梯度的概念与计算，由于 $\mathbf{grad}\left(xy+\dfrac{z}{y}\right) = y\mathbf{i} + \left(x-\dfrac{z}{y^2}\right)\mathbf{j} + \dfrac{1}{y}\mathbf{k}$ ，所以

$\mathbf{grad}\left(xy+\dfrac{z}{y}\right)\Big|_{(2,1,1)} = \mathbf{i} + \mathbf{j} + \mathbf{k}$.

（4）【解析】函数 $u(x,y,z)$ 沿单位向量 $\mathbf{n} = (\cos\alpha, \cos\beta, \cos\gamma)$ } 的方向导数为：

$\dfrac{\partial u}{\partial n} = \dfrac{\partial u}{\partial x}\cos\alpha + \dfrac{\partial u}{\partial y}\cos\beta + \dfrac{\partial u}{\partial z}\cos\gamma$. 因为 $\dfrac{\partial u}{\partial x} = \dfrac{x}{3}$ ， $\dfrac{\partial u}{\partial y} = \dfrac{y}{6}$ ， $\dfrac{\partial u}{\partial z} = \dfrac{z}{9}$ ，于是所求方向导数为

$\dfrac{\partial u}{\partial n}\Big|_{(1,2,3)} = \dfrac{1}{3} \cdot \dfrac{1}{\sqrt{3}} + \dfrac{1}{3} \cdot \dfrac{1}{\sqrt{3}} + \dfrac{1}{3} \cdot \dfrac{1}{\sqrt{3}} = \dfrac{\sqrt{3}}{3}$.

9.8 多元函数的极值及求法

1. 重要知识点

（1）极值的定义：

设函数 $z=f(x,y)$ 在点 (x_0,y_0) 的某个邻域内有定义，如果对于该邻域内任何异于 (x_0,y_0) 的点 (x,y) ，都有 $f(x,y)<f(x_0,y_0)$ ［或 $f(x,y)>f(x_0,y_0)$ ］，则称函数在点 (x_0,y_0) 有极大值（或极小值） $f(x_0,y_0)$.

（2）极值的必要条件：若 $z=f(x,y)$ 在点 $P_0(x_0,y_0)$ 处的偏导数存在，且在该点取得极值，则 $f_x(x_0,y_0)=0$ ， $f_y(x_0,y_0)=0$.

（3）极值的充分条件：设 $z=f(x,y)$ 在点 $P_0(x_0,y_0)$ 的某邻域内具有二阶连续偏导数，且

$f_x(x_0,y_0)=0$ ， $f_y(x_0,y_0)=0$. 令 $\dfrac{\partial^2 f}{\partial x^2}\Big|_{(x_0,y_0)} = A$ ， $\dfrac{\partial^2 f}{\partial y^2}\Big|_{(x_0,y_0)} = C$ ， $\dfrac{\partial^2 f}{\partial x\partial y}\Big|_{(x_0,y_0)} = B$ ，则 $f(x,y)$ 在

$P_0(x_0,y_0)$ 处是否取得极值的条件如下：

① $AC-B^2>0$ 时具有极值，且当 $A<0$ 时有极大值，当 $A>0$ 时有极小值；

② $AC-B^2<0$ 时没有极值；

③ $AC-B^2=0$ 时可能有极值，也可能没有极值.

（4）求 $f(x,y)$ 在 $\varphi(x,y)=0$ 下的条件极值的方法：

① 消去约束条件，化条件极值为无条件极值；

② 拉格朗日乘数法（常用方法）：构造拉格朗日函数 $L(x,y,\lambda)=f(x,y)+\lambda\varphi(x,y)$（$\lambda$ 为参数）；求 $L(x,y,\lambda)$ 的无条件极值．

2．例题辨析

知识点 1：多元函数极值的定义

例 1　已知函数 $f(x,y)$ 在点 $(0,0)$ 的某个邻域内连续，且 $\lim\limits_{\substack{x\to 0\\y\to 0}}\dfrac{f(x,y)}{x^2+y^2}=1$，讨论 $f(x,y)$ 在点 $(0,0)$ 处是否取得极值．

错 解：　$f(0,0)=\lim\limits_{\substack{x\to 0\\y\to 0}}f(x,y)=\lim\limits_{\substack{x\to 0\\y\to 0}}\dfrac{f(x,y)}{x^2+y^2}\cdot(x^2+y^2)=0$，$\left.\dfrac{\partial f}{\partial x}\right|_{(0,0)}=\lim\limits_{\substack{x\to 0\\y\to 0}}\dfrac{f(x,0)-f(0,0)}{x}=$

$\lim\limits_{\substack{x\to 0\\y=0}}\dfrac{f(x,0)}{x^2+y^2}\cdot\dfrac{x^2+y^2}{x}=0$，同理 $\left.\dfrac{\partial f}{\partial y}\right|_{(0,0)}=0$，在点 $(0,0)$ 是 $f(x,y)$ 的驻点，所以 $f(x,y)$ 在点 $(0,0)$ 处取得极值．

【错解分析及知识链接】本题考查二元显函数求极值，错解中误认为驻点一定是极值点．因为 $f(x,y)$ 在点 $(0,0)$ 的邻域内的一阶、二阶可导性未知，因此不能用极值的充分条件进行判别，本题只能用极值的定义（比较 $f(x,y)$ 与 $f(0,0)$ 的大小关系）来判断，可以利用极限的局部保号性求解．

正解：$f(0,0)=\lim\limits_{\substack{x\to 0\\y\to 0}}f(x,y)=\lim\limits_{\substack{x\to 0\\y\to 0}}\dfrac{f(x,y)}{x^2+y^2}\cdot(x^2+y^2)=0$，又因 $\lim\limits_{\substack{x\to 0\\y\to 0}}\dfrac{f(x,y)}{x^2+y^2}=\lim\limits_{\substack{x\to 0\\y\to 0}}\dfrac{f(x,y)-f(0,0)}{x^2+y^2}=$

$1>0$，由极限的局部保号性知，存在 $(0,0)$ 的一个邻域 $\mathring{U}(\delta)$，所以在该邻域内 $\dfrac{f(x,y)-f(0,0)}{x^2+y^2}>0$，而 $x^2+y^2>0$，所以 $f(x,y)-f(0,0)>0$ 在 $\mathring{U}(\delta)$ 内成立，从而根据极值的定义知，所以 $f(x,y)$ 在点 $(0,0)$ 处取得极小值．

【举一反三】已知函数 $f(x,y)$ 在点 $(0,0)$ 的某个邻域内连续，且 $\lim\limits_{x\to 0,y\to 0}\dfrac{f(x,y)-xy}{(x^2+y^2)^2}=1$，则（　　）．

A．点 $(0,0)$ 不是 $f(x,y)$ 的极值点

B．点 $(0,0)$ 是 $f(x,y)$ 的极大值点

C．点 $(0,0)$ 是 $f(x,y)$ 的极小值点

D．根据所给条件无法判断点 $(0,0)$ 是否为 $f(x,y)$ 的极值点

解：　由 $\lim\limits_{x\to 0,y\to 0}\dfrac{f(x,y)-xy}{(x^2+y^2)^2}=1$ 知，分子的极限必为零，从而有 $f(0,0)=0$，且 $f(x,y)-xy\approx(x^2+y^2)^2$（$|x|,|y|$ 充分小时），于是 $f(x,y)-f(0,0)\approx xy+(x^2+y^2)^2$．可见当 $y=x$ 且 $|x|$ 充分小时，$f(x,y)-f(0,0)\approx x^2+4x^4>0$；而 $y=-x$ 且 $|x|$ 充分小时，$f(x,y)-f(0,0)\approx -x^2+4x^4<0$．故点 $(0,0)$ 不是 $f(x,y)$ 的极值点，应选 A．

知识点 2：极值的充分条件

例 2 求函数 $f(x,y) = xe^{-\frac{x^2+y^2}{2}}$ 的极值.

错解： 由于 $\dfrac{\partial f}{\partial x} = e^{-\frac{x^2+y^2}{2}} - x^2 e^{-\frac{x^2+y^2}{2}} = (1-x^2)e^{-\frac{x^2+y^2}{2}}$，$\dfrac{\partial f}{\partial y} = -xy e^{-\frac{x^2+y^2}{2}}$，

解方程组 $\begin{cases} \dfrac{\partial f}{\partial x} = (1-x^2)e^{-\frac{x^2+y^2}{2}} = 0 \\ \dfrac{\partial f}{\partial y} = -xy e^{-\frac{x^2+y^2}{2}} = 0 \end{cases}$ 可得 $\begin{cases} x = 1 \\ y = 0 \end{cases}$，故 $f(x,y) = xe^{-\frac{x^2+y^2}{2}}$ 在点 $(1,0)$ 处取得极值

$f(1,0) = e^{-\frac{1}{2}}$.

【错解分析及知识链接】 本题考查二元显函数求极值，先求出所有驻点和不可导点（如果存在的话），然后利用极值的充分条件判定每一个驻点是否为极值点，是极大值还是极小值，并求出极值点的函数值. 解法中的错误有两点：一是驻点没有求全，二是驻点不一定是极值点，需要对驻点进行判别.

正解： 前面同上，解方程组 $\begin{cases} \dfrac{\partial f}{\partial x} = (1-x^2)e^{-\frac{x^2+y^2}{2}} = 0 \\ \dfrac{\partial f}{\partial y} = -xy e^{-\frac{x^2+y^2}{2}} = 0 \end{cases}$，可得 $\begin{cases} x = 1 \\ y = 0 \end{cases}$ 或 $\begin{cases} x = -1 \\ y = 0 \end{cases}$，所以函

数 $f(x,y)$ 全部驻点为 $(1,0)$、$(-1,0)$. 又因 $\dfrac{\partial^2 f}{\partial x^2} = [-2x - x(1-x^2)]e^{-\frac{x^2+y^2}{2}} = x(x^2-3)e^{-\frac{x^2+y^2}{2}}$，

$\dfrac{\partial^2 f}{\partial x \partial y} = y(x^2-1)e^{-\frac{x^2+y^2}{2}}$，$\dfrac{\partial^2 f}{\partial y^2} = -xe^{-\frac{x^2+y^2}{2}} + xy^2 e^{-\frac{x^2+y^2}{2}} = x(y^2-1)e^{-\frac{x^2+y^2}{2}}$，对驻点 $(1,0)$，由于

$A = \dfrac{\partial^2 f}{\partial x^2}\Big|_{(1,0)} = -2e^{-\frac{1}{2}} < 0$，$B = \dfrac{\partial^2 f}{\partial x \partial y}\Big|_{(1,0)} = 0$，$C = \dfrac{\partial^2 f}{\partial y^2}\Big|_{(1,0)} = -e^{-\frac{1}{2}}$，所以 $B^2 - AC = -2e^{-1} < 0$，且

$A < 0$，从而 $f(1,0) = e^{-\frac{1}{2}}$ 为极大值；对驻点 $(-1,0)$，由于 $A = \dfrac{\partial^2 f}{\partial x^2}\Big|_{(-1,0)} = 2e^{-\frac{1}{2}} > 0$，

$B = \dfrac{\partial^2 f}{\partial x \partial y}\Big|_{(-1,0)} = 0$，$C = \dfrac{\partial^2 f}{\partial y^2}\Big|_{(-1,0)} = e^{-\frac{1}{2}} > 0$，所以 $B^2 - AC = -2e^{-1} < 0$，且 $A > 0$，从而

$f(-1,0) = -e^{-\frac{1}{2}}$ 为极小值.

【举一反三】 求二元函数 $f(x,y) = x^2(2+y^2) + y\ln y$ 的极值.

解： 先求出所有驻点和不可导点，然后利用极值的充分条件判定每一个驻点是否为极值点. 由 $f(x,y) = x^2(2+y^2) + y\ln y$ 可得 $f_x'(x,y) = 2x(2+y^2) = 0$，$f_y'(x,y) = 2x^2 y + \ln y + 1 = 0$，故

$x = 0, y = \dfrac{1}{e}$，$f_{xx}'' = 2(2+y^2)$，$f_{yy}'' = 2x^2 + \dfrac{1}{y}$，$f_{xy}'' = 4xy$，则 $f_{xx}''\Big|_{\left(0, \frac{1}{e}\right)} = 2\left(2 + \dfrac{1}{e^2}\right)$，

$f_{xy}''\Big|_{\left(0, \frac{1}{e}\right)} = 0$，$f_{yy}''\Big|_{\left(0, \frac{1}{e}\right)} = e$.

因为 $f''_{xx} > 0$，且 $(f''_{xy})^2 - f''_{xx}f''_{yy} < 0$，所以二元函数存在极小值 $f\left(0, \dfrac{1}{e}\right) = -\dfrac{1}{e}$.

知识点 3：条件极值的求法

例 3　求函数 $z = xy$ 在适合附加条件 $x + y = 1$ 下的极大值.

错解： 构造拉格朗日函数 $L(x, y, \lambda) = xy + \lambda(x + y - 1)$，令 $\begin{cases} L_x = y + \lambda = 0 \\ L_y = x + \lambda = 0 \\ L_\lambda = x + y - 1 = 0 \end{cases}$，可得唯一的

驻点 $\begin{cases} x = \dfrac{1}{2} \\ y = \dfrac{1}{2} \\ \lambda = -\dfrac{1}{2} \end{cases}$，故该驻点为函数的极大值点，极大值为 $z\left(\dfrac{1}{2}, \dfrac{1}{2}\right) = \dfrac{1}{4}$.

【错解分析及知识链接】 本题考查二元函数在约束条件下的极值，错解中利用拉格朗日乘数法求出了驻点，但没有对驻点进行判别. 求约束条件下的极值有两种方法，一是直接化条件极值为无条件极值；二是利用拉格朗日乘数法. 本题的约束条件比较简单，可以直接化条件极值为无条件极值.

正解： 因为 $y = 1 - x$，所以 $z = xy = x(1 - x) = x - x^2$，$\dfrac{dz}{dx} = 1 - 2x$，令 $\dfrac{dz}{dx} = 0$，可得 $x = \dfrac{1}{2}$，又因 $\dfrac{d^2z}{dx^2} = -2 < 0$，故函数在 $x = \dfrac{1}{2}$ 处取得极大值 $z = \dfrac{1}{4}$.

【举一反三】 抛物面 $z = x^2 + y^2$ 被平面 $x + y + z = 1$ 截成一椭圆，求原点到椭圆的最长与最短距离.

解： 设 (x, y, z) 为椭圆上一点，所求目标函数为 $d_1 = \sqrt{x^2 + y^2 + z^2}$ 在约束条件 $z = x^2 + y^2$，$x + y + z = 1$ 下的最值问题. 又因 $d_1 = \sqrt{x^2 + y^2 + z^2}$，因此构造拉格朗日函数 $L(x, y, z, \lambda, \mu) =$

$\sqrt{x^2 + y^2 + z^2} + \lambda(x^2 + y^2 - z) + \mu(x + y + z - 1)$，令 $\begin{cases} L_x = \dfrac{x}{\sqrt{x^2 + y^2 + z^2}} + 2\lambda x + \mu = 0 \\ L_y = \dfrac{y}{\sqrt{x^2 + y^2 + z^2}} + 2\lambda y + \mu = 0 \\ L_z = \dfrac{z}{\sqrt{x^2 + y^2 + z^2}} + 2\lambda z + \mu = 0 \end{cases}$，再联立

$\begin{cases} L_\lambda = x^2 + y^2 - z = 0 \\ L_\mu = x + y + z - 1 = 0 \end{cases}$，解得 $\begin{cases} x_1 = y_1 = \dfrac{\sqrt{3}}{2} - \dfrac{1}{2} \\ z_1 = 2 - \sqrt{3} \end{cases}$，或 $\begin{cases} x = y = -\dfrac{\sqrt{3}}{2} - \dfrac{1}{2} \\ z = 2 + \sqrt{3} \end{cases}$，分别记为 P_1 和 P_2. 计算

比较可得最短距离为 $d(P_1) = x^2 + y^2 + z^2 \big|_{P_1} = 9 - 5\sqrt{3}$，最长距离为 $d(P_2) = x^2 + y^2 + z^2 \big|_{P_2} = 9 + 5\sqrt{3}$.

【解法分析及知识链接】 条件极值的关键是找到相应的目标函数及约束条件，上面的解法是正确的，但是计算量有点大. 选择目标函数是为了减少计算量，目标函数可适当变形. 又因 $d_1 = \sqrt{x^2 + y^2 + z^2}$ 与 $d = x^2 + y^2 + z^2$ 的极值点相同，故可选目标函数为 $d = x^2 + y^2 + z^2$，其他

思想方法同上.

知识点 4：实际问题求最值

例 4　求函数 $f(x,y)=x^2-xy+y^2-x-y$ 在闭单位圆盘 $x^2+y^2\leqslant1$ 上的最大值和最小值.

【题目分析及知识链接】考查有界闭区域上连续函数的最值问题. 因为 $u(x,y)$ 在平面有界闭区域 D 上连续，所以 $u(x,y)$ 在 D 内必然有最大值和最小值. 基本思想是先求出函数在开区域上的驻点和不可导点，再求函数在区域边界上的可疑极值，最后比较大小可得函数的最大值和最小值.

令 $\dfrac{\partial f}{\partial x}=2x-y-1=0$，$\dfrac{\partial f}{\partial y}=2y-x-1=0$，驻点为 $(1,1)$，在闭单位圆盘 $x^2+y^2\leqslant1$ 外，舍去. 条件极值问题为 $\begin{cases}\max(\min)x^2-xy+y^2-x-y\\x^2+y^2=1\end{cases}$，构造拉格朗日函数 $L=x^2-xy+y^2-x-y+\lambda(x^2+y^2-1)$，驻点为 $\left(\dfrac{\sqrt2}{2},\dfrac{\sqrt2}{2}\right)$，$\left(-\dfrac{\sqrt2}{2},-\dfrac{\sqrt2}{2}\right)$，$(0,-1)$，$(-1,0)$. 因为 $f(x,y)=x^2-xy+y^2-x-y$ 在闭单位圆盘 $x^2+y^2\leqslant1$ 上连续，有最大值、最小值. 计算得 $f(0,-1)=f(-1,0)=2$ 为最大值，$f\left(\dfrac{\sqrt2}{2},\dfrac{\sqrt2}{2}\right)=\dfrac{1}{2}-\sqrt2$ 为最小值.

【举一反三】要在某行星表面安装一个无线电设备，为减少干扰，需将该设备安装在磁场最弱的位置. 假设该行星为一球体，其半径为 6 个单位. 若以行星中心为原点建立空间直角坐标系，则行星上点 (x,y,z) 处的磁场强度为 $H(x,y,z)=6x-y^2+xz+60$，问应将该无线电设备安装在何处？此处的磁场强度为多少？

解：行星表面方程 $x^2+y^2+z^2=36$，构造拉格朗日函数

$$L(x,y,z,\lambda)=6x-y^2+xz+60+\lambda(x^2+y^2+z^2-36).$$

解方程组 $\begin{cases}L_x=6+z+2\lambda x=0\\L_y=-2y+2\lambda y=0\\L_z=x+2\lambda z=0\\x^2+y^2+z^2=36\end{cases}$，得驻点 $(-4,\pm4,2)$、$\left(\pm3\sqrt3,0,3\right)$、$(0,0,-6)$，比较函数值可知 H 在 $(-4,\pm4,2)$ 处的值最小，且最小值为 12.

3．真题演练

（1）（2006 年）设 $f(x,y)$ 与 $\varphi(x,y)$ 均为可微函数，且 $\varphi'(x_0,y_0)\neq0$，已知 (x_0,y_0) 是 $f(x,y)$ 在约束条件 $\varphi(x,y)=0$ 下的一个极值点，下列选项正确的是（　　）.

　　A．若 $f_x(x_0,y_0)=0$，则 $f_y(x_0,y_0)=0$　　B．若 $f_x(x_0,y_0)=0$，则 $f_y(x_0,y_0)\neq0$

　　C．若 $f_x(x_0,y_0)\neq0$，则 $f_y(x_0,y_0)=0$　　D．若 $f_x(x_0,y_0)\neq0$，则 $f_y(x_0,y_0)\neq0$

（2）（2010 年）设 $z=f(x,y)$ 的全微分为 $\mathrm{d}z=x\mathrm{d}x+y\mathrm{d}y$，则点 $(0,0)$（　　）.

　　A．不是 $f(x,y)$ 的连续点　　　　　　B．不是 $f(x,y)$ 的极值点

　　C．是 $f(x,y)$ 的极大值点　　　　　　D．是 $f(x,y)$ 的极小值点

（3）（2011 年）设函数 $f(x)$ 具有二阶连续的导数，且 $f(x)>0$，$f'(0)=0$，则函数 $z=\ln f(x)f(y)$ 在点 $(0,0)$ 处取得极小值的一个充分条件是（　　）.

A．$f(0)>1$　$f''(0)>0$　　　　　B．$f(0)>1$　$f''(0)<0$

C．$f(0)<1$　$f''(0)>0$　　　　　D．$f(0)<1$　$f''(0)<0$

（4）（2016 年）设 $u(x,y)$ 在平面有界闭区域 D 上连续，在 D 的内部具有二阶连续偏导数，且满足 $\dfrac{\partial^2 u}{\partial x \partial y} \neq 0$ 及 $\dfrac{\partial^2 u}{\partial x^2} + \dfrac{\partial^2 u}{\partial y^2} = 0$，则（　　）.

　　A．$u(x,y)$ 的最大值点和最小值点必定都在区域 D 的边界上

　　B．$u(x,y)$ 的最大值点和最小值点必定都在区域 D 的内部

　　C．$u(x,y)$ 的最大值点在区域 D 的内部，最小值点在区域 D 的边界上

　　D．$u(x,y)$ 的最小值点在区域 D 的内部，最大值点在区域 D 的边界上

（5）（2007 年）求 $f(x,y) = x^2 + 2y^2 - x^2 y^2$ 在区域 $D = \{(x,y) \mid x^2 + y^2 \leqslant 4, y \geqslant 0\}$ 上的最大值和最小值.

（6）（2016 年）已知函数 $f(x,y) = x + y + xy$，曲线 $C: x^2 + y^2 + xy = 3$，求 $f(x,y)$ 在曲线 C 上的最大方向导数.

4．真题演练解析

（1）【解析】利用拉格朗日函数 $F(x,y,\lambda) = f(x,y) + \lambda \varphi(x,y)$ 在 (x_0, y_0, λ_0)（λ_0 是对应 x_0, y_0 的参数 λ 的值）取得极值的必要条件即可.

作拉格朗日函数 $F(x,y,\lambda) = f(x,y) + \lambda \varphi(x,y)$，并记对应 x_0, y_0 的参数 λ 的值为 λ_0，则 $\begin{cases} F_x(x_0, y_0, \lambda_0) = 0 \\ F_y(x_0, y_0, \lambda_0) = 0 \end{cases}$，即 $\begin{cases} f_x(x_0, y_0) + \lambda_0 \varphi_x(x_0, y_0) = 0 \\ f_y(x_0, y_0) + \lambda_0 \varphi_y(x_0, y_0) = 0 \end{cases}$，消去 λ_0 得 $f_x(x_0, y_0) \varphi_y(x_0, y_0) -$ $f_y(x_0, y_0)$ $\varphi_x(x_0, y_0) = 0$，整理可得 $f_x(x_0, y_0) = \dfrac{f_y(x_0, y_0)}{\varphi_y(x_0, y_0)} \varphi_x(x_0, y_0) [\varphi_y(x_0, y_0) \neq 0]$，所以若 $f_x(x_0, y_0) \neq 0$，则 $f_y(x_0, y_0) \neq 0$，故选 D．

（2）【解析】本题考查极值判别的充分条件. 由 $\mathrm{d}z = x\mathrm{d}x + y\mathrm{d}y$ 知 $\dfrac{\partial z}{\partial x} = x, \dfrac{\partial z}{\partial y} = y$，又因 $A = \dfrac{\partial^2 z}{\partial x^2} = 1, C = \dfrac{\partial^2 z}{\partial y^2} = 1, B = \dfrac{\partial^2 z}{\partial x \partial y} = \dfrac{\partial^2 z}{\partial y \partial x} = 0$ 在 $(0,0)$ 处，$\dfrac{\partial z}{\partial x} = 0, \dfrac{\partial z}{\partial y} = 0$，$AC - B^2 = 1 > 0$，$A = 1 > 0$，故 $(0,0)$ 为函数 $z = f(x,y)$ 的一个极小值点，故选 D．

（3）【解析】本题考查二元函数取极值的条件，直接套用二元函数取极值的充分条件即可. 由 $z = f(x) \ln f(y)$ 知 $z_x' = f'(x) \ln f(y)$，$z_y' = \dfrac{f(x)}{f(y)} f'(y)$，$z_{xy}'' = \dfrac{f'(x)}{f(y)} f'(y)$，$z_{xx}'' = f''(x) \ln f(y)$，$z_{yy}'' = f(x) \dfrac{f''(y)f(y) - (f'(y))^2}{f^2(y)}$，所以 $z_{xy}'' \Big|_{\substack{x=0 \\ y=0}} = \dfrac{f'(0)}{f(0)} f'(0) = 0$，$z_{xx}'' \Big|_{\substack{x=0 \\ y=0}} = f''(0) \ln f(0)$，$z_{yy}'' \Big|_{\substack{x=0 \\ y=0}} = f(0) \dfrac{f''(0)f(0) - (f'(0))^2}{f^2(0)} = f''(0)$. 要使得函数 $z = f(x) \ln f(y)$ 在点 $(0,0)$ 处取得极小值，仅需 $f''(0) \ln f(0) > 0$，$f''(0) \ln f(0) \cdot f''(0) > 0$，所以有 $f(0) > 1$，$f''(0) > 0$，故选 D．

（4）【解析】考查有界闭区域上连续函数的最值问题. 因为 $u(x,y)$ 在平面有界闭区域 D 上

连续，所以 $u(x,y)$ 在 D 内必然有最大值和最小值. 并且如果在内部存在驻点 (x_0,y_0)，即 $\dfrac{\partial u}{\partial x} = \dfrac{\partial u}{\partial y} = 0$. 在这个点处 $A = \dfrac{\partial^2 u}{\partial x^2}$，$C = \dfrac{\partial^2 u}{\partial y^2}$，$B = \dfrac{\partial^2 u}{\partial x \partial y} = \dfrac{\partial^2 u}{\partial y \partial x}$，由条件知 $AC - B^2 < 0$，显然 $u(x,y)$ 不是极值点，当然也不是最值点，所以 $u(x,y)$ 的最大值点和最小值点必定都在区域 D 的边界上，故选 A.

（5）【解析】由于 D 为有界闭区域，在开区域内按无条件极值分析，而在边界上按条件极值讨论即可. 因为 $f'_x(x,y) = 2x - 2xy^2$，$f'_y(x,y) = 4y - 2x^2 y$，所以解方程 $\begin{cases} f'_x = 2x - 2xy^2 = 0 \\ f'_y = 4y - 2x^2 y = 0 \end{cases}$，得开区域内的可能极值点为 $(\pm\sqrt{2},1)$. 其对应函数值为 $f(\pm\sqrt{2},1) = 2$. 当 $y=0$ 时，$f(x,y) = x^2$ 在 $-2 \le x \le 2$ 上的最大值为 4，最小值为 0. 当 $x^2 + y^2 = 4$，$y > 0, -2 < x < 2$ 时，构造拉格朗日函数 $F(x,y,\lambda) = x^2 + 2y^2 - x^2 y^2 + \lambda(x^2 + y^2 - 4)$，解方程组 $\begin{cases} F'_x = 2x - 2xy^2 + 2\lambda x = 0 \\ F'_y = 4y - 2x^2 y + 2\lambda y = 0 \\ F'_\lambda = x^2 + y^2 - 4 = 0 \end{cases}$，得可能极值点 $(0,2), \left(\pm\sqrt{\dfrac{5}{2}}, \sqrt{\dfrac{3}{2}}\right)$，其对应函数值为 $f(0,2) = 8, f\left(\pm\sqrt{\dfrac{5}{2}}, \sqrt{\dfrac{3}{2}}\right) = \dfrac{7}{4}$. 比较函数值 $2, 0, 4, 8, \dfrac{7}{4}$，知 $f(x,y)$ 在区域 D 上的最大值为 8，最小值为 0.

（6）【解析】本题考查的是方向导数在约束条件下的最大值，关键是构造目标函数. $f(x,y)$ 沿着梯度的方向的方向导数最大，且最大值为梯度的模. 由于 $f'(x,y) = 1 + y$，$f'_y(x,y) = 1 + x$，$\mathbf{grad} f(x,y) = \{1+y, 1+x\}$ 模为 $\sqrt{(1+y)^2 + (1+x)^2}$，所以此题转化为求函数 $g(x,y) = \sqrt{(1+y)^2 + (1+x)^2}$ 在约束条件 $C: x^2 + y^2 + xy = 3$ 的最大值，即条件极值问题. 本问题可以转化为求 $\mathrm{d}(x,y) = (1+y)^2 + (1+x)^2$ 在约束条件 $C: x^2 + y^2 + xy = 3$ 下的最大值，构造函数 $f(x,y,\lambda) = (1+y)^2 + (1+x)^2 + \lambda(x^2 + y^2 + xy - 3)$，解方程组 $\begin{cases} F'_x = 2(1+x) + \lambda(2x+y) = 0 \\ F'_y = 2(1+y) + \lambda(2y+x) = 0 \\ F'_\lambda = x^2 + y^2 + xy - 3 = 0 \end{cases}$，得驻点 $M_1(1,1)$，$M_2(-1,-1)$，$M_3(2,-1)$，$M_4(-1,2)$；$d(M_1) = 8, d(M_2) = 0, d(M_3) = 9, d(M_4) = 9$，比较大小可知方向导数的最大值为 $\sqrt{9} = 3$.

第 10 章　重积分

10.1　二重积分的概念与性质

1．重要知识点

（1）二重积分的定义：$\iint_D f(x,y)\mathrm{d}x\mathrm{d}y = \lim\limits_{\lambda \to 0}\sum\limits_{i=1}^{n}f(\xi_i,\eta_i)\Delta\sigma_i$.

（2）二重积分的意义：

① 几何上：$\iint_D f(x,y)\mathrm{d}x\mathrm{d}y$（$f(x,y)\geq 0$）表示以 D 为底，以 $f(x,y)$ 为顶的曲顶柱体的体积；$f(x,y)<0$ 表示相应柱体的体积为负值.

② 物理上：$\iint_D \rho(x,y)\mathrm{d}x\mathrm{d}y$（其中 $\rho(x,y)$ 表示占有平面区域 D 的薄片的面密度）表示薄片的质量.

（3）二重积分的性质：线性性质、对区域的有限可加性、估值不等式、二重积分的中值定理.

2．例题辨析

知识点 1：二重积分的几何意义

例 1　用二重积分表示顶面方程为 $z = \sin xy$，底面区域为圆 $x^2 + y^2 = 1$ 在第二象限的部分与 x 轴、y 轴所围成的曲顶柱体的体积 V.

错解：由二重积分的几何意义得 $V = \iint_D \sin xy\,\mathrm{d}\sigma$，其中 $D: x^2 + y^2 = 1, x \leq 0, y \geq 0$.

【错解分析及知识链接】本题考查二重积分的几何意义，解题过程中要注意一些细节问题，当被积函数非负时，才表示相应立体的体积，而在 $D: x^2 + y^2 = 1, x \leq 0, y \geq 0$ 上，$\sin xy \leq 0$，不满足条件；同时要注意对积分区域的表示，错解中的 D 表示的是 $\dfrac{1}{4}$ 圆周.

正解：$V = -\iint_D \sin xy\,\mathrm{d}\sigma$，其中 $D: x^2 + y^2 \leq 1, x \leq 0, y \geq 0$.

【举一反三】设平面区域 D 由 $y = \sin x\left(-\dfrac{\pi}{2} \leq x \leq \dfrac{\pi}{2}\right)$，$x = -\dfrac{\pi}{2}$，$y = 1$ 曲线围成，则 $\iint_D (xy^3 - 1)\mathrm{d}\sigma$ 等于（　　）.

A．2　　　　　　　　B．-2　　　　　　　　C．π　　　　　　　　D．$-\pi$

解：正确答案为 D．作辅助线 $y = -\sin x, -\dfrac{\pi}{2} \leq x \leq 0$，将积分域 D 分成 D_1，D_2，如图 10.1 所示.

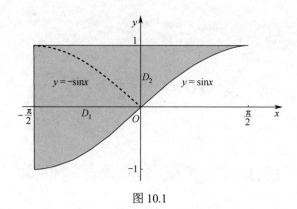

图 10.1

又因 $\iint_D (xy^3 - 1)\mathrm{d}\sigma = \iint_D xy^3 \mathrm{d}\sigma - \iint_D \mathrm{d}\sigma = \iint_{D_1} xy^3 \mathrm{d}\sigma + \iint_{D_2} xy^3 \mathrm{d}\sigma - \iint_D \mathrm{d}\sigma$，且 D_1 关于 x 轴对称，而 xy^3 关于 y 为奇函数，所以 $\iint_{D_1} xy^3 \mathrm{d}\sigma = 0$；$D_2$ 关于 y 轴对称，而 xy^3 关于 x 为奇函数，所以 $\iint_{D_2} xy^3 \mathrm{d}\sigma = 0$.

故 $\iint_D (xy^3 - 1)\mathrm{d}\sigma = -\iint_D \mathrm{d}\sigma = -\int_{-\frac{\pi}{2}}^{\frac{\pi}{2}} (1 - \sin x)\mathrm{d}x = -\pi$.

知识点 2：二重积分比较大小

例 2 根据二重积分的性质，比较 $\iint_D (x+y)^2 \mathrm{d}\sigma$，$\iint_D (x+y)^3 \mathrm{d}\sigma$ 的大小，其中积分区域 D 由 x 轴、y 轴与直线 $x + y = 1$ 围成.

【题目分析及知识链接】本题考查二重积分性质的应用. 因为积分区域相同，故只要比较被积函数的大小. 当 $(x, y) \in D$ 时，$0 \leqslant x + y \leqslant 1$，故 $(x+y)^3 \leqslant (x+y)^2$，因此

$$\iint_D (x+y)^3 \mathrm{d}\sigma \leqslant \iint_D (x+y)^2 \mathrm{d}\sigma.$$

【举一反三】 设 $f(u)$ 连续且严格单调减少，$I_1 = \iint_{x^2+y^2 \leqslant 1} f\left(\dfrac{1}{1+\sqrt{x^2+y^2}}\right)\mathrm{d}\sigma$，$I_2 =$

$\iint_{x^2+y^2 \leqslant 1} f\left(\dfrac{1}{1+\sqrt[3]{x^2+y^2}}\right)\mathrm{d}\sigma$，则有（　　）.

A. $I_1 > I_2$

B. $I_1 < I_2$

C. $I_1 = \dfrac{2}{3} I_2$

D. I_1 与 I_2 大小关系不确定

解： 正确结论是 B. 当 $x^2 + y^2 \leqslant 1$ 时，$\dfrac{1}{1+\sqrt{x^2+y^2}} \geqslant \dfrac{1}{1+\sqrt[3]{x^2+y^2}}$，又因 f 严格单调减少，则 $f\left(\dfrac{1}{1+\sqrt{x^2+y^2}}\right) \leqslant f\left(\dfrac{1}{1+\sqrt[3]{x^2+y^2}}\right)$. 且因为 f 连续，当 $x^2 + y^2 \leqslant 1$ 时，$\dfrac{1}{1+(x^2+y^2)^{\frac{1}{2}}} \not\equiv \dfrac{1}{1+(x^2+y^2)^{\frac{1}{3}}}$，则 $I_1 < I_2$.

【举一反三】 设平面域 D 为 $x^2 + y^2 \leqslant 1$，记 $I_1 = \iint_D (x+y)^3 \mathrm{d}x\mathrm{d}y$，$I_2 = \iint_D \cos x^2 \sin y^2 \mathrm{d}x\mathrm{d}y$，

$I_3 = \iint_D [e^{-(x^2+y^2)} - 1] dx dy$ ，则有（ ）．

A. $I_1 > I_2 > I_3$ B. $I_2 > I_1 > I_3$ C. $I_1 > I_3 > I_2$ D. $I_2 > I_3 > I_1$

解： 正确答案为 B. 因为区域 D 关于 x 轴，y 轴对称，因此

$$I_1 = \iint_D (x+y)^3 dx dy = \iint_D (x^3 + 3xy^2) dx dy + \iint_D (3x^2 y + y^3) dx dy = 0.$$

在 D 上，$\cos x^2 \sin y^2 \geqslant 0$，且 $\cos x^2 \sin y^2 \not\equiv 0$，故 $I_2 = \iint_D \cos x^2 \sin y^2 dx dy > 0$.

在 D 上，$e^{-(x^2+y^2)} \leqslant 1$，且 $e^{-(x^2+y^2)} \not\equiv 1$，故 $I_3 = \iint_D [e^{-(x^2+y^2)} - 1] dx dy < 0$. 因此选 A.

知识点 3：估值定理

例 3 利用二重积分的性质，估计积分 $\iint_D (x+y+1) d\sigma$ 的值，其中 $D = \{(x,y) \big| 0 \leqslant x \leqslant 1,$ $0 \leqslant y \leqslant 2\}$.

【题目分析及知识链接】 本题考查二重积分的估值定理，常见错因是审题粗心大意，直接计算其值. 当 $(x,y) \in D$ 时，$1 \leqslant x+y+1 \leqslant 4$，于是 $\iint_D d\sigma \leqslant \iint_D (x+y+1) d\sigma \leqslant \iint_D 4 d\sigma$，即 $2 \leqslant \iint_D (x+y+1) d\sigma \leqslant 8$.

知识点 4：二重积分中值定理

例 4 求 $\lim\limits_{t \to 0} \dfrac{1}{t^2} \int_0^t dx \int_x^t e^{-(y-x)^2} dy$.

【题目分析及知识链接】 本题是考查二重积分及函数的极限的综合问题. 因为被积函数无论是先对 y 积分，还是先对 x 积分，原函数都不是初等函数，故无法用求出二次积分的方法求极限，因此考虑用中值定理，将被积函数从积分号下分离出来.

假设 $t > 0$，积分区域如图 10.2 所示，记为 $D = \{(x,y) \big| 0 \leqslant x \leqslant t, x \leqslant y \leqslant t\}$.

由积分中值定理，在 D 中至少存在一点 (ξ, η)，使得

$$\int_0^t dx \int_x^t e^{-(y-x)^2} dy = e^{-(\eta-\xi)^2} \frac{1}{2} t^2.$$

又因 $(\xi, \eta) \in D$，当 $t \to 0^+$ 时，$(\xi, \eta) \to (0,0)$，故

$$\lim_{t \to 0^+} \frac{1}{t^2} \int_0^t dx \int_x^t e^{-(y-x)^2} dy = \lim_{t \to 0^+} \frac{1}{t^2} e^{-(\eta-\xi)^2} \frac{1}{2} t^2 =$$

$$\frac{1}{2} \lim_{(\xi,\eta) \to (0,0)} e^{-(\eta-\xi)^2} = \frac{1}{2}.$$

$t < 0$ 时，同理可证.

综上，$\lim\limits_{t \to 0} \dfrac{1}{t^2} \int_0^t dx \int_x^t e^{-(y-x)^2} dy = \dfrac{1}{2}$.

【举一反三】 设 $D: x^2 + y^2 \leqslant r^2$，计算极限 $\lim\limits_{r \to 0^+} \dfrac{1}{\pi r^2} \iint_D e^{x^2-y^2} \cos(x+y) dx dy$.

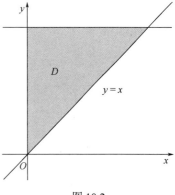

图 10.2

解： 由于 $e^{x^2-y^2} \cos(x+y)$ 在 D 内连续，由二重积分中值定理可知，至少存在一点 $(\xi, \eta) \in D$，使 $\dfrac{1}{\pi r^2} \iint_D e^{x^2-y^2} \cos(x+y) dx dy = e^{\xi^2-\eta^2} \cos(\xi + \eta)$. 又

因当 $r \to 0^+$ 时，$(\xi, \eta) \to (0,0)$，故 $\lim\limits_{r \to 0^+} \dfrac{1}{\pi r^2} \iint_D \mathrm{e}^{x^2 - y^2} \cos(x+y) \mathrm{d}x\mathrm{d}y = \lim\limits_{\substack{\xi \to 0 \\ \eta \to 0}} \mathrm{e}^{\xi^2 - \eta^2} \cos(\xi + \eta) = 1$.

3. 真题演练

（1）（2009 年）如图 10.3 所示，正方形 $\{(x,y) \big\| |x| \leqslant 1, |y| \leqslant 1\}$ 被其对角线划分为四个区域 $D_k (k=1,2,3,4)$，$I_k = \iint_{D_k} y \cos x \mathrm{d}x\mathrm{d}y$，则 $\max\limits_{1 \leqslant k \leqslant 4} \{I_k\} = $（　　）.

　　A. I_1　　　　　　B. I_2　　　　　　C. I_3　　　　　　D. I_4

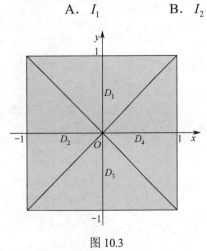

图 10.3

（2）（2019 年）已知平面区域 $D = \left\{(x,y) \big\| |x| + |y| \leqslant \dfrac{\pi}{2}\right\}$，

$$I_1 = \iint_D \sqrt{x^2 + y^2}\,\mathrm{d}x\mathrm{d}y, \qquad I_2 = \iint_D \sin\sqrt{x^2 + y^2}\,\mathrm{d}x\mathrm{d}y,$$

$$I_3 = \iint_D \left(1 - \cos\sqrt{x^2 + y^2}\right)\mathrm{d}x\mathrm{d}y, \ \text{则}（\quad）$$

　　A. $I_3 < I_2 < I_1$　　　　B. $I_2 < I_1 < I_3$

　　C. $I_1 < I_2 < I_3$　　　　D. $I_2 < I_3 < I_1$

4. 真题演练解析

（1）【解析】本题考查二重积分的对称性及性质. 因为 D_2 和 D_4 关于 x 轴对称，而被积函数关于 y 为奇函数，所以

$$I_2 = \iint_{D_2} y \cos x \mathrm{d}x\mathrm{d}y = 0, \quad I_4 = \iint_{D_4} y \cos x \mathrm{d}x\mathrm{d}y = 0.$$

因为 D_1 关于 y 轴对称，而被积函数关于 x 为偶函数，所以

$$I_1 = \iint_{D_1} y \cos x \mathrm{d}x\mathrm{d}y = 2\iint_{D_1'} y \cos x \mathrm{d}x\mathrm{d}y \ （D_1' \text{为} D_1 \text{在第一象限的部分}），$$

又因为在 D_1' 上，$y \cos x > 0$，所以 $I_1 > 0$. 同理 $I_3 < 0$. 因此 $\max\limits_{1 \leqslant k \leqslant 4} \{I_k\} = I_1$. 故选 A.

（2）【解析】本题考查二重积分的性质.

如图 10.4 所示，积分区域 D 包含在以原点为圆心，$\dfrac{\pi}{2}$ 为半径的圆域内，因此 $x^2 + y^2 \leqslant \left(\dfrac{\pi}{2}\right)^2$. 令 $u = \sqrt{x^2 + y^2}$，因为 $\sin u < u, u \in \left(0, \dfrac{\pi}{2}\right)$，所以在平面区域 D 内，$\sin\sqrt{x^2 + y^2} < \sqrt{x^2 + y^2}$，因此 $I_2 < I_1$.

比较 $1 - \cos u, \sin u$ 的大小，令 $f(u) = 1 - \cos u - \sin u$，则 $f'(u) = \sin u - \cos u = 0$. 当 $u \in \left(0, \dfrac{\pi}{2}\right)$ 时，得驻点 $u = \dfrac{\pi}{4}$. 当 $u < \dfrac{\pi}{4}$ 时，$f'(u) < 0$，$f(u)$ 单调递减；$u > \dfrac{\pi}{4}$ 时，$f'(u) > 0$，$f(u)$ 单调递增，故 $f(u)$ 最大值

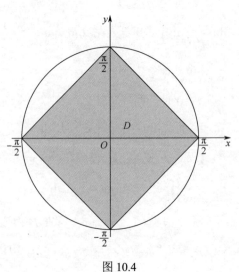

图 10.4

为 $f(0) = f\left(\dfrac{\pi}{2}\right) = 0$，所以 $f(u) < 0$，$u \in \left(0, \dfrac{\pi}{2}\right)$，因此在平面区域 D 内，$1 - \cos\sqrt{x^2 + y^2} \leqslant \sin\sqrt{x^2 + y^2}$，由二重积分的性质得 $I_3 < I_2$．故选 A．

10.2　二重积分的计算

1．重要知识点

（1）二重积分在直角坐标系下的计算：

① 若积分区域 D 为 X 型：$\varphi_1(x) \leqslant y \leqslant \varphi_2(x), a \leqslant x \leqslant b$，则（先 y 后 x）

$$\iint_D f(x,y)\mathrm{d}x\mathrm{d}y = \int_a^b \mathrm{d}x \int_{\varphi_1(x)}^{\varphi_2(x)} f(x,y)\mathrm{d}y .$$

② 若积分区域 D 为 Y 型：$\psi_1(y) \leqslant x \leqslant \psi_2(y), c \leqslant y \leqslant d$，则（先 x 后 y）

$$\iint_D f(x,y)\mathrm{d}x\mathrm{d}y = \int_c^d \mathrm{d}y \int_{\psi_1(y)}^{\psi_2(y)} f(x,y)\mathrm{d}x .$$

注：若积分区域既是 X 型，又是 Y 型，此时定序原则：①内层积分易计算；②少分块．若 D 不是 X 型、Y 型，则利用区域的可加性分块计算．

（2）交换积分次序步骤：

① 根据二次积分，用不等式将积分区域 D 表示出来．

② 画出积分区域 D．

③ 用新的不等式表示 D．

④ 写出新的二次积分．

（3）二重积分在极坐标系下的计算（先 r 后 θ）：

① 若积分区域 D 为圆形、扇形域时，而被积函数含有 $x^2 + y^2$，常考虑用极坐标系计算．

$$\iint_D f(x,y)\mathrm{d}x\mathrm{d}y = \iint_D f(r\cos\theta, r\sin\theta)r\mathrm{d}r\mathrm{d}\theta .$$

② 对极坐标系下二重积分，再化成二次积分(先 r 后 θ)．

若积分区域 D 不包含极点，$r_1(\theta) \leqslant r \leqslant r_2(\theta), \alpha \leqslant \theta \leqslant \beta$，则

$$\iint_D f(x,y)\mathrm{d}x\mathrm{d}y = \iint_D f(r\cos\theta, r\sin\theta)r\mathrm{d}r\mathrm{d}\theta = \int_\alpha^\beta \mathrm{d}\theta \int_{r_1(\theta)}^{r_2(\theta)} f(r\cos\theta, r\sin\theta)r\mathrm{d}r .$$

若积分区域 D 包含极点，$0 \leqslant r \leqslant r(\theta), 0 \leqslant \theta \leqslant 2\pi$，则

$$\iint_D f(x,y)\mathrm{d}x\mathrm{d}y = \iint_D f(r\cos\theta, r\sin\theta)r\mathrm{d}r\mathrm{d}\theta = \int_0^{2\pi} \mathrm{d}\theta \int_0^{r(\theta)} f(r\cos\theta, r\sin\theta)r\mathrm{d}r .$$

（4）二重积分的对称性：

① 若区域 D 关于 x 轴对称，则有

$$\iint_D f(x,y)\mathrm{d}x\mathrm{d}y = \begin{cases} 0, & f(x,-y) = -f(x,y) \\ 2\iint_{D_1} f(x,y)\mathrm{d}x\mathrm{d}y, & f(x,-y) = f(x,y) \end{cases} .$$

其中 $D_1 = \left\{(x,y) \mid (x,y) \in D, \ y \geqslant 0\right\}$．

② 若区域 D 关于 y 轴对称，则有

$$\iint_D f(x,y)\mathrm{d}x\mathrm{d}y = \begin{cases} 0, & f(-x,y)=-f(x,y) \\ 2\iint_{D_2} f(x,y)\mathrm{d}x\mathrm{d}y, & f(-x,y)=f(x,y) \end{cases}.$$

其中 $D_2 = \left\{(x,y)\middle|(x,y)\in D,\ x\geqslant 0\right\}$.

③ 若区域 D 关于 $y=x$ 对称，则有 $\iint_D f(x,y)\mathrm{d}x\mathrm{d}y = \iint_D f(y,x)\mathrm{d}x\mathrm{d}y$.

2．例题辨析

知识点 1：直角坐标系计算二重积分

例 1　化二重积分 $\iint_D f(x,y)\mathrm{d}x\mathrm{d}y$ 为二次积分（分别列出对两个变量先后次序不同的两个二次积分），其中积分区域 D 是由 x 轴及 $x^2+y^2=r^2 (y\geqslant 0)$ 所围成的闭区域.

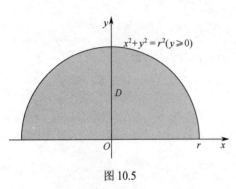

图 10.5

错解： 积分区域如图 10.5 所示，视 D 为 X 型，

$$D = \left\{(x,y)\middle|0\leqslant y\leqslant \sqrt{r^2-x^2},\ -r\leqslant x\leqslant r\right\},$$

则 $\iint_D f(x,y)\mathrm{d}x\mathrm{d}y = \int_{-r}^{r}\mathrm{d}x\int_0^{\sqrt{r^2-x^2}}f(x,y)\mathrm{d}y$.

视 D 为 Y 型，因为 D 关于 y 轴对称，

记 $D_1 = \left\{(x,y)\middle|0\leqslant x\leqslant \sqrt{r^2-y^2},\ 0\leqslant y\leqslant r\right\}$,

则 $\iint_D f(x,y)\mathrm{d}x\mathrm{d}y = 2\int_0^{r}\mathrm{d}y\int_0^{\sqrt{r^2-y^2}}f(x,y)\mathrm{d}x$.

【错解分析及知识链接】 本题考查二重积分转为二次积分，错解误用积分的对称性，二重积分的对称性既要考虑积分区域的对称性，同时被积函数要具有奇偶性.

正解： D 为 X 型时，步骤同上. 视 D 为 Y 型，$D=\left\{(x,y)\middle|-\sqrt{r^2-y^2}\leqslant x\leqslant \sqrt{r^2-y^2},\ 0\leqslant y\leqslant r\right\}$，则

$$\iint_D f(x,y)\mathrm{d}x\mathrm{d}y = \int_0^{r}\mathrm{d}y\int_{-\sqrt{r^2-y^2}}^{\sqrt{r^2-y^2}}f(x,y)\mathrm{d}x.$$

例 2　计算 $\iint_D \mathrm{e}^{-y^2}\mathrm{d}x\mathrm{d}y$，其中 D 为直线 $y=x$ 与曲线 $y=x^{\frac{1}{3}}$ 围成的有界闭区域.

【题目分析及知识链接】 区域 D 既是 X 型，又是 Y 型，但是 e^{-y^2} 的原函数为非初等函数，故采用"先 x 后 y"的积分顺序.

$$\iint_D \mathrm{e}^{-y^2}\mathrm{d}x\mathrm{d}y = \int_0^{1}\mathrm{e}^{-y^2}\mathrm{d}y\int_{y^3}^{y}\mathrm{d}x = \int_0^{1}(y-y^3)\mathrm{e}^{-y^2}\mathrm{d}y = \frac{1}{2}\mathrm{e}^{-1}.$$

【举一反三】 计算 $\iint_D xy\mathrm{d}x\mathrm{d}y$，其中 D 为抛物线 $y=x^2$ 与直线 $x+2y-3=0$ 及 x 轴围成的有界闭区域.

【题目分析及知识链接】 积分区域如图 10.6 所示，既是 X 型，又是 Y 型，依据上述定序原则，"先 x 后 y"较简单.

$$\iint_D xy\mathrm{d}x\mathrm{d}y = \int_0^{1}y\mathrm{d}y\int_{\sqrt{y}}^{3-2y}x\mathrm{d}x = \frac{1}{2}\int_0^{1}(4y^3-13y^2+9y)\mathrm{d}y = \frac{7}{12}.$$

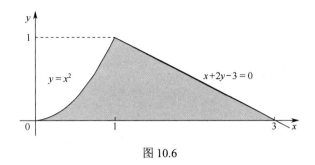

图 10.6

知识点 2：交换积分次序

例 3　改换二次积分 $\int_0^\pi dx \int_{-\sin\frac{x}{2}}^{\sin x} f(x,y)dy$ 的积分次序（画出草图）.

错解： 积分区域如图 10.7 所示，用平行于 x 轴的直线穿过 D 的内部，穿入与穿出边界都不可用一个方程表示，故由区域可加性，先分块处理.

由 $y = -\sin\dfrac{x}{2}$，得 $x = -2\arcsin y$，

由 $y = \sin x$ 得 $x = \arcsin y$，记

$D_1 : \arcsin y \leqslant x \leqslant \arcsin y,\ 0 \leqslant y \leqslant 1$，

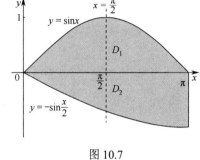

图 10.7

$D_2 : -2\arcsin y \leqslant x \leqslant \pi,\ -1 \leqslant y \leqslant 0$，于是

$$\int_0^\pi dx \int_{-\sin\frac{x}{2}}^{\sin x} f(x,y)dy = \int_0^1 dy \int_{\arcsin y}^{\arcsin y} f(x,y)dx + \int_{-1}^0 dy \int_{-2\arcsin y}^\pi f(x,y)dx.$$

【错解分析及知识链接】 本题考查交换二次积分的积分次序，错解的原因在于忽略了反三角函数的定义域.

正解： 由 $y = \sin x$ 可知，当 $x \in \left[0, \dfrac{\pi}{2}\right]$ 时，得 $x = \arcsin y$；当 $x \in \left[\dfrac{\pi}{2}, \pi\right]$ 时，$x = \pi - \arcsin y$.

于是 $D_1 = \{(x,y) | \arcsin y \leqslant x \leqslant \pi - \arcsin y, 0 \leqslant y \leqslant 1\}$，$D_2 = \{(x,y) | -2\arcsin y \leqslant x \leqslant \pi,\ -1 \leqslant y \leqslant 0\}$，则

$$\int_0^\pi dx \int_{-\sin\frac{x}{2}}^{\sin x} f(x,y)dy = \int_0^1 dy \int_{\pi-\arcsin y}^{\arcsin y} f(x,y)dx + \int_{-1}^0 dy \int_{-2\arcsin y}^\pi f(x,y)dx.$$

【举一反三】 交换积分次序 $\int_0^\pi dx \int_0^{\cos x} f(x,y)dy$.

解： 积分区域如图 10.8 所示，则

$D : 0 \leqslant x \leqslant \pi,\ 0 \leqslant y \leqslant \cos x$，

$$\int_0^\pi dx \int_0^{\cos x} f(x,y)dy$$

$$= \int_0^{\frac{\pi}{2}} dx \int_0^{\cos x} f(x,y)dy - \int_{\frac{\pi}{2}}^\pi dx \int_{\cos x}^0 f(x,y)dy$$

$$= \int_0^1 dy \int_0^{\arccos y} f(x,y)dx - \int_{-1}^0 dy \int_{\arccos y}^\pi f(x,y)dx.$$

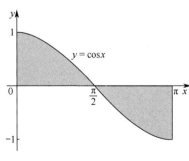

图 10.8

【举一反三】求 $\lim\limits_{t\to 0}\dfrac{1}{t^2}\int_0^t dx\int_x^t e^{-(y-x)^2}dy$.

解：本题考查二重积分及函数的极限的综合问题. 交换积分次序 $\int_0^t dx\int_x^t e^{-(y-x)^2}dy = \int_0^t dy\int_0^y e^{-(y-x)^2}dx$，于是

$$\lim_{t\to 0^+}\frac{1}{t^2}\int_0^t dx\int_x^t e^{-(y-x)^2}dy = \lim_{t\to 0^+}\frac{1}{t^2}\int_0^t dy\int_0^y e^{-(y-x)^2}dx = \lim_{t\to 0^+}\frac{1}{2t}\int_0^t e^{-(t-x)^2}dx.$$

对 $\int_0^t e^{-(t-x)^2}dx$，令 $t-x=m$，$\int_0^t e^{-(t-x)^2}dx = \int_0^t e^{-m^2}dm$，所以

$$\lim_{t\to 0^+}\frac{1}{2t}\int_0^t e^{-(t-x)^2}dx = \lim_{t\to 0^+}\frac{1}{2t}\int_0^t e^{-m^2}dm = \lim_{t\to 0^+}\frac{e^{-t^2}}{2} = \frac{1}{2}.$$

当 $t<0$ 时，同理可证.

综上，$\lim\limits_{t\to 0}\dfrac{1}{t^2}\int_0^t dx\int_x^t e^{-(y-x)^2}dy = \dfrac{1}{2}$.

知识点 3：极坐标系下计算二重积分

例 4 计算以 xOy 面上的圆周 $x^2+y^2=ax$ 围成的闭区域为底，而以曲面 $z=x^2+y^2$ 为顶的曲顶柱体的体积.

错解：根据二重积分的几何意义，设曲顶柱体体积为 V，则 $V=\iint_D(x^2+y^2)dxdy$，其中 D 为圆周 $x^2+y^2=ax$ 所围闭区域. 又因 $D=\{(\rho,\theta)\,|\,0\leqslant\rho\leqslant a\cos\theta,\ 0\leqslant\theta\leqslant 2\pi\}$，则

$$V=\iint_D(x^2+y^2)dxdy = \int_0^{2\pi}d\theta\int_0^{a\cos\theta}\rho^2\cdot\rho d\rho = \int_0^{2\pi}\frac{a^4\cos^4\theta}{4}d\theta.$$

【错解分析及知识链接】本题主要考查二重积分的几何意义及计算，因积分区域是圆域，用极坐标比较简单. 错解错在看到圆域便想当然地认为 $0\leqslant\theta\leqslant 2\pi$.

正解：不妨设 $a>0$，积分区域如图 10.9 所示. 设曲顶柱体的体积为 V，D 为柱体在 xOy 面上的投影区域. 在极坐标系下，有

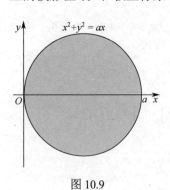

图 10.9

$$D=\left\{(\rho,\theta)\,\middle|\,0\leqslant\rho\leqslant a\cos\theta,\ -\frac{\pi}{2}\leqslant\theta\leqslant\frac{\pi}{2}\right\},$$

则 $$V=\iint_D(x^2+y^2)dxdy = \int_{-\frac{\pi}{2}}^{\frac{\pi}{2}}d\theta\int_0^{a\cos\theta}\rho^2\cdot\rho d\rho$$

$$=\int_{-\frac{\pi}{2}}^{\frac{\pi}{2}}\frac{a^4\cos^4\theta}{4}d\theta = 2\int_0^{\frac{\pi}{2}}\frac{a^4\cos^4\theta}{4}d\theta$$

$$=\frac{a^4}{2}\int_0^{\frac{\pi}{2}}\cos^4\theta d\theta \xlongequal{\text{由华莱士公式}} \frac{a^4}{2}\cdot\frac{3}{4}\cdot\frac{1}{2}\cdot\frac{\pi}{2} = \frac{3\pi a^4}{32}.$$

注 1：华莱士公式为

$$I_n=\int_0^{\frac{\pi}{2}}\cos^n x dx = \int_0^{\frac{\pi}{2}}\sin^n x dx = \begin{cases}\dfrac{n-1}{n}\cdot\dfrac{n-3}{n-2}\cdot\cdots\cdot\dfrac{3}{4}\cdot\dfrac{1}{2}\cdot\dfrac{\pi}{2}, & n\text{ 为正偶数}\\[3mm]\dfrac{n-1}{n}\cdot\dfrac{n-3}{n-2}\cdot\cdots\cdot\dfrac{4}{5}\cdot\dfrac{2}{3}, & n\text{ 为大于1的奇数}\end{cases}.$$

注 2：在最后一步的定积分计算中，也可以直接利用倍角公式进行降幂处理．

知识点 4：二次积分转换坐标系

例 5　化二次积分 $\int_0^1 dx \int_0^{x^2} f(x,y)dy$ 为极坐标形式的二次积分．

错解：积分区域如图 10.10 所示，在极坐标系下，$x=1$ 表示为

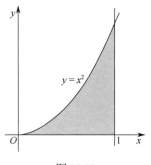

$\rho = \dfrac{1}{\cos\theta}$ ，$y=x^2$ 表示为 $\rho = \dfrac{\sin\theta}{\cos^2\theta}$ ，则积分区域为

$D = \left\{ (\rho,\theta) \middle| 0 \leqslant \rho \leqslant \dfrac{1}{\cos\theta},\ 0 \leqslant \theta \leqslant \dfrac{\pi}{4} \right\}$ ，于是

$$\int_0^1 dx \int_0^{x^2} f(x,y)dy = \int_0^{\frac{\pi}{4}} d\theta \int_0^{\frac{1}{\cos\theta}} f(\rho\cos\theta, \rho\sin\theta)\rho d\rho .$$

图 10.10

【错解分析及知识链接】本题考查直角坐标系下的二次积分转为极坐标系下的二次积分．关键是利用两种坐标的关系，写出边界曲线的极坐标方程．错解中内层积分的积分限判断错误，注意用射线穿过积分区域的内部，进入边界的曲线为 $y=x^2$ ．

正解：在极坐标系下，积分区域为 $\left\{ (\rho,\theta) \middle| \dfrac{\sin\theta}{\cos^2\theta} \leqslant \rho \leqslant \dfrac{1}{\cos\theta},\ 0 \leqslant \theta \leqslant \dfrac{\pi}{4} \right\}$ ，于是

$$\int_0^1 dx \int_0^{x^2} f(x,y)dy = \int_0^{\frac{\pi}{4}} d\theta \int_{\frac{\sin\theta}{\cos^2\theta}}^{\frac{1}{\cos\theta}} f(\rho\cos\theta, \rho\sin\theta)\rho d\rho .$$

【举一反三】计算 $I = \int_{-\sqrt{2}}^0 dx \int_{-x}^{\sqrt{4-x^2}} (x^2+y^2)^{\frac{1}{2}} dy + \int_0^2 dx \int_{\sqrt{2x-x^2}}^{\sqrt{4-x^2}} (x^2+y^2)^{\frac{1}{2}} dy$ ．

解：记 $D_1 : -x \leqslant y \leqslant \sqrt{4-x^2}, -\sqrt{2} \leqslant x \leqslant 0, D_2 : \sqrt{2x-x^2} \leqslant y \leqslant \sqrt{4-x^2},\ 0 \leqslant x \leqslant 2$ ，

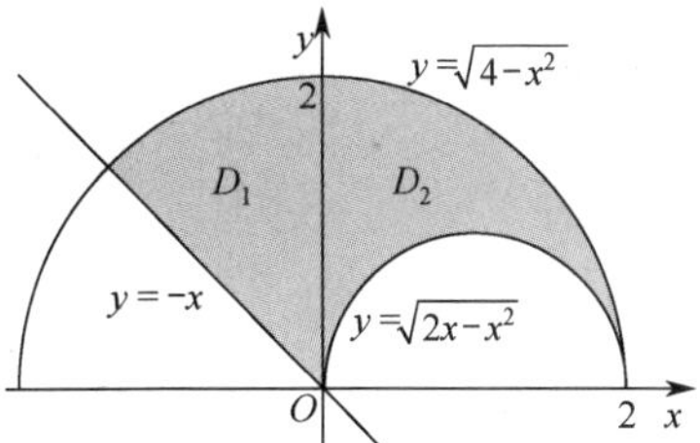

令 $D = D_1 \bigcup D_2$ ，如图 10.11 所示，积分区域是圆域上的一部分，用极坐标比较简单．边界曲线 $y = \sqrt{4-x^2}$ ，$y = \sqrt{2x-x^2}$ 及 $y=-x$ 在极坐标系下的方程分别为 $\rho = 2$ ，$\rho = 2\cos\theta$ ，$\theta = \dfrac{3\pi}{4}$ ．于是 $D_1 = \left\{ (\rho,\theta) \middle| 0 \leqslant \rho \leqslant 2,\ \dfrac{\pi}{2} \leqslant \theta \leqslant \dfrac{3\pi}{4} \right\}$ ，$D_2 = \left\{ (\rho,\theta) \middle| 2\cos\theta \leqslant \rho \leqslant 2,\ 0 \leqslant \theta \leqslant \dfrac{\pi}{2} \right\}$ ，故 $\int_0^{\frac{\pi}{2}} d\theta \int_{2\cos\theta}^2 r^2 dr + \int_{\frac{\pi}{2}}^{\frac{3\pi}{4}} d\theta \int_0^2 r^2 dr = 2\pi - \dfrac{16}{9}$ ．

图 10.11

知识点 5：二重积分的对称性

例 6　计算 $I = \iint_D x \ln\left(y + \sqrt{1+y^2} \right) dxdy$ ，其中 D 由 $y = 4-x^2, y = -3x, x=1$ 围成．

解：尽管积分区域 D 关于坐标轴不具备对称性，但适当分块后具备对称性．

积分区域如图 10.12 所示，令 $f(x,y) = x \ln\left(y + \sqrt{1+y^2} \right)$ ，作辅助线 $y = 3x$ ，将区域分成 D_1 和 D_2 两块，即 $D = D_1 + D_2$ ．

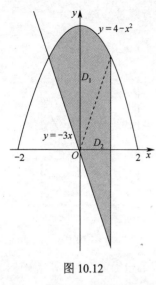

图 10.12

在 D_1 上，$f(-x,y)=-f(x,y)$；

在 D_2 上，$f(x,-y)=-f(x,y)$．故由二重积分的对称可知，

$$I = \iint_{D_1} x\ln\left(y+\sqrt{1+y^2}\right)\mathrm{d}x\mathrm{d}y + \iint_{D_2} x\ln\left(y+\sqrt{1+y^2}\right)\mathrm{d}x\mathrm{d}y = 0 .$$

【举一反三】计算二重积分 $\iint_D x(x+y)\mathrm{d}\sigma$，其中 $D=\{(x,y)\mid x^2+y^2 \leqslant R^2\}$．

解：因为 D 关于 x 轴对称，xy 关于 y 为奇函数，则 $\iint_D xy\mathrm{d}\sigma = 0$．

又由轮换对称性知

$$\iint_D x^2\mathrm{d}\sigma = \frac{1}{2}\iint_D (x^2+y^2)\mathrm{d}\sigma = \frac{1}{2}\int_0^{2\pi}\mathrm{d}\theta\int_0^R \rho^2\rho\mathrm{d}\rho = \frac{\pi R^4}{4} .$$

综上，$\displaystyle\iint_D x(x+y)\mathrm{d}\sigma = \iint_D xy\mathrm{d}\sigma + \iint_D x^2\mathrm{d}\sigma = \frac{\pi R^4}{4} .$

【举一反三】计算 $\iint_D (x^2+y^2)^{\frac{3}{2}}\mathrm{d}\sigma$，其中 $D=\{(x,y)\mid x^2+y^2 \leqslant 1,\ x^2+y^2 \leqslant 2x\}$．

解：积分区域 $D=\{(x,y)\mid x^2+y^2 \leqslant 1,\ x^2+y^2 \leqslant 2x\}$，积分域为圆域上一部分，用极坐标较为简单，再由对称性可知

$$\iint_D (x^2+y^2)^{\frac{3}{2}}\mathrm{d}\sigma = 2\iint_{D_{\pm}} (x^2+y^2)^{\frac{3}{2}}\mathrm{d}\sigma = 2\left(\int_0^{\frac{\pi}{3}}\mathrm{d}\theta\int_0^1 r^3\cdot r\mathrm{d}r + \int_{\frac{\pi}{3}}^{\frac{\pi}{2}}\mathrm{d}\theta\int_0^{2\cos\theta} r^3\cdot r\mathrm{d}r\right)$$

$$= 2\left(\frac{\pi}{3}\times\frac{1}{5}+\frac{32}{5}\int_{\frac{\pi}{3}}^{\frac{\pi}{2}}\cos^5\theta\mathrm{d}\theta\right) = \frac{2\pi}{15}+\frac{64}{5}\int_{\frac{\pi}{3}}^{\frac{\pi}{2}}(1-\sin^2\theta)^2\mathrm{d}\sin\theta$$

$$= \frac{2\pi}{15}+\frac{64}{5}\int_{\frac{\pi}{3}}^{\frac{\pi}{2}}(1-2\sin^2\theta+\sin^4\theta)\mathrm{d}\sin\theta = \frac{2}{15}\left(\pi+\frac{256-147\sqrt{3}}{5}\right) .$$

3. 真题演练

（1）（2014 年）设平面区域 $D=\{(x,y)\mid 1\leqslant x^2+y^2\leqslant 4,\ x\geqslant 0,\ y\geqslant 0\}$，计算

$$\iint_D \frac{x\sin\left(\pi\sqrt{x^2+y^2}\right)}{x+y}\mathrm{d}\sigma .$$

（2）（2016 年）已知平面域 $D=\left\{(r,\theta)\mid 2\leqslant r\leqslant 2(1+\cos\theta),\ -\frac{\pi}{2}\leqslant\theta\leqslant\frac{\pi}{2}\right\}$，计算 $\iint_D x\mathrm{d}x\mathrm{d}y$．

（3）（2010 年）计算 $\iint_D r^2\sin\theta\sqrt{1-r^2\cos2\theta}\mathrm{d}r\mathrm{d}\theta$，其中 $D=\left\{(r,\theta)\mid 0\leqslant r\leqslant\sec\theta, 0\leqslant\theta\leqslant\frac{\pi}{4}\right\}$．

（4）（2018 年）设平面区域 D 由曲线 $\begin{cases} x=t-\sin t \\ y=1-\cos t \end{cases}$ $(0\leqslant t\leqslant 2\pi)$ 与 x 轴围成，计算二重积分 $I=\iint_D (x+2y)\mathrm{d}x\mathrm{d}y$．

（5）（2011 年）已知函数 $f(x,y)$ 具有二阶连续偏导数，且 $f(1,y)=0$，$f(x,1)=0$，

$\iint_D f(x,y)\mathrm{d}x\mathrm{d}y = a$，其中 $D = \{(x,y)\,|\,0 \leqslant x \leqslant 1,\ 0 \leqslant y \leqslant 1\}$，计算二重积分 $\iint_D xy f_{xy}''(x,y)\mathrm{d}x\mathrm{d}y$.

4．真题演练解析

（1）【解析】本题考查二重积分的计算．积分区域是圆域上一部分，用极坐标计算比较简单．又因积分区域关于 $y=x$ 对称，可以借助二重积分对称性简化运算．

积分区域如图 10.13 所示，因积分区域关于 $y=x$ 对称，所以由轮换对称性可知

$$\iint_D \frac{x\sin(\pi\sqrt{x^2+y^2})}{x+y}\mathrm{d}\sigma = \iint_D \frac{y\sin(\pi\sqrt{x^2+y^2})}{x+y}\mathrm{d}\sigma .$$

于是

$$\iint_D \frac{x\sin(\pi\sqrt{x^2+y^2})}{x+y}\mathrm{d}\sigma$$

$$= \frac{1}{2}\iint_D \left(\frac{x\sin(\pi\sqrt{x^2+y^2})}{x+y} + \frac{y\sin(\pi\sqrt{x^2+y^2})}{x+y} \right)\mathrm{d}\sigma$$

$$= \frac{1}{2}\iint_D \sin\left(\pi\sqrt{x^2+y^2}\right)\mathrm{d}\sigma ,$$

在极坐标系下 $D = \left\{(r,\theta)\,\middle|\,1 \leqslant r \leqslant 2,\ 0 \leqslant \theta \leqslant \frac{\pi}{2}\right\}$，因此

$$\iint_D \frac{x\sin(\pi\sqrt{x^2+y^2})}{x+y}\mathrm{d}\sigma = \frac{1}{2}\int_0^{\frac{\pi}{2}}\mathrm{d}\theta \int_1^2 r\sin\pi r\mathrm{d}r = \frac{\pi}{2}\int_1^2 r\sin\pi r\mathrm{d}r = -\frac{3}{4}.$$

（2）【解析】本题主要考查极坐标下二重积分的计算．

$$\iint_D x\mathrm{d}x\mathrm{d}y = \iint_D r\cos\theta r\mathrm{d}r\mathrm{d}\theta = \int_{-\frac{\pi}{2}}^{\frac{\pi}{2}}\cos\theta\mathrm{d}\theta \int_2^{2(1+\cos\theta)} r^2\mathrm{d}r$$

$$= \int_{-\frac{\pi}{2}}^{\frac{\pi}{2}}\cos\theta\left[\frac{8(1+\cos\theta)^3}{3} - \frac{8}{3}\right]\mathrm{d}\theta = \frac{8}{3}\int_{-\frac{\pi}{2}}^{\frac{\pi}{2}}(\cos^4\theta + 3\cos^3\theta + 3\cos^2\theta)\mathrm{d}\theta$$

$$= \frac{16}{3}\int_0^{\frac{\pi}{2}}\cos^4\theta\mathrm{d}\theta + 16\int_0^{\frac{\pi}{2}}\cos^3\theta\mathrm{d}\theta + 16\int_0^{\frac{\pi}{2}}\cos^2\theta\mathrm{d}\theta$$

$$= \frac{16}{3}\times\frac{3}{4}\times\frac{1}{2}\times\frac{\pi}{2} + 16\times\frac{2}{3} + 16\times\frac{1}{2}\times\frac{\pi}{2} = \frac{32}{3} + 5\pi \quad （借助华莱士公式）.$$

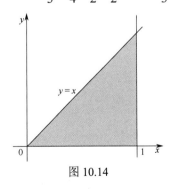

图 10.14

（3）【解析】本题考查二重积分的计算．直接计算比较复杂，结合图形，转化为直角坐标系下计算较简单．由 $0 \leqslant r \leqslant \sec\theta$，得 $0 \leqslant r\cos\theta \leqslant 1$，在直角坐标系下，边界曲线方程为 $x = 0, x = 1$，$0 \leqslant \theta \leqslant \frac{\pi}{4}$，直角坐标系下的边界方程为 $y = 0$，$y = x$，画出积分区域，如图 10.14 所示．

因此 $D = \{(x,y)\,|\,0 \leqslant y \leqslant x,\ 0 \leqslant x \leqslant 1\}$，由 $\begin{cases} x = r\cos\theta \\ y = r\sin\theta \end{cases}$，则

$$I = \iint_D r^2 \sin\theta \sqrt{1 - r^2 \cos 2\theta} \, dr d\theta$$

$$= \iint_D y\sqrt{1 - (x^2 - y^2)} \, dx dy = \int_0^1 dx \int_0^x y\sqrt{1 - x^2 + y^2} \, dy$$

$$= \frac{1}{2}\int_0^1 dx \int_0^x \sqrt{1 - x^2 + y^2} \, d(1 - x^2 + y^2) = \frac{1}{3} - \frac{1}{3}\int_0^1 (1 - x^2)^{\frac{3}{2}} dx \xlongequal{x = \sin t} \frac{1}{3} - \frac{1}{3}\int_0^{\frac{\pi}{2}} \cos^4 t \, dt$$

$$= \frac{1}{3} - \frac{\pi}{16}.$$

（4）【解析】考查二重积分的计算，注意区域是由参数方程给出，外层积分计算时用换元法. 设曲线方程为 $y = y(x)$，$t = 0$ 时，$x = 0$，$t = 2\pi$ 时，$x = 2\pi$. 故 $D = \{(x, y) | 0 \le y \le y(x), 0 \le x \le 2\pi\}$，于是 $I = \iint_D (x + 2y) \, dx dy = \int_0^{2\pi} dx \int_0^{y(x)} (x + 2y) \, dy = \int_0^{2\pi} [xy(x) + y^2(x)] \, dx$，由 $\begin{cases} x = t - \sin t \\ y = 1 - \cos t \end{cases}$，得 $I = \int_0^{2\pi} [(t - \sin t)(1 - \cos t) + (1 - \cos t)^2] d(t - \sin t) = \int_0^{2\pi} [(t - \sin t)(1 - \cos t)^2 + (1 - \cos t)^3] dt$，其中 $\int_0^{2\pi} (t - \sin t)(1 - \cos t)^2 dt = \int_0^{2\pi} (t - \sin t - 2t\cos t + 2\cos t \sin t + t\cos^2 t - \sin t \cos^2 t) dt$.

又因为 $\int_0^{2\pi} t \, dt = \frac{t^2}{2}\Big|_0^{2\pi} = 2\pi^2$，$\int_0^{2\pi} -\sin t \, dt = \cos t \Big|_0^{2\pi} = 0$，$\int_0^{2\pi} -2t\cos t \, d\sin t = -2\int_0^{2\pi} t \, d\sin t = 2[t\sin t + \cos t]\Big|_0^{2\pi} = 0$，$\int_0^{2\pi} 2\cos t \sin t \, dt = \int_0^{2\pi} 2\sin t \, d\sin t = \sin^2 t \Big|_0^{2\pi} = 0$，$\int_0^{2\pi} t\cos^2 t \, dt = \int_0^{2\pi} t \frac{\cos 2t + 1}{2} dt = \frac{1}{2}\left[\int_0^{2\pi} t\cos 2t \, dt + \int_0^{2\pi} t \, dt\right] = \frac{1}{2}\left[\frac{1}{2}\int_0^{2\pi} t \, d\sin 2t + 2\pi^2\right] = \pi^2$，$\int_0^{2\pi} \cos^2 t \, d\cos t = \int_0^{2\pi} \cos^2 t \, d\cos t = \frac{\cos^3 t}{3}\Big|_0^{2\pi} = 0$，因此 $\int_0^{2\pi} (t - \sin t)(1 - \cos t)^2 dt = 3\pi^2$.

对 $\int_0^{2\pi} (1 - \cos t)^3 dt = \int_0^{2\pi} (1 - 3\cos t + 3\cos^2 t - \cos^3 t) dt$，$\int_0^{2\pi} (1 - 3\cos t) dt = (t - 3\sin t)\Big|_0^{2\pi} = 2\pi$，$\int_0^{2\pi} 3\cos^2 t \, dt = \frac{3}{2}\int_0^{2\pi} (\cos 2t + 1) dt = \frac{3}{2}\left(\frac{\sin 2t}{2} + t\right)\Big|_0^{2\pi} = 3\pi$，$\int_0^{2\pi} (1 - \sin^2 t) d\sin t = \left(\sin t - \frac{\sin^3 t}{3}\right)\Big|_0^{2\pi} = 0$，因此 $\int_0^{2\pi} (1 - \cos t)^3 dt = 5\pi$.

综上 $I = \int_0^{2\pi} [(t - \sin t)(1 - \cos t) + (1 - \cos t)^2] d(t - \sin t) = 5\pi + 3\pi^2$.

（5）【解析】主要考查二重积分的计算及交换积分次序.

$$\iint_D xy f_{xy}''(x, y) \, dx dy = \int_0^1 x \, dx \int_0^1 y f_{xy}''(x, y) \, dy = \int_0^1 x \left[y f_x'(x, y) \Big|_{y=0}^{y=1} - \int_0^1 f_x'(x, y) \, dy \right] dx$$

$$= \int_0^1 x \left[f_x'(x, 1) - \int_0^1 f_x'(x, y) \, dy \right] dx = \int_0^1 x f_x'(x, 1) \, dx - \int_0^1 x \, dx \int_0^1 f_x'(x, y) \, dy.$$

因为 $f(x, 1) = 0$，所以 $f_x'(x, 1) = 0$.

又因 $\int_0^1 x \, dx \int_0^1 f_x'(x, y) \, dy = \int_0^1 dy \int_0^1 x f_x'(x, y) \, dx = \int_0^1 \left[x f(x, y) \Big|_{x=0}^{x=1} - \int_0^1 f(x, y) \, dx \right] dy$

$$= \int_0^1 \left[f(1, y) - \int_0^1 f(x, y) \, dx \right] dy = \int_0^1 f(1, y) \, dy - \int_0^1 dy \int_0^1 f(x, y) \, dx = 0 - \iint_D f(x, y) \, dx dy = -a.$$

所以 $\iint_D xyf_{xy}''(x,y)\mathrm{d}x\mathrm{d}y = a$.

10.3　三重积分

1. 重要知识点

（1）三重积分的定义：$\iiint_\Omega f(x,y,z)\mathrm{d}x\mathrm{d}y\mathrm{d}z = \lim\limits_{\lambda\to 0}\sum\limits_{i=1}^{n} f(\xi_i,\eta_i,\varsigma_i)\Delta V_i$.

（2）三重积分意义：

物理意义：$\iiint_\Omega f(x,y,z)\mathrm{d}x\mathrm{d}y\mathrm{d}z$（其中 $f(x,y,z)$ 表示占有空间区域 Ω 的薄片的体密度）表示立体的质量；

几何意义：当 $f(x,y,z)=1$ 时，$\iiint_\Omega \mathrm{d}V$ 在数值上等于空间闭区域 Ω 的体积.

（3）三重积分在直角坐标系下的计算.

① 投影法（先一后二）：若 $\Omega=\left\{(x,y,z)\middle| z_1(x,y)\leqslant z\leqslant z_2(x,y),\ (x,y)\in D_{xy}\right\}$，其中 D_{xy} 为 Ω 在 xOy 面上的投影区域，则 $\iiint_\Omega f(x,y,z)\mathrm{d}x\mathrm{d}y\mathrm{d}z = \iint_{D_{xy}}\mathrm{d}x\mathrm{d}y\int_{z_1(x,y)}^{z_2(x,y)} f(x,y,z)\mathrm{d}z$.

② 切片法（先二后一）：若 $\Omega=\left\{(x,y,z)\middle|(x,y)\in D_z,\ c\leqslant z\leqslant d\right\}$，其中 D_z 为平行于 xOy 面的 Ω 的任意截面在 xOy 上的投影区域，则

$$\iiint_\Omega f(x,y,z)\mathrm{d}x\mathrm{d}y\mathrm{d}z = \int_c^d \mathrm{d}z\iint_{D_z} f(x,y,z)\mathrm{d}x\mathrm{d}y .$$

注：当被积函数只含一个变量且积分区域截面面积易求时考虑用切片法. 确定积分限与积分域的方法：将区域 Ω 向 z 轴作投影，z 的变化范围 $[c,d]$ 为定积分的上下限，过 $[c,d]$ 内任一点，作平行于 xOy 面的 Ω 的任意截面向 xOy 作投影 D_z，即二重积分的积分范围.

（4）三重积分在柱面坐标系下的计算：若投影区域为圆形、扇形域时，考虑用柱面坐标，有

$$\iiint_\Omega f(x,y,z)\mathrm{d}x\mathrm{d}y\mathrm{d}z = \iiint_\Omega f(r\cos\theta, r\sin\theta, z)r\mathrm{d}r\mathrm{d}\theta\mathrm{d}z .$$

若 $\Omega=\left\{(r,\theta,z)\middle| z_1(r,\theta)\leqslant z\leqslant z_2(r,\theta),\ \ r_1(\theta)\leqslant r\leqslant r_2(\theta), \alpha\leqslant\theta\leqslant\beta\right\}$，则

$$\iiint_\Omega f(x,y,z)\mathrm{d}x\mathrm{d}y\mathrm{d}z = \int_\alpha^\beta \mathrm{d}\theta\int_{\eta(\theta)}^{r_2(\theta)} r\mathrm{d}r\int_{z_1(r,\theta)}^{z_2(r,\theta)} f(r\cos\theta, r\sin\theta, z)\mathrm{d}z .$$

（5）三重积分在球面坐标系下的计算：若积分区域为球形、锥形区域时，而被积函数含 $x^2+y^2+z^2$，考虑用球面坐标，有

$$\iiint_\Omega f(x,y,z)\mathrm{d}x\mathrm{d}y\mathrm{d}z = \iiint_\Omega f(r\sin\varphi\cos\theta,\ r\sin\varphi\sin\theta,\ r\cos\varphi)r^2\sin\varphi\mathrm{d}r\mathrm{d}\varphi\mathrm{d}\theta .$$

球面坐标系下的三重积分化成三次积分（先 θ 再 φ 最后 r）.

（6）三重积分的对称性：与二重积分类似，可以利用三重积分的对称性简化运算，这时需要积分区域关于坐标面对称，而被积函数关于剩余变量具备奇偶性.

2. 例题辨析

知识点 1：直角坐标系计算三重积分

例 1　求 $I = \iiint_\Omega z \mathrm{d}x\mathrm{d}y\mathrm{d}z$，$\Omega$ 是由锥面 $z = \dfrac{h}{R}\sqrt{x^2 + y^2}$ 与平面 $z = h(R > 0, h > 0)$ 所围成闭区域.

错解： $\iiint_\Omega z\mathrm{d}x\mathrm{d}y\mathrm{d}z = \int_0^h z\mathrm{d}z \iint_{D_z} \mathrm{d}x\mathrm{d}y = \pi R^2 \int_0^h z\mathrm{d}z = \dfrac{1}{2}\pi R^2 h^2$.

【错解分析及知识链接】 本题考查三重积分的计算，因被积函数只含有一个变量，考虑用"先二后一"法. 错解错在将最大截面在 xOy 面上的投影作为了积分域.

正解： 记 D_z 为平行于 xOy 面的 Ω 的任意截面在 xOy 面上的投影，则 $D_z = \left\{ (x, y) \middle| x^2 + y^2 \leqslant \left(\dfrac{zR}{h}\right)^2 \right\}$，于是 $I = \int_0^h z\mathrm{d}z \iint_{D_z} \mathrm{d}x\mathrm{d}y = \int_0^h \pi \dfrac{z^2 R^2}{h^2} \cdot z\mathrm{d}z = \dfrac{1}{4}\pi R^2 h^2$.

【举一反三】 计算 $\iiint_\Omega z^2 \mathrm{d}x\mathrm{d}y\mathrm{d}z$，其中 Ω 是 $x^2 + y^2 + z^2 \leqslant R^2$，$x^2 + y^2 + z^2 \leqslant 2Rz(R > 0)$ 的公共部分.

解： 利用"先二后一"，如图 10.15 所示，

$$\iiint_\Omega z^2 \mathrm{d}x\mathrm{d}y\mathrm{d}z$$
$$= \int_0^{\frac{R}{2}} z^2 \mathrm{d}z \iint_{D_z} \mathrm{d}x\mathrm{d}y + \int_{\frac{R}{2}}^R z^2 \mathrm{d}z \iint_{D_{2z}} \mathrm{d}x\mathrm{d}y$$
$$= \int_0^{\frac{R}{2}} z^2 \pi (2Rz - z^2)\mathrm{d}z + \int_{\frac{R}{2}}^R z^2 \pi (R^2 - z^2)\mathrm{d}z$$
$$= \dfrac{59}{480}\pi R^5.$$

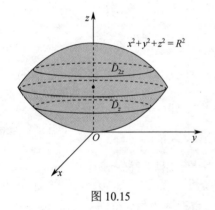

图 10.15

知识点 2：柱面坐标系计算三重积分

例 2　利用三重积分计算曲面 $z = \sqrt{x^2 + y^2}$ 与 $z = x^2 + y^2$ 所围立体的体积.

错解： 考查三重积分的几何意义，设所围立体区域为 Ω，其体积为 V，Ω 在 xOy 面上的投影为 $x^2 + y^2 \leqslant 1$，故用柱面坐标计算比较简单，于是

$$V = \iiint_\Omega \mathrm{d}x\mathrm{d}y\mathrm{d}z = \int_0^{2\pi} \mathrm{d}\theta \int_0^1 \rho\mathrm{d}\rho \int_\rho^{\rho^2} \mathrm{d}z = \cdots.$$

【错解分析及知识链接】 本题考查三重积分的几何意义及在柱面坐标系下的计算. 错解错在不熟悉三元方程对应曲面形状及位置关系.

正解： 设所围立体的体积为 V，则

$$V = \iiint_\Omega \mathrm{d}x\mathrm{d}y\mathrm{d}z.$$

如图 10.16 所示，Ω 在 xOy 面上的投影为圆域，用柱面坐标计算，结合图形，有

$$V = \iiint_\Omega \mathrm{d}x\mathrm{d}y\mathrm{d}z = \int_0^{2\pi} \mathrm{d}\theta \int_0^1 \rho\mathrm{d}\rho \int_{\rho^2}^\rho \mathrm{d}z$$
$$= \int_0^{2\pi} \mathrm{d}\theta \int_0^1 (\rho^2 - \rho^3)\mathrm{d}\rho = \dfrac{\pi}{6}.$$

【举一反三】求柱面 $x^2 + y^2 = ax$ 与平面 $z = 0$ 及球面 $z = \sqrt{a^2 - x^2 - y^2}$ 所围成的曲顶柱体 Ω 的体积 V.

错解：区域 Ω 如图 10.17 所示，在 xOy 面的投影区域 $D_{xy} = \{(x, y)|x^2 + y^2 \leqslant ax\}$，故用柱面坐标计算比较简单.

由三重积分的几何意义，可得

$$V = \iiint_\Omega \mathrm{d}x\mathrm{d}y\mathrm{d}z = \int_0^{2\pi} \mathrm{d}\theta \int_0^{a\cos\theta} \rho\mathrm{d}\rho \int_0^{\sqrt{a^2-\rho^2}} \mathrm{d}z = \frac{2a^3}{3}\pi.$$

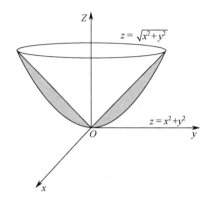

图 10.16

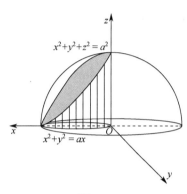

图 10.17

【错解分析及知识链接】本题考查三重积分的几何意义及计算.因为 Ω 在 xOy 面的投影区域为圆域，错解错误地认为 θ 的范围为 $[0, 2\pi]$.

正解：Ω 在 xOy 面的投影区域为 $D_{xy} = \{(x, y)| \ x^2 + y^2 \leqslant ax \ \}$，则 $\Omega = \{(\rho, \theta, z)|0 \leqslant z \leqslant \sqrt{a^2 - \rho^2}, \ 0 \leqslant \rho \leqslant a\cos\theta, \ -\frac{\pi}{2} \leqslant \theta \leqslant \frac{\pi}{2}\}$，于是 $V = \iiint_\Omega \mathrm{d}x\mathrm{d}y\mathrm{d}z = \int_{-\frac{\pi}{2}}^{\frac{\pi}{2}} \mathrm{d}\theta \int_0^{a\cos\theta} \rho\mathrm{d}\rho \int_0^{\sqrt{a^2-\rho^2}} \mathrm{d}z = \frac{2a^3}{3}\left(\frac{\pi}{2} - \frac{2}{3}\right)$.

知识点 3：球坐标系计算三重积分

例 3　Ω 由抛物面 $z = x^2 + y^2$ 及平面 $z = 1$ 所围，将三重积分 $\iiint_\Omega f(x, y, z)\mathrm{d}x\mathrm{d}y\mathrm{d}z$ 化为球面坐标下的三次积分.

错解：$\iiint_\Omega f(x, y, z)\mathrm{d}x\mathrm{d}y\mathrm{d}z = \int_0^{2\pi} \mathrm{d}\theta \int_0^{\frac{\pi}{2}} \mathrm{d}\varphi \int_0^{\frac{1}{\cos\varphi}} f(r, \varphi, \theta)r^2\sin\varphi\mathrm{d}r$.

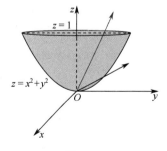

图 10.18

【错解分析及知识链接】错解大部分原因是 r 定限方法掌握得不扎实，同时，不注意细节.在球面坐标系下，被积函数 $f(x, y, z)$ 的变量也要用球坐标表示，即 r, φ, θ 的函数.

正解：画出图形，如图 10.18 所示，注意到，当用射线穿过区域内部时，穿出边界曲面不能用一个方程表示，故要分块处理，用锥面 $z = \sqrt{x^2 + y^2}$ 将 Ω 分为两块.

根据两种坐标变量的关系 $\begin{cases} x = r\sin\varphi\cos\theta \\ y = r\sin\varphi\sin\theta \\ z = r\cos\varphi \end{cases}$，平面 $z = 1$，在球面坐标下表示为 $z = \dfrac{1}{\cos\varphi}$，

抛物面 $z = x^2 + y^2$ 表示为 $z = \dfrac{\cos\varphi}{\sin^2\varphi}$，根据球面坐标定限方法，有

$$\iiint_\Omega f(x,y,z)\mathrm{d}x\mathrm{d}y\mathrm{d}z = \int_0^{2\pi}\mathrm{d}\theta\int_0^{\frac{\pi}{4}}\mathrm{d}\varphi\int_0^{\frac{1}{\cos\varphi}} f(r\sin\varphi\cos\theta,\ r\sin\varphi\sin\theta,\ r\cos\varphi)r^2\sin\varphi\mathrm{d}r +$$

$$\int_0^{2\pi}\mathrm{d}\theta\int_{\frac{\pi}{4}}^{\frac{\pi}{2}}\mathrm{d}\varphi\int_0^{\frac{\cos\varphi}{\sin^2\varphi}} f(r\sin\varphi\cos\theta,\ r\sin\varphi\sin\theta,\ r\cos\varphi)r^2\sin\varphi\mathrm{d}r.$$

【举一反三】 设 $f(u)\in C$，$f(0)=0$，$f'(0)$ 存在，求 $\lim\limits_{t\to 0}\dfrac{1}{\pi t^4}F(t)$，其中 $F(t) = $

$\displaystyle\iiint_{x^2+y^2+z^2\leqslant t^2} f\left(\sqrt{x^2+y^2+z^2}\right)\mathrm{d}x\mathrm{d}y\mathrm{d}z$.

解： 在球坐标系下，$F(t) = \int_0^{2\pi}\mathrm{d}\theta\int_0^{\pi}\sin\varphi\mathrm{d}\varphi\int_0^t f(r)r^2\mathrm{d}r = 4\pi\int_0^t f(r)r^2\mathrm{d}r$，$F(0) = 0$.

因此 $\lim\limits_{t\to 0}\dfrac{1}{\pi t^4}F(t) = \lim\limits_{t\to 0}\dfrac{4\pi f(t)t^2}{4\pi t^3} = \lim\limits_{t\to 0}\dfrac{f(t)-f(0)}{t-0} = f'(0)$.

知识点 4：三重积分的对称性

例 4 求 $\iiint_\Omega xz\mathrm{d}x\mathrm{d}y\mathrm{d}z$，$\Omega$ 是由平面 $z=0$，$z=y$，$y=1$ 及抛物柱面 $y=x^2$ 所围成的闭区域.

错解： $\displaystyle\iiint_\Omega xz\mathrm{d}x\mathrm{d}y\mathrm{d}z = \int_{-1}^1\mathrm{d}x\int_0^{x^2}\mathrm{d}y\int_0^y xz\mathrm{d}z = \int_{-1}^1\dfrac{1}{6}x^7\mathrm{d}x = 0$.

【错解分析及知识链接】 本题考查三重积分的计算. 在计算中要善于借助对称性简化运算，错解错在缺乏空间想象力，对空间区域及投影区域边界确定不准确.

正解 1： 注意到 Ω 关于 yOz 对称，而被积函数是关于 x 的奇函数，所以 $\iiint_\Omega xz\mathrm{d}x\mathrm{d}y\mathrm{d}z = 0$.

正解 2： Ω 在 xOy 面的投影为 $D_{xy}: x^2\leqslant y\leqslant 1, -1\leqslant x\leqslant 1$，过 D_{xy} 内任一点，作行于 z 轴的直线自下而上穿过区域内部，进入边界曲面为 $z=0$，穿出边界曲面为 $z=y$，于是

$$\iiint_\Omega xz\mathrm{d}x\mathrm{d}y\mathrm{d}z = \int_{-1}^1\mathrm{d}x\int_{x^2}^1\mathrm{d}y\int_0^y xz\mathrm{d}z = \int_{-1}^1 x\frac{1}{6}(1-x^6)\mathrm{d}x = 0.$$

例 5 计算 $\iiint_\Omega (x+y+z^2)\mathrm{d}x\mathrm{d}y\mathrm{d}z$，$\Omega$ 是由旋转双曲面 $x^2+y^2-z^2=1$，以及平面 $z=H$ 和 $z=-H(H>0)$ 所围成.

错解： 由 Ω 关于 xOy 对称可知，$\iiint_\Omega (x+y+z^2)\mathrm{d}x\mathrm{d}y\mathrm{d}z = 2\iiint_{\Omega_0}(x+y+z^2)\mathrm{d}x\mathrm{d}y\mathrm{d}z$，其中 Ω_0 为 Ω 在 xOy 面上侧部分. Ω 在 xOy 面上的投影为 $x^2+y^2\leqslant 1+H^2$，则用柱面坐标计算，于是

$$\iiint_\Omega (x+y+z^2)\mathrm{d}x\mathrm{d}y\mathrm{d}z = 2\iiint_{\Omega_0}(x+y+z^2)\mathrm{d}x\mathrm{d}y\mathrm{d}z$$

$$= \int_0^{2\pi}\mathrm{d}\theta\int_0^{\sqrt{1+H^2}}\rho\mathrm{d}\rho\int_0^H(\rho\cos\theta+\rho\sin\theta+z^2)\mathrm{d}z = \cdots.$$

【错解分析及知识链接】 本题考查三重积分的计算及三重积分的对称性. 错解错在"先一后二"中定积分定限方法掌握得不扎实，因为过 Ω 在 xOy 面上的投影内任一点，作行于 z 轴的直线自下而上穿过区域内部，进入边界曲面并不唯一. 同时对三重积分的对称性应用不够

彻底.

正解：由 Ω 关于 xOz 对称，得 $\iiint_{\Omega} y\mathrm{d}x\mathrm{d}y\mathrm{d}z = 0$，由于 Ω 关于 yOz 对称，所以 $\iiint_{\Omega} x\mathrm{d}x\mathrm{d}y\mathrm{d}z = 0$，由 Ω 关于 xOy 对称，得 $\iiint_{\Omega} z^2\mathrm{d}x\mathrm{d}y\mathrm{d}z = 2\iiint_{\Omega_0} z^2\mathrm{d}x\mathrm{d}y\mathrm{d}z$，其中 Ω_0 为 Ω 在 xOy 面上侧部分. 记 D_z 为平行于 xOy 面的 Ω 的任意截面在 xOy 的投影，则 $D_z = \left\{(x, y)\,\middle|\, x^2 + y^2 \leqslant 1 + z^2\right\}$，所以

$$\iiint_{\Omega}(x + y + z^2)\mathrm{d}x\mathrm{d}y\mathrm{d}z = 2\iiint_{\Omega_0} z^2\mathrm{d}x\mathrm{d}y\mathrm{d}z = 2\int_0^H z^2\mathrm{d}z\iint_{D_z}\mathrm{d}x\mathrm{d}y = 2\int_0^H z^2\pi(1 + z^2)\mathrm{d}z$$

$$= 2\pi\left(\frac{H^3}{3} + \frac{H^5}{5}\right).$$

【举一反三】计算 $I = \iiint_{\Omega}(x + y + z)^2\mathrm{d}x\mathrm{d}y\mathrm{d}z$，其中 Ω 是椭球体 $\dfrac{x^2}{a^2} + \dfrac{y^2}{b^2} + \dfrac{z^2}{c^2} \leqslant 1$.

解：$I = \iiint_{\Omega}(x^2 + y^2 + z^2 + 2xy + 2xz + 2yz)\mathrm{d}x\mathrm{d}y\mathrm{d}z$.

因为 Ω 关于 xOy 面对称，而被积函数关于 $2xz + 2yz$ 关于 z 为奇函数，所以

$$\iiint_{\Omega}(2xz + 2yz)\mathrm{d}x\mathrm{d}y\mathrm{d}z = 0.$$

因为 Ω 关于 yOz 面对称，而被积函数关于 $2xy$ 关于 x 为奇函数，所以

$$\iiint_{\Omega} 2xy\mathrm{d}x\mathrm{d}y\mathrm{d}z = 0.$$

因此 $I = \iiint_{\Omega} x^2\mathrm{d}x\mathrm{d}y\mathrm{d}z + \iiint_{\Omega} y^2\mathrm{d}x\mathrm{d}y\mathrm{d}z + \iiint_{\Omega} z^2\mathrm{d}x\mathrm{d}y\mathrm{d}z$.

而 $\displaystyle\iiint_{\Omega} z^2\mathrm{d}x\mathrm{d}y\mathrm{d}z = \int_{-c}^{c} z^2\mathrm{d}z\iint_{D_z}\mathrm{d}x\mathrm{d}y \qquad \left(D_z : \dfrac{x^2}{a^2} + \dfrac{y^2}{b^2} \leqslant 1 - \dfrac{z^2}{c^2}\right)$

$$= \int_{-c}^{c} z^2\pi ab\left(1 - \frac{z^2}{c^2}\right)\mathrm{d}z = \frac{4}{15}\pi abc^3.$$

由轮换对称性可知，$\displaystyle\iiint_{\Omega} x^2\mathrm{d}x\mathrm{d}y\mathrm{d}z = \frac{4}{15}\pi a^3 bc$，$\displaystyle\iiint_{\Omega} y^2\mathrm{d}x\mathrm{d}y\mathrm{d}z = \frac{4}{15}\pi ab^3 c$.

所以 $I = \dfrac{4}{15}\pi abc(a^2 + b^2 + c^2)$.

3．真题演练

（1）（陕西省第七次大学生高等数学竞赛）设 $\Omega = \left\{(x, y, z)\,\middle|\, |x| + |y| + |z| \leqslant 1\right\}$，则 $\displaystyle\iiint_{\Omega}(x + y + z - 1)\,\mathrm{d}x\mathrm{d}y\mathrm{d}z = (\qquad)$.

A. $-\dfrac{4}{3}$ 　　　　　B. 0 　　　　　C. $-2\sqrt{3}$ 　　　　　D. -1

（2）（2015 年）设 Ω 是由平面 $x + y + z = 1$ 与三个坐标平面所围成的空间区域，则 $\displaystyle\iiint_{\Omega}(x + 2y + 3z)\mathrm{d}x\mathrm{d}y\mathrm{d}z = \underline{\qquad\qquad}$.

（3）（中南大学期末试题）求圆柱体 $y^2 + z^2 \leqslant 1$ 在第一卦限部分被平面 $y = x$, $z = 0$, $x = 0$ 所截下的立体的体积.

4. 真题演练解析

（1）【解析】本题考查三重积分的计算. 利用对称性简化运算.

由于积分区域关于三个坐标面都对称，而 x,y,z 三个函数关于各自变量都为奇函数，所以相应的三重积分为 0，于是 $\iiint_{\Omega}(x+y+z-1)\mathrm{d}x\mathrm{d}y\mathrm{d}z = -\iiint_{\Omega}\mathrm{d}x\mathrm{d}y\mathrm{d}z = -\dfrac{4}{3}$. 故选 A.

（2）【解析】本题考查三重积分的计算. 首先画出积分区域，观察积分区域是否具有对称性或轮换对称性，被积函数是否具有奇偶性，如果有，则先化简再计算.

由轮换对称性可知，$\iiint_{\Omega}x\mathrm{d}x\mathrm{d}y\mathrm{d}z = \iiint_{\Omega}y\mathrm{d}x\mathrm{d}y\mathrm{d}z = \iiint_{\Omega}z\mathrm{d}x\mathrm{d}y\mathrm{d}z$，所以

$$\iiint_{\Omega}(x+2y+3z)\mathrm{d}x\mathrm{d}y\mathrm{d}z = 6\iiint_{\Omega}z\mathrm{d}x\mathrm{d}y\mathrm{d}z.$$

记 $D_z = \{(x,y)\,|\,x+y\leqslant 1-z,\ x\geqslant 0,\ y\geqslant 0\}$，由截面法知

$$\iiint_{\Omega}(x+2y+3z)\mathrm{d}x\mathrm{d}y\mathrm{d}z = 6\iiint_{\Omega}z\mathrm{d}x\mathrm{d}y\mathrm{d}z = \int_0^1 z\mathrm{d}z\iint_{D_z}\mathrm{d}x\mathrm{d}y = \int_0^1 z\frac{(1-z)^2}{2}\mathrm{d}z = \frac{1}{4}.$$

（3）【解析】本题考查三重积分的几何意义及在柱面坐标系下的计算. 设所截下的立体为 Ω，Ω 在 yOz 面的投影为 $D_{yz}:y^2+z^2\leqslant 1,\ y\geqslant 0,\ z\geqslant 0$，则

$$V = \iiint_{\Omega}\mathrm{d}v = \iint_{D_{yz}}\mathrm{d}y\mathrm{d}z\int_0^y\mathrm{d}x = \iint_{D_{yz}}y\mathrm{d}y\mathrm{d}z = \int_0^{\frac{\pi}{2}}\mathrm{d}\theta\int_0^1 r\cos\theta\cdot r\mathrm{d}r = \frac{1}{3}.$$

10.4　重积分的应用

1. 重要知识点

（1）重积分的几何应用：

① 空间几何体体积：设 $\Sigma:z=f(x,y),(x,y)\in D$，则以 $f(x,y)$ 为顶，以 D 为底的曲顶柱体的体积为 $V = \iint_D f(x,y)\mathrm{d}x\mathrm{d}y$；占有空间有界域 Ω 的立体的体积为 $V = \iiint_{\Omega}\mathrm{d}x\mathrm{d}y\mathrm{d}z$.

② 求空间曲面面积：设光滑曲面 $\Sigma:z=f(x,y),(x,y)\in D$，则曲面面积 $A = \iint_D\sqrt{1+f_x^2+f_y^2}\,\mathrm{d}x\mathrm{d}y$.

（2）重积分的物理应用：

① 质量：若平面薄片在 xOy 面上占有闭区域 D，假定点 (x,y) 处的面密度函数 $\mu(x,y)$ 在 D 上连续，有 $M = \iint_D\mu(x,y)\mathrm{d}\sigma$.

② 物体的质心：$\bar{x} = \dfrac{M_y}{M} = \dfrac{\iint_D x\mu(x,y)\mathrm{d}\sigma}{\iint_D\mu(x,y)\mathrm{d}\sigma}$，$\bar{y} = \dfrac{M_x}{M} = \dfrac{\iint_D y\mu(x,y)\mathrm{d}\sigma}{\iint_D\mu(x,y)\mathrm{d}\sigma}$.

注：当薄片的质量分布均匀，即 μ 为常数时，有

$$\overline{x} = \frac{M_y}{M} = \frac{\iint_D x\mu\mathrm{d}\sigma}{\iint_D \mu\mathrm{d}\sigma} = \frac{\iint_D x\mathrm{d}\sigma}{\iint_D \mathrm{d}\sigma} = \frac{1}{A}\iint_D x\mathrm{d}\sigma , \quad \overline{y} = \frac{1}{A}\iint_D y\mathrm{d}\sigma.$$

占有空间有界闭区域 Ω、密度为连续函数 $\mu(x,y,z)$ 的物体的质心公式为

$$\overline{x} = \frac{\iiint_\Omega x\mu(x,y,z)\mathrm{d}V}{\iiint_\Omega \mu(x,y,z)\mathrm{d}V} , \quad \overline{y} = \frac{\iiint_\Omega y\mu(x,y,z)\mathrm{d}V}{\iiint_\Omega \mu(x,y,z)\mathrm{d}V} , \quad \overline{z} = \frac{\iint_\Omega z\mu(x,y,z)\mathrm{d}V}{\iint_\Omega \mu(x,y,z)\mathrm{d}V}.$$

Ω 的形心坐标为

$$\overline{x} = \frac{1}{V}\iiint_\Omega x\mathrm{d}V , \quad \overline{y} = \frac{1}{V}\iiint_\Omega y\mathrm{d}V , \quad \overline{z} = \frac{1}{V}\iiint_\Omega z\mathrm{d}V.$$

（3）转动惯量：若平面薄片在 xOy 面上占有闭区域 D，假设定点 (x,y) 处的面密度函数 $\mu(x,y)$ 在 D 上连续，则平面薄片对于 x 轴、y 轴原点的转动惯量分别为

$$I_x = \iint_D y^2\mu(x,y)\mathrm{d}\sigma , \quad I_y = \iint_D x^2\mu(x,y)\mathrm{d}\sigma , \quad I_O = \iint_D (x^2+y^2)\mu(x,y)\mathrm{d}\sigma .$$

若空间立体占有空间有界闭区域 Ω，其密度函数为 $\mu(x,y,z)$，则该物体对于坐标轴及原点的转动惯量分别为

$$I_x = \iiint_\Omega (y^2+z^2)\mu(x,y,z)\mathrm{d}v , \qquad I_y = \iiint_\Omega (z^2+x^2)\mu(x,y,z)\mathrm{d}V ,$$

$$I_z = \iiint_\Omega (x^2+y^2)\mu(x,y,z)\mathrm{d}V , \qquad I_O = \iiint_\Omega (x^2+y^2+z^2)\mu(x,y,z)\mathrm{d}V .$$

（4）引力：以万有引力公式为基础，直接利用微元法的思想建立积分表达式.

2．例题辨析

知识点 1：重积分的几何应用

例 1　求球面 $x^2+y^2+z^2=a^2$ 含在柱面 $x^2+y^2=ax$（$a>0$）内部的面积 A.

错解：由 $\begin{cases} x^2+y^2+z^2=a^2 \\ x^2+y^2=ax \end{cases}$，得 $z^2+ax-a^2=0$，于是 $S = \iint_D \sqrt{1+a^2}\mathrm{d}x\mathrm{d}y=\cdots$.

【错解分析及知识链接】本题考查二重积分的几何意义. 注意要区分所求的曲面是哪一个，方程是什么，其在相应坐标面的投影方程是什么.

正解：所求曲面在 xOy 面的投影区域 $D_{xy} = \{(x,y)\,|\,x^2+y^2\leqslant ax\}$，曲面方程应取为：$z = \sqrt{a^2-x^2-y^2}$，则 $z_x = -\dfrac{x}{\sqrt{a^2-x^2-y^2}}$，$z_y = -\dfrac{y}{\sqrt{a^2-x^2-y^2}}$. 据曲面的对称性，有 $S =$

$$2\iint_D \sqrt{1+z_x^2+z_y^2}\mathrm{d}x\mathrm{d}y = 2\iint_{D_{xy}} \frac{a}{\sqrt{a^2-x^2-y^2}}\mathrm{d}x\mathrm{d}y = 2\int_0^{\frac{\pi}{2}}\mathrm{d}\theta\int_0^{a\cos\theta}\frac{ar}{\sqrt{a^2-r^2}}\mathrm{d}r=2a^2(\pi-2).$$

知识点 2：重积分的物理应用

例 2　求由 $z = \sqrt{2(x^2+y^2)}$ 与 $z = \sqrt{3-x^2-y^2}$ 所围成的立体区域的质心（设密度 μ 为常数）

【题目分析及知识链接】本题考查重积分的物理应用. 处理问题时，需要一些物理知识作为预备知识. 如图 10.19 所示，设所围区域为 Ω，其投影区域为 $x^2+y^2\leqslant 1$.在柱坐标系下，$\Omega: \{(\rho,\theta,z)\,|\,0\leqslant\theta\leqslant 2\pi,\ 0\leqslant\rho\leqslant 1,\ \sqrt{2}\rho\leqslant z\leqslant\sqrt{3-\rho^2}\}$. 设质心坐标为 $(\overline{x},\overline{y},\overline{z})$，由对称性

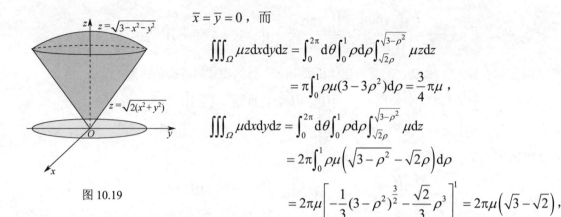

图 10.19

$$\bar{x} = \bar{y} = 0 , \text{而}$$

$$\iiint_\Omega \mu z \mathrm{d}x \mathrm{d}y \mathrm{d}z = \int_0^{2\pi} \mathrm{d}\theta \int_0^1 \rho \mathrm{d}\rho \int_{\sqrt{2}\rho}^{\sqrt{3-\rho^2}} \mu z \mathrm{d}z$$

$$= \pi \int_0^1 \rho \mu (3 - 3\rho^2) \mathrm{d}\rho = \frac{3}{4}\pi\mu ,$$

$$\iiint_\Omega \mu \mathrm{d}x \mathrm{d}y \mathrm{d}z = \int_0^{2\pi} \mathrm{d}\theta \int_0^1 \rho \mathrm{d}\rho \int_{\sqrt{2}\rho}^{\sqrt{3-\rho^2}} \mu \mathrm{d}z$$

$$= 2\pi \int_0^1 \rho \mu \left(\sqrt{3-\rho^2} - \sqrt{2}\rho \right) \mathrm{d}\rho$$

$$= 2\pi\mu \left[-\frac{1}{3}(3-\rho^2)^{\frac{3}{2}} - \frac{\sqrt{2}}{3}\rho^3 \right]_0^1 = 2\pi\mu \left(\sqrt{3} - \sqrt{2} \right) ,$$

所以 $\bar{z} = \dfrac{\iiint_\Omega \mu z \mathrm{d}x \mathrm{d}y \mathrm{d}z}{\iiint_\Omega \mu \mathrm{d}x \mathrm{d}y \mathrm{d}z} = \dfrac{3\left(\sqrt{3} + \sqrt{2} \right)}{8}$.

【举一反三】求密度为 μ 的均匀圆柱体对于过其底面直径的一条轴的转动惯量.

解：设圆柱体高为 H、半径为 R，所占区域为 Ω：$x^2 + y^2 \leqslant R^2$，$0 \leqslant z \leqslant H$，所求转动惯量即圆柱体对于 x 轴（或 y 轴）的转动惯量，即

$$I_x = \iiint_\Omega (y^2 + z^2)\mu \mathrm{d}V = \mu \iiint_\Omega y^2 \mathrm{d}V + \mu \iiint_\Omega z^2 \mathrm{d}V$$

$$= \frac{\mu}{2} \iiint_\Omega (x^2 + y^2) \mathrm{d}V + \mu \iiint_\Omega z^2 \mathrm{d}V$$

$$= \frac{\mu}{2} \int_0^{2\pi} \mathrm{d}\theta \int_0^R \mathrm{d}\rho \int_0^H \rho^2 \cdot \rho \mathrm{d}z + \mu \int_0^{2\pi} \mathrm{d}\theta \int_0^R \mathrm{d}\rho \int_0^H z^2 \cdot \rho \mathrm{d}z$$

$$= \frac{\mu}{2} \cdot 2\pi \cdot \frac{R^4}{4} \cdot H + \mu \cdot 2\pi \cdot \frac{R^2}{2} \cdot \frac{H^3}{3} = \frac{\mu}{4} \pi R^4 H + \frac{\mu}{3} \pi R^2 H^3 .$$

3．真题演练

（1）（2010 年数学一）设 $\Omega = \left\{ (x,y,z) \,\middle|\, x^2 + y^2 \leqslant z \leqslant 1 \right\}$，则 Ω 的形心的竖坐标 $\bar{z} =$ ＿＿＿＿＿.

（2）（2019 年）设 Ω 是由锥面 $x^2 + (y-z)^2 = (1-z)^2 (0 \leqslant z \leqslant 1)$ 与平面 $z = 0$ 围成的锥体，求 Ω 的形心坐标.

（3）（2019 年）设 a,b 为实数，函数 $z = 2 + ax^2 + by^2$ 在点 $(3,4)$ 处的方向导数中，沿方向 $\boldsymbol{l} = -3\boldsymbol{i} - 4\boldsymbol{j}$ 的方向导数最大，最大值为 10.

（Ⅰ）求常数 a,b 之值；（Ⅱ）求曲面 $z = 2 + ax^2 + by^2 (z \geqslant 0)$ 的面积.

（4）（2013 年）设曲线 L 的方程为 $y = \dfrac{1}{4}x^2 - \dfrac{1}{2}\ln x \ (1 \leqslant x \leqslant \mathrm{e})$：

（Ⅰ）求 L 的弧长；

（Ⅱ）设 D 是由曲线 L，直线 $x = 1$、$x = \mathrm{e}$ 及 x 轴所围成平面图形，求 D 的形心的横坐标.

4．真题演练解析

（1）【解析】本题考查重积分的几何应用及三重积分的计算.

设的 Ω 形心坐标为 $\left(\overline{x},\overline{y},\overline{z}\right)$，则

$$\overline{x}=\frac{\iiint_{\Omega}x\mathrm{d}x\mathrm{d}y\mathrm{d}z}{\iiint_{\Omega}\mathrm{d}x\mathrm{d}y\mathrm{d}z},\quad \overline{y}=\frac{\iiint_{\Omega}y\mathrm{d}x\mathrm{d}y\mathrm{d}z}{\iiint_{\Omega}\mathrm{d}x\mathrm{d}y\mathrm{d}z},\quad \overline{z}=\frac{\iiint_{\Omega}z\mathrm{d}x\mathrm{d}y\mathrm{d}z}{\iiint_{\Omega}\mathrm{d}x\mathrm{d}y\mathrm{d}z}.$$

因为被积函数只有一个变量且积分区域截面，比较简单，所以可考虑"先二后一"的截面法.
$\Omega=\left\{(x,y,z)\big|(x,y)\in D_z,\ 0\leqslant z\leqslant 1\right\}$，其中 $D_z=\left\{(x,y)\big|x^2+y^2\leqslant z\right\}$. 所以

$$\overline{z}=\frac{\iiint_{\Omega}z\mathrm{d}x\mathrm{d}y\mathrm{d}z}{\iiint_{\Omega}\mathrm{d}x\mathrm{d}y\mathrm{d}z}=\frac{\int_0^1 z\mathrm{d}z\iint_{D_z}\mathrm{d}x\mathrm{d}y}{\int_0^1\mathrm{d}z\iint_{D_z}\mathrm{d}x\mathrm{d}y}=\frac{\int_0^1 z\cdot\pi z\mathrm{d}z}{\int_0^1\pi z\mathrm{d}z}=\frac{\dfrac{\pi}{3}}{\dfrac{\pi}{2}}=\frac{2}{3}.$$

（2）【解析】本题考查重积分的几何应用. Ω 如图 10.20 所示，对锥体 Ω，因为平行于 xOy
的截面为圆盘，故采用"先二后一"法. 设形心坐标 $\left(\overline{x},\overline{y},\overline{z}\right)$，由于将 $x^2+(y-z)^2=(1-z)^2$
$(0\leqslant z\leqslant 1)$ 中 x 换成 $-x$，方程不变，故锥面关于 yOz 对称，因此 $\overline{x}=0$. 因为
$\Omega=\left\{(x,y,z)\big|(x,y)\in D_z,\ 0\leqslant z\leqslant 1\right\}$，其中 $D_z=\left\{(x,y)\big|x^2+(y-z)^2\leqslant(1-z)^2\right\}$. 所以

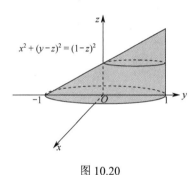

图 10.20

$$\iiint_{\Omega}y\mathrm{d}x\mathrm{d}y\mathrm{d}z=\int_0^1\mathrm{d}z\iint_{D_z}y\mathrm{d}x\mathrm{d}y$$
$$=\int_0^1\mathrm{d}z\int_0^{2\pi}\mathrm{d}\theta\int_0^{1-z}(z+r\sin\theta)r\mathrm{d}r$$
$$=\int_0^1 2\pi\cdot z\cdot\frac{(1-z)^2}{2}\mathrm{d}z=\frac{\pi}{12},$$
$$\iiint_{\Omega}z\mathrm{d}x\mathrm{d}y\mathrm{d}z=\int_0^1 z\mathrm{d}z\iint_{D_z}\mathrm{d}x\mathrm{d}y$$
$$=\int_0^1 z\cdot\pi(1-z)^2\mathrm{d}z=\frac{\pi}{12}.$$

令 $z=0$，锥体与 xOy 的交线为 $\begin{cases}x^2+y^2=1\\z=0\end{cases}$，故锥体的底是半径为 1 的圆，又高为 1，设

锥体 Ω 体积为 V，则 $V=\dfrac{\pi}{3}$，因此

$$\overline{y}=\frac{1}{V}\iiint_{\Omega}y\mathrm{d}x\mathrm{d}y\mathrm{d}z=\frac{\dfrac{\pi}{12}}{\dfrac{\pi}{3}}=\frac{1}{4},\quad \overline{z}=\frac{1}{V}\iiint_{\Omega}z\mathrm{d}x\mathrm{d}y\mathrm{d}z=\frac{\dfrac{\pi}{12}}{\dfrac{\pi}{3}}=\frac{1}{4}.$$

综上，形心坐标为 $\left(0,\dfrac{1}{4},\dfrac{1}{4}\right)$.

（3）【解析】本题考查方向导数、梯度及二重积分的几何应用：求空间曲面的面积.

① $z=2+ax^2+by^2$，则 $\dfrac{\partial z}{\partial x}=2ax,\dfrac{\partial z}{\partial y}=2by$，所以函数在点 $(3,4)$ 处的梯度为

$\mathbf{grad}f\big|_{(3,4)}=\left(\dfrac{\partial z}{\partial x},\dfrac{\partial z}{\partial y}\right)_{(3,4)}=(6a,8b)$；$|\mathbf{grad}f|=\sqrt{36a^2+64b^2}$.

由条件可知，梯度与 $\boldsymbol{l}=-3\boldsymbol{i}-4\boldsymbol{j}$ 方向相同，且 $|\mathbf{grad}f|=\sqrt{36a^2+64b^2}=10$.

也就得到 $\begin{cases} \dfrac{6a}{-3} = \dfrac{8b}{-4} \\ \sqrt{36a^2 + 64b^2} = 10 \end{cases}$ ，解出 $\begin{cases} a = -1 \\ b = -1 \end{cases}$ 或 $\begin{cases} a = 1 \\ b = 1 \end{cases}$（舍），即 $\begin{cases} a = -1 \\ b = -1 \end{cases}$.

② $S = \iint_S \mathrm{d}S = \iint_{x^2+y^2 \leqslant 2} \sqrt{1 + 4x^2 + 4y^2}\, \mathrm{d}x\mathrm{d}y = \int_0^{2\pi} \mathrm{d}\theta \int_0^{\sqrt{2}} \sqrt{1 + 4r^2}\, r\mathrm{d}r = \dfrac{13\pi}{3}$.

（4）【解析】本题考查定积分及重积分的几何应用（弧长公式及形心坐标公式）.

（Ⅰ）设弧长为 s ，则 $s = \int_1^e \sqrt{1 + y'^2}\, \mathrm{d}x = \int_1^e \sqrt{1 + \dfrac{1}{4}\left(x - \dfrac{1}{x} \right)^2}\, \mathrm{d}x = \dfrac{1}{2} \int_1^e \left(x + \dfrac{1}{x} \right) \mathrm{d}x = \dfrac{1}{4}(e^2 + 1)$.

（Ⅱ）区域 $D = \left\{ (x, y) \,\middle|\, 0 \leqslant y \leqslant \dfrac{1}{4}x^2 - \dfrac{1}{2}\ln x,\ 1 \leqslant x \leqslant e \right\}$ ，由形心坐标公式得

$$\bar{x} = \dfrac{\iint_D x\mathrm{d}x\mathrm{d}y}{\iint_D \mathrm{d}x\mathrm{d}y} = \dfrac{\displaystyle\int_1^e x\mathrm{d}x \int_0^{\frac{1}{4}x^2 - \frac{1}{2}\ln x} \mathrm{d}y}{\displaystyle\int_1^e \mathrm{d}x \int_0^{\frac{1}{4}x^2 - \frac{1}{2}\ln x} \mathrm{d}y} = \dfrac{3(e^4 - 2e^2 - 3)}{4(e^3 - 7)}.$$

第11章　曲线积分和曲面积分

11.1　对弧长的曲线积分

1. 重要知识点

（1）对弧长的曲线积分的定义：$\displaystyle\int_L f(x,y)\mathrm{d}s = \lim_{\lambda\to 0}\sum_{i=1}^{n} f(\xi_i,\eta_i)\Delta s_i$.

（2）对弧长的曲线积分的意义：

① 几何意义：$\displaystyle\int_L f(x,y)\mathrm{d}s$ 在几何上表示一张母线平行于 z 轴，准线为 xOy 面上的曲线 L 的柱面，且其高度为 $f(x,y)$ $[(x,y)\in L]$ 的图形（见图 11.1）面积.

② 物理意义：$M = \displaystyle\int_L \rho(x,y)\mathrm{d}s$ 表示线密度为 $\rho(x,y)$ 的曲线形构件的质量.

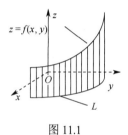

图 11.1

（3）$\displaystyle\int_L f(x,y)\mathrm{d}s$ 存在的充分条件是 $f(x,y)$ 在分段光滑的曲线弧 L 上分段连续.

（4）对弧长的曲线积分的性质.

① 线性性质：$\displaystyle\int_L [\alpha f(x,y) + \beta g(x,y)]\mathrm{d}s = \alpha\int_L f(x,y)\mathrm{d}s + \beta\int_L g(x,y)\mathrm{d}s$.

② 可加性：若 $L = L_1 + L_2$，则 $\displaystyle\int_L f(x,y)\mathrm{d}s = \int_{L_1} f(x,y)\mathrm{d}s + \int_{L_2} f(x,y)\mathrm{d}s$.

③ 单调性：设在 L 上，$f(x,y)\leqslant g(x,y)$，则 $\displaystyle\int_L f(x,y)\mathrm{d}s \leqslant \int_L g(x,y)\mathrm{d}s$.

④ 与积分曲线的方向无关性：$\displaystyle\int_{\widehat{AB}} f(x,y)\mathrm{d}s = \int_{\widehat{BA}} f(x,y)\mathrm{d}s$.

（5）对弧长的曲线积分的计算方法：化为定积分计算（注意：下限<上限）.

① 若 $L: x = \varphi(t),\ y = \psi(t)$ $(\alpha \leqslant t \leqslant \beta)$，则

$$\int_L f(x,y)\mathrm{d}s = \int_\alpha^\beta f[\varphi(t),\ \psi(t)]\sqrt{\varphi'^2(t) + \psi'^2(t)}\ \mathrm{d}t.$$

② 若 $L: y = \psi(x)$ $(x_0 \leqslant x \leqslant X)$，则 $\displaystyle\int_L f(x,y)\mathrm{d}s = \int_{x_0}^{X} f[x,\psi(x)]\sqrt{1 + \psi'^2(x)}\ \mathrm{d}x$.

③ 若 $L: r = r(\theta)$ $(\theta_1 \leqslant \theta \leqslant \theta_2)$，则

$$\int_L f(x,y)\mathrm{d}s = \int_{\theta_1}^{\theta_2} f(r\cos\theta,\ r\sin\theta)\sqrt{r^2(\theta) + r'^2(\theta)}\ \mathrm{d}r.$$

注：被积函数可用积分曲线方程化简.

2. 例题辨析

知识点 1：对弧长的曲线积分的计算方法

例 1　计算 $I = \int_L x \mathrm{d}s$ ，其中 L 为圆周 $(x-1)^2 + y^2 = 1$.

错解： 圆周 $(x-1)^2 + y^2 = 1$ 的极坐标方程为 $\rho = 2\cos\theta$ ，$0 \leqslant \theta \leqslant 2\pi$ ，所以

$$I = \int_L x \mathrm{d}s = \int_0^{2\pi} 2\cos^2\theta \sqrt{4\cos^2\theta + 4\sin^2\theta}\,\mathrm{d}\theta = \int_0^{2\pi} 4\cos^2\theta\,\mathrm{d}\theta$$

$$= 4\int_0^{\frac{\pi}{2}} 4\cos^2\theta\,\mathrm{d}\theta = 16 \times \frac{1}{2} \times \frac{\pi}{2} = 4\pi.$$

【错解分析及知识链接】 由于被积函数 $f(x,y)$ 定义在曲线 L 上，故 x, y 满足曲线 L 的方程. 因此，计算第一型曲线积分时应首先需要利用曲线方程化简被积函数，本题中的积分曲线为圆周，利用极坐标的思想没问题，但是参数的变化范围不是 $0 \leqslant \theta \leqslant 2\pi$ ，而是 $-\frac{\pi}{2} \leqslant \theta \leqslant \frac{\pi}{2}$.

正解：　$I = \int_L x \mathrm{d}s = \int_{-\frac{\pi}{2}}^{\frac{\pi}{2}} 2\cos^2\theta \sqrt{4\cos^2\theta + 4\sin^2\theta}\,\mathrm{d}\theta = \int_{-\frac{\pi}{2}}^{\frac{\pi}{2}} 4\cos^2\theta\,\mathrm{d}\theta$

$$= 2\int_0^{\frac{\pi}{2}} 4\cos^2\theta\,\mathrm{d}\theta = 8 \times \frac{1}{2} \times \frac{\pi}{2} = 2\pi.$$

另解参考： 对于圆周 $(x-1)^2 + y^2 = 1$ ，还可以利用参数方程：$x = 1 + \cos\theta, y = \sin\theta$ ，$0 \leqslant \theta \leqslant 2\pi$ ，所以 $I = \int_L x \mathrm{d}s = \int_0^{2\pi} (1+\cos\theta)\sqrt{\sin^2\theta + \cos^2\theta}\,\mathrm{d}\theta = 2\pi$.

知识点 2：对称性和利用积分曲线方程化简被积函数

例 2　设 L 为椭圆 $\dfrac{x^2}{4} + \dfrac{y^2}{3} = 1$ ，其周长记为 a ，求 $\oint_L (2xy + 3x^2 + 4y^2)\,\mathrm{d}s$.

【思路分析及知识链接】 由于积分曲线 L：$\dfrac{x^2}{4} + \dfrac{y^2}{3} = 1$ 可恒等变形为 L：$3x^2 + 4y^2 = 12$ ，而被积函数 $2xy + 3x^2 + 4y^2$ 中又含有 $3x^2 + 4y^2$ ，故可将 $3x^2 + 4y^2 = 12$ 代入，从而简化被积函数，然后再计算；对于积分 $\oint_L 2xy \mathrm{d}s$ ，由于 L 关于 y 轴（x 轴）对称，函数 $2xy$ 关于 x（或关于 y）为奇函数，故有 $\oint_L 2xy \mathrm{d}s = 0$.

解： 由奇偶对称性可知 $\oint_L 2xy \mathrm{d}s = 0$ ，所以

$$\oint_L (2xy + 3x^2 + 4y^2)\,\mathrm{d}s = \oint_L (2xy + 12)\,\mathrm{d}s = 2\oint_L xy \mathrm{d}s + 12\oint_L \mathrm{d}s = 0 + 12a = 12a.$$

例 3　求 $I = \oint_L \left[\left(x + \dfrac{1}{2}\right)^2 + \left(\dfrac{y}{2} + 1\right)^2 \right]\mathrm{d}s$ ，其中 L：$x^2 + y^2 = 1$.

【思路分析及知识链接】 此题若用选取参数方程计算，会很麻烦. 注意到积分曲线是 $x^2 + y^2 = 1$ ，而由轮换对称性可知：$\oint_L x^2\,\mathrm{d}s = \oint_L y^2\,\mathrm{d}s$ ，由奇偶对称性知：$\oint_L (x+y)\,\mathrm{d}s = 0$. 故本题有如下简单的解法.

解： $I = \oint_L \left[\left(x^2 + \dfrac{y^2}{4} + \dfrac{5}{4} \right) + (x+y) \right] \mathrm{d}s = \oint_L \left[\left(x^2 + \dfrac{y^2}{4} + \dfrac{5}{4} \right) + (x+y) \right] \mathrm{d}s$

$= \oint_L \left(x^2 + \dfrac{y^2}{4} + \dfrac{5}{4} \right) \mathrm{d}s = \oint_L \left(\dfrac{x^2+y^2}{2} + \dfrac{x^2+y^2}{8} \right) \mathrm{d}s + \dfrac{5}{4} \oint_L \mathrm{d}s$

$= \oint_L \left(\dfrac{1}{2} + \dfrac{1}{8} \right) \mathrm{d}s + \dfrac{5}{4} \cdot 2\pi = \dfrac{15}{4} \pi.$

【举一反三】 设曲线 Γ 是球面 $x^2 + y^2 + z^2 = 1$ 与平面 $x+y+z=1$ 的交线，试求积分 $\oint_\Gamma (x+y^2)\mathrm{d}s$.

解： 根据轮换对称性与代入技巧，有

$$\oint_\Gamma (x+y^2)\mathrm{d}s = \dfrac{1}{3} \oint_\Gamma (x+y+z+x^2+y^2+z^2)\mathrm{d}s = \dfrac{2}{3} \oint_\Gamma \mathrm{d}s = \dfrac{4\sqrt{6}}{9}\pi.$$

这里 $\oint_\Gamma \mathrm{d}s$ 为 Γ 的长度，Γ 为球面与平面的交线，所以它是圆，现求它的半径 r，原点 O 到平面 $x+y+z=1$ 的距离是 $d = \dfrac{1}{\sqrt{3}}$，因此，Γ 的半径为 $r = \sqrt{1-d^2} = \sqrt{\dfrac{2}{3}}$.

3. 真题演练

（1）（1989 年）设平面曲线 L 为 $y = -\sqrt{1-x^2}$，则曲线积分 $\int_L (x^2+y^2)\mathrm{d}s = $ _____.

（2）（2009 年）已知曲线 $L: y = x^2 (0 \leq x \leq \sqrt{2})$，则 $\int_L x\mathrm{d}s = $ _____.

（3）（2018 年）设 L 为 $x^2+y^2+z^2=1$ 与 $x+y+z=0$ 的交线，则 $\oint_L xy\mathrm{d}s = $ _____.

（4）（2019 年）曲线 $y = \ln\cos x (0 \leq x \leq \dfrac{\pi}{6})$ 的弧长为 _____.

4. 真题演练解析

（1）**【解析】** 将积分曲线 L 的方程 $y = -\sqrt{1-x^2}$，即 $x^2+y^2=1 (y \leq 0)$ 代入被积函数，得 $\int_L (x^2+y^2)\mathrm{d}s = \int_L 1 \cdot \mathrm{d}s = \pi$（积分曲线 L 的弧长）.

注： 本题也可利用参数法将曲线积分化为参变量的定积分. L 的参数方程为

$$x = \cos t, \ y = \sin t, \ \pi \leq t \leq 2\pi.$$

于是 $\int_L (x^2+y^2)\mathrm{d}s = \int_\pi^{2\pi} (\cos^2 t + \sin^2 t)\sqrt{x'^2+y'^2}\mathrm{d}t = \int_\pi^{2\pi} 1 \mathrm{d}t = \pi.$

（2）**【解析】** 由题意可知 $\mathrm{d}s = \sqrt{1+4x^2}\mathrm{d}x$. 所以，

$$\int_L x\mathrm{d}s = \int_0^{\sqrt{2}} x\sqrt{1+4x^2}\mathrm{d}x = \dfrac{1}{8}\int_0^{\sqrt{2}} \sqrt{1+4x^2}\mathrm{d}(1+4x^2) = \dfrac{1}{8} \times \dfrac{2}{3}\sqrt{(1+4x^2)^3}\Big|_0^{\sqrt{2}} = \dfrac{13}{6}.$$

（3）**【解析】** 利用第一类曲线积分的轮换对称性，有

$$\oint_L xy\mathrm{d}s = \dfrac{1}{3}\oint_L (xy+yz+xz)\mathrm{d}s = \dfrac{1}{6}\oint_L \left[(x+y+z)^2 - (x^2+y^2+z^2) \right]\mathrm{d}s = -\dfrac{1}{6}\oint_L \mathrm{d}s = -\dfrac{\pi}{3}.$$

（4）【解析】由题意，计算得 $s = \int_0^{\frac{\pi}{6}} \mathrm{d}s = \int_0^{\frac{\pi}{6}} \sqrt{1+y'^2}\,\mathrm{d}x = \int_0^{\frac{\pi}{6}} \sqrt{1+\tan^2 x}\,\mathrm{d}x$

$$= \int_0^{\frac{\pi}{6}} \sec x\,\mathrm{d}x = \ln(\sec x + \tan x)\Big|_0^{\frac{\pi}{6}} = \frac{\ln 3}{2}.$$

11.2 对坐标的曲线积分

1. 重要知识点

（1）对坐标的曲线积分的定义：$\int_L P(x,y)\mathrm{d}x + Q(x,y)\mathrm{d}y = \lim_{\lambda\to 0} \sum_{i=1}^n \left[P(\xi_i,\eta_i)\Delta x_i + Q(\xi_i,\eta_i)\Delta y_i \right]$.

（2）物理意义：$W = \int_{\widehat{AB}} \boldsymbol{F}\cdot\mathrm{d}\boldsymbol{r} = \int_{\widehat{AB}} (P\boldsymbol{i}+Q\boldsymbol{j})\cdot(\mathrm{d}x\,\boldsymbol{i}+\mathrm{d}y\,\boldsymbol{j}) = \int_{\widehat{AB}} P\mathrm{d}x+Q\mathrm{d}y$ 表示变力 $\boldsymbol{F}(x,y) = P(x,y)\boldsymbol{i}+Q(x,y)\boldsymbol{j}$ 沿 $L = \widehat{AB}$ 所做的功.

（3）对坐标的曲线积分的性质：

① 线性性质：$\int_L [\alpha\boldsymbol{F}_1(x,y)+\beta\boldsymbol{F}_2(x,y)]\cdot\mathrm{d}\boldsymbol{r} = \alpha\int_L \boldsymbol{F}_1(x,y)\cdot\mathrm{d}\boldsymbol{r} + \beta\int_L \boldsymbol{F}_2(x,y)\cdot\mathrm{d}\boldsymbol{r}$.

② 可加性：若 $L = L_1 + L_2$，则 $\int_L \boldsymbol{F}(x,y)\cdot\mathrm{d}\boldsymbol{r} = \int_{L_1} \boldsymbol{F}(x,y)\cdot\mathrm{d}\boldsymbol{r} + \int_{L_2} \boldsymbol{F}(x,y)\cdot\mathrm{d}\boldsymbol{r}$.

③ 方向性：设 L^- 是 L 的反向曲线弧，则 $\int_{L^-} \boldsymbol{F}(x,y)\cdot\mathrm{d}\boldsymbol{r} = -\int_L \boldsymbol{F}(x,y)\cdot\mathrm{d}\boldsymbol{r}$.

（4）对坐标的曲线积分的计算方法：化为定积分计算.

① 设 L：$x = \varphi(t)$，$y = \psi(t)$，t 从 α 变到 β，则

$$\int_L P(x,y)\mathrm{d}x + Q(x,y)\mathrm{d}y = \int_\alpha^\beta \left\{ P[\varphi(t),\psi(t)]\varphi'(t) + Q[\varphi(t),\psi(t)]\psi'(t) \right\}\mathrm{d}t.$$

② 设 L：$y = \psi(x)$，x 从 a 变到 b，则

$$\int_L P(x,y)\mathrm{d}x + Q(x,y)\mathrm{d}y = \int_a^b \left\{ P[x,\psi(x)] + Q[x,\psi(x)]\psi'(x) \right\}\mathrm{d}x.$$

③ 设 L：$x = \varphi(y)$，y 从 c 变到 d，则

$$\int_L P(x,y)\mathrm{d}x + Q(x,y)\mathrm{d}y = \int_c^d \left\{ P[\varphi(y),y]\varphi'(y) + Q[\varphi(y),y] \right\}\mathrm{d}y.$$

④ 设 Γ：$x = \varphi(t)$，$y = \psi(t)$，$z = \omega(t)$，t 从 α 变到 β，则

$$\int_\Gamma P(x,y,z)\mathrm{d}x + Q(x,y,z)\mathrm{d}y + R(x,y,z)\mathrm{d}z = \int_\alpha^\beta \left\{ P[\varphi(t),\psi(t),\omega(t)]\varphi'(t) + \right.$$

$$\left. Q[\varphi(t),\psi(t),\omega(t)]\psi'(t) + R[\varphi(t),\psi(t),\omega(t)]\omega'(t) \right\}\mathrm{d}t.$$

注：下限→起点 A，上限→终点 B；被积函数可用积分曲线方程化简.

（5）两类曲线积分之间的联系：$\int_L P\mathrm{d}x + Q\mathrm{d}y = \int_L (P\cos\alpha + Q\cos\beta)\mathrm{d}s$.

其中 $\alpha(x,y)$、$\beta(x,y)$ 为有向曲线弧 L 在点 (x,y) 处的切向量的方向角.

2．例题辨析

知识点 1：对坐标的曲线积分的计算方法

例 1　求 $I = \oint_L \dfrac{(x+y)\mathrm{d}x - (x-y)\mathrm{d}y}{x^2 + y^2}$，其中 L 为圆周 $x^2 + y^2 = a^2$（按顺时针方向）．

错解： 由于 L 的参数方程为：$\begin{cases} x = a\cos t \\ y = a\sin t \end{cases}$，$0 \leqslant t \leqslant 2\pi$，则

$$I = \frac{1}{a^2} \int_0^{2\pi} [(a\cos t + a\sin t)(a\cos t)' - (a\cos t - a\sin t)(a\sin t)']\mathrm{d}t$$

$$= \frac{1}{a^2} \int_0^{2\pi} (-a^2)\mathrm{d}t = -2\pi.$$

【错解分析及知识链接】 本题考查对坐标的曲线积分的计算．积分曲线 L 为圆周 $x^2 + y^2 = a^2$，故可首先利用被积函数的点的坐标满足曲线方程化简被积函数，再写出 L 的参数方程，然后将曲线积分转化为定积分来计算．错解中没有注意曲线的方向，圆周为顺时针方向，则参数的变化范围是 t 从 2π 变到 0，不能写成 $0 \leqslant t \leqslant 2\pi$．

正解： 由于 L 的参数方程为：$\begin{cases} x = a\cos t \\ y = a\sin t \end{cases}$，$t$ 从 2π 变到 0，则

$$I = \frac{1}{a^2} \int_{2\pi}^0 [(a\cos t + a\sin t)(a\cos t)' - (a\cos t - a\sin t)(a\sin t)']\mathrm{d}t$$

$$= \frac{1}{a^2} \int_{2\pi}^0 (-a^2)\mathrm{d}t = 2\pi.$$

【举一反三】 计算曲线积分 $I = \oint_\Gamma \mathrm{d}x - \mathrm{d}y + y\mathrm{d}z$，其中 Γ 为有向闭折线 $ABCA$，这里的 A、B、C 依次为点 $A(1, 0, 0)$、$B(0, 1, 0)$、$C(0, 0, 1)$．

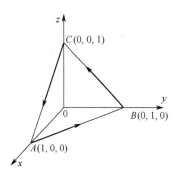

图 11.2

解： 本题为沿空间曲线的积分，从所给曲线来看，可采用参数法转化为定积分来计算，这里关键是要正确写出积分曲线的参数方程．

由于 $L = \overline{AB} + \overline{BC} + \overline{CA}$（见图 11.2），

$\overline{AB}$：$x = x, \ y = 1-x, \ z = 0$；$x$ 从 1 变到 0．

$\overline{BC}$：$x = 0, \ y = 1-z, \ z = z$；$z$ 从 0 变到 1．

$\overline{CA}$：$x = x, \ y = 0, \ z = 1-x$；$x$ 从 0 变到 1．

所以 $\displaystyle\int_{\overline{AB}} \mathrm{d}x - \mathrm{d}y + y\mathrm{d}z = \int_1^0 [1 - (1-x)']\mathrm{d}x = -2$；

$\displaystyle\int_{\overline{BC}} \mathrm{d}x - \mathrm{d}y + y\mathrm{d}z = \int_0^1 [-(1-z)' + (1-z)z']\mathrm{d}z = \int_0^1 (2-z)\mathrm{d}z = \frac{3}{2}$；

$\displaystyle\int_{\overline{CA}} \mathrm{d}x - \mathrm{d}y + y\mathrm{d}z = \int_0^1 1 \cdot \mathrm{d}x = 1$．

从而 $I = \displaystyle\oint_\Gamma \mathrm{d}x - \mathrm{d}y + y\mathrm{d}z = \left(\int_{\overline{AB}} + \int_{\overline{BC}} + \int_{\overline{CA}} \right)\mathrm{d}x - \mathrm{d}y + y\mathrm{d}z = -2 + \frac{3}{2} + 1 = \frac{1}{2}$．

知识点 2：对坐标的曲线积分的物理意义

例 2 设位于点 $(0, 1)$ 的质点 A 对质点 M 的引力大小为 $\dfrac{k}{r^2}$（$k > 0$ 为常数，r 为质点 A 与 M 之间的距离），质点 M 沿曲线 $y = \sqrt{2x - x^2}$ 自 $B(2, 0)$ 运动到 $O(0, 0)$．求在此运动过程中质点 A 对质点 M 的引力所做的功．

【题目分析及知识链接】 本题考查第二类曲线积分的物理意义——变力沿曲线积分做功．设质点 A 对质点 M 的引力 $\boldsymbol{F} = P(x, y)\boldsymbol{i} + Q(x, y)\boldsymbol{j}$，则所求的功为 $W = \displaystyle\int_{BO} P(x, y)\mathrm{d}x + Q(x, y)\mathrm{d}y$．因此，问题的关键是写出 $\boldsymbol{f}$ 的表达式．

作图如图 11.3 所示，可知 $\overrightarrow{MA} = \{-x, 1-y\}$，$r = \left|\overrightarrow{MA}\right| = \sqrt{x^2 + (1-y)^2}$，

引力 $\boldsymbol{F}$ 的方向与 $\overrightarrow{MA}$ 一致，

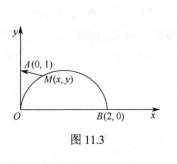

图 11.3

故 $\boldsymbol{F} = \dfrac{k}{r^2} \cdot \dfrac{\overrightarrow{MA}}{r} = \dfrac{k}{r^3}\{-x, 1-y\}$，于是

$$W = \int_{BO} \frac{k}{r^3}[-x\mathrm{d}x + (1-y)\mathrm{d}y]$$

$$= k\int_{(2,0)}^{(0,0)} \frac{-\dfrac{1}{2}\mathrm{d}[x^2 + (1-y)^2]}{[x^2 + (1-y)^2]^{3/2}}$$

$$= -\frac{1}{2} \cdot k \cdot (-2)[x^2 + (1-y)^2]^{-\frac{1}{2}}\Big|_{(2,0)}^{(0,0)} = k\left(1 - \frac{1}{\sqrt{5}}\right).$$

知识点 3：两类曲面积分之间的关系

例 3 化对坐标的曲线积分 $\displaystyle\int_L P\mathrm{d}x + Q\mathrm{d}y$ 为对弧长的曲线积分，其中积分曲线为上半圆周 $(x-1)^2 + y^2 = 1$ 从 $O(0,0)$ 到 $A(0,2)$ 的有向弧段．

错解： 对于圆周 $(x-1)^2 + y^2 = 1$，还可以利用参数方程：$x = 1 + \cos t$，$y = \sin t$，$0 \leqslant t \leqslant \pi$，故 $x'(t) = -\sin t$，$y'(t) = \cos t$，所以 $\boldsymbol{\tau} = (-\sin t, \cos t) = (-y, x-1)$，则

$$\int_L P\mathrm{d}x + Q\mathrm{d}y = \int_L (P\cos\alpha + Q\cos\beta)\mathrm{d}s == \int_L (-yP + (x-1)Q)\mathrm{d}s.$$

【错解分析及知识链接】 本题考查两类曲线积分之间的关系，关键是求有向曲线的单位切向量 $\boldsymbol{\tau} = (\cos\alpha, \cos\beta)$，解法中的错误在于所求的切向量 $\boldsymbol{\tau} = (-\sin t, \cos t) = (-y, x-1)$ 与曲线的方向相反，应改为 $\boldsymbol{\tau} = -(-\sin t, \cos t) = (y, 1-x)$，所以 $\displaystyle\int_L P\mathrm{d}x + Q\mathrm{d}y == \int_L (yP + (1-x)Q)\mathrm{d}s$．

【举一反三】 设 $u(x, y) = x^2 - xy + y^2$，L 为 $y = x^2$ 自原点至点 $A(1,1)$ 的有向弧段，$\boldsymbol{n}$ 为 L 的切向量顺时针旋转 $\dfrac{\pi}{2}$ 角所得的法向量，$\dfrac{\partial u}{\partial \boldsymbol{n}}$ 为函数 u 沿法向量 $\boldsymbol{n}$ 的方向导数，计算 $\displaystyle\int_L \frac{\partial u}{\partial \boldsymbol{n}}\mathrm{d}s$．

解： 利用两类曲线积分的关系，把第一类曲线积分问题转化成第二类曲线积分问题．

设 L 的单位切向量 $\boldsymbol{t} = (\cos\alpha, \cos\beta)$，顺时针旋转 $\dfrac{\pi}{2}$ 得法向量 $\boldsymbol{n} = (\cos\beta, -\cos\alpha)$ 由于 $\mathrm{d}x = \cos\alpha\mathrm{d}s$，$\mathrm{d}y = \cos\beta\mathrm{d}s$，所以

$$\int_L \frac{\partial u}{\partial \boldsymbol{n}}\mathrm{d}s = \int_L \left(\frac{\partial u}{\partial x}, \frac{\partial u}{\partial y}\right) \cdot \boldsymbol{n}\mathrm{d}s = \int_L \left(\frac{\partial u}{\partial x}, \frac{\partial u}{\partial y}\right) \cdot (\cos\beta\mathrm{d}s, -\cos\alpha\mathrm{d}s) = \int_L -\frac{\partial u}{\partial y}\mathrm{d}x + \frac{\partial u}{\partial x}\mathrm{d}y$$

$$= \int_L (x-2y)\mathrm{d}x + (2x-y)\mathrm{d}y = \int_0^1 [(x-2x^2)+(2x-x^2)\cdot 2x]\,\mathrm{d}x = \frac{2}{3}.$$

3．真题演练

（1）（2004 年）设 L 为正向圆周 $x^2+y^2=2$ 在第一象限中的部分，则 $\int_L x\mathrm{d}y - 2y\mathrm{d}x$ 为____．

（2）（2007 年）设曲线 $L: f(x,y)=1$ ，$f(x,y)$ 具有一阶连续偏导数，曲线 L 过第 II 象限内的点 M 和第 IV 象限内的点 N，Γ 为 L 上从点 M 到点 N 的一段弧，则下列小于零的是（　　）．

　　A．$\int_\Gamma f(x,y)\,\mathrm{d}x$ 　　　　　　　　B．$\int_\Gamma f(x,y)\,\mathrm{d}y$

　　C．$\int_\Gamma f(x,y)\,\mathrm{d}s$ 　　　　　　　　D．$\int_\Gamma f_x'(x,y)\,\mathrm{d}x + f_y'(x,y)\,\mathrm{d}y$

（3）（2008 年）计算曲线积分 $\int_L \sin 2x\,\mathrm{d}x + 2(x^2-1)y\mathrm{d}y$，其中 L 是曲线 $y=\sin x$ 上从点 $(0,0)$ 到点 $(\pi,0)$ 的一段．

（4）（2010 年）已知曲线 L 的方程为 $y=1-|x|$，$x\in[-1,1]$，起点是 $(-1,0)$，终点是 $(1,0)$，则曲线积分 $\int_L xy\,\mathrm{d}x + x^2\mathrm{d}y =$ _____．

（5）（2014 年）设 L 是柱面 $x^2+y^2=1$ 与平面 $y+z=0$ 的交线，从 z 轴正向往 z 轴负向看去为逆时针方向，则曲线积分 $\oint_L z\mathrm{d}x + y\mathrm{d}z =$ _____．

（6）（2015 年）已知曲线 L 的方程为 $\begin{cases} z=\sqrt{2-x^2-y^2} \\ z=x, \end{cases}$ 起点为 $A\left(0,\sqrt{2},0\right)$，终点为 $B\left(0,-\sqrt{2},0\right)$，计算曲线积分 $I = \int_L (y+z)\mathrm{d}x + (z^2-x^2+y)\mathrm{d}y + x^2y^2\mathrm{d}z$．

4．真题演练解析

（1）【解析】正向圆周 $x^2+y^2=2$ 在第一象限部分的参数方程为 $\begin{cases} x=\sqrt{2}\cos\theta \\ y=\sqrt{2}\sin\theta \end{cases}$，$\theta: 0 \to \frac{\pi}{2}$，

于是

$$\int_L x\mathrm{d}y - 2y\mathrm{d}x = \int_0^{\frac{\pi}{2}} \left[\sqrt{2}\cos\theta \cdot \sqrt{2}\cos\theta + 2\sqrt{2}\sin\theta \cdot \sqrt{2}\sin\theta \right]\mathrm{d}\theta$$

$$= \pi + \int_0^{\frac{\pi}{2}} 2\sin^2\theta\mathrm{d}\theta = \frac{3\pi}{2}.$$

（2）【解析】设 $M(x_1,y_1)$，$N(x_2,y_2)$，则由题设可知 $x_1<x_2$，$y_1>y_2$．因为 $\int_\Gamma f(x,y)\,\mathrm{d}x = \int_\Gamma \mathrm{d}x = x_2-x_1>0$；$\int_\Gamma f(x,y)\,\mathrm{d}y = \int_\Gamma \mathrm{d}y = y_2-y_1<0$；$\int_\Gamma f(x,y)\,\mathrm{d}s = \int_\Gamma \mathrm{d}s = \Gamma$ 的弧长 >0；$\int_\Gamma f_x'(x,y)\,\mathrm{d}x + f_y'(x,y)\,\mathrm{d}y = \int_\Gamma 0\,\mathrm{d}x + 0\,\mathrm{d}y = 0$．故选 B．

（3）【解析】直接化第二类曲线积分为定积分．

$$\int_L \sin 2x\,\mathrm{d}x + 2(x^2-1)y\mathrm{d}y = \int_0^\pi [\sin 2x + 2(x^2-1)\sin x \cdot \cos x]\mathrm{d}x$$

$$= \int_0^\pi x^2 \sin 2x\mathrm{d}x = -\frac{x^2}{2}\cos 2x \Big|_0^\pi + \int_0^\pi x\cos 2x\mathrm{d}x$$

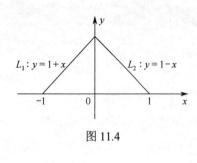

图 11.4

$$= -\frac{\pi^2}{2} + \frac{x}{2}\sin 2x\Big|_0^\pi - \frac{1}{2}\int_0^\pi \sin 2x \mathrm{d}x = -\frac{\pi^2}{2}.$$

（4）【解析】如图 11.4 所示，$L = L_1 + L_2$，其中 $L_1: y = 1+x,\ (-1 \leqslant x < 0)$，$L_2: y = 1-x,\ (0 \leqslant x < 1)$，所以

$$\int_L xy\,\mathrm{d}x + x^2\mathrm{d}y = \int_{L_1} xy\,\mathrm{d}x + x^2\mathrm{d}y + \int_{L_2} xy\,\mathrm{d}x + x^2\mathrm{d}y$$

$$= \int_{-1}^0 [x(1+x) + x^2]\mathrm{d}x + \int_0^1 [x(1-x) - x^2]\,\mathrm{d}x$$

$$= \int_{-1}^0 (2x^2 + x)\mathrm{d}x + \int_0^1 (x - 2x^2)\,\mathrm{d}x = 0.$$

（5）【解析】L 的参数方程为 $\begin{cases} x = \cos\theta \\ y = \sin\theta \\ z = -\sin\theta \end{cases}$，$\theta$ 从 0 到 2π，则

$$\oint_L z\mathrm{d}x + y\mathrm{d}z = \int_0^{2\pi} (\sin^2\theta - \sin\theta\cos\theta)\,\mathrm{d}\theta = \pi.$$

（6）【解析】曲线 L 投影到 xOy 面上的平面曲线方程为 $\begin{cases} x^2 + \dfrac{y^2}{2} = 1 \\ z = 0 \end{cases}$，$-\sqrt{2} \leqslant y \leqslant \sqrt{2}$，曲

线 L 的参数方程为 $\begin{cases} x = \cos\theta \\ y = \sqrt{2}\sin\theta \\ z = \cos\theta \end{cases}$，$\theta$ 从 $\dfrac{\pi}{2}$ 到 $-\dfrac{\pi}{2}$，

因而 $I = \int_L (y+z)\mathrm{d}x + (z^2 - x^2 + y)\mathrm{d}y + x^2 y^2 \mathrm{d}z$

$$= \int_{\frac{\pi}{2}}^{-\frac{\pi}{2}} \left[-\left(\sqrt{2}\sin\theta + \cos\theta\right)\sin\theta + \sqrt{2}\sin\theta\sqrt{2}\cos\theta + (\cos^2\theta \cdot 2\sin^2\theta)(-\sin\theta) \right]\mathrm{d}\theta$$

$$= -\sqrt{2}\int_{-\frac{\pi}{2}}^{\frac{\pi}{2}} \sin^2\theta\mathrm{d}\theta \text{（奇偶性）} = 2\sqrt{2}\int_0^{\frac{\pi}{2}} \sin^2\theta\mathrm{d}\theta = 2\sqrt{2} \times \frac{1}{2} \times \frac{\pi}{2} = \frac{\sqrt{2}}{2}\pi.$$

11.3　格林公式及其应用

1. 重要知识点

（1）格林（Green）公式：设函数 $P(x,y), Q(x,y)$ 在平面区域 D 及其边界曲线 L（取正向）上具有连续的一阶偏导数，则 $\oint_L P\mathrm{d}x + Q\mathrm{d}y = \iint_D \left(\dfrac{\partial Q}{\partial x} - \dfrac{\partial P}{\partial y} \right)\mathrm{d}x\mathrm{d}y$.

（2）平面上曲线积分与路径无关的条件：

设 $P(x,y), Q(x,y)$ 在平面单连通区域 D 内具有连续的一阶偏导数，则下面四个命题等价.

命题 1：曲线 $L\,(\overset{\frown}{AB})$ 是 D 内由点 A 到点 B 的一段有向曲线，则曲线积分 $\int_L P\mathrm{d}x + Q\mathrm{d}y$ 与路径无关，只与起点 A 和终点 B 有关.

命题 2：在 D 内沿任意一条闭曲线 L 的曲线积分有 $\oint_L P\mathrm{d}x + Q\mathrm{d}y = 0$.

命题 3：在 D 内任意一点 (x, y) 处有 $\dfrac{\partial Q}{\partial x} = \dfrac{\partial P}{\partial y}$.

命题 4：在 D 内存在 $u(x, y)$，使得 $P\mathrm{d}x + Q\mathrm{d}y$ 是 $u(x, y)$ 的全微分.

（3）已知全微分，求原函数：如果函数 $P(x, y), Q(x, y)$ 在单连通区域 D 内具有连续的一阶偏导数，且 $\dfrac{\partial Q}{\partial x} = \dfrac{\partial P}{\partial y}$，则 $P\mathrm{d}x + Q\mathrm{d}y$ 是某个函数 $u(x, y)$ 的全微分，且有 $u(x, y) = \displaystyle\int_{(x_0, y_0)}^{(x, y)} P\mathrm{d}x + Q\mathrm{d}y$，其中 (x_0, y_0) 是 D 内的某一定点，(x, y) 是 D 内的任一点.

2. 例题辨析

知识点 1：利用格林公式计算第二类曲线积分

例 1　计算 $\displaystyle\int_L (x + \mathrm{e}^{\sin y})\mathrm{d}y - \left(y - \dfrac{1}{2}\right)\mathrm{d}x$，其中 L 由第一象限中的直线段 $x + y = 1$ 与位于第二象限中的圆弧 $x^2 + y^2 = 1$ 构成，其方向是由 $A(1, 0)$ 到 $B(0, 1)$，再到 $C(-1, 0)$，如图 11.5 所示.

错解：由格林公式得

$$\int_L (x + \mathrm{e}^{\sin y})\mathrm{d}y - \left(y - \dfrac{1}{2}\right)\mathrm{d}x$$

$$= \iint_D \left\{ \dfrac{\partial (x + \mathrm{e}^{\sin y})}{\partial x} - \dfrac{\partial \left[-\left(y - \dfrac{1}{2}\right)\right]}{\partial y} \right\} \mathrm{d}x\mathrm{d}y$$

$$= \iint_D [1 - (-1)]\mathrm{d}x\mathrm{d}y = \iint_D 2\mathrm{d}x\mathrm{d}y = \dfrac{\pi}{2} + 1.$$

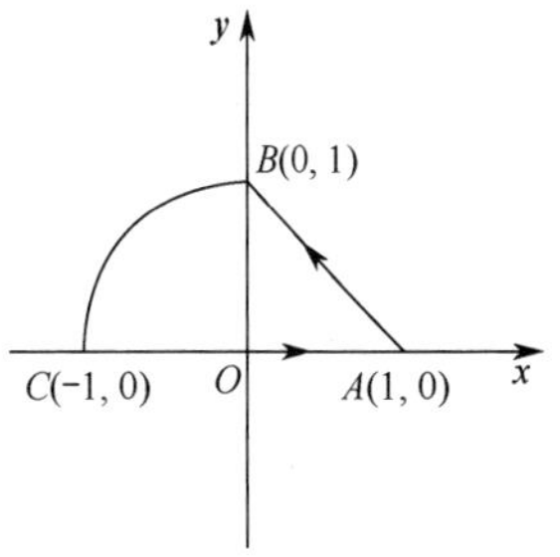

图 11.5

【错解分析及知识链接】本题考查格林公式的应用. 题目中涉及的积分曲线不封闭，但直接使用了格林公式，因此错误. 格林公式要求 L 应为封闭曲线，且取正方向. 但若 L 不是闭曲线，则往往可引入辅助线 L_1，使 $L + L_1$ 成为取正向的封闭曲线，进而采用格林公式，然后再减去 L_1 的曲线积分. 因而 L_1 的选取应尽可能简单，既利用 L_1 与 L 所围成区域计算二重积分，又要利用 L_1 计算曲线积分，还要保证 L 与 L_1 所围区域满足格林公式条件.

正解：作辅助线 $\overline{CA}$，由格林公式得

$$\int_{L + \overline{CA}} (x + \mathrm{e}^{\sin y})\mathrm{d}y - \left(y - \dfrac{1}{2}\right)\mathrm{d}x = \iint_D \left\{ \dfrac{\partial (x + \mathrm{e}^{\sin y})}{\partial x} - \dfrac{\partial \left[-\left(y - \dfrac{1}{2}\right)\right]}{\partial y} \right\} \mathrm{d}x\mathrm{d}y$$

$$= \iint_D [1 - (-1)]\mathrm{d}x\mathrm{d}y = \iint_D 2\mathrm{d}x\mathrm{d}y = \dfrac{\pi}{2} + 1.$$

所以 $I = \left(\displaystyle\int_{L + \overline{CA}} - \int_{\overline{CA}} \right)(x + \mathrm{e}^{\sin y})\mathrm{d}y - \left(y - \dfrac{1}{2}\right)\mathrm{d}x = \left(\dfrac{\pi}{2} + 1 \right) - \displaystyle\int_{\overline{CA}} (x + \mathrm{e}^{\sin y})\mathrm{d}y - \left(y - \dfrac{1}{2}\right)\mathrm{d}x$，

而 $\displaystyle\int_{\overline{CA}} (x + \mathrm{e}^{\sin y})\mathrm{d}y - \left(y - \dfrac{1}{2}\right)\mathrm{d}x = \int_{-1}^{1} \dfrac{1}{2}\mathrm{d}x = 1$，因此 $I = \dfrac{\pi}{2} + 1 - 1 = \dfrac{\pi}{2}$.

例2　计算第二类曲线积分 $\int_L x^3 dy - y^3 dx$，$L: x^2 + y^2 = a^2$ 顺时针方向取上半圆周.

错解： 设 D 为 $x^2 + y^2 \leqslant a^2$，$y \geqslant 0$，因为 $\dfrac{\partial Q}{\partial x} - \dfrac{\partial P}{\partial y} = 3(x^2 + y^2)$，所以

$$\oint_L x^3 dy - y^3 dx = 3 \iint_D (x^2 + y^2) dx dy = 3 \iint_D a^2 dx dy = 3\pi a^4.$$

【错解分析及知识链接】 错解错误有两处：一是曲线不封闭，不能直接使用格林公式；二是重积分中被积函数 $3(x^2 + y^2)$ 是定义在区域 D 上，不是定义在曲线上，所以 $3(x^2 + y^2) \neq 3a^2$.

正解： 添加 $L_1: y = 0, x: a \to -a$，则

$$I = \oint_{L+L_1} x^3 dy - y^3 dx - \int_{L_1} = -3 \iint_D (x^2 + y^2) dx dy - 0 = -3 \int_0^\pi d\theta \int_0^a r^3 dr = -\frac{3}{4} \pi a^4.$$

【举一反三】 设 $I = \int_{\widehat{AB}} (e^{x^2} - y^3) dx - (x + \cos y) dy$，其中 $\widehat{AB}$ 是 $y = k\cos x \,(k > 0)$ 上自 $A\left(-\dfrac{\pi}{2}, 0\right)$ 至 $B\left(\dfrac{\pi}{2}, 0\right)$ 的一段弧，试问 k 取何值时，I 取极值，是极大值还是极小值.

解： 由格林公式知，$\int_{\widehat{AB}} + \int_{\overline{BA}} = -\oint = -\iint_D (-1 + 3y^2) d\sigma$. 所以

$$I = \iint_D (1 - 3y^2) d\sigma + \int_{\overline{AB}: y=0} = \int_{-\frac{\pi}{2}}^{\frac{\pi}{2}} dx \int_0^{k\cos x} (1 - 3y^2) dy + 2 \int_0^{\frac{\pi}{2}} e^{x^2} dx = 2k - \frac{4}{3}k^3 + 2\int_0^{\frac{\pi}{2}} e^{x^2} dx.$$

令 $\dfrac{dI}{dk} = 2 - 4k^2 = 0$，得驻点 $k = \dfrac{1}{\sqrt{2}}$，而 $\dfrac{d^2 I}{dk^2} = -8k = -4\sqrt{2} < 0$，故 $k = \dfrac{1}{\sqrt{2}}$ 时，I 取得极值，且为极大值.

例3　计算 $I = \oint_L \dfrac{x dy - y dx}{4x^2 + 9y^2}$，其中 L 是 $(x-1)^2 + y^2 = 4$（$R > 0, R \neq 1$）取逆时针方向.

错解： 因为 $\dfrac{\partial Q}{\partial x} = \dfrac{\partial P}{\partial y} = \dfrac{9y^2 - 4x^2}{4x^2 + 9y^2}$，由格林公式得 $I = \iint_D \left(\dfrac{\partial Q}{\partial x} - \dfrac{\partial P}{\partial y}\right) dx dy = 0$.

【错解分析及知识链接】 本题考查格林公式的应用，利用格林公式计算第二类曲线积分时要求曲线封闭，而且要求函数 $P(x,y), Q(x,y)$ 在平面区域 D 及其边界曲线 L（取正向）上具有连续的一阶偏导数. 题目中的被积函数 $P = \dfrac{-y}{4x^2 + 9y^2}$，$Q = \dfrac{x}{4x^2 + 9y^2}$ 在原点没有定义，不满足格林公式的条件，不能直接使用格林公式.

正解： 添加辅助曲线 $l: 4x^2 + y^2 = \varepsilon^2$，逆时针方向，设 L 与 l 围成的区域为 D，则

$$I - \oint_l \frac{x dy - y dx}{4x^2 + 9y^2} = \iint_D \left(\frac{\partial Q}{\partial x} - \frac{\partial P}{\partial y}\right) dx dy = 0，\text{所以}$$

$$I = \oint_l \frac{x dy - y dx}{4x^2 + 9y^2} = \oint_l \frac{x dy - y dx}{\varepsilon^2} = \frac{1}{\varepsilon^2} \oint_l x dy - y dx = \frac{1}{\varepsilon^2} \iint_{D_1} 2 dx dy$$

$$= \frac{2}{\varepsilon^2} \pi \frac{\varepsilon}{6} \varepsilon = \frac{\pi}{3}.$$

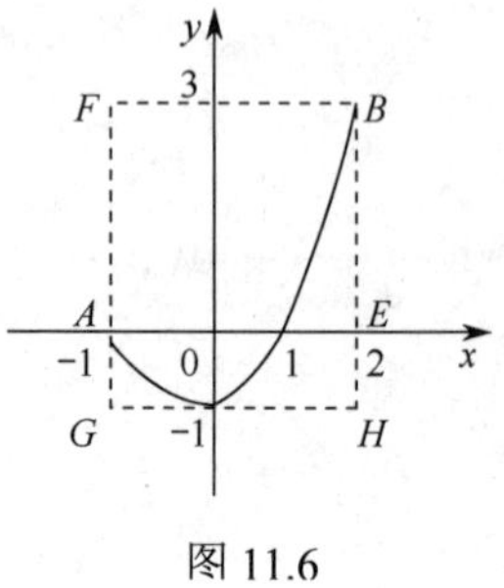

图 11.6

知识点2：利用曲线积分与路径无关的条件计算曲线积分

例4　计算积分 $I = \int_L \dfrac{x}{x^2 + y^2} dx + \dfrac{y}{x^2 + y^2} dy$，其中 L 是从 $A(-1, 0)$ 沿 $y = x^2 - 1$ 到 $B(2, 3)$ 的弧线段（见图11.6）.

错解： 假设 $P(x,y) = \dfrac{x}{x^2+y^2}, Q(x,y) = \dfrac{y}{x^2+y^2}$ ，因为 $\dfrac{\partial P}{\partial x} = \dfrac{y^2-x^2}{(x^2+y^2)^2} = \dfrac{\partial Q}{\partial y}$ ，故曲线积分与路径无关.

解法 1： 取积分路径为折线段路径 $\overset{\frown}{AFB}$ ，则

$$I = \int_{AF}\frac{x}{x^2+y^2}\mathrm{d}x + \frac{y}{x^2+y^2}\mathrm{d}y + \int_{FB}\frac{x}{x^2+y^2}\mathrm{d}x + \frac{y}{x^2+y^2}\mathrm{d}y = \int_0^3\frac{y}{1+y^2}\mathrm{d}y + \int_{-1}^2\frac{x}{9+x^2}\mathrm{d}x.$$

解法 2： 取积分路径为折线段路径 $\overset{\frown}{AEB}$ ，则

$$I = \int_{AE}\frac{x}{x^2+y^2}\mathrm{d}x + \frac{y}{x^2+y^2}\mathrm{d}y + \int_{EB}\frac{x}{x^2+y^2}\mathrm{d}x + \frac{y}{x^2+y^2}\mathrm{d}y = \int_{-1}^2\frac{1}{x}\mathrm{d}x + \int_0^3\frac{y}{4+y^2}\mathrm{d}y.$$

【错解分析及知识链接】 本题考查积分与路径无关的应用. 解法 1 中 L 与 AFB 所围成的区域包含原点，而在原点处不存在连续偏导数，不满足曲线积分与路径无关的条件. 解法 2 中所取路径 AEB 上含有原点，P、Q 在原点没有定义，也不符合曲线积分与路径无关的条件.

正解： 取积分路径为折线段路径 $\overset{\frown}{AGHB}$ ，则积分曲线 L 与折线 $AGHB$ 构成封闭曲线，在它们所围成的区域 Ω 上有连续的偏导数，且区域 Ω 为单连通区域，故在该区域内曲线积分与路径无关.

$$I = \int_{AG} + \int_{GH} + \int_{HB}\left(\frac{x}{x^2+y^2}\mathrm{d}x + \frac{y}{x^2+y^2}\mathrm{d}y\right) = \int_0^{-1}\frac{y}{1+y^2}\mathrm{d}y + \int_{-1}^2\frac{x}{1+x^2}\mathrm{d}x + \int_{-1}^3\frac{y}{4+y^2}\mathrm{d}y = \frac{1}{2}\ln 13.$$

【举一反三】 设 $I = \displaystyle\int_{OA}(ax\cos y - y^2\sin x)\mathrm{d}x + (by\cos x - x^2\sin y)\mathrm{d}y$ 与路径无关，其中点 $O(0,0)$ 及 $A(1,1)$ ，试确定常数 a,b ，并求 I .

解： 令 $P(x,y) = ax\cos y - y^2\sin x$，$Q(x,y) = by\cos x - x^2\sin y$ ，

$$\frac{\partial P}{\partial y} = -ax\sin y - 2y\sin x, \quad \frac{\partial Q}{\partial x} = -by\sin x - 2x\sin y.$$

由题意知，$\dfrac{\partial P}{\partial y} = \dfrac{\partial Q}{\partial x}$ ，解得 $a = b = 2$ ，所以

$$I = \int_{(0,0)}^{(1,1)}P\mathrm{d}x + Q\mathrm{d}y = \int_{(0,0)}^{(0,1)}P\mathrm{d}x + Q\mathrm{d}y + \int_{(0,1)}^{(1,1)}P\mathrm{d}x + Q\mathrm{d}y$$

$$= \int_0^1 Q(0,y)\mathrm{d}y + \int_0^1 P(x,1)\mathrm{d}x = \int_0^1 2y\mathrm{d}y + \int_0^1(2x\cos 1 - \sin x)\mathrm{d}x = 2\cos 1.$$

注： 若 $\dfrac{\partial P}{\partial y} \equiv \dfrac{\partial Q}{\partial x}$ ，则可以得到两个结果：

（1）$\displaystyle\int_{A(x_0,y_0)}^{B(x_1,y_1)}P\mathrm{d}x + Q\mathrm{d}y = \int_{x_0}^{x_1}P(x,y_0)\mathrm{d}x + \int_{y_0}^{y_1}Q(x_1,y)\mathrm{d}y$ ；

（2）$\displaystyle\oint_L P\mathrm{d}x + Q\mathrm{d}y = 0$.

知识点 3：求 $P(x,y)\mathrm{d}x + Q(x,y)\mathrm{d}y$ 的原函数

例 5　验证下列 $P(x,y)\mathrm{d}x + Q(x,y)\mathrm{d}y$ 在整个 xOy 平面内是某一函数 $u(x,y)$ 的全微分，并求这样的一个 $u(x,y)$：$(2x+2y)\mathrm{d}x + (2x+3y^2)\mathrm{d}y$.

【题目分析及知识链接】 若 $P(x,y)$ 和 $Q(x,y)$ 在 D 内具有一阶连续偏导数，且 $\dfrac{\partial P}{\partial y} = \dfrac{\partial Q}{\partial x}$ ，则满足 $P\mathrm{d}x + Q\mathrm{d}y$ 是某函数 $u(x,y)$ 的全微分的条件. 在求原函数 $u(x,y) = \displaystyle\int_{(x_0,y_0)}^{(x,y)}P\mathrm{d}x + Q\mathrm{d}y$ 时，一般

选取从 (x_0, y_0) 到 (x, y) 的平行于坐标轴的直线折线，或者可以用积分法或凑全微分法求原函数. 易 求 得 $\dfrac{\partial P}{\partial y} = 2 = \dfrac{\partial Q}{\partial x}$. 设 $\mathrm{d}u = P\mathrm{d}x + Q\mathrm{d}y$，由 $\dfrac{\partial u}{\partial x} = P(x, y) = 2x + 2y$ 得 $u = \int (2x + 2y)\mathrm{d}x = x^2 + 2xy + \varphi(y)$，其中 $\varphi(y)$ 为待定函数. 由此得 $\dfrac{\partial u}{\partial y} = 2x + \varphi'(y)$. 又因 u 满足 $\dfrac{\partial u}{\partial y} = Q(x, y) = 2x + 3y^2$，故 $3y^2 = \varphi'(y)$，从而 $\varphi(y) = y^3 + C$. 所以 $u = x^2 + 2xy + y^3 + C$.

3．真题演练

（1）（2003 年）已知平面区域 $D = \{(x, y) | 0 \leqslant x \leqslant \pi,\ 0 \leqslant y \leqslant \pi\}$，$L$ 为 D 的正向边界. 试证：

① $\oint_L x\mathrm{e}^{\sin y}\mathrm{d}y - y\mathrm{e}^{-\sin x}\mathrm{d}x = \oint_L x\mathrm{e}^{-\sin y}\mathrm{d}y - y\mathrm{e}^{\sin x}\mathrm{d}x$；

② $\oint_L x\mathrm{e}^{\sin y}\mathrm{d}y - y\mathrm{e}^{-\sin x}\mathrm{d}x \geqslant 2\pi^2$.

（2）（2012 年）已知 L 是第一象限中从点 $(0, 0)$ 沿圆周 $x^2 + y^2 = 2x$ 到点 $(2, 0)$，再沿圆周 $x^2 + y^2 = 4$ 到点 $(0, 2)$ 的曲线段. 计算曲线积分 $I = \int_L 3x^2 y\mathrm{d}x + (x^3 + x - 2y)\mathrm{d}y$.

（3）（2016 年）设函数 $f(x, y)$ 满足 $\dfrac{\partial f(x, y)}{\partial x} = (2x + 1)\mathrm{e}^{2x - y}$，且 $f(0, y) = y + 1$，L_t 是从点 $(0, 0)$ 到点 $(1, t)$ 的光滑曲线. 计算曲线积分 $I(t) = \int_{L_t} \dfrac{\partial f(x, y)}{\partial x}\mathrm{d}x + \dfrac{\partial f(x, y)}{\partial y}\mathrm{d}y$，并求 $I(t)$ 的最小值.

（4）（2017 年）若 $\int_L \dfrac{x\mathrm{d}x - ay\mathrm{d}y}{x^2 + y^2 - 1}$ 在 $D = \{(x, y) | x^2 + y^2 < 1\}$ 内与路径无关，则 $a = \underline{\qquad}$.

（5）（2020 年）计算曲线积分 $I = \int_L \dfrac{4x - y}{4x^2 + y^2}\mathrm{d}x + \dfrac{x + y}{4x^2 + y^2}\mathrm{d}y$，其中 L 为 $x^2 + y^2 = 2$，方向为逆时针方向.

4．真题演练解析

（1）【解析】

解法 1： ①左边 $= \int_0^\pi \pi\mathrm{e}^{\sin y}\mathrm{d}y - \int_\pi^0 \pi\mathrm{e}^{-\sin x}\mathrm{d}x = \pi\int_0^\pi (\mathrm{e}^{\sin x} + \mathrm{e}^{-\sin x})\mathrm{d}x$，

右边 $= \int_0^\pi \pi\mathrm{e}^{-\sin y}\mathrm{d}y - \int_\pi^0 \pi\mathrm{e}^{\sin x}\mathrm{d}x = \pi\int_0^\pi (\mathrm{e}^{\sin x} + \mathrm{e}^{-\sin x})\mathrm{d}x$，

所以 $\oint_L x\mathrm{e}^{\sin y}\mathrm{d}y - y\mathrm{e}^{-\sin x}\mathrm{d}x = \oint_L x\mathrm{e}^{-\sin y}\mathrm{d}y - y\mathrm{e}^{\sin x}\mathrm{d}x$.

② 由于 $\mathrm{e}^{\sin x} + \mathrm{e}^{-\sin x} \geqslant 2$，故由①得 $\oint_L x\mathrm{e}^{\sin y}\mathrm{d}y - y\mathrm{e}^{-\sin x}\mathrm{d}x = \pi\int_0^\pi (\mathrm{e}^{\sin x} + \mathrm{e}^{-\sin x})\mathrm{d}x \geqslant 2\pi^2$.

解法 2： ①根据格林公式，有 $\oint_L x\mathrm{e}^{\sin y}\mathrm{d}y - y\mathrm{e}^{-\sin x}\mathrm{d}x = \iint_D (\mathrm{e}^{\sin y} + \mathrm{e}^{-\sin x})\mathrm{d}x\mathrm{d}y$，$\oint_L x\mathrm{e}^{-\sin y}\mathrm{d}y - y\mathrm{e}^{\sin x}\mathrm{d}x = \iint_D (\mathrm{e}^{-\sin y} + \mathrm{e}^{\sin x})\mathrm{d}x\mathrm{d}y$.

因为 D 具有轮换对称性，所以 $\iint_D (\mathrm{e}^{\sin y} + \mathrm{e}^{-\sin x})\mathrm{d}x\mathrm{d}y = \iint_D (\mathrm{e}^{-\sin y} + \mathrm{e}^{\sin x})\mathrm{d}x\mathrm{d}y$，

故 $\oint_L x\mathrm{e}^{\sin y}\mathrm{d}y - y\mathrm{e}^{-\sin x}\mathrm{d}x = \oint_L x\mathrm{e}^{-\sin y}\mathrm{d}y - y\mathrm{e}^{\sin x}\mathrm{d}x$.

②由①知 $\oint_L x\mathrm{e}^{\sin y}\mathrm{d}y - y\mathrm{e}^{-\sin x}\mathrm{d}x = \iint_D (\mathrm{e}^{\sin y} + \mathrm{e}^{-\sin x})\mathrm{d}x\mathrm{d}y$

$= \iint_D \mathrm{e}^{\sin y}\mathrm{d}x\mathrm{d}y + \iint_D \mathrm{e}^{-\sin x}\mathrm{d}x\mathrm{d}y = \iint_D \mathrm{e}^{\sin x}\mathrm{d}x\mathrm{d}y + \iint_D \mathrm{e}^{-\sin x}\mathrm{d}x\mathrm{d}y$（利用轮换对称性）

$$= \iint_D (e^{\sin x} + e^{-\sin x})dxdy \geqslant \iint_D 2dxdy = 2\pi^2.$$

（2）【解析】设点 $O(0,0)$ ，$A(2,0)$ ，$B(0,2)$ ，补充线段 $\overline{BO}$ ，且设由曲线弧 $\overset{\frown}{OA}, \overset{\frown}{AB}, \overline{BO}$ 围成的平面区域为 D ，则由格林公式有

$$I = \int_L 3x^2 y dx + (x^3 + x - 2y)dy$$

$$= \int_{L+\overline{BO}} 3x^2 y dx + (x^3 + x - 2y)dy - \int_{\overline{BO}} 3x^2 y dx + (x^3 + x - 2y)dy$$

$$= \iint_D (3x^2 - 3x^2 + 1)dxdy - \int_2^0 (-2y)dy = \frac{1}{4} \cdot \pi \cdot 2^2 - \frac{1}{2} \cdot \pi \cdot 1^2 + y^2 \Big|_2^0 = \frac{\pi}{2} - 4.$$

（3）【解析】因 $\dfrac{\partial f(x,y)}{\partial x} = (2x+1)e^{2x-y}$ ，故 $f(x,y) = xe^{2x} \cdot e^{-y} + \varphi(y)$. 又因 $f(0,y) = \varphi(y) = y+1$ ，从而 $f(x,y) = xe^{2x-y} + y + 1$ ，则 $\dfrac{\partial f(x,y)}{\partial y} = -xe^{2x-y} + 1$. 所以

$$I(t) = \int_{L_t} \frac{\partial f(x,y)}{\partial x}dx + \frac{\partial f(x,y)}{\partial y}dy = \int_{L_t} (2x+1)e^{2x-y}dx + (1 - xe^{2x-y})dy$$

$$= \int_{L_t} P(x,y)dx + Q(x,y)dy . \text{ 由 } \frac{\partial P}{\partial y} = \frac{\partial Q}{\partial x} = -(2x+1)e^{2x-y} \text{ ，可知曲线积分与路径无关，}$$

故 $I(t) = \int_0^1 (2x+1)e^{2x}dx + \int_0^t (1-e^{2-y})dy = t + e^{2-t}$. 由 $I'(t) = 1 - e^{2-t} = 0$ ，得 $t=2$ ，而 $I''(t) = e^{2-t}$ ，$I''(2) = 1 > 0$ ，所以，当 $t=2$ 时，$I(t)$ 取极小值，即最小值，最小值 $I(2) = 3$.

（4）【解析】记 $P = \dfrac{x}{x^2 + y^2 - 1}, Q = \dfrac{-ay}{x^2 + y^2 - 1}$ ，计算得

$$\frac{\partial P}{\partial y} = \frac{-2xy}{(x^2+y^2-1)^2}, \frac{\partial Q}{\partial x} = \frac{2axy}{(x^2+y^2-1)^2} \text{ ，由积分与路径无关知} \frac{\partial P}{\partial y} = \frac{\partial Q}{\partial x} \text{ ，得 } a = -1.$$

（5）【解析】挖去奇点 $(0,0)$ ，再利用格林公式. 取 $L_1 : 4x^2 + y^2 = \varepsilon^2$ （ε^2 足够小），方向为顺时针方向，则 $I = \oint_{L+L_1} \dfrac{4x-y}{4x^2+y^2}dx + \dfrac{x+y}{4x^2+y^2}dy - \oint_{L_1} \dfrac{4x-y}{4x^2+y^2}dx + \dfrac{x+y}{4x^2+y^2}dy$.

令 $P = \dfrac{4x-y}{4x^2+y^2}, Q = \dfrac{x+y}{4x^2+y^2}$ ，计算得 $\dfrac{\partial Q}{\partial x} = \dfrac{\partial P}{\partial y} = \dfrac{-4x^2 - 8xy + y^2}{(4x^2+y^2)^2}$.

因而 $I = 0 - \dfrac{1}{\varepsilon^2}\oint_{L_1}(4x-y)dx + (x+y)dy = \dfrac{1}{\varepsilon^2}\oint_{D_1}2dxdy$ ，

其中 $D_1 = \left\{(x,y)\middle| 4x^2 + y^2 \leqslant \varepsilon^2\right\}$ ，所以 $I = \dfrac{2}{\varepsilon^2} \times \pi \times \varepsilon \times \dfrac{\varepsilon}{2} = \pi$.

11.4　对面积的曲面积分

1. 重要知识点

（1）对面积的曲面积分的概念：$\iint_\Sigma f(x,y,z)dS = \lim\limits_{\lambda \to 0}\sum\limits_{i=1}^n f(\xi_i, \eta_i, \zeta_i)\Delta S_i$.

（2）对面积的曲面积分计算法：

① 设光滑曲面 Σ 的方程为 $z = z(x,y)$ ，Σ 在 xOy 平面上的投影域为 D_{xy} ，函数 $z = z(x,y)$ 具

有一阶连续的偏导数，被积函数 $f(x,y,z)$ 在 Σ 上连续，则 $\iint_\Sigma f(x,y,z)\mathrm{d}S = \iint_{D_{xy}} f(x,y,z(x,y))$

$$\sqrt{1+\left(\frac{\partial z}{\partial x}\right)^2+\left(\frac{\partial z}{\partial y}\right)^2}\,\mathrm{d}x\mathrm{d}y\,.$$

② 当光滑曲面 Σ 的方程为 $x=x(y,z)$ 或 $y=y(z,x)$ 时，可以把曲面积分相应地化为

$$\iint_\Sigma f(x,y,z)\mathrm{d}S = \iint_{D_{yz}} f(x(y,z),y,z)\sqrt{1+\left(\frac{\partial x}{\partial y}\right)^2+\left(\frac{\partial x}{\partial z}\right)^2}\,\mathrm{d}y\mathrm{d}z\,,$$

或 $\iint_\Sigma f(x,y,z)\mathrm{d}S = \iint_{D_{zx}} f(x,y(x,z))\sqrt{1+\left(\frac{\partial y}{\partial x}\right)^2+\left(\frac{\partial y}{\partial z}\right)^2}\,\mathrm{d}z\mathrm{d}x\,.$

其中 D_{yz} 和 D_{zx} 分别为曲面 Σ 在 yOz 面和 zOx 面上的投影域.

2. 例题辨析

知识点 1：对面积分的曲面积分的计算

例 1 设曲面 Σ 是 $z=\frac{1}{2}(x^2+y^2)$ 被平面 $z=2$ 所截下的有限部分，计算 $\iint_\Sigma z\mathrm{d}S$.

解：设 Σ 在 xOy 平面上投影为 D_{xy}，即 $D_{xy}:\begin{cases} x^2+y^2\leqslant 4 \\ z=0 \end{cases}$.

由 $z=\frac{1}{2}(x^2+y^2)$ 知，$\dfrac{\partial z}{\partial x}=x$，$\dfrac{\partial z}{\partial y}=y$，$\sqrt{1+\left(\dfrac{\partial z}{\partial x}\right)^2+\left(\dfrac{\partial z}{\partial y}\right)^2}=\sqrt{1+x^2+y^2}$，所以

$$\iint_\Sigma z\mathrm{d}S = \iint_{D_{xy}} \frac{1}{2}(x^2+y^2)\sqrt{1+x^2+y^2}\,\mathrm{d}x\mathrm{d}y$$

$$=\frac{1}{2}\int_0^{2\pi}\mathrm{d}\theta\int_0^2 r^3\sqrt{1+r^2}\,\mathrm{d}r = \pi\left[\frac{1}{5}(1+r^2)^{\frac{5}{2}}-\frac{1}{3}(1+r^2)^{\frac{3}{2}}\right]\Bigg|_0^2 = \frac{2\pi}{15}\left(25\sqrt{5}+1\right).$$

知识点 2：利用对称性计算对面积的曲面积分

例 2 计算 $I=\iint_\Sigma x^2\mathrm{d}S$，$\Sigma$ 为圆柱面 $x^2+y^2=a^2$ 介于 $z=0$ 与 $z=h$ 之间的部分.

解：由 Σ 的方程知，x 与 y 地位相同，所以 $\iint_\Sigma x^2\mathrm{d}S = \iint_\Sigma y^2\mathrm{d}S$，所以

$$\iint_\Sigma x^2\mathrm{d}S = \frac{1}{2}\iint_\Sigma(x^2+y^2)\mathrm{d}S = \frac{1}{2}\iint_\Sigma a^2\mathrm{d}S = \frac{1}{2}a^2\iint_\Sigma \mathrm{d}S = \frac{a^2}{2}|S| = \pi a^3 h.$$

【举一反三】 计算曲面积分 $I=\oiint\limits_{x^2+y^2+z^2=a^2}(x+2y+3z)^2\mathrm{d}S$.

解：由奇偶对称性和轮换对称性可得

$$\oiint\limits_{x^2+y^2+z^2=a^2}(x+2y+3z)^2\mathrm{d}S = \oiint\limits_{x^2+y^2+z^2=a^2}(x^2+4y^2+9z^2+4xy+12yz+6zx)\mathrm{d}S$$

$$=\frac{14}{3}\oiint\limits_{x^2+y^2+z^2=a^2}(x^2+y^2+z^2)\mathrm{d}S = \frac{14}{3}a^2\oiint\limits_{x^2+y^2+z^2=a^2}1\mathrm{d}S = \frac{56}{3}\pi a^4.$$

知识点 3：对面积的曲面积分的应用

例 3　求密度为 μ_0 的均匀半球壳 $\Sigma : z = \sqrt{R^2 - x^2 - y^2}$ 对于 z 轴的转动惯量.

解： $I_z = \iint_{\Sigma}(x^2 + y^2)\mu_0 \mathrm{d}S = \mu_0 \iint_{x^2+y^2 \leqslant R^2}(x^2 + y^2)\dfrac{R}{\sqrt{R^2 - x^2 - y^2}}\mathrm{d}x\mathrm{d}y$

$$= \mu_0 R \int_0^{2\pi}\mathrm{d}\theta \int_0^R \rho^2 \cdot \dfrac{1}{\sqrt{R^2 - \rho^2}} \cdot \rho\mathrm{d}\rho = 2\mu_0 R\pi \cdot \dfrac{1}{2}\int_0^{R^2}\dfrac{t}{\sqrt{R^2 - t}}\mathrm{d}t$$

$$= \mu_0 \pi R\left[-2t\sqrt{R^2 - t}\,\Big|_0^{R^2} + 2\int_0^{R^2}\sqrt{R^2 - t}\,\mathrm{d}t \right] = 2\mu_0\pi R \cdot \dfrac{-2}{3}(R^2 - t)^{\frac{3}{2}}\Big|_0^{R^2} = \dfrac{4}{3}\mu_0\pi R^4.$$

【解法分析及知识链接】 本题考查曲面积分的物理应用，关键是由微元法建立积分表达式. 上述解法中将转动惯量转化为对面积的曲面积分，但计算相当复杂，可以考虑利用对称性简化积分的计算.

另解： 设 $\Sigma_1 : x^2 + y^2 + z^2 = R^2$，则利用对称性及被积函数的点的坐标满足曲面方程可知

$$I_z = \iint_{\Sigma}(x^2 + y^2)\mu_0\mathrm{d}S = \dfrac{1}{2}\iint_{\Sigma_1}(x^2 + y^2)\mu_0\mathrm{d}S = \dfrac{2}{3} \cdot \dfrac{1}{2}\iint_{\Sigma_1}(x^2 + y^2 + z^2)\mu_0\mathrm{d}S = \dfrac{2}{3} \cdot \dfrac{1}{2}\iint_{\Sigma_1}R^2\mu_0\mathrm{d}S = \dfrac{4}{3}\mu_0\pi R^4.$$

例 4　计算曲面积分 $I = \iint_{\Sigma}(x^2 + y^2)\mathrm{d}S$，其中 $\Sigma : x^2 + y^2 + z^2 = 2(x + y + z)$.

【题目分析及知识链接】 本题考查对面积的曲面积分的计算，积分曲面是球心在 $(1, 1, 1)$，半径为 $\sqrt{3}$ 的球面，直接化曲面积分为二重积分比较复杂，可以利用对称性化简积分，再利用形心坐标逆向思维求积分值.

解： 由对称性可知 $I = \iint_{\Sigma}x^2\mathrm{d}S = \iint_{\Sigma}y^2\mathrm{d}S = \iint_{\Sigma}z^2\mathrm{d}S$，再代入曲面方程可得

$$I = \dfrac{2}{3}\iint_{\Sigma}(x^2 + y^2 + z^2)\mathrm{d}S = \dfrac{4}{3}\iint_{\Sigma}(x + y + z)\mathrm{d}S = 4\iint_{\Sigma}x\mathrm{d}S.$$

由质心公式 $\bar{x} = \iint_{\Sigma}x\mathrm{d}S / \iint_{\Sigma}\mathrm{d}S$ 可知 $\iint_{\Sigma}x\mathrm{d}S = \bar{x}\iint_{\Sigma}\mathrm{d}S$，而球面的形心即球心，所以

$$I = 4\iint_{\Sigma}x\mathrm{d}S = 4 \cdot 1 \cdot 4\pi\left(\sqrt{3}\right)^2 = 48\pi.$$

【举一反三】 设半径为 R 的球面 Σ 的球心在定球 $x^2 + y^2 + z^2 = a^2$ $(a > 0)$ 上，问当 R 取何值时，球面 Σ 在定球内部的面积最大？

解： 设 Σ 的方程为 $x^2 + y^2 + (z - a)^2 = R^2$，其中 $0 < R < 2a$，则 Σ 在定球内部部分的方程为 $z = a - \sqrt{R^2 - x^2 - y^2}$. 由 $\dfrac{\partial z}{\partial x} = \dfrac{x}{\sqrt{R^2 - x^2 - y^2}}$，$\dfrac{\partial z}{\partial y} = \dfrac{y}{\sqrt{R^2 - x^2 - y^2}}$，得 $\sqrt{1 + \left(\dfrac{\partial z}{\partial x}\right)^2 + \left(\dfrac{\partial z}{\partial y}\right)^2} = \dfrac{R}{\sqrt{R^2 - x^2 - y^2}}$，从 $\begin{cases} x^2 + y^2 + z^2 = a^2 \\ x^2 + y^2 + (z - a)^2 = R^2 \end{cases}$ 中消去 z，得两球面交线在 xOy 平面上的投影为 $\begin{cases} x^2 + y^2 = \left(\dfrac{R}{2a}\sqrt{4a^2 - R^2}\right)^2 \\ z = 0 \end{cases}$. 因此 Σ 在定球内部的面积为 $S(R) = \iint_{\Sigma}\mathrm{d}S = \iint_{D_{xy}}\dfrac{R}{\sqrt{R^2 - x^2 - y^2}}\mathrm{d}x\mathrm{d}y$

$$R\int_0^{2\pi}d\theta\int_0^{\frac{R}{2a}\sqrt{4a^2-R^2}}\frac{r}{\sqrt{R^2-r^2}}dr=2\pi R^2-\frac{\pi R^3}{a}.$$

于是 $S'(R)=4\pi R-\dfrac{3\pi R^2}{a}=\pi R\left(4-\dfrac{3R}{a}\right),\quad S''(R)=4\pi-\dfrac{6\pi R}{a}.$

令 $S'(R)=0$，得 $R=\dfrac{4}{3}a$，而 $S''\left(\dfrac{4}{3}a\right)=-4\pi<0$，故函数 $S(R)$ 在 $R=\dfrac{4}{3}a$ 时取得极大值，且 在定义域内仅有此唯一的极值，所以当 $R=\dfrac{4}{3}a$ 时，Σ 在定球内部的面积最大.

3．真题演练

（1）（1995 年）计算 $\iint_\Sigma zdS$，其中 Σ 为锥面 $z=\sqrt{x^2+y^2}$ 在柱体 $x^2+y^2\leqslant 2x$ 内的部分.

（2）（2000 年）设 $S:x^2+y^2+z^2=a^2\,(z\geqslant 0)$，$S_1$ 为 S 在第一卦限中的部分，则有(　　　)．

    A. $\iint_S xdS=4\iint_{S_1}xdS$ B. $\iint_S ydS=4\iint_{S_1}xdS$

    C. $\iint_S zdS=4\iint_{S_1}xdS$ D. $\iint_S xyzdS=4\iint_{S_1}xyzdS$

（3）（2007 年）设曲面 $\Sigma:|x|+|y|+|z|=1$，则 $\oiint_\Sigma\left(x+|y|\right)dS=$ ＿＿＿＿＿＿＿ ．

（4）（2010 年）设 P 为椭球面 $S:x^2+y^2+z^2-yz=1$ 上的动点，若 S 在点 P 处的切平面与 xOy 面垂直，求点 P 的轨迹 C，并计算曲面积分 $I=\iint_\Sigma\dfrac{\left(x+\sqrt{3}\right)|y-2z|}{\sqrt{4+y^2+z^2-4yz}}dS$，其中 Σ 是椭球 S 位于曲线 C 上方的部分.

（5）（2012 年）设 $\Sigma=\left\{(x,y,z)\,|\,x+y+z=1,\ x\geqslant 0,\ y\geqslant 0,\ z\geqslant 0\right\}$，则 $\iint_\Sigma y^2dS=$ ＿＿＿＿＿＿＿．

（6）（2017 年）设薄片型物体 Σ 是圆锥面 $z=\sqrt{x^2+y^2}$ 被柱面 $z^2=2x$ 割下的有限部分，其上任一点的密度为 $\mu(x,y,z)=9\sqrt{x^2+y^2+z^2}$．记圆锥面与柱面的交线为 C．

①求 C 在 xOy 平面上的投影曲线的方程；②求 Σ 的质量 M．

4．真题演练解析

（1）【解析】曲面 Σ 在 xOy 面上的投影区域为 $D_{xy}=\left\{(x,y)\,|\,x^2+y^2\leqslant 2x\right\}$，

$dS=\sqrt{1+z_x'^2+z_y'^2}=\sqrt{2}dxdy$，将积分曲面方程 $z=\sqrt{x^2+y^2}$ 代入被积表达式，于是

$$\iint_\Sigma zdS=\iint_{D_{xy}}\sqrt{x^2+y^2}\cdot\sqrt{2}dxdy=\sqrt{2}\int_{-\frac{\pi}{2}}^{\frac{\pi}{2}}d\theta\int_0^{2\cos\theta}r^2dr=\frac{32}{9}\sqrt{2}.$$

（2）【解析】四个选项等式右边的积分都大于零，由对称性质得积分 $\iint_S xdS=\iint_S ydS=\iint_S xyzdS=0$，所以应选 C.

    注：对于选项 D，因为曲面 S 关于 yOz 面和 zOx 面均对称，而被积函数 z 关于变量 x,y 均

为偶函数，所以有 $\iint_S z\mathrm{d}S = 2\iint_{S\cap\{x\geq 0\}} z\mathrm{d}S = 4\iint_{S_1} z\mathrm{d}S$. 另外，由于曲面 S_1 在第一卦限内关于变量 x,y,z 具有轮换对称性，所以有 $\iint_S z\mathrm{d}S = 4\iint_{S_1} z\mathrm{d}S = 4\iint_{S_1} x\mathrm{d}S$.

（3）【解析】由积分域与被积函数的对称性有 $\oiint_\Sigma x\,\mathrm{d}S = 0$, $\oiint_\Sigma |x|\,\mathrm{d}S = \oiint_\Sigma |y|\,\mathrm{d}S = \oiint_\Sigma |z|\,\mathrm{d}S$，所以

$$\oiint_\Sigma |y|\,\mathrm{d}S = \frac{1}{3}\oiint_\Sigma (|x|+|y|+|z|)\,\mathrm{d}S = \frac{1}{3}\oiint_\Sigma \mathrm{d}S = \frac{1}{3}\times 8\times\frac{\sqrt{3}}{2} = \frac{4\sqrt{3}}{3}.$$

（4）【解析】① 令 $F(x,y,x)=x^2+y^2+z^2-yz-1$，故 $P(x,y,z)$ 的切平面的法向量为 $\boldsymbol{n}=(2x,2y-z,2z-y)$. 由切平面垂直 xOy 得 $2z-y=0$. 又因 P 在椭球面 $x^2+y^2+z^2-yz=1$ 上，故曲线 C 的方程为 $\begin{cases} x^2+y^2+z^2-yz=1 \\ 2z-y=0 \end{cases}$，即 $\begin{cases} x^2+\dfrac{3}{4}y^2=1 \\ 2z-y=0 \end{cases}$.

② 曲线 C 在 xOy 平面的投影为 $D_{xy}:x^2+\dfrac{y^2}{\frac{4}{3}}=1$，因方程 $x^2+y^2+z^2-yz=1$ 两边分别对 x,y 求导，得 $2x+2z\dfrac{\partial z}{\partial x}-y\dfrac{\partial z}{\partial x}=0$，$2y+2z\dfrac{\partial z}{\partial y}-z-y\dfrac{\partial z}{\partial y}=0$，解得 $\dfrac{\partial z}{\partial x}=\dfrac{2x}{y-2z}$，$\dfrac{\partial z}{\partial y}=\dfrac{2y-z}{y-2z}$，代入曲面的面积元素公式并化简可得

$$\mathrm{d}S=\sqrt{1+z_x^2+z_y^2}\,\mathrm{d}x\mathrm{d}y=\sqrt{1+\left(\frac{2x}{y-2z}\right)^2+\left(\frac{2y-z}{y-2z}\right)^2}\,\mathrm{d}x\mathrm{d}y=\frac{\sqrt{4+y^2+z^2-4yz}}{|y-2z|}\,\mathrm{d}x\mathrm{d}y.$$

故 $I=\iint_\Sigma \dfrac{\left(x+\sqrt{3}\right)|y-2z|}{\sqrt{4+y^2+z^2-4yz}}\,\mathrm{d}S=\iint_{D_{xy}}\left(x+\sqrt{3}\right)\mathrm{d}x\mathrm{d}y=\sqrt{3}\iint_{D_{xy}}\mathrm{d}x\mathrm{d}y=2\pi$.

（5）【解析】由第一类曲面积分的计算公式得：$z=1-x-y$. 有

$$\iint_\Sigma y^2\mathrm{d}S=\iint_{D_{xy}} y^2\sqrt{1+\left(\frac{\partial z}{\partial x}\right)^2+\left(\frac{\partial z}{\partial y}\right)^2}\,\mathrm{d}x\mathrm{d}y=\sqrt{3}\iint_{D_{xy}} y^2\mathrm{d}x\mathrm{d}y=\sqrt{3}\int_0^1\mathrm{d}y\int_0^{1-y} y^2\mathrm{d}x=\frac{\sqrt{3}}{12}.$$

其中平面区域 $D_{xy}:x+y<1$, $x\geq 0$, $y\geq 0$.

（6）【解析】① 由题意知，C 的方程为 $\begin{cases} z=\sqrt{x^2+y^2} \\ z^2=2x, \end{cases}$ 消去 z 得 $x^2+y^2=2x$. 故 C 在 xOy 平面上的投影曲线方程为 $\begin{cases} x^2+y^2=2x \\ z=0 \end{cases}$.

② Σ 的质量为 $M=\iint_\Sigma \mu(x,y,z)\mathrm{d}S=\iint_\Sigma 9\sqrt{x^2+y^2+z^2}\mathrm{d}S=\iint_D 9\sqrt{2}\sqrt{x^2+y^2}\sqrt{2}\mathrm{d}x\mathrm{d}y$.

其中 $D=\left\{(x,y)\,\big|\,x^2+y^2\leq 2x\right\}$，所以

$$M=18\int_{-\frac{\pi}{2}}^{\frac{\pi}{2}}\mathrm{d}\theta\int_0^{2\cos\theta} r^2\mathrm{d}r=48\int_{-\frac{\pi}{2}}^{\frac{\pi}{2}}\cos^3\theta\mathrm{d}\theta=96\int_0^{\frac{\pi}{2}}\cos^3\theta\mathrm{d}\theta=96\times\frac{2}{3}=64.$$

11.5　对坐标的曲面积分

1．重要知识点

（1）对坐标的曲面积分的概念：$R(x, y, z)$ 在有向曲面 Σ 的正侧上对坐标 x, y 的曲面积分，即

$$\iint_{\Sigma} R(x, y, z)\mathrm{d}x\mathrm{d}y = \lim_{\lambda \to 0} \sum_{i=1}^{n} R(\xi_i, \eta_i, \zeta_i)\Delta S_{i,xy}，\text{ 其中 } \Delta S_{i,xy} = \Delta S_i \cos\gamma_i．$$

（2）对坐标的曲面积分的性质：若 Σ 表示有向曲面的正侧，该曲面的另一侧为负侧，记为 Σ^-，则有 $\iint_{\Sigma} P\mathrm{d}y\mathrm{d}z + Q\mathrm{d}z\mathrm{d}x + R\mathrm{d}x\mathrm{d}y = -\iint_{\Sigma^-} P\mathrm{d}y\mathrm{d}z + Q\mathrm{d}z\mathrm{d}x + R\mathrm{d}x\mathrm{d}y$，即当积分曲面改变为相反侧时，对坐标的曲面积分要改变符号．

（3）对坐标的曲面积分的计算法：

① 设光滑曲面 Σ 是由方程 $z = z(x, y)$ 所给出的曲面上侧，角 γ 是曲面 Σ 的法向量 $\boldsymbol{n}$ 与 z 轴的夹角，此时 $\cos\gamma > 0$，曲面 Σ 在 xOy 平面上的投影区域为 D_{xy}．函数 $z = z(x, y)$ 在 D_{xy} 上具有一阶连续偏导数，被积函数 $R(x, y, z)$ 在 Σ 上连续，则 $\iint_{\Sigma} R(x, y, z)\mathrm{d}x\mathrm{d}y = \iint_{D_{xy}} R[x, y, z(x, y)]\mathrm{d}x\mathrm{d}y$．

② 若曲面取 Σ 下侧，此时 $\cos\gamma < 0$，则

$$\iint_{\Sigma} R(x, y, z)\mathrm{d}x\mathrm{d}y = -\iint_{D_{xy}} R[x, y, z(x, y)]\mathrm{d}x\mathrm{d}y．$$

③ 若曲面 Σ 是母线平行于 z 轴的柱面，则 $\iint_{\Sigma} R(x, y, z)\mathrm{d}x\mathrm{d}y = 0$．

（4）两类曲面积分之间的关系：设 Σ 上任一点 (x, y, z) 处法向量 $\boldsymbol{n}$ 的方向余弦为 $\cos\alpha$，$\cos\beta, \cos\gamma$，则有 $\iint_{\Sigma} P\mathrm{d}y\mathrm{d}z + Q\mathrm{d}z\mathrm{d}x + R\mathrm{d}x\mathrm{d}y = \iint_{\Sigma} (P\cos\alpha + Q\cos\beta + R\cos\gamma)\mathrm{d}S$．

（5）三合一公式：若曲面 Σ 的方程为 $z = z(x, y)$，则

$$\iint_{\Sigma} P\mathrm{d}y\mathrm{d}z + Q\mathrm{d}z\mathrm{d}x + R\mathrm{d}x\mathrm{d}y = \iint_{\Sigma} (-Pz_x' - Qz_y' + R)\mathrm{d}x\mathrm{d}y．$$

2．例题辨析

知识点 1：利用直接投影法计算对坐标的曲面积分

例 1　计算 $I = \iint_{\Sigma} x^2 y^2 z\mathrm{d}x\mathrm{d}y$，其中 Σ 是球面 $x^2 + y^2 + z^2 = R^2$ 的下半部分的下侧．

错解： $\Sigma : z = -\sqrt{R^2 - x^2 - y^2}$．$\Sigma$ 在 xOy 面上的投影区域 D_{xy} 为 $x^2 + y^2 \leqslant R^2$．

$$I = \iint_{\Sigma} x^2 y^2 z\mathrm{d}x\mathrm{d}y = \iint_{D_{xy}} x^2 y^2 \left(-\sqrt{R^2 - x^2 - y^2}\right)\mathrm{d}x\mathrm{d}y$$

$$= \int_0^{2\pi} \mathrm{d}\theta \int_0^R r^4 \cos^2\theta \sin^2\theta \left(-\sqrt{R^2 - r^2}\right) r\mathrm{d}r$$

$$= -\frac{1}{8}\int_0^{2\pi} \sin^2 2\theta\mathrm{d}\theta \int_0^R \left[(r^2 - R^2) + R^2\right]^2 \sqrt{R^2 - r^2}\mathrm{d}(R^2 - r^2) = -\frac{2}{105}\pi R^7．$$

【错解分析及知识链接】 计算对坐标的曲面积分时要注意曲面的侧的方向，题目中涉及的曲面指向下侧，所以化成二重积分后应该前面加负号，即

$$I = \iint_{\Sigma} x^2 y^2 z\mathrm{d}x\mathrm{d}y = -\iint_{D_{xy}} x^2 y^2 \left(-\sqrt{R^2 - x^2 - y^2}\right)\mathrm{d}x\mathrm{d}y = \frac{2}{105}\pi R^7．$$

【举一反三】计算 $I = \iint_{\Sigma}(2x+z)\mathrm{d}y\mathrm{d}z + z\mathrm{d}x\mathrm{d}y$，$\Sigma: z = x^2 + y^2$　　$(0 \leqslant z \leqslant 1)$，$\Sigma$ 的法向 $\boldsymbol{n}$ 与 z 轴正向成锐角.

解： $I = \iint_{\Sigma}(2x+z)\mathrm{d}y\mathrm{d}z + z\mathrm{d}x\mathrm{d}y = \iint_{\Sigma}(2x+z)\mathrm{d}y\mathrm{d}z + \iint_{\Sigma}z\mathrm{d}x\mathrm{d}y = I_1 + I_2$.

计算 I_1 时，用 yOz 面将 Σ 分为前后两块，题目要求的是内表面，而前侧法线与 x 轴成钝角，故积分为负，后侧法线与 x 轴成锐角，故积分为正.

$$I_1 = -\iint_{D_{yz}}\left(2\sqrt{z-y^2}+z\right)\mathrm{d}y\mathrm{d}z + \iint_{D_{yz}}\left(-2\sqrt{z^2-y^2}+z\right)\mathrm{d}y\mathrm{d}z = -4\int_{-1}^{1}\mathrm{d}y\int_{y^2}^{1}\sqrt{z-y^2}\mathrm{d}z$$

$$= -\frac{16}{3}\int_0^1(1-y^2)^{\frac{3}{2}}\mathrm{d}y \xrightarrow{y=\sin t} -\frac{16}{3}\int_0^{\frac{\pi}{2}}\cos^4 t\,\mathrm{d}t = -\frac{16}{3}\times\frac{3}{4}\times\frac{1}{2}\times\frac{\pi}{2} = -\pi,$$

同理 $I_2 = \iint\limits_{x^2+y^2\leqslant 1}(x^2+y^2)\mathrm{d}x\mathrm{d}y = \int_0^{2\pi}\mathrm{d}\theta\int_0^1 r^3\mathrm{d}r = \frac{\pi}{2}$，故 $I = -\pi + \frac{\pi}{2} = -\frac{\pi}{2}$.

知识点 2：利用对称性计算对坐标的曲面积分

例 2　计算 $I = \iint_{\Sigma}xyz\mathrm{d}x\mathrm{d}y$，其中 Σ：$x^2+y^2+z^2=1$ 外侧在第一和第八卦限部分.

错解： 积分曲面关于 xOy 面对称，被积分函数 xyz 关于 z 为奇函数，由奇偶对称性可得积分 $I = \iint_{\Sigma}xyz\mathrm{d}x\mathrm{d}y = 0$.

【**错解分析及知识链接**】利用奇偶对称性简化对坐标的曲面积分时和定积分、重积分、对弧长的曲线积分及对面积的曲面积分不同，解法中利用奇零偶倍是错误的.

正解： 用 xOy 面将 Σ 分为上、下两块，分别记为 $\Sigma_{上}$、$\Sigma_{下}$，Σ 在 xOy 面上的投影区域 D_{xy} 为 $x^2+y^2\leqslant 1, x\geqslant 0, y\geqslant 0$，则

$$I = \iint_{\Sigma_{上}}xyz\mathrm{d}x\mathrm{d}y + \iint_{\Sigma_{下}}xyz\mathrm{d}x\mathrm{d}y$$

$$= \iint_D xy\sqrt{1-x^2-y^2}\,\mathrm{d}x\mathrm{d}y + \left[-\iint_D xy\left(-\sqrt{1-x^2-y^2}\right)\mathrm{d}x\mathrm{d}y\right]$$

$$= 2\iint_D xy\sqrt{1-x^2-y^2}\,\mathrm{d}x\mathrm{d}y = 2\int_0^{\frac{\pi}{2}}\sin\theta\cos\theta\mathrm{d}\theta\int_0^1 r^3\sqrt{1-r^2}\,\mathrm{d}r = \frac{2}{15}.$$

【举一反三】计算曲面积分 $\oiint_{\Sigma}xz\mathrm{d}x\mathrm{d}y + xy\mathrm{d}y\mathrm{d}z + yz\mathrm{d}z\mathrm{d}x$，其中 Σ 是平面 $x=0$，$y=0$，$z=0$，$x+y+z=1$ 所围成的空间区域的整个边界曲面的外侧.

解： 如图 11.7 所示，$\Sigma = \Sigma_1 + \Sigma_2 + \Sigma_3 + \Sigma_4$，

故 $\oiint_{\Sigma}xz\mathrm{d}x\mathrm{d}y = \iint_{\Sigma_1} + \iint_{\Sigma_2} + \iint_{\Sigma_3} + \iint_{\Sigma_4}$

$$= \iint_{\Sigma_4}xz\mathrm{d}x\mathrm{d}y = \iint_{D_{xy}}x(1-x-y)\mathrm{d}x\mathrm{d}y$$

$$= \int_0^1 x\mathrm{d}x\int_0^{1-x}(1-x-y)\mathrm{d}y = \frac{1}{24}.$$

由积分变量的轮换对称性可知，

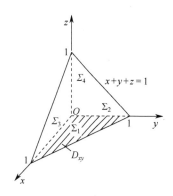

图 11.7

$$\oiint_\Sigma xz\mathrm{d}x\mathrm{d}y + xy\mathrm{d}y\mathrm{d}z + yz\mathrm{d}z\mathrm{d}x = 3 \times \frac{1}{24} = \frac{1}{8}.$$

知识点 3：利用曲面积分之间的关系计算

例 3 求 $I = \iint_\Sigma [f(x,y,z)+x]\mathrm{d}y\mathrm{d}z + [2f(x,y,z)+y]\mathrm{d}z\mathrm{d}x + [f(x,y,z)+z]\mathrm{d}x\mathrm{d}y$，其中 $f(x,y,z)$ 为连续函数，Σ 为平面 $x-y+z=1$ 在第四卦限部分的上侧.

【题目分析及知识链接】 Σ 为平面 $x-y+z=1$ 在第四卦限部分，所以 Σ 的法向量的方向余弦是定值，因此可利用两类曲面积分的关系把 I 转化为对面积的曲面积分.

Σ 上侧法向量的方向余弦为 $\cos\alpha = \dfrac{-z_x'}{\sqrt{1+z_x'^2+z_y'^2}} = \dfrac{1}{\sqrt{3}}$，$\cos\beta = \dfrac{-z_y'}{\sqrt{1+z_x'^2+z_y'^2}} = -\dfrac{1}{\sqrt{3}}$，

$\cos\gamma = \dfrac{1}{\sqrt{1+z_x'^2+z_y'^2}} = \dfrac{1}{\sqrt{3}}$，则由两类曲面积分之间的关系，得

$$I = \iint_\Sigma \{[f(x,y,z)+x]\cos\alpha + [2f(x,y,z)+y]\cos\beta + [f(x,y,z)+z]\cos\gamma\}\mathrm{d}S$$

$$= \frac{1}{\sqrt{3}}\iint_\Sigma [f(x,y,z)+x-2f(x,y,z)-y+f(x,y,z)+z]\mathrm{d}S$$

$$= \frac{1}{\sqrt{3}}\iint_\Sigma (x-y+z)\mathrm{d}S = \frac{1}{\sqrt{3}}\iint_\Sigma \mathrm{d}S = \frac{1}{\sqrt{3}} \times \frac{\sqrt{3}}{2} = \frac{1}{2}.$$

【另解参考】 本题也可以考虑用三合一公式 $\iint_\Sigma P\mathrm{d}y\mathrm{d}z + Q\mathrm{d}z\mathrm{d}x + R\mathrm{d}x\mathrm{d}y = \iint_\Sigma (-Pz_x' - Qz_y' + R)\mathrm{d}x\mathrm{d}y$ 进行计算. 曲面 Σ：$z = 1-x+y$，则 $-z_x' = 1$，$-z_y' = -1$，曲面在在 xOy 面上的投影区域为 D，则

$$I = \iint_\Sigma \{[f(x,y,z)+x]\cdot 1 + [2f(x,y,z)+y]\cdot(-1) + [f(x,y,z)+z]\}\mathrm{d}x\mathrm{d}y$$

$$= \iint_\Sigma (x-y+z)\mathrm{d}x\mathrm{d}y = \iint_\Sigma \mathrm{d}x\mathrm{d}y = \iint_D \mathrm{d}x\mathrm{d}y = \frac{1}{2}.$$

3．真题演练

（1）（1994 年）计算曲面积分 $\displaystyle\iint_\Sigma \frac{x\mathrm{d}y\mathrm{d}z + z^2\mathrm{d}x\mathrm{d}y}{x^2+y^2+z^2}$，其中 Σ 是由曲面 $x^2+y^2=R^2$ 及两平面 $z=R, z=-R$ $(R>0)$ 所围立体表面的外侧.

（2）（2014 年）设 Σ 为 $z = x^2+y^2$ $(z \leqslant 1)$ 的上侧，计算

$$I = \iint_\Sigma (x-1)^3\mathrm{d}y\mathrm{d}z + (y-1)^3\mathrm{d}z\mathrm{d}x + (z-1)\mathrm{d}x\mathrm{d}y.$$

（3）（2019 年）设 Σ 为 $x^2+y^2+4z^2=4$ $(z \geqslant 0)$ 的上侧，则 $\displaystyle\iint_\Sigma \sqrt{4-x^2-4z^2}\,\mathrm{d}x\mathrm{d}y = $ _____．

（4）（2020 年）设 Σ 为曲面 $z = \sqrt{x^2+y^2}$ $(1 \leqslant x^2+y^2 \leqslant 4)$ 下侧，$f(x)$ 为连续函数. 计算

$$I = \iint_\Sigma [xf(xy)+2x-y]\mathrm{d}y\mathrm{d}z + [yf(xy)+2y+x]\mathrm{d}z\mathrm{d}x + [zf(xy)+z]\mathrm{d}x\mathrm{d}y.$$

4．真题演练解析

（1）【解析】因为积分曲面 Σ 是由三片曲面（$x^2 + y^2 = R^2$，$z = R$，$z = -R$）组成的，令

$\Sigma_1 : \begin{cases} z = R \\ x^2 + y^2 \leqslant R^2 \end{cases}$ 取上侧；$\Sigma_2 : \begin{cases} z = -R \\ x^2 + y^2 \leqslant R^2 \end{cases}$ 取下侧；$\Sigma_3 : \begin{cases} -R \leqslant z \leqslant R \\ x^2 + y^2 = R^2 \end{cases}$ 取外侧，则有

$\iint_\Sigma \dfrac{x\mathrm{d}y\mathrm{d}z + z^2\mathrm{d}x\mathrm{d}y}{x^2 + y^2 + z^2} = \iint_{\Sigma_1 + \Sigma_2 + \Sigma_3} \dfrac{x\mathrm{d}y\mathrm{d}z + z^2\mathrm{d}x\mathrm{d}y}{x^2 + y^2 + z^2}$．如果曲面平行于某坐标轴，则对另两个坐标

的曲面积分为零，所以 $\iint_{\Sigma_1} \dfrac{x\mathrm{d}y\mathrm{d}z}{x^2 + y^2 + z^2} = \iint_{\Sigma_2} \dfrac{x\mathrm{d}y\mathrm{d}z}{x^2 + y^2 + z^2} = 0$．令 $D_{xy} : \begin{cases} z = 0 \\ x^2 + y^2 \leqslant R^2 \end{cases}$ 表示 Σ_1, Σ_2

在 xOy 面上的投影区域，有 $\iint_{\Sigma_1 + \Sigma_2} \dfrac{z^2\mathrm{d}x\mathrm{d}y}{x^2 + y^2 + z^2} = \iint_{D_{xy}} \dfrac{R^2\mathrm{d}x\mathrm{d}y}{x^2 + y^2 + R^2} - \iint_{D_{xy}} \dfrac{(-R)^2\mathrm{d}x\mathrm{d}y}{x^2 + y^2 + R^2} = 0$．在 Σ_3

上，$\iint_{\Sigma_3} \dfrac{z^2\mathrm{d}x\mathrm{d}y}{x^2 + y^2 + z^2} = 0$．将曲面 Σ_3 分为前、后两部分，它们的方程分别为 $x = \sqrt{R^2 - y^2}$ 与

$x = -\sqrt{R^2 - y^2}$，但它们的侧相反，前部分取前侧，后部分取后侧，在 yOz 面的投影区域都为

$D_{yz} : \begin{cases} x = 0 \\ -R \leqslant y \leqslant R, \ -R \leqslant z \leqslant R \end{cases}$，则有

$$\iint_{\Sigma_3} \dfrac{x\mathrm{d}y\mathrm{d}z}{x^2 + y^2 + z^2} = \iint_{D_{yz}} \dfrac{\sqrt{R^2 - y^2}}{R^2 + z^2}\mathrm{d}y\mathrm{d}z - \iint_{D_{yz}} \dfrac{-\sqrt{R^2 - y^2}}{R^2 + z^2}\mathrm{d}y\mathrm{d}z$$

$$= 2\iint_{D_{yz}} \dfrac{\sqrt{R^2 - y^2}}{R^2 + z^2}\mathrm{d}y\mathrm{d}z = 2\int_{-R}^R \mathrm{d}y \int_{-R}^R \dfrac{\sqrt{R^2 - y^2}}{R^2 + y^2}\mathrm{d}z = \dfrac{1}{2}\pi^2 R.$$

于是 $\iint_\Sigma \dfrac{x\mathrm{d}y\mathrm{d}z + z^2\mathrm{d}x\mathrm{d}y}{x^2 + y^2 + z^2} = \dfrac{1}{2}\pi^2 R$．

（2）【解析】本题涉及对三组坐标的曲面积分，直接计算比较复杂，往往考虑用两类曲面积分之间的关系，也可以用三合一公式：

$$\iint_\Sigma (x-1)^3\mathrm{d}y\mathrm{d}z + (y-1)^3\mathrm{d}z\mathrm{d}x + (z-1)\mathrm{d}x\mathrm{d}y = \iint_\Sigma [-2x(x-1)^3 - 2y(y-1)^3 + (z-1)]\mathrm{d}x\mathrm{d}y$$

$$= \iint_\Sigma [-2x(x-1)^3 - 2y(y-1)^3 + (x^2 + y^2 - 1)]\mathrm{d}x\mathrm{d}y$$

$$= \iint_{D_{xy}} [-2x(x-1)^3 - 2y(y-1)^3 + (x^2 + y^2 - 1)]\mathrm{d}x\mathrm{d}y$$

$$= \iint_{D_{xy}} [-2(x^4 + y^4) + 6(x^3 + y^3) - 6(x^2 + y^2) + 2(x + y)]\mathrm{d}x\mathrm{d}y + (x^2 + y^2 - 1)\mathrm{d}x\mathrm{d}y,$$

其中 $D_{xy} : x^2 + y^2 \leqslant 1$，由二重积分的奇偶对称性 $\iint_{D_{xy}} (x^3 + y^3)\mathrm{d}x\mathrm{d}y = \iint_{D_{xy}} (x + y)\mathrm{d}x\mathrm{d}y = 0$．

所以 $\iint_\Sigma (x-1)^3\mathrm{d}y\mathrm{d}z + (y-1)^3\mathrm{d}z\mathrm{d}x + (z-1)\mathrm{d}x\mathrm{d}y = \iint_{D_{xy}} [-2(x^4 + y^4) - 5(x^2 + y^2)]\mathrm{d}x\mathrm{d}y - \pi$

$$= -2\int_0^{2\pi} (1 - 2\sin^2\theta\cos^2\theta)\mathrm{d}\theta \int_0^1 r^5\mathrm{d}r - 5\int_0^{2\pi}\mathrm{d}\theta\int_0^1 r^3\mathrm{d}r - \pi$$

$$= -2\int_0^{2\pi} (1 - \dfrac{1}{2}\sin^2 2\theta)\mathrm{d}\theta\int_0^1 r^5\mathrm{d}r - \dfrac{7}{2}\pi = -4\pi.$$

（3）【解析】曲面 Σ 在 xOy 面上的投影为 $D = \left\{(x,y)\big| x^2 + y^2 \leqslant 4\right\}$，则

$$\iint_{\Sigma} \sqrt{4 - x^2 - 4z^2}\,\mathrm{d}x\mathrm{d}y = \iint_{\Sigma}|y|\,\mathrm{d}x\mathrm{d}y = \iint_{D}|y|\,\mathrm{d}x\mathrm{d}y = 2\int_0^{\pi}\mathrm{d}\theta\int_0^2 r\sin\theta \cdot r\mathrm{d}r = \frac{32}{3}.$$

（4）【解析】曲面 $\Sigma : z = \sqrt{x^2 + y^2}$ 的法向量 $\boldsymbol{n} = (z_x', z_y', -1) = \left(\dfrac{x}{\sqrt{x^2+y^2}}, \dfrac{y}{\sqrt{x^2+y^2}}, -1\right)$，

$D : 1 \leqslant x^2 + y^2 \leqslant 4$，则由三合一公式可知

$$I = \iint_{\Sigma}(P,Q,R) \cdot (z_x', z_y', -1)\mathrm{d}x\mathrm{d}y$$

$$= \iint_{\Sigma}\left\{-\frac{x[xf(xy) + 2x - y]}{\sqrt{x^2+y^2}} - \frac{y[yf(xy) + 2y + x]}{\sqrt{x^2+y^2}} + zf(xy) + z\right\}\mathrm{d}x\mathrm{d}y$$

$$= \iint_{\Sigma}\left[-\sqrt{x^2+y^2}\,f(xy) - 2\sqrt{x^2+y^2} + zf(xy) + z\right]\mathrm{d}x\mathrm{d}y$$

$$= \iint_{D}\sqrt{x^2+y^2}\,\mathrm{d}x\mathrm{d}y = \int_0^{2\pi}\mathrm{d}\theta\int_1^2 r \cdot r\mathrm{d}r = \frac{14}{3}\pi.$$

11.6 高斯公式 通量与散度

1. 重要知识点

（1）高斯（Gauss）公式：设空间闭区域 Ω 是由分片光滑的闭曲面 Σ 所围成，函数 $P(x,y,z)$，$Q(x,y,z)$，$R(x,y,z)$ 在 Ω 及其边界曲面 Σ 上具有连续的一阶偏导数，则

$$\oiint_{\Sigma} P\mathrm{d}y\mathrm{d}z + Q\mathrm{d}z\mathrm{d}x + R\mathrm{d}x\mathrm{d}y = \iiint_{\Omega}\left(\frac{\partial P}{\partial x} + \frac{\partial Q}{\partial y} + \frac{\partial R}{\partial z}\right)\mathrm{d}x\mathrm{d}y\mathrm{d}z,$$

或 $\oiint_{\Sigma}(P\cos\alpha + Q\cos\beta + R\cos\gamma)\mathrm{d}S = \iiint_{\Omega}\left(\dfrac{\partial P}{\partial x} + \dfrac{\partial Q}{\partial y} + \dfrac{\partial R}{\partial z}\right)\mathrm{d}x\mathrm{d}y\mathrm{d}z.$

其中 Σ 取外侧，$\cos\alpha, \cos\beta, \cos\gamma$ 是 Σ 上任一点 (x,y,z) 处外法线向量的方向余弦.

（2）通量与散度：设向量场 $\boldsymbol{A}(x,y,z) = P(x,y,z)\boldsymbol{i} + Q(x,y,z)\boldsymbol{j} + R(x,y,z)\boldsymbol{k}$，其中 P,Q,R 具有连续的一阶偏导数，Σ 是场内的一个有向曲面，则称 $\varPhi = \iint_{\Sigma}P\mathrm{d}y\mathrm{d}z + Q\mathrm{d}z\mathrm{d}x + R\mathrm{d}x\mathrm{d}y$ 为向量场 $\boldsymbol{A}$ 通过曲面 Σ 的通量（或流量）.

向量场 $\boldsymbol{A}$ 的散度 $\mathrm{div}\boldsymbol{A} = \dfrac{\partial P}{\partial x} + \dfrac{\partial Q}{\partial y} + \dfrac{\partial R}{\partial z}$.

高斯公式的等价形式：$\oiint_{\Sigma}\boldsymbol{A} \cdot \mathrm{d}\boldsymbol{S} = \iiint_{\Omega}\mathrm{div}\boldsymbol{A}\,\mathrm{d}V$，其中 $\mathrm{d}\boldsymbol{S} = (\mathrm{d}y\mathrm{d}z, \mathrm{d}z\mathrm{d}x, \mathrm{d}x\mathrm{d}y)$.

2. 例题精解

知识点 1：利用高斯公式计算封闭曲面上对坐标的曲面积分

例 1 设 Σ 为曲面 $x^2 + y^2 + z^2 = 1$ 的外侧，计算曲面积分

$$I = \oiint_{\Sigma} x^3\mathrm{d}y\mathrm{d}z + y^3\mathrm{d}z\mathrm{d}x + z^3\mathrm{d}x\mathrm{d}y.$$

错解： 设 Ω 为闭曲面 Σ 所围成的空间区域，根据高斯公式，得

$$I = \oiint_{\Sigma} x^3 \mathrm{d}y\mathrm{d}z + y^3 \mathrm{d}z\mathrm{d}x + z^3 \mathrm{d}x\mathrm{d}y = \iiint_{\Omega} \left(3x^2 + 3y^2 + 3z^2 \right) \mathrm{d}V = \iiint_{\Omega} 3 \mathrm{d}V = 3 \times \frac{4\pi}{3} = 4\pi .$$

【错解分析及知识链接】 本题考查高斯公式的应用. 由于积分曲面为封闭曲面，且被积函数在积分曲面所围区域内具有一阶连续偏导数，满足高斯公式的条件，因此可以直接使用高斯公式. 错解错在利用高斯公式化为三重积分后，被积函数点的坐标不再满足积分曲面的方程，即 $x^2 + y^2 + z^2 \neq 1$.

正解： 设 Ω 为 Σ 所围成的空间区域，根据高斯公式并用球面坐标计算三重积分，

$$I = \oiint_{\Sigma} x^3 \mathrm{d}y\mathrm{d}z + y^3 \mathrm{d}z\mathrm{d}x + z^3 \mathrm{d}x\mathrm{d}y = 3\iiint_{\Omega} (x^2 + y^2 + z^2) \mathrm{d}x\mathrm{d}y\mathrm{d}z$$

$$= 3 \int_0^{\pi} \mathrm{d}\varphi \int_0^{2\pi} \mathrm{d}\theta \int_0^1 r^2 \cdot r^2 \sin\varphi \mathrm{d}r = \frac{12\pi}{5} .$$

【举一反三】 设 Σ 为球面 $x^2 + y^2 + z^2 = 9$ 的外侧面，求曲面积分 $I_1 = \iint_{\Sigma} z\mathrm{d}x\mathrm{d}y$，$I_2 = \iint_{\Sigma} xyz^2 \mathrm{d}x\mathrm{d}y$.

解： 本题可以利用单项投影法直接计算，但需要把 Σ 分为上、下两块，比较复杂. 考虑到积分曲面是封闭曲面，对坐标的曲面积分一般应用高斯公式计算，再利用三重积分的性质及对称性可简化计算. 设 Ω 是由闭曲面 Σ 所围的球体，则

$$I_1 = \iint_{\Sigma} z\mathrm{d}x\mathrm{d}y = \iiint_{\Omega} \mathrm{d}x\mathrm{d}y\mathrm{d}z = \frac{4}{3}\pi \times 3^3 = 36\pi .$$

$$I_2 = \iint_{\Sigma} xyz^2 \mathrm{d}x\mathrm{d}y = \iiint_{\Omega} 2xyz\mathrm{d}x\mathrm{d}y\mathrm{d}z = 0 \quad （由三重积分的奇偶对称性）.$$

【举一反三】 计算曲面积分 $I = \iint_{\Sigma} x^2 \mathrm{d}y\mathrm{d}z + y^2 \mathrm{d}z\mathrm{d}x + z^2 \mathrm{d}x\mathrm{d}y$，其中 $\Sigma : (x-1)^2 + (y-2)^2 + (z-3)^2 = 4$ 外侧.

解： 根据高斯公式，并利用对称性，得：

$$I = \iint_{S} x^2 \mathrm{d}y\mathrm{d}z + y^2 \mathrm{d}z\mathrm{d}x + z^2 \mathrm{d}x\mathrm{d}y = \iiint_{\Omega} (2x + 2y + 2z) \mathrm{d}V$$

$$= 2\iiint_{\Omega} \left[(x-1) + (y-2) + (z-3) + 6 \right] \mathrm{d}V = 2\iiint_{\Omega} 6\mathrm{d}V = 12 \times \frac{4}{3}\pi \times 2^3 = 128\pi .$$

知识点 2：利用高斯公式计算非封闭曲面上对坐标的曲面积分

例 2　计算曲面积分 $I = \iint_{\Sigma} (2x + z)\mathrm{d}y\mathrm{d}z + z\mathrm{d}x\mathrm{d}y$，其中 Σ 为有向曲面 $z = x^2 + y^2$（$0 \leqslant z \leqslant 1$），其法向量与 z 轴正向的夹角为锐角.

错解： 设 Ω 表示由 $z = x^2 + y^2$ 和 $z = 1$ 所围成的空间区域. 因为 $P = 2x + z, Q = 0, R = z$，故 $\frac{\partial P}{\partial x} = 2$，$\frac{\partial Q}{\partial y} = 0$，$\frac{\partial R}{\partial z} = 1$，利用高斯公式可得

$$I = -\iiint_{\Omega} (2+1)\mathrm{d}V = -3\int_0^{2\pi} \mathrm{d}\theta \int_0^1 r\mathrm{d}r \int_{r^2}^1 \mathrm{d}z = -6\pi \int_0^1 (r - r^3)\mathrm{d}r = -6\pi \left(\frac{r^2}{2} - \frac{r^4}{4} \right)\Bigg|_0^1 = -\frac{3}{2}\pi .$$

【错解分析及知识链接】 本题考查高斯公式的应用. 错解错在没有注意到积分曲面 Σ 不是封闭曲面，不能直接使用高斯公式，需要添加辅助曲面使其封闭后再使用高斯公式. 为计算简

便，添加的曲面通常是平行于坐标面的平面，注意指明方向.

正解： 添加 Σ_1：$z = 1$ $(x^2 + y^2 \leq 1)$，指向下侧. 设 D 为 Σ_1 在 xOy 平面上的投影区域，Ω 为 Σ 和 Σ_1 所围成的空间区域，则由高斯公式知

$$I = \iint_{\Sigma + \Sigma_1} (2x + z)dydz + zdxdy - \iint_{\Sigma_1} (2x + z)dydz + zdxdy$$

$$= -\iiint_{\Omega}(2+1)dV - [-\iint_D dxdy] = -6\pi\int_0^1 (r - r^3)dr - (-\pi) = -\frac{3}{2}\pi + \pi = -\frac{\pi}{2}.$$

【举一反三】 计算 $\iint_{\Sigma} \dfrac{axdydz + (z+a)^2 dxdy}{(x^2 + y^2 + z^2)^{1/2}}$，其中 Σ 为下半球面 $z = -\sqrt{a^2 - x^2 - y^2}$ 的上侧，a 为大于零的常数.

解： 代入曲面方程，化简得 $I = \dfrac{1}{a}\iint_{\Sigma} axdydz + (z+a)^2 dxdy$，添加 Σ_1：$z = 0$ $(x^2 + y^2 \leq a^2)$，指向下侧，由高斯公式可得

$$I = \frac{1}{a}[\oiint_{\Sigma + \Sigma_1} axdydz + (z+a)^2 dxdy - \iint_{\Sigma_1} axdydz + (z+a)^2 dxdy]$$

$$= \frac{1}{a}\left[-\iiint_{\Omega}(3a + 2z)dV + \iint_{D_{xy}} a^2 dxdy \right] = \frac{1}{a}\left[-2\pi a^4 - 2\iiint_{\Omega} zdV + \pi a^4 \right]$$

$$= \frac{1}{a}\left[-\pi a^4 - 2\int_0^{2\pi} d\theta \int_0^a rdr \int_{-\sqrt{a^2 - r^2}}^0 zdz \right] = -\frac{\pi}{2}a^3.$$

知识点 3：利用高斯公式计算含奇点的曲面积分

例 3 计算 $I = \oiint_{\Sigma} \dfrac{xdydz + ydzdx + zdxdy}{(x^2 + y^2 + z^2)^{\frac{3}{2}}}$，其中 Σ 是 $2x^2 + 2y^2 + z^2 = 4$ 的外侧.

错解： 计算可得 $\dfrac{\partial P}{\partial x} = \dfrac{\partial}{\partial x}\left(\dfrac{x}{(x^2 + y^2 + z^2)^{\frac{3}{2}}} \right) = \dfrac{y^2 + z^2 - 2x^2}{(x^2 + y^2 + z^2)^{\frac{5}{2}}}$，

$\dfrac{\partial Q}{\partial y} = \dfrac{x^2 + z^2 - 2y^2}{(x^2 + y^2 + z^2)^{\frac{5}{2}}}$，$\dfrac{\partial R}{\partial z} = \dfrac{x^2 + y^2 - 2z^2}{(x^2 + y^2 + z^2)^{\frac{5}{2}}}$，所以 $\dfrac{\partial P}{\partial x} + \dfrac{\partial Q}{\partial y} + \dfrac{\partial R}{\partial z} = 0$，故

$$I = \oiint_{\Sigma} \frac{xdydz + ydzdx + zdxdy}{(x^2 + y^2 + z^2)^{\frac{3}{2}}} = \iiint_{\Omega_{\Sigma}}\left(\frac{\partial P}{\partial x} + \frac{\partial Q}{\partial y} + \frac{\partial R}{\partial z} \right)dxdydz = \iiint_{\Omega_{\Sigma}} 0\,dxdydz = 0.$$

【错解分析及知识链接】 本题考查高斯公式的应用. 虽然积分曲面 Σ 是封闭的，但是 Σ 所围区域内包含坐标原点，而三个被积函数在原点都没有定义，称为"奇点"，此时不能直接应用高斯公式，但通过添加辅助曲面将"奇点"挖去之后可以使用高斯公式，需注意挖去合适的曲面及曲面侧的选取.

正解： 添加 Σ_1：$x^2 + y^2 + z^2 = R^2, 0 < R < 1$，指向内侧，则两次利用高斯公式有

$$I = \iint_{\Sigma + \Sigma_1} \frac{xdydz + ydzdx + zdxdy}{(x^2 + y^2 + z^2)^{\frac{3}{2}}} - \iint_{\Sigma_1} \frac{xdydz + ydzdx + zdxdy}{(x^2 + y^2 + z^2)^{\frac{3}{2}}}$$

$$= \iiint_{\Omega_{\Sigma + \Sigma_1}} 0\,dxdydz - \iint_{\Sigma_1} \frac{xdydz + ydzdx + zdxdy}{R^3} = \frac{1}{R^3}\iiint_{\Omega_{\Sigma_1}} 3dV = \frac{3}{R^3} \times \frac{4\pi R^3}{3} = 4\pi.$$

知识点 4：求通量及散度

例 4　设数量场 $u = \ln \sqrt{x^2 + y^2 + z^2}$，计算 $\mathrm{div}(\mathbf{grad}u)$.

【题目分析及知识链接】本题考查散度、梯度等基本概念，要注意梯度是一个向量，而散度是数量.

$$\frac{\partial u}{\partial x} = \frac{1}{2} \cdot \frac{2x}{x^2 + y^2 + z^2} = \frac{x}{x^2 + y^2 + z^2}, \quad \frac{\partial u}{\partial y} = \frac{y}{x^2 + y^2 + z^2}, \quad \frac{\partial u}{\partial z} = \frac{z}{x^2 + y^2 + z^2},$$

则 $\mathbf{grad}u = \dfrac{\partial u}{\partial x}\boldsymbol{i} + \dfrac{\partial u}{\partial y}\boldsymbol{j} + \dfrac{\partial u}{\partial z}\boldsymbol{k} = \dfrac{x\boldsymbol{i} + y\boldsymbol{j} + z\boldsymbol{k}}{x^2 + y^2 + z^2}$.

$$\mathrm{div}(\mathbf{grad}u) = \frac{\partial}{\partial x}\left(\frac{x}{x^2 + y^2 + z^2}\right) + \frac{\partial}{\partial y}\left(\frac{y}{x^2 + y^2 + z^2}\right) + \frac{\partial}{\partial z}\left(\frac{z}{x^2 + y^2 + z^2}\right)$$

$$= \frac{-x^2 + y^2 + z^2}{(x^2 + y^2 + z^2)^2} + \frac{x^2 - y^2 + z^2}{(x^2 + y^2 + z^2)^2} + \frac{x^2 + y^2 - z^2}{(x^2 + y^2 + z^2)^2} = \frac{1}{x^2 + y^2 + z^2}.$$

【举一反三】求向量场 $\boldsymbol{A} = \dfrac{1}{r}\boldsymbol{r}$ 的散度，其中 $\boldsymbol{r} = x\boldsymbol{i} + y\boldsymbol{j} + z\boldsymbol{k}$，$r = |\boldsymbol{r}|$.

解：由模的定义知 $r = |\boldsymbol{r}| = \sqrt{x^2 + y^2 + z^2}$.

令 $P = \dfrac{x}{\sqrt{x^2 + y^2 + z^2}}, Q = \dfrac{y}{\sqrt{x^2 + y^2 + z^2}}, R = \dfrac{z}{\sqrt{x^2 + y^2 + z^2}}$，

$$\mathrm{div}\boldsymbol{A} = \frac{\partial P}{\partial x} + \frac{\partial Q}{\partial y} + \frac{\partial R}{\partial z} = \frac{y^2 + z^2}{(x^2 + y^2 + z^2)^{\frac{3}{2}}} + \frac{z^2 + x^2}{(x^2 + y^2 + z^2)^{\frac{3}{2}}} + \frac{x^2 + y^2}{(x^2 + y^2 + z^2)^{\frac{3}{2}}}$$

$$= \frac{2}{\sqrt{x^2 + y^2 + z^2}} = \frac{2}{r}.$$

3．真题演练

（1）（2016 年）设有界区域 Ω 由平面 $2x + y + 2z = 2$ 与三个坐标平面围成，Σ 为 Ω 整个表面的外侧，计算曲面积分 $I = \iint_{\Sigma}(x^2 + 1)\mathrm{d}y\mathrm{d}z - 2y\mathrm{d}z\mathrm{d}x + 3z\mathrm{d}x\mathrm{d}y$.

（2）（2014 年）设 Σ 为曲面 $z = x^2 + y^2 (z \leq 1)$ 的上侧，计算曲面积分

$$I = \iint_{\Sigma}(x - 1)^3\mathrm{d}y\mathrm{d}z + (y - 1)^3\mathrm{d}z\mathrm{d}x + (z - 1)\mathrm{d}x\mathrm{d}y.$$

（3）（2018 年）设 Σ 是曲面 $x = \sqrt{1 - 3y^2 - 3z^2}$ 的前侧，计算曲面积分

$$I = \iint_{\Sigma}x\mathrm{d}y\mathrm{d}z + (y^3 + 2)\mathrm{d}z\mathrm{d}x + z^3\mathrm{d}x\mathrm{d}y.$$

（4）（第五届大学生数学竞赛预赛）设 Σ 是一个光滑封闭曲面，方向朝外. 给定第二型的曲面积分 $I = \iint_{\Sigma}(x^3 - x)\mathrm{d}y\mathrm{d}z + (2y^3 - y)\mathrm{d}z\mathrm{d}x + (3z^3 - z)\mathrm{d}x\mathrm{d}y$. 试确定曲面 Σ，使积分 I 的值最小，并求该最小值.

4．真题演练解析

（1）【解析】由高斯公式得

$$I = \iiint_\Omega (2x-2+3)\mathrm{d}x\mathrm{d}y\mathrm{d}z = \iiint_\Omega (2x+1)\mathrm{d}x\mathrm{d}y\mathrm{d}z = \int_0^1 \mathrm{d}x \iint_{D_x}(2x+1)\mathrm{d}y\mathrm{d}z$$

$$= \int_0^1 (2x+1)\mathrm{d}x \iint_{D_x}\mathrm{d}y\mathrm{d}z = \int_0^1 (2x+1)\cdot\frac{1}{2}\cdot 2(1-x)^2 \mathrm{d}x = \int_0^1 (2x^3-3x^2+1)\mathrm{d}x = \frac{1}{2}.$$

（2）【解析】

解法 1：Σ 非闭，补 Σ_1：平面 $z=1$，被 $z=x^2+y^2$ 所截有限部分下侧，由高斯公式得

$$\iint_\Sigma (x-1)^3\mathrm{d}y\mathrm{d}z+(y-1)^3\mathrm{d}z\mathrm{d}x+(z-1)\mathrm{d}x\mathrm{d}y$$

$$= \oiint_{\Sigma+\Sigma_1}(x-1)^3\mathrm{d}y\mathrm{d}z+(y-1)^3\mathrm{d}z\mathrm{d}x+(z-1)\mathrm{d}x\mathrm{d}y - \iint_{\Sigma_1}(x-1)^3\mathrm{d}y\mathrm{d}z+(y-1)^3\mathrm{d}z\mathrm{d}x+(z-1)\mathrm{d}x\mathrm{d}y$$

$$= -\iiint_\Omega [3(x-1)^2+3(y-1)^2+1]\mathrm{d}V - \iint_{\Sigma_1}(z-1)\mathrm{d}x\mathrm{d}y$$

$$= -3\iiint_\Omega (x^2+y^2)\mathrm{d}V+6\iiint_\Omega x\mathrm{d}V+6\iiint_\Omega y\mathrm{d}V-7\iiint_\Omega \mathrm{d}V - \iint_{\Sigma_1}0\mathrm{d}x\mathrm{d}y.$$

Σ 和 Σ_1 所围立体为 Ω，Ω 关于 yOz 面和 zOx 面对称，则 $\iiint_\Omega x\mathrm{d}V = \iiint_\Omega y\mathrm{d}V = 0$，而

$$\iiint_\Omega (x^2+y^2)\mathrm{d}V = \iint_{x^2+y^2\leqslant 1}(x^2+y^2)\mathrm{d}x\mathrm{d}y\int_{x^2+y^2}^1 \mathrm{d}z = \int_0^{2\pi}\mathrm{d}\theta\int_0^1 r^2(1-r^2)r\mathrm{d}r$$

$$= 2\pi\left(\frac{1}{4}r^4-\frac{1}{6}r^6\right)\Big|_0^1 = 2\pi\left(\frac{1}{4}-\frac{1}{6}\right) = \frac{\pi}{6},$$

$$\iiint_\Omega \mathrm{d}V = \int_0^1 \mathrm{d}z \iint_{x^2+y^2\leqslant z}\mathrm{d}x\mathrm{d}y = \int_0^1 \pi z\mathrm{d}z = \frac{\pi}{2},$$

所以 $\iint_\Sigma (x-1)^3\mathrm{d}y\mathrm{d}z+(y-1)^3\mathrm{d}z\mathrm{d}x+(z-1)\mathrm{d}x\mathrm{d}y = -4\pi$.

解法 2：利用三合一公式

$$\iint_\Sigma (x-1)^3\mathrm{d}y\mathrm{d}z+(y-1)^3\mathrm{d}z\mathrm{d}x+(z-1)\mathrm{d}x\mathrm{d}y = \iint_\Sigma [-2x(x-1)^3-2y(y-1)^3+(z-1)]\mathrm{d}x\mathrm{d}y$$

$$= \iint_\Sigma [-2x(x-1)^3-2y(y-1)^3+(x^2+y^2-1)]\mathrm{d}x\mathrm{d}y$$

$$= \iint_{D_{xy}} [-2x(x-1)^3-2y(y-1)^3+(x^2+y^2-1)]\mathrm{d}x\mathrm{d}y$$

$$= \iint_{D_{xy}} [-2(x^4+y^4)+6(x^3+y^3)-6(x^2+y^2)+2(x+y)]\mathrm{d}x\mathrm{d}y+(x^2+y^2-1)\mathrm{d}x\mathrm{d}y.$$

其中 $D_{xy}: x^2+y^2\leqslant 1$，而 $\iint_{D_{xy}}(x^3+y^3)\mathrm{d}x\mathrm{d}y = \iint_{D_{xy}}(x+y)\mathrm{d}x\mathrm{d}y = 0$.

所以 $\iint_\Sigma (x-1)^3\mathrm{d}y\mathrm{d}z+(y-1)^3\mathrm{d}z\mathrm{d}x+(z-1)\mathrm{d}x\mathrm{d}y$

$$= \iint_{D_{xy}} [-2(x^4+y^4)-5(x^2+y^2)]\mathrm{d}x\mathrm{d}y-\pi$$

$$= -2\int_0^{2\pi}(1-2\sin^2\theta\cos^2\theta)\mathrm{d}\theta\int_0^1 r^5\mathrm{d}r-5\int_0^{2\pi}\mathrm{d}\theta\int_0^1 r^3\mathrm{d}r-\pi$$

$$= -2\int_0^{2\pi}\left(1-\frac{1}{2}\sin^2 2\theta\right)\mathrm{d}\theta\int_0^1 r^5\mathrm{d}r-\frac{7}{2}\pi = -4\pi.$$

（3）【解析】补曲面 $\Sigma_1: x=0(3y^2+3z^2\leqslant 1)$ ，取后侧，而 $\iint_{\Sigma_1} x\mathrm{d}y\mathrm{d}z+(y^3+2)\mathrm{d}z\mathrm{d}x+z^3\mathrm{d}x\mathrm{d}y=0$ ，则由高斯公式可得

$$I=\iint_{\Sigma+\Sigma_1} x\mathrm{d}y\mathrm{d}z+(y^3+2)\mathrm{d}z\mathrm{d}x+z^3\mathrm{d}x\mathrm{d}y-\iint_{\Sigma_1} x\mathrm{d}y\mathrm{d}z+(y^3+2)\mathrm{d}z\mathrm{d}x+z^3\mathrm{d}x\mathrm{d}y$$

$$=\iiint_{\Omega}(1+3y^2+3z^2)\mathrm{d}x\mathrm{d}y\mathrm{d}z=\iiint_{\Omega}\mathrm{d}x\mathrm{d}y\mathrm{d}z+3\iiint_{\Omega}(y^2+z^2)\mathrm{d}x\mathrm{d}y\mathrm{d}z$$

$$=\frac{1}{2}\times\frac{4}{3}\pi\times 1\times\frac{\sqrt{3}}{3}\times\frac{\sqrt{3}}{3}+3\iint_{3y^2+3z^2\leqslant 1}(y^2+z^2)\sqrt{1-3y^2-3z^2}\,\mathrm{d}y\mathrm{d}z$$

$$=\frac{2}{9}\pi+3\int_0^{2\pi}\mathrm{d}\theta\int_0^{\frac{1}{\sqrt 3}}r^2\sqrt{1-3r^2}r\mathrm{d}r=\frac{2}{9}\pi+\frac{4}{45}\pi=\frac{14}{45}\pi.$$

（4）【解析】本题考查高斯公式及多元函数的极值，同时涉及高斯公式和三重积分的换元法.

记 Σ 围成的立体为 Ω ，由高斯公式得
$$I=\iiint_{\Omega}(3x^2+6y^2+9z^2-3)\mathrm{d}V=3\iiint_{\Omega}(x^2+2y^2+3z^2-1)\mathrm{d}x\mathrm{d}y\mathrm{d}z.$$

为了使得 I 的值最小，由三重积分的保序性可知，要确定空间区域 Ω ，使得被积函数 $x^2+2y^2+3z^2-1$ 取负值的区域达到最大，即

取 $\Omega=\left\{(x,y,z)\big|x^2+2y^2+3z^2\leqslant 1\right\}$ ，曲面 $\Sigma:x^2+2y^2+3z^2=1$ ，

为求最小值，作变换 $\begin{cases}x=u\\y=\dfrac{v}{\sqrt 2}\\z=\dfrac{w}{\sqrt 3}\end{cases}$ ，则 $\dfrac{\partial(x,y,z)}{\partial(u,v,w)}=\begin{vmatrix}1&0&0\\0&\frac{1}{\sqrt 2}&0\\0&0&\frac{1}{\sqrt 3}\end{vmatrix}=\dfrac{1}{\sqrt 6}$ ，

从而 $I=\dfrac{3}{\sqrt 6}\iiint_{\Omega}(u^2+v^2+w^2-1)\mathrm{d}u\mathrm{d}v\mathrm{d}w$ ，使用球坐标计算，得

$$I=\frac{3}{\sqrt 6}\int_0^{\pi}\mathrm{d}\varphi\int_0^{2\pi}\mathrm{d}\theta\int_0^1(r^2-1)r^2\sin\varphi\mathrm{d}r=\frac{3}{\sqrt 6}\cdot 2\pi\left(\frac{1}{5}-\frac{1}{3}\right)(-\cos\varphi)\Big|_0^{\pi}=-\frac{4\sqrt 6}{15}\pi.$$

11.7　斯托克斯公式　环流量与旋度

1. 重要知识点

（1）斯托克斯（Stokes）公式：设函数 $P(x,y,z),Q(x,y,z),R(x,y,z)$ 在包含曲面 Σ 的空间域 Ω 内具有连续的一阶偏导数，L 是曲面 Σ 的边界曲线，则

$$\oint_L P\mathrm{d}x+Q\mathrm{d}y+R\mathrm{d}z=\iint_{\Sigma}\begin{vmatrix}\mathrm{d}y\mathrm{d}z&\mathrm{d}z\mathrm{d}x&\mathrm{d}x\mathrm{d}y\\\frac{\partial}{\partial x}&\frac{\partial}{\partial y}&\frac{\partial}{\partial z}\\P&Q&R\end{vmatrix}=\iint_{\Sigma}\begin{vmatrix}\cos\alpha&\cos\beta&\cos\gamma\\\frac{\partial}{\partial x}&\frac{\partial}{\partial y}&\frac{\partial}{\partial z}\\P&Q&R\end{vmatrix}\mathrm{d}S.$$

其中，L 的正向与 Σ 所取的正侧符合右手法则，$\cos\alpha,\cos\beta,\cos\gamma$ 是曲面 Σ 的正侧上任一点 (x,y,z) 处法向量 $\boldsymbol{n}$ 的方向余弦.

（2）环流量与旋度：设向量场 $\boldsymbol{A}(x,y,z)=P(x,y,z)\boldsymbol{i}+Q(x,y,z)\boldsymbol{j}+R(x,y,z)\boldsymbol{k}$，$L$ 是场内的一条有向闭曲线，则称 $\varGamma=\oint_L \boldsymbol{A}\cdot\mathrm{d}\boldsymbol{S}=\oint_L P\mathrm{d}x+Q\mathrm{d}y+R\mathrm{d}z$ 为 $\boldsymbol{A}$ 沿曲线 L 的环流量.

向量 $\boldsymbol{A}$ 的旋度 $\mathbf{rot}\boldsymbol{A}=\left(\dfrac{\partial R}{\partial y}-\dfrac{\partial Q}{\partial z}\right)\boldsymbol{i}+\left(\dfrac{\partial P}{\partial z}-\dfrac{\partial R}{\partial x}\right)\boldsymbol{j}+\left(\dfrac{\partial Q}{\partial x}-\dfrac{\partial P}{\partial y}\right)\boldsymbol{k}=\begin{vmatrix}\boldsymbol{i}&\boldsymbol{j}&\boldsymbol{k}\\\dfrac{\partial}{\partial x}&\dfrac{\partial}{\partial y}&\dfrac{\partial}{\partial z}\\P&Q&R\end{vmatrix}.$

斯托克斯公式的等价形式为 $\oint_L \boldsymbol{A}\cdot\mathrm{d}\boldsymbol{r}=\iint_\Sigma \mathbf{rot}\boldsymbol{A}\cdot\mathrm{d}\boldsymbol{S}$，其中 $\mathrm{d}\boldsymbol{r}=\mathrm{d}x\,\boldsymbol{i}+\mathrm{d}y\,\boldsymbol{j}+\mathrm{d}z\,\boldsymbol{k}$，$\mathrm{d}\boldsymbol{S}=\mathrm{d}y\mathrm{d}z\,\boldsymbol{i}+\mathrm{d}z\mathrm{d}x\,\boldsymbol{j}+\mathrm{d}x\mathrm{d}y\,\boldsymbol{k}$.

2．例题辨析

知识点 1：利用斯托克斯公式进行计算

例 1 计算 $I=\oint_\varGamma xy\mathrm{d}x+z^2\mathrm{d}y+zx\mathrm{d}z$，其中 $\varGamma$ 为锥面 $z=\sqrt{x^2+y^2}$ 与柱面 $x^2+y^2=2ax$ $(a>0)$ 的交线，以 z 轴看逆时针方向.

【题目分析及知识链接】 本题考查对坐标的曲线积分的计算. 如果能够给出曲线的参数方程，往往直接化曲线积分为定积分进行计算，但本题中的积分曲线 $\varGamma$ 用参数方程表示比较麻烦，因此若用对坐标的曲线积分的计算法计算 I 不容易，又因被积函数均满足具有一阶连续偏导数的条件，所以可用斯托克斯公式把 I 化成曲面积分进行计算.

解：设 Σ 为锥面 $z=\sqrt{x^2+y^2}$ 被 $\varGamma$ 所围的上侧，则由斯托克斯公式和三合一公式有

$$I=\iint_\Sigma\begin{vmatrix}\mathrm{d}y\mathrm{d}z&\mathrm{d}z\mathrm{d}x&\mathrm{d}x\mathrm{d}y\\\dfrac{\partial}{\partial x}&\dfrac{\partial}{\partial y}&\dfrac{\partial}{\partial z}\\xy&z^2&zx\end{vmatrix}=-\iint_\Sigma 2z\mathrm{d}y\mathrm{d}z+z\mathrm{d}z\mathrm{d}x+x\mathrm{d}x\mathrm{d}y$$

$$=-\iint_\Sigma[2z(-z_x')+z(-z_y')+x]\mathrm{d}x\mathrm{d}y$$

$$=-\iint_\Sigma\left[2z\frac{-x}{\sqrt{x^2+y^2}}+z\frac{-y}{\sqrt{x^2+y^2}}+x\right]\mathrm{d}x\mathrm{d}y=\iint_{D_{xy}}(x+y)\mathrm{d}x\mathrm{d}y.$$

设 Σ 在 xOy 面上投影 $D_{xy}:x^2+y^2\leqslant 2ax$，由奇偶对称性 $\iint_{D_{xy}}y\mathrm{d}x\mathrm{d}y=0$ 得

$$I=\iint_{D_{xy}}(x+y)\mathrm{d}x\mathrm{d}y=\int_{-\frac{\pi}{2}}^{\frac{\pi}{2}}\mathrm{d}\theta\int_0^{2a\cos\theta}r\cos\theta r\mathrm{d}r$$

$$=\frac{8a^3}{3}\int_{-\frac{\pi}{2}}^{\frac{\pi}{2}}\cos^4\theta\mathrm{d}\theta=\frac{16a^3}{3}\int_0^{\frac{\pi}{2}}\cos^4\theta\mathrm{d}\theta=\frac{16a^3}{3}\times\frac{3}{4}\times\frac{1}{2}\times\frac{\pi}{2}=\pi a^3.$$

【举一反三】 计算曲线积分 $\oint_\varGamma(z-y)\mathrm{d}x+(x-z)\mathrm{d}y+(x-y)\mathrm{d}z$，其中 $\varGamma$ 是曲线 $\begin{cases}x^2+y^2=1\\x-y+z=2\end{cases}$，从 z 轴正向往 z 轴负向看 $\varGamma$ 的方向是顺时针的.

注意到曲线是圆柱面和平面相交所得，所以本题可以采取两种方法，一是利用参数方程化曲线积分为定积分；二是利用斯托克斯公式化曲线积分为曲面积分进行计算.

解法 1： 令 $x = \cos\theta, y = \sin\theta$ ，则 $z = 2 - x + y = 2 - \cos\theta + \sin\theta$. 于是

$$\oint_{\Gamma}(z-y)\mathrm{d}x + (x-z)\mathrm{d}y + (x-y)\mathrm{d}z = -\int_{2\pi}^{0}[2(\sin\theta + \cos\theta) - 2\cos 2\theta - 1]\,\mathrm{d}\theta$$

$$= -[2(-\cos\theta + \sin\theta) - \sin 2\theta - \theta]\Big|_{2\pi}^{0} = -2\pi .$$

解法 2： 设 Σ 是平面 $x - y + z = 2$ 上以 Γ 为边界的有限部分，其法向量与 z 轴正向夹角为钝角. D_{xy} 为 Σ 在 xOy 面上的投影区域. 记 $\boldsymbol{F} = (z-y)\boldsymbol{i} + (x-z)\boldsymbol{j} + (x-y)\boldsymbol{k}$ ，则

$$\mathbf{rot}\boldsymbol{F} = \begin{vmatrix} \boldsymbol{i} & \boldsymbol{j} & \boldsymbol{k} \\ \dfrac{\partial}{\partial x} & \dfrac{\partial}{\partial y} & \dfrac{\partial}{\partial z} \\ z-y & x-z & x-y \end{vmatrix} = 2\boldsymbol{k} .$$

利用斯托克斯公式知 $\oint_{\Gamma}\boldsymbol{F}\cdot\mathrm{d}\boldsymbol{r} = \iint_{\Sigma}\mathbf{rot}\boldsymbol{F}\cdot\mathrm{d}\boldsymbol{S} = \iint_{\Sigma}2\mathrm{d}x\mathrm{d}y = -\iint_{D_{xy}}2\mathrm{d}x\mathrm{d}y = -2\pi$.

知识点 2：旋度的计算

例 2　设有向量场 $\boldsymbol{A} = x(1+x^2z)\boldsymbol{i} + y(1-x^2z)\boldsymbol{j} + z(1-x^2z)\boldsymbol{k}$.

（1）求 $\boldsymbol{A}$ 通过由锥面 $z = \sqrt{x^2+y^2}$ 与平面 $z=1$ 所围闭曲面外侧的通量；

（2）求 $\boldsymbol{A}$ 在点 $M_0(1,2,-1)$ 处的旋度.

解： （1）利用高斯公式可得

$$\Phi = \oiint_{\Sigma} x(1+x^2z)\mathrm{d}y\mathrm{d}z + y(1-x^2z)\mathrm{d}z\mathrm{d}x + z(1-x^2z)\mathrm{d}x\mathrm{d}y$$

$$= \iiint_{\Omega}(1+3x^2z + 1 - x^2z + 1 - 2x^2z)\mathrm{d}V = 3\iiint_{\Omega}\mathrm{d}V = \pi .$$

（2）$\mathbf{rot}\boldsymbol{A} = \begin{vmatrix} \boldsymbol{i} & \boldsymbol{j} & \boldsymbol{k} \\ \dfrac{\partial}{\partial x} & \dfrac{\partial}{\partial y} & \dfrac{\partial}{\partial z} \\ x(1+x^2z) & y(1-x^2z) & z(1-x^2z) \end{vmatrix} = x^2y\boldsymbol{i} + (2xz^2 + x^3)\boldsymbol{j} - 2xyz\boldsymbol{k}$.

所以 $\mathbf{rot}\boldsymbol{A}\big|_{M_0} = 2\boldsymbol{i} + 3\boldsymbol{j} + 4\boldsymbol{k}$.

3．真题演练

（1）（2001 年）计算 $I = \oint_L (y^2-z^2)\mathrm{d}x + (2z^2-x^2)\mathrm{d}y + (3x^2-y^2)\mathrm{d}z$ ，其中 L 是平面 $x + y + z = 2$ 与柱面 $|x|+|y|=1$ 的交线，从 z 轴正向看去，L 为逆时针方向.

（2）（2011 年）设 L 是柱面 $x^2+y^2=1$ 与平面 $z=x+y$ 的交线，从 z 轴正方向往 z 轴负方向看去为逆时针方向，则曲线积分 $\oint_L xz\mathrm{d}x + x\mathrm{d}y + \dfrac{y^2}{2}\mathrm{d}z = \underline{\qquad\qquad}$.

（3）（2014 年）设 L 是柱面 $x^2+y^2=1$ 与平面 $y+z=0$ 的交线，从 z 轴正向往 z 轴负向看去为逆时针方向，则曲线积分 $\oint_L z\mathrm{d}x + y\mathrm{d}z = \underline{\qquad\qquad}$.

4．真题演练解析

（1）【解析】设 Σ 为平面 $x+y+z=2$ 的上侧被 L 所围成的部分，Σ 在 xOy 面的投影区域 $D_{xy}=\left\{(x,y)\big|\,|x|+|y|\leqslant 1\right\}$，$\Sigma$ 的单位法向量为 $\dfrac{1}{\sqrt{3}}(1,1,1)$，由斯托克斯公式得

$$I=\iint_{\Sigma}\begin{vmatrix}\dfrac{1}{\sqrt{3}} & \dfrac{1}{\sqrt{3}} & \dfrac{1}{\sqrt{3}}\\[2mm]\dfrac{\partial}{\partial x} & \dfrac{\partial}{\partial y} & \dfrac{\partial}{\partial z}\\[2mm]y^2-z^2 & 2z^2-x^2 & 3x^2-y^2\end{vmatrix}\mathrm{d}S=-\frac{2}{\sqrt{3}}\iint_{\Sigma}(4x+2y+3z)\mathrm{d}S$$

$$=-\frac{2}{\sqrt{3}}\iint_{\Sigma}(6+x-y)\mathrm{d}S\qquad（代入\ z=2-x-y\ ）$$

$$=-\frac{2}{\sqrt{3}}\iint_{D_{xy}}(6+x-y)\sqrt{1+z_x'^2+z_y'^2}\,\mathrm{d}x\mathrm{d}y=-2\iint_{D_{xy}}(6+x-y)\mathrm{d}x\mathrm{d}y.$$

由二重积分的对称性质可得 $\iint_{D_{xy}}(x-y)\mathrm{d}x\mathrm{d}y=0$，所以 $I=-12\iint_{D_{xy}}\mathrm{d}x\mathrm{d}y=-24$．

（2）【解析】用斯托克斯公式直接计算

$$\oint_{L}xz\mathrm{d}x+x\mathrm{d}y+\frac{y^2}{2}\mathrm{d}z=\iint_{z=x+y}\begin{vmatrix}\mathrm{d}y\mathrm{d}z & \mathrm{d}z\mathrm{d}x & \mathrm{d}x\mathrm{d}y\\[2mm]\dfrac{\partial}{\partial x} & \dfrac{\partial}{\partial y} & \dfrac{\partial}{\partial z}\\[2mm]xz & x & \dfrac{y^2}{2}\end{vmatrix}=\iint_{z=x+y}y\mathrm{d}y\mathrm{d}z+x\mathrm{d}z\mathrm{d}x+\mathrm{d}x\mathrm{d}y$$

$$=\iint_{x^2+y^2\leqslant 1}(1-x-y)\mathrm{d}x\mathrm{d}y=\int_0^{2\pi}\mathrm{d}\theta\int_0^1(1-r\cos\theta-r\sin\theta)r\mathrm{d}r=\pi.$$

（3）【解析】由斯托克斯公式计算得

$$\oint_{L}z\mathrm{d}x+y\mathrm{d}z=\iint_{\Sigma}\begin{vmatrix}\mathrm{d}y\mathrm{d}z & \mathrm{d}z\mathrm{d}x & \mathrm{d}x\mathrm{d}y\\[2mm]\dfrac{\partial}{\partial x} & \dfrac{\partial}{\partial y} & \dfrac{\partial}{\partial z}\\[2mm]z & 0 & y\end{vmatrix}=\iint_{\Sigma}\mathrm{d}y\mathrm{d}z+\mathrm{d}z\mathrm{d}x=\iint_{D_{xy}}\mathrm{d}x\mathrm{d}y=\pi.$$

其中 $D_{xy}=\left\{(x,y)\big|\,x^2+y^2\leqslant 1\right\}$．

第 12 章　无穷级数

12.1　常数项级数的概念和性质

1. 重要知识点

（1）给定一个数列 $\{u_n\}$，定义数列各项的求和为无穷级数 $\sum\limits_{n=1}^{\infty} u_n = u_1 + u_2 + \cdots + u_n + \cdots$.

（2）级数 $\{u_n\}$ 的前 n 项和 $S_n = u_1 + u_2 + \cdots + u_n = \sum\limits_{i=1}^{n} u_i$ 称为级数的前 n 项部分和.

（3）如果级数 $\{u_n\}$ 的部分和数列 $\{s_n\}$ 有极限 s，则称无穷级数 $\sum\limits_{n=1}^{\infty} u_n$ 收敛，和为 s，记为 $\sum\limits_{n=1}^{\infty} u_n = s$，否则，称无穷级数 $\sum\limits_{n=1}^{\infty} u_n$ 发散.

注 1：无穷级数 $\sum\limits_{n=1}^{\infty} u_n$ 的收敛性与它的前 n 项部分和数列 $\{s_n\}$ 的收敛性是相同的.

注 2：级数收敛和发散的定义是对所有无穷级数而言的，但实际上利用前 n 项部分和数列 $\{s_n\}$ 的收敛性来判断无穷级数 $\sum\limits_{n=1}^{\infty} u_n$ 的收敛性适用于前 n 项部分和易求得的级数.

（4）收敛级数的性质：

① 若级数 $\sum\limits_{n=1}^{\infty} u_n$ 收敛于和 s，则 $\sum\limits_{n=1}^{\infty} k u_n$ 也收敛，和为 ks.

② 若级数 $\sum\limits_{n=1}^{\infty} u_n$ 和 $\sum\limits_{n=1}^{\infty} v_n$ 分别收敛于 s 和 σ，则级数 $\sum\limits_{n=1}^{\infty} (u_n \pm v_n)$ 也收敛，收敛于 $s \pm \sigma$.

③ 在级数中去掉、加上或改变有限项，不会改变级数的收敛性.

④ 若级数 $\sum\limits_{n=1}^{\infty} u_n$ 收敛，则对这级数的项任意加括号后所成的级数仍收敛，且其和不变.

注：加括号后所成的级数收敛，不能判断原级数也收敛. 如果加括号后所成的级数发散，那么原级数也发散.

⑤ 级数收敛的必要条件：如果级数 $\sum\limits_{n=1}^{\infty} u_n$ 收敛，则有 $\lim\limits_{n \to \infty} u_n = 0$.

注：级数的一般项趋于零不是级数收敛的充分条件. 如果级数的一般项不趋于零，那么该级数必定发散.

（5）几个特殊级数的收敛性（作为比较对象来判断其他级数的敛散性）：

① 几何级数 $\sum\limits_{i=0}^{\infty} aq^i = a + aq + aq^2 + \cdots + aq^n + \cdots (a \neq 0)$ 当 $|q| < 1$ 时收敛，当 $|q| \geqslant 1$ 时发散.

② 调和级数 $\sum\limits_{n=1}^{\infty} \dfrac{1}{n} = 1 + \dfrac{1}{2} + \dfrac{1}{3} + \cdots + \dfrac{1}{n} + \cdots$ 发散.

③ P 级数 $\sum\limits_{n=1}^{\infty} \dfrac{1}{n^p} = 1 + \dfrac{1}{2^p} + \dfrac{1}{3^p} + \cdots + \dfrac{1}{n^p} + \cdots$，当 $p \leqslant 1$ 时发散，当 $p > 1$ 时收敛.

2. 例题辨析

知识点 1：收敛级数的定义及运算性质

例 1　级数 $\sum\limits_{n=1}^{\infty} 2^{n-1} = 1 + 2 + 4 + 8 + \cdots$ 收敛还是发散. 若收敛，其和为多少？

错解：因为 $1 + 2 + 4 + 8 + \cdots = 1 + (2 + 4 + 8 + \cdots) = 1 + 2(1 + 2 + 4 + 8 + \cdots)$，从而得到 $1 + 2 + 4 + 8 + \cdots = -1$.

【错解分析及知识链接】以上结果显然是错误的，因为对发散级数直接利用了收敛级数的运算性质. 利用收敛级数的性质运算的前提是级数是收敛的. 由无穷级数的前 n 项部分和数列的通项 $s_n = 2^n - 1$ 可知，当 $n \to \infty$ 时，极限不存在可知 $\{s_n\}$ 发散，因此 $\sum\limits_{n=1}^{\infty} 2^{n-1} = 1 + 2 + 4 + 8 + \cdots$ 发散.

【举一反三】两个发散级数逐项相加所得的级数是否一定发散？

解：原级数可能收敛也可能发散. 如 $\sum\limits_{n=1}^{\infty} \dfrac{1}{n}$ 和 $\sum\limits_{n=1}^{\infty} \dfrac{1}{n}$ 都发散，二者逐项相加之后得到 $\sum\limits_{n=1}^{\infty} \dfrac{2}{n}$ 仍然发散. 再如 $\sum\limits_{n=1}^{\infty} \dfrac{1}{n}$ 和 $-\sum\limits_{n=1}^{\infty} \dfrac{1}{n}$ 都发散，二者逐项相加之后得到 $\sum\limits_{n=1}^{\infty} 0 = 0$ 是收敛的.

【举一反三】若一个级数加括号之后收敛，原级数是否一定收敛？若一个级数加括号之后发散，原级数是否一定发散？

解：原级数可能收敛也可能发散，如 $\sum\limits_{n=1}^{\infty} (-1)^n$，两项两项加括号之后得到 $(-1+1) + (-1+1) + \cdots = 0$ 是收敛的，但原级数发散. 若原级数收敛，则由收敛级数性质③可知，加括号之后的级数仍然收敛. 若一个级数加括号之后发散，则原级数一定发散. 因为若原级数收敛，对其任意加括号之后仍然收敛，不会发散.

知识点 2：级数收敛的必要条件

例 2　判断级数 $\sum\limits_{n=1}^{\infty} \dfrac{1}{\sqrt[n]{n}}$ 的收敛性.

错解：由于学生不能灵活运用级数收敛的必要条件，只能通过定义判断级数的收敛性，但未能求得前 n 项部分和的表达式，因此不能够判断级数的收敛性.

【错解分析及知识链接】本题考查的是级数收敛的必要条件的逆否命题：如果级数的一般项不趋于零，那么该级数必定发散.

正解：由于级数的一般项 $\lim\limits_{n \to \infty} \dfrac{1}{\sqrt[n]{n}} = 1 \neq 0$，可知级数发散.

例 3　判断级数 $\sum\limits_{n=1}^{\infty}\left(\sqrt{n+1}-\sqrt{n}\right)$ 的收敛性.

错解： 因为 $\sqrt{n+1}-\sqrt{n}=\dfrac{1}{\sqrt{n+1}+\sqrt{n}}$，且 $\lim\limits_{n\to\infty}\dfrac{1}{\sqrt{n+1}+\sqrt{n}}=0$，所以级数 $\sum\limits_{n=1}^{\infty}\left(\sqrt{n+1}-\sqrt{n}\right)$ 收敛.

【错解分析及知识链接】 错解中误将级数收敛的必要条件当作充分条件，认为一般项趋于 0，级数就收敛，因此得出级数收敛的错误结论.

正解： 利用级数收敛的定义，得 $S_n=\sqrt{n+1}-1$，且 $\lim\limits_{n\to\infty}S_n=\lim\limits_{n\to\infty}\left(\sqrt{n+1}-1\right)=\infty$，即前 n 项部分和数列 $\{S_n\}$ 发散，因此 $\sum\limits_{n=1}^{\infty}\left(\sqrt{n+1}-\sqrt{n}\right)$ 发散.

3. 真题演练

（1）（2004 年）设有以下命题：

① 若 $\sum\limits_{n=1}^{\infty}(u_{2n-1}+u_{2n})$ 收敛，则 $\sum\limits_{n=1}^{\infty}u_n$ 收敛；

② 若 $\sum\limits_{n=1}^{\infty}u_n$ 收敛，则 $\sum\limits_{n=1}^{\infty}u_{n+100}$ 收敛；

③ 若 $\sum\limits_{n=1}^{\infty}u_n$ 收敛，$\sum\limits_{n=1}^{\infty}u_n$ 发散，则 $\sum\limits_{n=1}^{\infty}(u_n+v_n)$ 发散；

④ 若 $\sum\limits_{n=1}^{\infty}(u_n+v_n)$ 收敛，则 $\sum\limits_{n=1}^{\infty}u_n$ 和 $\sum\limits_{n=1}^{\infty}v_n$ 都收敛.

则以上命题正确的是（　　）.

　　A. ①②　　　　　B. ②③　　　　　C. ③④　　　　　D. ①②

（2）（2005 年）设 $a_n>0,n=1,2,\cdots$，若 $\sum\limits_{n=1}^{\infty}a_n$ 发散，$\sum\limits_{n=1}^{\infty}(-1)^{n-1}a_n$ 收敛，则下列结论正确的是（　　）.

　　A. $\sum\limits_{n=1}^{\infty}a_{2n-1}$ 收敛，$\sum\limits_{n=1}^{\infty}a_{2n}$ 发散　　　　B. $\sum\limits_{n=1}^{\infty}a_{2n}$ 收敛，$\sum\limits_{n=1}^{\infty}a_{2n-1}$ 发散

　　C. $\sum\limits_{n=1}^{\infty}(a_{2n-1}+a_{2n})$ 收敛　　　　　D. $\sum\limits_{n=1}^{\infty}(a_{2n-1}-a_{2n})$ 收敛

（3）（2006 年）若 $\sum\limits_{n=1}^{\infty}a_n$ 收敛，则级数（　　）.

　　A. $\sum\limits_{n=1}^{\infty}|a_n|$ 收敛　　B. $\sum\limits_{n=1}^{\infty}(-1)^n a_n$ 收敛　　C. $\sum\limits_{n=1}^{\infty}a_n a_{n+1}$ 收敛　　D. $\sum\limits_{n=1}^{\infty}\dfrac{a_n+a_{n+1}}{2}$ 收敛

（4）（2011 年）设 $\{u_n\}$ 是数列，则下列命题正确的是（　　）.

　　A. 若 $\sum\limits_{n=1}^{\infty}u_n$ 收敛，则 $\sum\limits_{n=1}^{\infty}(u_{2n-1}+u_{2n})$ 收敛　　B. 若 $\sum\limits_{n=1}^{\infty}(u_{2n-1}+u_{2n})$ 收敛，则 $\sum\limits_{n=1}^{\infty}u_n$ 收敛

　　C. 若 $\sum\limits_{n=1}^{\infty}u_n$ 收敛，则 $\sum\limits_{n=1}^{\infty}(u_{2n-1}-u_{2n})$ 收敛　　D. 若 $\sum\limits_{n=1}^{\infty}(u_{2n-1}-u_{2n})$ 收敛，则 $\sum\limits_{n=1}^{\infty}u_n$ 收敛

4. 真题演练解析

（1）【解析】根据级数收敛的性质可知：若加括号后级数收敛，原级数未必收敛，故①不正确；由级数前面增加或减少有限项，不改变级数的收敛性，可知②正确；反证，若级数 $\sum\limits_{n=1}^{\infty}(u_n+v_n)$ 收敛，且有 $v_n=(u_n+v_n)-u_n$，可知级数 $\sum\limits_{n=1}^{\infty}v_n$ 收敛，矛盾，③正确；若 $\sum\limits_{n=1}^{\infty}(u_n+v_n)$ 收敛，则 $\sum\limits_{n=1}^{\infty}u_n$ 和 $\sum\limits_{n=1}^{\infty}v_n$ 未必收敛，④不正确.故选 B.

（2）【解析】由题设知，级数 $\sum\limits_{n=1}^{\infty}(-1)^{n-1}a_n$ 收敛，由收敛级数的性质可知，该级数的项之间任意加括号后所成的级数也收敛，所以级数 $(a_1-a_2)+(a_3-a_4)+\cdots+(a_{2n-1}-a_{2n})+\cdots$ 收敛. 设 $\sum\limits_{n=1}^{\infty}(a_{2n-1}+a_{2n})$ 的前 n 项和为 s_n，$\sum\limits_{n=1}^{\infty}a_n$ 的前 n 项和为 σ_n，则

$$s_n=(a_1+a_2)+(a_3+a_4)+\cdots+(a_{2n-1}+a_{2n})=\sigma_{2n}=\sigma_{2n-1}+a_{2n},\text{ 即 }\sigma_{2n}=s_n,\ \sigma_{2n-1}=s_n-a_{2n},$$

若 C 正确，即 $\lim\limits_{n\to\infty}s_n$ 存在，可推出 $\lim\limits_{n\to\infty}\sigma_{2n}=\lim\limits_{n\to\infty}\sigma_n$ 存在，即 $\sum\limits_{n=1}^{\infty}a_n$ 收敛，矛盾，C 不正确.

若 $\sum\limits_{n=1}^{\infty}a_{2n-1}$ 和 $\sum\limits_{n=1}^{\infty}a_{2n}$ 有一个收敛，不妨设 $\sum\limits_{n=1}^{\infty}a_{2n}$ 收敛，由收敛级数的性质知 $\sum\limits_{n=1}^{\infty}a_{2n-1}=\sum\limits_{n=1}^{\infty}[(a_{2n-1}-a_{2n})+a_{2n}]=\sum\limits_{n=1}^{\infty}(a_{2n-1}-a_{2n})+\sum\limits_{n=1}^{\infty}a_{2n}$ 也收敛. 这样可推出 $\sum\limits_{n=1}^{\infty}(a_{2n-1}+a_{2n})$ 收敛，而这是不可能的，因此 $\sum\limits_{n=1}^{\infty}a_{2n-1}$ $\sum\limits_{n=1}^{\infty}a_{2n}$ 均发散，A、B 都不正确.故选 D.

（3）【解析】由于 $\sum\limits_{n=1}^{\infty}a_n$ 收敛，由收敛级数的性质可知级数 $\sum\limits_{n=1}^{\infty}\dfrac{a_n}{2}$ 和 $\sum\limits_{n=1}^{\infty}\dfrac{a_{n+1}}{2}$ 均收敛，则两个收敛级数之和 $\sum\limits_{n=1}^{\infty}\dfrac{a_n+a_{n+1}}{2}$ 也收敛. 故 D 正确.

（4）【解析】由于 $\sum\limits_{n=1}^{\infty}(u_{2n-1}+u_{2n})$ 是级数 $\sum\limits_{n=1}^{\infty}u_n$ 经过加括号所构成的，由收敛级数的性质可知：当 $\sum\limits_{n=1}^{\infty}u_n$ 收敛时，$\sum\limits_{n=1}^{\infty}(u_{2n-1}+u_{2n})$ 也收敛，故 A 正确.

12.2　常数项级数的审敛法

1. 重要知识点

（1）正项级数审敛法：

① 正项级数 $\sum\limits_{n=1}^{\infty}u_n$ 收敛的充分必要条件是其前 n 项部分和数列 $\{s_n\}$ 有界.

② 比较审敛法：设 $\sum\limits_{n=1}^{\infty}u_n$ 和 $\sum\limits_{n=1}^{\infty}v_n$ 都是正项级数，且 $u_n\leqslant v_n(n=1,2,\cdots)$，若级数 $\sum\limits_{n=1}^{\infty}v_n$ 收敛，

则 $\sum\limits_{n=1}^{\infty} u_n$ 收敛. 反之, 若 $\sum\limits_{n=1}^{\infty} u_n$ 发散, 则 $\sum\limits_{n=1}^{\infty} v_n$ 发散.

③ 比较审敛法的极限形式: 设 $\sum\limits_{n=1}^{\infty} u_n$ 和 $\sum\limits_{n=1}^{\infty} v_n$ 都是正项级数,

如果 $\lim\limits_{n\to\infty}\dfrac{u_n}{v_n}=l(0\leqslant l<+\infty)$, 且 $\sum\limits_{n=1}^{\infty} v_n$ 收敛, 则 $\sum\limits_{n=1}^{\infty} u_n$ 收敛;

如果 $\lim\limits_{n\to\infty}\dfrac{u_n}{v_n}=l>0$ 或 $\lim\limits_{n\to\infty}\dfrac{u_n}{v_n}=+\infty$, 且若 $\sum\limits_{n=1}^{\infty} v_n$ 发散, 则 $\sum\limits_{n=1}^{\infty} u_n$ 发散.

④ 比值审敛法: 设 $\sum\limits_{n=1}^{\infty} u_n$ 为正项级数, 如果 $\lim\limits_{n\to\infty}\dfrac{u_{n+1}}{u_n}=\rho$, 则当 $\rho<1$ 时级数收敛, 当 $\rho>1$
（或 $\lim\limits_{n\to\infty}\dfrac{u_{n+1}}{u_n}=\infty$）时级数发散, 当 $\rho=1$ 时级数可能收敛也可能发散.

⑤ 根值审敛法: 设 $\sum\limits_{n=1}^{\infty} u_n$ 为正项级数, 如果 $\lim\limits_{n\to\infty}\sqrt[n]{u_n}=\rho$, 则当 $\rho<1$ 时级数收敛, 当 $\rho>1$
（或 $\rho=\infty$）时级数发散, 当 $\rho=1$ 时级数可能收敛也可能发散.

（2）交错级数审敛法——莱布尼茨判别法: 如果交错级数 $\sum\limits_{n=1}^{\infty}(-1)^{n-1}u_n$ 满足条件:

① $u_n\geqslant u_{n+1}(n=1,2,3,\cdots)$; ② $\lim\limits_{n\to\infty} u_n=0$. 那么级数收敛, 且其和 $s\leqslant u_1$, 其余项 r_n 的绝对
值 $|r_n|\leqslant u_{n+1}$.

（3）绝对收敛与条件收敛: 如果任意项级数 $\sum\limits_{n=1}^{\infty} u_n$ 各项的绝对值所构成的正项级数 $\sum\limits_{n=1}^{\infty}|u_n|$
收敛, 则称级数 $\sum\limits_{n=1}^{\infty} u_n$ 绝对收敛. 如果级数 $\sum\limits_{n=1}^{\infty} u_n$ 收敛, 各项的绝对值所构成的正项级数 $\sum\limits_{n=1}^{\infty}|u_n|$
发散, 则称级数 $\sum\limits_{n=1}^{\infty} u_n$ 条件收敛.

（4）任意项级数审敛法：如果级数 $\sum\limits_{n=1}^{\infty} u_n$ 绝对收敛, 那么级数 $\sum\limits_{n=1}^{\infty} u_n$ 必定收敛.

注：一般而言, 由 $\sum\limits_{n=1}^{\infty}|u_n|$ 发散, 并不能推出 $\sum\limits_{n=1}^{\infty} u_n$ 发散, 但如果 $\sum\limits_{n=1}^{\infty}|u_n|$ 发散是由根值审敛
法和比值审敛法审定的, 则 $\sum\limits_{n=1}^{\infty} u_n$ 必定发散, 这是因为比值审敛法与根值审敛法判定级数发散
的原因是通项不趋于零.

（5）判断级数收敛性的一般步骤：

① 若一般项 $\lim\limits_{n\to\infty} u_n\neq 0$, 则 $\sum\limits_{n=1}^{\infty} u_n$ 发散. 若 $\lim\limits_{n\to\infty} u_n=0$, 则进行②;

② 考虑绝对值级数 $\sum\limits_{n=1}^{\infty}|u_n|$, 此为正项级数, 若 $\sum\limits_{n=1}^{\infty}|u_n|$ 收敛, 则 $\sum\limits_{n=1}^{\infty} u_n$ 绝对收敛. 若 $\sum\limits_{n=1}^{\infty}|u_n|$
发散, 则进行③;

③ 若 $\sum\limits_{n=1}^{\infty} u_n$ 为交错级数，则利用莱布尼兹定理判别其收敛性. 若其满足莱布尼兹定理的两个条件，则级数条件收敛.

2. 例题辨析

知识点 1：正项级数比较审敛法

例 1 如果 $\sum\limits_{n=1}^{\infty} a_n$ 和 $\sum\limits_{n=1}^{\infty} b_n$ 收敛，且对一切正整数 n 都有 $a_n \leqslant c_n \leqslant b_n$，问 $\sum\limits_{n=1}^{\infty} c_n$ 是否收敛？

错解： 由 $c_n \leqslant b_n$ 知 $s_n = \sum\limits_{n=1}^{\infty} c_n \leqslant \sum\limits_{n=1}^{\infty} b_n = \sigma_n$，即部分和数列 $\{s_n\}$ 有界，故 $\sum\limits_{n=1}^{\infty} c_n$ 收敛.

【错解分析及知识链接】 题目中并未说明 $\sum\limits_{n=1}^{\infty} a_n$，$\sum\limits_{n=1}^{\infty} b_n$ 和 $\sum\limits_{n=1}^{\infty} c_n$ 是正项级数，因此不能直接利用比较判别法来判断收敛性. 若要利用比较判别法，必须构造正项级数. 由于 $a_n \leqslant c_n \leqslant b_n$，可得 $0 \leqslant c_n - a_n \leqslant b_n - a_n$，则 $\sum\limits_{n=1}^{\infty} (c_n - a_n)$，$\sum\limits_{n=1}^{\infty} (b_n - a_n)$ 是正项级数，且 $\sum\limits_{n=1}^{\infty} (b_n - a_n)$ 收敛. 由正项级数的比较判别法可知 $\sum\limits_{n=1}^{\infty} (c_n - a_n)$ 收敛，而 $c_n = (c_n - a_n) + a_n$，且 $\sum\limits_{n=1}^{\infty} a_n$ 收敛，由收敛级数的运算性质可知 $\sum\limits_{n=1}^{\infty} c_n$ 收敛.

例 2 对级数 $\sum\limits_{n=1}^{\infty} a_n$，$\sum\limits_{n=1}^{\infty} b_n$，有 $\lim\limits_{n \to \infty} \dfrac{a_n}{b_n} = 0$，且 $\sum\limits_{n=1}^{\infty} b_n$ 收敛，问 $\sum\limits_{n=1}^{\infty} a_n$ 收敛吗？

错解： 由比较审敛法的极限形式可知 $\sum\limits_{n=1}^{\infty} a_n$ 收敛.

【错解分析及知识链接】 比较审敛法仅对正项级数成立，题中并未说明 $\sum\limits_{n=1}^{\infty} a_n$，$\sum\limits_{n=1}^{\infty} b_n$ 是正项级数，因此不能利用正项级数比较审敛法的极限形式. 如 $\sum\limits_{n=1}^{\infty} \dfrac{1}{n}$ 发散，$\sum\limits_{n=1}^{\infty} \dfrac{(-1)^n}{\sqrt{n}}$ 收敛，但 $\lim\limits_{n \to \infty} \dfrac{\dfrac{1}{n}}{\dfrac{(-1)^n}{\sqrt{n}}} = 0$. 但如果 $\sum\limits_{n=1}^{\infty} a_n$，$\sum\limits_{n=1}^{\infty} b_n$ 均为正项级数，则回答是肯定的.

【举一反三】 若 $\sum\limits_{n=1}^{\infty} u_n$ 收敛，$\sum\limits_{n=1}^{\infty} u_n^2$ 是否收敛？反之，若 $\sum\limits_{n=1}^{\infty} u_n^2$ 收敛，$\sum\limits_{n=1}^{\infty} u_n$ 是否收敛？

错解： 若 $\sum\limits_{n=1}^{\infty} u_n$ 收敛，从而 $\lim\limits_{n \to \infty} u_n = 0$，而 u_n^2 是比 u_n 更高阶的无穷小，因此 $\sum\limits_{n=1}^{\infty} u_n^2$ 必定收敛. 反之，u_n 是比 u_n^2 更低阶的无穷小，$\sum\limits_{n=1}^{\infty} u_n$ 不一定收敛.

【错解分析及知识链接】 因为比较审敛法只适用于正项级数，而这里 $\sum\limits_{n=1}^{\infty} u_n$ 不一定是正项级数，因此不能用比较审敛法判别，结论不成立. 可以举出反例：$\sum\limits_{n=1}^{\infty}(-1)^n\dfrac{1}{\sqrt{n}}$ 收敛，但

$\sum\limits_{n=1}^{\infty}\left[(-1)^n\dfrac{1}{\sqrt{n}}\right]^2=\sum\limits_{n=1}^{\infty}\dfrac{1}{n}$ 发散. 反过来，$\sum\limits_{n=1}^{\infty}\dfrac{1}{n^2}$ 收敛，但 $\sum\limits_{n=1}^{\infty}\dfrac{1}{n}$ 发散，$\sum\limits_{n=1}^{\infty}(-1)^n\dfrac{1}{n}$ 收敛.

注：这三道题都是在没有正项级数这个前提下利用正项级数审敛法而犯的错误.

知识点 2：正项级数比较判别法的极限形式

例 3　判断级数 $\sum\limits_{n=1}^{\infty}\dfrac{1}{n+\sqrt[n]{n}}$ 的收敛性.

错解： 因为 $\lim\limits_{n\to\infty}\dfrac{1}{n+\sqrt[n]{n}}=0$，所以级数 $\sum\limits_{n=1}^{\infty}\dfrac{1}{n+\sqrt[n]{n}}$ 收敛.

【错解分析及知识链接】 解法中误将级数收敛的必要条件当作充分条件，认为一般项趋于 0，级数就收敛，因此得出级数收敛的错误结论.

正解： 级数 $\sum\limits_{n=1}^{\infty}\dfrac{1}{n+\sqrt[n]{n}}$ 是正项级数，可以利用正项级数审敛法：比较审敛法的极限形式. 由

于 $\lim\limits_{n\to\infty}\dfrac{\frac{1}{n+\sqrt[n]{n}}}{\frac{1}{n}}=1$，而 $\sum\limits_{n=1}^{\infty}\dfrac{1}{n}$ 发散，因此 $\sum\limits_{n=1}^{\infty}\dfrac{1}{n+\sqrt[n]{n}}$ 发散.

知识点 3：正项级数比值审敛法

例 4　设 $\sum\limits_{n=1}^{\infty}a_n$，$\sum\limits_{n=1}^{\infty}b_n$ 是正项级数，且满足 $\dfrac{a_{n+1}}{a_n}\leqslant\dfrac{b_{n+1}}{b_n}4$ $(n=1,2,\cdots)$，且级数 $\sum\limits_{n=1}^{\infty}b_n$ 收敛，

那么级数 $\sum\limits_{n=1}^{\infty}a_n$ 收敛吗？

错解： 由于 $\sum\limits_{n=1}^{\infty}b_n$ 收敛，所以 $\lim\limits_{n\to\infty}\dfrac{b_{n+1}}{b_n}<1$，又因为 $\dfrac{a_{n+1}}{a_n}\leqslant\dfrac{b_{n+1}}{b_n}$，所以 $\lim\limits_{n\to\infty}\dfrac{a_{n+1}}{a_n}<1$，由比值

判别法知，$\sum\limits_{n=1}^{\infty}a_n$ 收敛.

【错解分析及知识链接】 错解中利用了比值判别法的逆命题，这是不正确的，即根据正项级数 $\sum\limits_{n=1}^{\infty}b_n$ 收敛，不能推出 $\lim\limits_{n\to\infty}\dfrac{b_{n+1}}{b_n}<1$. 同时由 $\lim\limits_{n\to\infty}\dfrac{b_{n+1}}{b_n}$ 存在，也不能推出 $\lim\limits_{n\to\infty}\dfrac{a_{n+1}}{a_n}$ 存在.

正解： 由 $\dfrac{a_{n+1}}{a_n}\leqslant\dfrac{b_{n+1}}{b_n}$，推出 $\dfrac{a_{n+1}}{b_{n+1}}\leqslant\dfrac{a_n}{b_n}\leqslant\cdots\leqslant\dfrac{a_1}{b_1}$，于是 $a_n\leqslant\dfrac{a_1}{b_1}b_n$，$n=1,2,3,\cdots$. 又因 $\sum\limits_{n=1}^{\infty}b_n$

收敛，根据正项级数的比较审敛法知 $\sum\limits_{n=1}^{\infty}a_n$ 收敛.

【举一反三】 判断级数 $\sum\limits_{n=1}^{\infty}\dfrac{4+(-1)^n}{2^n}$ 的收敛性.

错解： 由于 $\dfrac{u_{n+1}}{u_n}=\dfrac{4+(-1)^{n+1}}{4+(-1)^n}$，当 n 为奇数时，该式等于 $\dfrac{5}{3}$，当 n 为偶数时，该式等于 $\dfrac{3}{5}$，

因此 $\lim\limits_{n\to\infty}\dfrac{u_{n+1}}{u_n}$ 不存在，所以级数 $\sum\limits_{n=1}^{\infty}\dfrac{4+(-1)^n}{2^n}$ 发散.

【错解分析及知识链接】比值审敛法中的条件只是充分条件，错解认为不满足比值审敛法的条件即不收敛，这是不正确的. 不满足比值审敛法的条件时便不能用比值审敛法判断级数的收敛性，要换其他方法.

正解：由于 $\lim\limits_{n\to\infty}\sqrt[n]{u_n}=\lim\limits_{n\to\infty}\sqrt[n]{\dfrac{4+(-1)^n}{2^n}}=\dfrac{1}{2}<1$，由根值审敛法可知级数收敛.

知识点 4：交错级数收敛性的判定

例 5 判断级数 $\sum\limits_{n=1}^{\infty}\left(\dfrac{1}{2n}-\dfrac{1}{2n-1}\right)=\dfrac{1}{2}-1+\dfrac{1}{4}-\dfrac{1}{3}+\cdots+\dfrac{1}{2n}-\dfrac{1}{2n-1}+\cdots$ 是否收敛？

错解：$\sum\limits_{n=1}^{\infty}\left(\dfrac{1}{2n}-\dfrac{1}{2n-1}\right)=\dfrac{1}{2}-1+\dfrac{1}{4}-\dfrac{1}{3}+\cdots+\dfrac{1}{2n}-\dfrac{1}{2n-1}+\cdots$ 是交错级数，一般项趋于零，但不是单调递减，不满足莱布尼兹判别法的条件，因此不收敛.

【错解分析及知识链接】莱布尼兹判别法的条件只是充分条件，不满足莱布尼兹判别法的条件的级数不一定不收敛，此时要用别的方法来判别级数的收敛性.

$\sum\limits_{n=1}^{\infty}\left(\dfrac{1}{2n}-\dfrac{1}{2n-1}\right)=-\sum\limits_{n=1}^{\infty}\dfrac{1}{2n(2n-1)}$，由于 $\lim\limits_{n\to\infty}\dfrac{\dfrac{1}{2n(2n-1)}}{\dfrac{1}{n^2}}=\dfrac{1}{4}$，且 $\sum\limits_{n=1}^{\infty}\dfrac{1}{n^2}$ 收敛，因此 $\sum\limits_{n=1}^{\infty}\dfrac{1}{2n(2n-1)}$ 收敛，从而 $\sum\limits_{n=1}^{\infty}\left(\dfrac{1}{2n}-\dfrac{1}{2n-1}\right)=-\sum\limits_{n=1}^{\infty}\dfrac{1}{2n(2n-1)}$ 收敛.

知识点 5：绝对收敛性的判定

例 6 若 $\sum\limits_{n=1}^{\infty}a_n$ 收敛，则级数（　　　）.

A. $\sum\limits_{n=1}^{\infty}|a_n|$ 收敛　　　　B. $\sum\limits_{n=1}^{\infty}(-1)^n a_n$ 收敛　　　　C. $\sum\limits_{n=1}^{\infty}a_n a_{n+1}$ 收敛　　　　D. $\sum\limits_{n=1}^{\infty}\dfrac{a_n+a_{n+1}}{2}$ 收敛

错解：选 A，C. 因为 $a_n<|a_n|$，因为 $\sum\limits_{n=1}^{\infty}a_n$ 收敛，因此 $\sum\limits_{n=1}^{\infty}|a_n|$ 收敛；因为 $\lim\limits_{n\to\infty}a_n=0$，因此对充分大的 n，有 $a_n a_{n+1}\leqslant a_n$，因此 $\sum\limits_{n=1}^{\infty}a_n a_{n+1}$ 收敛.

【错解分析及知识链接】

解法 1：直接法. 由于 $\sum\limits_{n=1}^{\infty}a_n$ 收敛，由收敛级数的性质可知级数 $\sum\limits_{n=1}^{\infty}\dfrac{a_n}{2}$ 和 $\sum\limits_{n=1}^{\infty}\dfrac{a_{n+1}}{2}$ 均收敛，则两个收敛级数之和 $\sum\limits_{n=1}^{\infty}\dfrac{a_n+a_{n+1}}{2}$ 也收敛. 故 D 正确.

解法 2：排除法. 若取 $a_n=(-1)^n\dfrac{1}{\sqrt{n}}$，则通过莱布尼兹判别法可以判定 $\sum\limits_{n=1}^{\infty}a_n$ 收敛，但 $\sum\limits_{n=1}^{\infty}(-1)^n a_n=\sum\limits_{n=1}^{\infty}\dfrac{1}{\sqrt{n}}$ 发散，$\sum\limits_{n=1}^{\infty}|a_n|=\sum\limits_{n=1}^{\infty}\dfrac{1}{\sqrt{n}}$ 发散，且 $\sum\limits_{n=1}^{\infty}a_n a_{n+1}=-\sum\limits_{n=1}^{\infty}\dfrac{1}{\sqrt{n+1}\cdot\sqrt{n}}$ 发散，故 A、B、

C 都错.

3. 真题演练

（1）（1994 年）设常数 $\lambda > 0$，且级数 $\sum\limits_{n=1}^{\infty} a_n^2$ 收敛，则级数 $\sum\limits_{n=1}^{\infty} (-1)^n \dfrac{|a_n|}{\sqrt{n^2 + \lambda}}$　（　　）.

   A. 发散　　　　　　　　　　　　B. 条件收敛

   C. 绝对收敛　　　　　　　　　　D. 敛散性与 λ 取值有关

（2）（2003 年）设 $\sum\limits_{n=1}^{\infty} a_n$ 为正项级数，下列结论中正确的是（　　）.

   A. 若 $\lim\limits_{n \to \infty} n a_n = 0$，则级数 $\sum\limits_{n=1}^{\infty} a_n$ 收敛

   B. 若存在非零常数 λ 使得 $\lim\limits_{n \to \infty} n a_n = \lambda$，则级数 $\sum\limits_{n=1}^{\infty} a_n$ 发散

   C. 若级数 $\sum\limits_{n=1}^{\infty} a_n$ 收敛，则 $\lim\limits_{n \to \infty} n^2 a_n = 0$

   D. 若级数 $\sum\limits_{n=1}^{\infty} a_n$ 发散，则存在非零常数 λ 使得 $\lim\limits_{n \to \infty} n a_n = \lambda$

（3）（2005 年）设有两个数列 $\{a_n\}$，$\{b_n\}$，若 $\lim\limits_{n \to \infty} a_n = 0$，则（　　）.

   A. 当 $\sum\limits_{n=1}^{\infty} b_n$ 收敛时，$\sum\limits_{n=1}^{\infty} a_n b_n$ 收敛　　　B. 当 $\sum\limits_{n=1}^{\infty} b_n$ 发散时，$\sum\limits_{n=1}^{\infty} a_n b_n$ 发散

   C. 当 $\sum\limits_{n=1}^{\infty} |b_n|$ 收敛时，$\sum\limits_{n=1}^{\infty} a_n^2 b_n^2$ 收敛　　　D. 当 $\sum\limits_{n=1}^{\infty} |b_n|$ 发散时，$\sum\limits_{n=1}^{\infty} a_n^2 b_n^2$ 发散

（4）（2012 年）若级数 $\sum\limits_{n=1}^{\infty} (-1)^n \sqrt{n} \sin \dfrac{1}{n^\alpha}$ 绝对收敛，级数 $\sum\limits_{n=1}^{\infty} (-1)^n \dfrac{1}{n^{2-\alpha}}$ 条件收敛，则（　　）.

   A. $0 < \alpha \leqslant \dfrac{1}{2}$　　B. $\dfrac{1}{2} < \alpha \leqslant 1$　　C. $1 < \alpha \leqslant \dfrac{3}{2}$　　D. $\dfrac{3}{2} < \alpha < 2$

（5）（2013 年）设 $\{a_n\}$ 为正项数列，下列选项正确的是（　　）.

   A. 若 $a_n > a_{n+1}$，则 $\sum\limits_{n=1}^{\infty} (-1)^{n-1} a_n$ 收敛　　B. 若 $\sum\limits_{n=1}^{\infty} (-1)^{n-1} a_n$ 收敛，则 $a_n > a_{n+1}$

   C. 若 $\sum\limits_{n=1}^{\infty} a_n$ 收敛，则存在常数 $p > 1$ 使得 $\lim\limits_{n \to \infty} n^p a_n$ 存在

   D. 若存在常数 $p > 1$ 使得 $\lim\limits_{n \to \infty} n^p a_n$ 存在，则 $\sum\limits_{n=1}^{\infty} a_n$ 收敛

（6）（2014 年）设数列 $\{a_n\}$，$\{b_n\}$ 满足 $0 < a_n < \dfrac{\pi}{2}$，$0 < b_n < \dfrac{\pi}{2}$，$\cos a_n - a_n = \cos b_n$ 且级数 $\sum\limits_{n=1}^{\infty} b_n$ 收敛.（Ⅰ）证明 $\lim\limits_{n \to \infty} a_n = 0$；（Ⅱ）证明级数 $\sum\limits_{n=1}^{\infty} \dfrac{a_n}{b_n}$ 收敛.

（7）（2016 年）级数 $\sum\limits_{n=1}^{\infty} \left(\dfrac{1}{\sqrt{n}} - \dfrac{1}{\sqrt{n+1}} \right) \sin(n+k)$（$k$ 为常数）（　　）.

   A. 绝对收敛　　　　　　　　　　B. 条件收敛

　　　　C．发散　　　　　　　　　　　　　　　D．敛散性与 k 取值有关

（8）（2017 年）若级数 $\displaystyle\sum_{n=2}^{\infty}\left[\sin\frac{1}{n}-k\ln\left(1-\frac{1}{n}\right)\right]$ 收敛，则 $k=$（　　　）．

　　　　A．1　　　　　　　　B．2　　　　　　　　C．-1　　　　　　　　D．-2

（9）（2016 年）已知函数 $f(x)$ 可导，且 $f(0)=1$，$0<f'(x)<\dfrac{1}{2}$．设数列 $\{x_n\}$ 满足 $x_{n-1}=f(x_n)(n=1,2,\cdots)$，证明：

　　　（Ⅰ）级数 $\displaystyle\sum_{n=1}^{\infty}(x_{n+1}-x_n)$ 绝对收敛；

　　　（Ⅱ）$\displaystyle\lim_{n\to\infty}x_n$ 存在，且 $0<\displaystyle\lim_{n\to\infty}x_n<2$．

4．真题演练解析

（1）【解析】由不等式 $|ab|\leqslant\dfrac{1}{2}(a^2+b^2)$ 可知 $\left|(-1)^n\dfrac{|a_n|}{\sqrt{n^2+\lambda}}\right|\leqslant\dfrac{1}{2}\left(a_n^2+\dfrac{1}{n^2+\lambda}\right)$，而级数 $\displaystyle\sum_{n=1}^{\infty}a_n^2$ 和 $\displaystyle\sum_{n=1}^{\infty}\dfrac{1}{n^2+\lambda}$ 均收敛，则 $\displaystyle\sum_{n=1}^{\infty}(-1)^n\dfrac{|a_n|}{\sqrt{n^2+\lambda}}$ 绝对收敛．故选 C．

（2）【解析】本题主要考查正项级数的比较审敛法和调和级数收敛性．当存在非零常数 λ 使得 $\displaystyle\lim_{n\to\infty}na_n=\lambda$ 时，可知 a_n 与 $\dfrac{1}{n}$ 在 $n\to\infty$ 时是同阶无穷小量，由于调和级数 $\displaystyle\sum_{n=1}^{\infty}\dfrac{1}{n}$ 发散，所以正项级数 $\displaystyle\sum_{n=1}^{\infty}a_n$ 发散，故 B 正确．

（3）【解析】因为级数 $\displaystyle\sum_{n=1}^{\infty}|b_n|$ 收敛，所以 $\displaystyle\lim_{n\to\infty}|b_n|=0$，又因为 $\displaystyle\lim_{n\to\infty}a_n=0$，所以存在 $N>0$，当 $n>N$ 时，有 $|a_n|<1$，$|b_n|<1$，从而有 $0<a_n^2b_n^2<|b_n|$，由比较审敛法可知 $\displaystyle\sum_{n=1}^{\infty}a_n^2b_n^2$ 收敛．故选 C．

（4）【解析】由级数 $\displaystyle\sum_{n=1}^{\infty}(-1)^n\sqrt{n}\sin\dfrac{1}{n^{\alpha}}$ 绝对收敛，可知级数 $\displaystyle\sum_{n=1}^{\infty}\sqrt{n}\sin\dfrac{1}{n^{\alpha}}$ 收敛，又当 $n\to\infty$ 时 $\sqrt{n}\sin\dfrac{1}{n^{\alpha}}\sim\dfrac{1}{n^{\alpha-\frac{1}{2}}}$，由正项级数的比较判别法知 $\displaystyle\sum_{n=1}^{\infty}\dfrac{1}{n^{\alpha-\frac{1}{2}}}$ 收敛，根据 p 级数收敛条件有 $\alpha-\dfrac{1}{2}>1$，即 $\alpha>\dfrac{3}{2}$．又由 $\displaystyle\sum_{n=1}^{\infty}(-1)^n\dfrac{1}{n^{2-\alpha}}$ 条件收敛，知 $0<2-\alpha\leqslant1$，即 $1\leqslant\alpha<2$．综上所述，可知 $\dfrac{3}{2}<\alpha<2$．故选 D．

（5）【解析】与莱布尼兹判别法相比，A 中缺少 $\displaystyle\lim_{n\to\infty}a_n=0$，所以不正确．此外，莱布尼兹判别法中的条件 $a_n>a_{n+1}$ 不是级数收敛的必要条件，如交错级数 $\dfrac{1}{2}-1+\dfrac{1}{4}-\dfrac{1}{3}+\cdots+\dfrac{1}{2n}-\dfrac{1}{2n-1}+\cdots$，但数列 $\dfrac{1}{2},1,\dfrac{1}{4},\dfrac{1}{3},\cdots$ 不是单调减少数列，故 B 不正确．设 $a_n=\dfrac{1}{n\ln^2 n}$，可知 $\displaystyle\sum_{n=2}^{\infty}\dfrac{1}{n\ln^2 n}$

收敛，但是对于任何常数 $p>1$，极限 $\lim\limits_{n\to\infty}\dfrac{n^p}{n\ln^2 n}=\lim\limits_{n\to\infty}\dfrac{n^{p-1}}{\ln^2 n}=\infty$ 不存在，故 C 不正确. 若存在

常数 $p>1$ 使得 $\lim\limits_{n\to\infty}n^p a_n$ 存在，则当 n 充分大时，有 $n^p a_n<C$，即 $a_n<\dfrac{C}{n^p}$，由正项级数的比较

判别法知 $\sum\limits_{n=1}^{\infty}a_n$ 收敛. 故选 D.

（6）【解析】（Ⅰ）证明：由 $\cos a_n-a_n=\cos b_n$，及 $0<a_n<\dfrac{\pi}{2},0<b_n<\dfrac{\pi}{2}$ 可得

$0<a_n=\cos a_n-\cos b_n<\dfrac{\pi}{2}$，所以 $0<a_n<b_n<\dfrac{\pi}{2}$，由于级数 $\sum\limits_{n=1}^{\infty}b_n$ 收敛，所以级数 $\sum\limits_{n=1}^{\infty}a_n$ 也

收敛，由收敛的必要条件可得 $\lim\limits_{n\to\infty}a_n=0$.

（Ⅱ）证明：由于 $0<a_n<\dfrac{\pi}{2}$，$0<b_n<\dfrac{\pi}{2}$，所以 $\sin\dfrac{a_n+b_n}{2}\leqslant\dfrac{a_n+b_n}{2}$，$\sin\dfrac{b_n-a_n}{2}\leqslant\dfrac{b_n-a_n}{2}$，

$$\frac{a_n}{b_n}=\frac{\cos a_n-\cos b_n}{b_n}=\frac{2\sin\dfrac{a_n+b_n}{2}\sin\dfrac{b_n-a_n}{2}}{b_n}$$

$$\leqslant\frac{2\dfrac{a_n+b_n}{2}\dfrac{b_n-a_n}{2}}{b_n}=\frac{b_n^2-a_n^2}{2b_n}<\frac{b_n^2}{2b_n}=\frac{b_n}{2},$$

由于级数 $\sum\limits_{n=1}^{\infty}b_n$ 收敛，因此由正项级数的比较审敛法可知级数 $\sum\limits_{n=1}^{\infty}\dfrac{a_n}{b_n}$ 收敛.

（7）【解析】$\left|\left(\dfrac{1}{\sqrt{n}}-\dfrac{1}{\sqrt{n+1}}\right)\sin(n+k)\right|\leqslant\dfrac{1}{\sqrt{n}}-\dfrac{1}{\sqrt{n+1}}=\dfrac{\sqrt{n+1}-\sqrt{n}}{\sqrt{n(n+1)}}$

$=\dfrac{1}{\sqrt{n(n+1)}\left(\sqrt{n+1}+\sqrt{n}\right)}\leqslant\dfrac{1}{n^{\frac{3}{2}}}$，因而级数绝对收敛. 故选 D.

（8）【解析】利用泰勒展开式可得

$$\sin\frac{1}{n}-k\ln\left(1-\frac{1}{n}\right)=\frac{1}{n}-\frac{1}{6n^3}+\frac{k}{n}+\frac{k}{2n^2}+o\left(\frac{1}{n^2}\right)=\frac{k+1}{n}+\frac{k}{2n^2}+o\left(\frac{1}{n^2}\right),$$

若级数收敛，则 $1+k=0$，$k=-1$. 故选 C.

（9）【解析】利用绝对收敛定义证明即可.

（Ⅰ）证：$x_{n-1}=f(x_n)$，因此有

$$|x_{n+1}-x_n|=|f(x_n)-f(x_{n-1})|=|f'(\xi)(x_n-x_{n-1})|<\frac{1}{2}|x_n-x_{n-1}|$$

$$=\frac{1}{2}|f(x_{n-1})-f(x_{n-2})|<\frac{1}{2}\times\frac{1}{2}|x_{n-1}-x_{n-2}|=\cdots<\frac{1}{2^{n-1}}|x_2-x_1|.$$

显然 $\sum\limits_{n=1}^{\infty}\dfrac{1}{2^{n-1}}|x_2-x_1|$ 收敛，因此 $\sum\limits_{n=1}^{\infty}(x_{n+1}-x_n)$ 绝对收敛.

（Ⅱ）记 $S_n=\sum\limits_{n=1}^{n}(x_{n+1}-x_n)$，因此得 $S_n=x_{n+1}-x_1$，因为级数 $\sum\limits_{n=1}^{\infty}(x_{n+1}-x_n)$ 收敛，因此 $\lim\limits_{n\to\infty}S_n$

存在，因此 $\lim\limits_{n\to\infty}x_n$ 存在，不妨设 $\lim\limits_{n\to\infty}x_n=A$，则有

$x_{n+1} = f(x_n) = f(x_n) - f(0) + 1 = f'(\xi)x_n + 1$，由 $0 < f'(x) < \dfrac{1}{2}$ 可得

$x_{n+1} = f'(\xi)x_n + 1 < \dfrac{1}{2}x_n + 1$，两边取极限可得 $A < \dfrac{1}{2}A + 1$，即 $A < 2$.

若 $A = 0$，这与 $A < \dfrac{1}{2}A + 1$ 矛盾. 若 $A < 0$，与 $(1 - f'(\xi))A = 1$ 矛盾，因此可得 $0 < A < 2$，即 $0 < \lim\limits_{n\to\infty} x_n < 2$.

12.3　幂级数

1. 重要知识点

（1）函数项级数：

设 $u_1(x), u_2(x), u_3(x), \cdots, u_n(x), \cdots$ 是定义在区间 I 上的函数列,则 $u_1(x) + u_2(x) + u_3(x) + \cdots + u_n(x) + \cdots$ 称为定义在区间 I 上的（函数项）无穷级数.

① 收敛点和收敛域：区间 I 内使得函数项级数收敛的点；收敛点的全体称为函数项级数的收敛域.

② 发散点和发散域：使得函数项级数发散的点；发散点的全体称为函数项级数的发散域.

③ 求收敛域地方法：先将变量 x 固定，此时函数项级数即可视为常数项级数，使得此常数项级数收敛的 x 取值范围即是原函数项级数的收敛域.

（2）和函数：在收敛域上，函数项级数的和是 x 的函数 $s(x)$，称之为函数项级数的和函数. 部分和函数：$s_n(x) = u_1(x) + u_2(x) + \cdots + u_n(x)$.

注：在收敛域上有 $\lim\limits_{n\to\infty} s_n(x) = s(x)$，余项 $r_n(x) = s(x) - s_n(x)$，在收敛域上有 $\lim\limits_{n\to\infty} r_n(x) = \lim\limits_{n\to\infty}\left[s(x) - s_n(x)\right] = s(x) - \lim\limits_{n\to\infty} s_n(x) = 0$.

（3）幂级数：形式为 $\sum\limits_{n=0}^{\infty} a_n x^n = a_0 + a_1 x + a_2 x^2 + \cdots + a_n x^n + \cdots$ 的函数项级数.

（4）阿贝尔定理：如果级数 $\sum\limits_{n=0}^{\infty} a_n x^n$ 当 $x = x_0 (x_0 \neq 0)$ 时收敛，则适合不等式 $|x| < |x_0|$ 的一切 x 使这个幂级数绝对收敛. 反之，如果级数 $\sum\limits_{n=0}^{\infty} a_n x^n$ 当 $x = x_0$ 时发散，则适合不等式 $|x| > |x_0|$ 的一切 x 使这个幂级数发散.

（5）如果 $\lim\limits_{n\to\infty}\left|\dfrac{a_{n+1}}{a_n}\right| = \rho$，其中 a_n, a_{n+1} 是幂级数 $\sum\limits_{n=0}^{\infty} a_n x^n$ 相邻两项的系数，则这幂级数的收敛半径 $R = \begin{cases} \dfrac{1}{\rho}, & \rho \neq 0 \\ +\infty, & \rho = 0 \\ 0, & \rho = +\infty \end{cases}$.

注：此定理只适用于不缺项的幂级数. 对于缺项的幂级数，不能直接使用此定理，或者通过变量代换化为不缺项的幂级数后利用此定理，或者就把缺项幂级数看作一般的函数项级数，利用一般的函数项级数求其收敛域的方法求其收敛域.

（6）幂级数的代数运算性质：设 $\sum\limits_{n=0}^{\infty}a_nx^n$ 和 $\sum\limits_{n=0}^{\infty}b_nx^n$ 分别在 $(-R_1,R_1)$ 和 $(-R_2,R_2)$ 内收敛，令 $R=\min\{R_1,R_2\}$，则 $\sum\limits_{n=0}^{\infty}a_nx^n$ 和 $\sum\limits_{n=0}^{\infty}b_nx^n$ 可以在 $(-R,R)$ 上进行加法、减法和柯西乘法运算.

（7）幂级数和函数的分析运算性质：

① 幂级数 $\sum\limits_{n=0}^{\infty}a_nx^n$ 的和函数 $s(x)$ 在其收敛域 I 上连续.

② 幂级数 $\sum\limits_{n=0}^{\infty}a_nx^n$ 的和函数 $s(x)$ 在其收敛域 I 上可积，并有逐项积分公式 $\int_0^x s(x)\mathrm{d}x=$

$$\int_0^x\left[\sum_{n=0}^{\infty}a_nx^n\right]\mathrm{d}x=\sum_{n=0}^{\infty}\int_0^x a_nx^n\mathrm{d}x=\sum_{n=0}^{\infty}\frac{a_n}{n+1}x^{n+1}(x\in I).$$

③ 幂级数 $\sum\limits_{n=0}^{\infty}a_nx^n$ 的和函数 $s(x)$ 在其收敛区间 $(-R,R)$ 上可导，且有逐项求导公式

$$s'(x)=\left[\sum_{n=0}^{\infty}a_nx^n\right]'=\sum_{n=0}^{\infty}\left(a_nx^n\right)'=\sum_{n=1}^{\infty}na_nx^{n-1}\ \left(|x|<R\right)，逐项求导后所得的幂级数和原级数有相同$$

的收敛半径.

注：幂级数逐项积分或逐项求导之后，它的收敛半径不变，但收敛域可能会发生改变. 一般地，若幂级数在收敛区间的端点处收敛，则逐项求导后的级数在该点处可能收敛也可能发散，但逐项积分后的级数在该点处必收敛；若幂级数在收敛区间的端点处发散，则逐项求导后的级数在该点处必发散，但逐项积分后的级数在该点处可能收敛也可能发散，即逐项积分后级数的收敛域不会缩小，逐项求导后级数的收敛域不会扩大.

2. 例题辨析

知识点 1：求一般的函数项级数的收敛域（一般方法）

例 1　求函数项级数求 $\sum\limits_{n=1}^{\infty}\dfrac{x^n}{n}$ 的收敛域.

错解：将函数项级数转化为数项级数进行收敛域判定：$\forall x\in\mathbb{R}$，利用常数项级数判别法 $\lim\limits_{n\to\infty}\sqrt[n]{\left|\dfrac{x^n}{n}\right|}=\lim\limits_{n\to\infty}|x|$；当 $|x|<1$ 时，可知级数绝对收敛；当 $|x|>1$ 时，可知级数发散.

【错解分析及知识链接】解法缺少端点 $|x|=1$ 时级数的敛散性分析，所以需要将端点信息代入函数项级数，转化为数项级数进行判定. 具体如下：$|x|=1$ 时，将 $x=1$ 或 $x=-1$ 代入可知 $x=1$ 时发散，$x=-1$ 时收敛；综上，收敛域为 $[-1,1)$.

例 2　求函数项级数 $\sum\limits_{n=1}^{\infty}\dfrac{n^2}{x^n+x^{n+1}}$ 的收敛域.

错解：因为 $\rho=\lim\limits_{n\to\infty}\dfrac{a_{n+1}}{a_n}=\lim\limits_{n\to\infty}\dfrac{(n+1)^2}{n^2}=1$，可知 $R=1$，且当 $x=\pm1$ 时级数发散，因此收敛域为 $(-1,1)$.

【错解分析及知识链接】此函数项级数并非幂级数，因此不可以直接利用幂级数求收敛域

的方法.将其看成任意项数项级数,利用比值审敛法判别此数项级数的绝对值级数的方法求得使数项级数收敛的 x 的范围.

正解: 设 $u_n(x) = \dfrac{n^2}{x^n + x^{n+1}}$, $\lim\limits_{n \to \infty} \left| \dfrac{u_{n+1}(x)}{u_n(x)} \right| = \lim\limits_{n \to \infty} \dfrac{(n+1)^2}{n^2} \left| \dfrac{1}{x} \right| = \left| \dfrac{1}{x} \right|$, 当 $\left| \dfrac{1}{x} \right| < 1$ 时, $\sum\limits_{n=1}^{\infty} \dfrac{n^2}{x^n + x^{n+1}}$ 收敛, 当 $\left| \dfrac{1}{x} \right| > 1$ 时, $\sum\limits_{n=1}^{\infty} \dfrac{n^2}{x^n + x^{n+1}}$ 发散, 当 $x = \pm 1$ 时级数发散, 因此 $\sum\limits_{n=1}^{\infty} \dfrac{n^2}{x^n + x^{n+1}}$ 的收敛域为 $(-\infty, -1) \bigcup (1, \infty)$.

知识点 2:求幂级数的收敛半径

例 3 求幂级数 $\sum\limits_{n=0}^{\infty} \dfrac{2 + (-1)^n}{2^n} x^n$ 的收敛半径.

错解: 由于 $\lim\limits_{n \to \infty} \left| \dfrac{a_{n+1}}{a_n} \right| = \lim\limits_{n \to \infty} \dfrac{1}{2} \times \dfrac{2 + (-1)^{n+1}}{2 + (-1)^n} = \begin{cases} \dfrac{3}{2}, & n\text{为奇} \\ \dfrac{1}{6}, & n\text{为偶} \end{cases}$, 所以收敛半径是 $\dfrac{2}{3}$ 或 6.

【错解分析及知识链接】 由于 $\lim\limits_{n \to \infty} \left| \dfrac{a_{n+1}}{a_n} \right| = \lim\limits_{n \to \infty} \dfrac{1}{2} \times \dfrac{2 + (-1)^{n+1}}{2 + (-1)^n}$ 不存在, 因此它的收敛半径不能用比值法来确定, 要用收敛半径定义来求.

解法 1: 由于 $\lim\limits_{n \to \infty} \sqrt[n]{\left| \dfrac{2 + (-1)^n}{2^n} x^n \right|} = \lim\limits_{n \to \infty} \sqrt[n]{2 + (-1)^n} \dfrac{|x|}{2} = \dfrac{|x|}{2}$, 因此当 $\dfrac{|x|}{2} < 1$ 时(即 $|x| < 2$ 时)幂级数绝对收敛, 当 $|x| > 2$ 时幂级数发散, 收敛半径 $R = 2$.

解法 2: 因为 $\sum\limits_{n=0}^{\infty} \dfrac{2 + (-1)^n}{2^n} x^n = \sum\limits_{n=0}^{\infty} \dfrac{2}{2^n} x^n + \sum\limits_{n=0}^{\infty} \dfrac{(-1)^n}{2^n} x^n$, 而 $\sum\limits_{n=0}^{\infty} \dfrac{2}{2^n} x^n$ 和 $\sum\limits_{n=0}^{\infty} \dfrac{(-1)^n}{2^n} x^n$ 在 $|x| < 2$ 时收敛, 所以原幂级数在 $|x| < 2$ 时也收敛. 当 $x = 2$ 时, 原级数 $\sum\limits_{n=0}^{\infty} \left[2 + (-1)^n \right]$ 发散, 因此原幂级数收敛半径 $R = 2$.

【举一反三】 求幂级数 $\sum\limits_{n=0}^{\infty} \dfrac{(-1)^n}{2^n} x^{2n}$ 的收敛半径.

错解: 由于 $\rho = \lim\limits_{n \to \infty} \left| \dfrac{a_{n+1}}{a_n} \right| = \lim\limits_{n \to \infty} \dfrac{\dfrac{1}{2^{n+1}}}{\dfrac{1}{2^n}} = \dfrac{1}{2}$, 可得 $R = \dfrac{1}{\rho} = 2$, 因此收敛半径为 2.

【错解分析及知识链接】 这是缺项的幂级数,不能用比值法计算收敛半径.

解法 1: 将此幂级数看成一般的函数项级数, 令 $u_n(x) = \dfrac{(-1)^n}{2^n} x^{2n}$, $\lim\limits_{n \to \infty} \left| \dfrac{u_{n+1}(x)}{u_n(x)} \right| = \lim\limits_{n \to \infty} \dfrac{\dfrac{x^{2n+2}}{2^{n+1}}}{\dfrac{x^{2n}}{2^n}} = \dfrac{x^2}{2}$, 当 $\dfrac{x^2}{2} < 1$ 时, 即 $|x| < \sqrt{2}$ 时级数收敛, 因此收敛半径为 $R = \sqrt{2}$.

解法 2: 令 $t = x^2$,则 $\sum_{n=0}^{\infty} \frac{(-1)^n}{2^n} x^{2n} = \sum_{n=0}^{\infty} \frac{(-1)^n}{2^n} t^n$,$\rho = \lim_{n \to \infty} \left| \frac{a_{n+1}}{a_n} \right| = \lim_{n \to \infty} \frac{\frac{1}{2^{n+1}}}{\frac{1}{2^n}} = \frac{1}{2}$,则 $\sum_{n=0}^{\infty} \frac{(-1)^n}{2^n} t^n$

的收敛半径为 2. 当 $|t| = x^2 < 2$ 时,级数收敛,即 $|x| < \sqrt{2}$ 时级数收敛,因此收敛半径为 $R = \sqrt{2}$.

例 4 设 $\sum_{n=0}^{\infty} a_n x^n$ 的收敛半径 $R_1 = 1$,求幂级数 $\sum_{n=0}^{\infty} \frac{a_n}{n!} x^n$ 的收敛半径 R_2.

错解: 由 $R_1 = 1$ 有 $\lim_{n \to \infty} \left| \frac{a_{n+1}}{a_n} \right| = 1$,所以 $\lim_{n \to \infty} \left| \frac{b_{n+1}}{b_n} \right| = \lim_{n \to \infty} \frac{1}{n+1} \left| \frac{a_{n+1}}{a_n} \right| = 0$,因此 $R_2 = +\infty$.

【错解分析及知识链接】 求幂级数的收敛半径定理仅仅是充分条件,由 $R_1 = 1$ 不一定能得出

$\lim_{n \to \infty} \left| \frac{a_{n+1}}{a_n} \right| = 1$. $R_1 = 1$,任取 $x_0 \in (0, 1)$,有 $\sum_{n=0}^{\infty} a_n x_0^n$ 绝对收敛,因此 $\{a_n x_0^n\}$ 有界,设 $|a_n x_0^n| \leqslant M$,

于是 $\left| \frac{a_n}{n!} x^n \right| = \left| \frac{a_n x_0^n}{n! x_0^n} x^n \right| \leqslant \frac{M}{n! x_0^n} |x^n|$,由比值判别法知 $\sum_{n=0}^{\infty} \frac{M}{n!} x^n$ 对任何 x 都绝对收敛,从而

$\sum_{n=0}^{\infty} \frac{a_n}{n!} x^n$ 也对任何 x 都绝对收敛,即 $R_2 = +\infty$.

知识点 3:求幂级数的和函数

例 5 求幂级数 $\sum_{n=1}^{\infty} n(n+1) x^n$ 的和函数.

错解: $s(x) = x \sum_{n=1}^{\infty} n(n+1) x^{n-1} = x \left(\sum_{n=1}^{\infty} x^{n+1} \right)'' = x \left(\frac{x^2}{1-x} \right)'' = \frac{2x}{(1-x)^3}$.

【错解分析及知识链接】 求幂级数的和函数必须是在其收敛域内进行,因此必须先求出幂级数的收敛域. $\lim_{n \to \infty} \left| \frac{a_{n+1}}{a_n} \right| = \lim_{n \to \infty} \frac{(n+1)(n+2)}{n(n+1)} = 1$,因此 $R = 1$. 当 $x = \pm 1$ 时,级数发散,因此收敛域为 $(-1, 1)$,则

$$s(x) = x \sum_{n=1}^{\infty} n(n+1) x^{n-1} = x \left(\sum_{n=1}^{\infty} x^{n+1} \right)'' = x \left(\frac{x^2}{1-x} \right)'' = \frac{2x}{(-x)^3}, \quad x \in (-1, 1).$$

例 6 利用逐项求积或逐项求导,求幂级数 $1 + \sum_{n=1}^{\infty} \frac{x^{2n-1}}{2n-1}$ 的和函数.

错解: $\lim_{n \to \infty} \left| \frac{u_{n+1}(x)}{u_n(x)} \right| = \lim_{n \to \infty} \left| \frac{\frac{x^{2n-1}}{2n-1}}{\frac{x^{2n-3}}{2n-3}} \right| = x^2$,当 $x^2 < 1$ 时,即 $|x| < 1$ 时级数收敛,当 $x = -1$ 时,

$1 + \sum_{n=1}^{\infty} \frac{(-1)^{2n-1}}{2n-1}$ 收敛,当 $x = 1$ 时,$1 + \sum_{n=1}^{\infty} \frac{1}{2n-1}$ 发散,因此收敛域为 $[-1, 1)$. 令 $s(x) = 1 +$

$\sum_{n=1}^{\infty} \frac{x^{2n-1}}{2n-1}, x \in [-1, 1)$,$s'(x) = \sum_{n=1}^{\infty} x^{2n-2} = \frac{1}{1-x^2}, x \in [-1, 1)$,则

$$s(x) = \int_0^x s'(x)\mathrm{d}x = \int_0^x \frac{1}{1-x^2}\mathrm{d}x = \ln\left|\frac{x-1}{x+1}\right|, x \in [-1,1).$$

【错解分析及知识链接】 错解中积分公式用错，应为

$$s(x) - s(0) = \int_0^x s'(x)\mathrm{d}x, x \in [-1,1)，$$ 在这里 $s(0) \neq 0$， $s(0) = 1$.

因此 $s(x) = s(0) + \int_0^x s(x)\mathrm{d}x = 1 + \int_0^x \frac{1}{1-x^2}\mathrm{d}x = 1 + \ln\left|\frac{x-1}{x+1}\right|, x \in [-1,1)$.

【举一反三】 利用 $\sum_{n=0}^{\infty} \frac{1}{n!}x^n = \mathrm{e}^x$，求 $\sum_{n=1}^{\infty} \frac{(-1)^n}{2^n n!}x^{2n}$ 的和函数.

错解： $\sum_{n=1}^{\infty} \frac{(-1)^n}{2^n n!}x^{2n} = \sum_{n=1}^{\infty} \frac{1}{n!}\left(-\frac{x^2}{2}\right)^n = \mathrm{e}^{-\frac{x^2}{2}}$.

【错解分析及知识链接】 在利用已知幂级数的和函数求未知幂级数的和函数时，要注意 n 的开始值.

$$\sum_{n=1}^{\infty} \frac{(-1)^n}{2^n n!}x^{2n} = \sum_{n=1}^{\infty} \frac{1}{n!}\left(-\frac{x^2}{2}\right)^n + 1 - 1 = \sum_{n=0}^{\infty} \frac{1}{n!}\left(-\frac{x^2}{2}\right)^n - 1 = \mathrm{e}^{-\frac{x^2}{2}} - 1, x \in (-\infty,+\infty).$$

3. 真题演练

（1）（2015年）若级数 $\sum_{n=1}^{\infty} a_n$ 条件收敛，则 $x = \sqrt{3}, x = 3$ 依次为级数 $\sum_{n=1}^{\infty} na_n(x-1)^n$ 的（　　）.

　　A．收敛点，收敛点　　　　　　　　　B．收敛点，发散点

　　C．发散点，收敛点　　　　　　　　　D．发散点，发散点

（2）（2008年）已知幂级数 $\sum_{n=0}^{\infty} a_n(x+2)^n$ 在 $x=0$ 处收敛，在 $x=-4$ 处发散，则幂级数 $\sum_{n=0}^{\infty} a_n(x-2)^n$ 的收敛域为 _____ .

（3）（2007年）设幂级数 $\sum_{n=0}^{\infty} a_n x^n$ 在 $(-\infty,+\infty)$ 内收敛，其和函数 $y(x)$ 满足 $y'' - 2xy' - 4y = 0$，$y(0) = 0, y'(0) = 1$.

　　（Ⅰ）证明：$a_{n+2} = \frac{2}{n+1}a_n, n = 1, 2, \cdots$；

　　（Ⅱ）求 $y(x)$ 的表达式.

（4）（2010年）求幂级数 $\sum_{n=1}^{\infty} \frac{(-1)^{n-1}}{2n-1}x^{2n}$ 的收敛域及和函数.

（5）（1996年）求级数 $\sum_{n=2}^{\infty} \frac{1}{(n^2-1)2^n}$ 的和.

（6）（2013年数学一）设数列 $\{a_n\}$ 满足条件：$a_0 = 3, a_1 = 1$，$a_{n-2} - n(n-1)a_n = 0 \ (n \geq 2)$. $s(x)$ 是幂级数 $\sum_{n=0}^{\infty} a_n x^n$ 的和函数.

　　（Ⅰ）证明：$S''(x) - S(x) = 0$；

　　（Ⅱ）求 $S(x)$ 的表达式.

4．真题演练解析

（1）【解析】注意条件级数 $\sum\limits_{n=1}^{\infty} a_n$ 条件收敛等价于幂级数 $\sum\limits_{n=1}^{\infty} a_n x^n$ 在 $x=1$ 处条件收敛，也就是这个幂级数的收敛为 1，即 $\lim\limits_{n\to\infty}\left|\dfrac{a_{n+1}}{a_n}\right|=1$，所以 $\sum\limits_{n=1}^{\infty} na_n(x-1)^n$ 的收敛半径 $R=\lim\limits_{n\to\infty}\left|\dfrac{na_n}{(n+1)a_{n+1}}\right|=1$，绝对收敛域为 $(0,2)$，显然 $x=\sqrt{3},x=3$ 依次为收敛点、发散点，故选 B．

（2）【解析】由题意知，$\sum\limits_{n=0}^{\infty} a_n(x+2)^n$ 的收敛域为 $(-4,0]$，则 $\sum\limits_{n=0}^{\infty} a_n x^n$ 的收敛域为 $(-2,2]$，所以 $\sum\limits_{n=0}^{\infty} a_n(x-2)^n$ 的收敛域为 $(1,5]$．

（3）【解析】先将和函数求一阶、二阶导，再代入微分方程，引出系数之间的递推关系.

（ I ）记 $y(x)=\sum\limits_{n=0}^{\infty} a_n x^n$，则 $y'=\sum\limits_{n=1}^{\infty} na_n x^{n-1}$，$y''=\sum\limits_{n=2}^{\infty} n(n-1)a_n x^{n-2}$，代入微分方程 $y''-2xy'-4y=0$，有 $\sum\limits_{n=0}^{\infty}(n+2)(n+1)a_{n+2}x^n-2\sum\limits_{n=0}^{\infty} na_n x^n-4\sum\limits_{n=0}^{\infty} a_n x^n=0$，因此有 $(n+2)(n+1)a_{n+2}-2na_n-4a_n=0$，即 $a_{n+2}=\dfrac{2}{n+1}a_n,n=1,2,\cdots$．

（ II ）由初始条件 $y(0)=0,y'(0)=1$ 知 $a_0=0,a_1=1$．于是根据递推关系式 $a_{n+2}=\dfrac{2}{n+1}a_n$ 有 $a_{2n}=0,a_{2n+1}=\dfrac{1}{n!}$．故

$$y(x)=\sum_{n=0}^{\infty} a_n x^n=\sum_{n=0}^{\infty} a_{2n+1}x^{2n+1}=\sum_{n=0}^{\infty}\frac{1}{n!}x^{2n+1}=x\sum_{n=0}^{\infty}\frac{1}{n!}x^{2n}=xe^{x^2}.$$

（4）【解析】$\lim\limits_{n\to\infty}\left|\dfrac{\dfrac{(-1)^{(n+1)-1}}{2(n+1)-1}\cdot x^{2(n+1)}}{\dfrac{(-1)^{n-1}}{2n-1}\cdot x^{2n}}\right|=\lim\limits_{n\to\infty}\left|\dfrac{\dfrac{(-1)^n x^{2n+2}}{2n+1}}{\dfrac{(-1)^{n-1}x^{2n}}{2n-1}}\right|=\lim\limits_{n\to\infty}\left|\dfrac{(2n-1)x^2}{2n+1}\right|=\lim\limits_{n\to\infty}\left|\dfrac{2n-1}{2n+1}\right|\cdot x^2=x^2<1.$

当 $-1<x<1$ 时，级数收敛.当 $x=\pm1$ 时，$\sum\limits_{n=1}^{\infty}\dfrac{(-1)^{n-1}}{2n-1}\cdot x^{2n}=\sum\limits_{n=1}^{\infty}\dfrac{(-1)^{n-1}}{2n-1}$．由莱布尼兹判别法知，此级数收敛，故原级数的收敛域为 $[-1,1]$.设

$$S(x)=\sum_{n=1}^{\infty}\frac{(-1)^{n-1}}{2n-1}\cdot x^{2n}=x\cdot\left(\sum_{n=1}^{\infty}\frac{(-1)^{n-1}}{2n-1}\cdot x^{2n-1}\right),\text{令 } S_1(x)=\sum_{n=1}^{\infty}\frac{(-1)^{n-1}}{2n-1}\cdot x^{2n-1},x\in(-1,1),$$

所以 $S_1'(x)=\sum\limits_{n=1}^{\infty}(-1)^{n-1}\cdot x^{2n-2}=\sum\limits_{n=1}^{\infty}(-x^2)^{n-1}$，所以 $S_1'(x)=\dfrac{1}{1-(-x^2)}=\dfrac{1}{1+x^2}$，

所以 $S_1(x)=\displaystyle\int_0^x\frac{1}{1+x^2}\mathrm{d}x+S_1(0)=\arctan x+0,x\in(-1,1)$．

由于 $S_1(x)$ 在 $x=-1,1$ 上是连续的，所以 $S(x)$ 在收敛域 $[-1,1]$ 上是连续的．

因此幂级数的和函数为 $S(x)=x\arctan x$，$x\in[-1,1]$.

（5）【解析】设 $s(x)=\sum_{n=2}^{\infty}\dfrac{x^n}{n^2-1}$, $(|x|<1)$，则 $s(x)=\sum_{n=2}^{\infty}\dfrac{1}{2}\left(\dfrac{1}{n-1}-\dfrac{1}{n+1}\right)x^n$，

$\sum_{n=2}^{\infty}\dfrac{1}{n-1}x^n=x\sum_{n=2}^{\infty}\dfrac{1}{n-1}x^{n-1}=x\sum_{n=1}^{\infty}\dfrac{1}{n}x^n$，$\sum_{n=2}^{\infty}\dfrac{1}{n+1}x^n=\dfrac{1}{x}\sum_{n=3}^{\infty}\dfrac{1}{n}x^n$, $(x\neq0)$ 设 $g(x)=\sum_{n=1}^{\infty}\dfrac{1}{n}x^n$，则

$g'(x)=\sum_{n=1}^{\infty}\left(\dfrac{1}{n}x^n\right)'=\sum_{n=1}^{\infty}x^{n-1}=\dfrac{1}{1-x}$, $(|x|<1)$，于是

$$g(x)=g(x)-g(0)=\int_0^x g'(t)\mathrm{d}t=\int_0^x\dfrac{1}{1-t}\mathrm{d}t=-\ln(1-x),(|x|<1).$$

从而 $s(x)=\dfrac{x}{2}[-\ln(1-x)]-\dfrac{1}{2x}\left[-\ln(1-x)-x-\dfrac{x^2}{2}\right]=\dfrac{2+x}{4}+\dfrac{1-x^2}{2x}\ln(1-x)$，$|x|<1$ 且 $x\neq0$.

因此 $\sum_{n=2}^{\infty}\dfrac{1}{(n^2-1)2^n}=s\left(\dfrac{1}{2}\right)=\dfrac{5}{8}-\dfrac{3}{4}\ln2$.

（6）【解析】（Ⅰ）由题意得 $s'(x)=\sum_{n=1}^{\infty}na_nx^{n-1}$，$s''(x)=\sum_{n=2}^{\infty}n(n-1)a_nx^{n-2}=\sum_{n=0}^{\infty}(n+1)(n+2)a_{n+2}x^n$.

因为 $a_n=(n+2)(n+2)a_{n+2}(n=0,1,2,\cdots)$，所以 $s''(x)=s(x)$，即 $s''(x)-s(x)=0$，

（Ⅱ）由（Ⅰ）可知 $s''(x)-s(x)=0$ 为二阶常系数齐次线性微分方程，其特征方程为 $\lambda^2-1=0$，从而 $\lambda=\pm1$，于是 $s(x)=C_1\mathrm{e}^{-x}+C_2\mathrm{e}^x$，由 $s(0)=a_0=3,s'(0)=a_1=1$，得 $\begin{cases}C_1+C_2=3\\-C_1+C_2=1\end{cases}\Rightarrow C_1=1$，$C_2=2$，所以 $s(x)=\mathrm{e}^{-x}+2\mathrm{e}^x$.

12.4 函数展开成幂级数

1. 重要知识点

（1）函数展开成泰勒级数：设函数 $f(x)$ 在 x_0 的某邻域 $U(x_0)$ 内具有任意阶导数，则 $f(x)$ 在 $U(x_0)$ 内能展开成泰勒级数的充分必要条件是，在该邻域内 $f(x)$ 的泰勒公式中的余项 $R_n(x)$ 当 $n\to\infty$ 时的极限为 0，即 $\lim_{x\to\infty}R_n(x)=0, x\in U(x_0)$.

注：$f(x)$ 在 x_0 处的泰勒级数与 $f(x)$ 在 x_0 处的泰勒展开式不同.只要 $f(x)$ 在 x_0 的某邻域 $U(x_0)$ 内具有任意阶导数，就计算泰勒系数，可以写出 $f(x)$ 在 x_0 处的泰勒级数，但此级数是否收敛. 如果收敛是否收敛到 $f(x)$ 还未知，此时 $f(x)$ 与泰勒级数 $\sum_{n=0}^{\infty}\dfrac{1}{n!}f^{(n)}(x_0)(x-x_0)^n$ 之间不能画等号，记为 $f(x)\sim\sum_{n=0}^{\infty}\dfrac{1}{n!}f^{(n)}(x_0)(x-x_0)^n$. 若 $f(x)$ 的泰勒级数在 $U(x_0)$ 内收敛且收敛于 $f(x)$，才说将 $f(x)$ 在 x_0 处泰勒展开，泰勒展开式即为 $f(x)$ 在 x_0 处的泰勒级数，记为 $f(x)=\sum_{n=0}^{\infty}\dfrac{1}{n!}f^{(n)}(x_0)(x-x_0)^n$.

（2）直接法将函数 $f(x)$ 展开成泰勒级数的步骤：

① 求出 $f(x)$ 的各阶导数 $f'(x),f''(x),\cdots,f^{(n)}(x),\cdots$；

② 计算函数及其各阶导数在 $x = x_0$ 处的值：$f'(x_0), f''(x_0), \cdots, f^{(n)}(x_0), \cdots$；

③ 写出幂级数 $f(x_0) + f'(x_0)(x - x_0) + \cdots + \dfrac{f^{(n)}(x_0)}{n!}(x - x_0)^n + \cdots$，并求出收敛半径 R；

④ 利用余项 $R_n(x) = \dfrac{1}{(n+1)!} f^{(n+1)}(\theta x) x^{n+1} (0 < \theta < 1)$，考查 $R_n(x)$ 在 $(-R, R)$ 内是否趋于零.

注：直接展开法计算量很大，并且研究余项是否趋于零一般不容易. 因此对于某些函数，可以利用间接展开法展开成幂级数，计算简便，不用研究余项.

（3）熟记一些已知的函数幂级数展开式：

$$e^x = \sum_{n=0}^{\infty} \frac{1}{n!} x^n \ (-\infty < x < +\infty),$$

$$\sin x = \sum_{n=0}^{\infty} \frac{(-1)^n}{(2n+1)!} x^{2n+1} \ (-\infty < x < +\infty),$$

$$\frac{1}{1+x} = \sum_{n=0}^{\infty} (-1)^n x^n \ (-1 < x < 1),$$

$$\ln(1+x) = \sum_{n=1}^{\infty} \frac{(-1)^{n-1}}{n} x^n \ (-1 < x \leqslant 1),$$

$$\cos x = \sum_{n=0}^{\infty} \frac{(-1)^n}{(2n)!} x^{2n} \ (-\infty < x < +\infty).$$

注：利用这些已知的函数幂级数展开式将初等函数展开为幂级数，可通过幂级数的四则运算，逐项求积，逐项求导，变量代换等方法，将问题化为标准形式，即可求得所给初等函数的幂级数展开式.

2. 例题辨析

知识点 1：直接法将函数展开成泰勒级数

例 1　函数在一点处的泰勒级数与函数在这一点处展开成泰勒级数是一回事吗？

错解：是一回事，若 $f(x)$ 在 $x = x_0$ 处有任意阶导数，则函数在这一点处的泰勒级数存在，函数在这一点处能展开成泰勒级数.

【错解分析及知识链接】不是一回事. 若 $f(x)$ 在 $x = x_0$ 处有任意阶导数，则可以在形式上写出函数在这一点处的泰勒级数，但是此级数收敛是否收敛还是未知. 如果收敛，并且收敛到 $f(x)$，才可以说 $f(x)$ 在 $x = x_0$ 点处展开了泰勒级数.

例 2　将 $f(x) = e^x$ 利用直接法展开成 x 的幂级数.

错解：由于 $f^{(n)}(x) = e^x, n = 1, 2, \cdots$，所以 $f^{(n)}(0) = e^0 = 1, n = 1, 2, \cdots$，因此 $f(x) = f(0) + f'(0)x + \dfrac{f''(0)}{2!} x^2 + \cdots + \dfrac{f^{(n)}(0)}{n!} x^n + \cdots = 1 + x + \dfrac{1}{2!} x^2 + \cdots + \dfrac{1}{n!} x^n + \cdots = \sum_{n=0}^{\infty} \dfrac{1}{n!} x^n$，收敛域为 $(-\infty, \infty)$.

【错解分析及知识链接】错解错在没有验证麦克劳林级数是否收敛到 $f(x)$，即没有讨论余项 $R_n(x) = \sum_{k=n+1}^{\infty} \dfrac{1}{k!} x^k$ 是否趋于 $0 \ (n \to \infty)$. 由于 $R_n(x) = \sum_{k=n+1}^{\infty} \dfrac{1}{k!} x^k = \dfrac{e^{\xi}}{(n+1)!} x^{n+1}$，$\xi$ 在 0 和 x 之间. 且

$$\left| R_n(x) \right| = \left| \frac{\mathrm{e}^\xi}{(n+1)!} x^{n+1} \right| < \mathrm{e}^{|x|} \cdot \frac{|x|^{n+!}}{(n+1)!} \;,\; \mathrm{e}^{|x|} \text{ 有限，} \frac{|x|^{n+!}}{(n+1)!} \text{ 是 } \sum_{n=0}^{\infty} \frac{|x|^{n+!}}{(n+1)!} \text{ 的一般项，且 } \sum_{n=0}^{\infty} \frac{|x|^{n+!}}{(n+1)!} \text{ 收敛，}$$

因此 $\lim\limits_{n\to\infty} \frac{|x|^{n+!}}{(n+1)!} = 0$，故 $\lim\limits_{n\to\infty} \mathrm{e}^{|x|} \cdot \frac{|x|^{n+!}}{(n+1)!} = 0$，即 $\lim\limits_{n\to\infty} |R_n(x)| = 0$. 可得 $f(x)$ 的麦克劳林级数收敛

到 $f(x)$，因此有

$$\mathrm{e}^x = 1 + x + \frac{1}{2!} x^2 + \cdots + \frac{1}{n!} x^n + \cdots, \quad x \in (-\infty, \infty).$$

知识点 2：间接法将函数展开成泰勒级数

例 3 将 $f(x) = \arctan x$ 利用间接法展开成 x 的幂级数.

错解： 由于 $f'(x) = \dfrac{1}{1+x^2}$，且 $\dfrac{1}{1+x^2} = \sum\limits_{n=0}^{\infty} (-x^2)^n = \sum\limits_{n=0}^{\infty} (-1)^n x^{2n}$，两端同时积分有

$$f(x) = \int_0^x \frac{1}{1+x^2}\mathrm{d}x = \int_0^x \sum_{n=0}^{\infty} (-1)^n x^{2n}\mathrm{d}x = \sum_{n=0}^{\infty} (-1)^n \int_0^x x^{2n}\mathrm{d}x = \sum_{n=0}^{\infty} (-1)^n \frac{x^{2n+1}}{2n+1}.$$

【错解分析及知识链接】 错解错在没有指明幂级数的收敛区间及收敛域. 在幂级数的收敛区间上才可以对幂级数进行逐项积分和逐项求导的操作.

正解： 由于 $f'(x) = \dfrac{1}{1+x^2}$，且 $\dfrac{1}{1+x^2} = \sum\limits_{n=0}^{\infty} (-x^2)^n = \sum\limits_{n=0}^{\infty} (-1)^n x^{2n}$，$x \in (-1,1)$，两端同时积分

有 $\int_0^x \dfrac{1}{1+x^2}\mathrm{d}x = \int_0^x \sum\limits_{n=0}^{\infty} (-1)^n x^{2n}\mathrm{d}x = \sum\limits_{n=0}^{\infty} (-1)^n \int_0^x x^{2n}\mathrm{d}x = \sum\limits_{n=0}^{\infty} (-1)^n \dfrac{x^{2n+1}}{2n+1}$，$x \in (-1,1)$. 当 $x = -1$ 时，

$\sum\limits_{n=0}^{\infty} (-1)^n \dfrac{x^{2n+1}}{2n+1} = \sum\limits_{n=0}^{\infty} (-1)^{n+1} \dfrac{1}{2n+1}$ 收敛；当 $x = 1$ 时，$\sum\limits_{n=0}^{\infty} (-1)^n \dfrac{x^{2n+1}}{2n+1} = \sum\limits_{n=0}^{\infty} (-1)^n \dfrac{1}{2n+1}$ 收敛，因此

$f(x) = \sum\limits_{n=0}^{\infty} (-1)^n \dfrac{x^{2n+1}}{2n+1}$，$x \in [-1,1]$.

【举一反三】 将 $f(x) = \ln(1+x)$ 展开成 x 的幂级数.

错解： 由于 $f'(x) = \dfrac{1}{1+x}$，且 $\dfrac{1}{1+x} = \sum\limits_{n=0}^{\infty} (-x)^n = \sum\limits_{n=0}^{\infty} (-1)^n x^n$，$x \in (-1,1)$，两端同时积分有

$$f(x) = \int_0^x \frac{1}{1+x}\mathrm{d}x = \int_0^x \sum_{n=0}^{\infty} (-1)^n x^n \mathrm{d}x = \sum_{n=0}^{\infty} (-1)^n \int_0^x x^n \mathrm{d}x = \sum_{n=0}^{\infty} (-1)^n \frac{x^{n+1}}{n+1}, \quad x \in (-1,1).$$

【错解分析及知识链接】 虽然对幂级数在收敛区间内逐项求导或逐项积分不改变收敛半径，但是收敛域有可能发生变化，因此必须讨论幂级数在区间端点处的收敛性.

正解： 下面仅讨论收敛区间端点：当 $x = -1$ 时，$\sum\limits_{n=0}^{\infty} (-1)^n \dfrac{(-1)^{n+1}}{n+1} = -\sum\limits_{n=0}^{\infty} \dfrac{1}{n+1}$，级数发散；

当 $x = 1$ 时，$\sum\limits_{n=0}^{\infty} (-1)^n \dfrac{1}{n+1}$，级数收敛；因此 $\ln(1+x) = \sum\limits_{n=0}^{\infty} (-1)^n \dfrac{x^{n+1}}{n+1}$，$x \in (-1,1]$.

例 4 将 $f(x) = \dfrac{1}{x^2 - 3x + 2}$ 展开成 $(x-4)$ 的幂级数.

错解： 由于 $f(x) = \dfrac{1}{(x-1)(x-2)} = \dfrac{1}{x-1} - \dfrac{1}{x-2} = \dfrac{1}{3+x-4} - \dfrac{1}{2+x-4}$，

且 $\dfrac{1}{3+x-4}=\dfrac{1}{3}\cdot\dfrac{1}{1+\dfrac{x-4}{3}}=\dfrac{1}{3}\sum\limits_{n=0}^{\infty}(-1)^n\dfrac{(x-4)^n}{3^n}$,

$\dfrac{1}{2+x-4}=\dfrac{1}{2}\cdot\dfrac{1}{1+\dfrac{x-4}{2}}=\dfrac{1}{2}\sum\limits_{n=0}^{\infty}(-1)^n\dfrac{(x-4)^n}{2^n}$,

因此 $f(x)=\sum\limits_{n=0}^{\infty}(-1)^n\dfrac{(x-4)^n}{3^{n+1}}-\sum\limits_{n=0}^{\infty}(-1)^n\dfrac{(x-4)^n}{2^{n+1}}=\sum\limits_{n=0}^{\infty}(-1)^n\left(\dfrac{1}{3^{n+1}}-\dfrac{1}{2^{n+1}}\right)(x-4)^n$.

【错解分析及知识链接】 在利用恒等变形和变量代换将函数展开成幂级数时，要将原变量的取值范围求出. 涉及多个幂级数时，多个收敛域的交集才是函数展开成幂级数的收敛域. 错解错在没有确定函数展开成幂级数的范围.

正解： 由于 $f(x)=\dfrac{1}{(x-1)(x-2)}=\dfrac{1}{x-1}-\dfrac{1}{x-2}=\dfrac{1}{3+x-4}-\dfrac{1}{2+x-4}$,

且 $\dfrac{1}{3+x-4}=\dfrac{1}{3}\cdot\dfrac{1}{1+\dfrac{x-4}{3}}=\dfrac{1}{3}\sum\limits_{n=0}^{\infty}(-1)^n\dfrac{(x-4)^n}{3^n}$, $\left|\dfrac{x-4}{3}\right|<1$, 即 $1<x<7$,

$\dfrac{1}{2+x-4}=\dfrac{1}{2}\cdot\dfrac{1}{1+\dfrac{x-4}{2}}=\dfrac{1}{2}\sum\limits_{n=0}^{\infty}(-1)^n\dfrac{(x-4)^n}{2^n}$, $\left|\dfrac{x-4}{2}\right|<1$, 即 $2<x<6$,

因此 $f(x)=\sum\limits_{n=0}^{\infty}(-1)^n\dfrac{(x-4)^n}{3^{n+1}}-\sum\limits_{n=0}^{\infty}(-1)^n\dfrac{(x-4)^n}{2^{n+1}}=\sum\limits_{n=0}^{\infty}(-1)^n\left(\dfrac{1}{3^{n+1}}-\dfrac{1}{2^{n+1}}\right)(x-4)^n , x\in(2,6)$.

3. 真题演练

（1）（2001 年）设 $f(x)=\begin{cases}\dfrac{1+x^2}{x}\arctan x, & x\neq0 \\ 1, & x=0\end{cases}$ ，试将 $f(x)$ 展成 x 的幂级数，并求级数

$\sum\limits_{n=1}^{\infty}\dfrac{(-1)^n}{1-4n^2}$ 的和.

（2）（2003 年）将函数 $f(x)=\arctan\dfrac{1-2x}{1+2x}$ 展开为 x 的幂级数，并求级数 $\sum\limits_{n=1}^{\infty}\dfrac{(-1)^n}{1+2n}$ 的和.

（3）（2006 年）将函数 $f(x)=\dfrac{x}{2+x-x^2}$ 展成 x 的幂级数.

4. 真题演练解析

（1）**【解析】** 因为 $\dfrac{1}{1+x^2}=\sum\limits_{n=0}^{\infty}(-1)^nx^{2n}$ $(-1<x<1)$ ，故

$\arctan x=\int_0^x(\arctan t)'\,\mathrm{d}t=\sum\limits_{n=0}^{\infty}\dfrac{(-1)^nx^{2n+1}}{2n+1}, x\in[-1,1]$ ，当 $x\neq0$ 时，有

$f(x)=\dfrac{1+x^2}{x}\sum\limits_{n=0}^{\infty}\dfrac{(-1)^nx^{2n+1}}{2n+1}=(1+x^2)\sum\limits_{n=0}^{\infty}\dfrac{(-1)^nx^{2n}}{2n+1}=\sum\limits_{n=0}^{\infty}\dfrac{(-1)^nx^{2n}}{2n+1}+\sum\limits_{n=0}^{\infty}\dfrac{(-1)^nx^{2n+2}}{2n+1}$

$$=1+\sum_{n=1}^{\infty}\frac{(-1)^n x^{2n}}{2n+1}+\sum_{n=1}^{\infty}\frac{(-1)^{n-1}x^{2n}}{2n-1}=1+2\sum_{n=1}^{\infty}\frac{(-1)^n x^{2n}}{1-4n^2},\quad x\in[-1,1]\text{且}x\neq0.$$

又因 $f(x)$ 在 $x=0$ 处连续，且 $x=0$ 时上述级数也满足 $f(0)=1$，

所以 $f(x)=1+2\sum_{n=1}^{\infty}\frac{(-1)^n x^{2n}}{1-4n^2}$，$x\in[-1,1]$. 因此 $\sum_{n=1}^{\infty}\frac{(-1)^n}{1-4n^2}=\frac{1}{2}[f(1)-1]=\frac{\pi}{4}-\frac{1}{2}.$

（2）【解析】因为 $f'(x)=-\frac{2}{1+4x^2}=-2\sum_{n=0}^{\infty}(-1)^n 4^n x^{2n}$，$\left(-\frac{1}{2}<x<\frac{1}{2}\right)$，且 $f(0)=\arctan1=\frac{\pi}{4}$，

可知

$$f(x)=f(0)+\int_0^x f'(t)\mathrm{d}t=\frac{\pi}{4}-2\int_0^x\sum_{n=0}^{\infty}(-1)^n 4^n t^{2n}\mathrm{d}t=\frac{\pi}{4}-2\sum_{n=0}^{\infty}\frac{(-1)^n 4^n}{2n+1}x^{2n+1}\left(-\frac{1}{2}<x<\frac{1}{2}\right).$$

因为级数 $\sum_{n=0}^{\infty}\frac{(-1)^n}{2n+1}$ 收敛，函数 $f(x)$ 在 $x=\frac{1}{2}$ 处连续，所以

$$f(x)=\frac{\pi}{4}-2\sum_{n=0}^{\infty}\frac{(-1)^n 4^n}{2n+1}x^{2n+1}\left(-\frac{1}{2}<x\leqslant\frac{1}{2}\right),\quad\text{令}x=\frac{1}{2}\text{得}f\left(\frac{1}{2}\right)=\frac{\pi}{4}-2\sum_{n=0}^{\infty}\frac{(-1)^n 4^n}{2n+1}\left(\frac{1}{2}\right)^{2n+1},$$

由于 $f\left(\frac{1}{2}\right)=0$，所以 $\sum_{n=0}^{\infty}\frac{(-1)^n}{2n+1}=\frac{\pi}{4}.$

（3）【解析】利用常见函数的幂级数展开式. $f(x)=\frac{x}{2+x-x^2}=\frac{x}{(2-x)(1+x)}=\frac{A}{2-x}+\frac{B}{1+x}$，比较两边系数可得 $A=\frac{2}{3},B=-\frac{1}{3}$，即

$$f(x)=\frac{1}{3}\left(\frac{2}{2-x}-\frac{1}{1+x}\right)=\frac{1}{3}\left(\frac{1}{1-\frac{x}{2}}-\frac{1}{1+x}\right).$$

而 $\frac{1}{1+x}=\sum_{n=0}^{\infty}(-x)^n$，$x\in(-1,1)$，　$\frac{1}{1-\frac{x}{2}}=\sum_{n=0}^{\infty}\left(\frac{x}{2}\right)^n$，$x\in(-2,2)$，故

$$f(x)=\frac{x}{2+x-x^2}=\frac{1}{3}\left(-\sum_{n=0}^{\infty}(-1)^n x^n+\sum_{n=0}^{\infty}\frac{1}{2^n}x^n\right)=\frac{1}{3}\sum_{n=0}^{\infty}\left((-1)^{n+1}+\frac{1}{2^n}\right)x^n,\ x\in(-1,1).$$

12.5　函数的幂级数展开式的应用

1. 重要知识点

（1）可以利用函数的幂级数展开式进行近似计算：

　　① 由给定的精确度要求，确定所取幂级数的项数，从而得到近似值.

　　② 由给定的幂级数的项数，计算出近似值，并估计误差.

（2）可以利用幂级数求解微分方程，将待求的函数关系写成 x 的幂级数，系数待定，将其代入微分方程，令方程两端同次幂的系数相等，求得幂级数的系数，从而得到微分方程的幂级数解.

（3）欧拉公式：

① $\mathrm{e}^{\mathrm{i}x} = \cos x + \mathrm{i}\sin x$．

② $\cos x = \dfrac{\mathrm{e}^{\mathrm{i}x} + \mathrm{e}^{-\mathrm{i}x}}{2}$，$\sin x = \dfrac{\mathrm{e}^{\mathrm{i}x} - \mathrm{e}^{-\mathrm{i}x}}{2\mathrm{i}}$．

2．例题辨析

知识点 1：利用函数的幂级数展开式做近似计算

例 1　利用函数的幂级数展开式，求 $\sqrt{\mathrm{e}}$（误差不超过 0.001）的近似值．

错解：由 $\mathrm{e}^x = \displaystyle\sum_{n=0}^{\infty} \frac{x^n}{n!}$，$x \in (-\infty, \infty)$，可知 $\mathrm{e}^{\frac{1}{2}} = \displaystyle\sum_{n=0}^{\infty} \frac{1}{n!}\left(\frac{1}{2}\right)^n$，$R_n = \displaystyle\sum_{i=n+1}^{\infty} \frac{1}{i!}\left(\frac{1}{2}\right)^i$，当 $n=5$ 时，有 $\dfrac{1}{5!}\left(\dfrac{1}{2}\right)^5 < 0.001$，因此 $\mathrm{e}^{\frac{1}{2}} \approx \displaystyle\sum_{n=0}^{4} \frac{1}{n!}\left(\frac{1}{2}\right)^n \approx 1.648$．

【错解分析及知识链接】在利用函数的幂级数展开式做近似计算时，给出精度要求，要估计余项以确定截取项数．余项仍然是个无穷级数，如果是正项级数，需要将其余项放大并求和，使得其和小于给定精度，以确定项数．

正解：由 $\mathrm{e}^x = \displaystyle\sum_{n=0}^{\infty} \frac{x^n}{n!}$，$x \in (-\infty, \infty)$ 可知，$\mathrm{e}^{\frac{1}{2}} = \displaystyle\sum_{n=0}^{\infty} \frac{1}{n!}\left(\frac{1}{2}\right)^n$，且误差为

$$R_n = \sum_{i=n+1}^{\infty} \frac{1}{i!}\left(\frac{1}{2}\right)^i < \sum_{i=n+1}^{\infty} \frac{1}{2^{i-1}}\left(\frac{1}{2}\right)^i = \frac{1}{3}\cdot\frac{1}{2^{2n-1}} < 0.001，$$

解得 $n=6$．因此 $\mathrm{e}^{\frac{1}{2}} \approx \displaystyle\sum_{n=0}^{6} \frac{1}{n!}\left(\frac{1}{2}\right)^n \approx 1.649$．

知识点 2：选择正确的函数的幂级数展开式做近似计算

例 2　利用函数的幂级数展开式，求 $\ln 3$（误差不超过 0.001）的近似值．

错解：由 $\ln(1+x) = \displaystyle\sum_{n=0}^{\infty} \frac{(-1)^n x^{n+1}}{n+1}$，$x \in (-1,1]$ 可知，$\ln 3 = \ln(1+2) = \displaystyle\sum_{n=0}^{\infty} \frac{(-1)^n 2^{n+1}}{n+1}$，$R_n = \displaystyle\sum_{i=n+1}^{\infty} \frac{(-1)^i 2^{i+1}}{i+1}$ 是交错级数，因此 $|R_n| \leqslant \dfrac{2^{n+2}}{n+2}$，但 $\dfrac{2^{n+2}}{n+2} < 0.001$ 不满足，无法求 n．

【错解分析及知识链接】错解中忽略了 $x=2$ 并不在收敛域中，在 $x=2$ 处级数发散，得不到满足精度要求的近似值．

正解：$\ln 3 = \ln(\mathrm{e} + 3 - \mathrm{e}) = 1 + \ln\left(1 + \dfrac{3-\mathrm{e}}{\mathrm{e}}\right) = 1 + \displaystyle\sum_{n=0}^{\infty} \frac{(-1)^n}{n+1}\left(\frac{3-\mathrm{e}}{\mathrm{e}}\right)^{n+1}$，

$$|R_n| = \left|\sum_{i=n+1}^{\infty} \frac{(-1)^i}{i+1}\left(\frac{3-\mathrm{e}}{\mathrm{e}}\right)^{i+1}\right| < \frac{1}{i+1}\cdot\left(\frac{3-\mathrm{e}}{\mathrm{e}}\right)^{i+1}，\text{令} \ \frac{1}{i+1}\cdot\left(\frac{3-\mathrm{e}}{\mathrm{e}}\right)^{i+1} < 0.001，\text{解得} \ i=2，\text{因此}$$

$\ln 3 \approx 1 + \displaystyle\sum_{n=0}^{1} \frac{(-1)^n}{n+1}\left(\frac{3-\mathrm{e}}{\mathrm{e}}\right)^{n+1} \approx 1.098$．

知识点 3：利用欧拉公式将某些函数展开成麦克劳林级数

例 3　求 $\mathrm{e}^x \sin\sqrt{3}x$ 的麦克劳林展式．

错解： 由于 $e^x = 1 + x + \dfrac{1}{2!}x^2 + \cdots + \dfrac{1}{n!}x^n + \cdots$ ，

$$\sin\sqrt{3}x = \sqrt{3}x - \frac{\left(\sqrt{3}x\right)^3}{3!} + \frac{\left(\sqrt{3}x\right)^5}{5!} - \frac{\left(\sqrt{3}x\right)^7}{7!} + \cdots, \quad \text{因此}$$

$$e^x \sin\sqrt{3}x = \left(1 + x + \frac{1}{2!}x^2 + \cdots + \frac{1}{n!}x^n + \cdots\right)\left(\sqrt{3}x - \frac{\left(\sqrt{3}x\right)^3}{3!} + \frac{\left(\sqrt{3}x\right)^5}{5!} - \frac{\left(\sqrt{3}x\right)^7}{7!} + \cdots\right).$$

【错解分析及知识链接】 错解中未将结果明确表示成麦克劳林级数的样式，而且明确表示出来也非常困难.

正解： 由于 $e^x \sin\sqrt{3}x$ 是 $e^x\left(\cos\sqrt{3}x + i\sin\sqrt{3}x\right)$ 的虚部，由欧拉公式得

$$e^x\left(\cos\sqrt{3}x + i\sin\sqrt{3}x\right) = e^{x\left(1 + i\sqrt{3}x\right)} = e^{2x\left(\frac{1 + i\sqrt{3}x}{2}\right)} = e^{2x\left(\cos\frac{\pi}{3} + i\sin\frac{\pi}{3}\right)} = \sum_{n=0}^{\infty} \frac{\left(\cos\frac{\pi}{3} + i\sin\frac{\pi}{3}\right)^n}{n!}(2x)^n =$$

$$\sum_{n=0}^{\infty} \frac{\left(\cos\frac{n\pi}{3} + i\sin\frac{n\pi}{3}\right)}{n!}(2x)^n,$$

所以 $e^x \sin\sqrt{3}x = \displaystyle\sum_{n=0}^{\infty} \frac{1}{n!}\sin\frac{n\pi}{3}(2x)^n$ ，　 $x \in (-\infty, \infty)$.

【举一反三】 求 $e^x \cos\sqrt{3}x$ 的麦克劳林展式.

解： 由于 $e^x \cos\sqrt{3}x$ 是 $e^x\left(\cos\sqrt{3}x + i\sin\sqrt{3}x\right)$ 的实部，由上式结果可知

$$e^x \cos\sqrt{3}x = \sum_{n=0}^{\infty} \frac{1}{n!}\cos\frac{n\pi}{3}(2x)^n, \quad x \in (-\infty, \infty).$$

12.6　傅里叶级数

1. 重要知识点

（1）三角级数：形如 $\dfrac{a_0}{2} + \displaystyle\sum_{n=1}^{\infty}(a_n \cos nx + b_n \sin nx)$ 的级数.

（2）三角函数系的正交性：函数系 $1, \cos x, \sin x, \cos 2x, \sin 2x, \cdots, \cos nx, \sin nx, \cdots$ 在 $[-\pi, \pi]$ 上正交，即其中任意两个不同的函数之积在 $[-\pi, \pi]$ 上的积分为 0.

（3）傅里叶级数：称三角级数 $\dfrac{a_0}{2} + \displaystyle\sum_{n=1}^{\infty}(a_n \cos nx + b_n \sin nx)$ 为函数 $f(x)$ 的傅里叶级数，其中 $a_0 = \dfrac{1}{\pi}\displaystyle\int_{-\pi}^{\pi} f(x)\mathrm{d}x$ ， $a_n = \dfrac{1}{\pi}\displaystyle\int_{-\pi}^{\pi} f(x)\cos nx\mathrm{d}x$ ， $b_n = \dfrac{1}{\pi}\displaystyle\int_{-\pi}^{\pi} f(x)\sin nx\mathrm{d}x$ $(n = 1, 2, \cdots)$.

（4）狄利克雷收敛定理：设 $f(x)$ 是周期为 2π 的周期函数，并满足条件：

① 在一个周期内连续或只有有限多个第一类间断点；

② 在一个周期内只有有限多个极值点. 则 $f(x)$ 的傅里叶级数收敛，且有

① 当 x 是 $f(x)$ 的连续点时，级数收敛于 $f(x)$ ；

② 当 x 是 $f(x)$ 的间断点时，级数收敛于 $\dfrac{f(x-0)+f(x+0)}{2}$.

注：可以将结果简单描述为函数的傅里叶级数在连续点处收敛于函数值，在间断点处收敛于该点左右极限的算术平均值.

（5）周期为 2π 的周期函数展开成傅里叶级数的步骤：

① 画出 $f(x)$ 的图形，便于找出间断点；

② 说明 $f(x)$ 满足狄利克雷定理的条件；

③ 求 $a_n=\dfrac{1}{\pi}\displaystyle\int_{-\pi}^{\pi}f(x)\cos nx\mathrm{d}x\ (n=0,1,2,\cdots)$, $b_n=\dfrac{1}{\pi}\displaystyle\int_{-\pi}^{\pi}f(x)\sin nx\mathrm{d}x\ (n=1,2,\cdots)$；

④ 写出傅里叶级数，指明在何点收敛于何值.

注：函数展开成傅里叶级数必须明确表出展开式成立的条件，因为在某些点处级数并不收敛于对应点的函数值.

（6）在 $[-\pi,\pi]$ 上的非周期函数 $f(x)$ 展开成傅里叶级数：首先将 $f(x)$ 作周期延拓，变成以周期为 2π 的函数 $F(x)=\begin{cases}f(x), & x\in[-\pi,\pi)\\ f(x-2k\pi), & \text{其他}\end{cases}$，则可以对 $F(x)$ 作傅里叶展开，最后将展开结果限定在 $[-\pi,\pi]$ 上.

注：若两个端点处都有函数值，需要去掉一个端点处的函数值，再做周期延拓.

（7）定义在 $(0,\pi)$ 上的非周期函数 $f(x)$ 展开成傅里叶级数：若将 $f(x)$ 展开成正弦级数，先将 $f(x),x\in[0,\pi]$ 进行奇延拓，得到 $[-\pi,\pi]$ 上的函数 $g(x)$，再对 $g(x)$, $x\in[-\pi,\pi]$ 进行周期延拓之后作傅里叶展开，最后将展开结果限定在 $[0,\pi]$ 上.

注：将 $f(x),x\in[0,\pi]$ 进行奇延拓时，若 $f(0)\neq 0$，则需要将 $f(0)$ 重新赋值为 0，然后将 $f(x),x\in(0,\pi]$, $f(0)=0$ 进行奇延拓，得到 $g(x)=\begin{cases}f(x), & x\in(0,\pi]\\ f(0), & x=0\\ -f(-x), & x\in[-\pi,0)\end{cases}$.

若将 $f(x)$ 展开成余弦级数，先将 $f(x),x\in(0,\pi]$ 进行偶延拓，得到 $[-\pi,\pi]$ 上的函数 $g(x)$，再对 $g(x)$, $x\in[-\pi,\pi]$ 进行周期延拓之后作傅里叶展开，最后将展开结果限定在 $[0,\pi]$ 上.

2. 例题辨析

知识点 1：狄利克雷收敛定理

例 1　设 $f(x)=\begin{cases}-2, & x\in(-\pi,0]\\ 2x^2+\dfrac{1}{2}, & x\in(0,\pi]\end{cases}$ 是以 2π 为周期的周期函数，其傅里叶级数在 $x=\pi$ 处收敛于 _____.

错解： 因为 $f(\pi)=2\pi^2+\dfrac{1}{2}$，所以其傅里叶级数在 $x=\pi$ 处收敛于 $2\pi^2+\dfrac{1}{2}$.

【错解分析及知识链接】 由 $f(x)$ 表达式可知其满足狄利克雷收敛定理的条件，则其傅里叶级数在 $x=\pi$ 处收敛于 $\dfrac{f(\pi+0)+f(\pi-0)}{2}=\dfrac{2\pi^2+\dfrac{1}{2}-2}{2}=\pi^2+\dfrac{1}{4}-1$.

知识点 2：将定义在 $[-\pi, \pi]$ 上的非周期函数 $f(x)$ 展开成傅里叶级数

例 2 将函数 $f(x) = \begin{cases} -x, & x \in [-\pi, 0) \\ x, & x \in [0, \pi] \end{cases}$ 展开成傅里叶级数.

错解： $a_0 = \dfrac{1}{\pi} \displaystyle\int_{-\pi}^{\pi} f(x)\mathrm{d}x = \dfrac{1}{\pi} \displaystyle\int_{-\pi}^{0} (-x)\mathrm{d}x + \dfrac{1}{\pi} \displaystyle\int_{0}^{\pi} x\mathrm{d}x = \pi$，

$$a_n = \frac{1}{\pi} \int_{-\pi}^{\pi} f(x)\cos nx \mathrm{d}x = \frac{2}{\pi} \int_{0}^{\pi} x\cos nx \mathrm{d}x = \frac{2(\cos n\pi - 1)}{n^2 \pi}，$$

$$b_n = \frac{1}{\pi} \int_{-\pi}^{\pi} f(x)\sin nx \mathrm{d}x = 0 \ (n = 1, 2, \cdots)，$$

所以 $f(x) = \dfrac{\pi}{2} + \displaystyle\sum_{n=1}^{\infty} \dfrac{2(\cos n\pi - 1)}{n^2 \pi} \cos nx$，$x \in [-\pi, \pi]$.

【错解分析及知识链接】 只有周期函数才可利用已推导出的傅里叶级数公式求得其傅里叶级数，因此需要将此定义在 $x \in [-\pi, \pi]$ 上的函数延拓到整个数轴上，成为以 2π 为周期的周期函数之后才能进行傅里叶展开.

正解： 将 $f(x) = \begin{cases} -x, & x \in [-\pi, 0) \\ x, & x \in [0, \pi] \end{cases}$ 周期延拓得到 $F(x)$. $F(x)$ 满足狄利克雷收敛定理的条件，

则 $a_0 = \dfrac{1}{\pi} \displaystyle\int_{-\pi}^{\pi} F(x)\mathrm{d}x = \dfrac{1}{\pi} \displaystyle\int_{-\pi}^{\pi} f(x)\mathrm{d}x = \dfrac{1}{\pi} \displaystyle\int_{-\pi}^{0} (-x)\mathrm{d}x + \dfrac{1}{\pi} \displaystyle\int_{0}^{\pi} x\mathrm{d}x = \pi$，

$$a_n = \frac{1}{\pi} \int_{-\pi}^{\pi} F(x)\cos nx \mathrm{d}x = \frac{1}{\pi} \int_{-\pi}^{\pi} f(x)\cos nx \mathrm{d}x = \frac{2}{\pi} \int_{0}^{\pi} x\cos nx \mathrm{d}x = \frac{2(\cos n\pi - 1)}{n^2 \pi}，$$

$$b_n = \frac{1}{\pi} \int_{-\pi}^{\pi} F(x)\sin nx \mathrm{d}x = \frac{1}{\pi} \int_{-\pi}^{\pi} f(x)\sin nx \mathrm{d}x = 0 \ (n = 1, 2, \cdots).$$

又因为 $f(x)$ 连续，故 $f(x) = \dfrac{\pi}{2} + \displaystyle\sum_{n=1}^{\infty} \dfrac{2(\cos n\pi - 1)}{n^2 \pi} \cos nx$，$x \in [-\pi, \pi]$.

【举一反三】 将函数 $f(x) = \begin{cases} -x+1, & x \in [-\pi, 0) \\ x, & x \in [0, \pi] \end{cases}$ 展开成傅里叶级数.

错解： 周期延拓得到 $F(x)$，$F(x)$ 满足狄利克雷收敛定理的条件，则

$$a_0 = \frac{1}{\pi} \int_{-\pi}^{\pi} F(x)\mathrm{d}x = \frac{1}{\pi} \int_{-\pi}^{\pi} f(x)\mathrm{d}x = \frac{1}{\pi} \int_{-\pi}^{0} (-x+1)\mathrm{d}x + \frac{1}{\pi} \int_{0}^{\pi} x\mathrm{d}x = \pi + 1，$$

$$a_n = \frac{1}{\pi} \int_{-\pi}^{\pi} F(x)\cos nx \mathrm{d}x = \frac{1}{\pi} \int_{-\pi}^{0} (-x+1)\cos nx \mathrm{d}x + \frac{1}{\pi} \int_{0}^{\pi} x\cos nx \mathrm{d}x = \frac{2(\cos n\pi - 1)}{n^2 \pi}，$$

$$b_n = \frac{1}{\pi} \int_{-\pi}^{\pi} F(x)\sin nx \mathrm{d}x = \frac{1}{\pi} \int_{-\pi}^{0} (-x+1)\sin nx \mathrm{d}x + \frac{1}{\pi} \int_{0}^{\pi} x\sin nx \mathrm{d}x = \frac{\cos n\pi - 1}{n\pi} \ (n = 1, 2, \cdots). \text{所以}$$

$$f(x) = \frac{\pi}{2} + \sum_{n=1}^{\infty} \frac{2(\cos n\pi - 1)}{n^2 \pi} \cos nx + \frac{(\cos n\pi - 1)}{n\pi} \sin nx，\quad x \in [-\pi, \pi].$$

【错解分析及知识链接】 错解中的错误有两点：一是由于 $f(\pi) \ne f(-\pi)$，因此在进行周期延拓时必须去掉一个端点，不影响傅里叶系数，即 a_0，a_n，b_n $(n = 1, 2, \cdots)$ 的计算结果同上；二是其傅里叶级数的和函数 $s(x)$ 不是在所有的点都等于 $f(x)$，即

$$f(x) = \frac{\pi}{2} + \sum_{n=1}^{\infty} \frac{2(\cos n\pi - 1)}{n^2 \pi} \cos nx + \frac{(\cos n\pi - 1)}{n\pi} \sin nx，\quad x \in (-\pi, 0) \bigcup (0, \pi)，$$

但 $s(0) = \dfrac{1}{2}$，$s(\pi) = s(-\pi) = \pi + \dfrac{1}{2}$.

知识点 3：将定义在 $[0,\pi]$ 上的非周期函数 $f(x)$ 展开成傅里叶级数

例 3　将函数 $f(x)=\mathrm{e}^x,x\in[0,\pi]$ 展开成正弦级数.

错解：将 $f(x)$ 作奇延拓，再周期延拓得到 $F(x)$. $F(x)$ 满足狄利克雷收敛定理的条件，则 $a_n=0$，$(n=0,1,2,\cdots)$，有

$$b_n=\frac{2}{\pi}\int_0^{\pi}\mathrm{e}^x\sin nx\mathrm{d}x=\frac{2}{\pi}\int_0^{\pi}\sin nx\mathrm{d}\mathrm{e}^x=\frac{2n}{\pi}\mathrm{e}^{\pi}(-1)^{n+1}+\frac{2n}{\pi}-n^2b_n.$$

整理得 $b_n=\dfrac{1}{1+n^2}\left[\dfrac{2n}{\pi}\mathrm{e}^{\pi}(-1)^{n+1}+\dfrac{2n}{\pi}\right](n=1,2,\cdots)$.

即 $\mathrm{e}^x=\displaystyle\sum_{n=1}^{\infty}\frac{2n}{\pi(1+n^2)}\left[\mathrm{e}^{\pi}(-1)^{n+1}+1\right]\sin nx,x\in(0,\pi)$.

【错解分析及知识链接】将 $f(x)$ 作奇延拓，需要注意 $f(0)$ 是否为 0. 若不为 0，需要重新定义 $f(0)=0$，再作奇延拓，得到 $F(x)$，再将 $F(x)$ 作周期延拓到整个数轴上. 这个过程要注意若 $F(\pi)$，$F(-\pi)$ 都有定义，但 $F(\pi)\neq F(-\pi)$，此时需要将一个端点处函数值舍掉，之后才可以进行周期延拓.

正解：令 $f(0)=0$，将 $f(x),x\in(0,\pi]$ 作奇延拓得到 $F(x)$，再将 $F(x),x\in(-\pi,\pi]$ 作周期延拓，其满足狄利克雷收敛定理的条件，且不影响傅里叶系数的计算结果，即 $a_n=0$ $(n=0,1,2,\cdots)$，

$$b_n=\frac{1}{1+n^2}\left[\frac{2n}{\pi}\mathrm{e}^{\pi}(-1)^{n+1}+\frac{2n}{\pi}\right](n=1,2,\cdots).$$

因此 $\mathrm{e}^x=\displaystyle\sum_{n=1}^{\infty}\frac{2n}{\pi(1+n^2)}[\mathrm{e}^{\pi}(-1)^{n+1}+1]\sin nx,x\in(0,\pi)$. 在 $x=0$ 和 $x=\pi$ 点级数收敛于 0.

【举一反三】设 $f(x)=x^2$，$x\in(0,\pi]$，则 $f(x)$ 的正弦级数的和函数 $S(x)$ 在 $x=\pi$ 处取值为＿＿＿＿＿.

错解：$S(\pi)=f(\pi)=\pi^2$.

【错解分析及知识链接】本题需要利用狄利克雷收敛定理，错解错把 $x=\pi$ 点作为函数的连续点，直接代入 $f(x)$ 的表达式中. 由于 $f(x)$ 定义在 $[0,\pi]$ 上，且要求作出 $f(x)$ 的正弦级数，因此将 $f(x)$ 先作奇延拓，再作周期延拓得到 $F(x)$. 可知 $x=\pi$ 是 $F(x)$ 的一个间断点，因此

$$S(\pi)=\frac{F(\pi+0)+F(\pi-0)}{2}=\frac{\pi^2+(-\pi^2)}{2}=0.$$

3．真题演练

（1）（1992 年）设 $f(x)=\begin{cases}-1,&-\pi<x\leqslant 0\\1+x^2,&0<x\leqslant\pi\end{cases}$，则其以 2π 为周期的傅里叶级数在点 $x=\pi$ 处收敛于＿＿＿＿＿＿.

（2）（2003 年）设 $x^2=\displaystyle\sum_{n=0}^{\infty}a_n\cos n\pi x$，$-\pi\leqslant x\leqslant\pi$，则 $a_2=$ ＿＿＿＿＿＿.

（3）（2008 年）将函数 $f(x)=1-x^2(0\leqslant x\leqslant\pi)$ 展开成余弦级数，并求 $\displaystyle\sum_{n=1}^{\infty}\frac{(-1)^{n-1}}{n^2}$ 的和.

（4）（2014 年）若 $\displaystyle\int_{-\pi}^{\pi}(x-a_1\cos x-b_1\sin x)^2\mathrm{d}x=\min_{a,b\in R}\left\{\int_{-\pi}^{\pi}(x-a\cos x-b\sin x)^2\mathrm{d}x\right\}$，则 $a_1\cos x+$

$b_1 \sin x =$ _____ .

4. 真题演练解析

（1）【解析】由傅里叶级数的收敛定理知，在 $x = \pi$ 处收敛于 $\dfrac{f(-\pi^+) + f(\pi^-)}{2} =$

$\dfrac{1 + \pi^2 + (-1)}{2} = \dfrac{\pi^2}{2}$.

（2）【解析】根据条件可知，a_n 是偶函数 x^2 在 $[-\pi, \pi]$ 上周期为 2π 的傅里叶展开式的系数，

取 $n = 2$ ，则 $a_2 = \dfrac{2}{\pi} \displaystyle\int_0^\pi x^2 \cos 2x \mathrm{d}x = \dfrac{1}{\pi} \left(x^2 \sin 2x \Big|_0^\pi - \displaystyle\int_0^\pi 2x \sin 2x \mathrm{d}x \right) = 1$.

（3）【解析】由于 $a_0 = \dfrac{2}{\pi} \displaystyle\int_0^\pi (1 - x^2) \mathrm{d}x = 2 - \dfrac{2\pi^2}{3}$ ，

$$a_n = \frac{2}{\pi} \int_0^\pi (1 - x^2) \cos nx \mathrm{d}x = \frac{4(-1)^{n-1}}{n^2}, \, n = 1, 2, \cdots,$$

所以 $f(x) = \dfrac{a_0}{2} + \displaystyle\sum_{n=1}^\infty a_n \cos n\pi x = 1 - \dfrac{\pi^2}{3} + 4 \sum_{n=0}^\infty \dfrac{(-1)^{n-1} \cos nx}{n^2}, \, 0 \leqslant x \leqslant \pi$ ，

因此 $f(0) = 1 - \dfrac{\pi^2}{3} + 4 \displaystyle\sum_{n=0}^\infty \dfrac{(-1)^{n-1}}{n^2}$ ， 又 $f(0) = 1$ ，所以 $\displaystyle\sum_{n=0}^\infty \dfrac{(-1)^{n-1}}{n^2} = \dfrac{\pi^2}{12}$.

（4）【解析】因为 $\displaystyle\int_{-\pi}^\pi x^2 \mathrm{d}x = \dfrac{2\pi^2}{3}, \int_{-\pi}^\pi \cos^2 x \mathrm{d}x = \int_{-\pi}^\pi \sin^2 x \mathrm{d}x = \pi$ ， $\displaystyle\int_{-\pi}^\pi x \sin x \mathrm{d}x = 2\pi$ ，$\displaystyle\int_{-\pi}^\pi x \cos x \mathrm{d}x =$

$\displaystyle\int_{-\pi}^\pi \cos x \sin x \mathrm{d}x = 0$ ，所以 $\displaystyle\int_{-\pi}^\pi (x - a\cos x - b\sin x)^2 \mathrm{d}x = \dfrac{2}{3}\pi^3 + \pi(a^2 + b^2) - 4\pi b$. 显然当 $a = 0, b = 2$

时取得最小值，所以 $a_1 \cos x + b_1 \sin x = 2 \sin x$.

12.7　一般周期函数的傅里叶级数

1. 重要知识点

（1）周期为 $2l$ 的周期函数 $f(x)$ 的傅里叶级数：

通过做变量代换 $z = \dfrac{\pi x}{l}$ ，可将区间 $[-l, l]$ 变换成 $[-\pi, \pi]$ ，则周期为 $2l$ 的周期函数 $f(x)$ 变换

为周期为 2π 的周期函数 $F(z)$. 若 $f(x)$ 满足狄利克雷收敛定理的条件，则 $F(z)$ 也满足狄利克雷

收敛定理的条件，从而 $F(z)$ 可以展开成傅里叶级数，将变量回代得到 $f(x)$ 的傅里叶展开式：

$$\frac{a_0}{2} + \sum_{n=1}^\infty \left(a_n \cos \frac{n\pi x}{l} + b_n \sin \frac{n\pi x}{l} \right).$$

（2）傅里叶系数公式：

$$a_n = \frac{1}{l} \int_{-l}^l f(x) \cos \frac{n\pi x}{l} \mathrm{d}x, \, n = 0, 1, 2, \cdots; \quad b_n = \frac{1}{l} \int_{-l}^l f(x) \sin \frac{n\pi x}{l} \mathrm{d}x, \, n = 1, 2, \cdots.$$

2．例题辨析

知识点 1：以 $2l$ 为周期的周期函数 $f(x)$ 的傅里叶展开

例 1　将以 2 为周期的函数 $f(x)=2+|x|, x\in(-1,1]$ 展开成傅里叶级数.

错解： $l=2$，因此 $a_0=\dfrac{1}{2}\displaystyle\int_{-2}^2 f(x)\mathrm{d}x=\int_0^2(2+x)\mathrm{d}x=6$，

$$a_n=\frac{1}{2}\int_{-2}^2 f(x)\cos\frac{n\pi x}{2}\mathrm{d}x=\int_0^2(2+x)\cos\frac{n\pi x}{2}\mathrm{d}x=\frac{4}{n^2\pi^2}(\cos n\pi-1),$$

$$b_n=\frac{1}{2}\int_{-2}^2 f(x)\sin\frac{n\pi x}{2}\mathrm{d}x=0, n=1,2,\cdots,$$

所有点为连续点，因此 $f(x)=6+\displaystyle\sum_{n=1}^\infty\frac{4}{n^2\pi^2}(\cos n\pi-1)\cos\frac{n\pi x}{2}, x\in(-1,1]$.

【错解分析及知识链接】 对于周期不是 2π 的周期函数，首先要确定其周期，本题中函数 $f(x)=2+|x|, x\in(-1,1]$ 以 2 为周期，因此 $2l=2$，$l=1$，直接代入公式计算.

$$a_0=\int_{-1}^1 f(x)\mathrm{d}x=2\int_0^1(2+x)\mathrm{d}x=5,$$

$$a_n=\int_{-1}^1 f(x)\cos n\pi x\mathrm{d}x=2\int_0^1(2+x)\cos n\pi x\mathrm{d}x=\frac{2}{n^2\pi^2}(\cos n\pi-1),$$

$$b_n=\int_{-1}^1 f(x)\sin n\pi x\mathrm{d}x=0, n=1,2,\cdots,$$

所有点为连续点，因此 $f(x)=5+\displaystyle\sum_{n=1}^\infty\frac{2}{n^2\pi^2}(\cos n\pi-1)\cos n\pi x, x\in(-1,1]$.

例 2　将 $f(x)=\begin{cases}x, & -1\leqslant x\leqslant 0\\ 1, & 0<x\leqslant 1\end{cases}$ 展开成傅里叶级数（只给出一个周期上的表达式）.

错解： $a_0=\displaystyle\int_{-1}^1 f(x)\mathrm{d}x=\int_{-1}^0 x\mathrm{d}x+\int_0^1\mathrm{d}x=\frac{1}{2}$，

$$a_n=\int_{-1}^1 f(x)\cos nx\mathrm{d}x=\int_{-1}^0 x\cos nx\mathrm{d}x+\int_0^1\cos nx\mathrm{d}x=\frac{1-\cos n}{n^2},$$

$$b_n=\int_{-1}^1 f(x)\sin nx\mathrm{d}x=\int_{-1}^0 x\sin nx\mathrm{d}x+\int_0^1\sin nx\mathrm{d}x=\frac{1-2\cos n}{n}+\frac{\sin n}{n^2}, n=1,2,\cdots,$$

因此 $f(x)=\dfrac{1}{4}+\displaystyle\sum_{n=1}^\infty\frac{1-\cos n}{n^2}\cos nx+\left(\frac{1-2\cos n}{n}+\frac{\sin n}{n^2}\right)\sin nx$.

【错解分析及知识链接】 一般周期的周期函数的傅里叶级数公式与以 2π 为周期的周期函数的傅里叶级数公式不同，题目中的函数以 2 为周期，但错解中误用了以 2π 为周期的周期函数的傅里叶级数公式.

正解： $a_0=\displaystyle\int_{-1}^1 f(x)\mathrm{d}x=\int_{-1}^0 x\mathrm{d}x+\int_0^1\mathrm{d}x=\frac{1}{2}$，

$$a_n=\int_{-1}^1 f(x)\cos n\pi x\mathrm{d}x=\int_{-1}^0 x\cos n\pi x\mathrm{d}x+\int_0^1\cos n\pi x\mathrm{d}x=\frac{\cos n\pi-1}{n^2\pi^2},$$

$$b_n=\int_{-1}^1 f(x)\sin n\pi x\mathrm{d}x=\int_{-1}^0 x\sin n\pi x\mathrm{d}x+\int_0^1\sin n\pi x\mathrm{d}x=\frac{1-2\cos n\pi}{n\pi}, n=1,2,\cdots,$$

因此 $f(x) = \dfrac{1}{4} + \displaystyle\sum_{n=1}^{\infty} \dfrac{\cos n\pi - 1}{n^2\pi^2}\cos n\pi x + \dfrac{1 - 2\cos n\pi}{n\pi}\sin n\pi x$.

知识点 2：非周期函数 $f(x)$ 的傅里叶展开

例 1　将函数 $f(x) = x(0 \leqslant x \leqslant 2)$ 展开成正弦级数.

错解： $b_n = \dfrac{1}{2}\displaystyle\int_{-2}^{2} x\sin\dfrac{n\pi x}{2}\mathrm{d}x = \int_{0}^{2} x\sin\dfrac{n\pi x}{2}\mathrm{d}x = \dfrac{-4\cos n\pi}{n\pi}$,　$n = 1,2,\cdots$,

因此 $f(x) = \displaystyle\sum_{n=1}^{\infty}\dfrac{-4\cos n\pi}{n\pi}\sin\dfrac{n\pi x}{2} = \sum_{n=1}^{\infty}\dfrac{(-1)^{n+1}}{n\pi}4\sin\dfrac{n\pi x}{2}$,　$0 \leqslant x \leqslant 2$.

【错解分析及知识链接】 错解中的函数并非周期函数，但是利用了周期函数的傅里叶展开公式，这是不正确的，应该先将函数延拓成周期函数，展开成傅里叶级数之后限制在原区间上才是非周期函数的傅里叶级数展开式. 另外，在函数展开成傅里叶级数的成立区间要去掉间断点.

正解： 由于要将函数 $f(x) = x$ 展开成正弦级数，因此需要将其先作奇延拓，再作周期延拓，得到以 4 为周期的周期奇函数 $F(x)$.

$$b_n = \dfrac{1}{2}\int_{-2}^{2} F(x)\sin\dfrac{n\pi x}{2}\mathrm{d}x = \int_{0}^{2} x\sin\dfrac{n\pi x}{2}\mathrm{d}x = \dfrac{-4\cos n\pi}{n\pi}, \quad n = 1,2,\cdots,$$

因此 $F(x) = \displaystyle\sum_{n=1}^{\infty}\dfrac{-4\cos n\pi}{n\pi}\sin\dfrac{n\pi x}{2} = \sum_{n=1}^{\infty}\dfrac{(-1)^{n+1}}{n\pi}4\sin\dfrac{n\pi x}{2}$,　$x \in R, x \neq 4k+2, k \in Z$，所以

$$f(x) = \sum_{n=1}^{\infty}\dfrac{-4\cos n\pi}{n\pi}\sin\dfrac{n\pi x}{2} = \sum_{n=1}^{\infty}\dfrac{(-1)^{n+1}}{n\pi}4\sin\dfrac{n\pi x}{2},\quad 0 \leqslant x < 2.$$

【举一反三】 将 $f(x) = 1, x \in \left[0, \dfrac{\pi}{2}\right]$ 展开成正弦级数.

解： 令 $f(0) = 0$，将 $f(x) = 1, x \in \left(0, \dfrac{\pi}{2}\right]$ 作奇延拓，得到 $G(x) = \begin{cases} 1, & \left(0, \dfrac{\pi}{2}\right] \\ 0, & 0 \\ -1, & x \in \left[-\dfrac{\pi}{2}, 0\right) \end{cases}$，再将

$G(x), x \in (-1,1]$ 延拓到整个数轴上，可知所得函数 $F(x)$ 是以 π 为周期的函数，则 $l = \dfrac{\pi}{2}$，$a_n = 0$, $n = 0,1,2,\cdots$

$$b_n = \dfrac{1}{\dfrac{\pi}{2}}\int_{-\frac{\pi}{2}}^{\frac{\pi}{2}} F(x)\sin\dfrac{n\pi x}{\dfrac{\pi}{2}}\mathrm{d}x = \dfrac{4}{\pi}\int_{0}^{\frac{\pi}{2}}\sin 2nx\,\mathrm{d}x = \dfrac{2(1-\cos n\pi)}{n\pi}, n = 1,2,\cdots.$$ 因此 $f(x) =$

$\displaystyle\sum_{n=1}^{\infty}\dfrac{2(1-\cos n\pi)}{n\pi}\sin 2nx, x \in (0,1)$，当 $x = 0,1$ 时，$\displaystyle\sum_{n=1}^{\infty}\dfrac{2(1-\cos n\pi)}{n\pi}\sin 2nx = 0$.

【举一反三】 如何将 $f(x) = 10 - x, x \in (5,15)$ 展开成正弦级数？

解： 做变量代换 $z = x - 10$，$z \in (-5,5)$，则 $f(x) = f(z+10) = -z = F(z)$，将 $F(z) = -z$，$z \in (-5,5)$ 延拓到整个数轴上，成为周期为 10 的周期函数，其满足收敛性定理的条件，则

$a_n = 0$, $n = 0,1,2,\cdots$，$b_n = \dfrac{2}{5}\displaystyle\int_{0}^{5}(-z)\sin\dfrac{n\pi z}{5}\mathrm{d}z = (-1)^n\dfrac{10}{n\pi}$，$n = 1,2,\cdots$. 因此 $F(z) = 10\displaystyle\sum_{n=1}^{\infty}\dfrac{(-1)^n}{n\pi}$

$\sin\dfrac{n\pi z}{5}$，$z\in(-5,5)$．即

$$10-x=10\sum_{n=1}^{\infty}\dfrac{(-1)^{n}}{n\pi}\sin\dfrac{n\pi(x-10)}{5}=10\sum_{n=1}^{\infty}\dfrac{(-1)^{n}}{n\pi}\sin\dfrac{n\pi x}{5}, x\in(5,15)，\text{由于 } F(z)=-z \text{ 是奇函数，}$$

因此这个傅里叶级数就是正弦级数．

3．真题演练

（1）（1989 年）设函数 $f(x)=x^{2}$，$0\leqslant x\leqslant 1$，$s(x)=\sum\limits_{n=1}^{\infty}b_{n}\sin n\pi x,\ -\infty<x<+\infty$，其中

$b_{n}=2\int_{0}^{1}f(x)\sin n\pi x\mathrm{d}x, n=1,2,3,\cdots$，则 $s\left(-\dfrac{1}{2}\right)=$（　　　）．

A．$-\dfrac{1}{2}$　　　　　B．$-\dfrac{1}{4}$　　　　　C．$\dfrac{1}{4}$　　　　　D．$\dfrac{1}{2}$

（2）（1988 年）设 $f(x)$ 是周期为 2 的周期函数，它在区间 $(-1,1]$ 上的定义为 $f(x)=\begin{cases}2, & -1<x\leqslant 0\\ x^{3}, & 0<x\leqslant 1\end{cases}$，则 $f(x)$ 的傅里叶级数在 $x=1$ 处收敛于＿＿＿＿＿＿＿．

（3）（1991 年）将函数 $f(x)=2+|x|$，$(-1\leqslant x\leqslant 1)$ 展开成以 2 为周期的傅里叶级数，并由此求级数 $\sum\limits_{n=1}^{\infty}\dfrac{1}{n^{2}}$ 的和．

（4）（2013 年）设 $f(x)=\left|x-\dfrac{1}{2}\right|$，$b_{n}=2\int_{0}^{1}f(x)\sin n\pi x\mathrm{d}x(n=1,2,\cdots)$，令 $s(x)=\sum\limits_{n=1}^{\infty}b_{n}\sin n\pi x$，则 $s\left(-\dfrac{9}{4}\right)=$＿＿＿＿＿＿＿．

4．真题演练解析

（1）【解析】由 $s(x)=\sum\limits_{n=1}^{\infty}b_{n}\sin n\pi x$ 和 $b_{n}=2\int_{0}^{1}f(x)\sin n\pi x\mathrm{d}x$ 可知，$s(x)$ 是由 $f(x)$ 作奇延拓后展开的，则 $s\left(-\dfrac{1}{2}\right)=-s\left(\dfrac{1}{2}\right)=-f\left(\dfrac{1}{2}\right)=-\left(\dfrac{1}{2}\right)^{2}=-\dfrac{1}{4}$．故选 B．

（2）【解析】由傅里叶级数的收敛定理知，$f(x)$ 在 $x=1$ 处收敛于 $\dfrac{f(-1^{+})+f(1^{-})}{2}=\dfrac{2+1}{2}=\dfrac{3}{2}$．

（3）【解析】由于 $f(x)=2+|x|$，$(-1\leqslant x\leqslant 1)$ 是偶函数，所以 $a_{0}=2\int_{0}^{1}(2+x)\mathrm{d}x=5$，

$a_{n}=2\int_{0}^{1}(2+x)\cos n\pi x\mathrm{d}x=\dfrac{2(\cos n\pi x-1)}{n^{2}\pi^{2}}, n=1,2,\cdots, b_{n}=0, n=1,2,\cdots$，因为所给函数在区间 $[-1,1]$ 上满足收敛定理的条件，故

$$2+|x|=\dfrac{5}{2}+\sum_{n=1}^{\infty}\dfrac{2(\cos n\pi x-1)}{n^{2}\pi^{2}}\cos n\pi x=\dfrac{5}{2}-\dfrac{4}{\pi^{2}}\sum_{n=0}^{\infty}\dfrac{\cos(2n+1)\pi x}{(2n+1)^{2}}.$$

当 $x=0$ 时，$2=\dfrac{5}{2}-\dfrac{4}{\pi^{2}}\sum\limits_{n=0}^{\infty}\dfrac{1}{(2n+1)^{2}}$，从而 $\sum\limits_{n=0}^{\infty}\dfrac{1}{(2n+1)^{2}}=\dfrac{\pi^{2}}{8}$．

又因 $\displaystyle\sum_{n=1}^{\infty}\frac{1}{n^2}=\sum_{n=0}^{\infty}\frac{1}{(2n+1)^2}+\sum_{n=1}^{\infty}\frac{1}{(2n)^2}=\sum_{n=0}^{\infty}\frac{1}{(2n+1)^2}+\frac{1}{4}\sum_{n=1}^{\infty}\frac{1}{n^2}$,

故 $\displaystyle\sum_{n=1}^{\infty}\frac{1}{n^2}=\frac{4}{3}\sum_{n=0}^{\infty}\frac{1}{(2n+1)^2}=\frac{\pi^2}{6}$.

（4）【解析】$s(x)$ 是 $f(x)$ 作周期是 2 的正弦展开，根据狄利克雷收敛定理，得 $s\left(-\dfrac{9}{4}\right)=$

$s\left(-\dfrac{1}{4}\right)=-s\left(\dfrac{1}{4}\right)=-f\left(\dfrac{1}{4}\right)=-\dfrac{1}{4}$.